ŒUVRES

DE

CHARLES HERMITE

PUBLIÉES

SOUS LES AUSPICES DE L'ACADÉMIE DES SCIENCES

Par ÉMILE PICARD,

MEMBRE DE L'INSTITUT.

TOME II.

PARIS,

GAUTHIER-VILLARS, IMPRIMEUR-LIBRAIRE

DU BUREAU DES LONGITUDES, DE L'ÉCOLE POLYTECHNIQUE,

Quai des Grands-Augustins, 55.

1908

ŒUVRES

DE

CHARLES HERMITE.

36423 PARIS. — IMPRIMERIE GAUTHIER-VILLARS,
Quai des Grands-Augustins, 55.

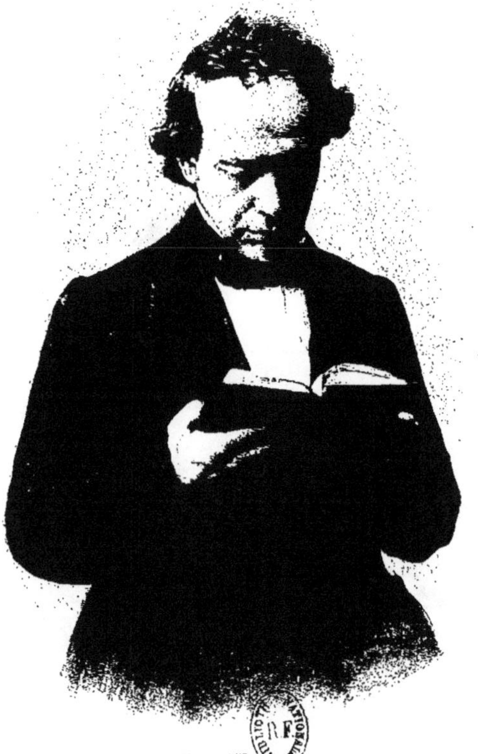

CH. HERMITE

1822 1901

ŒUVRES

CHARLES HERMITE

ŒUVRES

DE

CHARLES HERMITE

PUBLIÉES

SOUS LES AUSPICES DE L'ACADÉMIE DES SCIENCES

Par ÉMILE PICARD,

MEMBRE DE L'INSTITUT.

TOME II.

PARIS,

GAUTHIER-VILLARS, IMPRIMEUR-LIBRAIRE

DU BUREAU DES LONGITUDES, DE L'ÉCOLE POLYTECHNIQUE,

Quai des Grands-Augustins, 55.

1908

AVERTISSEMENT.

Comme pour le premier Volume, nous suivons à peu près dans le Tome II l'ordre chronologique. Les Mémoires ici reproduits vont de 1858 à 1872; nous y avons joint des Notes publiées par Hermite dans différents Ouvrages, quelques pages de son *Cours d'Analyse* de l'École Polytechnique, et une Lettre à M. Tannery se rapportant aux fonctions modulaires.

Il m'est agréable d'offrir à M. Henry Bourget mes vifs remercîments pour le concours très précieux qu'il m'a apporté dans la revision du texte et dans la correction des épreuves. Tous les calculs ont été refaits ou au moins indirectement contrôlés par lui. Il y a eu là, pour certains Mémoires, en particulier pour les études relatives à l'équation modulaire et à l'équation du cinquième degré, un travail d'autant plus considérable que la rédaction d'Hermite, dans les questions algébriques, est extrêmement concise et laisse souvent de côté des intermédiaires. A la suite de cette revision, il nous a paru utile de faire dans le texte certaines modifications d'un caractère surtout numérique; les plus importantes d'entre elles sont signalées dans des notes.

J'adresse aussi tous mes remercîments à M. Gauthier-Villars pour les soins qu'il donne à cette édition. Nous sommes heureux d'avoir pu placer au début de ce Volume un portrait d'Hermite, qui le représente aux environs de sa cinquantième année.

ÉMILE PICARD.

ŒUVRES

DE

CHARLES HERMITE.

TOME II.

SUR

LA THÉORIE DES FORMES CUBIQUES

A TROIS INDÉTERMINÉES.

Journal de Mathématiques pures et appliquées, 2e série, t. III, 1858, p. 37.

L'étude des fonctions homogènes du troisième degré et à trois indéterminées conduit à considérer avec une forme donnée de cette espèce deux systèmes différents de fonctions qui s'en déduisent, et dont je rappellerai en premier lieu les expressions. Soit pour cela U la transformée canonique de la forme proposée, de sorte que l'on ait

$$U = x^3 + y^3 + z^3 + 6\,l\,xyz;$$

le premier de ces systèmes sera celui des invariants et du covariant cubique, savoir :

$$S = -\,l + l^4,$$
$$T = 1 - 20\,l^3 - 8\,l^6,$$
$$HU = l^2(x^3 + y^3 + z^3) - (1 + 2\,l^3)\,xyz.$$

Le second système sera formé des deux contrevariants ou formes cubiques adjointes, savoir :

$$PU = -l(x^3+y^3+z^3)+(-1+4l^3)xyz,$$
$$QU = (1-10l^3)(x^3+y^3+z^3)-6l^2(5+4l^3)xyz.$$

J'omets à dessein les covariants et formes adjointes d'un degré supérieur au troisième, n'ayant pas à m'en occuper ici, et j'observe seulement que les combinaisons linéaires

$$\alpha U + 6\beta HU,$$
$$6\alpha PU + \beta QU,$$

où α et β sont des constantes indéterminées, représentent encore, la première un covariant et la seconde une forme adjointe de U. On en peut conclure que les invariants du quatrième et du sixième ordre de ces deux fonctions, que nous désignerons avec M. Cayley de cette manière :

$$S(\alpha U + 6\beta HU),$$
$$S(6\alpha PU + \beta QU),$$
$$T(\alpha U + 6\beta HU),$$
$$T(6\alpha PU + \beta QU),$$

doivent reproduire des combinaisons rationnelles des invariants primitifs S et T. C'est effectivement ce que ce savant géomètre a mis en évidence en donnant dans les Tables qui terminent son troisième Mémoire sur les *quantics* les expressions complètement développées de ces quatre quantités. En cherchant à approfondir la nature de ces expressions, j'ai été conduit à un résultat intéressant, non seulement parce qu'il en montre le véritable caractère, mais parce qu'il donne un nouvel exemple de cette étroite connexion entre les formes cubiques à trois indéterminées et les formes biquadratiques binaires, que M. Hesse et M. Aronhold ont les premiers signalée dans leurs belles recherches. Mais je dois rappeler d'abord qu'en représentant une forme binaire du quatrième degré par

$$f = ax^4 + 4bx^3y + 6cx^2y^2 + 4dxy^3 + ey^4,$$

on a, pour les covariants des degrés quatrième et sixième, ces expressions

$$g = (ac - b^2)x^4 + 2(ad - bc)x^3y + (ae + 2bd - 3c^2)x^2y^2 + 2(be - cd)xy^3 + (ce - d^2)y^4,$$

$$\begin{aligned} h = &\ (a^2d - 3abc + 2b^3)x^6 \\ &+ (a^2e + 2abd - 9ac^2 + 6b^2c)x^5y \\ &+ (5abe - 15acd + 10b^2d)x^4y^2 \\ &+ (-10ad^2 + 10b^2e)x^3y^3 \\ &+ (-5ade + 15bce - 10bd^2)x^2y^4 \\ &+ (-ae^2 - 2bde + 9c^2e - 6cd^2)xy^5 \\ &+ (-be^2 + 3cde - 2d^3)y^6. \end{aligned}$$

Cela posé, je considère la forme biquadratique suivante en α et β, savoir :

$$f = \alpha^4 - 24S\alpha^2\beta^2 - 8T\alpha\beta^3 - 48S^2\beta^4,$$

et si l'on en déduit, d'après les formules qui viennent d'être rapportées, les deux covariants g et h, on aura ces formules remarquables, savoir :

$$S(\alpha U + 6\beta HU) = -\frac{1}{4}g,$$

$$T(\alpha U + 6\beta HU) = -\frac{1}{2}h,$$

$$64S^3(\alpha U + 6\beta HU) - T^2(\alpha U + 6\beta HU) = (64S^3 - T^2)f^3.$$

Soit en second lieu

$$f = 48S\alpha^4 + 8T\alpha^3\beta - 96S^2\alpha^2\beta^2 - 24TS\alpha\beta^3 - (T^2 + 16S^3)\beta^4,$$

on obtiendra d'une manière toute semblable

$$S(6\alpha PU + \beta QU) = -\frac{1}{4}g,$$

$$T(6\alpha PU + \beta QU) = -\frac{1}{2}h,$$

$$64S^3(6\alpha PU + \beta QU) - T^2(6\alpha PU + \beta QU) = (64S^3 - T^2)^2f^3.$$

Ces deux formes f du quatrième degré que nous avons employées successivement ont d'ailleurs entre elles cette liaison singulière que, si l'on désigne par k, k', k'', k''' les racines de l'équation

$$x^4 - 24Sx^2 - 8Tx - 48S^2 = 0,$$

les racines de l'autre forme, c'est-à-dire de l'équation

$$48\,S x^4 + 8\,T x^3 - 96\,S^2 x^2 - 24\,TS x - (T^2 + 16\,S^3) = 0,$$

seront

$$\frac{1}{4}k + \frac{S}{k}, \quad \frac{1}{4}k' + \frac{S}{k'}, \quad \frac{1}{4}k'' + \frac{S}{k''}, \quad \frac{1}{4}k''' + \frac{S}{k'''}.$$

Je reviendrai sur ce point dans un prochain travail, où je me propose d'établir entre autres choses cette proposition qu'il existe toujours *une substitution linéaire réelle* pour réduire toute forme cubique donnée à coefficients réels à l'expression canonique

$$x^3 + y^3 + z^3 + 6\,l\,xyz.$$

La même chose n'a pas lieu, comme on sait, ni pour les formes biquadratiques, ni pour les formes cubiques à deux indéterminées.

SUR LA RÉSOLUTION

DE

L'ÉQUATION DU CINQUIÈME DEGRÉ.

Comptes rendus de l'Académie des Sciences, t. XLVI, 1858 (I), p. 508.

On sait que l'équation générale du cinquième degré peut être ramenée, par une substitution dont les coefficients se déterminent sans employer d'autres irrationnalités que des radicaux carrés et cubiques, à la forme

$$x^5 - x - a = 0.$$

Ce résultat remarquable, dû au géomètre anglais M. Jerrard, est le pas le plus important qui ait été fait dans la théorie algébrique des équations du cinquième degré, depuis qu'Abel a démontré qu'il était impossible de les résoudre par radicaux. Cette impossibilité manifeste en effet la nécessité d'introduire quelque élément analytique nouveau dans la recherche de la solution, et, à ce titre, il semble naturel de prendre comme auxiliaire les racines de l'équation si simple dont nous venons de parler. Toutefois, pour légitimer véritablement son emploi comme élément essentiel de la résolution de l'équation générale, il restait à voir si cette simplicité de forme permettait effectivement d'arriver à quelque notion sur la nature de ses racines, de manière à saisir ce qu'il y a de propre et d'essentiel dans le mode d'existence de ces quantités, dont on ne sait jusqu'ici rien autre chose, si ce n'est qu'elles ne s'expriment point par radicaux. Or il est bien remarquable que l'équation de M. Jerrard se prête avec la plus grande facilité à cette recherche, et soit même, dans le sens que nous allons expliquer, susceptible d'une véritable résolution analytique. On peut en effet concevoir la question de la résolution des équations algébriques sous un point de vue différent de celui qui depuis longtemps a été indiqué par la résolution des équations des quatre premiers degrés, et auquel on s'est surtout attaché. Au lieu de chercher à représenter par une formule radicale à déterminations multiples le système des racines si étroitement liées entre elles lorsqu'on les considère comme fonctions des coefficients, on peut, ainsi que l'exemple en a été donné dans le troisième degré, chercher, en introduisant des variables auxiliaires, à obtenir les racines séparément exprimées par autant de fonctions distinctes et uniformes relatives à ces nouvelles variables. Dans le cas dont nous venons de parler, où il s'agit de l'équation

$$x^3 - 3x + 2a = 0,$$

il suffit, comme on sait, de représenter le coefficient a par le sinus d'un arc α pour que les racines se séparent en ces trois fonctions bien déterminées

$$2\sin\frac{\alpha}{3}, \quad 2\sin\frac{\alpha+2\pi}{3}, \quad 2\sin\frac{\alpha+4\pi}{3}.$$

Or c'est un fait tout semblable que nous avons à exposer relativement à l'équation

$$x^5 - x - a = 0.$$

Seulement, au lieu des sinus ou cosinus, ce sont les transcendantes elliptiques qu'il sera nécessaire d'introduire, et nous allons en premier lieu en rappeler les définitions.

Soient K et K′ les périodes de l'intégrale elliptique

$$\int \frac{d\varphi}{\sqrt{1-k^2\sin^2\varphi}},$$

c'est-à-dire

$$\mathrm{K} = \int_0^{\frac{\pi}{2}} \frac{d\varphi}{\sqrt{1-k^2\sin^2\varphi}}, \qquad \mathrm{K}' = \int_0^{\frac{\pi}{2}} \frac{d\varphi}{\sqrt{1-k'^2\sin^2\varphi}},$$

et

$$q = e^{-\pi\frac{\mathrm{K}'}{\mathrm{K}}};$$

la racine quatrième du module et de son complément s'exprime au moyen de q par ces fonctions dont Jacobi a fait la découverte,

savoir :

$$\sqrt[4]{k} = \sqrt{2}\,\sqrt[8]{q}\,\frac{1 - q^4 - q^8 + q^{20} + \dots}{1 + q - q^2 - q^5 - \dots} = \sqrt{2}\,\sqrt[8]{q}\,\frac{\sum (-1)^m q^{6m^2+2m}}{\sum (-1)^{\frac{1}{2}m(m+1)} q^{\frac{1}{2}(3m^2+m)}},$$

$$= \sqrt{2}\,\sqrt[8]{q}\,\frac{1 + q^2 + q^6 + q^{12} + \dots}{1 + q + q^3 + q^6 + \dots} = \sqrt{2}\,\sqrt[8]{q}\,\frac{\sum q^{4m^2+2m}}{\sum q^{2m^2+m}},$$

$$= \sqrt{2}\,\sqrt[8]{q}\,\frac{1 - q - q^3 + q^6 + \dots}{1 - 2q + 2q^8 - 2q^{18} - \dots} = \sqrt{2}\,\sqrt[8]{q}\,\frac{\sum (-1)^m q^{2m^2+m}}{\sum (-1)^m q^{2m^2}},$$

$$= \sqrt{2}\,\sqrt[8]{q}\,\frac{1 + q + q^3 + q^6 + \dots}{1 + 2q + 2q^4 + 2q^9 + \dots} = \sqrt{2}\,\sqrt[8]{q}\,\frac{\sum q^{2m^2+m}}{\sum q^{m^2}};$$

$$\sqrt[4]{k'} = \frac{1 - q - q^2 + q^5 + q^7 - q^{12} - \dots}{1 + q - q^2 - q^5 - q^7 - q^{12} + \dots} = \frac{\sum (-1)^m q^{\frac{1}{2}(3m^2+m)}}{\sum (-1)^{\frac{1}{2}m(m+1)} q^{\frac{1}{2}(3m^2+m)}},$$

$$= \frac{1 - q - q^3 + q^6 + q^{10} - \dots}{1 + q + q^3 + q^6 + q^{10} + \dots} = \frac{\sum (-1)^m q^{2m^2+m}}{\sum q^{2m^2+m}},$$

$$= \frac{1 - 2q + 2q^4 - 2q^9 + 2q^{16} - \dots}{1 - 2q^2 + 2q^8 - 2q^{18} + 2q^{32} - \dots} = \frac{\sum (-1)^m q^{m^2}}{\sum (-1)^m q^{2m^2}},$$

$$= \frac{1 - 2q^2 + 2q^8 - 2q^{18} + 2q^{32} - \dots}{1 + 2q + 2q^4 + 2q^9 + 2q^{16} + \dots} = \frac{\sum (-1)^m q^{2m^2}}{\sum q^{m^2}}.$$

En posant

$$q = e^{i\pi\omega},$$

nous désignerons $\sqrt[4]{k}$ par $\varphi(\omega)$ et $\sqrt[4]{k'}$ par $\psi(\omega)$. Relativement à cette variable ω, on aura ainsi des fonctions affranchies de l'ambiguïté qui tient au facteur $\sqrt[8]{q}$, et dont je vais en peu de mots indiquer les propriétés fondamentales. Elles découlent des relations suivantes, dont la démonstration est immédiate, savoir :

$$\varphi^8(\omega) + \psi^8(\omega) = 1,$$

$$\varphi\left(-\frac{1}{\omega}\right) = \psi(\omega),$$

$$\varphi(\omega+1) = e^{\frac{i\pi}{8}} \frac{\varphi(\omega)}{\psi(\omega)},$$

$$\psi(\omega+1) = \frac{1}{\psi(\omega)}.$$

On en déduit que $\varphi\left(\frac{c+d\omega}{a+b\omega}\right)$ et $\psi\left(\frac{c+d\omega}{a+b\omega}\right)$ s'expriment simplement en $\varphi(\omega)$ et $\psi(\omega)$, a, b, c, d étant des nombres entiers quelconques assujettis à la seule condition

$$ad - bc = 1.$$

Les relations auxquelles on parvient de la sorte ayant une grande importance, non seulement pour l'objet que nous avons présentement en vue, mais pour la théorie des fonctions elliptiques et ses applications à l'arithmétique, je vais les indiquer en me bornant, pour abréger, aux valeurs de $\varphi\left(\frac{c+d\omega}{a+b\omega}\right)$. J'observe à cet effet que la congruence

$$ad - bc \equiv 1 \pmod 2$$

est susceptible de six solutions distinctes renfermées dans ce Tableau :

	a	b	c	d
I.	1	0	0	1
II.	0	1	1	0
III.	1	1	0	1
IV.	1	1	1	0
V.	1	0	1	1
VI.	0	1	1	1

et d'où résultent autant de formes différentes pour les expressions $\frac{c+d\omega}{a+b\omega}$. Cela posé, nous aurons suivant chacun de ces six cas ces équations

$$\text{(I)} \qquad \varphi\left(\frac{c+d\omega}{a+b\omega}\right) = \varphi(\omega)\, e^{\frac{i\pi}{8}[d(c+d)-1]},$$

$$\text{(II)} \qquad \varphi\left(\frac{c+d\omega}{a+b\omega}\right) = \psi(\omega)\, e^{\frac{i\pi}{8}[c(c-d)-1]},$$

$$\text{(III)} \qquad \varphi\left(\frac{c+d\omega}{a+b\omega}\right) = \frac{1}{\varphi(\omega)}\, e^{\frac{i\pi}{8}[d(d-c)-1]},$$

$$\text{(IV)} \qquad \varphi\left(\frac{c+d\omega}{a+b\omega}\right) = \frac{1}{\psi(\omega)}\, e^{\frac{i\pi}{8}[c(c+d)-1]},$$

$$\text{(V)} \qquad \varphi\left(\frac{c+d\omega}{a+b\omega}\right) = \frac{\varphi(\omega)}{\psi(\omega)}\, e^{\frac{i\pi}{8}cd},$$

$$\text{(VI)} \qquad \varphi\left(\frac{c+d\omega}{a+b\omega}\right) = \frac{\psi(\omega)}{\varphi(\omega)}\, e^{-\frac{i\pi}{8}cd}.$$

Nous rappellerons encore cette propriété fondamentale, qu'en désignant par n un nombre premier et posant

$$v = \varphi(n\omega), \qquad u = \varphi(\omega),$$

v et u sont liés par une équation de degré $n+1$, qui présente ainsi un type nouveau d'équations algébriques dont les racines se séparent analytiquement par l'introduction d'une nouvelle variable. En désignant, en effet, par ε un nombre qui soit 1 ou -1, suivant que 2 est résidu ou non-résidu quadratique par rapport à n, les $n+1$ racines u seront

$$\varepsilon\varphi(n\omega) \quad \text{et} \quad \varphi\left(\frac{\omega+16m}{n}\right),$$

m étant un nombre entier pris suivant le module n [1]. Mais, sans insister ici sur les autres propriétés remarquables des équations modulaires, je m'attacherai seulement au fait si important annoncé par Galois, et qui consiste en ce qu'elles sont susceptibles d'un

---

[1] La détermination de ε a été donnée par M. Sohnke dans un excellent travail publié dans le Tome 16 du *Journal de Crelle* sous le titre : *Æquationes modulares pro transformatione functionum ellipticarum.*

abaissement au degré inférieur d'une unité dans les cas de

$$n = 5, \qquad n = 7 \qquad \text{et} \qquad n = 11.$$

Bien que nous ne possédions que quelques fragments de ses travaux sur cette question, il n'est pas difficile, en suivant la voie qu'il a ouverte, de retrouver la démonstration de cette belle proposition; mais on n'arrive ainsi qu'à s'assurer de la possibilité de la réduction, et une lacune importante restait à remplir pour pousser la question jusqu'à son dernier terme ([1]). Après des tentatives qui remontent à une époque déjà éloignée, j'ai trouvé que dans le cas de l'équation modulaire du sixième degré

$$u^6 - v^6 + 5u^2v^2(u^2 - v^2) + 4uv(1 - u^4v^4) = 0,$$

on y parvenait aisément en considérant la fonction suivante :

$$\Phi(\omega) = \left[\varphi(5\omega) + \varphi\left(\frac{\omega}{5}\right)\right]\left[\varphi\left(\frac{\omega+16}{5}\right) - \varphi\left(\frac{\omega+4.16}{5}\right)\right] \times \left[\varphi\left(\frac{\omega+2.16}{5}\right) - \varphi\left(\frac{\omega+3.16}{5}\right)\right].$$

Effectivement, les quantités

$$\Phi(\omega), \quad \Phi(\omega+16), \quad \Phi(\omega+2.16), \quad \Phi(\omega+3.16), \quad \Phi(\omega+4.16)$$

sont les racines d'une équation du cinquième degré dont les coefficients contiennent rationnellement $\varphi(\omega)$, savoir :

$$\Phi^5 - 2^4.5^3\,\Phi\,\varphi^4(\omega)\,\psi^{16}(\omega) - 2^6\sqrt{5^5}\,\varphi^3(\omega)\,\psi^{16}(\omega)\,[1 + \varphi^8(\omega)] = 0.$$

Or on voit qu'on ramène cette équation à celle de M. Jerrard en faisant simplement

$$\Phi = \sqrt[4]{2^4 5^3}\,\varphi(\omega)\,\psi^4(\omega)\,x,$$

car il vient par là

$$x^5 - x - \frac{2}{\sqrt[4]{5^5}}\,\frac{1 + \varphi^8(\omega)}{\varphi^2(\omega)\,\psi^4(\omega)} = 0.$$

([1]) Postérieurement à mes premières recherches restées inédites, mais dont les résultats avaient été annoncés (*Œuvres de Jacobi*, t. II, p. 249), un géomètre italien distingué, M. Betti, a publié un travail sur le même sujet dans les *Annales de M. Tortolini*.

Donc, il ne restera plus, pour arriver à l'expression des racines de l'équation

$$x^5 - x - a = 0$$

par la fonction $\Phi(\omega)$, qu'à déterminer ω ou plutôt $\varphi(\omega)$ par la condition suivante :

$$\frac{2}{\sqrt[4]{5^5}} \frac{1 + \varphi^8(\omega)}{\varphi^2(\omega)\psi^4(\omega)} = a.$$

Soit, pour simplifier,

$$A = \frac{\sqrt[4]{5^5}}{2} a,$$

et prenons pour inconnue $\varphi^4(\omega)$ ou le module k lui-même de l'intégrale elliptique; on parviendra à une équation du quatrième degré

$$k^4 + A^2 k^3 + 2k^2 - A^2 k + 1 = 0,$$

qui est susceptible d'une solution analytique sous le point de vue précisément où nous sommes placé en ce moment, car, en faisant

$$\frac{4}{A^2} = \sin\alpha,$$

on trouvera ces expressions des racines

$$k = \operatorname{tang}\frac{\alpha}{4}, \quad \operatorname{tang}\frac{\alpha + 2\pi}{4}, \quad \operatorname{tang}\frac{\pi - \alpha}{4}, \quad \operatorname{tang}\frac{3\pi - \alpha}{4}.$$

Faisant choix de l'une d'elles pour module, afin d'en déduire la valeur correspondante de ω, on aura, pour les racines de l'équation de M. Jerrard, ces valeurs de x

$$\frac{1}{\sqrt[4]{2^4 5^3}} \frac{\Phi(\omega)}{\varphi(\omega)\psi^4(\omega)}, \quad \frac{1}{\sqrt[4]{2^4 5^3}} \frac{\Phi(\omega + 16)}{\varphi(\omega)\psi^4(\omega)}, \quad \frac{1}{\sqrt[4]{2^4 5^3}} \frac{\Phi(\omega + 2.16)}{\varphi(\omega)\psi^4(\omega)},$$

$$\frac{1}{\sqrt[4]{2^4 5^3}} \frac{\Phi(\omega + 3.16)}{\varphi(\omega)\psi^4(\omega)}, \quad \frac{1}{\sqrt[4]{2^4 5^3}} \frac{\Phi(\omega + 4.16)}{\varphi(\omega)\psi^4(\omega)}.$$

C'est donc la résolution de l'équation, en tant que les racines se trouvent représentées séparément par des fonctions uniformes. Quant au calcul numérique, la convergence extraordinaire des séries qui figurent au numérateur et au dénominateur de $\varphi(\omega)$ le rendra très court, même dans le cas où q sera imaginaire, car on sait que son module peut toujours être abaissé au-dessous de la limite $e^{-\pi\sqrt{\frac{3}{4}}} = 0,0658$. On peut aussi faire le développement suivant les puissances ascendantes de q, ce qui donne, en posant pour simplifier $q^{\frac{1}{5}} = \mathfrak{q}$,

$$\Phi(\omega) = \sqrt{2^3 5}\,\sqrt[8]{\mathfrak{q}^3}(1 + \mathfrak{q} - \mathfrak{q}^2 + \mathfrak{q}^3 - 8\mathfrak{q}^5 - 9\mathfrak{q}^6 + 8\mathfrak{q}^7 - 9\mathfrak{q}^8 + \ldots),$$

et l'on trouverait, pour le carré et le cube de $\Phi(\omega)$,

$$\Phi^2(\omega) = 2^3 5\,\sqrt[4]{\mathfrak{q}^3}(1 + 2\mathfrak{q} - \mathfrak{q}^2 + 3\mathfrak{q}^4 - 18\mathfrak{q}^5 - 33\mathfrak{q}^6 + 14\mathfrak{q}^7 + \ldots),$$
$$\Phi^3(\omega) = \sqrt{2^9 5^3}\,\sqrt[8]{\mathfrak{q}^9}(1 + 3\mathfrak{q} - 2\mathfrak{q}^3 + 6\mathfrak{q}^4 - 24\mathfrak{q}^5 - 79\mathfrak{q}^6 + \ldots).$$

La première des séries entre parenthèses manque des puissances de $\mathfrak{q}$ dont l'exposant est $\equiv 4$, mod 5, la deuxième et la troisième des puissances dont les exposants sont respectivement $\equiv 3$ et $\equiv 2$, mod 5. D'ailleurs le changement de ω en $\omega + 16m$ reviendra à multiplier la quantité $\mathfrak{q}$ par les diverses racines cinquièmes de l'unité.

J'observerai enfin que le système des cinq fonctions $\Phi(\omega + 16m)$ possède, par rapport aux substitutions $\frac{c + d\omega}{a + b\omega}$ qui appartiennent à la première classe, des propriétés toutes semblables à celles de $\varphi(\omega)$. Effectivement, en faisant, pour abréger,

$$\Phi(\omega + 16m) = \Phi_m(\omega),$$

on trouvera, par exemple,

$$\Phi_m(\omega + 2a) = \Phi_{m+2a}(\omega)\,e^{-\frac{i\pi a}{4}},$$
$$\Phi_m\left(\frac{\omega}{1 + 2a\omega}\right) = \Phi_{4a^3+m+2am^2+3a^2m^3}(\omega);$$

l'indice du troisième degré en m étant pris suivant le module 5.

Dans l'une des prochaines séances, j'aurai l'honneur de présenter à l'Académie les résultats analogues aux précédents et auxquels je suis parvenu, pour la réduction de l'équation modulaire du huitième degré au septième et de l'équation modulaire du douzième degré au onzième.

LETTRE DE CHARLES HERMITE A M. JULES TANNERY

SUR LES FONCTIONS MODULAIRES (1).

« Saint-Jean-de-Luz, villa Bel-air, 24 septembre 1900.

» Mon cher ami,

» Je viens dégager ma parole et m'acquitter bien tardivement, il me faut l'avouer, de ma promesse de vous démontrer les formules concernant les quantités $\varphi\left(\frac{c+d\omega}{a+b\omega}\right)$ données dans mon ancien article *Sur l'équation du cinquième degré*.

» Le bon air de la mer m'a aidé à surmonter la torpeur qui faisait obstacle à mon travail; j'en profite pour échapper aux remords de ma conscience, et, en pensant que vous avez sous les yeux cet article, j'aborde comme il suit la question.

» Mon point de départ se trouve dans les formules de la page 2 et de la page 3, qui donnent les expressions de $\sqrt[4]{k}$ et de $\sqrt[4]{k'}$ comme fonctions uniformes de q, ou plutôt de ω, en posant $\omega = \frac{iK'}{K}$, et, parmi ces formules d'une extrême importance dont la découverte est due à Jacobi, j'envisagerai pour mon objet la suivante, à savoir :

$$\sqrt[4]{k'} = \frac{1-2q+2q^4+\ldots}{1-2q^2+2q^8+\ldots} = \frac{\Sigma(-1)^n q^{n^2}}{\Sigma(-1)^n q^{2n^2}} \qquad (n=0, \pm 1, \pm 2, \ldots)$$

(1) Nous reproduisons une Lettre d'Hermite à M. Jules Tannery, où se trouve la démonstration des formules seulement énoncées dans l'article qui précède sur l'équation du cinquième degré. Cette Lettre a déjà été publiée par MM. Tannery et Molk dans leur *Traité sur la théorie des fonctions elliptiques*, en intercalant quelques explications complémentaires avec renvois à certaines parties du *Traité*. Nous donnons ici le texte même de la Lettre d'Hermite que M. Tannery a bien voulu nous communiquer, en corrigeant seulement de légères inadvertances.

E. P.

» J'y introduirai tout d'abord la quantité ω, en me servant, au lieu des fonctions Θ, H, .., de la série

$$\theta_{\mu,\nu}(x) = \Sigma(-1)^{n\nu} e^{i\pi\left[(2n+\mu)x+\frac{\omega}{4}(2n+\mu)^2\right]} \qquad (n = 0, \pm 1, \pm 2, \ldots)$$

[*voir* mon article *Sur quelques formules relatives à la transformation des fonctions elliptiques* (*Journ. de Liouville*, 1858)], et j'écrirai

$$\sqrt[4]{k'} = \frac{\theta_{0,1}(0|\omega)}{\theta_{0,1}(0|2\omega)},$$

ou plus simplement

$$\sqrt[4]{k'} = \frac{\theta_{0,1}(\omega)}{\theta_{0,1}(2\omega)}.$$

J'ai posé, comme vous savez,

$$\sqrt[4]{k} = \varphi(\omega), \qquad \sqrt[4]{k'} = \psi(\omega):$$

on aura donc

$$\psi\left(\frac{c-d\omega}{a+b\omega}\right) = \frac{\theta_{0,1}\left(\frac{c-d\omega}{a+b\omega}\right)}{\theta_{0,1}\left(2\frac{c-d\omega}{a+b\omega}\right)}.$$

Dans cette égalité, a, b, c, d désignent des entiers assujettis à la condition $ad - bc = 1$; je ferai la supposition qu'ils appartiennent au premier cas (page 4), où b et c sont pairs, a et d impairs, et je ferai

$$b = 2b', \qquad 2c = c';$$

nous aurons ainsi

$$\psi\left(\frac{c+d\omega}{a+b\omega}\right) = \frac{\theta_{0,1}\left(\frac{c+d\omega}{a+b\omega}\right)}{\theta_{0,1}\left(\frac{c'+d.2\omega}{a+b'.2\omega}\right)},$$

et, comme nous conservons la condition $ad - b'c' = 1$, la question se trouve ramenée à celle qui concerne la transformation de la fonction $\theta_{\mu,\nu}(x)$. Dans l'article cité tout à l'heure, j'ai obtenu les résultats suivants, dont je vais maintenant faire usage.

» Soit en général, pour des valeurs quelconques de a, b, c, d,

$$\mu_1 = a\mu + b\nu + ab,$$
$$\nu_1 = c\mu + d\nu + cd.$$
$$\delta = e^{-\frac{i\pi}{4}(ac\mu^2 + 2bc\mu\nu + bd\nu^2 + 2abc\mu + 2abd\nu + ab^2c)};$$

puis, en supposant b positif,

$$\mathrm{S} = \Sigma e^{-\frac{i\pi a}{b}\left(\rho - \frac{1}{2}b\right)^2} \qquad (\rho = 0, 1, 2, \ldots, b-1),$$

$$\mathrm{T} = \frac{\mathrm{S}\delta}{\sqrt{-ib(a+b\omega)}},$$

le signe de la racine carrée étant pris de manière que sa partie réelle soit positive. Nous aurons l'égalité

$$\theta_{\mu,\nu}[(a+b\omega)x, \omega]\, e^{i\pi b(a+b\omega)x^2} = \mathrm{T}\,\theta_{\mu_1,\nu_1}\left(x, \frac{c+d\omega}{a+b\omega}\right),$$

et nous en concluons, pour $x = 0$,

$$\theta_{\mu,\nu}(\omega) = \mathrm{T}\,\theta_{\mu_1,\nu_1}\left(\frac{c+d\omega}{a+b\omega}\right).$$

» La condition de b positif peut toujours s'obtenir en changeant, comme il est permis, le signe des quatre entiers a, b, c, d. Cela étant, la somme S s'exprime comme il suit, au moyen du symbole $\left(\frac{a}{b}\right)$ de la théorie des résidus quadratiques.

» Supposons que b soit pair. Je ferai $b = 2^k b_1$, b_1 étant impair, et l'on aura, suivant que l'exposant k est pair ou impair,

$$\mathrm{S} = \sqrt{b}\left(\frac{-a}{b_1}\right) e^{\frac{i\pi}{8}[a^2+1+3(ab_1+1)^2+(b_1-1)^2]},$$

ou bien

$$\mathrm{S} = \sqrt{b}\left(\frac{-a}{b_1}\right) e^{\frac{i\pi}{8}[3(ab_1+1)^2+(b_1-1)^2]}.$$

» Je vais faire, en entrant dans tous les détails du calcul, l'application de ces formules aux quantités

$$\theta_{0,1}\left(\frac{c+d\omega}{a+b\omega}\right) \qquad \text{et} \qquad \theta_{0,1}\left(\frac{c'+d.2\omega}{a+b'.2\omega}\right).$$

Je supposerai qu'on ait

$$a \equiv 1, \quad b \equiv 0, \quad c \equiv 0, \quad d \equiv 1 \qquad (\mathrm{mod}\ 2).$$

Ce sera donc le premier des six cas qu'il faudra considérer ; nous verrons bientôt que tous les autres s'en déduisent immédiatement.

» Soient d'abord $\mu = 0$, $\nu = 1$. Des deux nombres

$$\mu_1 = b + ab,$$
$$\nu_1 = d + cd,$$

le premier est pair, et même multiple de 4, le second est impair. Ayant donc en général

$$\theta_{2\mu,2\nu+1}(x,\omega) = (-1)^{\mu}\theta_{0,1}(x,\omega),$$

nous en concluons l'égalité

$$\theta_{0,1}(\omega) = \mathrm{T}.\theta_{0,1}\left(\frac{c+d\omega}{a+b\omega}\right).$$

» J'ajoute qu'on peut mettre sous une forme plus simple la quantité

$$\delta = e^{-\frac{i\pi}{4}(bd+2abd+ab^2c)}$$

qui entre dans la valeur du facteur

$$\mathrm{T} = \frac{\mathrm{S}\delta}{\sqrt{-ib(a+b\omega)}}.$$

Des hypothèses faites sur les entiers a, b, c, d résulte, en effet, la congruence

$$bd + 2abd + ab^2c \equiv -bd \pmod 8,$$

ce qui permet d'écrire

$$\delta = e^{\frac{i\pi}{4}bd}.$$

» Si nous passons ensuite à la quantité $\theta_{0,1}\left(\frac{c'+d.2\omega}{a+b'.2\omega}\right)$, où $b'=\frac{b}{2}$ et $c'=2c$ remplacent b et c, a et d ne changeant pas, on a

$$\mu_1 = b'+ab',$$
$$\nu_1 = d+c'd;$$

le premier de ces deux nombres est encore pair et le second impair, mais μ_1 n'est pas nécessairement divisible par 4, et, par conséquent, on a l'égalité

$$\theta_{0,1}(2\omega) = (-1)^{\frac{b'+ab'}{2}}\mathrm{T}'.\theta_{0,1}\left(\frac{c'+d.2\omega}{a+b'.2\omega}\right),$$

où T′ représente ce que devient, dans ce second cas, le facteur T.

» Désignons aussi par δ' et S′ les nouvelles valeurs de δ et de S; on aura

$$\mathrm{T}' = \frac{\mathrm{S}'\delta'}{\sqrt{-ib'(a+b'.2\omega)}},$$

c'est-à-dire

$$T' = \frac{S'\delta'}{\sqrt{-\frac{1}{2}ib(a+b\omega)}},$$

et nous en concluons

$$\frac{T'}{T} = \sqrt{2}\,\frac{S'\delta'}{S\delta}.$$

» Je m'arrêterai à cette formule, et je remarquerai en premier lieu que, en passant de S à S', le nombre b est remplacé par $\frac{b}{2}$. Il en résulte que, ayant posé $b = 2^k b_1$, l'exposant k varie de l'une à l'autre d'une unité. Cela étant, la comparaison des valeurs de S et de S' nous donne l'égalité

$$S' = \frac{1}{\sqrt{2}}\,e^{\frac{i\pi}{8}(a^2-1)}\,S,$$

d'où résulte

$$\frac{T'}{T} = \frac{e^{\frac{i\pi}{8}(a^2-1)}\,\delta'}{\delta}.$$

» Ceci posé, écrivons le facteur $(-1)^{\frac{b'+ab'}{2}}$ sous la forme $e^{\frac{i\pi}{4}(b+ab)}$, et employons l'expression de δ', à savoir :

$$\delta' = e^{-\frac{i\pi}{4}(b'd+2ab'd+ab'^2c')} = e^{-\frac{i\pi}{8}(bd+2abd+ab^2c)}:$$

on aura ainsi

$$(-1)^{\frac{b'+ab'}{2}}\,\frac{T'}{T} = e^{\frac{i\pi}{8}[a^2-1+2b(1+a)-3bd-2abd-ab^2c]}.$$

» Or, on vérifie facilement la congruence suivante :

$$\text{(A)}\qquad 2b(1+a)-3bd-2abd-ab^2c \equiv -ab \pmod{16},$$

faisant, en effet, passer tous les termes dans un même membre et divisant par b, qui est pair, elle peut s'écrire

$$2(1-ad)+3(a-d)-abc \equiv 0 \pmod 8,$$

puis, d'après la condition $ad-bc=1$,

$$-2bc+3(a-d)-a(ad-1) \equiv 0 \pmod 8;$$

mais, b et c étant pairs et a impair, on a

$$2bc \equiv 0,\qquad a^2 \equiv 1 \pmod 8;$$

elle deviendra donc simplement

$$4(a-d) \equiv 0 \pmod 8,$$

ce qui a lieu, en effet, a et d étant impairs. Nous avons, en conséquence,

$$(-1)^{\frac{b^2+ab'}{2}}\frac{T'}{T} = e^{\frac{i\pi}{8}(a^2-ab-1)}.$$

» Nous obtenons ensuite, au moyen de l'expression qui a été notre point de départ,

$$\psi(\omega) = \frac{\theta_{0,1}(\omega)}{\theta_{0,1}(2\omega)},$$

la relation fondamentale

$$\text{(I)} \qquad \psi\left(\frac{c+d\omega}{a+b\omega}\right) = \psi(\omega)\, e^{\frac{i\pi}{8}(a^2-ab-1)}.$$

» On en tire les deux systèmes de formules concernant les fonctions $\varphi(\omega)$ et $\psi(\omega)$ pour tous les cas que présentent les entiers a, b, c, d, pris selon le module 2. Ces cas sont indiqués dans le Tableau suivant, que j'ai donné dans mon article *Sur l'Équation du cinquième degré* :

	a	b	c	d
I........	1	0	0	1
II.......	0	1	1	0
III......	1	1	0	1
IV......	1	1	1	0
V.......	1	0	1	1
VI.......	0	1	1	1

» En premier lieu, je change, dans l'équation (I), ω en $-\frac{1}{\omega}$ et a, b, c, d en b, $-a$, d, $-c$; on trouve ainsi

$$\text{(II)} \qquad \psi\left(\frac{c+d\omega}{a+b\omega}\right) = \varphi(\omega)\, e^{\frac{i\pi}{8}(b^2+ab-1)}.$$

» Dans la même équation, je remplace ensuite ω par $\omega - 1$, a et c par $a + b$ et $c + d$; il vient

$$\text{(V)} \qquad \psi\left(\frac{c + d\omega}{a + b\omega}\right) = \frac{1}{\psi(\omega)} e^{\frac{i\pi}{8}(a^2 + ab - 1)}.$$

Passant à l'équation (II), je change ω en $\omega + 1$, a et c en $a - b$ et $c - d$, ce qui donne

$$\text{(IV)} \qquad \psi\left(\frac{c + d\omega}{a + b\omega}\right) = \frac{\varphi(\omega)}{\psi(\omega)} e^{\frac{i\pi}{8}ab}.$$

» Je continue en remplaçant, dans (V), ω par $-\frac{1}{\omega}$ et a, b, c, d par b, $-a$, d, $-c$, et j'obtiens

$$\text{(VI)} \qquad \psi\left(\frac{c + d\omega}{a + b\omega}\right) = \frac{1}{\varphi(\omega)} e^{\frac{i\pi}{8}(b^2 - ab - 1)}.$$

» Pour avoir le système complet des formules cherchées, il ne me reste plus qu'à changer dans cette équation ω en $\omega - 1$, a et c en $a + b$ et $c + d$; on a ainsi

$$\text{(III)} \qquad \psi\left(\frac{c + d\omega}{a + b\omega}\right) = \frac{\psi(\omega)}{\varphi(\omega)} e^{-\frac{i\pi}{8}ab},$$

en employant l'égalité

$$\varphi(\omega - 1) = e^{-\frac{i\pi}{8}} \frac{\varphi(\omega)}{\psi(\omega)}.$$

» Voici maintenant les résultats réunis et mis en regard des six cas énumérés dans le Tableau précédent :

$$\text{I.} \qquad \psi\left(\frac{c + d\omega}{a + b\omega}\right) = \psi(\omega) e^{\frac{i\pi}{8}(a^2 - ab - 1)},$$

$$\text{II.} \qquad \psi\left(\frac{c + d\omega}{a + b\omega}\right) = \varphi(\omega) e^{\frac{i\pi}{8}(b^2 + ab - 1)},$$

$$\text{III.} \qquad \psi\left(\frac{c + d\omega}{a + b\omega}\right) = \frac{\psi(\omega)}{\varphi(\omega)} e^{-\frac{\pi}{8}ab},$$

$$\text{IV.} \qquad \psi\left(\frac{c + d\omega}{a + b\omega}\right) = \frac{\varphi(\omega)}{\psi(\omega)} e^{\frac{i\pi}{8}ab},$$

$$\text{V.} \qquad \psi\left(\frac{c + d\omega}{a + b\omega}\right) = \frac{1}{\psi(\omega)} e^{\frac{i\pi}{8}(a^2 + ab - 1)},$$

$$\text{VI.} \qquad \psi\left(\frac{c + d\omega}{a + b\omega}\right) = \frac{1}{\varphi(\omega)} e^{\frac{i\pi}{8}(b^2 - ab - 1)}.$$

» J'ai à y joindre enfin les formules qui concernent la fonction $\varphi(\tau)$. Je remplacerai à cet effet a, b, c, d par $-c$, $-d$, a, b; on change ainsi

$$\psi\left(\frac{c+d\omega}{a+b\omega}\right)$$

en

$$\varphi\left(\frac{c+d\omega}{a+b\omega}\right)$$

et aux divers cas

(I), (II), (III), (IV), (V), (VI),

se substituent ceux-ci

(II), (I), (VI), (V), (IV), (III).

» Nous avons ainsi ce second système de relations

$$\text{I.}\qquad \varphi\left(\frac{c+d\omega}{a+b\omega}\right)=\varphi(\omega)\,e^{\frac{i\pi}{8}(d^2+cd-1)},$$

$$\text{II.}\qquad \varphi\left(\frac{c+d\omega}{a+b\omega}\right)=\psi(\omega)\,e^{\frac{i\pi}{8}(c^2-cd-1)},$$

$$\text{III.}\qquad \varphi\left(\frac{c+d\omega}{a+b\omega}\right)=\frac{1}{\varphi(\omega)}\,e^{\frac{i\pi}{8}(d^2-cd-1)},$$

$$\text{IV.}\qquad \varphi\left(\frac{c+d\omega}{a+b\omega}\right)=\frac{1}{\psi(\omega)}\,e^{\frac{i\pi}{8}(c^2+cd-1)},$$

$$\text{V.}\qquad \varphi\left(\frac{c+d\omega}{a+b\omega}\right)=\frac{\varphi(\omega)}{\psi(\omega)}\,e^{\frac{i\pi}{8}cd},$$

$$\text{VI.}\qquad \varphi\left(\frac{c+d\omega}{a+b\omega}\right)=\frac{\psi(\omega)}{\varphi(\omega)}\,e^{-\frac{i\pi}{8}cd}.$$

» J'observe enfin que les deux séries de formules établies, dans le cas où b est positif, subsistent dans tous les cas, comme on le voit en changeant a, b, c, d en $-a$, $-b$, $-c$, $-d$.

» Ce sont bien les résultats que j'ai indiqués et dont je me reproche d'avoir tant tardé à vous donner la démonstration que vous m'avez demandée (¹). Mais cette démonstration, je dois le reconnaître, *opere peracto*, ne me contente point : elle est longue, in-

(¹) Les formules précédentes n'ont pas toutes la même forme que les formules de la Note sur l'équation du cinquième degré (p. 9 de ce volume), mais elles se ramènent à celles-ci si l'on tient compte des congruences auxquelles satisfont les entiers a, b, c, d. E. P.

directe surtout; elle repose en entier sur le hasard d'une formule de Jacobi, oubliée et comme perdue parmi tant de découvertes dues à son génie. Je vous l'envoie, mon cher ami, *valeat quantum,* en vous informant que je serai revenu dans quelques jours, et à votre disposition pour tout ce que vous aurez à me demander. Et nous causerons aussi d'autre chose que d'Analyse, nous argumenterons, nous nous disputerons. De ma proximité de l'Espagne je rapporte des cigarettes d'Espagnoles; si vous ne venez pas en fumer avec votre collaborateur d'aujourd'hui, votre professeur d'autrefois, c'est que vous avez le cœur d'un tigre.

» *Totus tuus et toto corde.*

» CH. HERMITE. »

SUR LA RÉSOLUTION

DE

L'ÉQUATION DU QUATRIÈME DEGRÉ.

Comptes rendus de l'Académie des Sciences, t. XLVI, 1858 (I), p. 715.

La théorie des formes cubiques à trois indéterminées conduit à plusieurs équations remarquables du quatrième degré qui jouent en particulier un rôle important dans la détermination des points d'inflexion des courbes du troisième ordre. L'étude de ces équations m'ayant fait remarquer qu'elles offrent la plus étroite affinité avec celles qu'on rencontre dans la transformation du troisième ordre des fonctions elliptiques, il ne m'a pas paru inutile de m'arrêter à ce rapprochement qui peut-être conduira à comparer de même les équations du neuvième degré dont dépendent les coordonnées des points d'inflexion, avec celle qui se présente pour exprimer, par exemple, $\sin \operatorname{am} \frac{x}{3}$ par $\sin \operatorname{am} x$. Cette analogie, d'ailleurs, m'a ouvert la voie pour représenter par les transcendantes elliptiques les racines de l'équation générale du quatrième degré, ce qui était le résultat auquel je désirais principalement parvenir. Avant d'exposer cette recherche qui se lie naturellement à celles que j'ai eu l'honneur de communiquer à l'Académie sur l'équation du cinquième degré, je rappellerai l'origine et j'indiquerai les propriétés principales de ces équations spéciales du quatrième degré, auxquelles conduit la théorie des formes cubiques à trois indéterminées.

Soient, en employant les mêmes désignations que M. Cayley [1],

[1] Je renverrai, pour les expressions de HU, PU, etc., au beau travail du savant géomètre, publié dans les *Transactions de la Société Royale,* sous le titre : *Third memoir upon Quantics,* et je me bornerai à donner ici leurs formes cano-

U une forme cubique quelconque, HU, PU, QU le covariant et les deux formes adjointes du troisième degré par rapport aux indéterminées, S et T les deux invariants de M. Aronhold, et S_1 une quantité définie par la condition

$$S^3 + S_1^3 = T^2,$$

ces équations seront

$$(1) \qquad f(x) = x^4 - 6S\,x^2 - 8Tx - 3S^2 = 0,$$

$$(2) \qquad f_1(x) = x^4 - 6S_1x^2 - 8Tx - 3S_1^2 = 0,$$

$$(3) \qquad F(x) = 12Sx^4 + 8Tx^3 - 6S^2x^2 - 6STx - T^2 - \tfrac{1}{4}S^3 = 0,$$

et voici leurs propriétés essentielles. Soient δ une racine de la première et Δ une racine de la troisième, les deux fonctions

$$\delta U + 6HU, \qquad 6\Delta PU + QU$$

seront décomposables en facteurs linéaires. Désignons encore par δ_1 une racine de l'équation (2) qui a été déduite de l'équation (1) en permutant S et S_1, on aura

$$\delta_1 = \frac{3}{d^2},$$

en nommant d le déterminant de la substitution propre à réduire U à la forme canonique

$$x^3 + y^3 + z^3 + 6lxyz.$$

Ces quantités δ, δ_1, Δ auront d'ailleurs les relations suivantes :

$$\Delta = \frac{1}{4}\left(\delta + \frac{S}{\delta}\right), \qquad \Delta = -\frac{1}{2}\frac{1}{S}\left(T + \frac{S_1^2}{\delta_1}\right),$$

$$\delta_1 = \frac{24S_1^2}{f'(\delta)}, \qquad \delta = \frac{24S^2}{f_1'(\delta)}.$$

---

niques qui sont :

$$U = x^3 + y^3 + z^3 + 6lxyz,$$
$$HU = l^2(x^3 + y^3 + z^3) - (1 + 2l^3)\,xyz,$$
$$PU = -l(x^3 + y^3 + z^3) - (1 - 4l^3)\,xyz,$$
$$QU = (1 - 10l^3)(x^3 + y^3 + z^3) - 6l^2(5 + 4l^3)\,xyz,$$
$$S = -4l + 4l^4,$$
$$T = 1 - 20l^3 - 8l^6,$$
$$S_1 = 1 + 8l^3.$$

Ceci posé, je comparerai d'abord à l'équation modulaire

$$v^4 + 2u^3v^3 - 2uv - u^4 = 0$$

les équations (1) et (2). On sait qu'en faisant $u = \varphi(\omega)$, on a, pour v, les quatre valeurs

$$v = -\varphi(3\omega), \quad \varphi\left(\frac{\omega}{3}\right), \quad \varphi\left(\frac{\omega+16}{3}\right), \quad \varphi\left(\frac{\omega+2.16}{3}\right);$$

or, en posant

$$k^2 = \frac{2\sqrt{S^3}}{T+\sqrt{S^3}}$$

et

$$K = \int_0^1 \frac{d\varphi}{\sqrt{1-k^2\sin^2\varphi}}, \qquad K' = \int_0^1 \frac{d\varphi}{\sqrt{1-k'^2\sin^2\varphi}}, \qquad \omega = \frac{iK'}{K},$$

on obtiendra, pour les quatre racines δ, les expressions suivantes :

$$(4) \quad \left\{\begin{array}{ll} \sqrt{S}\left[1-2\dfrac{\varphi(3\omega)}{\varphi^3(\omega)}\right], & \sqrt{S}\left[1+2\dfrac{\varphi\left(\dfrac{\omega+16}{3}\right)}{\varphi^3(\omega)}\right], \\ \sqrt{S}\left[1+2\dfrac{\varphi\left(\dfrac{\omega}{3}\right)}{\varphi^3(\omega)}\right], & \sqrt{S}\left[1+2\dfrac{\varphi\left(\dfrac{\omega+2.16}{3}\right)}{\varphi^3(\omega)}\right]. \end{array}\right.$$

Maintenant, si l'on change S en S_1, afin d'arriver aux formules analogues pour les racines δ_1 de l'équation (2), on sera conduit au module

$$l^2 = \frac{2\sqrt{S_1^3}}{T+\sqrt{S_1^3}};$$

or à la relation $S^3 + S_1^3 = T^2$ correspondra, entre k et l, celle-ci :

$$l = \frac{2\sqrt{k'}}{1+k'};$$

d'où résulte immédiatement cette conséquence que l'on passe de δ à δ_1 en changeant simplement ω en $-\frac{1}{2\omega}$.

Mais il est une autre équation du quatrième degré que présente également la transformation du troisième ordre des fonctions elliptiques, et à laquelle se ramènent d'une manière plus immédiate encore les équations (1) et (2). Je veux parler de la relation entre le multiplicateur M et le module k, qui est, en faisant $\frac{1}{M} = z$ (¹) :

$$z^4 - 6z^2 - 8(1 - 2k^2)z - 3 = 0.$$

En comparant cette équation avec l'équation (1), introduisant le module

$$k^2 = \frac{T + \sqrt{S^3}}{2\sqrt{S^3}},$$

et faisant usage de l'expression de M donnée par Jacobi dans les

---

(¹) Jacobi a appelé le premier l'attention sur ces équations qui offrent un grand intérêt, en particulier pour cette théorie de la multiplication complexe, sur laquelle M. Kronecker a récemment communiqué à l'Académie de Berlin des résultats aussi beaux qu'importants. Mais, jusqu'ici, on ne connaissait que l'équation donnée par Jacobi, et qui se rapporte à la transformation du cinquième ordre. Celle que j'ai employée a été calculée par le P. Joubert qui, suivant l'exemple donné par M. Sohnke pour les équations modulaires, s'est occupé avec succès de leur formation, et les a obtenues pour le cinquième, le septième et le onzième ordre, sous les formes suivantes :

$$(M - 1)^5\left(M - \frac{1}{5}\right) + \frac{2^8}{5} k^2 k'^2 M^5 = 0,$$

$$k'^2(M + 1)^7\left(M - \frac{1}{7}\right) + k^2(M - 1)^7\left(M + \frac{1}{7}\right)$$
$$+ 3.2^8 k^2 k'^2 M^6 + \frac{2^{11}}{7} k^2 k'^2 (k^2 - k'^2) M^7 = 0,$$

$$k'^2(M + 1)^{11}\left(M - \frac{1}{11}\right) + k^2(M - 1)^{11}\left(M + \frac{1}{11}\right)$$
$$+ \frac{2^{12}}{11} k^2 k'^2 (k^2 - k'^2)(15 - 2^{17} k^2 k'^2) M^{11}$$
$$+ 3.2^8 k^2 k'^2 (111 + 2^9 k^2 k'^2) M^{10} + 83.2^{11}.k^2 k'^2 (k^2 - k'^2) M^9$$
$$+ 21.2^9 k^2 k'^2 M^8 + 2^{12} k^2 k'^2 (k^2 - k'^2) M^7 + 33.2^8 k^2 k'^2 M^6 = 0.$$

Un autre résultat très intéressant, obtenu aussi par le P. Joubert, consiste en ce que, si l'on nomme M, M', M'', etc. les racines de l'équation pour le cinquième ordre, la fonction suivante des racines analogue à celle qui m'a donné la résolution de l'équation de M. Jerrard, savoir :

$$x = (M - M')(M'' - M''')(M^{IV} - M^{V}),$$

satisfait à cette équation

$$x(x^2 + 5^2.2^8 k^2 k'^2)^2 = 5^2.2^{22} k^4 k'^4 (1 - 4k^2 k'^2)\sqrt{5}.$$

[M. Hermite donne ici la substitution qui peut ramener l'équation à la forme de Jerrard; mais, comme elle n'est pas exacte, nous ne la reproduisons pas.] E. P.

Fundamenta, on obtient, pour les quatre racines δ, les valeurs suivantes :

$$(5)\quad \begin{cases} \sqrt{S}\,\dfrac{\sin^2 \operatorname{am} \frac{4}{3} K}{\sin^2 \operatorname{coam} \frac{4}{3} K}, & \sqrt{S}\,\dfrac{\sin^2 \operatorname{am} \frac{4}{3} (K + iK')}{\sin^2 \operatorname{coam} \frac{4}{3} (K + iK')}, \\[2ex] \sqrt{S}\,\dfrac{\sin^2 \operatorname{am} \frac{4}{3} iK'}{\sin^2 \operatorname{coam} \frac{4}{3} iK'}, & \sqrt{S}\,\dfrac{\sin^2 \operatorname{am} \frac{4}{3} (K - iK')}{\sin^2 \operatorname{coam} \frac{4}{3} (K - iK')}. \end{cases}$$

A ces formules je joindrai celles qui représentent les racines Δ de l'équation (3), et où les fonctions elliptiques ont encore le même module, savoir :

$$(6)\quad \begin{cases} \frac{1}{2}\sqrt{S}\,\dfrac{1 + \cos^2 \operatorname{am} \frac{4}{3} K}{\sin^2 \operatorname{am} \frac{4}{3} K}, & \frac{1}{2}\sqrt{S}\,\dfrac{1 + \cos^2 \operatorname{am} \frac{4}{3} (K + iK')}{\sin^2 \operatorname{am} \frac{4}{3} (K + iK')}, \\[2ex] \frac{1}{2}\sqrt{S}\,\dfrac{1 + \cos^2 \operatorname{am} \frac{4}{3} iK'}{\sin^2 \operatorname{am} \frac{4}{3} iK'}, & \frac{1}{2}\sqrt{S}\,\dfrac{1 + \cos^2 \operatorname{am} \frac{4}{3} (K - iK')}{\sin^2 \operatorname{am} \frac{4}{3} (K - iK')}. \end{cases}$$

Voici donc, au point de vue où je me suis placé dans mes recherches sur l'équation du cinquième degré, la résolution de ces équations spéciales du quatrième degré qui s'offrent dans la théorie des formes cubiques à trois variables. Ces résultats, ainsi que je l'ai dit plus haut, ouvrent la voie pour traiter d'une manière analogue l'équation générale, et parvenir à exprimer séparément les racines par des fonctions bien déterminées. Mais, avant d'entrer dans cette recherche, qui exige des principes dont je parlerai dans un autre article, je ferai encore une remarque essentielle sur les formules précédentes. Elles dépendent du radical $\sqrt{S}$, et il importe de bien saisir de quelle manière elles subsistent dans leur ensemble lorsque l'on change le signe de ce radical. Considérons en particulier les formules (5); on reconnaît d'abord qu'en mettant $-\sqrt{S}$ au lieu de $\sqrt{S}$, le module se change dans son complément. Or, on sait par la théorie de la transformation que le multiplicateur M, lorsqu'on y remplace k par k', se change en $-$ M. Nos formules restent donc les mêmes, parce que les deux facteurs qui y entrent deviennent simultanément de signes opposés. Chacune des racines cependant ne reste pas la même lorsque l'on change ainsi le module dans son complément, ou ω en $-\frac{1}{\omega}$, et le Tableau suivant, montrant de quelle manière elles s'échangent alors les unes dans les autres, fera bien complètement saisir toutes les conséquences de l'ambiguïté inhérente au radical que nous avons employé :

$$\omega\left\{\begin{array}{l}
\sqrt{S}\,\dfrac{\sin^2 \operatorname{am} \frac{4}{3} K}{\sin^2 \operatorname{coam} \frac{4}{3} K},\\[2ex]
\sqrt{S}\,\dfrac{\sin^2 \operatorname{am} \frac{4}{3} iK'}{\sin^2 \operatorname{coam} \frac{4}{3} iK'},\\[2ex]
\sqrt{S}\,\dfrac{\sin^2 \operatorname{am} \frac{4}{3} (K+iK')}{\sin^2 \operatorname{coam} \frac{4}{3} (K+iK')},\\[2ex]
\sqrt{S}\,\dfrac{\sin^2 \operatorname{am} \frac{4}{3} (K-iK')}{\sin^2 \operatorname{coam} \frac{4}{3} (K-iK')}.
\end{array}\right.
\qquad
-\frac{1}{\omega}\left\{\begin{array}{l}
\sqrt{S}\,\dfrac{\sin^2 \operatorname{am} \frac{4}{3} iK'}{\sin^2 \operatorname{coam} \frac{4}{3} iK'},\\[2ex]
\sqrt{S}\,\dfrac{\sin^2 \operatorname{am} \frac{4}{3} K}{\sin^2 \operatorname{coam} \frac{4}{3} K},\\[2ex]
\sqrt{S}\,\dfrac{\sin^2 \operatorname{am} \frac{4}{3} (K-iK')}{\sin^2 \operatorname{coam} \frac{4}{3} (K-iK')},\\[2ex]
\sqrt{S}\,\dfrac{\sin^2 \operatorname{am} \frac{4}{3} (K+iK')}{\sin^2 \operatorname{coam} \frac{4}{3} (K+iK')}.
\end{array}\right.$$

Les formules relatives aux racines Δ donnent lieu à des résultats entièrement semblables, et, quant aux formules (4), je me bornerai à remarquer que, les deux modules

$$\frac{2\sqrt{S^3}}{T+\sqrt{S^3}} \quad \text{et} \quad \frac{T+\sqrt{S^3}}{2\sqrt{S^3}}$$

étant réciproques, elles sont identiques au fond avec les formules (5) et peuvent s'y ramener par la substitution de $\frac{\omega}{1+\omega}$ à ω. Je ne m'arrêterai pas non plus aux relations qui existent entre les racines de chacune des équations

$$f(x)=0, \qquad f_1(x)=0, \qquad F(x)=0,$$

et auxquelles conduisent aisément les expressions que nous avons données. Seulement j'observerai que ces équations, comme celles de la théorie des fonctions elliptiques que j'ai employées, n'appartiennent pas au type d'irrationnalités le plus complexe de l'équation générale du quatrième degré. Effectivement, si l'on considère à leur égard l'équation en V de Galois, dont le degré distingue et caractérise d'une manière si précise ce qu'on peut appeler les *divers ordres d'irrationnalités,* on la trouve seulement du douzième degré, tandis que dans le cas général elle est nécessairement du vingt-quatrième. Il existe donc pour ces équations des fonctions non symétriques, exprimables rationnellement par les coefficients, et le type de ces fonctions est donné très simplement par le produit des cinq différences des racines. De là découlent, pour la théorie des fonctions elliptiques, d'importantes conséquences, se résumant dans ce fait : que *le produit de deux fonctions* $\varphi(\omega)$ *et* $\psi(\omega)$ *est le cube d'une nouvelle fonction également bien déterminée.* Une formule depuis longtemps obtenue par Jacobi [*Fundamenta,* § 36, équat. (4)] donnait déjà, il est vrai, la notion de cette nouvelle transcendante, mais sans conduire à aucune de ses propriétés, que je vais indiquer succinctement en terminant cette Note. Et d'abord je la définirai par l'équation

$$\chi(\omega) = \sqrt[6]{2}\,\sqrt[24]{q}(1-q)(1+q^2)(1-q^3)(1+q^4)\ldots,$$

en faisant toujours $q = e^{i\pi\omega}$, de sorte que, relativement à ω, on obtienne une expression entièrement déterminée. Cela posé, on aura ces relations qui se démontrent immédiatement, savoir :

$$\chi^3(\omega) = \varphi(\omega)\psi(\omega),$$

$$\chi(\omega+1) = e^{\frac{i\pi}{24}}\frac{\chi(\omega)}{\psi(\omega)}, \qquad \chi\left(-\frac{1}{\omega}\right) = \chi(\omega).$$

Voici maintenant celles qui se rapportent aux substitutions de la forme $\frac{c+d\omega}{a+b\omega}$, a, b, c, d étant des nombres entiers assujettis à la condition $ad - bc = 1$, et qu'il importait surtout d'obtenir. Distinguant, ainsi que je l'ai déjà fait dans une circonstance toute semblable, ces substitutions en six classes [*voir* ma Note sur l'équation du cinquième degré (¹)], et posant, pour abréger,

$$\rho = e^{\frac{2i\pi}{3}(ab+ac+bd-ab^2c)},$$

(¹) Page 8 de ce Volume. E. P.

on aura

$$\text{(I)}\qquad \chi\left(\frac{c+d\omega}{a+b\omega}\right)=\rho\chi(\omega)\left(\frac{2}{ad}\right)e^{-\frac{3i\pi}{8}(ab-cd)},$$

$$\text{(II)}\qquad \chi\left(\frac{c+d\omega}{a+b\omega}\right)=\rho\chi(\omega)\left(\frac{2}{bc}\right)e^{\frac{3i\pi}{8}(ab-cd)},$$

$$\text{(III)}\qquad \chi\left(\frac{c+d\omega}{a+b\omega}\right)=-\rho\,\frac{\chi(\omega)}{\varphi(\omega)}\left(\frac{2}{d}\right)e^{-\frac{3i\pi}{8}(ab+cd)},$$

$$\text{(IV)}\qquad \chi\left(\frac{c+d\omega}{a+b\omega}\right)=-\rho\,\frac{\chi(\omega)}{\psi(\omega)}\left(\frac{2}{c}\right)e^{\frac{3i\pi}{8}(ab+cd)};$$

$$\text{(V)}\qquad \chi\left(\frac{c+d\omega}{a+b\omega}\right)=-\rho\,\frac{\chi(\omega)}{\psi(\omega)}\left(\frac{2}{a}\right)e^{\frac{3i\pi}{8}(ab+cd)},$$

$$\text{(VI)}\qquad \chi\left(\frac{c+d\omega}{a+b\omega}\right)=-\rho\,\frac{\chi(\omega)}{\varphi(\omega)}\left(\frac{2}{b}\right)e^{-\frac{3i\pi}{8}(ab+cd)}.$$

Les symboles $\left(\frac{2}{a}\right)$, $\left(\frac{2}{b}\right)$ indiquent, suivant l'usage, le caractère quadratique du dénominateur par rapport au nombre 2.

J'espère pouvoir présenter dans une autre occasion les conséquences de ces théorèmes pour l'Arithmétique.

SUR QUELQUES THÉORÈMES D'ALGÈBRE

ET LA

RÉSOLUTION DE L'ÉQUATION DU QUATRIÈME DEGRÉ.

Comptes rendus de l'Académie des Sciences, t. XLVI, 1858 (I), p. 961.

On sait que toute équation $f(x) = 0$ peut être transformée en une autre du même degré en y par la substitution $y = \varphi(x)$, où φx désigne une fonction rationnelle. Ce procédé de transformation, qui est si fréquemment employé en Algèbre, va nous servir pour ramener l'équation générale du quatrième degré aux équations particulières qui ont été considérées dans un précédent article, et dont j'ai exprimé les racines au moyen des fonctions elliptiques. Mais, en raison de son importance, et notamment de son application à la résolution de l'équation du cinquième degré, ce mode de transformation m'a paru demander une étude nouvelle, et je commencerai d'abord par en donner les résultats.

Soit

$$f(x) = ax^n + bx^{n-1} + \ldots + gx^2 + hx + k = 0$$

l'équation proposée; l'expression la plus générale de φx sera, comme on le sait, une fonction entière du degré $n-1$, savoir :

$$\varphi(x) = t + t_0 x + t_1 x^2 + \ldots + t_{n-2} x^{n-1}.$$

Cela posé, en représentant la transformée en y par

$$y^n + p_1 y^{n-1} + p_2 y^{n-2} + \ldots + p_n = 0,$$

l'un quelconque des coefficients, tel que p_i, sera une fraction ayant pour dénominateur $a^{(n-1)i}$, et pour numérateur une fonction entière, homogène, de degré i par rapport à t, t_0, t_1, ..., t_{n-2}, et de degré $(n-1)i$ par rapport aux coefficients a, b, ..., h, k. Ce degré si élevé rend en quelque sorte impraticable le calcul de l'équation en y; aussi ce qui a été obtenu de plus important par la considération de cette transformée, en particulier le théorème de M. Jerrard sur l'équation du cinquième degré, ne semble établi qu'à titre de possibilité, en raison de l'excessive complication des opérations nécessaires pour parvenir à un résultat effectif. Mais on peut surmonter ces difficultés par la proposition suivante :

Soit

$$\begin{aligned} t &= a\mathrm{T} + b\mathrm{T}_0 + \ldots + g\mathrm{T}_{n-3} + h\mathrm{T}_{n-2}, \\ t_0 &= a\mathrm{T}_0 + b\mathrm{T}_1 + \ldots + g\mathrm{T}_{n-2}, \\ &\ldots\ldots\ldots\ldots\ldots\ldots\ldots\ldots\ldots, \\ t_{n-3} &= a\mathrm{T}_{n-3} + b\mathrm{T}_{n-2}, \\ t_{n-2} &= a\mathrm{T}_{n-2}. \end{aligned}$$

Cette substitution effectuée dans la fonction p_i la changera en une fonction P_i du même degré par rapport aux indéterminées nouvelles T, T_0, T_1, ..., T_{n-2}, mais débarrassée de tout dénominateur, et du degré i seulement par rapport aux coefficients a, b, .., h, k. De plus, P_n sera divisible par a, de sorte que $\frac{1}{a}\mathrm{P}_n$ ne sera que du degré $n-1$ par rapport à ces coefficients.

Cette proposition, très facile à établir, conduit à la véritable forme analytique qu'il est convenable de donner à la fonction $\varphi(x)$, de sorte que désormais la formule de transformation sera ainsi représentée :

$$y = \varphi(x) = a\mathrm{T} + \begin{array}{l|l|l|l} ax & \mathrm{T}_0 + ax^2 & \mathrm{T}_1 + \ldots + ax^{n-1} & \mathrm{T}_{n-2} \\ +b & \quad +bx & \quad\quad\quad +bx^{n-2} & \\ & \quad +c & \quad\quad\quad \vdots & \\ & & \quad\quad\quad +h & \end{array}$$

et l'équation transformée par

$$y^n + \mathrm{P}_1 y^{n-1} + \mathrm{P}_2 y^{n-2} + \ldots + \mathrm{P}_n = 0,$$

tous les coefficients étant des fonctions entières de ceux de $f(x)$.

Une autre conséquence résulte encore de l'introduction des variables T, T_0, T_1, ..., T_{n-2}. On sait de combien de travaux a été l'objet la théorie des fonctions homogènes à deux indéterminées, et combien de notions analytiques importantes cette étude a données à l'Algèbre. Par exemple, ces fonctions désignées sous le nom d'*invariants*, en raison même de la propriété qui leur sert de définition, de se reproduire dans toutes les transformées par des substitutions linéaires, donnent les éléments qui caractérisent les propriétés essentielles des racines des équations algébriques, celles qui subsistent dans ces diverses transformées ([1]). D'autre part, la connaissance acquise de ces fonctions, et de celles qu'on nomme *covariants*, permet, dans beaucoup de circonstances, d'obtenir sans efforts le résultat de longs calculs qui, sans leur emploi immédiat, n'eussent au fond servi qu'à les mettre en évidence, ou à faire ressortir dans une question spéciale l'une des propriétés dont on possède maintenant la signification la plus étendue. Mais tant de beaux résultats, dont la Science est surtout redevable aux travaux des savants géomètres anglais MM. Cayley et Sylvester, semblent ne pouvoir être utilisés lorsqu'on sort de la comparaison des équations par des substitutions linéaires de la forme

$$(1) \qquad x = \frac{\alpha X + \beta}{\gamma X + \delta}, \qquad \text{ou bien} \qquad X = \frac{\delta x - \beta}{\alpha - \gamma x},$$

pour considérer, comme nous le faisons ici, les substitutions les plus générales. Effectivement, aucune combinaison rationnelle des coefficients $p_1, p_2, \ldots, p_n$ ne fait apparaître les covariants de l'équation proposée; mais, comme nous allons voir, il arrive que ces quantités se manifestent, au contraire, immédiatement par l'introduction des variables $T, T_0, T_1, \ldots, T_{n-2}$. C'est ce qui résulte de la proposition suivante :

Soit

$$F(X) = (\gamma X + \delta)^n f\left(\frac{\alpha X + \beta}{\gamma X + \delta}\right) = AX^n + BX^{n-1} + \ldots + HX + K = 0$$

la transformée par la substitution (1) *de l'équation proposée,*

([1]) Par exemple, les conditions qui déterminent le nombre des racines réelles et imaginaires dans les équations à coefficients réels dépendent uniquement des invariants, sauf le cas du quatrième degré. J'ai donné ces conditions, indépendamment du théorème de M. Sturm, pour les équations du cinquième degré, dans un Mémoire sur la théorie des fonctions homogènes à deux indéterminées. (*Cambridge and Dublin mathematical Journal*, année 1854.)

et représentons l'expression analogue à $\varphi(x)$, mais relative à cette équation, par

$$\Phi(X) = \begin{array}{l|l|l|l} A\mathfrak{T} + AX & \mathfrak{T}_0 + AX^2 & \mathfrak{T}_1 + \ldots + AX^{n-1} & \mathfrak{T}_{n-2} \\ \quad + B & \quad + BX & \quad + BX^{n-2} & \\ & \quad + C & \quad \vdots & \\ & & \quad + H & \end{array}$$

on pourra immédiatement obtenir Φ, en faisant dans φ, en premier lieu :

$$(2) \quad \left\{ \begin{array}{l} T_0 \;\;\; = (\alpha\delta - \beta\gamma)(\alpha + \beta\mathfrak{T})^{n-2}, \\ T_1 \;\;\; = (\alpha\delta - \beta\gamma)(\alpha + \beta\mathfrak{T})^{n-3}(\gamma + \delta\mathfrak{T}), \\ \ldots\ldots\ldots\ldots\ldots\ldots\ldots\ldots\ldots\ldots \\ T_i \;\;\; = (\alpha\delta - \beta\gamma)(\alpha + \beta\mathfrak{T})^{n-2-i}(\gamma + \delta\mathfrak{T})^i, \\ \ldots\ldots\ldots\ldots\ldots\ldots\ldots\ldots\ldots\ldots \\ T_{n-2} = (\alpha\delta - \beta\gamma)(\gamma + \delta\mathfrak{T})^{n-2}, \end{array} \right.$$

sous la condition qu'après les développements on remplace $\mathfrak{T}^i$ par $\mathfrak{T}_i$, de manière à parvenir à des expressions linéaires en $\mathfrak{T}_0, \mathfrak{T}_1, \ldots, \mathfrak{T}_{n-2}$; en second lieu, et pour ce qui concerne T, *la valeur à substituer se déduira de la relation*

$$\begin{gathered} naT + (n-1)bT_0 + (n-2)cT_1 + \ldots + 2gT_{n-3} + hT_{n-2} \\ = nA\mathfrak{T} + (n-1)B\mathfrak{T}_0 + (n-2)C\mathfrak{T}_1 + \ldots + 2G\mathfrak{T}_{n-3} + H\mathfrak{T}_{n-2}. \end{gathered}$$

On remarquera la liaison qu'établit cette proposition entre les deux groupes d'indéterminées $T_0, T_1, \ldots, T_{n-2}, \mathfrak{T}_0, \mathfrak{T}_1, \ldots, \mathfrak{T}_{n-2}$, et le rôle entièrement séparé de l'indéterminée T. Ces relations (2), indépendantes des coefficients $a, b, \ldots, g, h$, représentent précisément ce que M. Sylvester a nommé une substitution *congrédiente* avec la substitution binaire

$$(3) \quad \left\{ \begin{array}{l} x = \alpha x' + \beta y', \\ y = \gamma x' + \delta y', \end{array} \right.$$

et le sens qu'on doit attacher à cette expression se trouvera nettement fixé par cette proposition :

Désignons respectivement par S *et* (S) *les substitutions* (3) *et* (2); *si l'on obtient* S *en composant deux substitutions analogues* S', S'', *de sorte qu'on ait*

$$S = S'S'',$$

la substitution (S) *sera de même composée de deux autres, et, si l'on représente par* (S′) *et* (S″) *les substitutions déduites de* S′ *et* S″, *d'après la même loi que* (S) *de* S, *on aura la relation*

$$(S) = (S')(S'').$$

De là résulte que toute fonction des quantités $P_1, P_2, \ldots, P_n$, indépendante de T, par exemple toutes les fonctions symétriques des différences des racines y, seront, par rapport à $T_0, T_1, \ldots, T_{n-2}$, des covariants de la fonction homogène $y^n f\left(\frac{x}{y}\right)$. Telles seront en particulier les quantités

$$(n-1)P_1^2 - 2nP_2, \quad (n-1)(n-2)P_1^3 - 3n(n-2)P_1P_2 + 3n^2P_3, \text{ etc.}$$

qui jouent le principal rôle dans les recherches que j'espère pouvoir bientôt communiquer à l'Académie sur la réduction de l'équation du cinquième degré à la forme obtenue par M. Jerrard. Mais, en ce moment, c'est aux équations du quatrième degré que je vais appliquer ces considérations, afin de les réduire à la forme

$$(4) \qquad x^4 - 6Sx^2 - 8Tx - 3S^2 = 0,$$

et par là d'en conclure les expressions de leurs racines au moyen des fonctions elliptiques. Je me fonderai à cet effet sur cette remarque que, dans cette équation, comme celles de la théorie des fonctions elliptiques auxquelles elle a été comparée, savoir :

$$v^4 + 2u^3v^3 - 2uv - u^4 = 0$$

et

$$z^4 - 6z^2 - 8(1-2k^2)z - 3 = 0,$$

l'invariant quadratique est nul. Or toute équation du quatrième degré

$$Ax^4 + 4Bx^3 + 6Cx^2 + 4Dx + E = 0,$$

où l'on suppose cette quantité

$$I = AE - 4BD + 3C^2 = 0,$$

devient, en y remplaçant x par $\frac{x-B}{A}$,

$$x^4 - 6(B^2+AC)x^2 + 4(A^2D - 3ABC + 2B^3)x - 3(B^2-AC)^2 = 0;$$

ce qui est bien la forme de l'équation (4). Étant donc proposée l'équation générale

$$ax^4 + 4bx^3 + 6cx^2 + 4dx + e = 0,$$

essayons de déterminer la substitution

$$y = \varphi(x) = a\mathrm{T} + \left.\begin{array}{r} ax \\ +4b \end{array}\right| \mathrm{T}_0 + \left.\begin{array}{r} ax^2 \\ +4bx \\ +6c \end{array}\right| \mathrm{T}_1 + \left.\begin{array}{r} ax^3 \\ +4bx^2 \\ +6cx \\ +4d \end{array}\right| \mathrm{T}_2,$$

de manière que, dans la transformée que nous écrirons ainsi

$$y^4 + 4\mathrm{P}_1 y^3 + 6\mathrm{P}_2 y^2 + 4\mathrm{P}_3 y + \mathrm{P}_4 = 0,$$

l'invariant quadratique soit égal à zéro. On devra poser

$$\mathrm{P}_4 - 4\mathrm{P}_1\mathrm{P}_3 + 3\mathrm{P}_2^2 = 0,$$

relation du quatrième degré par rapport à T_0, T_1, T_2; mais, ce qui justifie précisément le mode de réduction que nous avons en vue, c'est qu'elle se décompose en deux facteurs, de sorte qu'en posant

$$\mathfrak{f} = a\mathrm{T}_0^2 + 4c\mathrm{T}_1^2 + e\mathrm{T}_2^2 + 4d\mathrm{T}_1\mathrm{T}_2 + 2c\mathrm{T}_0\mathrm{T}_2 + 4b\mathrm{T}_0\mathrm{T}_1,$$

$$\mathrm{I} = ae - 4bd + 3c^2,$$

$$\mathrm{J} = ace + 2bcd - ad^2 - eb^2 - c^3,$$

on aura l'une ou l'autre de ces équations du second degré seulement

$$\mathrm{I}\mathfrak{f} + \left(6\mathrm{J} + \frac{2}{\sqrt{-3}}\sqrt{\mathrm{I}^3 - 27\mathrm{J}^2}\right)(\mathrm{T}_0\mathrm{T}_2 - \mathrm{T}_1^2) = 0,$$

$$\mathrm{I}\mathfrak{f} + \left(6\mathrm{J} - \frac{2}{\sqrt{-3}}\sqrt{\mathrm{I}^3 - 27\mathrm{J}^2}\right)(\mathrm{T}_0\mathrm{T}_2 - \mathrm{T}_1^2) = 0.$$

On pourra donc, et d'une infinité de manières, en s'adjoignant de simples racines carrées, déterminer une substitution qui ramène toute équation de quatrième degré à l'équation (4), dont les racines ont été exprimées par les fonctions elliptiques. Et l'on remarquera que $\mathfrak{f}$ est bien un covariant de la forme

$$f = ax^4 + 4bx^3y + 6cx^2y^2 + 4dxy^3 + ey^4,$$

car cette quantité peut s'obtenir en remplaçant, dans l'expression

$$\xi^2 \frac{d^2 f}{dx^2} + 2\xi\eta \frac{d^2 f}{dx\, dy} + \eta^2 \frac{d^2 f}{dy^2},$$

x^2, xy, y^2 d'une part, $\xi^2, \xi\eta, \eta^2$ de l'autre, respectivement par T_0, T_1, T_2; d'ailleurs I et J sont les deux invariants et $I^3 - 27J^2$ le discriminant.

Mais il est une autre équation que présente la théorie de la transformation du troisième ordre et à laquelle on pourrait, par une substitution de la forme $y = \frac{\alpha x + \beta}{\gamma x + \delta}$, ramener également toute équation du quatrième degré. Soit, en général, pour un ordre quelconque n,

$$U = \sqrt[4]{kk'}, \qquad V = \sqrt[4]{\lambda\lambda'};$$

en partant des expressions données dans les *Fundamenta* pour λ et λ', et d'où l'on tire

$$V = U^n \frac{\sin \operatorname{coam} 2\omega . \sin \operatorname{coam} 4\omega, \ldots, \sin \operatorname{coam}(n-1)\omega}{\Delta \operatorname{am} 2\omega . \Delta \operatorname{am} 4\omega, \ldots, \Delta \operatorname{am}(n-1)\omega},$$

le P. Joubert a fait la remarque importante que les fonctions rationnelles symétriques des diverses valeurs de V qui correspondent à toutes les déterminations de ω, ne dépendent que du produit du module par son complément, de sorte qu'il existe entre V et U une équation de degré $n+1$, analogue pour plusieurs propriétés essentielles (¹) à l'équation modulaire entre v et u. Par exemple, pour $n = 3$, $n = 5$, $n = 7$, le calcul effectué par le P. Joubert donne les relations

$$V^4 - 4U^3V^3 + 2UV + U^4 = 0,$$

$$V^6 - 16U^5V^5 + 15U^2V^4 + 15U^4V^2 + 4UV + U^6 = 0,$$

$$V^8 - 64U^7V^7 + 7.48U^6V^6 - 7.96U^5V^5 + 7.94U^4V^4$$
$$- 7.48U^3V^3 + 7.12U^2V^2 - 8UV + U^8 = 0.$$

C'est la première qui pourrait servir à l'objet que nous indiquons; mais je me bornerai, en terminant cette Note, à montrer qu'elle donne un nouvel exemple de ce rapprochement que j'ai essayé de

(¹) Ces propriétés seront l'objet d'un prochain article.

faire ressortir, entre la théorie de la transformation pour le troisième ordre et celle des formes cubiques à trois indéterminées. Effectivement, le paramètre l qui figure dans la transformée canonique

$$x^3 + y^3 + z^3 + 6lxyz$$

dépend des invariants S et T, ou plutôt de S et S_1 par l'équation

$$\frac{l^4 - l}{8l^3 + 1} = \frac{1}{4}\frac{S}{S_1}.$$

Or il suffit, en introduisant une seule indéterminée, de poser $l = \rho V$ pour la ramener à la relation entre V et U. De là résulte qu'en prenant pour module

$$k^2 = \frac{T + \sqrt{S^3}}{2\sqrt{S^3}},$$

et posant, pour abréger,

$$\varphi = \frac{4}{3}(m\mathrm{K} + m'i\mathrm{K}'),$$

on a ces expressions des trois quantités δ, Δ et l, savoir :

$$\delta = \sqrt{S}\,\frac{\sin^2 \operatorname{am} \varphi}{\sin^2 \operatorname{coam} \varphi}, \qquad \Delta = \frac{1}{2}\sqrt{S}\,\frac{1 + \cos^2 \operatorname{am} \varphi}{\sin^2 \operatorname{am} \varphi}, \qquad l = -\frac{S}{S_1}\,\frac{\Delta \operatorname{am} \varphi}{\sin \operatorname{coam} \varphi}.$$

Dans ces formules m et m' peuvent être pris égaux à deux nombres entiers quelconques, pourvu qu'on ne les suppose pas en même temps nuls ou divisibles par 3.

SUR

LA THÉORIE DES ÉQUATIONS MODULAIRES.

C. R., t. XLVIII, 1859 (I), p. 940-1079-1096;
t. XLIX, 1859 (II), p. 16-110-141.

On connaît toute l'importance dans la théorie des équations algébriques de cette fonction des coefficients à laquelle a été donné le nom de *discriminant*, et qui représente le produit symétrique des carrés des différences des racines. Aussi les géomètres ont-ils recherché, surtout dans ces derniers temps, les méthodes les plus propres à en abréger le calcul. Mais, dans les applications à une équation donnée, ces méthodes générales sont le plus souvent impraticables en raison des opérations laborieuses qu'elles exigent. C'est cette difficulté qui m'a longtemps arrêté pour former la réduite du onzième degré de l'équation modulaire du douzième, la fonction des racines que j'ai employée pour effectuer l'abaissement conduisant dans les trois cas du sixième, du huitième et du douzième degré à calculer le discriminant de ces équations. J'ai donc essayé d'étudier en général le discriminant des équations modulaires, en prenant pour point de départ les expressions des racines sous forme transcendante, dans l'espérance d'arriver à un calcul qui pût être effectué au moins dans le cas que j'avais en vue. J'y suis effectivement parvenu, et j'ai vu en même temps cette recherche conduire, par une voie aussi simple que naturelle, à d'importantes notions arithmétiques et à des propositions qu'on ne trouvera pas, j'espère, sans intérêt, sur les sommes de nombres de classes de formes quadratiques, dont les déterminants suivent une certaine loi. M. Kronecker a déjà donné dans les *Comptes rendus de l'Académie de Berlin* (séance du

29 octobre 1857) les énoncés de plusieurs beaux théorèmes de cette nature; ceux que je vais établir dans cette Note et qui, si je ne me trompe, tiennent à d'autres principes, contribueront, je pense, avec les propositions dues à cet illustre géomètre, à jeter un nouveau jour sur une des plus importantes théories de l'Arithmétique, en la rattachant par de nouveaux liens à l'Algèbre et à l'Analyse transcendante.

I.

Soit n un nombre premier et $\Theta(v, u) = 0$ l'équation modulaire de degré $n+1$; en faisant, pour abréger, $\varepsilon = \left(\frac{2}{n}\right)$, on trouve très aisément que le produit des carrés des différences des racines v, prises deux à deux, et que je désignerai par D, a la forme suivante :

$$D = u^{n+1}(1-u^8)^{n+\varepsilon}(a_0 + a_1 u^8 + a_2 u^{16} + \ldots + a_\nu u^{8\nu}),$$

le polynome $a_0 + a_1 u^8 + \ldots$ étant réciproque, c'est-à-dire que $a_i = a_{\nu-i}$, et ne contenant ni le facteur u, ni le facteur $1-u^8$; quant au nombre ν, il a pour valeur

$$\nu = \frac{n^2-1}{4} - (n+\varepsilon).$$

Cela posé, je vais en premier lieu établir que D est un carré parfait. Je me fonderai pour cela sur la relation importante donnée par Jacobi, entre le multiplicateur M, le module proposé et le module transformé, savoir :

$$M^2 = \frac{1}{n} \cdot \frac{\lambda(1-\lambda^2)}{k(1-k^2)} \cdot \frac{dk}{d\lambda}.$$

En posant

$$\frac{d\Theta}{dv} = \theta(v, u), \qquad \frac{d\Theta}{du} = \vartheta(v, u),$$

de sorte qu'on ait, en vertu de l'équation modulaire,

$$\frac{du}{dv} = -\frac{\theta(v, u)}{\vartheta(v, u)},$$

cette relation, si l'on introduit u et v au lieu de $\sqrt[4]{k}$ et $\sqrt[4]{\lambda}$, deviendra

$$M^2 = -\frac{1}{n}\,\frac{v(1-v^8)\theta(v,u)}{u(1-u^8)\mathfrak{S}(v,u)}.$$

D'ailleurs, les valeurs correspondantes de v et de M sont, comme on sait,

$$v = u^n[\sin\operatorname{coam} 2\rho \sin\operatorname{coam} 4\rho \ldots \sin\operatorname{coam}(n-1)\rho],$$

$$M = (-1)^{\frac{n-1}{2}}\left[\frac{\sin\operatorname{coam} 2\rho \sin\operatorname{coam} 4\rho \ldots \sin\operatorname{coam}(n-1)\rho}{\sin\operatorname{am} 2\rho \sin\operatorname{am} 4\rho \ldots \sin\operatorname{am}(n-1)\rho}\right]^2,$$

de sorte qu'en faisant

$$\rho = \frac{K}{n},\quad \frac{iK'}{n},\quad \frac{K+iK'}{n},\quad \ldots,\quad \frac{(n-1)K+iK'}{n},$$

on obtiendra simultanément les $n+1$ valeurs de M et les $n+1$ racines $v_0, v_1, \ldots, v_n$ de l'équation modulaire. Or les équations entre M et k ont pour coefficients des fonctions entières de k, celui de la plus haute puissance de M étant l'unité, et le dernier la constante numérique $\frac{(-1)^{\frac{n-1}{2}}}{n}$, de manière que le multiplicateur ne peut jamais devenir nul ou infini pour une valeur finie de k. Cette propriété importante, qui est due au P. Joubert, montre que les valeurs de v et u, qui satisfont à l'équation modulaire et à sa dérivée $\theta(v,u)=0$, annulent nécessairement aussi le dénominateur de M et, par suite, $\mathfrak{S}(v,u)$, si l'on exclut les cas limites, $u=0$, $u^8=1$, auxquels correspondent, comme on sait, $v=0$, $v^8=1$. Cette restriction faite, on peut conclure que toutes les autres solutions simultanées des équations $\Theta(v,u)=0$, $\theta(v,u)=0$ sont doubles; elles annulent, en effet, la déterminante fonctionnelle

$$\frac{d\Theta}{dv}\cdot\frac{d\theta}{du}-\frac{d\Theta}{du}\cdot\frac{d\theta}{dv}=\theta\frac{d\theta}{du}-\mathfrak{S}\frac{d\theta}{dv},$$

car, à cause de l'équation $\theta=0$, cette déterminante contient le facteur $\mathfrak{S}(v,u)$. C'est dire que tous les facteurs du discriminant, autres que u et $1-u^8$, y entrent au carré, d'où résulte que le polynome $a_0+a_1u^8+\ldots$, qui ne contient pas ces facteurs et, par suite, le discriminant lui-même, est un carré parfait. A la vérité pourrait-on demander en toute rigueur de démontrer qu'il ne renferme pas de facteurs triples ou élevés à une puissance impaire. Mais ce point sera lui-même complètement établi plus tard, à l'aide d'une remarque que je dois encore placer ici. Multiplions membre à membre les $n+1$ équations qu'on déduit de la relation

$$M^2 = -\frac{1}{n}\,\frac{v(1-v^8)\Theta(v,u)}{u(1-u^8)\Im(v,u)},$$

en y remplaçant successivement v par toutes les racines de l'équation modulaire. Comme le produit des valeurs de M est $\pm\frac{1}{n}$, on trouvera, en employant, pour abréger, le signe de multiplication Π,

$$\frac{1}{n^2} = \frac{1}{n^{n+1}}\,\frac{\Pi v(1-v^8)}{u^{n+1}(1-u^8)^{n+1}}\,\frac{\Pi\Theta(v,u)}{\Pi\Im(v,u)}.$$

Mais on sait que

$$\Pi v = \varepsilon u^{n+1};$$

on en conclut (¹) que

$$\Pi(1-v^8) = (1-u^8)^{n+1},$$

et il vient par conséquent

$$\Pi\Im(v,u) = \frac{\varepsilon}{n^{n-1}}\,\Pi\Theta(v,u).$$

Or, au signe près, $\Pi\Theta(v,u)$ est le discriminant, et cette relation montre qu'on peut le considérer comme provenant de l'élimination de v, entre les équations

$$\Theta(v,u) = 0, \qquad \Im(v,u) = 0,$$

la seconde étant la dérivée $\frac{d\Theta}{dv}$. Cela posé, faisons le changement de v en u, et de u en εv; d'après une propriété fondamentale des équations modulaires, Θ ne changera pas, $\frac{d\Theta}{dv} = 0$ deviendra par conséquent $\frac{d\Theta}{dv} = 0$, et le discriminant, lorsqu'on y aura mis εv au lieu de u, représentera le résultat de l'élimination de u entre les

(¹) Il suffit pour cela de poser $u = \varphi(\omega)$, puis de changer ω en $-\frac{1}{\omega}$, et d'élever les deux membres à la puissance huitième, les racines v_0, v_1, ... étant ainsi devenues : $\sqrt[8]{1-v_0^8}$, $\sqrt[8]{1-v_1^8}$, etc.

équations

$$\Theta = 0, \qquad \frac{d\Theta}{dv} = 0.$$

Mais, D ne contenant que des puissances paires de u, ce changement reviendra à écrire la lettre v au lieu de u, d'où cette conséquence que l'ensemble des valeurs égales des racines $v_0, v_1, \ldots, v_n$, ne diffère pas de la série des valeurs de u qui font acquérir à l'équation modulaire ces valeurs égales.

I.

Après avoir établi que le discriminant est un carré parfait, ce qui permet d'écrire désormais

$$D = u^{n+1}(1 - u^8)^{n+\varepsilon}\theta^2(u),$$

si l'on pose

$$\theta(u) = a_0 + a_1 u^8 + \ldots + a_\nu u^{8\nu}, \qquad \nu = \frac{n^2-1}{8} - \frac{n+\varepsilon}{2},$$

nous introduirons la transcendante dont j'ai donné ailleurs ([1]) la définition et les propriétés fondamentales, en faisant

$$u = \varphi(\omega),$$

et c'est ainsi que nous parviendrons à représenter explicitement toutes les racines du polynome $\theta(u)$, en donnant pour chacune d'elles la valeur de ω. Le caractère principal de ces valeurs consiste en ce qu'elles sont l'une des racines toujours imaginaires, celle où le coefficient de i ([2]) est positif, d'équations du second degré à coefficients entiers, et que nous désignerons de cette manière :

$$(a) \qquad P\omega^2 + 2Q\omega + R = 0.$$

Nous allons donner le moyen d'obtenir toutes ces équations en les

---

([1]) *Comptes rendus*, 1858, p. 511.

([2]) Peut-être n'est-il pas inutile, pour éviter toute ambiguïté, de dire que la quantité i dont il est question est précisément celle qui figure dans l'expression analytique de $\varphi(\omega)$ où elle a été introduite en posant $q = e^{i\pi\omega}$.

déduisant de certaines classes de formes quadratiques de déterminant négatif, mais il est d'abord nécessaire, à l'égard de cette dépendance que nous établissons entre les équations et les classes, d'indiquer la proposition suivante :

A toutes les classes qui ont même déterminant ou seulement à certains ordres correspondront toujours, sauf deux exceptions dont il sera question plus bas, soit deux groupes, soit six groupes de huit équations, telles, que dans un même groupe toutes les équations se déduisent de l'une d'elles, en y remplaçant ω par $\omega + 2m$, le nombre m étant pris suivant le module 8. De sorte que, si l'on veut avoir seulement les valeurs distinctes de $\varphi^8(\omega)$, on ne conservera qu'une forme de chaque groupe, alors et sous cette condition correspondront à chaque classe deux ou six équations (a).

Désignons dans le premier cas par

$$P\omega^2 + 2Q\omega + R = 0$$

l'une des équations, l'autre s'en déduira en y remplaçant ω par $\frac{\omega}{1+\omega}$, et il en résultera deux valeurs $\varphi(\omega)$ et $\frac{1}{\varphi(\omega)}$ qui seront deux racines réciproques du polynome $\theta(u)$.

Pour le second cas, on aura d'abord les deux équations dont nous venons de parler, et chacune d'elles en donnera en outre deux autres, en y remplaçant ω par $-\frac{1}{\omega}$ et $\omega - 1$. Autrement dit, les six équations résulteront de l'une quelconque d'entre elles en y faisant les substitutions

$$\omega, \quad \frac{\omega}{1+\omega}, \quad -\frac{1}{\omega}, \quad \frac{1}{1-\omega}, \quad \omega - 1, \quad 1 - \frac{1}{\omega}.$$

A ces six valeurs de ω répondent six groupes de huit racines du polynome $\theta(u)$, qu'on obtiendra par les relations

$$u^8 = \varphi^8(\omega), \quad \frac{1}{\varphi^8(\omega)}, \quad 1 - \varphi^8(\omega), \quad \frac{1}{1-\varphi^8(\omega)}, \quad \frac{\varphi^8(\omega)}{\varphi^8(\omega) - 1}, \quad \frac{\varphi^8(\omega) - 1}{\varphi^8(\omega)}.$$

Quant aux cas d'exception à ces règles, ils concernent les classes dérivées de ces deux formes $(1, 0, 1)$ et $(2, 1, 2)$. On rencontre les premières lorsque, le nombre premier n étant $\equiv 1 \pmod 4$, on peut faire

$$n = a^2 + 4b^2.$$

Selon qu'elles présentent les caractères propres aux formes qui fournissent deux ou six équations, on n'en doit prendre qu'une seule, savoir :

$$\omega^2 - 2\omega + 2 = 0,$$

d'où

$$\omega = 1 + i, \qquad \varphi^8(\omega) = -1;$$

ou bien les trois suivantes :

$$\omega^2 + 1 = 0,$$
$$\omega^2 - 2\omega + 2 = 0,$$
$$2\omega^2 + 2\omega + 1 = 0,$$

d'où

$$\omega = i, \qquad \varphi^8(\omega) = \frac{1}{2},$$
$$\omega = 1 + i, \qquad \varphi^8(\omega) = -1,$$
$$\omega = \frac{-1}{1+i}, \qquad \varphi^8(\omega) = 2.$$

Le premier cas a lieu lorsque b est impair ou impairement pair, et le second lorsque b est divisible par 4 dans l'équation

$$n = a^2 + 4b^2.$$

Les classes dérivées de (2, 1, 2) s'offrent lorsque

$$n = a^2 + 3b^2,$$

et toujours avec les caractères propres aux formes qui fournissent six équations. Mais on en doit prendre seulement deux, qui sont

$$\omega^2 + \omega + 1 = 0, \qquad \omega^2 - \omega + 1 = 0,$$

et, quant aux valeurs de $\varphi(\omega)$ qu'elles déterminent, elles dépendent de l'équation

$$\varphi^{16}(\omega) - \varphi^8(\omega) + 1 = 0.$$

Ainsi le facteur $u^{16} - u^8 + 1$ se présentera dans le polynome $\theta(u)$ pour $n = 7$, 13, 19, etc.

Ces préliminaires établis, nous arrivons à la formation même des équations en ω. A cet effet, nous considérerons deux séries de déterminants, les uns donnés par l'expression

$$\Delta = (8\delta - 3n)(n - 2\delta),$$

les autres par celle-ci :

$$\Delta' = 8\delta(n - 8\delta),$$

en attribuant à δ toutes les valeurs en nombre évidemment fini qui les rendent positives, et nous aurons les propositions suivantes :

Première série : $\Delta = (8\delta - 3n)(n - 2\delta)$.

Pour $\Delta \equiv 1 \pmod 4$, toutes les classes de déterminants $-\Delta$ peuvent être représentées par des formes (P, Q, R), où Q est impair et R impairement pair. Ces formes fourniront deux équations, dont le type sera précisément

$$P\omega^2 + 2Q\omega + R = 0.$$

Pour $\Delta \equiv -1 \pmod 4$, les seules classes de l'ordre improprement primitif ou dérivées d'ordres improprement primitifs pourront être représentées de même; les autres seront exclues, et chacune des premières fournira deux ou six équations, suivant qu'on aura $\Delta \equiv -1$ ou $3 \pmod 8$.

Deuxième série : $\Delta' = 8\delta(n - 8\delta)$.

Pour δ impair, on exclut les classes où les trois coefficients sont divisibles par 2 ; toutes les autres fournissent chacune deux équations.

Si δ est pair, on prend sans exception toutes les classes de déterminants $-\Delta'$, et c'est alors seulement qu'on rencontre les groupes de classes auxquelles correspondent six équations. Le premier de ces groupes se présente lorsque $\delta \equiv -2n \pmod 8$; il est composé de toutes les classes dont les coefficients sont divisibles par 4, et qui, ce facteur supprimé, constituent l'ordre improprement primitif, ainsi que les dérivés d'ordres improprement primitifs [1], de déterminant $-\frac{\Delta'}{16}$. Le second est donné par les valeurs de δ qui sont multiples de 8, et il est composé de toutes les classes dont les coefficients sont divisibles par 8. L'une quelconque de ces classes, auxquelles correspondent six équations, étant désignée par (P, Q, R), conduit immédiatement à

---

[1] Cette réunion d'ordres qui se présente dans les deux séries de déterminants pourrait être appelée simplement le *groupe improprement primitif;* ce serait ainsi l'ensemble des classes (A, B, C), où B est impair, A et C pairs, ces trois nombres pouvant avoir d'ailleurs un diviseur impair quelconque.

l'équation type

$$P\omega^2 + 2Q\omega + R = 0;$$

mais pour les autres, auxquelles correspondent deux équations, et qu'on peut représenter ainsi :

$$\rho(A, B, C),$$

ρ étant 1, 2 ou 4, et A, B, C n'étant plus à la fois divisibles par 2, il sera toujours possible de déduire de (A, B, C) une transformée (P, Q, R) où P est impair, R pair, et l'équation en ω sera encore

$$P\omega^2 + 2Q\omega + R = 0.$$

Une observation essentielle doit être enfin jointe aux propriétés précédentes : c'est que, dans la série des équations dont nous devons donner la formation, jamais on n'obtiendra deux fois la même, si l'on a égard à ce qui a été précédemment dit relativement aux classes dérivées des formes (1, 0, 1) et (2, 1, 2). La considération des formes réduites permet de le démontrer très aisément, et il en résulte cette remarque qu'un nombre premier n'a qu'une seule représentation dans le groupe des formes de même déterminant où le coefficient moyen est nul.

III.

Plusieurs des résultats précédemment établis s'étendent aux équations plus générales qui fournissent la relation entre les modules pour toutes les transformations des fonctions elliptiques. Ceux que je vais indiquer, en considérant pour l'ordre de la transformation un nombre n impair sans diviseur carré, montreront, je pense, l'intérêt qui m'a attaché à ces recherches, auxquelles j'espère donner par la suite de nouveaux développements. Dans ce cas, l'équation rationnelle entre $v = \sqrt[4]{\lambda}$ et $u = \sqrt[4]{k}$ est d'un degré égal à la somme des diviseurs de n, et le premier point que j'ai dû établir consiste en ce que, si l'on pose $u = \varphi(\omega)$, les racines seront représentées ainsi :

$$v = \left(\frac{2}{\delta}\right)\varphi\left(\frac{\delta\omega + 16m}{\delta_1}\right),$$

δ et δ_1 étant deux diviseurs de n, de sorte que $n = \delta\delta_1$, m étant pris suivant le module δ_1 et $\left(\frac{2}{\delta}\right)$ ayant la signification habituelle relative aux nombres composés.

Considérant ensuite le produit des carrés des différences des racines, j'ai trouvé qu'en le désignant toujours par D, on avait

$$D = u^N(1 - u^8)^{N'}(a_0 + a_1 u^8 + a_2 u^{16} + \ldots + a_\nu u^{8\nu}),$$

où N, N' et ν sont des nombres entiers dont la détermination dépend des fonctions numériques suivantes, qui s'offrent pour la première fois en analyse.

Soient δ et δ' deux diviseurs de n, tels que l'on ait

$$\delta\delta' < n,$$

la première de ces fonctions sera la somme de toutes les quantités $\delta\delta'$, et je la désignerai ainsi :

$$\Delta_n = \Sigma\delta\delta'.$$

Le seconde Δ'_n sera définie comme la précédente, mais en employant seulement pour δ et δ' les diviseurs de n qui satisfont à la condition

$$\left(\frac{2}{\delta}\right) = \left(\frac{2}{n\delta'}\right) \text{ (1)}.$$

Cela étant, si $\mathfrak{N}$ et $\mathfrak{N}'$ représentent la somme et le nombre des diviseurs de n, on aura

$$N = n\mathfrak{N}' - \mathfrak{N} + 2\Delta_n,$$
$$N' = n\mathfrak{N}' - \mathfrak{N} + 2\Delta'_n,$$
$$4\nu = \mathfrak{N}^2 - \mathfrak{N} - N - 4N'.$$

Ces quantités auxquelles conduit immédiatement le discriminant de l'équation modulaire montrent donc le premier emploi des fonctions Δ_n, Δ'_n, qui, si on les prend complètes, c'est-à-dire en introduisant dans les sommes tous les diviseurs de n, seront de la nature des fonctions numériques qui ont été récemment l'objet de travaux importants de M. Liouville. Mais la limitation $\delta\delta' < n$

---

(1) δ, δ' ne peuvent être pris égaux entre eux et égaux à l'unité.

leur imprime un caractère spécial qui rappelle dans la théorie des nombres la notion analytique de *parties de fonctions*. Telle est encore cette expression de la somme des diviseurs de n, moindres que $\sqrt{n}$, dont M. Kronecker a montré le premier l'usage dans le beau travail que j'ai déjà cité. Et il semble jusqu'ici que ce soit dans l'évaluation des sommes de nombres de classes de formes quadratiques, dont les déterminants suivent certaines progressions du second ordre, que ces trois fonctions se trouvent appelées à jouer leur principal rôle; mais, à cet égard, j'aurai surtout pour but de faire ressortir, dans le cas où n est premier, la liaison qui existe entre le degré du discriminant et ces nombres de classes. Pour cela, il est nécessaire que je démontre, comme je l'ai déjà annoncé, que le discriminant ne contient pas de facteurs multiples autres que u et $1-u^8$, dont le degré de multiplicité soit supérieur à deux.

IV.

Les valeurs de ω par lesquelles les racines du discriminant, en exceptant $u=0$, $u^8=1$, ont été exprimées sous la forme

$$u=\varphi(\omega),$$

présentent ce caractère que deux quantités $\varphi(\omega)$, $\varphi(\omega')$ sont essentiellement différentes du moment que ω et ω' ne dépendent pas de la même équation; et il en résulte, en premier lieu, que les valeurs communes que prennent respectivement deux racines de l'équation modulaire pour $u=\varphi(\omega)$ et $u=\varphi(\omega')$ ne pourront non plus jamais être égales. Ce point établi, j'observe ensuite que le déterminant Q^2-PR de l'équation

$$P\omega^2+2Q\omega+R=0$$

étant résidu quadratique de n, la congruence

$$Px^2+2Qx+R\equiv 0 \pmod{n}$$

admet, si P n'est pas multiple du module, deux solutions réelles qu'il sera toujours possible de représenter par des nombres multiples de 16 :

$$x \equiv \mu, \quad x \equiv \mu'.$$

Cela étant, les deux racines de l'équation modulaire, qui deviennent égales lorsqu'on fait $u = \varphi(\omega)$, seront

$$\varphi\left(\frac{\omega - \mu}{n}\right) \quad \text{et} \quad \varphi\left(\frac{\omega - \mu'}{n}\right).$$

Et dans le cas où l'on suppose $P \equiv 0 \pmod{n}$, la congruence n'admettant plus qu'une solution $x \equiv \mu$, on aurait l'égalité

$$\varphi\left(\frac{\omega - \mu}{n}\right) = \left(\frac{2}{n}\right) \varphi(n\omega).$$

Mais on peut toujours faire en sorte d'exclure l'un des cas, de rester dans le premier, par exemple, en tirant l'équation en ω d'une forme quadratique (P, Q, R) où P ne soit pas divisible par n. Cela posé, l'équation modulaire ne saurait présenter non plus, quand on y fait $u = \varphi(\omega)$, une troisième racine $\varphi\left(\frac{\omega - \mu''}{n}\right)$ égale aux précédentes; car μ'' devrait nécessairement vérifier, ainsi que μ et μ', la congruence $Px^2 + 2Qx + R \equiv 0 \pmod{n}$, ce qui est impossible lorsqu'on suppose le module un nombre premier. Or, ayant démontré que les racines du discriminant ne différaient pas de l'ensemble des valeurs égales des racines $v_0, v_1, \ldots, v_n$, de l'équation modulaire, nous concluons qu'il n'existe pas de facteurs triples dans le discriminant, précisément de ce que trois des quantités $v_0, v_1, \ldots, v_n$ ne peuvent jamais coïncider pour aucune valeur finie de ω. Ayant donc fait

$$D = u^{n+1}(1 - u^8)^{n+\varepsilon}\theta^2(u),$$

nous pouvons regarder comme inégales toutes les racines de l'équation $\theta(u) = 0$; et c'est la proposition que nous voulions établir afin d'arriver à celle-ci :

Pour tout nombre premier n, la somme des nombres d'équations déduites des classes quadratiques de la première série de déterminants $-\Delta$, et de la seconde série de déterminants $-\Delta'$, est égale au degré du polynome $\theta(u)$.

Mais en considérant, pour plus de simplicité, les seules équations qui fournissent des valeurs distinctes de $\varphi^8(\omega)$, nous pouvons remplacer cet énoncé par le suivant :

Soient σ_1 *et* σ_2 *les nombres de classes de la première série auxquelles correspondent deux ou six équations,* σ'_1 *et* σ'_2 *les quantités analogues dans la seconde série, on aura en tenant compte des classes dérivées de* (1, 0, 1) *et* (2, 1, 2) *la relation*

$$2(\sigma_1+\sigma'_1)+6(\sigma_2+\sigma'_2)=\nu=\frac{n^2-1}{8}-\frac{n+\varepsilon}{2}.$$

Tel est donc le théorème, essentiellement limité jusqu'ici au cas où n est premier, que nous allons vérifier par un certain nombre d'exemples, en donnant pour chacun d'eux la série des équations en ω, ce qui va nous conduire en même temps à présenter des applications des diverses règles énoncées précédemment pour la formation de ces équations.

V.

A cet effet, j'emploierai pour abréger la notation suivante : (A, B, C) étant une forme quelconque, je poserai

$$(C, -B, A) = (A, B, C)_1,$$
$$(A, -A+B, A-2B+C) = (A, B, C)_2.$$

Il deviendra possible ainsi de rattacher immédiatement les équations aux formes réduites, par lesquelles il convient d'autant mieux de représenter les classes, qu'on obtiendra de la sorte les coefficients les plus simples et les valeurs de ω pour lesquelles les séries elliptiques présentent la plus grande convergence. Effectivement, si l'on se borne aux équations qui fournissent des valeurs distinctes de $\varphi^8(\omega)$, ou même à la seule équation type (voyez *Comptes rendus*, p. 946 et § II du présent Mémoire), elle sera toujours l'une de celles-ci :

$$(A, B, C) = 0, \qquad (A, B, C)_1 = 0, \qquad (A, B, C)_2 = 0,$$

les indéterminées x et y étant remplacées par ω et 1, et (A, B, C) étant une forme réduite. Je conviendrai enfin de les désigner seulement par leurs premiers membres et de représenter respectivement par Σ et Σ', pour la première et la seconde série de déterminants, les sommes de nombres d'équations donnant des valeurs distinctes pour $\varphi^8(\omega)$, de sorte que la relation que nous nous proposons de vérifier sera

$$\Sigma + \Sigma' = \nu = \frac{n^2-1}{8} - \frac{n+\varepsilon}{2}.$$

Cela posé, voici, en commençant par les cas les plus simples, les résultats que l'on obtient :

$$n = 3.$$

Le nombre ν se réduit à zéro, $\theta(u)$ est une constante, et le discriminant de l'équation modulaire $u^4 - v^4 + 2uv(1 - u^2v^2) = 0$, ainsi que le donne facilement le calcul direct, est

$$D = u^4(1-u^8)^2.$$

$$n = 5, \qquad \nu = 1.$$

La première série de déterminants fournit la seule valeur $\Delta = 1$, d'où la classe $(1, 0, 1)$, qui par exception donne au lieu de deux équations une seule, $(1, 0, 1)_2$. La seconde série de déterminants n'existe pas, et l'on obtient simplement

$$\theta(u) = 1 + u^8, \qquad D = u^6(1-u^8)^4(1+u^8)^2.$$

$$n = 7, \qquad \nu = 2.$$

La première série existe seule et donne $\Delta = 3$, d'où les deux classes $(1, 0, 3)$, $(2, 1, 2)$. Mais on ne doit employer que la classe improprement primitive, qui, par exception encore, au lieu de six équations, n'en donne que deux, dont le type est $(2, 1, 2)$. La valeur D est

$$D = u^8(1-u^8)^8(1-u^8+u^{16})^2.$$

$$n = 11, \qquad \nu = 10.$$

La première série donne $\Delta = 7$, et la classe improprement primitive $(2, 1, 4)$, d'où l'équation type $(2, 1, 4)_1$. On a donc $\Sigma = 2$. Dans la deuxième série $\Delta' = 24$, et l'on obtient les quatre équations types :

$$(1, 0, 24), \quad (3, 0, 8), \quad (4, 2, 7)_1, \quad (5, 1, 5)_2,$$

de sorte que $\Sigma' = 8$, $\Sigma + \Sigma' = 10$.

On verra dans un prochain article comment on parvient ensuite à l'expression (¹) :

$$\begin{aligned} D = u^{12}(1 - u^8)^{10}(16 - 31\,u^8 + 16\,u^{16})^2 \\ \times (1 - 301\,960\,u^8 + 3\,550\,492\,u^{16} - 2\,178\,232\,u^{24} - 1\,092\,026\,u^{32} \\ - 2\,178\,232\,u^{40} + 3\,550\,492\,u^{48} - 301\,960\,u^{56} + u^{64})^2. \end{aligned}$$

Pour les valeurs plus grandes de n, je résumerai les résultats dans le Tableau suivant :

(¹) Le calcul fait par M. Bourget nous a amenés à modifier quelques-uns des coefficients numériques donnés par Hermite. E. P.

n	PREMIÈRE SÉRIE.	DEUXIÈME SÉRIE.	ν
13	$\Delta = 3$ $(2, 1, 2)$ $\Delta = 9$ $(1, 0, 9)_2\ (2, 1, 5)_1$ $(3, 0, 3)_2$ $\Sigma = 7$	$\Delta' = 40$ $(1, 0, 40)\ (5, 0, 8)\ (4, 2, 11)_1$ $(7, 3, 7)_2$ $\Sigma' = 8$	15
17	$\Delta = 13$ $(1, 0, 13)_2\ (2, 1, 7)_1$ $\Delta = 15$ $(2, 1, 8)_1\ (4, 1, 4)_2$ $\Sigma = 8$	$\Delta' = 72$ $(1, 0, 72)\ (3, 0, 24)\ (8, 0, 9)_1\ (4, 2, 19)_1$ $(9, 3, 9)_2\ (8, 4, 11)_1$ $\Delta' = 16$ $(1, 0, 16)\ (2, 0, 8)\ (4, 2, 5)_1$ $(4, 0, 4)_2$ $\Sigma' = 19$	27
19	$\Delta = 15$ $(2, 1, 8)_1\ (4, 1, 4)_2$ $\Delta = 21$ $(1, 0, 21)_2\ (3, 0, 7)_2$ $(2, 1, 11)_2\ (5, 2, 5)_2$ $\Sigma = 12$	$\Delta' = 88$ $(1, 0, 88)\ (8, 0, 11)_1\ (4, 2, 23)_1\ (8, 4, 13)_1$ $\Delta' = 48$ $(1, 0, 48)\ (2, 0, 24)\ (3, 0, 16)\ (4, 0, 12)$ $(6, 0, 8)\ (7, 1, 7)_2\ (4, 2, 13)_1\ (8, 4, 8)$ $\Sigma' = 24$	36
23	$\Delta = 19$ $(2, 1, 10)$ $\Delta = 33$ $(1, 0, 33)_2\ (3, 0, 11)_2$ $(2, 1, 17)_1\ (6, 3, 7)_1$ $\Delta = 15$ $(2, 1, 8)_1\ (4, 1, 4)_2$ $\Sigma = 18$	$\Delta' = 112$ $(1, 0, 112)\ (2, 0, 56)\ (4, 0, 28)_2\ (8, 0, 14)_1$ $(7, 0, 16)\ (4, 2, 29)_1\ (11, 3, 11)_2\ (8, 4, 16)$ $\Delta' = 120$ $(1, 0, 120)\ (3, 0, 40)\ (5, 0, 24)\ (8, 0, 15)_1$ $(11, 1, 11)_2\ (4, 2, 31)\ (8, 4, 17)_1\ (12, 6, 13)_1$ $\Sigma' = 36$	54
29	$\Delta = 25$ $(1, 0, 25)_2\ (2, 1, 3)_1$ $(5, 0, 5)_2$ $\Delta = 51$ $(2, 1, 26)\ (6, 3, 10)$ $\Delta = 45$ $(1, 0, 45)_2\ (3, 0, 15)_2\ (5, 0, 9)_2$ $(2, 1, 23)_1\ (7, 2, 7)_2\ (6, 3, 9)_1$ $\Delta = 7$ $(2, 1, 4)_1$ $\Sigma = 31$	$\Delta = 120$ $(1, 0, 120)\ (3, 0, 40)\ (5, 0, 24)\ (8, 0, 15)_1$ $(11, 1, 11)_2\ (4, 2, 32)_1$ $(8, 4, 17)_1\ (12, 6, 13)_1$ $\Delta = 208$ $(1, 0, 208)\ (2, 0, 104)\ (4, 0, 52)\ (8, 0, 26)_1$ $(13, 0, 16)$ $(11, 1, 29)_2\ (11, -1, 29)_2\ (7, 3, 31)_2$ $(7, -3, 31)_2\ (4, 2, 53)_1\ (8, 4, 28)_1$ $(16, 8, 17)_1\ (14, 4, 16)\ (14, -4, 16)$ $\Delta = 168$ $(1, 0, 168)\ (8, 0, 21)_1\ (3, 0, 56)\ (7, 0, 24)$ $(13, 1, 13)_2\ (4, 2, 43)_1$ $(8, 4, 23)_1\ (12, 6, 17)_1$ $\Sigma' = 60$	91

VI.

Une conséquence importante des résultats précédemment exposés consiste en ce que toutes les valeurs de $u^8 = \varphi^8(\omega)$ qui font acquérir des racines doubles à l'équation modulaire, représentent également des modules de fonctions elliptiques pour lesquelles a lieu la multiplication complexe. Nous avons vu en effet que la quantité ω dépendait de la relation

$$A\omega^2 + 2B\omega + C = 0,$$

(A, B, C) étant une forme quadratique de déterminant négatif, ce qui est précisément le caractère essentiel de ces modules. Je vais donc présenter à l'égard des équations algébriques qui servent à les déterminer les remarques auxquelles j'ai été naturellement amené par les recherches précédentes, et qui serviront de complément aux théorèmes fondamentaux déjà donnés sur ce sujet par M. Kronecker.

Voici d'abord un choix particulier dont je conviendrai pour les formes destinées à représenter les diverses classes quadratiques qui appartiennent au même déterminant. En désignant ces formes par (A, B, C) et faisant $\Delta = AC - B^2$, je supposerai, ce qui est toujours possible, que C soit pair et A impair, de sorte que dans le groupe proprement primitif (¹) on aura, suivant que

$$\Delta \equiv 1 \pmod 4, \qquad B \text{ et } \tfrac{1}{2}C \text{ impairs};$$

$$\Delta \equiv 2 \pmod 4, \qquad B \text{ pair et } \tfrac{1}{2}C \text{ impair};$$

$$\Delta \equiv -1 \pmod 4, \qquad B \text{ impair et } C \text{ multiple de } 4.$$

En second lieu, et pour ce qui concerne le groupe improprement primitif, il ne sera posé aucune condition lorsque $\Delta \equiv 3 \pmod 8$; mais, dans le cas de $\Delta \equiv -1 \pmod 8$, nous prendrons C impairement pair. Les formes ainsi choisies, et que nous garderons désormais pour représenter les classes, jouissent de cette pro-

---

(¹) *Comptes rendus*, p. 947 et § I du présent Mémoire.

priété de conserver les mêmes caractères dans toutes leurs transformées par des substitutions au déterminant *un*, $x = \alpha X + \beta Y$, $y = \gamma X + \delta Y$, où β est pair, α et δ impairs. Cela posé, si l'on détermine ω en faisant

$$A\omega^2 + 2B\omega + C = 0,$$

(A, B, C) représentant successivement toutes les classes du groupe proprement primitif et de même déterminant $-\Delta$, les diverses quantités $x = \varphi^8(\omega)$ seront racines d'une équation qui sera réciproque, dont le degré sera double du nombre des classes et dont les coefficients seront entiers, en supposant celui de la puissance la plus élevée de x égal à l'unité.

En second lieu, et à l'égard du groupe improprement primitif, on obtiendra comme précédemment une équation réciproque dont le degré sera encore le double du nombre des classes, mais avec une puissance de 2 pour coefficient du premier terme lorsque $\Delta \equiv -1 \pmod 8$. Enfin, si l'on suppose $\Delta \equiv 3 \pmod 8$, le degré sera six fois le nombre des classes, et tous les coefficients entiers, celui du premier terme étant l'unité.

Voici maintenant la méthode par laquelle on peut obtenir ces équations dans tous les cas.

VII.

Convenons, pour mettre en évidence le déterminant des formes quadratiques dont elles dépendent principalement, de les désigner par

$$F_1(x, \Delta) = 0 \quad \text{lorsque} \quad \Delta \equiv 1 \pmod 4,$$
$$F_2(x, \Delta) = 0 \quad \text{lorsque} \quad \Delta \equiv 2 \pmod 4,$$

le groupe proprement primitif existant seul pour ces deux déterminants. Dans les cas suivants, ce sont les équations qui répondent aux formes du groupe improprement primitif qu'il convient de considérer, et nous les désignerons par

$$\mathcal{F}_1(x, \Delta) = 0 \quad \text{lorsque} \quad \Delta \equiv 3 \pmod 8,$$
$$\mathcal{F}_2(x, \Delta) = 0 \quad \text{lorsque} \quad \Delta \equiv -1 \pmod 8.$$

Cela posé, soit $\Theta(v, u) = 0$ l'équation modulaire pour la transformation qui se rapporte à un nombre impair n quelconque. En joignant à cette équation celles-ci :

1° $$u^4 = \frac{v^4 - 1}{v^4 + 1}, \qquad u^8 = x,$$

2° $$u^4 = -\frac{v^4 - 1}{v^4 + 1}, \qquad u^8 = x,$$

3° $$u^8 = \frac{1}{1 - v^8}, \qquad u^8 = x,$$

4° $$u^2 = \frac{1 - v^4}{2iv^2}, \qquad u^8 = 1 - x,$$

on en déduira quatre équations en x, dont les premiers membres présenteront cette propriété remarquable d'être le produit de facteurs qui seront respectivement de la forme :

1°	$F_1(x, \Delta)$	Δ ayant les valeurs	$2n-1,\ 2n-9,\ 2n-25,\ \ldots,$
2°	$F_2(x, \Delta)$		$2n,\ 2n-4,\ 2n-16,\ \ldots,$
3°	$\mathcal{F}_1(x, \Delta)$		$4n-1,\ 4n-9,\ 4n-25,\ \ldots,$
4°	x et $\mathcal{F}_2(x, \Delta)$		$8n-1,\ 8n-9,\ 8n-25,\ \ldots.$

Il en résulte que les polynomes $F_1(x, \Delta)$, $F_2(x, \Delta)$, $\mathcal{F}_1(x, \Delta)$, $\mathcal{F}_2(x, \Delta)$ s'obtiennent en déterminant le plus grand commun diviseur entre les premiers membres de deux des équations que nous venons de considérer, et répondant à deux valeurs de n, qui seront successivement :

1° $$\frac{\Delta + \rho^2}{2}, \quad \frac{\Delta + \rho'^2}{2}, \quad \rho \text{ et } \rho' \text{ étant impairs;}$$

2° $$\frac{\Delta + \rho^2}{4}, \quad \frac{\Delta + \rho'^2}{4}, \quad \rho \text{ et } \rho' \text{ étant pairs;}$$

3° $$\frac{\Delta + \rho^2}{4}, \quad \frac{\Delta + \rho'^2}{4}, \quad \rho \text{ et } \rho' \text{ étant impairs;}$$

4° $$\frac{\Delta + \rho^2}{8}, \quad \frac{\Delta + \rho'^2}{8}, \quad \rho \text{ et } \rho' \text{ étant impairs.}$$

Voici ensuite comment, sans changer leur degré, on déduira des deux équations $\mathcal{F}_1(x, \Delta) = 0$, $\mathcal{F}_2(x, \Delta) = 0$, qui se rapportent au groupe improprement primitif, celles qui correspondent au groupe proprement primitif. Dans les deux cas on calculera d'abord la transformée de degré sous-double en $z = \frac{1}{4}\left(x + 2 + \frac{1}{x}\right)$, puis on y remplacera z par $\left(\frac{x+1}{x-1}\right)^2$, ce qui ramènera au degré primitif [1]. Enfin, pour passer des équations relatives au déterminant $-\Delta$ à celles qui concernent le déterminant -4Δ, on fera dans l'équation qui appartient au groupe proprement primitif de formes de déterminant $-\Delta$ la substitution

$$x = \frac{1}{2} + \frac{y+1}{4\sqrt{y}}.$$

Et, si l'on représente les classes de déterminant -4Δ, dont les trois termes ne sont pas pairs en même temps, par des formes (A, B, C), où C soit pair, A impair, en posant

$$A\omega^2 + 2B\omega + C = 0,$$

les quantités $\varphi^8(\omega)$ seront précisément les racines de l'équation en y. Elle est d'ailleurs évidemment d'un degré double de l'équation en x, de même que le nombre des classes de déterminant -4Δ, dont il vient d'être question, est double du nombre des classes de déterminant $-\Delta$. L'application plusieurs fois répétée de ce procédé suffirait à donner les équations qui se rapportent aux déterminants multiples d'une puissance de 4. Mais ici il convient de distinguer ceux qui sont le quadruple d'un nombre impair de ceux qui sont multiples de 8. C'est aux premiers que s'applique spécialement la méthode qui vient d'être indiquée; et dorénavant les équations qui leur correspondent seront désignées par $F_3(x, \Delta) = 0$. En représentant par $F_1(x, \Delta) = 0$ celles qui concernent les déterminants multiples de 8, on a en effet cette proposition que le premier membre de l'équation en x qui résulte du système

$$\Theta(v, u) = 0, \qquad u^2 = \frac{v^2-1}{v^2+1}, \qquad u^8 = x,$$

analogue à ceux qui ont été considérés tout à l'heure, est le produit de facteurs de la forme $F_4(x, \Delta)$, Δ prenant la suite des valeurs $4(n-1)$, $4(n-9)$, $4(n-25)$, etc. Je n'insiste pas en ce moment sur les conséquences à déduire de là, non plus que sur

---

(1) Ce calcul présente, à l'égard de l'équation $\mathcal{F}_2(x, \Delta) = 0$, la circonstance remarquable que le coefficient de la puissance la plus élevée de x, qui était une puissance de 2, devient dans l'équation transformée égal à l'unité.

beaucoup de questions importantes pour la théorie des formes quadratiques auxquelles conduisent les résultats précédents ([1]), et je me bornerai à remarquer, que des propositions énoncées sur les réunions d'ordres nommées *groupes proprement* et *improprement primitifs*, on conclut immédiatement les suivantes :

Ayant représenté le système des classes de l'ordre proprement primitif pour un déterminant quelconque par des formes (A, B, C), *où* C *est pair,* A *impair, les quantités* $\varphi^8(\omega)$, *en définissant* ω *par les relations* $A\omega^2 + 2B\omega + C = 0$, *sont racines d'une équation réciproque à coefficients entiers dont le degré est précisément double du nombre des classes.*

Et de même, si l'on représente les classes de l'ordre improprement primitif de déterminant $\Delta \equiv -1 \pmod 8$ *par des formes* (A, B, C), *où* C *est impairement pair, on obtiendra une équation réciproque dont le degré sera encore double du nombre des classes.*

Mais pour l'ordre improprement primitif de déterminant $\equiv 3 \pmod 8$, *le degré est six fois le nombre des classes.*

On peut enfin supposer égal à l'unité le coefficient du premier terme dans ces équations, sauf pour celles qui répondent à l'ordre improprement primitif, où il est une puissance de 2 *lorsque* $\Delta \equiv -1 \pmod 8$.

VIII.

La principale propriété du polynome $\mathcal{F}_1(x, \Delta)$ consiste en ce qu'il se décompose en facteurs du sixième degré de cette forme remarquable

$$(x^2 - x + 1)^3 + \alpha(x^2 - x)^2,$$

de sorte que la substitution $y = \frac{(x^2 - x + 1)^3}{(x^2 - x)^2}$ ramène l'équation $\mathcal{F}_1(x, \Delta) = 0$ à un degré précisément égal au nombre des classes improprement primitives de déterminant $-\Delta$. Cela résulte de ce qu'on peut réunir les racines en groupes, où elles sont représentées

([1]) En particulier pour les sommations analogues à celles qui ont été données pour la première fois par M. Kronecker.

par l'expression $\varphi^8\left(\frac{c+d\omega}{a+b\omega}\right)$, a, b, c, d étant des nombres entiers quelconques, tels que $ad-bc=1$. Or, en faisant $\varphi^8(\omega)=\rho$, cette expression représente les six valeurs distinctes

$$\rho,\quad \frac{1}{\rho},\quad 1-\rho,\quad \frac{1}{1-\rho},\quad \frac{\rho}{\rho-1},\quad \frac{\rho-1}{\rho},$$

et telles seront les racines de l'équation

$$(x^2-x+1)^3+\alpha(x^2-x)^2=0,$$

car on vérifie immédiatement qu'elle reste la même quand on y remplace x par $\frac{1}{x}$, $1-x$, et dès lors par les substitutions composées de celles-là, savoir $\frac{1}{1-x}$, $\frac{x}{x-1}$, $\frac{x-1}{x}$. D'ailleurs, ρ étant seul arbitraire, cette équation, qui contient une indéterminée α, aura bien la forme analytique la plus générale. Elle se présente au reste d'elle-même, en recherchant dans les cas les plus simples le polynome $\mathcal{F}_1(x, \Delta)$. Partons, par exemple, des équations modulaires pour $n=3$ et $n=5$, auxquelles on doit joindre, d'après ce qui a été dit :

$$u^8=x=\frac{1}{1-\rho^8}.$$

Parmi les diverses formes dont elles sont susceptibles, je choisirai celles que Jacobi obtient en faisant $q=1-2k^2$, $l=1-2\lambda^2$, savoir :

$$(q-l)^4=64(1-q^2)(1-l^2)(3+ql),$$
$$(q-l)^6=256(1-q^2)(1-l^2)[16ql(9-ql)^2+9(45-ql)(q-l)^2].$$

En effet, ces quantités s'obtiennent immédiatement en x, et en substituant les valeurs

$$q=1-2x,\qquad l=\frac{x+1}{x-1},$$

d'où

$$q-l=2\,\frac{x^2-x+1}{1-x},$$

la première équation donne

$$(x^2-x+1)[(x^2-x+1)^3+2^7(x^2-x)^2]=0,$$

et la seconde

$$[(x^2-x+1)^3+2^7(x^2-x)^2][(x^2-x+1)^3+2^7.3^3(x^2-x)^2]=0.$$

Le facteur commun aux deux cas répond à $\Delta = 11$, et les autres aux déterminants -3, $+19$. Pour $\Delta = 27$, on trouverait

$$(x^2 - x + 1)^3 + 2^7.5^3.3(x^2 - x)^2 = 0.$$

En général, lorsque l'ordre improprement primitif de déterminant $-\Delta$ sera formé de la seule classe $\left(2, 1, \frac{\Delta + 1}{2}\right)$, α sera un nombre entier qu'on pourra calculer en exprimant que l'équation est vérifiée pour

$$x = \varphi^8(\omega),$$

ou d'après la condition

$$2\omega^2 + 2\omega + \frac{\Delta + 1}{2} = 0, \qquad \omega = \frac{-1 + i\sqrt{\Delta}}{2}.$$

Soit donc $q = e^{i\pi\omega}$, on trouvera, en employant l'expression de Jacobi,

$$\sqrt[4]{kk'} = \sqrt{2}.\sqrt[8]{q}\,\frac{\Sigma(-1)^i q^{\lambda i^2 + i}}{\Sigma q^{i^2}},$$

cette valeur où n'entre que q^2 :

$$2^8\alpha = -\frac{1}{q^2}\,\frac{(1 + 2^4.3.5q^2 + 2^4.3^3.5.q^4 + 2^6.3.5.7.q^6 + \ldots)^3}{(1 - 3q^2 + 5q^6 - 6q^{10} + \ldots)^8},$$

et, par suite, en remarquant que $q^2 = -e^{-\pi\sqrt{\Delta}}$,

$$2^8.\alpha = e^{\pi\sqrt{\Delta}} - 744 + \frac{196\,880}{e^{\pi\sqrt{\Delta}}} + \ldots.$$

Or, depuis $\Delta = 19$, les termes de la série, à partir du troisième, n'influent plus sur la partie entière, de sorte qu'on a exactement, en désignant par a le nombre entier immédiatement supérieur à $e^{\pi\sqrt{\Delta}}$,

$$\alpha = \frac{a - 744}{2^8}.$$

D'ailleurs ces termes négligés décroissent avec une grande rapidité lorsque Δ augmente; il en résulte que la transcendante numérique $e^{\pi\sqrt{\Delta}}$ approche alors extrêmement d'un nombre entier. Soit, par exemple, $\Delta = 43$, qui donne une seule classe improprement primitive, on trouve

$$e^{\pi\sqrt{43}} = 884\,736\,743{,}999\,777\,5\ldots,$$

et $\alpha = 2^{10}.3^3.5^3$. Les déterminants -67 et -163 sont dans le même cas, de sorte que, dans la quantité $e^{\pi\sqrt{163}}$, la partie décimale commencerait par une suite de douze chiffres égaux à 9.

IX.

L'étude des fonctions $F_1(x, \Delta)$ et $F_2(x, \Delta)$, qui se présentent avec les mêmes propriétés, conduit à des résultats analogues à ceux que nous venons d'indiquer relativement à $\mathfrak{F}_1(x, \Delta)$, tandis que $\mathfrak{F}_2(x, \Delta)$, qui correspond à l'ordre improprement primitif des classes de déterminant $-\Delta$, dans le cas de $\Delta \equiv -1 \pmod 8$, semble devoir rester entièrement en dehors de cette analogie. Réservant pour un autre moment l'étude de cette fonction, je me bornerai maintenant aux résultats qui concernent les deux premières, et dont voici la principale propriété :

Si l'on excepte les cas de $\Delta = 1$, $\Delta = 2$, l'ensemble de leurs racines peut être décomposé en groupes, qui chacun en comprennent quatre que l'on peut représenter ainsi :

$$\rho, \quad \left(\frac{1-\sqrt{\rho}}{1+\sqrt{\rho}}\right)^2, \quad \frac{1}{\rho}, \quad \left(\frac{1+\sqrt{\rho}}{1-\sqrt{\rho}}\right)^2.$$

Il s'ensuit qu'elles sont décomposables en facteurs du quatrième degré de cette forme

$$(x+1)^4 + \alpha x(x-1)^2,$$

et qu'on peut ramener les deux équations

$$F_1(x, \Delta) = 0, \qquad F_2(x, \Delta) = 0$$

à un degré quatre fois moindre, moitié par conséquent du nombre des classes de déterminant $-\Delta$, par la substitution

$$y = \frac{(x+1)^4}{x(x-1)^2}.$$

Les considérations arithmétiques qui conduisent à ce résultat montrent en même temps que le nombre des classes de déterminant $-\Delta$ est toujours pair lorsque $\Delta \equiv 1$ ou $\equiv 2 \pmod 4$, sauf les exceptions ci-dessus mentionnées de $\Delta = 1$, $\Delta = 2$. S'il se réduit à deux, α sera un nombre entier, qu'on pourra calculer comme il suit :

1° $$\Delta \equiv 1 \pmod 4.$$

Les deux classes sont alors représentées par les formes réduites

$$(1,\ 0,\ \Delta), \qquad \left(2,\ 1,\ \frac{\Delta+1}{2}\right),$$

et la première donne l'équation

$$(1,\ 0,\ \Delta)_2 = 0,$$

d'où

$$\omega = 1 + i\sqrt{\Delta}.$$

Il suffit donc d'exprimer que

$$(x+1)^4 + \alpha x(x-1)^2 = 0$$

a lieu pour

$$x = \varphi^8(\omega),$$

ce qui donne, en faisant $q = e^{i\pi\omega}$,

$$16\alpha = -\left(\frac{1}{q} + 104 + 4\,372q + 96\,256q^2 + \ldots\right),$$

et par suite comme, d'après la valeur de ω, $q = -e^{-\pi\sqrt{\Delta}}$,

$$16\alpha = e^{\pi\sqrt{\Delta}} - 104 + \frac{4\,372}{e^{\pi\sqrt{\Delta}}} - \frac{96\,256}{e^{2\pi\sqrt{\Delta}}} + \ldots.$$

Or depuis $\Delta = 9$, on peut se borner aux deux premiers termes de cette suite, et, si l'on désigne par a le nombre entier immédiatement supérieur à $e^{\pi\sqrt{\Delta}}$, on aura exactement

$$\alpha = \frac{a-104}{16}.$$

Les déterminants, qui ne donnent ainsi que deux classes dans l'ordre primitif et auxquels on pourra appliquer cette formule, sont

$$-5, \quad -9, \quad -13, \quad -25, \quad -37, \quad \text{etc.}$$

Par la méthode algébrique indiquée dans un précédent article (voyez *Comptes rendus*, t. XLVIII, p. 1097 et § VII du présent Mémoire), on obtient les résultats suivants que l'emploi de la formule pourra servir à vérifier, savoir :

$$(x+1)^4 + 2^6 x \quad (x-1)^2 = 0 \qquad \Delta = 5,$$
$$(x+1)^4 + 3.2^8 x \quad (x-1)^2 = 0 \qquad \Delta = 9,$$
$$(x+1)^4 + 3^4.2^6 x \quad (x-1)^2 = 0 \qquad \Delta = 13,$$
$$(x+1)^4 + 5.3^4.2^7 x(x-1)^2 = 0 \qquad \Delta = 25.$$

2° $$\Delta = 2 \pmod 4.$$

Les deux classes, qu'on suppose seules exister, sont représentées par les formes

$$(1, 0, \Delta), \qquad \left(2, 0, \frac{1}{2}\Delta\right);$$

à la première correspond la valeur

$$\omega = i\sqrt{\Delta},$$

d'où

$$q = e^{-\sqrt{\Delta}},$$

et, tout à fait comme précédemment, on est conduit à l'expression

$$16\alpha = -\left(e^{\pi\sqrt{\Delta}} + 104 + \frac{4372}{e^{\pi\sqrt{\Delta}}} + \frac{96256}{e^{2\pi\sqrt{\Delta}}} + \ldots\right).$$

En désignant encore par a le nombre entier immédiatement supérieur à $e^{\pi\sqrt{\Delta}}$, on aura la formule

$$\alpha = -\frac{a+104}{16},$$

qui sera applicable à partir de $\Delta = 10$.

Les déterminants qui ne fournissent que deux classes dans l'ordre primitif seront

$$-6, \quad -10, \quad -18, \quad -22, \quad -58, \quad \text{etc.};$$

si on les joint aux précédents, ainsi qu'à ceux dont il a déjà été question à propos du polynome $\mathcal{F}_1(x, \Delta)$, on aura autant de cas dans lesquels la quantité $e^{\pi\sqrt{\Delta}}$ approche d'autant plus d'un nombre entier que Δ sera plus grand; ainsi, par exemple, dans la quantité $e^{\pi\sqrt{58}}$ la partie décimale commence par neuf chiffres égaux à 9.

Voici les équations auxquelles on parvient, comme on va le voir, par la méthode algébrique générale, savoir :

$$\begin{array}{lr} x^2 - 6x + 1 = 0 & \Delta = 2, \\ (x+1)^4 - 3^2.2^4.x\,(x-1)^2 = 0 & \Delta = 6, \\ (x+1)^4 - 5^2.2^2.x\,(x-1)^2 = 0 & \Delta = 10, \\ (x+1)^4 - 7^2.2^4.x\,(x-1)^2 = 0 & \Delta = 18, \\ (x+1)^4 - 11^2.3^4.2^4.x(x-1)^2 = 0 & \Delta = 22. \end{array}$$

On remarquera que le coefficient numérique $-\alpha$ est toujours un carré divisible par Δ, sauf le cas du déterminant -18, le seul qui, n'étant pas le double d'un nombre premier, ne renferme cependant que deux classes dans l'ordre primitif. Mais, lorsqu'on a $\Delta \equiv 1 \pmod 4$, c'est la quantité $\alpha + 16$ qui contient Δ en facteur lorsqu'il est un nombre premier, et le quotient $\frac{\alpha+16}{\Delta}$ se présente toujours comme égal à un carré. La même circonstance se remarque dans les équations

$$(x^2 - x + 1)^3 + \alpha(x^2 - x)^2 = 0;$$

à l'égard de la quantité $4\alpha + 27$ [1], qui est également le produit de Δ par un carré, lorsque Δ est un nombre premier.

X.

Le calcul des polynomes $F_1(x, \Delta)$ et $F_2(x, \Delta)$ repose, comme il a été dit, sur la formation de l'équation qui résulte du système

$$\Theta(v, u) = 0, \qquad u^4 = \frac{v^4 - 1}{v^4 + 1},$$

ou

$$\Theta(v, u) = 0, \qquad u^4 = -\frac{v^4 - 1}{v^4 + 1},$$

---

[1] L'identité

$$4[(x^2 - x + 1)^3 + \alpha(x^2 - x)^2] = (2x^3 - 3x^2 - 3x + 2)^2 + (4\alpha + 27)(x^2 - x)^2$$

en montre l'origine et donne en même temps une résolution facile des équations $\mathfrak{F}_1(x, \Delta) = 0$, lorsqu'elles sont du 6e degré.

en faisant $u^8 = x$ (1). Les quantités Δ, qui répondent dans les deux cas aux valeurs de n pour lesquelles on possède l'équation modulaire, sont indiquées dans ce Tableau :

n.	$\Delta \equiv 1 \pmod 4$.	$\Delta \equiv 2 \pmod 4$.
3	5	2, 6
5	1, 9	6, 10
7	5, 13	10, 14
11	13, 21	6, 18, 22
13	1, 17, 25	10, 22, 26
17	9, 25, 33	18, 30, 34
19	13, 27, 39	2, 22, 34, 38

On y remarque que $n = 11$ conduit à trois déterminants $\equiv 2 \pmod 4$, auxquels correspondent seulement deux classes dans l'ordre primitif, le déterminant -18 fournissant en outre une classe dérivée de $(1, 0, 2)$. Ce cas donnera donc les polynomes $F_2(x, \Delta)$ pour les valeurs $\Delta = 2, 6, 18, 22$, et nous le choisirons comme exemple de la marche qu'on peut suivre dans ce genre de calcul.

J'observe à cet effet qu'en disposant dans un ordre convenable les termes de l'équation donnée par M. Sohnke, on peut l'écrire

$$\begin{aligned} &v^{12} - u^{12} + 44u^6v^6(v^4 - u^4) + 166u^4v^4(v^4 - u^4) \\ &\quad + 44u^2v^2(v^4 - u^4) + 32v^{11}v^{11} - 22u^3v^3(v^8 + u^8) + 88u^9v^9 \\ &\quad + 132u^7v^7 - 132u^5v^5 - 88u^3v^3 + 22uv(v^8 + u^8) - 32uv = 0, \end{aligned}$$

ou bien, en mettant en évidence le facteur $v^4 - u^4$,

$$\begin{aligned} &(v^4 - u^4)(v^8 + u^8 + 44u^6v^6 + 166u^4v^4 + 44u^2v^2) \\ &\quad + 32u^{11}v^{11} - 22u^3v^3(v^8 + u^8) + 88u^9v^9 + 132u^7v^7 \\ &\qquad - 132u^5v^5 - 88u^3v^3 + 22uv(v^8 + u^8) - 32uv = 0. \end{aligned}$$

---

(1) Le système

$$\Theta(v, u) = 0, \qquad v = \frac{e^{\frac{i\pi}{8}}}{u}, \qquad u^8 = x$$

donne aussi une équation en x dont le premier membre est le produit de facteurs qui sont tous de la forme $F_1(x, \Delta)$ ou $F_2(x, \Delta)$. Le premier cas a lieu lorsque le nombre n, qui désigne l'ordre de la transformation à laquelle se rapporte l'équation modulaire, est $\equiv 1 \pmod 4$, et alors

$$\Delta = n - \rho^2,$$

ρ étant impair. Si $n \equiv -1 \pmod 4$, ce sont les facteurs $F_2(x, \Delta)$ qui se présentent, Δ étant encore $n - \rho^2$, mais ρ devant être supposé pair.

Or en faisant $uv = w$, la relation

$$u^4 = -\frac{v^4 - 1}{v^4 + 1},$$

ou

$$u^4 v^4 + u^4 + v^4 - 1 = 0,$$

donne

$$v^4 + u^4 = 1 - w^4,$$

$$v^8 - u^8 = 1 - 4w^4 + w^8,$$

$$v^4 - u^4 = \sqrt{1 - 6w^4 + w^8};$$

de sorte qu'on peut immédiatement déduire de l'équation modulaire une relation contenant seulement w, savoir :

$$\sqrt{1 - 6w^4 + w^8}\,(w^8 + 44w^6 + 162w^4 + 44w^2 + 1)$$
$$+ 10w(w^{10} + 11w^8 + 22w^6 - 22w^4 - 11w^2 - 1) = 0.$$

Or, en faisant disparaître le radical on parvient à une équation réciproque en w^2, ce qui conduit à poser

$$w^2 + \frac{1}{w^2} = z,$$

et l'on trouve ainsi

$$(z^2 - 8)(z^2 + 44z + 160)^2 - 100(z - 2)(z^2 + 12z + 32)^2 = 0$$

ou

$$z(z + 4)^2(z - 20)(z^2 + 192) = 0.$$

Maintenant nous observerons qu'en faisant $u^8 = x$, on a

$$w^4 = \sqrt{x}\,\frac{1 - \sqrt{x}}{1 + \sqrt{x}} \qquad \text{et} \qquad w^4 + \frac{1}{w^4} - 2 = -\frac{(x + 1)^2}{\sqrt{x}(x - 1)}.$$

Ainsi l'expression $\dfrac{(x + 1)^4}{x(x - 1)^2}$ dont il a été déjà parlé comme entrant essentiellement dans la composition des équations que nous voulons obtenir, se présente ici d'elle-même, et, puisque

$$w^4 + \frac{1}{w^4} - 2 = z^2 - 4,$$

la quantité α sera liée à z par cette relation très simple

$$\alpha = -(z^2 - 4)^2.$$

Il en résulte que l'équation en x est le produit des facteurs suivants :

$$(x+1)^4 - 2^4 x(x-1)^2, \qquad [(x+1)^4 - 3^2.2^4 x(x-1)^2]^2,$$
$$[(x+1)^4 - 7^4.2^4 x(x-1)^2]^2$$

et

$$(x+1)^4 - 11^2.3^4.2^4 x(x-1)^2,$$

le dernier, qui répond à la valeur la plus élevée de Δ, étant le seul qui n'entre pas au carré, car

$$(x+1)^4 - 2^4 x(x-1)^2 = (x^2 - 6x + 1)^2.$$

Et, comme ils sont écrits en suivant l'ordre des valeurs croissantes de la quantité α, ils correspondent respectivement à $\Delta = 2, 6, 18, 22$, puisque, abstraction faite du signe, α augmente avec Δ d'après la relation

$$16\alpha = -\left(e^{\pi\sqrt{\Delta}} + 104 + \ldots\right).$$

XI.

Le polynome $\mathfrak{F}_2(x, \Delta)$, dans le cas le plus simple où l'on a $\Delta = 7$, s'obtient immédiatement par les équations fondamentales

$$u^2 = \frac{1 - v^4}{2 i v^2}, \qquad u^8 = 1 - x,$$

en supposant $v = u$, et supprimant dans le résultat le facteur x. On trouve ainsi l'équation

$$16x^2 - 31x + 16 = 0.$$

Pour les valeurs suivantes de Δ, le calcul devient plus difficile, et c'est en recourant à des méthodes particulières que le P. Joubert, dans un travail important sur le discriminant des équations en

$$U = \sqrt[4]{kk'} \qquad \text{et} \qquad V = \sqrt[4]{\lambda\lambda'},$$

a réussi à obtenir ces polynomes pour $\Delta = 15, 23, 31$. Je me bornerai à donner l'idée de ces procédés et des méthodes variées qu'on peut suivre dans ces recherches en considérant le cas de $\Delta = 15$.

Alors on a, dans l'ordre improprement primitif, deux formes conduisant aux équations types

$$(2, 1, 8)_1 = 0, \qquad (4, 1, 4)_2 = 0;$$

et, si l'on fait pour un instant

$$(4, 1, 4) = 0 \quad \text{ou} \quad 2\omega^2 + \omega + 2 = 0 \quad \text{et} \quad \xi = \varphi^2(\omega)\psi^2(\omega),$$

on trouvera très aisément l'équation en ξ, en remarquant qu'on peut écrire

$$2\omega + 1 = -\frac{2}{\omega},$$

d'où

$$\psi(2\omega + 1) = \psi\left(-\frac{2}{\omega}\right) = \varphi\left(\frac{2}{\omega}\right),$$

et, par suite, en élevant à la puissance quatrième,

$$\frac{1 + \psi^4(\omega)}{2\psi^2(\omega)} = \frac{2\varphi^2(\omega)}{1 + \varphi^4(\omega)}.$$

Comme on a d'ailleurs

$$[\varphi^4(\omega) + \psi^4(\omega)]^2 = 1 + 2\xi^2,$$

on trouvera

$$1 + \xi^2 + \sqrt{1 + 2\xi^2} = 4\xi,$$

ce qui donne

$$(\xi - 2)(\xi^2 - 6\xi + 4) = 0.$$

Le facteur du second degré convient seul, et l'on en tire l'équation en x, en remarquant qu'on doit supposer

$$x = \varphi^8(\omega + 1) = \frac{\varphi^8(\omega)}{\varphi^8(\omega) - 1},$$

de sorte qu'on aura

$$\xi^4 = -\frac{x}{(x - 1)^2},$$

et, par suite,

$$2^8(x - 1)^4 + 2^4.47x(x - 1)^2 + x^2 = 0.$$

Cette équation, conformément à ce qu'on a dit en général, a pour coefficient de x^4 une puissance de 2, et la forme particulière sous laquelle elle se présente permettra d'en déduire très facilement la transformée, qui correspond à l'ordre proprement primitif [1], savoir :

$$(x-1)^4 + 2^8.47x(x-1)^2 + 2^{16}x^2 = 0,$$

et de vérifier ainsi que dans cette transformée le coefficient de la puissance de x redevient égal à l'unité.

XII.

Nous possédons maintenant tous les éléments qui figurent dans le discriminant de l'équation modulaire du 12ᵉ degré, qui sont les facteurs relatifs à l'ordre improprement primitif de déterminant — 7, et à l'ordre primitif de déterminant — 24. Le premier, comme on vient de le trouver, est $16x^2 - 31x + 16$. Le second doit être tiré de l'équation

$$(x+1)^4 - 3^2.2^4x(x-1)^2 = 0,$$

qui correspond au déterminant — 6, en y remplaçant x par

$$\frac{1}{2} + \frac{x+1}{4\sqrt{x}},$$

et faisant disparaître $\sqrt{x}$ par l'élévation au carré. On trouve ainsi l'expression

$$\begin{aligned} x^8 - 301\,960x^7 + 3\,550\,492x^6 - 2\,178\,232x^5 - 1\,092\,026x^4 \\ - 2\,178\,232x^3 + 3\,550\,492x^2 - 301\,960x + 1 = 0; \end{aligned}$$

ce qui conduit au résultat déjà donné, et qu'il eût été bien difficile, comme on voit, de tirer algébriquement de l'équation modulaire. Il ne me reste plus, pour terminer cette partie de mes recherches, qu'à indiquer un moyen de le vérifier, ce qui sera l'objet d'un prochain article.

XIII.

En désignant par D le produit des carrés des différences des racines de l'équation modulaire $\Theta(v, u) = 0$ de degré $n+1$, lors-

---

[1] Voyez *Comptes rendus*, t. XLVIII, p. 1098 et § VII du présent Mémoire.

qu'on suppose n un nombre premier, faisons, pour un instant,

$$\mathfrak{D} = \sqrt{(-1)^{\frac{n-1}{2}} \frac{D}{n^n}}.$$

Cette expression sera non seulement rationnelle et entière en u, puisque D est un carré parfait, mais les coefficients des diverses puissances de u seront eux-mêmes des nombres entiers. Or, en remplaçant ces puissances par leurs expressions sous forme de séries infinies en fonction de $q = e^{i\pi\omega}$, on parvient à un résultat dont la valeur, par rapport au module premier n, s'obtient comme il suit.

Faisons

$$f(q) = \frac{(1+q^2)(1+q^4)(1+q^6)\ldots}{(1-q)(1+q^3)(1+q^5)\ldots} = 1 - q + 2q^2 - 3q^3 + 4q^4 - 6q^5 + \ldots$$

et, par conséquent,

$$u = \varphi(\omega) = \sqrt{2}\sqrt[8]{q}\,f(q),$$

on aura cette congruence

$$\mathfrak{D} \equiv 2^{\frac{n^2-1}{4}} (\sqrt{2}\sqrt[8]{q})^{\frac{n+1}{2}} [f(q) + 8qf'(q)]^{\frac{n-1}{2}} \left[f(q) - \left(\frac{2}{n}\right) q^{\frac{n^2-1}{8}} f(q^{n^2}) \right] \bmod n,$$

dans laquelle le coefficient de la puissance la moins élevée de q a été conservé sans addition ni suppression de multiples de n, ce qui permet de déterminer le facteur numérique qui doit être joint aux divers polynomes en u, que maintenant nous connaissons dans les cas de $n = 3, 5, 7, 11$, afin d'obtenir précisément la valeur de $\mathfrak{D}$. Ce facteur, comme on voit, est toujours une puissance de 2; ainsi, dans le cas de $n = 11$, on aura

$$\mathfrak{D} = 2^{26} u^6 (1 - u^8)^3 (16 - 31 u^8 + 16 u^{16}) (1 - 301\,960 u^8 + \ldots).$$

On pourrait aussi présenter le second membre de la congruence précédente sous cette autre forme

$$2^{\frac{n^2-1}{4}} \left(\frac{8}{i\pi} \frac{d\varphi}{d\omega} \right)^{\frac{n-1}{2}} \left[\varphi(\omega) - \left(\frac{2}{n}\right) \varphi(n^2\omega) \right];$$

mais c'est la première qu'il convient d'employer pour vérifier, comme nous l'avons annoncé, le discriminant de l'équation modulaire du douzième degré. Je remarque à cet effet que le polynome

$$1 - 301\,960\,u^8 + 3\,556\,492\,u^{16} + \ldots$$

se réduit suivant le module 11 à cette expression simple

$$1 + u^8 - u^{24} - u^{32} - u^{40} + u^{56} + u^{64}$$

et qu'on trouvera par suite

$$\mathfrak{D} \equiv u^6(1 + 3u^8 - 3u^{24} - 3u^{32} + u^{40} + \ldots) \pmod{11}.$$

Maintenant, si l'on met à la place des diverses puissances de u leurs développements en fonctions de q, il viendra

$$\mathfrak{D} \equiv (\sqrt{2}\sqrt[8]{q})^6 (1 - 2q + 4q^2 + 3q^3 + 4q^4 + 3q^5 + \ldots).$$

Or, c'est précisément le résultat auquel conduit la congruence, en faisant les développements indiqués, d'où résulte la vérification que nous désirions obtenir.

XIV.

C'est à ce point que je me suis arrêté jusqu'ici dans l'étude des équations modulaires, et il ne me reste plus, en considérant en particulier celles du sixième, du huitième et du douzième degré, qu'à donner la méthode que j'ai suivie pour en déduire des réduites d'un degré moindre d'une unité. Galois, ainsi que je l'ai déjà dit au commencement de ces recherches, a le premier découvert le fait si remarquable de cette réduction, au double point de vue de la théorie des fonctions elliptiques et de l'Algèbre, et voici, dans ses idées, le théorème qui sert de principe fondamental.

Remarquons préalablement que les racines de l'équation modulaire sont représentées par

$$v = u^n[\sin\operatorname{coam} 2\rho \sin\operatorname{coam} 4\rho \ldots \sin\operatorname{coam}(n-1)\rho],$$

en faisant

$$\rho = \frac{m\mathrm{K} + m'i\mathrm{K}'}{n},$$

où m et m' sont deux nombres entiers qu'on peut multiplier par un même facteur sans changer la valeur de v. Il en résulte que c'est uniquement le rapport $\frac{m'}{m}$ qui définit chaque racine, et, comme les deux termes sont pris suivant le module n, il reçoit d'une part la valeur ∞ pour $m \equiv 0$, et de l'autre la série des n nombres entiers $0, 1, 2, \ldots, n-1$. On est donc conduit naturellement, pour représenter les racines de l'équation modulaire, à la notation v_k, k désignant $\frac{m'}{m}$ et devant représenter les $n+1$ valeurs ∞, 0, 1, 2, ..., $n-1$. Cela posé, voici la proposition de Galois :

Toute fonction rationnelle non symétrique des racines v_k qui ne change pas en remplaçant les divers indices k par $\frac{ak+b}{ck+d}$, a, b, c, d étant des nombres entiers pris suivant le module n et le déterminant $ad-cb$ n'étant pas $\equiv 0$ (1), sera exprimable en fonction rationnelle de u (2).

J'ajouterai la remarque que ce théorème subsiste en particularisant la substitution $\frac{ak+b}{ck+d}$, de manière que $ad-bc$ soit résidu quadratique de n, pourvu qu'on s'adjoigne le radical

$$\sqrt{(-1)^{\frac{n-1}{2}} n}.$$

Tel est, par exemple, le produit des différences des racines $\Pi(v_k - v_{k'})$, qui change de signe ou se reproduit exactement, lorsqu'en remplaçant k par $\frac{ak+b}{ck+d}$, $ad-bc$ est non résidu ou résidu quadratique de n, et qui s'exprime, comme on l'a vu au paragraphe XIII, par une fonction rationnelle de u à coefficients entiers, mais affectée du facteur

$$\sqrt{(-1)^{\frac{n-1}{2}} n}.$$

En effet, nommant F et F' les deux valeurs que peut prendre une

(1) M. Serret a fait des substitutions de cette forme l'objet de ses recherches dans plusieurs articles publiés dans les *Comptes rendus*, t. XLVIII, séances des 10, 17, et 24 janvier 1859.

(2) Une démonstration de ce théorème important a été donnée par le P. Joubert dans un travail que j'ai déjà cité (*Comptes rendus*, t. XLVI, p. 718).

fonction rationnelle des racines invariable par les substitutions où $ad - bc$ est résidu, les deux expressions $F + F'$, $\frac{F - F'}{\Pi(v_k - v_{k'})}$ resteront invariables pour la totalité des substitutions, et s'exprimeront rationnellement en u, d'après la proposition de Galois; il en résulte que F et F' s'exprimeront elles-mêmes sous la forme annoncée.

Ce point essentiel établi, la question de l'abaissement des équations modulaires à un degré moindre d'une unité dépend d'une étude plus approfondie des substitutions $\frac{ak + b}{ck + d}$, et dont quelques traces seulement subsistent dans ce qui nous a été conservé des travaux de Galois. C'est en suivant la voie qu'elles indiquent que M. Betti a retrouvé l'importante proposition relative aux équations du sixième, du huitième et du douzième degré, et l'extrait suivant d'une Lettre que m'a fait l'honneur de m'adresser ce savant géomètre montrera comment de cette manière se présentent les résultats auxquels de mon côté je parvenais par une méthode toute différente :

« Pise, 24 mars 1859.

» Dans un Mémoire *Sopra l'abassamento dell' equazioni modulari*, publié en 1853 dans les *Annali di Tortolini*, j'ai fait l'étude des substitutions

(1) $$\frac{ak + b}{ck + d},$$

pour démontrer la possibilité de l'abaissement des équations modulaires, et j'ai obtenu les résultats que vous me communiquez dans votre Lettre.

» Voici pour le module premier $n = 4p + 3$ les expressions que j'ai trouvées alors pour la décomposition en n groupes du groupe dont toutes les substitutions sont données par la forme (1) où $ad - bc$ est résidu de n.

» Si g est une racine primitive de n, jouissant de cette propriété que, $g - 1$ étant résidu de n, les puissances impaires $< n - 2$ de g vérifient la congruence

$$[g^2x^2 - g(g+1)x + 1][g^2x^2 - (g+1)x + 1] \equiv 0 \qquad (\text{mod. } n)$$

(ce qui n'arrive que pour $n = 7$, 11), on aura, si l'on fait

$$\theta(k) \equiv g^{2\delta}\frac{k - g^{2\alpha+1}}{k - g^{2\alpha}},\quad g^{2\delta+1}\frac{k - g^{2\alpha}}{k - g^{2\alpha+1}},\quad g^{2\delta}k,\quad \frac{g^{2\delta+1}}{k},$$

un groupe $[k, \theta(k)]$ de $\frac{(n+1)(n-1)}{2}$ substitutions de la forme (1) telles, qu'en faisant sur ce groupe les substitutions $(k, k+i)$ on obtient n groupes, dont l'ensemble est le groupe proposé.

» Or si $n = 7$ on a deux racines primitives $g = 3$, $g = 5$; $5 - 1$ est résidu de 7 et les deux puissances impaires de 5 inférieures à 5, c'est-à-dire 5, 5^3 vérifient la congruence

$$(2x^2 + 2x + 1)(4x^2 + x + 1) \equiv 0 \pmod 7.$$

» Donc, lorsque $n = 7$, on a deux systèmes de valeurs pour $\theta(k)$, à savoir :

$$\theta(k) \equiv a\frac{k - 3b}{k - b},\quad -a\frac{k - b}{k - 3b},\quad ak,\quad \frac{-a}{k}$$

en prenant $g = 3$, et

$$\vartheta(k) \equiv a\frac{k + 2b}{k + b},\quad -a\frac{k + b}{k + 2b},\quad ak,\quad \frac{-a}{k},$$

en prenant $g = 5$, a et b désignant des résidus de 7.

» Si $n = 11$, on a quatre racines primitives : 2, 6, 7, 8; $2 - 1$ est résidu de 11 et les puissances de 2, impaires et inférieures à 9, vérifient la congruence

$$(4x^2 - 6x + 1)(4x^2 - 3x + 1) \equiv 0 \pmod{11}.$$

De même, $6 - 1$ est résidu de 11 et les puissances de 6 impaires et inférieures à 9 vérifient la congruence

$$(3x^2 + 2x + 1)(3x^2 + 4x + 1) \equiv 0 \pmod{11}.$$

» Or, si l'on prend $g = 2$, a et b résidus de 11, on aura

$$\theta(k) \equiv a\frac{k - 2b}{k - b},\quad -a\frac{k - b}{k - 2b},\quad ak,\quad \frac{-a}{k},$$

et, si l'on prend $g = 6$,

$$\vartheta(k) \equiv a\frac{k - 6k}{k - b},\quad -a\frac{k - b}{k - 6b},\quad ak,\quad \frac{-a}{k}.$$

» Les racines primitives 7 et 8 ne jouissent pas de la propriété de rendre $g-1$ résidu de 11, et la congruence lorsqu'on y fait $g=7$, 8 n'est pas satisfaite par les puissances de 7 et 8 impaires et inférieures à 9.

» Les substitutions $\theta(k)$, $\vartheta(k)$ jouissent de la propriété d'être à lettres conjointes, c'est-à-dire qu'en divisant les lettres en systèmes de deux lettres chacune de la manière suivante :

$$v_0 v_\infty, \quad v_{g^2} v_{g^3}, \quad v_{g^4} v_{g^5}, \quad \ldots, \quad v_{g^{2\alpha}} v_{g^{2\alpha+1}}, \quad \ldots,$$

toute substitution $\theta(k)$, $\vartheta(k)$, ou échange entre elles les lettres d'un système, ou change un système dans un autre.

» Dans le cas de $n=5$ j'avais obtenu des résultats semblables aux précédents et formé un groupe de douze permutations en considérant les trois substitutions

$$\theta(k) \equiv 4k, \quad \frac{1}{k}, \quad 3\frac{k+1}{k-1},$$

et celles qu'on en déduit en les composant entre elles.... »

XV.

C'est sous un point de vue bien différent que je vais maintenant traiter les mêmes questions. Ainsi, laissant de côté toute considération relative aux décompositions de groupes, je définis, *a priori*, pour $n=5$, 7, 11, les racines z des équations réduites du cinquième, du septième et du onzième degré, de cette manière, savoir :

$$n=5, \quad z_i=(v_\infty-v_i)(v_{1+i}-v_{4+i})(v_{2+i}-v_{3+i}),$$
$$n=7, \quad z_i=(v_\infty-v_i)(v_{1+i}-v_{5+i})(v_{2+i}-v_{3+i})(v_{4+i}-v_{6+i}),$$
$$n=11, \quad z_i=(v_\infty-v_i)(v_{1+i}-v_{2+i})(v_{4+i}-v_{8+i})(v_{3+i}-v_{6+i})(v_{9+i}-v_{7+i})(v_{5+i}-v_{10+i}),$$

les indices i devant être pris respectivement suivant le module n. De la sorte on obtient trois systèmes de n fonctions rationnelles des racines v, et je vérifie que les quantités qu'ils comprennent ne font que s'échanger entre elles lorsqu'on fait respectivement ces substitutions

$$n = 5 \quad \begin{pmatrix} \varphi_k \\ \varphi_{4k} \end{pmatrix},$$

$$n = 7 \quad \begin{pmatrix} \varphi_k \\ \varphi_{2k} \end{pmatrix},$$

$$n = 11 \quad \begin{pmatrix} \varphi_k \\ \varphi_{4k} \end{pmatrix}.$$

Il en résulte, par des compositions successives, que ces systèmes demeurent invariables pour les substitutions $\begin{pmatrix} \varphi_k \\ \varphi_{ak} \end{pmatrix}$, où a est un résidu quadratique quelconque de n. Maintenant il est visible qu'ils ne changent pas non plus lorsqu'on fait la substitution $\begin{pmatrix} \varphi_k \\ \varphi_{k+1} \end{pmatrix}$; et si l'on vérifie encore qu'il en est de même à l'égard de celle-ci $\begin{pmatrix} \varphi_k \\ \varphi_{-\frac{1}{k}} \end{pmatrix}$, on arrivera à cette conclusion qu'ils demeurent invariables pour toutes les substitutions où l'on met, au lieu de k, $\frac{ak+b}{ck+d}$, $ad-bc$ étant résidu de n. En effet, cette expression, dans toute sa généralité, s'obtient en composant entre elles celles que nous venons de considérer. Le théorème du paragraphe XIV suffit donc pour nous assurer que les équations réduites en z auront pour coefficients des fonctions rationnelles de u, où ne figureront d'irrationnelles, suivant les cas, que les radicaux $\sqrt{5}$, $\sqrt{-7}$, $\sqrt{-11}$.

Si l'on cherche maintenant les substitutions spéciales $\begin{pmatrix} \varphi_k \\ \varphi_{\theta(k)} \end{pmatrix}$ qui laisseront invariable une seule des racines considérée isolément, z_0 par exemple, on trouvera aisément ces résultats, où a et b désignent des résidus quadratiques de n, savoir :

$$n = 5 \qquad \theta(k) \equiv ak, \quad \frac{-a}{k}, \quad a\frac{k+b}{k-b}, \quad -a\frac{k-b}{k+b},$$

$$n = 7 \qquad \theta(k) \equiv ak, \quad \frac{-a}{k}, \quad a\frac{k+2b}{k+b}, \quad -a\frac{k+b}{k+2b},$$

$$n = 11 \qquad \theta(k) \equiv ak, \quad \frac{-a}{k}, \quad a\frac{k-2b}{k-b}, \quad -a\frac{k-b}{k-2b}.$$

Ce sont les expressions auxquelles M. Betti est arrivé par une autre voie, et qui forment en général $\frac{n^2-1}{2}$ substitutions conjuguées, de sorte que toutes les quantités $\frac{ak+b}{ck+d}$, où $ad-bc$ est résidu quadratique de n, peuvent être ainsi représentées :

$$\theta(k+i),$$

i étant un nombre entier pris suivant le module n.

Enfin, si l'on désigne par $z_{\varphi(i)}$ ce que devient z_i lorsqu'on effectue sur les racines v les substitutions que nous avons considérées, on trouvera, pour $n=5$,

$$\varphi(i) \equiv ai+b \equiv \quad (ai+b)^3 + c,$$

pour $n=7$,

$$\varphi(i) \equiv ai+b \equiv -(ai+b)^5 - 2(ai+b)^2 + c,$$

pour $n=11$,

$$\varphi(i) \equiv ai+b \equiv \quad (ai+b)^9 + 3(ai+b)^4 + c,$$

b et c étant des nombres entiers quelconques pris suivant le module n, et a étant résidu quadratique, ce qui représente en général $\frac{n(n^2-1)}{2}$ substitutions distinctes.

Les équations du septième et du onzième degré présentant cette propriété que les fonctions non symétriques de leurs racines invariables par les substitutions ainsi définies ont une valeur rationnelle, constituent un ordre spécial d'irrationalité qui les distingue nettement des équations les plus générales de ces degrés. Ce sont, suivant l'expression de M. Kronecker, des équations douées d'*affections*, et qu'il sera sans doute possible de ramener analytiquement à celles dont la théorie des fonctions analytiques a donné la première notion. Mais, laissant de côté les belles et difficiles questions auxquelles conduit ce sujet, et que M. Kronecker a le premier abordées, je me bornerai à faire voir que $\begin{Bmatrix} z_i \\ z_{\varphi i} \end{Bmatrix}$ représente bien, en attribuant à la fonction φi toutes les valeurs, un système de substitutions conjuguées. Posons en effet, pour un instant,

$$\chi(i) \equiv -i^5 - 2i^2,$$

de sorte qu'on ait, pour $n=7$,

$$\varphi(i) \equiv ai+b \equiv \chi(ai+b) + c;$$

on vérifie sans peine que

$$\left.\begin{aligned} a\chi(i) &\equiv \chi(a^2 i) \\ \chi[\chi(i)] &\equiv i \\ \chi[a\chi(i)+b] &\equiv 2ab^4\chi\left(i+\frac{2}{a^2 b}\right) + \text{const.} \end{aligned}\right\} \bmod 7,$$

a étant supposé résidu de 7. Et faisant de même, pour $n = 11$,

$$\chi(i) \equiv i^9 + 3i^4,$$

on aura

$$\left.\begin{aligned} a\chi(i) &\equiv \chi(a^4 i) \\ \chi[\chi(i)] &\equiv i \\ \chi[a\chi(i)+b] &\equiv 9ab^8\chi\left(i+\frac{2}{a^4 b}\right) + \text{const.} \end{aligned}\right\} \bmod 11,$$

a étant résidu de 11.

Ainsi les fonctions $\chi(ai+b)$, comme les expressions plus simples $ai+b$, se reproduisent par la composition. De là résulte, pour les nombres premiers $n = 7, 11$, l'existence de fonctions de n lettres ayant $\frac{1.2.3\ldots n}{\frac{1}{2}n(n^2-1)}$, c'est-à-dire 30 et 60480 valeurs. Toutes deux ont été rencontrées par M. Kronecker, qui a le premier publié (*Comptes rendus des séances de l'Académie de Berlin*, 22 avril 1858) le cas des fonctions de sept lettres, et fait à l'égard de la représentation analytique des substitutions ici employée [1] une observation pleine de justesse, montrant de quelle manière deux expressions algébriquement différentes peuvent cependant ne représenter que la même substitution, et par là réduisant à un seul et même type deux systèmes que j'avais d'abord considérés comme distincts. (*Voyez* les *Annali di Matematica*, année 1859, nos 1 et 2 et *C. R.*, t. XLVI, p. 879).

---

[1] Les expressions dans le cas des substitutions de cinq lettres, savoir :

$$z_i, \quad z_{ai+b}, \quad z_{(ai+b)^3+c},$$

ont été données avant moi par M. Betti dans le tome II des *Annales de Tortolini*, p. 17. Pour le cas de sept lettres, voyez les *Annali di Matematica*, année 1859, no 1.

XVI.

Le calcul des équations réduites en z pour les trois valeurs de n que nous avons à considérer repose sur deux remarques : que l'on peut y remplacer d'une part u par εu et z par $\varepsilon^{\frac{n(n+1)}{2}} z$, ε étant une racine huitième de l'unité; et de l'autre, u par $\frac{1}{u}$ et z par

$$\frac{z}{u^{n+1}}(-1)^{\frac{n^2-1}{8}+\frac{n+1}{2}}.$$

La première, jointe à cette observation que le développement des racines en fonctions de q commence par

$$\left(\sqrt{2}\sqrt[8]{q^{\frac{1}{n}}}\right)^{\frac{n+1}{2}},$$

prouve que les coefficients sont des polynomes en u^8 contenant en facteur une certaine puissance de u; ainsi ces équations sont composées de termes de cette forme

$$z^{n-\nu}\, u^{\alpha_\nu}(a + bu^8 + cu^{16} + \ldots + hu^{8\rho_\nu}),$$

et l'exposant α_ν se détermine en prenant la valeur positive de $\nu\frac{n(n+1)}{2}$ (mod 8), qui est immédiatement supérieure à la quantité $\nu\frac{n+1}{2n}$. La seconde remarque montre que les polynomes

$$a + bu^8 + cu^{16} + \ldots$$

sont réciproques, mais à cet égard en distinguant des deux autres le cas de $n = 11$, à cause du facteur $(-1)^{\frac{n^2-1}{8}+\frac{n+1}{2}}$, alors égal à -1. De là résulte en effet que les polynomes facteurs des puissances paires de z ont leurs coefficients équidistants des extrêmes égaux et de signes contraires, tandis que ceux qui affectent les puissances impaires ont, comme pour $n = 5$, 7, leurs coefficients égaux et de même signe. On en tire d'ailleurs, dans tous les cas, la valeur de ρ_ν sous cette forme

$$\rho_\nu = \frac{(n+1)\nu - 2\alpha_\nu}{8},$$

et si l'on observe enfin, ce qui est très facile à établir, que la quantité $1 - u^8$ entre comme facteur dans le polynome

$$a + bu^8 + cu^{16} + \ldots + hu^{8\rho_\nu}$$

avec un exposant [1] dont la limite inférieure est

$$\frac{\nu}{2n}\left[n + \left(\frac{2}{n}\right)\right],$$

on aura réuni tout ce qui est nécessaire pour pouvoir écrire *a priori* et sans calcul les équations réduites sous les formes suivantes, où D représente toujours le discriminant, savoir :

1° $n = 5$.

$$z^5 + z\alpha u^4(1 - u^8)^2 - \sqrt{D} = 0.$$

Le terme en z^4 n'existe pas, parce qu'on obtient pour ρ_1 une valeur négative ; les termes en z^3 et z^2 disparaissent parce que les coefficients doivent respectivement contenir en facteur $1 - u^8$, $(1 - u^8)^2$, ce qui est en contradiction avec les valeurs $\rho_2 = 0$, $\rho_3 = 1$.

2° $n = 7$.

$$z^7 + z^4\alpha u^4(1 - u^8)^2 + z^2\alpha' u^4(1 - u^8)^4 + z\alpha'' u^8(1 - u^8)^4 - \sqrt{D} = 0.$$

On a à remarquer cette circonstance importante que le coefficient α' est nul, et qui tient à ce que dans le développement des racines suivant les puissances de $\sqrt[7]{q} = \eta$, savoir :

$$z = 4\sqrt{-7}\sqrt{\eta}\left(1 + \frac{\sqrt{-7} - 1}{2}\eta^2 + \eta^4 + \ldots\right),$$

la quantité entre parenthèses ne contient pas la première puissance de η. De là sans doute résulte qu'on a ainsi le type analytique le plus simple des équations du septième degré résoluble par les fonctions elliptiques.

3° $n = 11$.

En désignant comme précédemment par α, β, ..., des constantes

---

(1) Cet exposant est impair lorsque $n = 11$ dans les coefficients des puissances paires de z ; mais, ce cas excepté, il est toujours pair.

numériques, on a cette équation

$$\begin{aligned}
z^{11} &+ z^{10}\alpha u^2(1-u^8) + z^9\alpha' u^4(1-u^8)^2 + z^8\alpha'' u^6(1-u^8)^3 \\
&+ z^7 u^8(1-u^8)^2(\beta+\beta' u^8+\beta u^{16}) + z^6 u^{10}(1-u^8)^3(\gamma+\gamma' u^8+\gamma u^{16}) \\
&+ z^5 u^4(1-u^8)^4(\delta+\delta' u^8+\delta'' u^{16}+\delta' u^{24}+\delta u^{32}) \\
&+ z^4 u^6(1+u^8)^5(\varepsilon+\varepsilon' u^8+\varepsilon'' u^{16}+\varepsilon'' u^{24}+\varepsilon' u^{32}+\varepsilon u^{40}) \\
&+ z^3 u^8(1-u^8)^4(\eta+\eta' u^8+\eta'' u^{16}+\eta''' u^{24}+\eta'' u^{32}+\eta' u^{40}+\eta u^{48}) \\
&+ z^2 u^{10}(1-u^8)^5(\zeta+\zeta' u^8+\zeta'' u^{16}+\zeta''' u^{24}+\zeta'' u^{32}+\zeta' u^{40}+\zeta u^{48}) \\
&+ z u^4(1-u^8)^6(\theta+\theta' u^8+\theta'' u^{16}+\theta''' u^{24}+\theta'' u^{32}+\theta' u^{40}+\theta u^{48}) \\
&\qquad - \sqrt{\mathrm{D}} = 0.
\end{aligned}$$

Ces constantes pourront être déterminées en développant les coefficients suivant les puissances de q, et substituant pour z le développement correspondant suivant la puissance de $\sqrt[11]{q}$. Le calcul assez long auquel on est conduit n'est nullement impraticable; je n'ai pas cru cependant devoir m'y arrêter, car le principal intérêt qu'on peut attacher au résultat concerne surtout l'étude des équations du onzième degré résolubles par les fonctions elliptiques. J'indique encore une fois, en terminant ici mes recherches, ces belles questions qui offriront une des plus importantes applications de la théorie fondée par Abel et Jacobi. Mais c'est surtout l'œuvre propre de l'immortel auteur des *Fundamenta* d'avoir reconnu ces rapports si remarquables des nouvelles transcendantes avec l'Algèbre et les propriétés des nombres. Entre tant de beaux résultats dus à son génie, et qui ont ouvert des voies fécondes à la Science de nos jours, je ne puis m'empêcher de rappeler dans les Notices des premiers volumes du *Journal de Crelle* les énoncés relatifs aux propriétés des équations entre le multiplicateur M et le module k. C'est là en effet que M. Kronecker a trouvé le principe de la méthode si remarquable pour la résolution de l'équation du cinquième degré qui m'a été communiquée dans une Lettre publiée au tome XLVI, page 1150, des *Comptes rendus*, et l'on pourra voir dans un travail très important de M. Brioschi sur ce sujet [1] comment cette méthode résulte des relations singulières qu'a données Jacobi entre les racines de ces équations dans le cas du sixième

---

[1] *Sul metodo di Kronecker per la risoluzione delle equazioni di quinto grado*, dans les *Actes de l'Institut Lombard*, vol. I.

degré. Les travaux de ces deux savants géomètres ont ainsi ouvert une voie plus facile pour arriver à la résolution de l'équation générale du cinquième degré que celle que j'avais suivie en prenant pour point de départ la réduction de Jerrard à la forme

$$x^5 - x - a = 0,$$

et c'est en suivant cette nouvelle direction que j'espère plus tard pouvoir y revenir pour contribuer à en faire l'étude approfondie qu'elle demande.

SUR L'ABAISSEMENT

DE

L'ÉQUATION MODULAIRE DU HUITIÈME DEGRÉ.

Extrait d'une Lettre adressée à M. Brioschi (*Annali di Matematica pura ed applicata*, t. II, 1859, p. 59).

« .... J'ai entrepris le calcul de la réduction de l'équation modulaire du huitième degré au septième, et voici le résultat définitif auquel je viens d'être amené. Soit fait, en introduisant la variable ω (¹), $u = \varphi(\omega)$, les huit racines seront

$$\varphi(7\omega) \quad \text{et} \quad \varphi\left(\frac{\omega + 16m}{7}\right),$$

le nombre entier m étant pris suivant le module 7. Or, en prenant, en premier lieu,

$$z = \left[\varphi(7\omega) - \varphi\left(\frac{\omega}{7}\right)\right]\left[\varphi\left(\frac{\omega + 16}{7}\right) - \varphi\left(\frac{\omega + 16.3}{7}\right)\right]$$
$$\times \left[\varphi\left(\frac{\omega + 16.2}{7}\right) - \varphi\left(\frac{\omega + 16.6}{7}\right)\right]\left[\varphi\left(\frac{\omega + 16.4}{7}\right) - \varphi\left(\frac{\omega + 16.5}{7}\right)\right]$$

et, en second lieu,

$$z' = \left[\varphi(7\omega) - \varphi\left(\frac{\omega}{7}\right)\right]\left[\varphi\left(\frac{\omega + 16}{7}\right) - \varphi\left(\frac{\omega + 16.5}{7}\right)\right]$$
$$\times \left[\varphi\left(\frac{\omega + 16.2}{7}\right) - \varphi\left(\frac{\omega + 16.3}{7}\right)\right]\left[\varphi\left(\frac{\omega + 16.4}{7}\right) - \varphi\left(\frac{\omega + 16.6}{7}\right)\right],$$

(¹) Voir *C. R.*, t. XLVI, p. 510.

je trouve que z dépend de cette équation du septième degré, savoir :

$$z^7 - 4^2.7^2\sqrt{-7}\,\alpha kk'^4.z^4 - 4^4.7^4(\alpha - 3)k^2k'^8z$$
$$+ 4^6 7^3\sqrt{-7}\,kk'^8(1 - k^2 + k^4) = 0,$$

α étant

$$\frac{1-\sqrt{-7}}{2}.$$

Et z' dépend de l'équation toute semblable que l'on en déduit en changeant le signe du radical $\sqrt{-7}$. Le fait analytique essentiel dans cette question n'est pas tant, ce me semble, dans l'absence d'un certain nombre de termes de cette équation ; ce qui me frappe le plus, c'est qu'il se présente deux types d'équations du septième degré résolubles par les fonctions elliptiques, et je vais essayer de vous faire voir jusqu'à quel point on doit les considérer comme distincts. Pour cela, je vais définir avec précision quelles sont les fonctions *non symétriques* des racines z ou des racines z' qui s'expriment rationnellement par les coefficients, et vous reconnaîtrez que ces fonctions, analogues sans doute, ne contiennent pas les mêmes permutations des racines. A cet effet, et suivant l'usage, je représente par z_x, l'indice x étant un nombre entier pris suivant le module 7, les diverses racines z ; pour abréger, je pose encore

$$\theta(x) \equiv 2x^2 - x^5 \quad (\text{mod } 7).$$

» Cela posé, les fonctions non symétriques des racines qui s'expriment rationnellement par les coefficients sont celles qui demeurent invariables par les substitutions

$$(\text{A}) \qquad z_x, \quad z_{ax+b}, \quad z_{a\theta(x+b)+c},$$

a étant un résidu quadratique de 7, b et c deux entiers quelconques. Les formules (A) représentent ainsi

$$3.7 + 3.7^2 = 168$$

substitutions différentes, formant, suivant l'expression de M. Cauchy, un système de substitutions conjuguées. Or, en passant à l'expression en z', il faut remplacer la fonction $\theta(x)$ par celle-ci

$$\theta'(x) \equiv -2x^2 - x^5 \quad (\text{mod } 7),$$

ce qui conduit à un système de 168 substitutions conjuguées, à savoir :

$$(\mathrm{A}') \qquad Z'_{x}, \quad Z'_{ax+b}, \quad Z'_{a\theta'(x+b)+c},$$

et il s'ensuit qu'il existe non seulement un type, comme l'avait dit M. Kronecker [1], mais deux types de fonctions de sept lettres possédant trente valeurs distinctes.

» Rien de plus facile d'ailleurs à démontrer que (A) et (A′) sont des systèmes de substitutions conjuguées; cela résulte des congruences suivantes, où a est toujours supposé résidu quadratique de 7, savoir :

$$\theta(ax) \equiv a^2\theta(x), \qquad \theta[m+\theta(x)] \equiv 2m^4\theta\left(\frac{2}{m}+x\right) + \text{const.},$$

$$\theta'(ax) \equiv a^2\theta'(x), \qquad \theta'[m+\theta'(x)] \equiv 2m^4\theta'\left(\frac{2}{m}+x\right) + \text{const.}$$

» Dans ces congruences, les fonctions $\theta(x)$, $\theta'(x)$ entrent, comme vous le voyez, absolument de la même manière. La théorie de l'équation modulaire du douzième degré conduit à des résultats analogues, que j'espère pouvoir vous communiquer dans une autre occasion.

» En m'occupant de cette recherche, j'ai dû encore employer cette expression analytique des substitutions qui m'a été fort utile, mais dont je ne sais si l'on pourra tirer parti en dehors de ces questions.

» Quoi qu'il en soit, voici quelques remarques à ce sujet. Dans le cas de cinq lettres, les 120 substitutions sont ainsi représentées,

$$Z_{x}, \quad Z_{ax+b}, \quad Z_{(ax+b)^3+c},$$

la valeur $a \equiv 0$ étant exceptée et les indices étant pris suivant le module 5.

» Pour sept lettres les 5040 substitutions seront, d'une manière analogue,

$$Z_{x}, \quad Z_{ax+b}, \quad Z_{a\theta(x+b)+c},$$

---

(1) *Monatberichte der Akademie zu Berlin;* April 1858. La fonction de M. Kronecker reste invariable par les substitutions du système (A′).

en attribuant à la fonction θ ces diverses formes, savoir :

$$\theta(x) \equiv -x^5 \pm 2x^2,$$
$$\theta(x) \equiv 3x \pm x^4,$$
$$\theta(x) \equiv x^5 + ax^3 + 3a^2x \qquad (a \text{ quelconque}),$$
$$\theta(x) \equiv x^5 + ax^3 \pm x^2 + 3a^2x \qquad (a \text{ non résidu de } 7).$$

» Quant à ce qui se rapporte à un nombre premier de lettres, j'ai bien quelques types généraux de formules de substitutions, mais d'autres questions m'empêchent de suivre ces recherches....

» Paris, 17 décembre 1858. »

SUR L'INTERPOLATION.

Comptes rendus de l'Académie des Sciences, t. XLVIII, 1859 (I), p. 62.

La question dont je vais m'occuper dans cette Note est celle qui a pour objet de représenter approximativement par un polynome d'un degré donné m une fonction $F(x)$, dont on connaît les valeurs pour $x = x_0, x_1, x_2, \ldots, x_n$, n étant supérieur ou au moins égal à m, en se donnant la condition que la somme des carrés des différences entre ce polynome et $F(x)$, pour $x = x_0, x_1, \ldots, x_n$, multipliées chacune par des nombres donnés, soit un minimum. M. Tchebichef a le premier résolu cette question importante dans un excellent Mémoire sur les fractions continues, présenté en 1855 à l'Académie de Saint-Pétersbourg [1], et c'est de son analyse même que j'ai tiré une nouvelle méthode qui, sous une forme plus générale, donne les résultats de l'auteur, indépendamment des fractions continues, et en les rattachant immédiatement à la formule d'interpolation de Lagrange.

I.

Soit

$$f(x) = (x - x_0)(x - x_1)\ldots(x - x_n).$$

Cette formule est, comme on sait,

$$\frac{f(x)}{x - x_0}\,\frac{u_0}{f'(x_0)} + \frac{f(x)}{x - x_1}\,\frac{u_1}{f'(x_1)} + \ldots + \frac{f(x)}{x - x_n}\,\frac{u_n}{f'(x_n)},$$

et si l'on y ajoute le produit de $f(x)$ par un polynome arbitraire,

---

(1) Une traduction en français de ce Mémoire par M. Bienaymé vient d'être publiée dans le *Journal de Liouville*, 2e série, t. III (1859), p. 289.

on aura l'expression générale de toute fonction entière de degré supérieur à n, et devenant encore $u_0, u_1, \ldots, u_n$ pour

$$x = x_0, \quad x_1, \quad \ldots, \quad x_n.$$

Mais en désignant par $\theta(x)$ un polynome indéterminé et faisant

$$f_i(x) = \frac{f(x)\,\theta(x)}{(x-x_i)f'(x_i)\,\theta(x_i)},$$

cette expression plus générale de la formule de Lagrange peut encore être présentée ainsi :

$$\Pi(x) = f_0(x)u_0 + f_1(x)u_1 + \ldots + f_n(x)u_n.$$

Cela posé, voici comment s'en tirent les formules nouvelles qui se rapportent à l'interpolation par la méthode des moindres carrés. Faisons dans $\Pi(x)$ la substitution linéaire

$$(1)\quad \begin{cases} u_0 = a_0 v_0 + b_0 v_1 + \ldots + l_0 v_n, \\ u_1 = a_1 v_0 + b_1 v_1 + \ldots + l_1 v_n, \\ \ldots\ldots\ldots\ldots\ldots\ldots\ldots\ldots, \\ u_n = a_n v_0 + b_n v_1 + \ldots + l_n v_n, \end{cases}$$

déterminée de façon que l'on ait

$$u_0^2 + u_1^2 + \ldots + u_n^2 = v_0^2 + v_1^2 + \ldots + v_n^2 \text{ (¹)}.$$

En posant

$$(2)\quad \begin{cases} \Phi_0(x) = a_0 f_0(x) + a_1 f_1(x) + \ldots + a_n f_n(x), \\ \Phi_1(x) = b_0 f_0(x) + b_1 f_1(x) + \ldots + b_n f_n(x), \\ \ldots\ldots\ldots\ldots\ldots\ldots\ldots\ldots\ldots\ldots, \\ \Phi_n(x) = l_0 f_0(x) + l_1 f_1(x) + \ldots + l_n f_n(x), \end{cases}$$

il viendra

$$\Pi(x) = \Phi_0(x)\,v_0 + \Phi_1(x)\,v_1 + \ldots + \Phi_n(x)\,v_n,$$

et l'on aura, comme conséquence immédiate, l'égalité suivante :

$$\Pi^2(x_0) + \Pi^2(x_1) + \ldots + \Pi^2(x_n) = v_0^2 + v_1^2 + \ldots + v_n^2.$$

Or les fonctions $\Phi(x)$ qui naissent ainsi de la formule de Lagrange possèdent, en vertu de cette égalité, les propriétés fondamentales

(¹) M. Cayley a donné l'expression générale de ces substitutions dans un Mémoire *Sur les déterminants gauches*, publié dans le *Journal de Crelle*.

suivantes :

$$(3) \qquad \sum_{i=0}^{i=n} \Phi_m(x_i)\,\Phi_{m'}(x_i) = 0, \qquad \sum_{i=0}^{i=n} \Phi_m^2(x_i) = 1,$$

et de ces propriétés résulte, comme l'a remarqué M. Tchebichef, la solution immédiate de la question que nous avons en vue.

II.

Observons, en effet, que les fonctions $\Phi(x)$ contiennent toutes en facteur $\theta(x)$, de sorte qu'en faisant

$$\Phi_m(x) = \varphi_m(x)\,\theta(x),$$

on a un système de $n+1$ polynomes

$$\varphi_0(x), \quad \varphi_1(x), \quad \ldots, \quad \varphi_n(x)$$

du $n^{\text{ième}}$ degré; or, après avoir choisi $m+1$ de ces polynomes, par exemple

$$\varphi_0(x), \quad \varphi_1(x), \quad \ldots, \quad \varphi_m(x),$$

si l'on demande de déterminer les coefficients A, B, ..., H, de telle sorte que la somme des carrés des valeurs de la différence

$$F(x) - A\varphi_0(x) - B\varphi_1(x) - \ldots - H\varphi_m(x),$$

pour

$$x = x_0, \quad x_1, \quad \ldots, \quad x_n,$$

multipliées par des nombres donnés, soit un minimum, on opérera comme il suit. Disposons de $\theta(x)$, de manière que les poids des erreurs soient

$$\theta(x_0), \quad \theta(x_1), \quad \ldots, \quad \theta(x_n),$$

l'expression qu'il faut rendre un minimum sera

$$\sum_{i=0}^{i=n} [F(x_i) - A\varphi_0(x_i) - B\varphi_1(x_i) - \ldots - H\varphi_m(x_i)]^2\,\theta^2(x_i),$$

ou bien

$$\sum_{i=0}^{i=n} [F(x_i)\,\theta(x_i) - A\Phi_0(x_i) - B\Phi_1(x_i) - \ldots - H\Phi_m(x_i)]^2.$$

Or en égalant à zéro les dérivées prises par rapport à A, B, ..., H, on trouve qu'en vertu des équations (3) une seule inconnue subsiste dans chacune des équations ainsi formées, ce qui donne immédiatement les valeurs

$$A = \sum_{i=0}^{i=n} \Phi_0 (x_i) F(x_i) \theta(x_i),$$

$$B = \sum_{i=0}^{i=n} \Phi_1 (x_i) F(x_i) \theta(x_i),$$

$$\dots\dots\dots\dots\dots,$$

$$H = \sum_{i=0}^{i=n} \Phi_m (x_i) F(x_i) \theta(x_i),$$

et, en posant

$$\pi(x) = A \varphi_0(x) + B \varphi_1(x) + \ldots + H \varphi_m(x),$$

on en conclut immédiatement qu'on a

$$\sum_{i=0}^{i=n} \pi^2(x_i) \theta^2(x_i) = \sum_{i=0}^{i=n} F^2(x_i) \theta^2(x_i).$$

III.

Mais, parmi les diverses expressions auxquelles nous parvenons ainsi, et qui dépendant des éléments arbitraires de la substitution (1) sont en général du $n^{\text{ième}}$ degré, il reste à découvrir celles qui, pour une détermination convenable de cette substitution, seront seulement du $m^{\text{ième}}$ degré, de manière à résoudre la question proposée par l'emploi d'un polynome du degré le plus petit possible. Soit, à cet effet,

$$\frac{f_i(x)}{\theta(x)} = \mathfrak{f}_i(x),$$

les équations (2) donneront, par la suppression du facteur $\theta(x)$, commun aux deux membres,

$$\varphi_0(x) = a_0 \mathfrak{f}_0(x) + a_1 \mathfrak{f}_1(x) + \ldots + a_n \mathfrak{f}_n(x),$$
$$\varphi_1(x) = b_0 \mathfrak{f}_0(x) + b_1 \mathfrak{f}_1(x) + \ldots + b_n \mathfrak{f}_n(x),$$
$$\dots\dots\dots\dots\dots\dots\dots\dots,$$
$$\varphi_n(x) = l_0 \mathfrak{f}_0(x) + l_1 \mathfrak{f}_1(x) + \ldots + l_n \mathfrak{f}_n(x),$$

et l'on va voir qu'il est possible de réduire $\varphi_0(x)$ à une constante, $\varphi_1(x)$ au premier degré, et en général $\varphi_i(x)$ au degré i. Effectivement, on aura, pour qu'il en soit ainsi, à poser $\frac{n(n+1)}{2}$ équations entre les coefficients $a_0, a_1, \ldots, a_n, b_0, b_1, \ldots, b_n, \ldots$, ce qui est précisément le nombre des quantités arbitraires que comporte d'après sa nature la substitution (1). Or de là résultera un système spécial

$$\varphi_0(x), \quad \varphi_1(x), \quad \ldots, \quad \varphi_m(x),$$

tel que la formule

$$\mathrm{A}\varphi_0(x) + \mathrm{B}\varphi_1(x) + \ldots + \mathrm{H}\varphi_m(x),$$

composée avec ces fonctions, sera précisément du degré m. Cependant il serait difficile par cette voie de parvenir à exprimer explicitement les nouvelles fonctions par les quantités $x_0, x_1, \ldots, x_n$ et $\theta(x)$. C'est au moyen de l'équation fondamentale

$$\mathrm{H}^2(x_0) + \mathrm{H}^2(x_1) + \ldots + \mathrm{H}^2(x_n) = v_0^2 + v_1^2 + \ldots + v_n^2,$$

en faisant usage des propriétés des formes quadratiques, qu'on y arrive et qu'on établit le théorème suivant :

Soit Δ_m l'invariant de la forme

$$\sum_{i=0}^{i=n} (x - x_i)(v_0 + x_i v_1 + x_i^2 v_2 + \ldots + x_i^{m-1} v_{m-1})^2 \theta^2(x_i),$$

qui sera un polynome du $m^{ième}$ degré en x, dont l'expression analytique est bien connue; si l'on désigne par δ_m le coefficient de x^m dans ce polynome, on aura

$$\varphi_m(x) = \frac{\Delta_m}{\sqrt{\delta_m \delta_{m+1}}}.$$

Pour $m = 1$, où il n'y a pas à proprement parler d'invariant, on devra faire

$$\Delta_1 = \sum_{i=0}^{i=n} (x - x_i)\theta^2(x_i),$$

et pour $m = 0$ prendre

$$\varphi_0(x) = \frac{1}{\sqrt{\delta_1}}.$$

Le signe du radical carré que présentent ces formules reste arbitraire ; car dans la fonction

$$\pi(x) = A\varphi_0(x) + B\varphi_1(x) + \ldots + H\varphi_m(x) + \ldots,$$

le coefficient H en général ayant pour valeur

$$\sum_{i=0}^{i=n} \varphi_m(x_i)\,F(x_i)\,\theta^2(x_i),$$

changera de signe en même temps que $\varphi_m(x)$, et le produit $H\varphi_m(x)$ ne changera pas.

Je remarquerai enfin, en terminant, que la suite des quantités $1, \Delta_1, \Delta_2, \ldots, \Delta_{n+1}$ possède à l'égard de l'équation $f(x) = 0$ les propriétés des fonctions de M. Sturm, pourvu que le polynome arbitraire $\theta(x)$ ait ses coefficients réels. C'est ce qui résulte de la forme quadratique dont elles ont été déduites.

SUR LA RÉDUCTION

DES

FORMES CUBIQUES A DEUX INDÉTERMINÉES.

Comptes rendus, t. XLVIII, 1859 (I), p. 351.

La théorie des formes cubiques à deux indéterminées a été dans ces derniers temps le sujet de plusieurs Mémoires importants dus à M. Arndt et publiés dans les *Archives de Grunert* et dans le *Journal de Crelle* (année 1857). L'auteur, en ajoutant beaucoup aux premières découvertes d'Eisenstein, a donné dans un de ces Mémoires une table de formes réduites avec leurs covariants quadratiques pour tous les déterminants négatifs jusqu'à 2000, et il serait bien à désirer que les formes à déterminants positifs devinssent l'objet d'un pareil travail. Mais elles semblent présenter dans leur nature quelque chose de plus complexe, de sorte que la méthode de réduction dont j'ai donné le principe (*Journal de Crelle*, t. XLI, p. 215) laisse subsister de grandes difficultés pour obtenir les conditions caractéristiques des formes réduites. Cette question m'ayant paru mériter de nouveaux efforts, je me suis attaché à en rechercher la solution complète, et j'ai l'honneur de présenter à l'Académie, dans cette Note, les résultats que j'ai obtenus avec l'indication de la méthode que j'ai suivie.

I.

Je rappellerai d'abord qu'en posant

$$f = ax^3 + 3bx^2y + 3cxy^2 + dy^3 = a(x - \alpha y)(x - \beta y)(x - \gamma y)$$

je définis cette forme comme réduite si, toutes les racines étant réelles, le covariant

$$\varphi = \left(\frac{a}{3}\right)^2[(\alpha-\beta)^2(x-\gamma y)^2+(\alpha-\gamma)^2(x-\beta y)^2+(\beta-\gamma)^2(x-\alpha y)^2]$$
$$= Ax^2+2Bxy+Cy^2,$$

et dans le cas où α est seule racine réelle, β et γ étant imaginaires conjuguées, ce second covariant

$$\psi = \left(\frac{a}{3}\right)^2[2(\alpha-\beta)(\alpha-\gamma)(x-\beta y)(x-\gamma y)-(\beta-\gamma)^2(x-\alpha y)^2]$$
$$= Px^2+2Qxy+Ry^2$$

sont des formes réduites dans le sens propre aux formes quadratiques à déterminant négatif. La grande différence de ces deux cas tient à ce que φ s'exprime rationnellement par les coefficients de f, tandis que ψ, fonction symétrique en β et γ seulement, est essentiellement irrationnelle. Cependant ces propositions, faciles à établir, leur sont communes :

1° Deux formes réduites distinctes représentent, en général, deux classes différentes et, si elles sont équivalentes, elles se déduisent l'une de l'autre par les substitutions qui changent en elles-mêmes les formes

$$x^2+y^2; \quad x^2\pm xy+y^2.$$

2° Soient $D = B^2 - AC$ le déterminant ou invariant de f et Δ sa valeur absolue, les coefficients de la forme réduite vérifient les conditions

$$ad < \left(\frac{4}{3}\right)^{\frac{3}{2}}\sqrt{\Delta}, \quad bc < \left(\frac{4}{3}\right)^{\frac{3}{2}}\sqrt{\Delta}.$$

Mais, à l'égard de ces limitations, une étude plus approfondie de la théorie de la réduction fait voir qu'il y a lieu de distinguer les deux cas, et pour $D<0$, M. Arndt a déjà reconnu qu'elles devaient être remplacées par celles-ci :

$$ad < \sqrt{\frac{16}{27}\Delta}, \quad bc < \sqrt{\frac{16}{27}\Delta}.$$

Je vais, avant d'aborder des questions plus difficiles, m'arrêter un instant sur ce point.

II.

Les relations

$$A = 2(b^2 - ac), \qquad B = bc - ad, \qquad C = 2(c^2 - bd)$$

donnent

$$Cb^2 - 2Bbc + Ac^2 = \frac{1}{2} AC,$$

$$C^3 a^2 + 2(3ABC - 4B^3) ad + A^3 d^2 = \frac{1}{2} (AC - 4B^2)^2,$$

et, en appliquant les règles connues, on trouve aisément, pour le maximum de bc, l'expression

$$\frac{\Delta B + B^3 + (\Delta + B^2)\sqrt{\Delta + B^2}}{4\Delta},$$

et, pour le maximum de ad, celle-ci :

$$\frac{-3\Delta B + B^3 + (\Delta + B^2)\sqrt{\Delta + B^2}}{4\Delta},$$

en faisant

$$\Delta = AC - B^2.$$

Or ces expressions, fonctions de B seulement, ont elles-mêmes des maxima qu'on détermine en observant que, d'après la propriété caractéristique des formes réduites, B^2 ne peut surpasser $\frac{1}{3}\Delta$, et c'est précisément à cette valeur limite que correspond le maximum de bc, et il en sera de même pour ad dont la dérivée, par rapport à B, admet pour racine $B^2 = \frac{1}{3}\Delta$. De là se tirent les conditions

$$ad < \sqrt{\frac{16}{27}\Delta}, \qquad bc < \sqrt{\frac{1}{3}\Delta}.$$

Pour la limite de bc, le coefficient numérique est, comme l'on voit, moindre que celui de M. Arndt (*Archives de Grunert,* année 1858, p. 337). De la même manière on trouverait encore

$$\frac{1}{2}(Cb^2 - Ac^2) = ac^3 - db^3 < \frac{2\Delta}{\sqrt{27}}.$$

III.

La méthode précédente ne s'applique pas immédiatement aux formes cubiques de déterminant positif, car il serait difficile de former les relations entre a et d d'une part, b et c de l'autre, et les coefficients de la forme réduite (P, Q, R). C'est cependant au fond le même principe que je vais encore employer. En premier lieu, je remarque qu'on a les relations suivantes :

$$AR - 2BQ + CP = 0,$$
$$B^2 - AC = PR - Q^2 = D,$$

de sorte qu'à l'égard des coefficients A, B, C, il sera possible d'opérer exactement comme ci-dessus. Ainsi on formera entre A et C l'équation

$$R^2A^2 + 2(PR - 2Q^2)AC + P^2C^2 = 4Q^2(PR - Q^2),$$

qui donnera pour le maximum de AC la valeur

$$PR - Q^2 = D;$$

et d'une manière analogue s'obtiendra, pour le maximum de B^2, la quantité PR, et l'on parviendra aux limitations

$$AC < D, \qquad B^2 < \frac{4}{3}D.$$

Pour arriver maintenant aux coefficients de la forme cubique, je me fonderai sur l'égalité

$$4Df^2 = (\psi - \varphi)(2\psi + \varphi)^2,$$

d'où je tirerai, en égalant dans les deux membres les coefficients de x^3y^3,

$$2D(ad + 9bc) = -5B^3 - 15QB^2 + 3DB + 15DQ + 20Q^3,$$

et ensuite, en employant la relation $bc - ad = B$,

$$4Dad = -B^3 - 3QB^2 - 3DB + 3DQ + 4Q^3,$$
$$4Dbc = -B^3 - 3QB^2 + DB + 3DQ + 4Q^3.$$

On voit maintenant qu'on peut facilement obtenir les maxima de ad et bc en fonction de P, Q, R; le maximum de ad est donné par la valeur limite

$$B^2 = PR = D + Q^2,$$

les racines de la dérivée étant imaginaires à cause de la relation

$$Q^2 < \frac{1}{3} D,$$

c'est l'expression

$$\frac{Q^3 + (4D + Q^2)\sqrt{D + Q^2}}{4D}.$$

Pour bc il existe deux maxima qui correspondent à

$$B = -Q + \sqrt{\frac{1}{3} D + Q^2} \quad \text{et} \quad B = \sqrt{PR} = \sqrt{D + Q^2},$$

savoir :

$$\frac{DQ + Q^3 + \left(\frac{1}{3} D + Q^2\right)\sqrt{\frac{1}{3} D + Q^2}}{2D} \quad \text{et} \quad \frac{Q^3 + Q^2\sqrt{D + Q^2}}{4D}.$$

Maintenant il ne reste plus qu'à chercher de nouveau les maxima de ces expressions, qui seront évidemment donnés en remplaçant Q par sa limite supérieure $\sqrt{\frac{1}{3} D}$. En choisissant pour bc le maximum maximorum, on parvient aux limitations

$$ad < \sqrt{\frac{27}{16} D}, \qquad bc < \sqrt{\frac{12 + \sqrt{8}}{27} D};$$

j'y joindrai

$$ad + 3bc < \sqrt{\frac{25}{12} D}, \qquad ac^3 - db^3 < \frac{7}{6\sqrt{3}} D,$$

dont la dernière s'obtient par cette équation

$$4\sqrt{D}(ac^3 - db^3) = \sqrt{D - B^2 + Q^2}(D - B^2 + 4Q^2).$$

IV.

J'arrive maintenant au point le plus important dans la théorie de la réduction, à la recherche des conditions caractéristiques pour les formes réduites. Ces conditions $P \pm 2Q > 0$, $R - P > 0$, se

EXTRAIT D'UNE LETTRE A M. BORCHARDT

SUR LE RÉSULTANT

DE

TROIS FORMES QUADRATIQUES TERNAIRES.

Journal de Crelle, t. 57 (1860), p. 371.

« ... En posant avec M. Cayley :

$$\begin{aligned}\varphi &= (a, b, c, f, g, h)(x, y, z)^2,\\ \varphi' &= (a', b', c', f', g', h')(x, y, z)^2,\\ \varphi'' &= (a'', b'', c'', f'', g'', h'')(x, y, z)^2,\end{aligned}$$

j'ai cherché à exprimer le résultant au moyen des vingt déterminants que donne le système

$$\text{(A)}\qquad \begin{vmatrix} a & b & c & f & g & h \\ a' & b' & c' & f' & g' & h' \\ a'' & b'' & c'' & f'' & g'' & h'' \end{vmatrix},$$

lorsqu'on prend, de toutes les manières possibles, trois colonnes verticales. Pour abréger l'écriture, je les désignerai ainsi :

$$(abc),\quad (abf),\quad (abg),\quad \ldots,$$

de manière que l'on ait par exemple

$$(abc) = \begin{vmatrix} a & b & c \\ a' & b' & c' \\ a'' & b'' & c'' \end{vmatrix},$$

le terme principal $ab'c''$ étant toujours pris avec le signe $+$.

» Ceci convenu, je distingue dans le groupe des vingt déterminants les deux suivants : (agh) comme premier terme d'un covariant et (bcf) comme premier terme d'un contrevariant par rapport aux trois formes φ, φ', φ''. Réservant d'en donner plus tard la raison, je me borne en ce moment à développer les expressions de ces deux formes, savoir :

$$f = \left\{ \begin{array}{c|c|c|c|c} x^3 & y^3 & z^3 & x^2y & y^2z \\ \hline +(agh) & -(bfh) & +(cfg) & -(abg) & -(bch) \\ & & & +(afh) & -(bfg) \\ z^2x & xy^2 & yz^2 & zx^2 & xyz \\ \hline +(acf) & -(abf) & -(bcg) & +(ach) & -(abc) \\ -(cgh) & -(bgh) & +(cfh) & -(afg) & -2(fgh) \end{array} \right\},$$

$$F = \left\{ \begin{array}{c|c|c|c|c} \xi^3 & \eta^3 & \zeta^3 & \xi^2\eta & \eta^2\zeta \\ \hline +(bcf) & -(acg) & +(abh) & -(bcg) & +(ach) \\ & & & -2(cfh) & +2(afg) \\ \zeta^2\xi & \xi\eta^2 & \eta\zeta^2 & \zeta\xi^2 & \xi\eta\zeta \\ \hline -(abf) & +(acf) & -(abg) & -(bch) & +(abc) \\ +2(bgh) & +2(cgh) & -2(afh) & +2(bfg) & -4(fgh) \end{array} \right\}.$$

» Maintenant, si l'on désigne par Sf et SF les invariants du quatrième degré de M. Aronhold par rapport aux formes cubiques f et F, le résultant sera

$$R = SF - 16\,Sf.$$

» Il se trouve donc exprimé au moyen des déterminants du système (A), et l'on voit immédiatement que, si l'on remplace φ, φ', φ'' par

$$\lambda\varphi + \lambda'\varphi' + \lambda''\varphi'', \quad \mu\varphi + \mu'\varphi' + \mu''\varphi'', \quad \nu\varphi + \nu'\varphi' + \nu''\varphi'',$$

il se reproduit multiplié par la quatrième puissance du déterminant

$$\begin{vmatrix} \lambda & \lambda' & \lambda'' \\ \mu & \mu' & \mu'' \\ \nu & \nu' & \nu'' \end{vmatrix}.$$

La démonstration suit d'ailleurs du même principe qu'a employé M. Cayley, en remarquant que, si l'on suppose

$$\varphi = \frac{1}{3}\frac{dU}{dx}, \qquad \varphi' = \frac{1}{3}\frac{dU}{dy}, \qquad \varphi'' = \frac{1}{3}\frac{dU}{dz},$$

U désignant une forme cubique, on aura

$$f = \mathrm{HU}, \qquad \mathrm{F} = -\mathrm{PU}\ (^1).$$

» Mais il est un autre point de vue sous lequel on peut envisager la détermination du résultant en recherchant, comme l'a fait le premier M. Sylvester, une expression analogue à celle du discriminant d'une forme cubique. Cette expression remarquable, dont la découverte est due à M. Aronhold, étant $64\mathrm{S}^3 - \mathrm{T}^2$, l'analogie que nous voulons suivre conduit naturellement à essayer d'obtenir, par rapport au système des trois formes proposées, deux invariants *combinants* qui coïncident avec T^2 et S^3 dans le cas particulier où φ, φ', φ'' sont les dérivées partielles d'une forme cubique. Or M. Sylvester a déjà donné une fonction qui, dans ce cas, se réduit non seulement à T^2, mais à T lui-même, ainsi l'analogie est à cet égard aussi complète qu'on peut le désirer. Mais il n'en est pas absolument de même en ce qui concerne l'autre terme du résultant qui, au lieu de devenir S^3, se présente comme une fonction linéaire de S^3 et T^2.

» Les recherches suivantes conduiront, comme on le veut, à un invariant combinant qui se réduit précisément à S^3; mais leur objet principal sera surtout de donner un premier exemple de l'extension aux formes à trois indéterminées de méthodes appliquées seulement jusqu'ici aux formes binaires, et que j'ai développées dans un Mémoire du *Journal de Mathématiques de Cambridge et Dublin*, 1855.

» Je rappellerai d'abord cette proposition dont je ferai souvent usage. Soient $f = \sum \mathrm{P} x^a y^b z^c$ un covariant et $\mathrm{F}(\xi, \eta, \zeta)$ un contrevariant par rapport à une ou plusieurs formes, en opérant avec f sur F de la manière suivante :

$$\sum \mathrm{P} \frac{d^{a+b+c}\,\mathrm{F}}{d\xi^a\, d\eta^b\, d\zeta^c},$$

on obtiendra un contrevariant, et si, d'une manière toute semblable, on opère avec un contrevariant $\mathrm{G} = \sum \mathrm{Q}\, \xi^\alpha \eta^\beta \zeta^\gamma$ sur un covariant g, le résultat $\sum \mathrm{Q} \dfrac{d^{\alpha+\beta+\gamma}\, g}{dx^\alpha\, dy^\beta\, dz^\gamma}$ sera un covariant.

---

(1) *Voyez* pour ces notations le travail du même auteur publié dans les transactions de la Société Royale sous le titre : *A third Memoir upon Quantics.*

» Par la suite, et pour désigner d'une manière spéciale ce mode d'opérer avec une forme sur une autre, je conviendrai de la notation suivante :

$$f \times \mathrm{F} = \sum \mathrm{P} \frac{d^{a+b+c}\mathrm{F}}{d\xi^a d\eta^b d\zeta^c}, \qquad \mathrm{G} \times g = \sum \mathrm{Q} \frac{d^{\alpha+\beta+\gamma}}{dx^\alpha dy^\beta dz^\gamma}.$$

Supposant par exemple que f et F soient le covariant et le contrevariant cubique, par rapport aux trois formes quadratiques $\varphi, \varphi', \varphi''$, dont les expressions ont été données plus haut, on trouvera

$$\begin{aligned} f \times \mathrm{F} = \; & 6(agh)(bcf) + 6(bfh)(ach) + 6(cfg)(abh) - 8(afg)(bfg) \\ & - 8(bgh)(cgh) - 8(cfh)(afh) - 4(abf)(acf) + 4(bcg)(abg) \\ & - 4(ach)(bch) - 2(abf)(cgh) + 2(abg)(cfh) + 2(bcg)(afh) \\ & - 2(bch)(afg) + 2(acf)(bgh) + 2(ach)(bfg) + 2(abc)(fgh) \\ & + 8(fgh)^2 - (abc)^2. \end{aligned}$$

C'est précisément, sauf le signe, la quantité T dont M. Cayley a donné un autre mode de formation, et l'on aperçoit immédiatement le lien de cette expression avec l'invariant de sixième ordre des formes cubiques, car, en supposant

$$\varphi = \frac{1}{3}\frac{d\mathrm{U}}{dx}, \qquad \varphi' = \frac{1}{3}\frac{d\mathrm{U}}{dy}, \qquad \varphi'' = \frac{1}{3}\frac{d\mathrm{U}}{dz},$$

elle se réduit à l'invariant du sixième ordre de U.

» Faisons, en second lieu,

$$\varphi \times \mathrm{F} = l\xi + m\eta + n\zeta, \qquad \varphi' \times \mathrm{F} = l'\xi + m'\eta + n'\zeta,$$
$$\varphi'' \times \mathrm{F} = l''\xi + m''\eta + n''\zeta,$$

et posons

$$\Sigma = -\frac{1}{\mathrm{S}^3}\begin{vmatrix} l & m & n \\ l' & m' & n' \\ l'' & m'' & n'' \end{vmatrix},$$

ce déterminant sera un invariant combinant du douzième ordre par rapport aux formes données, et si, comme tout à l'heure, on fait l'hypothèse

$$\varphi = \frac{1}{3}\frac{d\mathrm{U}}{dx}, \qquad \varphi' = \frac{1}{3}\frac{d\mathrm{U}}{dy}, \qquad \varphi'' = \frac{1}{3}\frac{d\mathrm{U}}{dz},$$

on aura précisément

$$\Sigma = \mathrm{S}^3,$$

S désignant l'invariant du quatrième ordre de U. Le résultant relatif à $\underset{\cdot}{\varphi}$, $\underset{\cdot}{\varphi}'$, $\underset{\cdot}{\varphi}''$ sera donc

$$64\,\Sigma - T^2,$$

expression analytique qui réalise, autant que possible, cette analogie avec le discriminant d'une forme cubique que M. Sylvester a le premier reconnue.

» Mais le fait qu'il importe principalement de remarquer, c'est l'existence des trois contrevariants linéaires simultanés

$$\underset{\cdot}{\varphi} \divideontimes F, \quad \underset{\cdot}{\varphi}' \divideontimes F, \quad \underset{\cdot}{\varphi}'' \divideontimes F,$$

par rapport au système des formes quadratiques proposées. En effet, si l'on en déduit, en transposant, la substitution suivante :

$$x = lX + l'Y + l''Z, \quad y = mX + m'Y + m''Z, \quad z = nX + n'Y + n''Z,$$

et, qu'après l'avoir effectuée dans $\underset{\cdot}{\varphi}$, $\underset{\cdot}{\varphi}'$, $\underset{\cdot}{\varphi}''$, on désigne les transformées obtenues par $\underset{\cdot}{\psi}$, $\underset{\cdot}{\psi}'$, $\underset{\cdot}{\psi}''$, on aura ces deux propositions :

» 1° $\underset{\cdot}{\psi}$, $\underset{\cdot}{\psi}'$, $\underset{\cdot}{\psi}''$ *sont les dérivées par rapport à* X, Y et Z *d'une même forme cubique.*

» 2° *Tous les coefficients de cette forme cubique sont des invariants simultanés des trois formes proposées* $\underset{\cdot}{\varphi}$, $\underset{\cdot}{\varphi}'$, $\underset{\cdot}{\varphi}''$.

» Ce second résultat offre le premier exemple de l'extension aux fonctions à trois indéterminées de la notion des formes types, que j'ai introduite dans l'étude des formes binaires de degrés impairs et en partant des covariants linéaires propres à ces formes. En second lieu, considérons, en faisant abstraction pour plus de simplicité du dénominateur, la substitution inverse de la précédente, savoir :

$$X = (m'n'' - n'm'')x + (n'l'' - l'n'')y + (l'm'' - m'l'')z = Lx + My + Nz,$$
$$Y = (nm'' - mn'')x + (ln'' - nl'')y + (ml'' - lm'')z = L'x + M'y + N'z,$$
$$Z = (mn' - nm')x + (nl' - ln')y + (lm' - ml')z = L''x + M''y + N''z.$$

Ces trois fonctions linéaires seront évidemment des covariants simultanés de $\underset{\cdot}{\varphi}$, $\underset{\cdot}{\varphi}'$, $\underset{\cdot}{\varphi}''$, de plus

$$0 = \underset{\cdot}{\varphi}X + \underset{\cdot}{\varphi}'Y + \underset{\cdot}{\varphi}''Z$$

sera un covariant cubique et

$$\mathfrak{S} = \varphi(\mathrm{L}u + \mathrm{M}v + \mathrm{N}w) + \varphi'(\mathrm{L}'u + \mathrm{M}'v + \mathrm{N}'w) + \varphi''(\mathrm{L}''u + \mathrm{M}''v + \mathrm{N}''w)$$

un covariant double, en u, v, w d'une part et x, y, z de l'autre. Or on a la relation

$$3\mathfrak{S} = u\frac{d\theta}{dx} + v\frac{d\theta}{dy} + w\frac{d\theta}{dz},$$

d'où

$$\frac{1}{3}\frac{d\theta}{dx} = \mathrm{L}\varphi + \mathrm{L}'\varphi' + \mathrm{L}''\varphi'',$$

$$\frac{1}{3}\frac{d\theta}{dy} = \mathrm{M}\varphi + \mathrm{M}'\varphi' + \mathrm{M}''\varphi'',$$

$$\frac{1}{3}\frac{d\theta}{dz} = \mathrm{N}\varphi + \mathrm{N}'\varphi' + \mathrm{N}''\varphi''.$$

Ainsi les mêmes quantités l, m, n, ... se présentent dans la transformation de variables comme dans la combinaison syzygétique par laquelle on ramène les formes quadratiques proposées aux dérivées partielles d'une même forme cubique. On peut d'ailleurs aisément les calculer par la remarque suivante : Nommons Φ, Φ', Φ'' les formes adjointes de φ, φ', φ'', et considérons le déterminant

$$\begin{vmatrix} \frac{d\varphi}{dx} & \frac{d\varphi'}{dx} & \frac{d\varphi''}{dx} \\ \frac{d\varphi}{dy} & \frac{d\varphi'}{dy} & \frac{d\varphi''}{dy} \\ \frac{d\varphi}{dz} & \frac{d\varphi'}{dz} & \frac{d\varphi''}{dz} \end{vmatrix}.$$

En le mettant successivement sous ces trois formes

$$\mathfrak{L}\frac{d\varphi}{dx} + \mathfrak{M}\frac{d\varphi}{dy} + \mathfrak{N}\frac{d\varphi}{dz},$$

$$\mathfrak{L}'\frac{d\varphi'}{dx} + \mathfrak{M}'\frac{d\varphi'}{dy} + \mathfrak{N}'\frac{d\varphi'}{dz},$$

$$\mathfrak{L}''\frac{d\varphi''}{dx} + \mathfrak{M}''\frac{d\varphi''}{dy} + \mathfrak{N}''\frac{d\varphi''}{dz},$$

on aura

$$\varphi \times \mathrm{F} = \xi\Phi \times \mathfrak{L} + \eta\Phi \times \mathfrak{M} + \zeta\Phi \times \mathfrak{N},$$

$$\varphi' \times \mathrm{F} = \xi\Phi' \times \mathfrak{L}' + \eta\Phi' \times \mathfrak{M}' + \zeta\Phi' \times \mathfrak{N}',$$

$$\varphi'' \times \mathrm{F} = \xi\Phi'' \times \mathfrak{L}'' + \eta\Phi'' \times \mathfrak{M}'' + \zeta\Phi'' \times \mathfrak{N}''.$$

» L'analyse précédente s'applique évidemment à l'étude de deux formes cubiques binaires simultanées et conduit à l'égard de ces formes à des résultats entièrement semblables à ceux qu'on vient de voir. C'est une extension nouvelle donnée ainsi à l'analogie qu'ont révélée les découvertes de M. Hesse et de M. Aronhold entre les formes cubiques ternaires et les formes biquadratiques binaires, et qui doit compter, ce me semble, parmi les résultats les plus intéressants de l'Algèbre moderne. Peut-être pourrais-je y revenir plus tard, mais avant de terminer j'indiquerai encore, puisqu'il a été question plus haut des formes types, comment on peut étendre au cas d'un nombre quelconque d'indéterminées la notion des formes canoniques telle que je l'ai donnée ailleurs pour les formes binaires. A cet effet, j'admettrai l'existence de *deux covariants quadratiques*

$$\varphi(x, y, z, \ldots), \quad \psi(x, y, z, \ldots),$$

par rapport à la forme ou au système de formes donné. Cela posé, la substitution linéaire de $x, y, z, \ldots$ en d'autres indéterminées X, Y, Z, ... qui fournira la réduction à la forme canonique, sera définie par les conditions

$$\varphi(x, y, z, \ldots) = aX^2 + bY^2 + cZ^2 + \ldots,$$
$$\psi(x, y, z, \ldots) = \alpha X^2 + \beta Y^2 + \gamma Z^2 + \ldots.$$

» On verra aisément comment se présentent, en partant de là, les propositions fondamentales que j'ai données dans le cas des formes binaires.

» Paris, 14 février 1860. »

EXTRAIT DE DEUX LETTRES A M. BORCHARDT

SUR L'INVARIANT

DU

DIX-HUITIÈME ORDRE DES FORMES DU CINQUIÈME DEGRÉ

ET SUR LE ROLE QU'IL JOUE DANS LA RÉSOLUTION

DE L'ÉQUATION DU CINQUIÈME DEGRÉ.

Journal de Crelle, t. 59 (1861), p. 304.

« ... J'ai entrepris, en suivant la méthode de M. Kronecker, de creuser un peu plus à fond la résolution de l'équation du cinquième degré.... Chemin faisant, j'ai eu à étudier l'invariant du dix-huitième ordre des formes du cinquième degré qui joue un rôle fondamental dans la marche que j'ai suivie. Peut-être vous intéressera-t-il de connaître comment il s'exprime au moyen des racines x_0, x_1, x_2, x_3, x_4 de la forme représentée par

$$f = a(x - x_0 y)(x - x_1 y)(x - x_2 y)(x - x_3 y)(x - x_4 y).$$

Voici le résultat que j'ai obtenu. Soit, pour abréger,

$$(mn) = x_m - x_n,$$

on aura

$$\begin{aligned}
= a^{18} & \{(01)(04)(32) + (02)(03)(14)\}\{(01)(02)(43) + (03)(04)(12)\}\{(01)(03)(42) + (02)(04)(31)\} \\
\times & \{(12)(10)(43) + (13)(14)(20)\}\{(12)(13)(04) + (14)(10)(23)\}\{(12)(14)(03) + (13)(10)(42)\} \\
\times & \{(23)(21)(04) + (24)(20)(31)\}\{(23)(24)(10) + (20)(21)(34)\}\{(23)(20)(14) + (24)(21)(03)\} \\
\times & \{(34)(32)(10) + (30)(31)(42)\}\{(34)(30)(21) + (31)(32)(40)\}\{(34)(31)(20) + (30)(32)(14)\} \\
\times & \{(40)(43)(21) + (41)(42)(03)\}\{(40)(41)(32) + (42)(43)(01)\}\{(40)(42)(31) + (41)(43)(20)\}.
\end{aligned}$$

Les quinze facteurs ont été réunis trois à trois de manière à former cinq produits, symétriques chacun par rapport à toutes les racines moins une. Le produit total est donc bien symétrique par rapport à toutes les racines, et l'on reconnaît d'ailleurs immédiatement qu'il représente un invariant, car il ne change pas quand on remplace les racines par leurs inverses et qu'on les augmente d'une même quantité.....

» Désignons par X_0, X_1, X_2, X_3, X_4 les cinq produits de trois facteurs, dont se compose l'expression de l'invariant I, de sorte que

$$\begin{aligned} X_0 = {} & \{(01)(04)(32)+(02)(03)(14)\} \\ & \times \{(01)(03)(43)+(03)(04)(12)\}\{(01)(03)(42)+(02)(04)(31)\}\ldots, \end{aligned}$$

on peut écrire

$$I = a^{18} X_0 X_1 X_2 X_3 X_4,$$

et X_k sera une fonction rationnelle et entière de la seule racine x_k. Cela posé, les quantités suivantes :

$$\begin{aligned} z_0 &= a^6 X_0 (12)(13)(14)(23)(24)(34), \\ z_1 &= a^6 X_1 (23)(24)(20)(34)(30)(40), \\ z_2 &= a^6 X_2 (34)(30)(31)(40)(41)(01), \\ z_3 &= a^6 X_3 (40)(41)(42)(01)(02)(12), \\ z_4 &= a^6 X_4 (01)(02)(03)(12)(13)(23), \end{aligned}$$

seront elles-mêmes, sauf un facteur qui est la racine du discriminant, des fonctions rationnelles semblables de x_0, x_1, ..., car on peut écrire, par exemple, en représentant le discriminant par Δ,

$$z_0 = a^2 X_0 \frac{\sqrt{\Delta}}{(01)(02)(03)(04)},$$

ce qui est évidemment une fonction rationnelle de x_0. Or, l'équation du cinquième degré, dont les racines seront ces quantités z_0, z_1, ..., aura pour coefficients des invariants, et sera de cette forme

$$z^5 + L z^3 + M \Delta z + I \sqrt{\Delta^3} = 0,$$

L et M étant du douzième et du seizième ordres et I du dix-huitième. »

LETTRE ADRESSÉE A M. LIOUVILLE

SUR LA

THÉORIE DES FONCTIONS ELLIPTIQUES

ET SES

APPLICATIONS A L'ARITHMÉTIQUE.

Comptes rendus de l'Académie des Sciences, t. LIII, 1861 (II), p. 214 et *Journal de Mathématiques pures et appliquées*, 2e sér., t. VII, 1862, p. 25.

« Depuis notre dernier entretien sur les questions arithmétiques qui sont l'objet de vos recherches et où vous m'avez donné un nouvel exemple de la grande fécondité des méthodes dont vous conservez le principe, je pense avoir réussi, dans une certaine mesure, à donner satisfaction à un désir que vous m'avez plusieurs fois exprimé relativement aux beaux théorèmes de M. Kronecker sur les nombres de classes de formes quadratiques. Ces théorèmes, qui semblent par leur nature devoir naturellement entrer dans le cercle de vos études sur les fonctions numériques, restaient cependant comme isolés et appartenant à un ordre d'idées très distinct où la théorie de la multiplication complexe dans les fonctions elliptiques paraissait seule pouvoir donner accès Les démonstrations du P. Joubert découlent en effet de cette théorie où la notion de classe de formes quadratiques s'offre de la manière la plus nécessaire et joue le rôle le plus important. J'attache à ces démonstrations un grand prix, car elles éclairent et étendent la théorie arithmétique des formes en montrant que les théorèmes donnés il y a si longtemps par Gauss sont autant de propriétés des fonctions elliptiques, et elles ajoutent un des plus remarquables exemples de ces liens cachés qui réunissent l'analyse transcendante à l'arithmétique. En parvenant par une autre voie à ces théorèmes de M. Kronecker, c'est à l'ordre d'idées qui vous appartient que je pense les avoir rattachés de la manière la plus directe, et, si je ne me trompe, dans le sens même de vos prévisions, car la notion arithmétique de classe se trouve remplacée par l'idée beaucoup plus simple et plus élémentaire des formes réduites.

» Je suis parti des identités que fournit le développement des quotients de fonctions Θ, en séries simples de sinus ou de cosinus, et dont Jacobi a montré le premier la grande importance en découvrant de cette manière l'expression du nombre des décompositions d'un entier en quatre carrés par la somme des diviseurs de cet entier. Une extension fort simple de ce procédé consiste à considérer, au lieu seulement de $\sin \operatorname{am} z$, $\cos \operatorname{am} z$, $\Delta \operatorname{am} z$, les produits de fonctions doublement périodiques par des puissances de quantités Θ, c'est-à-dire des expressions ayant la période $4K$, et se multipliant par un facteur exponentiel, lorsqu'on ajoute $2iK'$ à la variable.

» En faisant $z = \frac{2Kx}{\pi}$ et posant avec Jacobi

$$\Theta(z) = 1 - 2q \cos 2x + 2q^4 \cos 4x - 2q^9 \cos 6x + \ldots,$$

$$H(z) = 2\sqrt[4]{q} \sin x - 2\sqrt[4]{q^9} \sin 3x + 2\sqrt[4]{q^{25}} \sin 5x - \ldots,$$

$$\Theta_1(z) = 1 + 2q \cos 2x + 2q^4 \cos 4x + 2q^9 \cos 6x + \ldots,$$

$$H_1(z) = 2\sqrt[4]{q} \cos x + 2\sqrt[4]{q^9} \cos 3x + 2\sqrt[4]{q^{25}} \cos 5x + \ldots,$$

de sorte qu'on ait

$$\sin \operatorname{am} z = \frac{1}{\sqrt{k}} \frac{H(z)}{\Theta(z)}, \qquad \cos \operatorname{am} z = \sqrt{\frac{k'}{k}} \frac{H_1(z)}{\Theta(z)}, \qquad \Delta \operatorname{am} z = \sqrt{k'} \frac{\Theta_1(z)}{\Theta(z)},$$

les plus simples de ces fonctions seront

$$(1) \qquad \frac{H(z)\Theta_1(z)}{\Theta(z)}, \quad \frac{H_1(z)\Theta_1(z)}{\Theta(z)}, \quad \frac{H(z)H_1(z)}{\Theta(z)},$$

$$(2) \qquad \frac{H^2(z)}{\Theta(z)}, \quad \frac{H_1^2(z)}{\Theta(z)}, \quad \frac{\Theta_1^2(z)}{\Theta(z)}.$$

Si on les développe en séries de sinus et de cosinus, on trouvera, pour les premières,

$$\sqrt{\frac{K}{2\pi}}\,\frac{H(z)\Theta_1(z)}{\Theta(z)} = \sin x\sqrt[4]{q}$$
$$+\sin 3x\sqrt[4]{q^9}\,(1+2q^{-1})$$
$$+\sin 5x\sqrt[4]{q^{25}}\,(1+2q^{-1}+2q^{-4})$$
$$+\sin 7x\sqrt[4]{q^{49}}\,(1+2q^{-1}+2q^{-4}+2q^{-9})$$
$$\ldots\ldots\ldots\ldots\ldots\ldots\ldots\ldots\ldots\ldots\ldots\ldots$$
$$+\sin(2n+1)x\sqrt[4]{q^{(2n+1)^2}}\,(1+2q^{-1}+2q^{-4}+\ldots+2q^{-n^2}),$$
$$\ldots\ldots\ldots\ldots\ldots\ldots\ldots\ldots\ldots\ldots\ldots\ldots$$

$$\sqrt{\frac{k'K}{2\pi}}\,\frac{H_1(z)\Theta_1(z)}{\Theta(z)} = \cos x\sqrt[4]{q}$$
$$-\cos 3x\sqrt[4]{q^9}\,(1-2q^{-1})$$
$$+\cos 5x\sqrt[4]{q^{25}}\,(1-2q^{-1}+2q^{-4})$$
$$-\cos 7x\sqrt[4]{q^{49}}\,(1-2q^{-1}+2q^{-4}-2q^{-9})$$
$$\ldots\ldots\ldots\ldots\ldots\ldots\ldots\ldots\ldots\ldots\ldots\ldots$$
$$+(-1)^n\cos(2n+1)x\sqrt[4]{q^{(2n+1)^2}}\begin{bmatrix}1-2q^{-1}+2q^{-4}-\ldots\\ +2(-1)^n q^{n^2}\end{bmatrix},$$
$$\ldots\ldots\ldots\ldots\ldots\ldots\ldots\ldots\ldots\ldots\ldots\ldots$$

$$\sqrt{\frac{kK}{2\pi}}\,\frac{H(z)H_1(z)}{\Theta(z)} = \sin 2xq\,(2\sqrt[4]{q^{-1}})$$
$$+\sin 4xq^4\,(2\sqrt[4]{q^{-1}}+2\sqrt[4]{q^{-9}})$$
$$+\sin 6xq^9\,(2\sqrt[4]{q^{-1}}+2\sqrt[4]{q^{-9}}+2\sqrt[4]{q^{-25}})$$
$$+\sin 8xq^{16}\,(2\sqrt[4]{q^{-1}}+2\sqrt[4]{q^{-9}}+2\sqrt[4]{q^{-25}}+2\sqrt[4]{q^{-49}})$$
$$\ldots\ldots\ldots\ldots\ldots\ldots\ldots\ldots\ldots\ldots\ldots\ldots$$
$$+\sin 2nxq^{n^2}\,(2\sqrt[4]{q^{-1}}+2\sqrt[4]{q^{-9}}+\ldots+2\sqrt[4]{q^{-(2n-1)^2}}).$$
$$\ldots\ldots\ldots\ldots\ldots\ldots\ldots\ldots\ldots\ldots\ldots\ldots$$

Quant aux secondes, introduisons la fonction suivante :

$$Z(x) = \cos 2xq\,(2\sqrt[4]{q^{-1}})$$
$$-\cos 4xq^4\,(2\sqrt[4]{q^{-1}}-2\sqrt[4]{q^{-9}})$$
$$+\cos 6xq^9\,(2\sqrt[4]{q^{-1}}-2\sqrt[4]{q^{-9}}+2\sqrt[4]{q^{-25}})$$
$$-\cos 8xq^{16}\,(2\sqrt[4]{q^{-1}}-2\sqrt[4]{q^{-9}}+2\sqrt[4]{q^{-25}}-2\sqrt[4]{q^{-49}})$$
$$\ldots\ldots\ldots\ldots\ldots\ldots\ldots\ldots\ldots\ldots\ldots\ldots$$
$$-(-1)^n\cos 2nxq^{n^2}\left[2\sqrt[4]{q^{-1}}-2\sqrt[4]{q^{-9}}+\ldots-2(-1)^n\sqrt[4]{q^{-(2n-1)^2}}\right],$$
$$\ldots\ldots\ldots\ldots\ldots\ldots\ldots\ldots\ldots\ldots\ldots\ldots$$

et ces constantes, savoir :

$$A = \frac{\sqrt[4]{q^3}}{1-q} - \frac{\sqrt[4]{q^{15}}}{1-q^3} + \frac{\sqrt[4]{q^{35}}}{1-q^5} - \frac{\sqrt[4]{q^{63}}}{1-q^7} + \ldots = \sum (-1)^m \frac{q^{\frac{1}{4}(2m+1)(2m+3)}}{1-q^{2m+1}},$$

$$B = \frac{\sqrt[4]{q^3}}{1+q} + \frac{\sqrt[4]{q^{15}}}{1+q^3} + \frac{\sqrt[4]{q^{35}}}{1+q^5} + \frac{\sqrt[4]{q^{63}}}{1+q^7} + \ldots = \sum \frac{q^{\frac{1}{4}(2m+1)(2m+3)}}{1+q^{2m+1}},$$

$$C = \frac{1}{4} + \frac{q^3}{1+q^2} + \frac{q^6}{1+q^4} + \frac{q^{12}}{1+q^6} + \ldots = \frac{1}{4} + \sum \frac{q^{m^2+m}}{1+q^{2m}},$$

ou encore

$$\sqrt[4]{q}\,A = \sum_{m=1} (-1)^{m+1} \frac{q^{m^2}}{1-q^{2m-1}},$$

$$\sqrt[4]{q}\,B = \sum_{m=1} \frac{q^{m^2}}{1+q^{2m-1}},$$

$$\sqrt[4]{q}\,C = \frac{1}{4}\sqrt[4]{q} + \sum_{m=1} \frac{q^{\frac{1}{4}(2m+1)^2}}{1+q^{2m}};$$

elles donnent

$$\frac{kK}{2\pi} \sin \operatorname{am} z\, H(z) = \frac{\sqrt{k}K}{2\pi}\,\frac{H^2(z)}{\Theta(z)} = A\Theta(z) - \Theta(o)Z,$$

$$\frac{kK}{2\pi} \cos \operatorname{am} z\, H_1(z) = \frac{\sqrt{kk'}K}{2\pi}\,\frac{H_1^2(z)}{\Theta(z)} = B\Theta(z) - \Theta_1(o)Z,$$

$$\frac{K}{2\pi}\, \Delta \operatorname{am} z\, \Theta_1(z) = \frac{\sqrt{k'}K}{2\pi}\,\frac{\Theta_1^2(z)}{\Theta(z)} = C\Theta(z) - H_1(o)Z.$$

» Ce second groupe de fonctions se distingue essentiellement du premier par la présence des fonctions complètes A, B, C, dont voici le caractère arithmétique. Désignant par n les nombres entiers $\equiv 3 \pmod 4$, on aura d'abord

$$A = \sum a_n q^{\frac{1}{4}n}, \qquad B = \sum (-1)^{\frac{n-3}{4}} a_n q^{\frac{1}{4}n},$$

le coefficient a_n étant la somme des valeurs de l'expression

$$(-1)^{\frac{d-1}{2}},$$

en prenant pour d tous les diviseurs de n inférieurs à sa racine carrée; nous le représenterons ainsi

$$a_n = \sum (-1)^{\frac{d-1}{2}}.$$

» Faisons ensuite, en supposant n pair,

$$C = \frac{1}{4} + \sum (-1)^{\frac{n}{2}} c_n q^n.$$

» Si l'on désigne par d les diviseurs impairs de n inférieurs à sa racine carrée et par d' les diviseurs impairs plus grands que sa racine carrée, on aura

$$c_n = \sum (-1)^{\frac{d'-1}{2}} - \sum (-1)^{\frac{d-1}{2}}.$$

» Voici donc deux nouveaux exemples de ces parties de fonctions que Kronecker a introduites en arithmétique et qui s'offrent sous un point de vue si différent dans les recherches délicates et profondes de ce savant géomètre sur les modules qui se rapportent à la multiplication complexe. Par cette nouvelle origine, elles se trouvent rattachées de la manière la plus immédiate à l'ensemble de vos travaux sur les fonctions numériques, et peut-être même ne sera-t-il pas impossible de définir par des équations différentielles les fonctions qui leur donnent naissance en partant de ces expressions :

$$2\pi A = \sqrt{k} \int_0^K \frac{H^2(z)}{\Theta(z)} dz,$$

$$2\pi B = \sqrt{kk'} \int_0^K \frac{H_1^2(z)}{\Theta(z)} dz,$$

$$2\pi C = \sqrt{k'} \int_0^K \frac{\Theta_1^2(z)}{\Theta(z)} dz.$$

» Je remarque encore, comme un nouveau trait de la distinction à établir entre les fonctions (1) et (2), que la quantité $Z(x)$, qui donne A et B en y faisant $x = 0$ et $x = \frac{\pi}{2}$, conduit, pour $x = \frac{\pi}{4}$, à cette relation

$$\sqrt[4]{q}\, Z\left(\frac{\pi}{4}\right) = \sum_0^\infty {}_n (-1)^n \frac{q^{4(n+1)^2}}{1 + q^{8n+6}} - \sum_0^\infty {}_n \frac{q^{4(n+1)^2-2}}{1 + q^{8n+2}},$$

dont le développement a la forme

$$Z\left(\frac{\pi}{4}\right)=\sum(-1)^{\frac{n+1}{8}}k_n q^{\frac{n}{4}}.$$

Le nombre n est $\equiv -1 \pmod 8$; k_n est la somme des quantités

$$\left(\frac{-2}{d}\right)=(-1)^{\frac{d^2-1}{8}+\frac{d-1}{2}}$$

pour tous les diviseurs de n inférieurs à sa racine carrée, c'est-à-dire encore une partie de fonction. Au contraire, dans ces cas et d'autres analogues, les développements des expressions (1) ne conduisent jamais qu'à des fonctions numériques complètes.

» Après ces deux groupes de fonctions, la suivante :

$$\frac{H^2(z)\Theta_1(z)}{\Theta^2(z)}$$

pourra servir d'exemple du cas le plus simple qui s'offre ensuite dans la série des expressions obtenues en multipliant par la première puissance d'une des quantités Θ, une fonction doublement périodique. Elle donne, en désignant par $\mathcal{A}$ une constante, ce développement

$$\begin{aligned}\frac{K}{2\pi}\sqrt{\frac{2kK}{\pi}}\frac{H^2(z)\Theta_1(z)}{\Theta^2(z)} &= \mathcal{A}\Theta_1(z)\\ &-\cos 2xq\sqrt[4]{q^{-1}}\\ &-\cos 4xq^4\left(\sqrt[4]{q^{-1}}+3\sqrt[4]{q^{-9}}\right)\\ &-\cos 6xq^9\left(\sqrt[4]{q^{-1}}+3\sqrt[4]{q^{-9}}+5\sqrt[4]{q^{-25}}\right)\\ &\ldots\ldots\ldots\ldots\ldots\ldots\ldots\ldots\\ &-\cos 2nxq^{n^2}\left[\sqrt[4]{q^{-1}}+3\sqrt[4]{q^{-9}}+\ldots+(2n-1)\sqrt[4]{q^{-(2n-1)^2}}\right]\\ &\ldots\ldots\ldots\ldots\ldots\ldots\ldots\ldots\end{aligned}$$

» On doit donc encore regarder $\mathcal{A}$ comme une fonction complète, dont la valeur, sous une forme analytique toute semblable à celle de A, B, C, sera

$$2\pi\mathcal{A}=\sqrt{\frac{2kK}{\pi}}\int_0^K\frac{H^2(z)\Theta_1(z)}{\Theta^2(z)}dz.$$

» Mais, tandis que A, B, C se rapportent sous le point de vue arithmétique aux fonctions des diviseurs des nombres, $\mathcal{A}$, comme vous allez voir, conduit aux fonctions qui expriment le nombre des classes quadratiques pour toutes les formes de déterminant $-n$, n étant $\equiv 3 \pmod 4$).

» Pour le démontrer, je regarde l'expression $\frac{H^2(z)\,\Theta_1(z)}{\Theta^2(z)}$ comme le produit de ces deux facteurs

$$\frac{H(z)\,\Theta_1(z)}{\Theta(z)} \quad \text{et} \quad \frac{H(z)}{\Theta(z)} = \sqrt{k}\sin \operatorname{am} z;$$

or nous avons trouvé

$$\begin{aligned}\sqrt{\frac{K}{2\pi}}\,\frac{H(z)\,\Theta_1(z)}{\Theta(z)} &= \sin x \sqrt[4]{q}\\ &+ \sin 3x \sqrt[4]{q^9}\,(1+2q^{-1})\\ &+ \sin 5x \sqrt[4]{q^{25}}\,(1+2q^{-1}+2q^{-4})\\ &\ldots\ldots\ldots\ldots\ldots\ldots\ldots\ldots\\ &= \sum \sin(2n+1)x\sqrt[4]{q^{(2n-1)^2}} \times \sum q^{-a^2},\end{aligned}$$

le nombre a devant prendre les valeurs

$$a = 0, \quad \pm 1, \quad \pm 2, \quad \ldots, \quad \pm n,$$

et l'on a

$$\frac{\sqrt{kK}}{\pi}\,\frac{H(z)}{\Theta(z)} = 2\sin x\,\frac{\sqrt{q}}{1-q} + 2\sin 3x\,\frac{\sqrt{q^3}}{1-q^3} + 2\sin 5x\,\frac{\sqrt{q^5}}{1-q^5} + \text{etc.},$$

de sorte qu'en multipliant membre à membre les deux séries, on devra précisément retomber sur le développement ci-dessus de

$$\frac{K}{2\pi}\sqrt{\frac{2kK}{\pi}}\,\frac{H^2(z)\,\Theta_1(z)}{\Theta^2(z)}.$$

On trouve ainsi, en se bornant au terme constant,

$$\begin{aligned}\mathcal{A} &= \sum \frac{\sqrt{q^{2n+1}}}{1-q^{2n+1}}\sqrt[4]{q^{(2n+1)^2}}\,(1+2q^{-1}+2q^{-4}+\ldots+2q^{-n^2}),\\ &= \sum \frac{\sqrt{q^{2n+1}}}{1-q^{2n+1}}\,q^{\frac{(2n+1)^2}{4}-a^2},\end{aligned}$$

expression qu'il est aisé de développer suivant les puissances de q

en remplaçant la fraction

$$\frac{\sqrt{q^{2n+1}}}{1-q^{2n+1}}$$

par

$$\sqrt{q^{2n+1}}\,(1+q^{2n+1}+q^{2(2n+2)}+\ldots)=\sum q^{\frac{2n+1}{2}+(2n+1)b},$$

b désignant tous les nombres entiers de zéro à l'infini. En posant

$$N=(2n+1)(2n+4b+3)-4a^2,$$

et désignant par $F(N)$ le nombre de fois que cette équation aura lieu pour une valeur de N, en supposant n et b entiers et positifs, a compris dans la série

$$0,\quad \pm 1,\quad \pm 2,\quad \ldots,\quad \pm n,$$

on aura évidemment

$$\mathcal{A}=\sum F(N)\,q^{\frac{1}{4}N}.$$

» Ceci posé, j'observe que la valeur de N représentera tous les nombres entiers $\equiv 3 \bmod 4$, et qu'on peut l'écrire de ces trois manières, en faisant correspondre à chacune d'elles une forme quadratique de déterminant $-N$, savoir :

$$\text{I.}\quad \begin{cases} N=(2n+1)(2n+4b+3)-4a^2,\\ (2n+1,\quad 2a,\quad 2n+4b+3),\end{cases}$$

$$\text{II.}\quad \begin{cases} N=(2n+1)(4n+4b+4-4a)-(2n+1-2a)^2,\\ (2n+1,\quad 2n+1-2a,\quad 4n+4b+4-4a),\end{cases}$$

$$\text{III.}\quad \begin{cases} N=(2n+1)(4n+4b+4+4a)-(2n+1+2a)^2,\\ (2n+1,\quad 2n+1+2a,\quad 4n+4b+4+4a).\end{cases}$$

» En employant la première pour les valeurs de a inférieures, abstraction faite du signe à la limite $\frac{2n+1}{4}$, la forme quadratique correspondante représentera toutes les formes réduites de déterminant $-N$, où le coefficient moyen est pair, et qui sont, par conséquent, de l'ordre proprement primitif, chacune d'elles étant prise une seule fois. Les classes ambiguës seront renfermées dans ce premier groupe et correspondront à $a=0$ (Gauss, *Rech. arith.*, p. 288). Pour les valeurs de a qui vont de la limite inférieure

$\frac{2n+1}{4}$ à la limite supérieure n, nous emploierons la seconde expression en leur attribuant le signe $+$ et la troisième en leur donnant le signe $-$. On aura ainsi, deux fois répétée, une série de formes (p, q, r) de déterminant $-$N où se trouvent satisfaites les conditions

$$q > 0, \quad 2q < p, \quad 2q < r.$$

» En permutant p et r lorqu'on aura $p > r$, cette série donnera toutes les formes réduites de déterminant $-$N où le coefficient moyen est impair et positif, l'un des coefficients extrêmes étant aussi un nombre impair. On doublera leur nombre si l'on y joint les formes opposées $(p, -q, r)$ qui en sont distinctes et appartiennent à des classes différentes, puisqu'il n'existe point de formes ambiguës ayant un coefficient moyen impair. Par conséquent, à la totalité des deux séries de valeurs positives et négatives de a correspond exactement la totalité des formes réduites, proprement primitives du déterminant $-$N. Ainsi la fonction $F(\mathrm{N})$ qui s'est offerte d'abord comme la somme des nombres de solutions des équations I, II et III, reçoit cette nouvelle et importante signification arithmétique de représenter le nombre des classes proprement primitives de déterminant $-$N. L'équation

$$\mathcal{A} = \sum F(\mathrm{N})\, q^{\frac{1}{4}\mathrm{N}} = \frac{1}{2\pi}\sqrt{\frac{2k\mathrm{K}}{\pi}} \int_0^{\mathrm{K}} \frac{\mathrm{H}^2(z)\,\Theta_1(z)}{\Theta^2(z)}\, dz,$$

envisagée sous ce nouveau point de vue, montre l'importance de la fonction complète de l'expression $\frac{\mathrm{H}^2(z)\,\Theta_1(z)}{\Theta^2(z)}$ et va donner très aisément l'un des théorèmes de M. Kronecker.

» Je fais pour cela $x = 0$ dans l'équation

$$\begin{aligned}\frac{\mathrm{K}}{2\pi}\sqrt{\frac{2k\mathrm{K}}{\pi}}\, \frac{\mathrm{H}^2(z)\,\Theta_1(z)}{\Theta^2(z)} = \mathcal{A}\Theta_1(z) &- \cos 2xq\, \sqrt[4]{q^{-1}} \\ &- \cos 4xq^4 \left(\sqrt[4]{q^{-1}} + 3\sqrt[4]{q^{-9}}\right) \\ &- \cos 6xq^9 \left(\sqrt[4]{q^{-1}} + 3\sqrt[4]{q^{-9}} + 5\sqrt[4]{q^{-25}}\right) \\ &\ldots\ldots\ldots\ldots\ldots\ldots\end{aligned}$$

Le premier membre s'annulant, on voit immédiatement que le second membre, ordonné suivant les puissances de q, donne une série dont le terme général est

$$q^{\frac{1}{4}\mathrm{N}} \frac{\sum d' - \sum d}{2}.$$

L'exposant N est $\equiv 3 \pmod 4$, $\sum d'$ représente la somme des diviseurs de N supérieurs à sa racine carrée, et $\sum d$ la somme des diviseurs qui lui sont inférieurs.

» Le coefficient de $q^{\frac{1}{4}\mathrm{N}}$ est donc précisément la fonction désignée par $\Psi(\mathrm{N})$ et définie dans le Mémoire de M. Kronecker au moyen de la relation

$$\sum \Psi(n)\, q^n = \sum \frac{q^{n^2+n}}{(1-q^n)^2}.$$

En employant cette notation, on pourra donc écrire

$$\Theta_1(0) \sum F(\mathrm{N})\, q^{\frac{1}{4}\mathrm{N}} = \frac{1}{2} \sum \Psi(\mathrm{N})\, q^{\frac{1}{4}\mathrm{N}},$$

et en égalant dans les deux membres les coefficients d'une même puissance de q, on trouvera

$$F(\mathrm{N}) + 2F(\mathrm{N}-2^2) + 2F(\mathrm{N}-4^2) + \ldots + 2F(\mathrm{N}-4k^2) = \tfrac{1}{2}\Psi(\mathrm{N}).$$

Or cette relation est donnée en ajoutant membre à membre les équations (V) et (VI) du Mémoire de M. Kronecker, et observant que la fonction $\varphi(m)$ qui y figure s'évanouit pour $m = \mathrm{N} \equiv 3 \pmod 4$.

» D'autres théorèmes résultent d'une détermination différente de $\mathcal{A}$. En premier lieu, je fais le produit des deux séries

$$\Theta_1(z) = 1 + 2q\cos 2x + 2q^4\cos 4x + 2q^9\cos 6x + \ldots,$$

$$\frac{k\mathrm{K}^2}{2\pi^2}\,\frac{\mathrm{H}^2(z)}{\Theta^2(z)} = \sum \frac{nq^n}{1-q^{2n}} - \cos 2x\,\frac{q}{1-q^2} - \cos 4x\,\frac{2q^2}{1-q^4} \ldots,$$

qui donne pour le terme constant dans le second membre l'expression

$$\sum \frac{nq^n}{1-q^{2n}} - \sum \frac{nq^{n^2+n}}{1-q^{2n}}.$$

» Ce même terme s'obtenant aussi en intégrant entre les limites zéro et K le premier membre, on aura

$$\frac{kK}{2\pi^2}\int_0^K \frac{H^2(z)\Theta_1(z)}{\Theta^2(z)}\,dz = \sum \frac{nq^n}{1-q^{2n}} - \sum \frac{nq^{n^2+n}}{1-q^{2n}},$$

et, par conséquent,

$$\frac{1}{2}\sqrt{\frac{2kK}{\pi}}\,\mathcal{A} = \sum \frac{nq^n}{1-q^{2n}} - \sum \frac{nq^{n^2+n}}{1-q^{2n}}.$$

Soit

$$\sum \frac{nq^n}{1-q^{2n}} = \sum \Phi_1(n)q^n,$$

$$\sum \frac{nq^{n^2+n}}{1-q^{2n}} = \sum \Psi_1(n)q^n;$$

$\Phi_1(n)$ représentera la somme de tous les diviseurs de n dont les conjugués sont impairs et $\Psi_1(n)$ la somme de tous les diviseurs moindres que $\sqrt{n}$ et qui ne sont pas de même parité que leurs conjugués. Ainsi pour n impair, $\Phi_1(n)$ coïncidera avec la somme de tous les diviseurs que M. Kronecker nomme $\Phi(n)$, et $\Psi_1(n)$ sera nul. Cela étant, l'équation

$$\frac{1}{2}\sqrt{\frac{2kK}{\pi}}\sum F(N)q^{\frac{1}{4}N} = \sum [\Phi_1(n) - \Psi_1(n)]\,q^n$$

donnera ce nouveau théorème où n est quelconque :

$$F(4n-1) + F(4n-3^2) + \ldots + F[4n-(2a+1)^2] = \Phi_1(n) - \Psi_1(n).$$

» Je considère en second lieu le produit des développements de $H(z)$ et de la dérivée de $\cos \operatorname{am} z$, à savoir :

$$H(z) = 2\sqrt[4]{q}\sin x - 2\sqrt[4]{q^9}\sin 3x + 2\sqrt[4]{q^{25}}\sin 5x - \ldots,$$

$$\frac{\sqrt{kk'}\,K^2}{\pi^2}\,\frac{H(z)\Theta_1(z)}{\Theta^2(z)} = \frac{\sqrt{q}}{1+q}\sin x + \frac{3\sqrt{q^3}}{1+q^3}\sin 3x + \frac{5\sqrt{q^5}}{1+q^5}\sin 5x + \ldots.$$

En opérant de même on trouvera

$$\frac{\sqrt{kk'}\,K}{\pi^2}\int_0^K \frac{H^2(z)\Theta_1(z)}{\Theta^2(z)}\,dz = \sqrt{\frac{2k'K}{\pi}}\,\mathcal{A} = \sum_{n=0}^{n=\infty}(-1)^n\frac{(2n+1)\,q^{\frac{1}{4}(2n+1)(2n+3)}}{1-q^{2n+1}},$$

et, si l'on pose

$$\sum (-1)^n \frac{(2n+1)q^{\frac{1}{4}(2n+1)(2n+3)}}{1-q^{2n+1}} = \sum (-1)^{\frac{N-3}{4}} \Psi_2(N) q^{\frac{1}{4}N},$$

N représentera tous les nombres entiers $\equiv 3 \pmod 4$ et $\Psi_2(N)$ la somme des diviseurs de N inférieurs à la racine carrée. L'équation

$$\sqrt{\frac{2k'K}{\pi}} \sum F(N) q^{\frac{1}{4}N} = \sum (-1)^{\frac{N-3}{4}} \Psi_2(N) q^{\frac{1}{4}N}$$

donnera par suite ce troisième théorème

$$\begin{aligned} &F(N) - 2F(N-2^2) + 2F(N-4^2) - \ldots \\ &\quad + 2(-1)^k F(N-4k^2) = (-1)^{\frac{N-3}{4}} \Psi_2(N) = (-1)^{\frac{N-3}{4}} \frac{\Phi(N) - \Psi(N)}{2}. \end{aligned}$$

» Le temps me manque en ce moment pour donner le système complet de toutes les relations de cette nature, et m'occuper des autres théorèmes de M. Kronecker et de ceux où le P. Joubert ([1]) a introduit des fonctions numériques distinctes des précédentes. J'aurais surtout à retrouver cette relation

$$\sum F(n) q^n = \frac{q^{\frac{1}{4}}}{H(K)} \sum \frac{q^{n^2+3n+1}}{(1-q^{2n+1})^2},$$

qui sans doute doit résulter de combinaisons où entre la fonction $\frac{\Theta'^2(z)}{\Theta^2(z)}$. M. Kronecker, en la donnant comme l'expression analytique d'un de ses théorèmes, avait bien évidemment pressenti la signification qu'elle recevrait dans la théorie des fonctions elliptiques, et, à cet égard, je ne puis trop admirer la pénétration dont il a donné la preuve.

» Vous m'avez aussi plusieurs fois parlé de la décomposition des nombres en trois carrés; dans le cas où il s'agit des nombres $\equiv 3 \pmod 8$, et où les carrés sont tous impairs, voici comment on trouve le nombre des décompositions.

» Soit $\mathcal{A}_1$ ce que devient $\mathcal{A}$ par le changement de q en $-q$; en posant pour un instant $\varepsilon = \sqrt[4]{-1}$, on aura

$$\frac{\mathcal{A} - \varepsilon \mathcal{A}_1}{2} = \sum_0^{\infty} {}_n F(8n+3) q^{\frac{8n+3}{4}}.$$

([1]) Voir *C. R.*, t. L, 1860 (I), p. 774 et suiv.

Or on obtient aisément la valeur du premier membre. Introduisons dans l'intégrale x au lieu de $z = \frac{2Kx}{\pi}$, ce qui donnera

$$2\pi \mathcal{A} = \frac{2K}{\pi}\sqrt{\frac{2kK}{\pi}}\int_0^{\frac{\pi}{2}} \frac{H^2(z)\Theta_1(z)}{\Theta^2(z)}\,dx.$$

Comme en changeant q en $-q$, les quantités

$$\frac{2K}{\pi},\quad \sqrt{\frac{2kK}{\pi}},\quad \Theta(z),\quad H(z),\quad \Theta_1(z)$$

deviennent

$$\frac{2k'K}{\pi},\quad \varepsilon\sqrt{\frac{2kK}{\pi}},\quad \Theta_1(z),\quad \varepsilon H(z),\quad \Theta(z),$$

on aura

$$2\pi \mathcal{A}_1 = \varepsilon^3\,\frac{2k'K}{\pi}\sqrt{\frac{2kK}{\pi}}\int_0^{\frac{\pi}{2}} \frac{H^2(z)\Theta(z)}{\Theta_1^2(z)}\,dx.$$

Mais, par la substitution de $\frac{\pi}{2} - x$ à x, l'intégrale se change en celle-ci :

$$\int_0^{\frac{\pi}{2}} \frac{H_1^2(z)\Theta_1(z)}{\Theta^2(z)}\,dx,$$

d'où résulte

$$2\pi \mathcal{A}_1 = \varepsilon^3\,\frac{2k'K}{\pi}\sqrt{\frac{2kK}{\pi}}\int_0^{\frac{\pi}{2}} \frac{H_1^2(z)\Theta_1(z)}{\Theta^2(z)}\,dx,$$

et, par suite, à cause de $\varepsilon^4 = -1$,

$$2\pi(\mathcal{A} - \varepsilon\mathcal{A}_1) = \frac{2K}{\pi}\sqrt{\frac{2kK}{\pi}}\int_0^{\frac{\pi}{2}} \frac{[H^2(z) + k'H_1^2(z)]\,\Theta_1(z)}{\Theta^2(z)}\,dx.$$

Or on a

$$H^2(z) + k'H_1^2(z) = k\Theta^2(z),$$

il s'ensuit que

$$2\pi(\mathcal{A} - \varepsilon\mathcal{A}_1) = \frac{2K}{\pi}\sqrt{\frac{2kK}{\pi}}\int_0^{\frac{\pi}{2}} k\Theta_1(z)\,dx = \frac{\pi}{2}\sqrt{\left(\frac{2kK}{\pi}\right)^3},$$

et l'on en conclut la relation

$$\frac{\mathcal{A} - \varepsilon\mathcal{A}_1}{2} = \sum F(8n+3)\,q^{\frac{8n+3}{4}} = (\sqrt[4]{q} + \sqrt[4]{q^9} + \sqrt[4]{q^{25}} + \ldots)^3,$$

qui est l'expression de ce théorème arithmétique que le nombre des représentations d'un entier $N \equiv 3 \pmod 8$, par la forme $x^2 + y^2 + z^2$, en supposant x, y, z de même signe, est précisément égal au nombre des classes quadratiques du déterminant $-N$ pour lesquelles un au moins des coefficients extrêmes est impair.

» Quant au cube de $\sqrt{\frac{2K}{\pi}}$ ou $\Theta_1(o)$, il est donné sous une forme singulière, et dont je n'ai pu suffisamment approfondir la signification en faisant $x = o$ dans l'équation

$$\frac{K}{2\pi} \Delta \operatorname{am} z \Theta_1(z) = C\Theta(z) - H_1(o)Z.$$

On obtient ainsi immédiatement

$$\sqrt{\left(\frac{2K}{\pi}\right)^3} = \Theta(o)\left(1 + 4\sum \frac{q^{m^2+m}}{1+q^{2m}}\right) - 4H_1(o)\sum (-1)^m \frac{q^{\frac{1}{4}(2m+1)(2m+3)}}{1-q^{2m+1}}.$$

Je laisse donc de côté ce résultat et d'autres du même genre pour vous indiquer, en terminant, de quelle manière je conçois la liaison de la théorie des fonctions elliptiques, dans ses applications à l'arithmétique, avec vos recherches générales sur les fonctions numériques.

» Je considère pour cela les développements suivant les puissances de q, de $\sin \operatorname{am} z$, $\cos \operatorname{am} z$, $\Delta \operatorname{am} z$, et je remarque qu'en posant

$$\frac{kK}{2\pi} \sin \operatorname{am} z = \sum R_n q^{\frac{1}{2}n},$$

$$\frac{kK}{2\pi} \cos \operatorname{am} z = \sum (-1)^{\frac{n-1}{2}} S_n q^{\frac{1}{2}n},$$

$$\frac{K}{2\pi} \Delta \operatorname{am} z = 1 + \sum T_n q^n,$$

on a

$$R_n = \sum \sin dx,$$

$$S_n = \sum (-1)^{\frac{d-1}{2}} \cos dx,$$

les sommes s'étendant à tous les diviseurs d du nombre impair n et à l'égard de la fonction T, si l'on pose

$$n = 2^\nu N,$$

N étant impair, et qu'on désigne par d les diviseurs de N, on aura semblablement

$$T_n = \sum (-1)^{\frac{N-d}{2}} \cos 2^{\nu+1} dx.$$

On retrouve donc ainsi les fonctions numériques qui se sont si souvent présentées dans vos recherches.

» Soit encore

$$\sqrt{\frac{K}{2\pi}}\, \frac{H(z)\Theta_1(z)}{\Theta(z)} = \sum U_n q^{\frac{1}{4}n},$$

$$\sqrt{\frac{k'K}{2\pi}}\, \frac{H_1(z)\Theta_1(z)}{\Theta(z)} = \sum V_n q^{\frac{1}{4}n},$$

$$\sqrt{\frac{kK}{2\pi}}\, \frac{H(z)H_1(z)}{\Theta(z)} = \sum W_n q^{\frac{1}{4}n};$$

et désignons par d et d' deux diviseurs conjugués, dont le produit soit n, on aura

$$U_n = \frac{1}{2} \sum \sin \frac{d+d'}{2} x, \qquad V_n = \frac{1}{2} \sum (-1)^{\frac{d+1}{2}} \cos \frac{d+d'}{2} x,$$

les sommes s'étendant à tous les diviseurs du nombre n qui est $\equiv 1 \pmod 4$ et, en dernier lieu,

$$W_n = \sum \sin \frac{d+d'}{2} x,$$

n étant $\equiv -1 \pmod 4$. On reconnaît ainsi, au point de vue arithmétique, l'analogie des nouvelles fonctions avec les anciennes, et en même temps leur différence qui consiste en ce qu'un diviseur d est remplacé par $\frac{d+d'}{2}$. On ne voit point encore d'ailleurs s'offrir de parties de fonctions, mais elles se présentent en faisant

$$Z(x) = \sum \zeta_n q^{\frac{1}{4}n}.$$

Dans ce cas n est $\equiv -1 \pmod 4$, et, en supposant $d < d'$, on trouve

$$\zeta_n = 2 \sum (-1)^{\frac{d+1}{2}} \cos \frac{d+d'}{2} x,$$

la somme ne comprenant que les diviseurs d, qui sont inférieurs à $\sqrt{n}$.

» J'espère, mon cher confrère, que vous n'oublierez pas m'avoir aussi promis une Lettre arithmétique qui soulève un peu le voile dont vous vous êtes jusqu'à présent recouvert. Si vous le jugez à propos, j'aimerais bien que celle-ci fût publiée dans votre Journal, où je la ferai suivre de plusieurs articles sur divers sujets qui s'y rattachent et qu'en ce moment je suis obligé d'ajourner. »

NOTE

SUR

LA THÉORIE DES FONCTIONS ELLIPTIQUES.

Extrait de la 6e édition du *Calcul différentiel et Calcul intégral* de LACROIX; Paris, Mallet-Bachelier, 1862.

On donne, comme on sait, le nom de *fonctions algébriques* aux polynomes entiers par rapport à une variable, aux quotients de ces polynomes et aux racines des équations dont le premier membre est une fonction entière par rapport à l'inconnue et à la variable. Les fonctions que l'on appelle *transcendantes* sont toutes celles qui ne rentrent pas dans la définition que nous venons de rappeler, par exemple les exponentielles et les logarithmes, les sinus, cosinus, tangentes d'un arc de cercle, ou les arcs sinus, arcs tangentes, etc. Les fonctions de fonctions que l'on obtiendra par des combinaisons algébriques de ces premières transcendantes seront encore évidemment des fonctions transcendantes, et l'on voit ainsi comment on peut, quoique sans utilité, en multiplier indéfiniment le nombre. C'est en quittant le champ de l'Algèbre et, en quelque sorte, dès l'abord du Calcul intégral, qu'on est amené naturellement et sans effort à l'origine véritablement féconde d'une infinité de fonctions nouvelles, distinctes essentiellement les unes des autres, offrant pour chacune d'elles un ordre de notions analytiques propres, en même temps que des caractères communs qui les réunissent en grandes catégories, et dont l'étude approfondie est l'un des objets les plus intéressants de la Science actuelle. Deux géomètres illustres, Abel et Jacobi, ont attaché les premiers la gloire de leur nom à cette étude, en posant les fondements de la théorie des *transcendantes à différentielles algébriques*, dont les logarithmes $\int \frac{dx}{x}$, et les arcs de cercle $\int \frac{dx}{\sqrt{1-x^2}}$, forment les termes les plus simples et les plus élémentaires. Après les logarithmes et les arcs de cercle, ce sont les *fonctions elliptiques* auxquelles donne naissance l'étude des intégrales $\int \frac{dx}{\sqrt{(1-x^2)(1-k^2x^2)}}$, qui ouvrent la série des nouvelles fonctions et en présentent le premier terme. Ce seront celles auxquelles sera consacrée cette Note, et dont on va essayer de donner une première idée en présentant l'esquisse de leurs caractères les plus saillants.

Propriétés communes aux fonctions circulaires et elliptiques.

En rappelant tout à l'heure la définition des fonctions algébriques, nous avons dit qu'elles comprenaient d'une part les polynomes et les fractions rationnelles, et de l'autre les racines des équations $F(y, x) = 0$, dont le premier membre est rationnel et entier, par rapport à la variable et à l'inconnue y. Dans le premier cas, les fonctions ne sont susceptibles que d'une seule et unique valeur pour toute valeur réelle ou imaginaire de x, tandis que dans le second elles offrent autant de déterminations qu'il y a d'unités dans le degré de l'équation supposée irréductible et qui sert à les définir. Une différence du même genre se montre entre les transcendantes simples, $\sin x$, $\cos x$, $\operatorname{tang} x$ et $\operatorname{arc\,sin} x$, $\operatorname{arc\,cos} x$, $\operatorname{arc\,tang} x$, les premières ressemblant aux polynomes et aux fractions rationnelles, comme n'étant susceptibles que d'une seule et unique détermination; les secondes au contraire, en admettant une infinité, sont à cet égard comme les racines d'une équation dont le degré serait infini. Et il en est évidemment de même pour l'exponentielle e^x et le logarithme qu'on peut considérer comme défini par l'équation transcendante ou de degré infini $e^y = x$. Ce rapprochement, qui s'offre au premier aperçu, se confirme et se complète par les remarques suivantes. Pour toute valeur réelle ou imaginaire de la variable, on a

$$e^x = 1 + \frac{x}{1} + \frac{x^2}{1.2} + \frac{x^3}{1.2.3} + \ldots,$$

$$\sin x = x - \frac{x^3}{1.2.3} + \frac{x^5}{1.2.3.4.5} - \frac{x^7}{1.2.3.4.5.6.7} + \ldots,$$

$$\cos x = 1 - \frac{x^2}{1.2} + \frac{x^4}{1.2.3.4} - \frac{x^6}{1.2.3.4.5.6} + \ldots,$$

$$\operatorname{tang} x = \frac{x - \frac{x^3}{1.2.3} + \frac{x^5}{1.2.3.4.5} + \ldots}{1 - \frac{x^2}{1.2} + \frac{x^4}{1.2.3.4} - \ldots},$$

et du fait même de la convergence des séries résulte qu'en les arrêtant à un terme suffisamment éloigné, les transcendantes se trouvent, avec autant d'approximation qu'on le veut, remplacées par des polynomes et des fractions. Tout au contraire, les développements

$$\log(1 + x) = x - \frac{x^2}{2} + \frac{x^3}{3} - \frac{x^4}{4} + \ldots,$$

$$\operatorname{arc} \sin x = x + \frac{x^3}{2.3} + \frac{1.3.x^5}{2.4.5} + \frac{1.3.5.x^7}{2.4.6.7} + \ldots,$$

$$\operatorname{arc} \operatorname{tang} x = x - \frac{x^3}{3} + \frac{x^5}{5} - \frac{x^7}{7} + \ldots$$

ne subsistent qu'en supposant la variable moindre que l'unité, et l'assimilation approximative avec des polynomes n'est possible que dans un intervalle fort restreint. Enfin, et ceci est le point qu'il importe surtout de remarquer, par une seule valeur donnée, soit de l'exponentielle ou des fonctions circulaires, on en peut obtenir algébriquement ou même rationnellement une infinité d'autres. C'est ainsi qu'en trigonométrie rectiligne on calcule en partant de l'arc de 10″ toutes les valeurs du sinus, du cosinus et de la tangente qui figurent dans les Tables, propriété aussi remarquable qu'importante de ces fonctions, et qui découle des relations

$$e^{x+y} = e^x . e^y,$$

$$\sin(x + y) = \sin x \cos y + \sin y \cos x,$$

$$\cos(x + y) = \cos x \cos y - \sin x \sin y,$$

$$\operatorname{tang}(x + y) = \frac{\operatorname{tang} x + \operatorname{tang} y}{1 - \operatorname{tang} x \operatorname{tang} y},$$

dont les seconds membres sont composés algébriquement avec les fonctions relatives à l'argument x et à l'argument y. Ces mêmes propriétés nous les trouverons dans les fonctions elliptiques dont elles constituent les caractères les plus essentiels, et nous les résumerons en disant des nouvelles transcendantes, qu'*elles sont des fonctions* uniformes, *à détermination unique, analogues à des fractions rationnelles, auxquelles on peut les assimiler avec autant d'approximation, et dans une aussi grande étendue qu'on le veut, des valeurs de la variable, et de plus que les fonctions relatives à la somme de deux arguments x et y s'expriment algébriquement par les fonctions relatives à l'argument x et à l'argument y*. Enfin, et de même qu'à l'exponentielle et au sinus répondent les expressions inverses, $\log x$ et $\arcsin x$, ou bien $\int \frac{dx}{x}$, $\int \frac{dx}{\sqrt{1-x^2}}$, nous verrons, avec une infinité de déterminations, s'offrir comme inverse des fonctions elliptiques, l'intégrale d'une nature plus élevée

$$\int \frac{dx}{\sqrt{(1-x^2)(1-k^2x^2)}},$$

où la quantité placée sous le radical est du *quatrième* degré en x.

De la périodicité dans les fonctions circulaires et elliptiques.

Cette propriété importante manifeste d'une manière toute particulière la différence de nature des fonctions qui la possèdent avec les fonctions algébriques rationnelles dont nous les avons tout à l'heure rapprochées, et leur imprime leur caractère le plus apparent en quelque sorte de fonctions transcendantes. C'est d'ailleurs par la périodicité que les sinus et cosinus interviennent dans presque toutes les questions de l'analyse, depuis les études qui ont pour objet les propriétés abstraites des nombres entiers, jusqu'aux applications du calcul à la Physique et à l'Astronomie. Aussi est-il bien digne d'intérêt d'étudier à ce point de vue, dans la longue chaîne des nouvelles transcendantes, celle qui s'offre à son commencement et se joint immédiatement aux fonctions circulaires, les seules connues pendant si longtemps. C'est au début de leurs travaux qu'Abel et Jacobi firent simultanément la découverte capitale que les fonctions elliptiques possèdent deux périodes, une première qu'on peut toujours supposer réelle, et une autre qui est nécessairement imaginaire. Jacobi démontra, en outre, qu'une fonction uniforme d'une variable ne pouvait posséder plus de deux périodes, et M. Liouville après lui, embrassant dans toute sa généralité la théorie des fonctions *doublement périodiques*, fit voir qu'elles se réduisaient aux seules fonctions elliptiques, et mit hors de doute la prévision de Jacobi, que ces fonctions résumaient en elles tout ce que pouvait présenter l'analyse à l'égard de la périodicité envisagée dans le sens le plus étendu. Nous allons dans ce qui suit nous occuper du mode d'après lequel se manifeste analytiquement ce fait si remarquable de la double périodicité, en commençant par étudier sous ce double point de vue la périodicité simple dans les fonctions circulaires. Mais, en premier lieu et en raison de son caractère élémentaire et purement arithmétique, nous donnerons la démonstration de Jacobi sur l'impossibilité d'une fonction à plus de deux périodes.

I. — *Proposition de Jacobi.*

En désignant par a et b deux quantités dont le rapport soit réel et incommensurable, on sait par la théorie des fractions continues qu'il est possible d'approcher de $\frac{a}{b}$ par une infinité de fractions rationnelles $\frac{m}{n}$ de manière à vérifier la condition

$$\frac{a}{b} = \frac{m}{n} + \frac{\varepsilon}{n^2},$$

ε étant moindre que l'unité. De là on tire

$$na - mb = \frac{\varepsilon b}{n}.$$

Or une fonction ayant pour périodes a et b ne changera pas en ajoutant à la variable une somme de multiples de ces quantités par des nombres entiers, telle que $na - mb$. Comme le nombre n peut être pris aussi grand qu'on veut, sans quoi $\frac{a}{b}$ ne serait pas incommensurable, la nouvelle période $na - mb = \frac{\varepsilon b}{n}$ peut être rendue plus petite que toute quantité donnée, et par là nous reconnaissons déjà qu'il ne peut exister de fonction doublement périodique où le rapport des deux périodes serait réel et incommensurable.

C'est à cette même conclusion d'une période infiniment petite, ou du moins dont le module est infiniment petit, que nous allons parvenir en supposant trois périodes imaginaires :

$$a = \alpha + \alpha' \sqrt{-1},$$
$$b = \beta + \beta' \sqrt{-1},$$
$$c = \gamma + \gamma' \sqrt{-1}.$$

Je dis, en effet, qu'on peut déterminer une infinité de nombres entiers, m, n, p, tels que le module de $am + bn + cp$ soit moindre que toute quantité donnée.

Considérez pour cela la forme quadratique ternaire

$$f = (\alpha x + \beta y + \gamma z)^2 + (\alpha' x + \beta' y + \gamma' z)^2 + \frac{z^2}{\lambda^2},$$

où λ est une quantité réelle arbitraire et dont le déterminant sera

$$\Delta = \frac{(\alpha\beta' - \beta\alpha')^2}{\lambda^2}.$$

Le minimum de f, pour des valeurs entières des indéterminées, aura, comme on sait, pour limite supérieure $\sqrt[3]{2\Delta}$, de sorte qu'en désignant par m, n, p ces valeurs, on aura

$$(\alpha m + \beta n + \gamma p)^2 + (\alpha' m + \beta' n + \gamma' p)^2 + \frac{p^2}{\lambda^2} < \sqrt[3]{2\Delta},$$

et, à plus forte raison,

$$(\alpha m + \beta n + \gamma p)^2 + (\alpha' m + \beta' n + \gamma' p)^2 < \sqrt[3]{2\Delta}.$$

S'il est donc impossible d'avoir à la fois

$$\alpha m + \beta n + \gamma p = 0,$$
$$\alpha' m + \beta' n + \gamma' p = 0,$$

ou bien

$$am + bn + cp = 0,$$

c'est-à-dire si a, b, c sont trois périodes réellement distinctes, on reconnaît que, λ croissant, Δ peut devenir aussi petit qu'on veut et qu'on parvient à des périodes dont le module, ainsi que nous l'avons annoncé, est indéfiniment décroissant. Toutefois, nous supposons que le déterminant de la forme quadratique ne soit pas nul. Mais, dans ce cas particulier, au lieu de la forme ternaire, on considérera la forme binaire

$$(\alpha x + \beta y)^2 + (\alpha' x + \beta' y)^2 + \frac{y^2}{\lambda^2}.$$

Sous la condition $\alpha\beta' - \beta\alpha' = 0$, son déterminant sera $\frac{\alpha^2 + \alpha'^2}{\lambda^2}$, et ne pourra jamais s'évanouir. Or, en supposant que le minimum soit donné pour $x = m$, $y = n$, on aura

$$(\alpha m + \beta n)^2 + (\alpha' m + \beta' n)^2 + \frac{n^2}{\lambda^2} < \sqrt{\frac{4(\alpha^2 + \alpha'^2)}{3\lambda^2}},$$

et *a fortiori*

$$(\alpha m + \beta n)^2 + (\alpha' m + \beta' n)^2 < \sqrt{\frac{4(\alpha^2 + \alpha'^2)}{3\lambda^2}},$$

de sorte qu'on pourra raisonner comme précédemment et parvenir à une période $am + bn$ dont le module sera d'une petitesse arbitraire. Ce cas particulier rentre d'ailleurs dans celui dont nous nous sommes occupé en premier lieu, car la condition $\alpha\beta' - \beta\alpha' = 0$ exprime que le rapport $\frac{\alpha + \alpha'\sqrt{-1}}{\beta + \beta'\sqrt{-1}} = \frac{a}{b}$ est réel.

II. — *De la périodicité dans les fonctions circulaires.*

La notion géométrique de ces fonctions, leur définition dans le cercle, met en évidence immédiatement tout ce qui concerne la périodicité, tandis qu'au point de vue de l'Analyse pure, en prenant, par exemple, pour définition les développements

$$\sin x = x - \frac{x^3}{1.2.3} + \frac{x^5}{1.2.3.4.5} - \ldots,$$

$$\cos x = 1 - \frac{x^2}{1.2} + \frac{x^4}{1.2.3.4} - \ldots,$$

ce caractère si important semble beaucoup plus caché. Il n'en est pas autrement à l'égard de l'exponentielle considérée comme la limite d'un polynome entier $\left(1+\frac{x}{m}\right)^m$, ou comme la série $1+\frac{x}{1}+\frac{x^2}{1.2}+\frac{x^3}{1.2.3}+\ldots$. Mais les fonctions circulaires sont susceptibles d'autres expressions où le caractère périodique apparaît tout aussi immédiatement qu'en Géométrie, et qu'il est d'autant plus intéressant d'étudier que d'elles-mêmes, par une généralisation facile, elles conduisent aux fonctions plus élevées qui possèdent deux périodes différentes. Pour premier exemple, je prendrai le développement en produit infini

$$(1)\quad \begin{cases} \sin\pi x = \pi x\left(1-\frac{x}{1}\right)\left(1-\frac{x}{2}\right)\left(1-\frac{x}{3}\right)\ldots, \\ \qquad\qquad \left(1+\frac{x}{1}\right)\left(1+\frac{x}{2}\right)\left(1+\frac{x}{3}\right)\ldots, \end{cases}$$

qu'on peut considérer comme la limite, pour m infini, du polynome

$$\varphi(x) = x\left(1-\frac{x}{1}\right)\left(1-\frac{x}{2}\right)\ldots\left(1-\frac{x}{m}\right),$$
$$\left(1+\frac{x}{1}\right)\left(1+\frac{x}{2}\right)\ldots\left(1+\frac{x}{m}\right).$$

Or on voit tout de suite qu'on a

$$\varphi(x+1) = -\varphi(x)\frac{m+1+x}{m-x},$$

ce qui donne, en supposant m infini, $\varphi(x+1) = -\varphi(x)$, d'où l'on conclut $\sin(\pi x+\pi) = -\sin\pi x$, et en remplaçant πx par x, $\sin(x+\pi) = -\sin x$, et, par suite, $\sin(x+2\pi) = \sin x$.

Nous serons conduit à un second exemple, en prenant la dérivée logarithmique des deux membres de l'équation (1), savoir

$$\pi\cot\pi x = \frac{1}{x}+\frac{1}{x-1}+\frac{1}{x-2}+\frac{1}{x-3}+\ldots$$
$$+\frac{1}{x+1}+\frac{1}{x+2}+\frac{1}{x+3}+\ldots.$$

En changeant x en $x+1$, le second membre devient

$$\frac{1}{x+1}+\frac{1}{x}+\frac{1}{x-1}+\frac{1}{x-2}+\ldots$$
$$+\frac{1}{x+2}+\frac{1}{x+3}+\frac{1}{x+4}+\ldots,$$

et, par suite, se reproduit, car les fractions partielles n'ont fait que changer de place en s'avançant chacune d'un rang. C'est ici qu'on voit s'offrir par une généralisation facile la manière suivante de représenter une fonction ayant pour période une quantité quelconque, à savoir :

$$\varphi(x)\varphi(x-a)\varphi(x-2a)\varphi(x-3a)\ldots$$
$$\varphi(x+a)\varphi(x+2a)\varphi(x+3a)\ldots;$$

$$\varphi(x)+\varphi(x-a)+\varphi(x-2a)+\varphi(x-3a)+\ldots$$
$$+\varphi(x+a)+\varphi(x+2a)+\varphi(x+3a)+\ldots.$$

La condition de convergence du produit ou de la série infinie est seule à remplir, et, si l'on peut y satisfaire en choisissant pour $\varphi(x)$ une fonction qui soit elle-même périodique, on se trouve mené à l'expression d'une fonction à double période. Tel serait, par exemple, le développement

$$\frac{1}{\sin x}+\frac{1}{\sin(x-a)}+\frac{1}{\sin(x-2a)}+\frac{1}{\sin(x-3a)}+\ldots$$
$$+\frac{1}{\sin(x+a)}+\frac{1}{\sin(x+2a)}+\frac{1}{\sin(x+3a)}+\ldots,$$

qui s'offre précisément dans la théorie des fonctions elliptiques, et qu'on prouvera facilement être convergent lorsque la quantité a sera imaginaire. Si l'on supposait a réel, les termes successifs de la série ne tendant pas vers zéro, la divergence serait manifeste, ce qui s'accorde bien avec ce qui a été dit précédemment de l'impossibilité d'une fonction à deux périodes réelles.

Mais on peut ne pas employer l'intermédiaire d'une fonction déjà périodique, et parvenir à l'expression d'une série doublement périodique par ce développement doublement infini

$$\sum\varphi(x+ma+nb),$$

a et b désignant les périodes, m et n des nombres entiers variables auxquels on attribuera toutes les valeurs de $-\infty$ à $+\infty$. Et de même, au point de vue des produits infinis, une analogie immédiate conduit à envisager des expressions de la forme

$$\prod x\left(1+\frac{x}{ma+nb}\right),$$

m et n recevant encore toutes les valeurs entières, en n'exceptant que la combinaison $m = 0$, $n = 0$. Mais l'étude approfondie de ces expressions a révélé une circonstance importante autant que singulière. M. Cayley, dans un Mémoire sur les fonctions doublement périodiques publié dans le *Journal de M. Liouville*, t. X, a fait voir que leur valeur dépendait essentiellement de la loi suivant laquelle on fait croître simultanément jusqu'à l'infini les nombres m et n. Par exemple, on obtient une expression analytique parfaitement définie et déterminée, en admettant la condition que m et n soient les coordonnées d'un point contenu dans l'intérieur d'un cercle $x^2 + y^2 = R^2$ dont on augmente indéfiniment le rayon. Mais en remplaçant le cercle par une autre courbe, ce sera une autre fonction qui s'offrira à la limite, et au lieu de réaliser de la sorte des fonctions doublement périodiques, qui se reproduisent en changeant x en $x + a$ et $x + b$, on parvient à des fonctions qui se reproduisent multipliées par un facteur exponentiel. Ces fonctions présentent en effet l'élément analytique fondamental sur lequel repose, comme nous le verrons, toute la théorie des fonctions elliptiques. Mais on remarquera que la prévision fondée sur l'analogie des expressions

$$\prod x\left(1 + \frac{x}{m}\right),$$

$$\prod x\left(1 + \frac{x}{ma + nb}\right)$$

ne se trouve pas justifiée, et que les secondes ne sont pas précisément les fonctions à deux périodes, bien qu'elles en fournissent les éléments essentiels. Ne pouvant exposer dans toute leur étendue ces considérations délicates et intéressantes, nous allons toutefois en donner l'idée en nous bornant aux produits simplement infinis qui conduisent aux fonctions circulaires.

III. — *Sur l'expression* $\prod x\left(1 + \frac{x}{m}\right)$.

Le fait principal sur lequel nous voulons appeler l'attention consiste en ce que ce produit n'est périodique qu'autant qu'on l'envisage comme la limite déjà considérée, savoir :

$$x\left(1-\frac{x}{1}\right)\left(1-\frac{x}{2}\right)\cdots\left(1-\frac{x}{m}\right)$$
$$\left(1+\frac{x}{1}\right)\left(1+\frac{x}{2}\right)\cdots\left(1+\frac{x}{m}\right),$$

pour m infiniment grand. Faisons, en effet,

$$(1)\qquad \left\{\begin{aligned}\varphi(x)=x\left(1-\frac{x}{1}\right)\left(1-\frac{x}{2}\right)\cdots\left(1-\frac{x}{n}\right),\\ \left(1+\frac{x}{1}\right)\left(1+\frac{x}{2}\right)\cdots\left(1+\frac{x}{m}\right),\end{aligned}\right.$$

et concevons qu'on augmente indéfiniment m et n en posant la condition

$$m=\omega n,$$

ω désignant une constante désignée à l'avance; nous allons montrer que pour n infini la limite de $\varphi(x)$ dépend de ω, et n'est périodique qu'en supposant $\omega=1$.

Soit, pour abréger,

$$\sum\frac{1}{x-n}=\frac{1}{x}+\frac{1}{x-1}+\ldots+\frac{1}{x-n},$$
$$\sum\frac{1}{x+m}=\frac{1}{x+1}+\frac{1}{x+2}+\ldots+\frac{1}{x+m},$$

l'équation (1) donne, en prenant la dérivée logarithmique des deux membres,

$$(2)\qquad \frac{\varphi'(x)}{\varphi(x)}=\sum\frac{1}{x-n}+\sum\frac{1}{x+m}.$$

Or on a identiquement

$$\sum\frac{1}{x-n}=\sum\left(\frac{1}{x-n}+\frac{1}{n}\right)-\sum\frac{1}{n}=\sum\frac{x}{nx-n^2}-\sum\frac{1}{n},$$
$$\sum\frac{1}{x-m}=\sum\left(\frac{1}{x+m}-\frac{1}{m}\right)+\sum\frac{1}{m}=\sum\frac{-x}{mx+m^2}+\sum\frac{1}{m},$$

de sorte qu'en faisant encore

$$\lambda=\sum\frac{1}{m}-\sum\frac{1}{n},$$

on peut écrire

$$\frac{\varphi'(x)}{\varphi(x)} = \sum \frac{x}{nx - n^2} - \sum \frac{x}{mx + m^2} + \lambda,$$

et il s'agit d'obtenir la limite du second membre lorsque m et n croissent jusqu'à l'infini. Or les séries $\sum \frac{x}{nx - n^2}$, $\sum \frac{x}{mx + m^2}$ sont l'une et l'autre convergentes, ont séparément des sommes finies et donnent lieu par conséquent à des limites parfaitement déterminées, où la condition $m = \omega n$ ne peut jouer un rôle. Mais il n'en est plus de même à l'égard des séries $\sum \frac{1}{m}$, $\sum \frac{1}{n}$, dont les sommes croissent indéfiniment avec m et n, d'où résulte que λ se présente comme la différence indéterminée de deux infinis, et il s'agit d'en obtenir la valeur.

Nous représenterons à cet effet, par une intégrale définie, la série $\frac{1}{1} + \frac{1}{2} + \ldots + \frac{1}{m}$, en partant de la relation

$$\int_0^1 x^{\mu-1}\, dx = \frac{1}{\mu}.$$

On aura effectivement

$$\frac{1}{1} + \frac{1}{2} + \ldots + \frac{1}{m} = \int_0^1 dx(1 + x + \ldots + x^{m-1}) = \int_0^1 dx\, \frac{1 - x^m}{1 - x},$$

et il en résulte que la différence des deux séries semblables $\sum \frac{1}{m}$, $\sum \frac{1}{n}$ s'exprime par

$$\int_0^1 dx\, \frac{1 - x^m}{1 - x} - \int_0^1 dx\, \frac{1 - x^n}{1 - x} = \int_0^1 dx\, \frac{x^n - x^m}{1 - x},$$

et il s'agit de trouver ce que donne cette intégrale en posant $m = \omega n$, et faisant n infiniment grand. On y parvient aisément par cette transformation très simple

$$x = 1 - \frac{z}{n}.$$

On a, en effet,

$$\int_0^1 dx\, \frac{x^n - x^{\omega n}}{1 - x} = \int_n^0 dz\, \frac{\left(1 - \frac{z}{n}\right)^{\omega n} - \left(1 - \frac{z}{n}\right)^n}{z}$$

$$= \int_0^n dz\, \frac{\left(1 - \frac{z}{n}\right)^n - \left(1 - \frac{z}{n}\right)^{\omega n}}{z},$$

et, par conséquent, pour n infini, l'intégrale bien connue

$$\int_0^{\infty} dz \frac{e^{-z} - e^{-\omega z}}{z} = l\,\omega.$$

La quantité désignée par λ, ayant ainsi pour valeur $l\omega$, ne s'évanouit qu'en supposant $\omega = 1$, et, dans ce cas, l'équation (2) devient

$$\frac{\varphi'(x)}{\varphi(x)} = \frac{1}{x} + \frac{1}{x-1} + \frac{1}{x-2} + \ldots + \frac{1}{x-m}$$
$$+ \frac{1}{x+1} + \frac{1}{x+2} + \ldots + \frac{1}{x+m},$$

et il est visible qu'on peut remplacer les deux séries infinies par cette seule série convergente

$$\frac{\varphi'(x)}{\varphi(x)} = \frac{1}{x} + \frac{2x}{x^2-1} + \frac{2x}{x^2-4} + \ldots + \frac{2x}{x^2-m^2} + \ldots,$$

dont la somme est $\pi \cot \pi x$. Mais, en général, et en laissant entre m et n le rapport arbitraire ω, on aura

$$\frac{\varphi'(x)}{\varphi(x)} = \pi \cot \pi x + l\omega,$$

d'où

$$\int dx \frac{\varphi'(x)}{\varphi(x)} = l \sin \pi x + x l \omega + \text{const.},$$

et, par suite,

$$\varphi(x) = C e^{x/\omega} \sin \pi x,$$

C étant une constante.

Ce résultat met en évidence le genre particulier d'indétermination que comporte l'expression $\prod x\left(1 + \frac{x}{m}\right)$ et pourra servir à faire comprendre le fait analogue relatif au produit doublement infini $\prod x\left(1 + \frac{x}{am + bn}\right)$ dont la valeur générale s'obtient en multipliant par une exponentielle de la forme $e^{\alpha x^2 + \beta x + \gamma}$ une valeur particulière, déterminée en définissant par une courbe, comme nous l'avons dit plus haut, la loi suivant laquelle on associe les nombres entiers m et n, en les faisant croître indéfiniment. Mais, sous un point de vue plus général, on peut se demander s'il existe des fonctions uniformes et entières qui aient deux périodes.

Tel est l'objet de la proposition suivante due à M. Liouville, et dont l'illustre géomètre a fait la base d'une théorie complète des fonctions doublement périodiques ([1]).

IV. — *Proposition de M. Liouville.*

Elle consiste en ce que toute fonction uniforme $f(x)$, possédant deux périodes a et b, se réduit nécessairement à une constante si elle ne devient infinie pour aucune valeur de la variable. Partons en effet de l'expression suivante, de toute fonction entière, uniforme, ayant pour période a, savoir :

$$f(x) = \sum_{\infty}^{+\infty}{}_m A_m e^{2m\frac{i\pi x}{a}}.$$

La condition $f(x+b) = f(x)$ donnera l'égalité

$$\sum A_m e^{2m\frac{i\pi b}{a}} e^{2m\frac{i\pi x}{a}} = \sum A_m e^{2m\frac{i\pi x}{a}}$$

et, si l'on multiplie les deux membres par $e^{-2m\frac{i\pi x}{a}}$, on trouve, en intégrant entre les limites zéro et a,

$$A_m e^{2m\frac{i\pi b}{a}} = A_m.$$

On en conclut que A_m est nul, car en supposant imaginaire, ainsi qu'on le doit, le rapport des deux périodes $\frac{b}{a}$, on ne peut avoir $e^{2m\frac{i\pi b}{a}} = 1$ que pour la seule valeur $m = 0$. A_m devant être supposé nul pour toute valeur de m, sauf $m = 0$, on voit que $f(x)$ se réduit à la constante A_0.

Cette proposition, aussi simple qu'importante, nous fait voir que les fonctions à deux périodes seront nécessairement des transcendantes fractionnaires; elle rend compte *a priori* des singula-

([1]) On pourra consulter sur ce sujet l'Ouvrage de MM. Briot et Bouquet, intitulé : *Théorie des fonctions doublement périodiques et en particulier des fonctions elliptiques*, Paris, Mallet-Bachelier.

rités que présente la nature des produits doublement infinis

$$\prod x\left(1+\frac{x}{ma+nb}\right),$$

et montre l'impossibilité de donner pour origine aux fonctions à deux périodes l'expression plus générale

$$\varphi(x)\varphi(x-a)\varphi(x-2a)\varphi(x-3a)\ldots$$
$$\varphi(x+a)\varphi(x+2a)\varphi(x+3a)\ldots,$$

en prenant pour $\varphi(x)$ une fonction périodique entière. Mais ces expressions, si elles ne peuvent conduire aux fonctions à double période, nous amènent à celles qui leur servent de numérateur et de dénominateur, et c'est à ce moment qu'à proprement parler nous entrons dans l'étude des fonctions elliptiques.

Définition des fonctions $\Theta(x)$, $\mathrm{H}(x)$, leur expression en produits et en séries.

Rien n'est plus important ni plus digne d'intérêt que l'étude attentive des procédés par lesquels, en partant des notions antérieurement acquises, on parvient à la connaissance d'une fonction nouvelle qui devient l'origine d'un nouvel ordre de notions analytiques, et un traité complet sur le sujet qui nous occupe ne devrait omettre aucune des méthodes découvertes et suivies à l'égard des fonctions $\Theta(x)$ et $\mathrm{H}(x)$. Mais ici nous n'en indiquerons que deux, la première se liant naturellement à ce qui précède, et la seconde devant nous permettre de donner un aperçu sur les fonctions analogues, mais à plusieurs variables et d'un ordre plus élevé, qu'on nomme *fonctions abéliennes* ou *ultra-elliptiques*.

I. — *Première méthode.*

Nous adopterons désormais les notations employées par Jacobi dans l'immortel Ouvrage intitulé : *Fundamenta nova theoriæ functionum ellipticarum*, et nous représenterons les quantités qui serviront de périodes par K et iK', i désignant $\sqrt{-1}$. Cela posé, en désignant par $\varphi(x)$ une fonction entière ayant pour période $2K$, nous considérerons, au lieu des expressions

$$\varphi(x)\varphi(x-iK')\varphi(x-2iK')\ldots$$
$$\varphi(x+iK')\varphi(x+2iK')\ldots,$$

que nous savons ne pouvoir servir à la définition d'une fonction entièrement déterminée, la suivante :

$$\Phi(x)=\varphi(x+iK')\varphi(x+3iK')\varphi(x+5iK')\ldots$$
$$\varphi(-x+iK')\varphi(-x+3iK')\varphi(-x+5iK')\ldots.$$

On aura d'abord

$$\Phi(x+2K)=\Phi(x),$$

et l'on trouvera ensuite immédiatement

$$\Phi(x+2iK')=\Phi(x)\,\frac{\varphi(-x-iK')}{\varphi(x+iK')}.$$

On n'a donc pas ainsi une fonction doublement périodique, mais ce nouveau type d'expressions conduit, comme nous allons voir, à des fonctions parfaitement définies et déterminées.

Soit, par exemple, la fonction entière ayant $2K$ pour période

$$\varphi(x)=1-e^{\frac{i\pi x}{K}},$$

ce qui donnera

$$\frac{\varphi(-x-iK')}{\varphi(x+iK')}=-e^{-\frac{i\pi}{K}(x+iK')}.$$

En posant

$$q=e^{-\pi\frac{K'}{K}},$$

on trouvera

$$\varphi[x+(2m+1)iK']\varphi[-x+(2m+1)iK']$$
$$=1-2q^{2m+1}\cos\frac{\pi x}{K}+q^{4m+2},$$

et, par suite,

$$\Phi(x)=\left(1-2q\cos\frac{\pi x}{K}+q^2\right)$$
$$\times\left(1-2q^3\cos\frac{\pi x}{K}+q^6\right)\left(1-2q^5\cos\frac{\pi x}{K}+q^{10}\right)\ldots.$$

Or il suffit que le module de q soit inférieur à l'unité pour que ce produit représente une fonction complètement définie et déterminée, car la dérivée logarithmique donne cette série

$$\frac{\Phi'(x)}{\Phi(x)} = \frac{2\pi}{K}\sin\frac{\pi x}{K}$$
$$\times\left(\frac{q}{1-2q\cos\frac{\pi x}{K}+q^2}+\frac{q^3}{1-2q^3\cos\frac{\pi x}{K}+q^6}+\frac{q^5}{1-2q^5\cos\frac{\pi x}{K}+q^{10}}+\ldots\right),$$

qui, dans ce cas, est toujours convergente, quelle que soit la valeur réelle ou imaginaire de la variable x.

En introduisant en facteur une constante A, nous poserons avec Jacobi

$$\Theta(x) = A\Phi(x),$$

ou bien

$$\Theta\left(\frac{2Kx}{\pi}\right) = A(1-2q\cos 2x+q^2)$$
$$\times(1-2q^3\cos 2x+q^6)(1-2q^5\cos 2x+q^{10})\ldots.$$

C'est la première des fonctions que nous voulions définir; elle vérifie les relations

$$(1)\qquad \begin{cases} \Theta(x+2K) = \Theta(x), \\ \Theta(x+2iK') = -\Theta(x)\,e^{-\frac{i\pi}{K}(x+iK')}, \end{cases}$$

qui servent de base à la théorie.

En second lieu, soit

$$H(x) = -i\Theta(x+iK')\,e^{\frac{i\pi}{4K}(2x+iK')},$$

on trouve immédiatement les relations toutes semblables aux précédentes

$$(2)\qquad \begin{cases} H(x+2K) = -H(x), \\ H(x+2iK') = -H(x)\,e^{-\frac{i\pi}{K}(x+iK')}, \end{cases}$$

et, pour l'expression développée, la formule

$$H\left(\frac{2Kx}{\pi}\right) = A.2\sqrt[4]{q}\sin x(1-2q^2\cos 2x+q^4)$$
$$\times(1-2q^4\cos 2x+q^8)(1-2q^6\cos 2x+q^{12})\ldots.$$

C'est la seconde de nos fonctions fondamentales; en la divisant par la première, on obtient une fonction à double période, car, à cause des relations (1) et (2), le quotient $\frac{H(x)}{\Theta(x)}$ satisfait aux conditions

$$\frac{H(x+2K)}{\Theta(x+2K)} = -\frac{H(x)}{\Theta(x)},$$

$$\frac{H(x+4K)}{\Theta(x+4K)} = \frac{H(x)}{\Theta(x)},$$

$$\frac{H(x+2iK')}{\Theta(x+2iK')} = \frac{H(x)}{\Theta(x)}.$$

Faisons enfin

$$\Theta_1(x) = \Theta(x+K),$$
$$H_1(x) = H(x+K),$$

c'est-à-dire

$$\Theta_1\left(\frac{2Kx}{\pi}\right) = A(1+2q\cos 2x+q^2)$$
$$\times(1+2q^3\cos 2x+q^6)(1+2q^5\cos 2x+q^{10})\ldots,$$

$$H_1\left(\frac{2Kx}{\pi}\right) = A\,2\sqrt[4]{q}\cos x(1+2q^2\cos 2x+q^4)$$
$$\times(1+2q^4\cos 2x+q^8)(1+2q^6\cos 2x+q^{12})\ldots.$$

Ces deux nouvelles fonctions conduisent aux relations

$$(3)\qquad \begin{cases} \Theta_1(x+2K) = \Theta_1(x), \\ \Theta_1(x+2iK') = \Theta_1(x)\,e^{-\frac{i\pi}{K}(x+iK')}, \end{cases}$$

$$(4)\qquad \begin{cases} H_1(x+2K) = -H_1(x), \\ H_1(x+2iK') = H_1(x)\,e^{-\frac{i\pi}{K}(x+iK')}, \end{cases}$$

de sorte que les quotients $\frac{H_1(x)}{\Theta(x)}$, $\frac{\Theta_1(x)}{\Theta(x)}$ seront encore des fonctions à double période qui se lient chacune à la précédente à peu près comme le sinus au cosinus, et complètent le système des trois nouvelles transcendantes dont l'étude constitue la théorie des fonctions elliptiques. Nous allons les retrouver sous une forme analytique différente, qui les rattache aux transcendantes ultra-elliptiques à plusieurs variables et à périodicité multiple. Mais cette première méthode a l'avantage de donner immédiatement les racines en nombre infini des équations transcendantes qu'on obtient en égalant à zéro chacune de ces fonctions, savoir :

$$\left\{\begin{array}{ll} \Theta\ (x) = 0, & x = 2mK + (2m'+1)iK', \\ H\ (x) = 0, & x = 2mK + 2m'iK', \\ \Theta_1(x) = 0, & x = (2m+1)K + (2m'+1)iK', \\ H_1(x) = 0, & x = (2m+1)K + 2m'iK', \end{array}\right.$$

m et m' désignant des nombres entiers quelconques. Aux diverses relations fondamentales que nous venons de donner, nous joindrons encore celles-ci, dont il est souvent fait usage,

$$\left\{\begin{array}{l} \Theta\ (x + iK') = iH(x)e^{-\frac{i\pi}{4K}(2x+iK')}, \\ H\ (x + iK') = i\Theta\ (x)e^{-\frac{i\pi}{4K}(2x+iK')}, \\ \Theta_1\ (x + iK') = H_1(x)e^{-\frac{i\pi}{4K}(2x+iK')}, \\ H_1(x + iK') = \Theta_1\ (x)e^{-\frac{i\pi}{4K}(2x+iK')}. \end{array}\right.$$

Enfin nous remarquerons que ces fonctions ne changent point en y remplaçant x par λx, K et K' par λK et λK', de sorte qu'on peut particulariser l'une des périodes, prendre par exemple $K = 1$, car, de ce cas spécial, on reviendra immédiatement à nos expressions générales. Mais c'est une particularisation différente de celle-là que nous aurons à mettre en usage, et dont nous parlerons lorsqu'elle viendra naturellement s'offrir.

II. — *Deuxième méthode.*

La proposition de M. Liouville consistant en ce qu'une fonction uniforme entière $\sum A_m e^{2m\frac{i\pi x}{a}}$, qui admet la période a, ne peut, sans se réduire à une constante, admettre une autre période b, conduit naturellement à rechercher l'expression analytique des fonctions à double période sous la forme fractionnaire

$$\frac{\sum A_m e^{2m\frac{i\pi x}{a}}}{\sum B_m e^{2m\frac{i\pi x}{a}}}.$$

Essayons, d'après cela, de déterminer A_m et B_m par la condition

$$\frac{\sum A_m e^{2m\frac{i\pi x}{a}}}{\sum B_m e^{2m\frac{i\pi x}{a}}} = \frac{\sum A_m e^{2m\frac{i\pi}{a}(x+b)}}{\sum B_m e^{2m\frac{i\pi}{a}(x+b)}},$$

b désignant la seconde période. Faisant, pour abréger,

$$q = e^{i\pi\frac{b}{a}},$$

il viendra, en chassant les dénominateurs,

$$\sum A_m e^{2m\frac{i\pi x}{a}} \sum B_m e^{2m\frac{i\pi}{a}(x+b)} = \sum B_m e^{2m\frac{i\pi x}{a}} \sum A_m e^{2m\frac{i\pi}{a}(x+b)},$$

et dans cette nouvelle égalité les coefficients d'une même exponentielle $e^{2\mu\frac{i\pi x}{a}}$ devront être égaux. Or on reconnaît immédiatement que ces coefficients seront les séries

$$\sum_m^{+\infty}{}_{-\infty} A_{\mu-m} B_m q^{2m} \quad \text{et} \quad \sum_m^{+\infty}{}_{-\infty} A_{\mu-m} B_m q^{2(\mu-m)},$$

de sorte qu'en mettant pour un instant n au lieu de m pour indice dans le terme général de la seconde, on sera conduit à cette égalité, qui devra avoir lieu quel que soit μ :

$$\sum_{m=-\infty}^{+\infty} A_{\mu-m} B_m q^{2m} = \sum_{n=-\infty}^{+\infty} A_{\mu-n} B_n q^{2(\mu-n)}.$$

Il pourra sembler difficile de tirer de là les fonctions inconnues A_m et B_m dans toute leur généralité; aussi nous bornerons-nous à chercher cette solution qui s'offre d'elle-même, et qui consiste à obtenir l'égalité des séries en les rendant identiques. Nous poserons donc

$$A_{\mu-m} B_m q^{2m} = A_{\mu-n} B_n q^{2(\mu-n)},$$

et nous imaginerons que n soit exprimé en fonction de m, de manière que ces deux quantités puissent représenter en même temps la série complète des nombres entiers. C'est ce qu'on obtiendra en faisant

$$n = m + k,$$

k étant entier, et après avoir écrit l'égalité précédente sous la forme

$$\frac{A_{\mu-m}}{q^{2(\mu-n)} A_{\mu-n}} = \frac{B_n}{q^{2m} B_m},$$

on trouvera ainsi

$$\frac{A_{\mu-m}}{q^{2(\mu-m-k)} A_{\mu-m-k}} = \frac{B_{m+k}}{q^{2m} B_m}.$$

Mais devant satisfaire, quel que soit μ, à cette condition, on pourra poser

$$\mu - m - k = m',$$

m' étant entièrement indépendant de m, ce qui donnera

$$\frac{A_{m'+k}}{q^{2m'} A_{m'}} = \frac{B_{m+k}}{q^{2m} B_m},$$

d'où l'on voit que chaque membre est une quantité constante. Ainsi les fonctions inconnues A_m et B_m sont deux solutions de cette même équation aux différences finies

$$\frac{z_{m+k}}{q^{2m} z_m} = \text{const.},$$

dont l'intégrale générale est

$$z_m = q^{\frac{m^2}{k} + \alpha m} u_m,$$

α dépendant de la constante du second membre, et u_m devant vérifier la condition

$$u_{m+k} = u_m.$$

Cette quantité α peut être particularisée, comme on le voit, sans restreindre la généralité du résultat, car il suffira pour la retrouver de changer dans la fonction x en $x + \beta$; nous la supposerons égale à zéro, et nous prendrons pour A_m et B_m les valeurs suivantes :

$$A_m = a_m q^{\frac{m^2}{k}},$$

$$B_m = b_m q^{\frac{m^2}{k}},$$

les quantités a_m et b_m vérifiant les conditions

$$a_{m+k} = a_m, \qquad b_{m+k} = b_m.$$

Ainsi en faisant

$$\Phi(x) = \sum_{-\infty}^{+\infty} {}_m\, a_m \mathfrak{q}^{\frac{m^2}{k}} e^{2m\frac{i\pi x}{a}},$$

$$\Pi(x) = \sum_{-\infty}^{+\infty} {}_m\, b_m \mathfrak{q}^{\frac{m^2}{k}} e^{2m\frac{i\pi x}{a}},$$

le quotient $\frac{\Phi(x)}{\Pi(x)}$ sera l'expression d'une fonction doublement périodique, donnée par notre analyse, et il s'agit maintenant d'étudier de plus près ces séries remarquables auxquelles nous sommes conduit pour le numérateur et le dénominateur.

En premier lieu et relativement à la convergence, si l'on suppose, comme nous l'avons fait déjà, le module de $\mathfrak{q}$ inférieur à l'unité, le nombre entier k qui demeure arbitraire devra évidemment être pris positif; mais, cette condition admise, les deux séries considérées comme procédant suivant les puissances quadratiques de $\mathfrak{q}$ présenteront pour toutes les valeurs réelles ou imaginaires de la variable la convergence la plus rapide, et dont aucun exemple n'avait encore été donné en Analyse. En second lieu et pour saisir de quelle manière se réalise la double périodicité dans le quotient, changeons x en $x + b$, par exemple, dans le numérateur. On trouvera

$$\Phi(x + b) = \sum a_m \mathfrak{q}^{\frac{m^2}{k}} e^{2m\frac{i\pi}{a}(x+b)},$$

ou bien

$$\Phi(x + b) = \sum a_m \mathfrak{q}^{\frac{m^2}{k}+2m} e^{2m\frac{i\pi x}{a}},$$

en ayant égard à la valeur de $\mathfrak{q} = e^{\frac{i\pi b}{a}}$. Mais dans le terme général il est permis de remplacer m par $m - k$, puisque l'indice doit recevoir toutes les valeurs entières $-\infty$ à $+\infty$; on trouve ainsi et en faisant $a_{m-k} = a_m$,

$$\begin{aligned}
\Phi(x + b) &= \sum a_m \mathfrak{q}^{\frac{(m-k)^2}{k}+2(m-k)} e^{2(m-k)\frac{i\pi x}{a}} \\
&= \sum a_m \mathfrak{q}^{\frac{m^2}{k}-k} e^{2(m-k)\frac{i\pi x}{a}} \\
&= \mathfrak{q}^{-k} e^{-2k\frac{i\pi x}{a}} \sum a_m \mathfrak{q}^{\frac{m^2}{k}} e^{2m\frac{i\pi x}{a}},
\end{aligned}$$

de sorte que la série primitive $\Phi(x)$ se reproduit en facteur. Nous écrirons cette relation fondamentale sous la forme suivante :

$$\Phi(x+b)=\Phi(x)\,e^{-k\frac{i\pi}{a}(2x+b)},$$

et en observant qu'elle a été obtenue sans rien supposer sur les coefficients arbitraires a_m, nous y joindrons celle-ci :

$$\Pi(x+b)=\Pi(x)\,e^{-k\frac{i\pi}{a}(2x+b)}.$$

Par là se manifeste de la manière la plus claire à quoi tient la double périodicité du quotient des deux fonctions $\Phi(x)$ et $\Pi(x)$. Chacune d'elles admet la période a, et, lorsqu'on y change x en $x+b$, elles ne font qu'acquérir un même facteur exponentiel qui disparaît par la division ([1]).

Bientôt on verra le rôle important que joue le nombre entier k qui introduit au numérateur et au dénominateur k constantes arbitraires d'après les relations

$$a_{m+k}=a_m, \qquad b_{m+k}=b_m.$$

Mais nous devons dès à présent remarquer qu'il est impossible de satisfaire aux conditions

$$\Phi(x+a)=\Phi(x),$$
$$\Phi(x+b)=\Phi(x)\,e^{-k\frac{i\pi}{a}(2x+b)},$$

par d'autres fonctions *uniformes entières*, que par la série précédente. Qu'on fasse, en effet, pour se placer dans cette hypothèse en vérifiant la première de ces conditions,

$$\Phi(x)=\sum A_m\,e^{2m\frac{i\pi x}{a}},$$

([1]) Dans le cas où k est un nombre pair, on remarquera la relation suivante. Faisons

$$\Phi_0(x)=\sum a_{m+\frac{1}{2}k}\,q^{\frac{m^2}{k}}\,e^{2m\frac{i\pi x}{a}},$$

fonction qui ne diffère de $\Phi(x)$ qu'en ce que les constantes arbitraires a_m sont disposées dans un autre ordre; on aura

$$\Phi\left(x+\frac{b}{2}\right)=\Phi_0(x)\,e^{-\frac{ki\pi}{2a}(2x+b)}.$$

ou plutôt

$$\Phi(x) = \sum a_m q^{\frac{m^2}{k}} e^{2m\frac{i\pi x}{a}},$$

il viendra, en substituant dans la seconde égalité et en comparant les coefficients d'une même exponentielle, $a_{m+k} = a_m$. Avant d'aller plus loin, nous nous proposerons dans une courte digression de dire quelques mots d'une généralisation aussi remarquable qu'importante des séries que nous venons de rencontrer.

III. — *Aperçu sur les fonctions de plusieurs variables à périodicité multiple.*

Une fonction $f(x_1, x_2, \ldots, x_n)$ de n variables peut être périodique non seulement par rapport à chaque variable considérée isolément, mais par rapport à leur ensemble, lorsqu'elle vérifie une condition de cette forme

$$f(x_1 + a_1, x_2 + a_2, \ldots, x_n + a_n) = f(x_1, x_2, \ldots, x_n).$$

Sous ce point de vue plus général, on a d'abord cette proposition qu'une fonction uniforme de n variables ne peut admettre plus de $2n$ périodes simultanées [1]. Mais il est extrêmement remarquable et c'est à M. le Dr Riemann, de Göttingue, qu'on doit cette belle découverte analytique, qu'à l'égard des fonctions uniformes ou bien déterminées, les $2n$ périodes simultanées ne peuvent être des quantités données *a priori*, et indépendantes les unes des autres. Qu'on forme, en effet, avec n périodes simultanées convenablement choisies :

$$\begin{array}{cccc} a_1, & a_2, & \ldots, & a_n, \\ b_1, & b_2, & \ldots, & b_n, \\ \ldots & \ldots & \ldots, & \ldots, \\ g_1, & g_2, & \ldots, & g_n, \end{array}$$

les n fonctions linéaires

$$\begin{aligned} X_1 &= a_1 x_1 + b_1 x_2 + \ldots + g_1 x_n, \\ X_2 &= a_2 x_1 + b_2 x_2 + \ldots + g_2 x_n, \\ &\ldots\ldots\ldots\ldots\ldots\ldots\ldots\ldots, \\ X_n &= a_n x_1 + b_n x_2 + \ldots + g_n x_n. \end{aligned}$$

(1) Si elle est entière, elle n'en peut admettre plus de n.

En posant

$$f(X_1, X_2, \ldots, X_n) = F(x_1, x_2, \ldots, x_n),$$

on aura une fonction transformée simplement périodique par rapport à chaque variable, mais qui conservera n autres périodes simultanées, et c'est à leur égard que se manifeste dans toute sa simplicité la relation que nous voulons énoncer. Représentons-les par

$$\begin{array}{llll} A_1, & A_2, & \ldots, & A_n, \\ B_1, & B_2, & \ldots, & B_n, \\ \ldots & \ldots & \ldots, & \ldots, \\ G_1, & G_2, & \ldots, & G_n. \end{array}$$

La proposition de M. Riemann consiste en ce que les termes de ce Tableau qui sont placés symétriquement par rapport à la diagonale $A_1, B_2, \ldots, G_n$ sont égaux entre eux, ou, ce qui revient au même, en ce que les fonctions linéaires

$$\begin{array}{l} A_1 x_1 + A_2 x_2 + \ldots + A_n x_n, \\ B_1 x_1 + B_2 x_2 + \ldots + B_n x_n, \\ \ldots\ldots\ldots\ldots\ldots\ldots\ldots\ldots, \\ G_1 x_1 + G_2 x_2 + \ldots + G_n x_n \end{array}$$

sont les dérivées partielles d'une même forme quadratique à n indéterminées.

Voici maintenant la généralisation des séries relatives aux fonctions à double période, et qui donnent l'expression analytique des fonctions analogues à n variables et $2n$ périodes simultanées.

Représentons la forme quadratique dont il vient d'être question par $\varphi(x_1, x_2, \ldots, x_n)$ et posons

$$\Phi(x_1, x_2, \ldots, x_n) = \sum a_{m_1, m_2, \ldots} e^{2i\pi(m_1 x_1 + m_2 x_2 + \ldots) + \frac{i\pi}{k}\varphi(m_1, m_2 \ldots)},$$

le signe $\sum$ s'étendant à toutes les valeurs entières de $-\infty$ à $+\infty$ des n indices $m_1, m_2, \ldots, m_n$, et le coefficient constant $a_{m_1, m_2, \ldots, m_n}$ étant assujetti à la condition de reprendre la même valeur lorsqu'on augmente du nombre entier k l'un quelconque des indices. Cette fonction est évidemment périodique à l'égard de chacune des variables considérée séparément, et voici la propriété fondamentale qui la rattache aux séries elliptiques.

Désignons par $a_1, a_2, \ldots, a_n$, n nombres entiers arbitraires, on aura

$$\Phi\left(x_1 + \frac{1}{2}\frac{d\varphi}{da_1},\ x_2 + \frac{1}{2}\frac{d\varphi}{da_2},\ \ldots,\ x_n + \frac{1}{2}\frac{d\varphi}{da_n}\right)$$
$$= \Phi(x_1, x_2, \ldots, x_n)\, e^{-ki\pi[2a_1x_1 + 2a_2x_2 + \ldots + \varphi(a_1, a_2, \ldots)]}.$$

Cette relation ne contenant pas les constantes $a_{m_1, m_2, \ldots, m_n}$, une autre série $\Pi(x_1, x_2, \ldots, x_n)$, où ces constantes auront des déterminations différentes, donnera de même

$$\Pi\left(x_1 + \frac{1}{2}\frac{d\varphi}{da_1},\ x_2 + \frac{1}{2}\frac{d\varphi}{da_2},\ \ldots,\ x_n + \frac{1}{2}\frac{d\varphi}{da_n}\right)$$
$$= \Pi(x_1, x_2, \ldots, x_n)\, e^{-ki\pi[2a_1x_1 + 2a_2x_2 + \ldots + \varphi(a_1, a_2, \ldots)]}.$$

Il en résulte que le quotient $\dfrac{\Phi(x_1, x_2, \ldots, x_n)}{\Pi(x_1, x_2, \ldots, x_n)}$ représentera une fonction de n variables à $2n$ périodes, n d'entre elles égales à l'unité et appartenant séparément à chaque variable, les n autres étant les termes du Tableau dont on a déduit la forme quadratique $\varphi(x_1, x_2, \ldots, x_n)$. Elles résultent effectivement des égalités précédentes, en y supposant successivement nuls, sauf un seul qu'on prendra égal à l'unité, les nombres entiers $a_1, a_2, \ldots, a_n$. Nous voyons aussi figurer dans les séries un entier k dont dépend le nombre des constantes arbitraires qu'elles renferment; or ce nombre sera limité et fini, lorsque la condition suivante, dont la découverte appartient encore à M. Riemann, sera remplie.

Soit

$$\begin{matrix} p_1, & p_2, & \ldots, & p_n, \\ q_1, & q_2, & \ldots, & q_n, \\ \ldots & \ldots & \ldots, & \ldots, \\ s_1, & s_2, & \ldots, & s_n, \end{matrix}$$

un système de n^2 constantes arbitraires, il sera nécessaire et suffisant que les fonctions

$$\begin{matrix} f(x_1 + p_1,\ x_2 + p_2,\ \ldots,\ x_n + p_n), \\ f(x_1 + q_1,\ x_2 + q_2,\ \ldots,\ x_n + q_n), \\ \ldots\ldots\ldots\ldots\ldots\ldots\ldots\ldots\ldots, \\ f(x_1 + s_1,\ x_2 + s_2,\ \ldots,\ x_n + s_n), \end{matrix}$$

égalées à zéro ou à l'infini, n'admettent qu'un nombre fini et limité de solutions qu'on ne puisse réduire les unes aux autres en ayant égard aux périodes.

C'est à Göpel et à M. Rosenhain qu'est due la première notion des séries dont nous venons de parler, et leur application dans le cas de deux variables, à l'expression des fonctions inverses des intégrales de radicaux carrés de polynomes du cinquième ou du sixième degré. M. Weierstrass, dépassant de beaucoup les résultats obtenus par ces deux illustres analystes, résolut dans toute sa généralité à l'aide des mêmes séries le problème de l'inversion des intégrales de radicaux carrés de polynomes de degré quelconque. Après lui, en suivant une voie toute différente, M. Riemann parvint aux mêmes résultats, et c'est dans le champ plus vaste encore des transcendantes à différentielles algébriques quelconques que ces deux grands Géomètres se rencontrèrent en obtenant en même temps la solution du problème si général de l'inversion des intégrales de fonctions algébriques quelconques, l'une des plus belles et des plus importantes questions qui se soient jamais offertes en Analyse.

IV. — *Comparaison entre les expressions sous forme de produits infinis et de séries des fonctions* Θ *et* H.

Nous venons, dans un rapide aperçu, de montrer le lien et l'analogie des séries qui donnent l'expression des fonctions doublement périodiques à une seule variable, et de celles qui conduisent aux transcendantes abéliennes les plus générales. Mais le cas le plus simple dont nous allons nous occuper exclusivement est le seul où ait lieu une décomposition en facteurs que ne comportent aucunement les cas les plus généraux où les séries renferment deux ou un plus grand nombre de variables. Le rapprochement de ces deux genres d'expressions se présente de lui-même, et résulte de ces relations qui ont été précédemment données et que nous réunissons ici :

$$\Theta(x+2K) = \Theta(x), \qquad \Theta(x+2iK') = -\Theta(x)e^{-\frac{i\pi}{K}(x+iK')},$$

$$H(x+2K) = -H(x), \qquad H(x+2iK') = -H(x)e^{-\frac{i\pi}{K}(x+iK')},$$

$$\Theta_1(x+2K) = \Theta_1(x), \qquad \Theta_1(x+2iK') = \Theta_1(x)e^{-\frac{i\pi}{K}(x+iK')},$$

$$H_1(x+2K) = -H_1(x), \qquad H_1(x+2iK') = H_1(x)e^{-\frac{i\pi}{K}(x+iK')}.$$

Comme on a évidemment

$$\Theta(x+4\mathrm{K})=\Theta(x), \qquad \mathrm{H}(x+4\mathrm{K})=\mathrm{H}(x),$$

on voit que les fonctions $\Theta(x)$ et $\mathrm{H}(x)$ satisfont toutes deux à ces conditions

$$\begin{aligned}\Phi(x+4\mathrm{K}) &= \Phi(x),\\ \Phi(x+2i\mathrm{K}') &= -\Phi(x)\,e^{-\frac{i\pi}{\mathrm{K}}(x+i\mathrm{K}')},\end{aligned}$$

et les fonctions $\Theta_1(x)$ et $\mathrm{H}_1(x)$ à celles-ci, pour une raison semblable,

$$\begin{aligned}\Phi(x+4\mathrm{K}) &= \Phi(x),\\ \Phi(x+2i\mathrm{K}') &= \Phi(x)\,e^{-\frac{i\pi}{\mathrm{K}}(x+i\mathrm{K}')}.\end{aligned}$$

Mais ce sont précisément celles que vérifie l'expression générale

$$\Phi(x)=\sum a_m q^{\frac{m^2}{k}} e^{2m\frac{i\pi x}{a}},$$

lorsqu'en supposant le nombre k égal à 2, on prend pour périodes

$$\begin{aligned}a &= 4\mathrm{K},\\ b &= 2i\mathrm{K}'.\end{aligned}$$

Les constantes a_m se réduisent alors à deux, a_0 et a_1, et, comme elles suffisent, ainsi que nous l'avons établi, à représenter la solution de ces équations la plus générale par des fonctions entières, en leur attribuant des valeurs convenables, les fonctions $\Theta_1(x)$ et $\mathrm{H}_1(x)$ seront données par la série

$$\sum a_m q^{\frac{m^2}{2}} e^{2m\frac{i\pi x}{a}} = a_0\sum_{-\infty}^{+\infty}{}_m\, q^{m^2} e^{m\frac{i\pi x}{\mathrm{K}}} + a_1\sum_{-\infty}^{+\infty}{}_m\, q^{\frac{(2m+1)^2}{4}} e^{(2m+1)\frac{i\pi x}{2\mathrm{K}}}.$$

Cette détermination résulte d'ailleurs immédiatement des conditions

$$\begin{aligned}\Theta_1(x+2\mathrm{K}) &= \Theta_1(x),\\ \mathrm{H}_1(x+2\mathrm{K}) &= -\mathrm{H}_1(x);\end{aligned}$$

on remarque en effet que les séries qui multiplient a_0 et a_1 vérifient respectivement la première et la seconde, de sorte qu'on aura

$$\alpha\Theta_1(x) = \sum_{-\infty}^{+\infty}{}_m\, q^{m^2} e^{2m\frac{i\pi x}{4K}},$$

$$\beta H_1(x) = \sum_{-\infty}^{+\infty}{}_m\, q^{\frac{(2m+1)^2}{4}} e^{(2m+1)\frac{i\pi x}{2K}},$$

en désignant par α et β des quantités constantes. Si l'on remplace les exponentielles par les lignes trigonométriques et la variable x par $\frac{2Kx}{\pi}$, on obtiendra ces développements remarquables

$$\alpha\Theta_1\left(\frac{2Kx}{\pi}\right) = 1 + 2q\cos 2x + 2q^4\cos 4x + 2q^9\cos 6x + \ldots,$$

$$\beta H_1'\left(\frac{2Kx}{\pi}\right) = 2\sqrt[4]{q}\cos x + 2\sqrt[4]{q^9}\cos 3x + 2\sqrt[4]{q^{25}}\cos 5x + \ldots.$$

En y remplaçant x par $x + \frac{\pi}{2}$, on en déduira

$$\alpha\Theta\left(\frac{2Kx}{\pi}\right) = 1 - 2q\cos 2x + 2q^4\cos 4x - 2q^9\cos 6x + \ldots,$$

$$\beta H\left(\frac{2Kx}{\pi}\right) = 2\sqrt[4]{q}\sin x - 2\sqrt[4]{q^9}\sin 3x + 2\sqrt[4]{q^{25}}\sin 5x - \ldots.$$

D'ailleurs, en ayant égard à la relation

$$\Theta_1(x + iK') = H_1(x)\, e^{-\frac{i\pi}{4K}(2x+iK')},$$

on trouvera que les deux constantes α et β sont égales entre elles. Voici donc entre les séries et les produits infinis des relations d'identité extrêmement dignes d'intérêt, et auxquelles bien d'autres méthodes pourraient conduire. Jacobi, le premier auteur de leur découverte, et M. Cauchy, en ont donné plusieurs qui sont tout à fait élémentaires, mais c'est surtout la suivante qui appartient à M. Cauchy, et présente ce caractère ainsi qu'on va le voir.

Considérons avec l'illustre Géomètre le polynome entier et fini

$$\varphi(z) = (1+z)(1+qz)(1+q^2z)\ldots(1+q^{n-1}z)$$
$$= 1 + A_1 z + A_2 z^2 + \ldots + A_n z^n.$$

La relation identique

$$(1+z)\varphi(qz) = (1+q^n z)\varphi(z)$$

donne cette suite d'égalités

$$\begin{aligned}
A_1(1-q) &= 1-q^n,\\
A_2(1-q^2) &= A_1(q-q^n),\\
A_3(1-q^3) &= A_2(q^2-q^n),\\
&\ldots\ldots\ldots\ldots\ldots,
\end{aligned}$$

d'où l'on déduit immédiatement

$$A_i = q^{\frac{i(i-1)}{2}}\frac{(1-q^n)(1-q^{n-1})\ldots(1-q^{n-i+1})}{(1-q)(1-q^2)\ldots(1-q^i)}.$$

Cela posé, nommons un instant $\Phi(z)$ ce que devient $\varphi(z)$ en y remplaçant q par q^2, n par $2n$ et z par $\frac{z}{q^{2n-1}}\cdot$ Si l'on fait

$$\Phi(z) = 1 + \mathfrak{a}_1 z + \mathfrak{a}_2 z^2 + \ldots + \mathfrak{a}_{2n} z^{2n},$$

on trouvera aisément $\mathfrak{a}_i$ au moyen de A_i, et, en introduisant $n+i$ pour indice, on aura cette expression

$$\mathfrak{a}_{n+i} = q^{i^2-n^2}\frac{(1-q^{4n})(1-q^{4n-2})\ldots(1-q^{2n-2i+2})}{(1-q^2)(1-q^4)\ldots(1-q^{2n+2i})}.$$

Le nombre entier i doit être regardé comme recevant toutes les valeurs de $-n$ à $+n$, mais on peut se borner par exemple aux valeurs positives, car on vérifie sans peine la relation

$$\mathfrak{a}_{n-i} = \mathfrak{a}_{n+i},$$

il en résulte pour $\Phi(z)$ cette forme

$$\begin{aligned}
\Phi(z) = \mathfrak{a}_n z^n &+ \mathfrak{a}_{n+1}(z^{n-1} + z^{n+1})\\
&+ \mathfrak{a}_{n+2}(z^{n-2} + z^{n+2}) + \ldots + \mathfrak{a}_{2n}(1 + z^{2n}),
\end{aligned}$$

ou encore

$$\Phi(z) = \mathfrak{a}_n z^n \left[1 + \frac{\mathfrak{a}_{n+1}}{\mathfrak{a}_n}(z + z^{-1}) + \frac{\mathfrak{a}_{n+2}}{\mathfrak{a}_n}(z^2 + z^{-2}) + \ldots\right].$$

Mais revenons à la valeur de $\Phi(z)$ sous forme de produit, et observons d'abord qu'en remplaçant q par q^2 et n par $2n$ dans $\varphi(z)$, il vient

$$\begin{aligned}
&(1+z)(1+q^2 z)(1+q^4 z)\ldots(1+q^{4n-2}z)\\
&\quad = [(1+z)(1+q^2 z)\ldots(1+q^{2n}z)][(1+q^{2n+2}z)(1+q^{2n+4}z)\ldots(1+q^{4n-2}z)],
\end{aligned}$$

de sorte qu'en mettant en dernier lieu $\frac{z}{q^{2n-1}}$ au lieu de z, on trouvera

$$\Phi(z) = \left[\left(1+\frac{z}{q^{2n-1}}\right)\left(1+\frac{z}{q^{2n-3}}\right)\cdots\left(1+\frac{z}{q}\right)\right] \times [(1+qz)(1+q^3z)\ldots(1+q^{2n-1}z)].$$

Or on peut écrire autrement les facteurs du premier produit, en remarquant que

$$1+\frac{z}{q} = \frac{z}{q}\left(1+\frac{q}{z}\right),$$
$$1+\frac{z}{q^3} = \frac{z}{q^3}\left(1+\frac{q^3}{z}\right),$$
$$1+\frac{z}{q^5} = \frac{z}{q^5}\left(1+\frac{q^5}{z}\right),$$
$$\ldots\ldots\ldots\ldots\ldots\ldots,$$

cela donne pour $\Phi(z)$ cette nouvelle valeur

$$\Phi(z) = \frac{z^n}{q^{n^2}}\left(1+\frac{q}{z}\right)\left(1+\frac{q^3}{z}\right)\cdots\left(1+\frac{q^{2n-1}}{z}\right) \times (1+qz)(1+q^3z)\ldots(1+q^{2n-1}z).$$

Telle est la forme définitive du produit de facteurs dont nous avons le développement suivant les puissances de z. En faisant, pour abréger,

$$\mathfrak{a}_n = \frac{\mathfrak{A}_n}{q^{n^2}}, \qquad \frac{\mathfrak{a}_{n+i}}{\mathfrak{a}_n} = \mathfrak{a}_i q^{i^2},$$

c'est-à-dire

$$\mathfrak{A}_n = \frac{(1-q^{4n})(1-q^{4n-2})\ldots(1-q^{2n+2})}{(1-q^2)(1-q^4)\ldots(1-q^{2n})},$$
$$\mathfrak{a}_i = \frac{(1-q^{2n})(1-q^{2n-2})\ldots(1-q^{2n-2i+2})}{(1-q^{2n+2})(1-q^{2n+4})\ldots(1-q^{2n+2i})},$$

l'identité algébrique que nous venons d'obtenir s'écrira ainsi

$$\left(1+\frac{q}{z}\right)\left(1+\frac{q^3}{z}\right)\cdots\left(1+\frac{q^{2n-1}}{z}\right)$$
$$(1+qz)(1+q^3z)\ldots(1+q^{2n-1}z)$$
$$= \mathfrak{A}_n[1+\mathfrak{a}_1 q(z+z^{-1})+\mathfrak{a}_2 q^4(z^2+z^{-2})+\ldots+\mathfrak{a}_n q^{n^2}(z^n+z^{-n})],$$

et par suite, en faisant $z = e^{2ix}$,

$$(1+2q\cos 2x+q^2)(1+2q^3\cos 2x+q^6)\ldots(1+2q^{2n-1}\cos 2x+q^{4n-2})$$
$$= \mathfrak{A}_n(1+2\mathfrak{a}_1 q\cos 2x+2\mathfrak{a}_2 q^4\cos 4x+\ldots+2\mathfrak{a}_n q^{n^2}\cos 2nx).$$

Or on a pour n infini

$$\mathfrak{A}_n = \frac{1}{(1-q^2)(1-q^4)(1-q^6)(1-q^8)\ldots},$$
$$a_i = 1,$$

et l'identité algébrique fournit l'importante propriété de la transcendante $\Theta_1(x)$, exprimée par la relation

$$(1+2q\cos 2x+q^2)(1+2q^3\cos 2x+q^6)(1+2q^5\cos 2x+q^{10})\ldots$$
$$= \frac{1+2q\cos 2x+2q^4\cos 4x+2q^9\cos 6x+\ldots}{(1-q^2)(1-q^4)(1-q^6)\ldots}.$$

Ce résultat nous conduit à préciser complètement la définition première que nous avons donnée des quatre fonctions $\Theta(x)$, $\mathrm{H}(x)$, $\Theta_1(x)$, $\mathrm{H}_1(x)$, en les représentant par un produit de facteurs affecté d'un coefficient A resté jusqu'ici arbitraire. Nous ferons désormais

$$\mathrm{A} = (1-q^2)(1-q^4)(1-q^6)(1-q^8)\ldots,$$

et nous aurons de la sorte

$$\Theta_1\left(\frac{2\mathrm{K}x}{\pi}\right) = 1+2q\cos 2x+2q^4\cos 4x+2q^9\cos 6x+\ldots.$$

En partant de là et à l'aide de la relation

$$\Theta_1(x+i\mathrm{K}') = \mathrm{H}_1(x)\,e^{-\frac{i\pi}{4\mathrm{K}}(2x+i\mathrm{K}')},$$

on aura ensuite

$$\mathrm{H}_1\left(\frac{2\mathrm{K}x}{\pi}\right) = 2\sqrt[4]{q}\cos x+2\sqrt[4]{q^9}\cos 3x+2\sqrt[4]{q^{25}}\cos 5x+\ldots,$$

et ces deux formules, en y changeant x en $x+\frac{\pi}{2}$, donneront

$$\Theta\left(\frac{2\mathrm{K}x}{\pi}\right) = 1-2q\cos 2x+2q^4\cos 4x-2q^9\cos 6x+\ldots,$$
$$\mathrm{H}\left(\frac{2\mathrm{K}x}{\pi}\right) = 2\sqrt[4]{q}\sin x-2\sqrt[4]{q^9}\sin 3x+2\sqrt[4]{q^{25}}\sin 5x-\ldots.$$

Telles sont sous les formes de produits infinis et de séries les transcendantes dont nous allons établir les propriétés.

Des deux formes principales que peuvent prendre parmi une infinité d'autres les fonctions Θ, H, etc.

Ce point touche à la plus belle partie de la théorie des fonctions elliptiques, à la théorie de la transformation, que les bornes de cette Note ne nous permettent point d'aborder. Mais, indépendamment de leur intérêt propre, les formules que nous allons établir et qui donnent cette transformation spéciale des fonctions Θ, H, etc., où l'on remplace l'une par l'autre les quantités K et iK', nous seront indispensables plus tard, et nous devons d'autant moins les omettre qu'il est extrêmement facile d'y parvenir, comme on va voir. D'ailleurs, on sera mis ainsi sur la voie de la recherche analogue et plus générale, où l'on remplace K et iK par $mK + m'iK'$, $nK + n'iK'$, m, m', n, n' désignant des nombres entiers, et qui constitue le sujet même de la théorie de la transformation. Dans le cas où $mn' - m'n = 1$, on est amené à ce que Jacobi nomme la théorie des formes en nombre infini des fonctions Θ, H, etc.; mais, parmi toutes ces formes, ce sont celles que nous allons établir et dont nous aurons à faire usage, qui méritent d'être particulièrement distinguées. Posons

$$\begin{aligned}
\theta\,(x) &= e^{\frac{\pi x^2}{4KK'}}\,\Theta\,(x),\\
\eta\,(x) &= e^{\frac{\pi x^2}{4KK'}}\,H\,(x),\\
\theta_1(x) &= e^{\frac{\pi x^2}{4KK'}}\,\Theta_1(x),\\
\eta_1(x) &= e^{\frac{\pi x^2}{4KK'}}\,H_1(x),
\end{aligned}$$

on verra immédiatement correspondre aux relations fondamentales propres aux fonctions Θ, H, Θ_1, H_1, à savoir :

$$(a)\quad\left\{\begin{aligned}
\Theta\,(x+K) &= \Theta_1(x),\\
H\,(x+K) &= H_1(x),\\
\Theta_1(x+K) &= \Theta\,(x),\\
H_1(x+K) &= -H\,(x),
\end{aligned}\right.$$

$$(b)\quad\left\{\begin{aligned}
\Theta\,(x+iK') &= iH(x)\,e^{-\frac{i\pi}{4K}(2x+iK')},\\
H\,(x+iK') &= i\Theta\,(x)\,e^{-\frac{i\pi}{4K}(2x+iK')},\\
\Theta_1(x+iK') &= H_1(x)\,e^{-\frac{i\pi}{4K}(2x+iK')},\\
H_1(x+iK') &= \Theta_1(x)\,e^{-\frac{i\pi}{4K}(2x+iK')},
\end{aligned}\right.$$

celles-ci :

$$(c)\qquad\left\{\begin{aligned}\theta\,(x+i\mathrm{K}') &= i\eta(x),\\ \eta\,(x+i\mathrm{K}') &= i\theta\,(x),\\ \theta_1(x+i\mathrm{K}') &= \eta_1(x),\\ \eta_1(x+i\mathrm{K}') &= \theta_1(x),\end{aligned}\right.$$

$$(d)\qquad\left\{\begin{aligned}\theta\,(x+\mathrm{K}) &= \theta_1(x)\,e^{\frac{\pi}{4\mathrm{K}'}(2x+\mathrm{K})},\\ \eta\,(x+\mathrm{K}) &= \eta_1(x)\,e^{\frac{\pi}{4\mathrm{K}'}(2x+\mathrm{K})},\\ \theta_1(x+\mathrm{K}) &= \theta\,(x)\,e^{\frac{\pi}{4\mathrm{K}'}(2x+\mathrm{K})},\\ \eta_1(x+\mathrm{K}) &= -\eta\,(x)\,e^{\frac{\pi}{4\mathrm{K}'}(2x+\mathrm{K})}.\end{aligned}\right.$$

Cela posé, remplaçons les équations (a) par les suivantes, qui évidemment leur sont équivalentes :

$$(a')\qquad\left\{\begin{aligned}\Theta\,(x-\mathrm{K}) &= \Theta_1(x),\\ \mathrm{H}\,(x-\mathrm{K}) &= -\mathrm{H}_1(x),\\ \Theta_1(x-\mathrm{K}) &= \Theta(x),\\ \mathrm{H}_1(x-\mathrm{K}) &= \mathrm{H}(x).\end{aligned}\right.$$

Alors, en comparant les équations (a') et (b) aux équations (c) et (d), on remarque que le second système de relations coïncide avec le premier lorsqu'on y remplace d'une part

$$\mathrm{K} \quad\text{et}\quad i\mathrm{K}'$$

respectivement par

$$i\mathrm{K}' \quad\text{et}\quad -\mathrm{K},$$

et de l'autre

$$\theta(x),\quad \eta(x),\quad \theta_1(x),\quad \eta_1(x)$$

par

$$\mathrm{H}_1(x),\quad \frac{1}{i}\,\mathrm{H}(x),\quad \Theta_1(x),\quad \Theta(x).$$

Les nouvelles fonctions que nous avons introduites se trouvent ainsi ramenées aux anciennes et, si l'on remarque que par le changement de K en $i\mathrm{K}'$, et de $i\mathrm{K}'$ en $-$ K la quantité $q = e^{-\pi\frac{\mathrm{K}'}{\mathrm{K}}}$ devient $q_0 = e^{-\pi\frac{\mathrm{K}}{\mathrm{K}'}}$, on aura en conclusion les expressions suivantes, où M et N désignent deux facteurs constants :

1°
$$\theta\left(\frac{2iK'x}{\pi}\right) = M.2\sqrt[4]{q_0}\cos x(1+2q_0^2\cos 2x+q_0^4)$$
$$\times(1+2q_0^4\cos 2x+q_0^8)(1+2q_0^6\cos 2x+q_0^{12}),\ \ldots,$$
$$i\eta\left(\frac{2iK'x}{\pi}\right) = M.2\sqrt[4]{q_0}\sin x(1-2q_0^2\cos 2x+q_0^4)$$
$$\times(1-2q_0^4\cos 2x+q_0^8)(1-2q_0^6\cos 2x+q_0^{12}),\ \ldots,$$
$$\theta_1\left(\frac{2iK'x}{\pi}\right) = M.(1+2q_0\cos 2x+q_0^2)$$
$$\times(1+2q_0^3\cos 2x+q_0^6)(1+2q_0^5\cos 2x+q_0^{10}),\ \ldots,$$
$$\eta_1\left(\frac{2iK'x}{\pi}\right) = M(1-2q_0\cos 2x+q_0^2)$$
$$\times(1-2q_0^3\cos 2x+q_0^6)(1-2q_0^5\cos 2x+q_0^{10}),\ \ldots,$$

2°
$$\theta\left(\frac{2iK'x}{\pi}\right) = N\left(2\sqrt[4]{q_0}\cos x+2\sqrt[4]{q_0^9}\cos 3x+2\sqrt[4]{q_0^{25}}\cos 5x+\ldots\right),$$
$$i\eta\left(\frac{2iK'x}{\pi}\right) = N\left(2\sqrt[4]{q_0}\sin x-2\sqrt[4]{q_0^9}\sin 3x+2\sqrt[4]{q_0^{25}}\sin 5x-\ldots\right),$$
$$\theta_1\left(\frac{2iK'x}{\pi}\right) = N(1+2q_0\cos 2x+2q_0^4\cos 4x+2q_0^9\cos 6x+\ldots),$$
$$\eta_1\left(\frac{2iK'x}{\pi}\right) = N(1-2q_0\cos 2x+2q_0^4\cos 4x-2q_0^9\cos 6x+\ldots).$$

Le principal intérêt de la seconde forme analytique qui nous est ainsi donnée par les quantités $\theta(x)$, $\eta(x)$, etc., consiste en ce que l'on introduit, au lieu de $\frac{2Kx}{\pi}$, l'argument imaginaire $\frac{2iK'x}{\pi}$. En supposant K et K' réels, on a donc sous forme réelle et l'on peut suivre la marche des fonctions, que l'argument soit lui-même réel ou multiplié par $\sqrt{-1}$; bientôt on en verra une application.

Propriétés fondamentales des fonctions Θ et H; définition de sin am x, cos am x, Δ am x.

En employant dans ce qui précède la considération de la fonction

$$\Phi(x) = \sum a_m q^{\frac{m^2}{k}} e^{2m\frac{i\pi x}{a}},$$

pour le cas de $k=2$, nous avons supposé

$$a = 4K,$$
$$b = 2iK'.$$

Désormais nous garderons pour périodes ces deux quantités, et nous ferons par suite

$$\Phi(x)=\sum_{m}^{+\infty}_{-\infty} a_m\, q^{\frac{m^2}{2k}} e^{m\frac{i\pi x}{2K}},$$

avec la condition

$$a_{m+k}=a_m,$$

ce qui donnera, comme nous l'avons établi, la manière la plus générale de satisfaire par des fonctions entières uniformes aux deux conditions

$$\begin{cases} \Phi(x+\ \ 4K)=\Phi(x), \\ \Phi(x+2iK')=\Phi(x)\,e^{-\frac{k i\pi}{2K}(x+iK')}. \end{cases}$$

Cette solution générale renfermera donc pour $k=4$, par exemple, quatre constantes arbitraires, que l'on mettra en évidence en distinguant ces quatre formes de l'indice m, $m=4n$, $4n+1$, $4n+2$, $4n+3$, ce qui donnera

$$\begin{aligned} \Phi(x)= &\ \ a_0\sum q^{2n^2} e^{2n\frac{i\pi x}{K}} \\ &+a_1\sum q^{\frac{(4n+1)^2}{8}} e^{(4n+1)\frac{i\pi x}{2K}} \\ &+a_2\sum q^{\frac{(2n+1)^2}{2}} e^{(2n+1)\frac{i\pi x}{K}} \\ &+a_3\sum q^{\frac{(4n+3)^2}{8}} e^{(4n+3)\frac{i\pi x}{2K}}, \end{aligned}$$

ou bien, pour abréger,

$$\Phi(x)=a_0\Phi_0(x)+a_1\Phi_1(x)+a_2\Phi_2(x)+a_3\Phi_3(x).$$

Par là on voit que, dans le cas où

$$\Phi(x+2K)=\Phi(x),$$

la solution est représentée par

$$\Phi(x)=a_0\Phi_0(x)+a_2\Phi_2(x),$$

et ne contient plus que deux constantes.

De même, en supposant

$$\Phi(x+2K)=-\Phi(x),$$

on aura avec deux constantes arbitraires seulement

$$\Phi(x) = a_1 \Phi_1(x) + a_3 \Phi_3(x).$$

Ainsi nous avons la manière la plus générale de vérifier ces deux systèmes de conditions, savoir :

$$\text{I.} \quad \begin{cases} \Phi(x + 2K) = \Phi(x), \\ \Phi(x + 2iK') = \Phi(x)\, e^{-\frac{2i\pi}{K}(x+iK')}, \end{cases}$$

$$\text{II.} \quad \begin{cases} \Phi(x + 2K) = -\Phi(x), \\ \Phi(x + 2iK') = \Phi(x)\, e^{-\frac{2i\pi}{K}(x+iK')}. \end{cases}$$

Cela établi, nous remarquons qu'en élevant au carré les deux membres des diverses équations fondamentales de la page 152, les résultats sont précisément de la forme du premier de ces deux systèmes. Nous en tirons cette conséquence, qu'en désignant par a, b, etc., des constantes, on aura

$$\Theta^2(x) = a\,\Phi_0(x) + b\,\Phi_2(x),$$
$$H^2(x) = c\,\Phi_0(x) + d\,\Phi_2(x),$$

et en changeant x en $x + K$,

$$\Theta_1^2(x) = a\,\Phi_0(x) - b\,\Phi_2(x),$$
$$H_1^2(x) = c\,\Phi_0(x) - d\,\Phi_2(x).$$

En second lieu, si l'on multiplie membre à membre, soit les deux premières, soit les deux dernières de ces mêmes équations, c'est à la forme du second système qu'on se trouve amené, par suite on a

$$\Theta(x)\,H(x) = A\,\Phi_1(x) + B\,\Phi_3(x),$$

A et B désignant de nouvelles constantes, et cette relation donne, en y changeant x en $x + K$, la suivante :

$$\Theta_1(x)\,H_1(x) = iA\,\Phi_1(x) - iB\,\Phi_3(x).$$

De là se tirent, parmi bien d'autres conséquences (1), les relations algébriques et différentielles de nos fonctions.

(1) Notamment la transformation du second ordre.

I. — *Relations algébriques. — Du module et de son complément.*

Deux équations linéaires entre les carrés Θ^2, H^2, Θ_1^2, H_1^2 résultent évidemment des expressions de ces quantités par $\Phi_0(x)$ et $\Phi_2(x)$. L'une d'elles pourra être présentée sous la forme

$$\Theta^2(x) = \alpha H^2(x) + \alpha' H_1^2(x),$$

α et α' désignant des constantes que nous allons déterminer.

Pour cela faisons ces deux hypothèses $x = 0$ et $x = K$; comme on a, d'après les formules de la page 143, $H(0) = 0$, $H_1(K) = 0$, il viendra

$$\alpha = \frac{\Theta^2(K)}{H^2(K)},$$

$$\alpha' = \frac{\Theta^2(0)}{H_1^2(0)}.$$

Mais on introduit au lieu de α et α' les quantités suivantes :

$$k = \frac{H^2(K)}{\Theta^2(K)},$$

$$k' = \frac{\Theta^2(0)}{\Theta^2(K)},$$

et comme la relation

$$H(x + K) = H_1(x)$$

donne

$$H(K) = H_1(0),$$

on aura

$$\alpha = \frac{1}{k}, \qquad \alpha' = \frac{k'}{k},$$

d'où

$$k\Theta^2(x) = H^2(x) + k' H_1^2(x).$$

Cette première relation obtenue, la seconde en résulte en y changeant x en $x + iK'$; si l'on emploie à cet effet les formules données page 143, il viendra, en supprimant le facteur exponentiel,

$$-kH^2(x) = -\Theta^2(x) + k'\Theta_1^2(x),$$

ou bien

$$\Theta^2(x) = kH^2(x) + k'\Theta_1^2(x).$$

Ces deux équations représentent d'ailleurs toutes les relations algébriques possibles entre nos quatre fonctions; elles conduisent à la notion des quantités que nous avons désignées par k et k', et dont les racines carrées s'expriment en série de cette manière :

$$\sqrt{k} = \frac{H(K)}{\Theta(K)} = \frac{2\sqrt[4]{q} + 2\sqrt[4]{q^9} + 2\sqrt[4]{q^{25}} + 2\sqrt[4]{q^{49}} + \ldots}{1 + 2q + 2q^4 + 2q^9 + 2q^{16} + \ldots},$$

$$\sqrt{k'} = \frac{\Theta(0)}{\Theta(K)} = \frac{1 - 2q + 2q^4 - 2q^9 + 2q^{16} - \ldots}{1 + 2q + 2q^4 + 2q^9 + 2q^{16} + \ldots}.$$

La première, k, s'appelle le module de $\Theta(x)$, $H(x)$, $\Theta_1(x)$, $H_1(x)$, et la seconde, k', le complément du module. Considérées par rapport à q, ou plutôt en faisant

$$q = e^{i\pi\omega},$$

par rapport à la variable ω, ces quantités constituent un genre de fonctions analytiques entièrement nouvelles et de la plus haute importance parmi les fonctions d'une seule variable. C'est principalement en Algèbre, dans la théorie des équations, et en Arithmétique, dans la théorie des formes quadratiques à deux indéterminées, que la considération de ces fonctions a suggéré d'elle-même des points de vue tout nouveaux et ouvert des voies fécondes, où ont été obtenus les plus intéressants résultats. Les bornes de cette Note ne nous permettent pas d'entrer dans ce champ déjà si étendu de belles recherches, mais ce que nous dirons à l'égard des fonctions Θ, H, etc. servira de préparation suffisante pour lire les Mémoires spéciaux qui y sont consacrés. C'est de ces fonctions, en effet, étudiées à la fois par rapport à x et ω, que découle tout ce qui concerne k et k' qui contiennent seulement ω, et il ne semble pas possible, dans l'état actuel de nos connaissances en Analyse, d'arriver à toutes leurs propriétés en partant uniquement de leur définition comme quotient des séries données précédemment [1].

---

[1] Poisson et M. Cauchy sont arrivés, par deux méthodes différentes, à cette identité :

$$\sqrt{-i\omega}\,(1 + 2e^{i\pi\omega} + 2e^{4i\pi\omega} + 2e^{9i\pi\omega} + \ldots)$$
$$= \left(1 + 2e^{-\frac{i\pi}{\omega}} + 2e^{-4\frac{i\pi}{\omega}} + 2e^{-9\frac{i\pi}{\omega}} + \ldots\right),$$

qui conduit à des propriétés fondamentales des modules considérés comme fonction de ω. Mais il n'est possible de tirer de là que la transformation pour le premier ordre, et aucune autre voie pour parvenir aux *équations modulaires* ne s'est encore offerte que celle qui a été donnée par les fondateurs de la théorie des fonctions elliptiques.

On se rendra compte, jusqu'à un certain point, de cette difficulté, en observant que k et k' n'existent comme fonctions de ω qu'autant qu'en supposant cette variable imaginaire et de la forme

$$\omega = \alpha + i\beta,$$

β est *essentiellement différent de zéro et positif*. Ce sont donc véritablement des parties de fonctions qui, dès lors, échappent à beaucoup des méthodes les plus habituellement employées. Ainsi, il n'existe pas pour k et k' de développement suivant les puissances de ω, et si l'on fait

$$\omega = \omega_0 + h$$

pour pouvoir employer la série de Taylor, voici encore les circonstances particulières qui viennent s'offrir. Les quantités k et k' sont déterminables par la résolution d'une équation numérique, pour une infinité de valeurs de ω, telles que

$$\omega_0 = \frac{A + \sqrt{-B}}{C},$$

A, B, C étant entiers, et B essentiellement positif; mais, si l'emploi de ces valeurs initiales, en faisant $\omega = \omega_0 + h$, donne pour premier terme des séries une simple irrationnelle numérique, les termes suivants sont nécessairement des transcendantes. Ainsi, par exemple, pour $\omega_0 = i$, on aura

$$k = \frac{1}{\sqrt{2}}, \qquad k' = \frac{1}{\sqrt{2}},$$

et, en prenant $\omega = i + h$, ce sera l'intégrale

$$\int_0^1 \frac{dx}{\sqrt{1 - x^4}}$$

qui entrera dans tous les coefficients des développements de k et k', suivant les puissances croissantes de h. On voit par là combien on est éloigné des séries qui définissent les transcendantes simples, où les coefficients sont toujours commensurables. Mais, sans nous étendre plus longuement là-dessus, et pour revenir à ce qui concerne notre sujet, nous allons justifier les dénominations de module et de son complément, données à k et k', en démontrant cette égalité

$$k^2 + k'^2 = 1.$$

Les deux relations que nous avons obtenues sont

$$\begin{cases} k\Theta^2(x) = H^2(x) + k' H_1^2(x), \\ \Theta^2(x) = k H^2(x) + k' \Theta_1^2(x). \end{cases}$$

Faisons dans la seconde $x = K$, après avoir divisé les deux membres par $\Theta^2(x)$, en remarquant qu'on a

$$\Theta_1(x + K) = \Theta(x),$$

et, par suite,

$$\Theta_1(K) = \Theta(0),$$

on trouvera précisément l'égalité qu'il fallait démontrer.

Il en résulte cette relation entre les séries infinies

$$\begin{aligned} &(2\sqrt[4]{q} + 2\sqrt[4]{q^9} + 2\sqrt[4]{q^{25}} + 2\sqrt[4]{q^{49}} + \ldots)^4 \\ &+ (1 - 2q + 2q^4 - 2q^9 + 2q^{16} - \ldots)^4 \\ &= (1 + 2q + 2q^4 + 2q^9 + 2q^{16} + \ldots)^4, \end{aligned}$$

qu'il est extrêmement facile d'établir directement à l'aide des propositions arithmétiques connues sur la décomposition des nombres entiers en quatre carrés. Mais, laissant encore de côté ces questions, nous allons compléter ce qui concerne la définition même de k et k' dont nous avons obtenu les racines carrées comme fonctions uniformes et bien déterminées de ω. Jacobi a fait voir que les racines quatrièmes possèdent la même propriété en donnant les formules remarquables que nous réunissons ici :

1. $$\sqrt[4]{k} = \sqrt{2}\,\sqrt[8]{q}\,\frac{1 - q^4 - q^8 + q^{20} + \ldots}{1 + q - q^2 - q^5 - \ldots}$$

2. $$= \sqrt{2}\,\sqrt[8]{q}\,\frac{1 + q^2 + q^6 + q^{12} + \ldots}{1 + q + q^3 + q^6 + \ldots}$$

3. $$= \sqrt{2}\,\sqrt[8]{q}\,\frac{1 - q - q^3 + q^6 + \ldots}{1 - 2q^2 + 2q^8 - 2q^{18} - \ldots}$$

4. $$= \sqrt{2}\,\sqrt[8]{q}\,\frac{1 + q + q^3 + q^6 + \ldots}{1 + 2q + 2q^4 + 2q^9 + \ldots}.$$

Les lois de ces séries sont données par ces formules où le signe $\sum$ s'étend à toutes les valeurs de l'indice n de $-\infty$ à $+\infty$, savoir :

$$1. \qquad \sqrt[4]{k} = \sqrt{2}\,\sqrt[8]{q}\,\frac{\sum(-1)^n q^{6n^2+2n}}{\sum(-1)^{\frac{n^2+n}{2}} q^{\frac{3n^2+n}{2}}}$$

$$2. \qquad = \sqrt{2}\,\sqrt[8]{q}\,\frac{\sum q^{4n^2+2n}}{\sum q^{2n^2+n}}$$

$$3. \qquad = \sqrt{2}\,\sqrt[8]{q}\,\frac{\sum(-1)^n q^{2n^2+n}}{\sum(-1)^n q^{2n^2}}$$

$$4. \qquad = \sqrt{2}\,\sqrt[8]{q}\,\frac{\sum q^{2n^2+n}}{\sum q^{n^2}}.$$

En second lieu, et pour le complément du module, on a

$$1. \qquad \sqrt[4]{k'} = \frac{1-q-q^2+q^5+q^7-\ldots}{1+q-q^2-q^5-q^7-\ldots}$$

$$2. \qquad = \frac{1-q-q^3+q^6+q^{10}-\ldots}{1+q+q^3+q^6+q^{10}+\ldots}$$

$$3. \qquad = \frac{1-2q+2q^4-2q^9+2q^{16}-\ldots}{1-2q^2+2q^8-2q^{18}+2q^{32}-\ldots}$$

$$4. \qquad = \frac{1-2q^2+2q^8-2q^{18}+2q^{32}-\ldots}{1+2q+2q^4+2q^9+2q^{16}+\ldots}$$

ou, en mettant en évidence les termes généraux,

$$1. \qquad \sqrt[4]{k'} = \frac{\sum(-1)^n q^{\frac{3n^2+n}{2}}}{\sum(-1)^{\frac{n^2+n}{2}} q^{\frac{3n^2+n}{2}}}$$

$$2. \qquad = \frac{\sum(-1)^n q^{2n^2+n}}{\sum q^{2n^2+n}}$$

3. $$\sqrt[4]{k'} = \frac{\sum (-1)^n q^{n^2}}{\sum (-1)^n q^{2n^2}}$$

4. $$= \frac{\sum (-1)^n q^{2n^2}}{\sum q^{n^2}}.$$

La quantité $\sqrt[4]{kk'}$ qui joue aussi un rôle important est donnée par le développement de forme semblable aux précédents :

$$\sqrt[4]{kk'} = \sqrt{2}\sqrt[8]{q}\,\frac{\sum (-1)^i q^{2i^2+i}}{\sum q^{i^2}}.$$

II. — *Définition de* $\sin \operatorname{am} x$, $\cos \operatorname{am} x$, $\Delta \operatorname{am} x$.
Équations différentielles.

Posons

$$\left\{\begin{aligned} u &= \frac{1}{\sqrt{k}}\frac{H(x)}{\Theta(x)},\\ v &= \sqrt{\frac{k'}{k}}\frac{H_1(x)}{\Theta(x)},\\ w &= \sqrt{k'}\frac{\Theta_1(x)}{\Theta(x)}.\end{aligned}\right.$$

Les relations algébriques obtenues précédemment, et qui sont homogènes par rapport aux quatre fonctions, donneront

$$u^2 + v^2 = 1,$$
$$k^2 u^2 + w^2 = 1.$$

La première conduit à représenter u par un sinus, v par un cosinus; c'est ce qu'a fait Jacobi, et, en adoptant les notations de l'illustre géomètre, nous poserons

$$u = \sin \operatorname{am} x,$$
$$v = \cos \operatorname{am} x,$$
$$w = \Delta \operatorname{am} x.$$

Le sinus, le cosinus et le Δ de l'amplitude de la variable x seront ainsi les trois fonctions doublement périodiques fondamentales. Nous voici amenés maintenant au point en quelque sorte le plus essentiel de la théorie, où l'on a pour but de les définir par trois équations différentielles.

Considérons à cet effet la dérivée de u, à savoir :

$$\frac{du}{dx} = \frac{1}{\sqrt{k}} \frac{H'(x)\Theta(x) - H(x)\Theta'(x)}{\Theta^2(x)} = \frac{\Phi(x)}{\Theta^2(x)}.$$

Cette dérivée, comme la fonction elle-même, admet la période $2i\text{K}'$ et ne fait que changer de signe lorsqu'on change x en $x + 2\text{K}$; ayant donc pour le numérateur la valeur

$$\Phi(x) = \Theta^2(x)\frac{du}{dx},$$

on tirera immédiatement des relations

$$\begin{aligned} \Theta^2(x + 2\text{K}) &= \Theta^2(x), \\ \Theta^2(x + 2i\text{K}') &= \Theta^2(x)\, e^{-2\frac{i\pi}{\text{K}}(x + i\text{K}')}, \end{aligned}$$

auxquelles donne lieu le dénominateur, celles-ci :

$$\begin{aligned} \Phi(x + 2\text{K}) &= \Phi(x), \\ \Phi(x + 2i\text{K}') &= \Phi(x)\, e^{-2\frac{i\pi}{\text{K}}(x + i\text{K}')}. \end{aligned}$$

Or, d'après ce qui a été précédemment établi (p. 160 et 161), on a

$$\Phi(x) = a_1\Phi_1(x) + a_3\Phi_3(x) = m\,\Theta(x)\,H(x) + m_1\,\Theta_1(x)\,H_1(x),$$

m et m_1 désignant des constantes. Observant donc que u change de signe avec x, et que, par suite, $\frac{du}{dx}$ est une fonction paire, on voit que la partie impaire $m\Theta(x)H(x)$ doit disparaître; ainsi $m = 0$, et l'on a simplement

$$\Phi(x) = m_1\Theta_1(x)\,H_1(x).$$

En divisant par $\Theta^2(x)$ et faisant

$$\frac{m_1\sqrt{k}}{k'} = \mu,$$

il viendra

$$\frac{du}{dx} = \mu v w = \mu\sqrt{(1 - u^2)(1 - k^2u^2)}.$$

Cette constante μ représente, puisque la fonction u s'évanouit avec x, la limite du rapport $\frac{\sin \operatorname{am} x}{x}$ pour $x = 0$, limite qui dépend en général des quantités K et K'. Mais nous avons précédemment remarqué que l'expression des fonctions $\Theta(x) \mathrm{H}(x)$ ne changeait pas en y remplaçant x, K, K' par $\frac{x}{\mu}$, $\frac{K}{\mu}$, $\frac{K'}{\mu}$, et que cette circonstance serait utilisée pour particulariser d'une certaine manière les périodes. D'après cela, nous allons introduire une relation qui aura pour effet de rendre égale à l'unité la limite $\frac{\sin \operatorname{am} x}{x}$, afin de rapprocher en ce point essentiel le sinus d'amplitude du sinus trigonométrique. Ayant

$$\frac{\sin \operatorname{am}(x)}{x} = \frac{1}{\sqrt{k}} \frac{2\sqrt[4]{q}\frac{1}{x}\sin\frac{\pi x}{2K}\left(1-2q^2\cos\frac{\pi x}{K}+q^4\right)\left(1-2q^4\cos\frac{\pi x}{K}+q^8\right)\cdots}{\left(1-2q\cos\frac{\pi x}{K}+q^2\right)\left(1-2q^3\cos\frac{\pi x}{K}+q^6\right)\cdots},$$

nous ferons, pour $x = 0$,

$$1 = \frac{1}{\sqrt{k}}\frac{\pi}{K}\cdot\frac{\sqrt[4]{q}(1-q^2)^2(1-q^4)^2(1-q^6)^2\cdots}{(1-q)^2(1-q^3)^2(1+q^5)^2},$$

ou bien

$$\frac{\sqrt{k}K}{\pi} = \sqrt[4]{q}\left[\frac{(1-q^2)(1-q^4)(1-q^6)\cdots}{(1-q)(1-q^3)(1-q^5)\cdots}\right]^2.$$

Ainsi, en admettant que les quantités K et K' vérifient cette condition, nous aurons

$$\frac{du}{dx} = v w;$$

c'est la première des relations différentielles que nous voulions établir. Les autres en découlent à l'aide des équations

$$u^2 + v^2 = 1,$$
$$k^2 u^2 + w^2 = 1,$$

et sont

$$\left\{\begin{aligned}\frac{dv}{dx} &= -u w,\\ \frac{dw}{dx} &= -k^2 u v.\end{aligned}\right.$$

Plus généralement, on aura

$$\frac{d^{2n+1}u}{dx^{2n+1}} = (a_0 + a_1 u^2 + a_2 u^4 + \ldots + a_n u^{2n})\, vw,$$

$$\frac{d^{2n}u}{dx^{2n}} = (\mathrm{A}_0 + \mathrm{A}_1 u^2 + \mathrm{A}_2 u^4 + \ldots + \mathrm{A}_n u^{2n})\, u,$$

les coefficients étant des fonctions entières de k^2. On en déduit ce développement qui subsiste entre les limites -1 et $+1$ de la variable, et où l'on a fait

$$\alpha = \frac{1}{2}\left(k + \frac{1}{k}\right),$$

$$\begin{aligned} u = x &- 2k\alpha \frac{x^3}{1.2.3} + 4k^2(\alpha^2+3)\frac{x^5}{1.2.3.4.5} \\ &- 8k^3(\alpha^3+33\alpha)\frac{x^7}{1.2\ldots7} + 16k^4(\alpha^4+306\alpha^2+189)\frac{x^9}{1.2\ldots9} \\ &- 32k^5(\alpha^5+2766\alpha^3+8289\alpha)\frac{x^{11}}{1.2\ldots11} + \ldots \end{aligned}$$

On trouve de même

$$\begin{aligned} v = 1 &- \frac{x^2}{1.2} + (1+4k^2)\frac{x^4}{1.2.3.4} - (1+44k^2+16k^4)\frac{x^6}{1.2\ldots6} \\ &+ (1+408k^2+912k^4+64k^6)\frac{x^8}{1.2\ldots8} - \ldots, \end{aligned}$$

$$\begin{aligned} w = 1 &- k^2\frac{x^2}{1.2} + k^2(4+k^2)\frac{x^4}{1.2.3.4} - k^2(16+44k^2+k^4)\frac{x^6}{1.2\ldots6} \\ &+ k^2(64+912k^2+408k^4+k^6)\frac{x^8}{1.2\ldots8} - \ldots. \end{aligned}$$

M. Gudermann (1) a fait la remarque qu'on pouvait poser, aux termes près du cinquième ordre,

$$u = \frac{\sin\left(x\sqrt{1+k^2}\right)}{\sqrt{1+k^2}}$$

et

$$v = \cos x, \qquad w = \cos kx,$$

en négligeant seulement x^4, ce qu'on vérifiera sans peine par le développement.

Voici donc une nouvelle et complète définition des trois fonctions doublement périodiques, en joignant aux équations diffé-

(1) *Journal de Crelle*, t. 19.

rentielles les valeurs initiales $u = 0$, $v = 1$, $w = 1$ pour $x = 0$. En particulier, la fonction sin am(x) sera déterminée en posant

$$x = \int_0^u \frac{du}{\sqrt{(1-u^2)(1-k^2u^2)}},$$

et c'est cette intégrale, ou, plus généralement,

$$\int \frac{F(u)\,du}{\sqrt{(1-u^2)(1-k^2u^2)}},$$

en désignant par $F(u)$ une fonction rationnelle, dont l'étude a ouvert la voie pour parvenir aux fonctions elliptiques. On reconnaît ainsi l'origine de cette expression de fonctions inverses, dont nous avons plusieurs fois fait usage, puisque u est la fonction inverse de l'intégrale dont la valeur est x, et l'on peut juger quel long enchaînement d'idées et quels efforts il a fallu pour parvenir de là aux notions de fonctions doublement périodiques et aux séries qui nous ont servi de point de départ. Mais ce long travail a été fécond pour la Science; c'est comme conséquences de ces recherches que nous ont été acquises plusieurs notions analytiques entièrement fondamentales, et en particulier ce que nous savons sur le mode même d'existence des fonctions intégrales. Après avoir trouvé, par exemple, que sin am(x) ne change pas lorsqu'on change x en $x + 4mK + 2m'iK'$, m et m' étant des nombres entiers, on a dû nécessairement rechercher dans l'intégrale

$$\int \frac{du}{\sqrt{(1-u^2)(1-k^2u^2)}}$$

la raison de cette sorte d'indétermination qui donne naissance à la périodicité dans la fonction inverse. M. Cauchy, dans son Mémoire sur les intégrales prises entre des limites imaginaires, avait donné les principes essentiels de cette étude si importante; elle a été complètement faite par M. Puiseux, dans un excellent travail intitulé : *Recherches sur les fonctions algébriques* (*Journal de M. Liouville*, année 1850), et auquel nous renvoyons le lecteur. Un autre résultat encore consiste dans ce sens plus complet et plus approfondi, que l'on a été conduit à attacher en Analyse à l'expression même de *fonction*, en reconnaissant et en caractérisant, entre les divers modes de dépendance de deux quantités, des distinctions essentielles et dont les recherches auxquelles a donné lieu la théorie des fonctions elliptiques ont montré toute l'importance. Ainsi ont été proposées ces questions dont l'objet est de reconnaître dans la définition même d'une fonction, donnée, par exemple, par une équation différentielle, si elle est *uniforme* ou non, et dans le premier cas si elle est entière ou fractionnaire. Les résultats les plus beaux par leur grande généralité qui ont été obtenus dans cette voie sont dus à M. Weierstrass (1) et à M. Riemann (2).

III. — *Des quantités* K *et* K'.

En particularisant les périodes de manière à rendre égale à l'unité la limite du rapport $\frac{\sin\operatorname{am} x}{x}$ pour x infiniment petit, nous sommes parvenus à l'expression

$$\frac{\sqrt{k}\,K}{\pi} = \sqrt[4]{q}\left[\frac{(1-q^2)(1-q^4)(1-q^6)\ldots}{(1-q)(1-q^3)(1-q^5)\ldots}\right]^2,$$

qui conduit à une conséquence importante. Observons d'abord qu'en supposant $x = K$ et, par conséquent, $\sin\operatorname{am} K = 1$ (3) dans l'expression en produit infini de $\sin\operatorname{am} x$, on aura

$$\sqrt{k} = 2\sqrt[4]{q}\left[\frac{(1+q^2)(1+q^4)(1+q^6)\ldots}{(1+q)(1+q^3)(1+q^5)\ldots}\right]^2.$$

En divisant membre à membre ces deux équations et extrayant

---

(1) *Theorie der Abel'schen Functionen* (*Journal de Crelle*, 1856). *Voyez* aussi diverses Notes de M. Cauchy, publiées à cette époque dans les *Comptes rendus*, et un Memoire de MM. Briot et Bouquet : *Sur l'intégration des équations différentielles du premier ordre*.

(2) *Allgemeine Voraussetzungen und Hülfsmittel für die Untersuchung von Functionen unbeschränkt veränderlicher Grössen. etc.* (*Journal de Crelle*, 1857).

(3) On trouve que $\sin\operatorname{am} K = 1$ par la formule $\sin\operatorname{am} x = \frac{1}{\sqrt{k}}\,\frac{H(x)}{\Theta(x)}$, en se rappelant que par définition $\sqrt{k} = \frac{H(K)}{\Theta(K)}$, page 162.

la racine carrée, il en résulte

$$\sqrt{\frac{2K}{\pi}} = \left[\frac{(1-q^2)(1-q^4)(1-q^6)\dots}{(1-q)(1-q^3)(1-q^5)\dots}\right] \times \left[\frac{(1+q)(1+q^3)(1+q^5)\dots}{(1+q^2)(1+q^4)(1+q^6)\dots}\right],$$

expression susceptible d'une simplification remarquable. Employons à cet effet la relation donnée par Euler

$$(1+q)(1+q^2)(1+q^3)\dots = \frac{(1-q^2)(1-q^4)(1-q^6)\dots}{(1-q)(1-q^2)(1-q^3)\dots} = \frac{1}{(1-q)(1-q^3)(1-q^5)\dots};$$

on obtiendra d'abord

$$\frac{(1-q^2)(1-q^4)(1-q^6)\dots}{(1-q)(1-q^3)(1-q^5)\dots} = (1-q^2)(1-q^4)(1-q^6)\dots \times (1+q)(1+q^2)(1+q^3)\dots,$$

et en remarquant ensuite que

$$(1+q)(1+q^2)(1+q^3)\dots = (1+q)(1+q^3)(1+q^5)\dots \times (1+q^2)(1+q^4)(1+q^6)\dots$$

on verra tous les dénominateurs disparaître dans la valeur de $\sqrt{\frac{2K}{\pi}}$, qui deviendra ainsi

$$\sqrt{\frac{K2}{\pi}} = (1-q^2)(1-q^4)(1-q^6)\dots[(1+q)(1+q^3)(1+q^5)\dots]^2.$$

Cela étant, si l'on pose $x=0$ dans la formule précédemment démontrée

$$\Theta_1\left(\frac{2Kx}{\pi}\right) = 1+2q\cos 2x + 2q^4\cos 4x + 2q^9\cos 6x + \dots$$
$$= (1+2q\cos 2x + q^2)(1+2q^3\cos 2x + q^6) \times (1+2q^5\cos 2x + q^{10})\dots(1-q^2)(1-q^4)(1-q^6)\dots,$$

il viendra

$$\Theta_1(0) = 1+2q+2q^4+2q^9+\dots$$
$$= (1-q^2)(1-q^4)(1-q^6)\dots[(1+q)(1+q^3)(1+q^5)\dots]^2,$$

d'où ce résultat, qui est d'une grande importance dans la théorie des fonctions elliptiques,

$$\sqrt{\frac{2K}{\pi}} = \Theta_1(0) = 1 + 2q + 2q^4 + 2q^9 + \ldots.$$

On en déduit, en ayant égard aux équations

$$\sqrt{k} = \frac{H(K)}{\Theta(K)} = \frac{H_1(0)}{\Theta_1(0)},$$
$$\sqrt{k'} = \frac{\Theta(0)}{\Theta_1(0)},$$

les deux suivantes :

$$\sqrt{\frac{2kK}{\pi}} = H_1(0) = 2\sqrt[4]{q} + 2\sqrt{q^9} + 2\sqrt[4]{q^{25}} + 2\sqrt[4]{q^{19}} + \ldots,$$
$$\sqrt{\frac{2k'K}{\pi}} = \Theta\,(0) = 1 - 2q + 2q^4 - 2q^9 + \ldots.$$

C'est la seule quantité K qui donne lieu à des relations de cette forme ; la quantité K', entrant d'une manière différente dans l'expression $q = e^{-\pi\frac{K'}{K}}$, ne paraît pas susceptible de développements analogues en série. Mais toutes deux s'expriment d'une manière parfaitement semblable à l'aide des modules k et k' par ces intégrales définies

$$K = \int_0^1 \frac{du}{\sqrt{(1-u^2)(1-k^2u^2)}}, \qquad K' = \int_0^1 \frac{du}{\sqrt{(1-u^2)(1-k'^2u^2)}},$$

comme nous allons le démontrer.

Précédemment nous avons déjà fait voir que $\sin \operatorname{am} K = 1$; remarquons maintenant qu'en faisant $x = K$ dans les relations

$$\Theta(x + iK') = iH(x)e^{-\frac{i\pi}{4K}(2x+iK')},$$
$$H(x + iK') = i\Theta(x)e^{-\frac{i\pi}{4K}(2x+iK')},$$

et en divisant membre à membre, il viendra

$$\frac{H(K + iK')}{\Theta(K + iK')} = \frac{\Theta(K)}{H(K)} = \frac{1}{\sqrt{k}},$$

par conséquent, $\sin \operatorname{am} x = \frac{1}{\sqrt{k}} \frac{H(x)}{\Theta(x)}$ aura la valeur $\frac{1}{k}$ pour

$x = K + iK'$. Ayant donc

$$x = \int_0^u \frac{du}{\sqrt{(1-u^2)(1-k^2u^2)}},$$

nous en conclurons que

$$K = \int_0^1 \frac{du}{\sqrt{(1-u^2)(1-k^2u^2)}},$$

$$K + iK' = \int_0^{\frac{1}{k}} \frac{du}{\sqrt{(1-u^2)(1-k^2u^2)}},$$

et, par suite, en retranchant membre à membre,

$$iK' = \int_1^{\frac{1}{k}} \frac{du}{\sqrt{(1-u^2)(1-k^2u^2)}}.$$

Or, en faisant

$$u = \frac{1}{\sqrt{1-k'^2v^2}},$$

cette dernière intégrale deviendra

$$\int_0^1 \frac{dv}{\sqrt{(1-v^2)(1-k'^2v^2)}},$$

ce qui donne le résultat annoncé.

Mais ce que nous venons de dire laisse subsister une lacune importante : nous sommes en effet à l'un de ces points de la théorie des fonctions elliptiques qui appellent de nouvelles recherches pour être aussi complètement traités qu'on peut le désirer. En passant de l'équation différentielle

$$\frac{du}{dx} = \sqrt{(1-u^2)(1-k^2u^2)}$$

à la relation

$$x = \int_0^u \frac{du}{\sqrt{(1-u^2)(1-k^2u^2)}},$$

on laisse absolument arbitraire la loi de succession des valeurs de la variable u dans l'intégrale, de sorte que les relations précédentes

$$K = \int_0^1 \frac{du}{\sqrt{(1-u^2)(1-k^2u^2)}},$$

$$iK' = \int_1^{\frac{1}{k}} \frac{du}{\sqrt{(1-u^2)(1-k^2u^2)}}$$

n'auront un sens entièrement déterminé qu'en définissant le chemin [1] décrit par la quantité $u = \sin \operatorname{am} x$, lorsque x varie de zéro à K, puis de K à $K + iK'$, et, comme l'argument x peut varier entre ces limites suivant une infinité de lois, il faut de plus connaître comment les chemins correspondants qui en résultent donnent tous au point de vue de l'intégration par rapport à u le même résultat. C'est seulement dans le cas où l'on suppose K, K', et par suite k, des quantités réelles, et qu'on se donne ces lois particulières

$$x = \frac{2K}{\pi} t,$$

$$x = K + \frac{2iK'}{\pi} \tau,$$

t et τ croissant de o à $\frac{\pi}{2}$ d'une manière continue, que l'on peut traiter la question que nous avons posée.

Et d'abord on voit que $u = \sin \operatorname{am}\left(\frac{2Kt}{\pi}\right)$ est réel par le développement

$$\sin \operatorname{am}\left(\frac{2Kt}{\pi}\right) = \frac{2\sqrt[4]{q} \sin t - 2\sqrt[4]{q^9} \sin 3t + 2\sqrt[4]{q^{25}} \sin 5t - \ldots}{1 - 2q \cos 2t + 2q^4 \cos 4t - 2q^9 \cos 6t + \ldots}.$$

D'ailleurs entre les limites zéro et K la dérivée

$$\frac{du}{dx} = \frac{k'}{\sqrt{k}} \frac{H_1(x)\,\Theta_1(x)}{\Theta^2(x)},$$

dont la valeur initiale est l'unité, sera toujours positive. Elle ne peut effectivement s'annuler qu'en faisant

$$H_1(x) = 0,$$

$$\Theta_1(x) = 0,$$

(1) Nous supposons que les notions fondamentales dues à M. Cauchy sur la représentation géométrique des imaginaires, et sur les intégrales prises le long d'une courbe, sont connues du lecteur.

c'est-à-dire (*voyez* p. 143),

$$x = (2m+1)K + 2m'iK',$$
$$x = (2m+1)K + (2m'+1)iK',$$

et aucune de ces racines n'est comprise dans l'intervalle considéré, la valeur $x = K$ se trouvant précisément la limite supérieure de cet intervalle. Nous conclurons de là que, t croissant de 0 à $\frac{\pi}{2}$, u croît de même de 0 à 1 et que dans l'expression

$$K = \int_0^1 \frac{du}{\sqrt{(1-u^2)(1-k^2u^2)}}$$

l'intégrale est prise dans le sens habituel.

Soit en second lieu

$$x = K + \frac{2iK'\tau}{\pi};$$

comme on a

$$H\left(K + \frac{2iK'\tau}{\pi}\right) = H_1\left(\frac{2iK'\tau}{\pi}\right),$$
$$\Theta\left(K + \frac{2iK'\tau}{\pi}\right) = \Theta_1\left(\frac{2iK'\tau}{\pi}\right),$$

on pourra écrire

$$\sin \operatorname{am}\left(K + \frac{2iK'\tau}{\pi}\right) = \frac{1}{\sqrt{k}} \frac{H_1\left(\frac{2iK'\tau}{\pi}\right)}{\Theta_1\left(\frac{2iK'\tau}{\pi}\right)},$$

et en introduisant les fonctions

$$\eta_1(x) = e^{\frac{\pi x^2}{4KK'}} H_1(x),$$
$$\theta_1(x) = e^{\frac{\pi x^2}{4KK'}} \Theta_1(x),$$

$$\sin \operatorname{am}\left(K + \frac{2iK'\tau}{\pi}\right) = \frac{1}{\sqrt{k}} \frac{\eta_1\left(\frac{2iK'\tau}{\pi}\right)}{\theta_1\left(\frac{2iK'\tau}{\pi}\right)},$$
$$\frac{1}{\sqrt{k}} \frac{1 - 2q_0\cos 2\tau + 2q_0^4\cos 4\tau - 2q_0^9\cos 6\tau \ldots}{1 + 2q_0\cos 2\tau + 2q_0^4\cos 4\tau + 2q_0^9\cos 6\tau \ldots},$$

ce qui est encore une quantité réelle ([1]). On conclura, comme

---

([1]) On se rappelle que $q_0 = e^{-\pi\frac{K}{K'}}$, *voyez* p. 158.

tout à l'heure, que la dérivée par rapport à τ, qui est nulle aux deux limites $\tau = 0$, $\tau = \frac{\pi}{2}$, ne peut s'évanouir dans leur intervalle, de sorte que c'est encore dans le sens ordinaire d'une intégration rectiligne que l'on a l'équation

$$iK' = \int_1^{\frac{1}{k}} \frac{du}{\sqrt{(1-u^2)(1-k^2u^2)}},$$

d'où nous avons tiré

$$K' = \int_0^1 \frac{du}{\sqrt{(1-u^2)(1-k'^2u^2)}}.$$

Avant de quitter ce sujet et afin d'en montrer la difficulté lorsque K, K' et k sont imaginaires, je remarquerai que la supposition qui vient le plus naturellement à l'esprit, qu'on peut faire varier x, par exemple, de 0 à K, suivant une loi telle que u soit constamment réel, ne saurait être admise. Autrement dit, il est impossible, en général, que, dans l'expression

$$K = \int_0^1 \frac{du}{\sqrt{(1-u^2)(1-k^2u^2)}},$$

l'intégrale soit toujours rectiligne, comme nous l'avons trouvé tout à l'heure.

Effectivement, soient

$$\mathcal{K} = aK + biK',$$
$$i\mathcal{K}' = cK + diK',$$

a, b, c, d étant des nombres entiers qui vérifient ces conditions :

$$ad - bc = 1,$$

$$\left.\begin{array}{l} a \equiv 1 \\ b \equiv 0 \\ c \equiv 0 \\ d \equiv 1 \end{array}\right\} \bmod 2.$$

En posant

$$\mathfrak{Q} = e^{-\pi\frac{\mathcal{K}'}{\mathcal{K}}},$$

on aura

$$\sin\operatorname{am}\left(\frac{2\mathcal{K}x}{\pi}\right)=\frac{(-1)^{\frac{a+c-1}{2}}}{\sqrt{k}}\,\frac{2\sqrt[4]{\mathfrak{Q}}\sin x-2\sqrt[4]{\mathfrak{Q}^9}\sin 3x+2\sqrt[4]{\mathfrak{Q}^{25}}\sin 5x-\ldots}{1-2\mathfrak{Q}\cos 2x+2\mathfrak{Q}^4\cos 4x-2\mathfrak{Q}^9\cos 6x+\ldots},$$

ce qui est la même expression analytique ([1]), au signe près en $\mathcal{K}$ et $\mathcal{K}'$, que

$$\sin\operatorname{am}\left(\frac{2Kx}{\pi}\right)=\frac{1}{\sqrt{k}}\,\frac{2\sqrt[4]{q}\sin x-2\sqrt[4]{q^9}\sin 3x+2\sqrt[4]{q^{25}}\sin 5x-\ldots}{1-2q\cos 2x+2q^4\cos 4x-2q^9\cos 3x+\ldots}$$

en K et K'. On en conclura que $\mathcal{K}$ sera donné comme K par l'intégrale $\int_0^1\frac{du}{\sqrt{(1-u^2)(1-k'^2u^2)}}$. Or, en supposant b différent de o, la valeur imaginaire

$$\mathcal{K}=a\mathrm{K}+bi\mathrm{K}'$$

ne pourra évidemment résulter que d'une intégrale curviligne. Mais voici un résultat important et qui subsiste quel que soit le mode d'intégration : c'est que les quantités K et K' vérifient la même équation linéaire du second ordre

$$(k-k^3)\frac{d^2z}{dk^2}+(1-3k^2)\frac{dz}{dk}-kz=0,$$

dont l'intégrale avec deux constantes arbitraires C et C' est par suite

$$z=\mathrm{CK}+\mathrm{C'K'}.$$

Cette équation conduit au développement de K et K' sous cette forme : soient

$$\mathrm{k}=1+\left(\frac{1}{2}\right)^2k^2+\left(\frac{1.3}{2.4}\right)^2k^4+\ldots+\left(\frac{1.3\ldots 2n-1}{2.4\ldots 2n}\right)k^{2n}+\ldots$$

([1]) Les relations analogues relativement à $\cos\operatorname{am}(x)$ et $\Delta\operatorname{am}(x)$ sont

$$\cos\operatorname{am}\left(\frac{2\mathcal{K}x}{\pi}\right)=(-1)^{\frac{b+c}{2}}\sqrt{\frac{k}{k'}}\,\frac{2\sqrt[4]{\mathfrak{Q}}\cos x+2\sqrt[4]{\mathfrak{Q}^9}\cos 3x+2\sqrt[4]{\mathfrak{Q}^{25}}\cos 5x+\ldots}{1-2\mathfrak{Q}\cos 2x+2\mathfrak{Q}^4\cos 4x-2\mathfrak{Q}^9\cos 6x+\ldots},$$

$$\Delta\operatorname{am}\left(\frac{2\mathcal{K}x}{\pi}\right)=(-1)^{\frac{b}{2}}\sqrt{k'}\,\frac{1+2\mathfrak{Q}\cos 2x+2\mathfrak{Q}^4\cos 4x+2\mathfrak{Q}^9\cos 6x+\ldots}{1-2\mathfrak{Q}\cos 2x+2\mathfrak{Q}^4\cos 4x-2\mathfrak{Q}^9\cos 6x+\ldots};$$

on en déduit, en supposant $x=0$, ce qui concerne $\sqrt{k}$ et $\sqrt{k'}$ lorsqu'on y change K et K' en $\mathcal{K}$ et $\mathcal{K}'$.

et k_n, la somme des n premiers termes de cette suite, on aura $\mathrm{K} = \frac{\pi}{2}\,\mathrm{k}$,

$$\mathrm{K}' = \mathrm{k}\log\frac{4}{k} - (\mathrm{k}-1) - \frac{2}{3.4}(\mathrm{k}-\mathrm{k}_1) - \frac{2}{5.6}(\mathrm{k}-\mathrm{k}_2) - \ldots.$$

On en déduit aussi cette propriété remarquable, à laquelle nous parviendrons plus loin par une autre voie :

$$\mathrm{KJ}' - \mathrm{JK}' = \frac{\pi}{2}$$

en faisant

$$\mathrm{J} = \int_0^1 \frac{2u^2\,du}{\sqrt{(1-u^2)(1-k^2u^2)}}, \qquad \mathrm{J}' = \int_1^{\frac{1}{k}} \frac{k^2u^2\,du}{\sqrt{(u^2-1)(1-k^2u^2)}}.$$

Addition des arguments. — Théorème d'Abel.

C'est Euler qui a donné le premier les formules pour exprimer $\sin\mathrm{am}(a+b)$, $\cos\mathrm{am}(a+b)$, $\Delta\mathrm{am}(a+b)$, au moyen des fonctions semblables relatives aux arguments a et b, et cette importante découverte a été le point de départ et la base des travaux qui ont fondé la théorie des fonctions elliptiques, de même à peu près qu'en Trigonométrie élémentaire on est parvenu aux propriétés analytiques du sinus et du cosinus en partant des relations qui donnent le sinus et le cosinus de la somme de deux arcs, en fonction des sinus et cosinus de ces arcs. L'illustre analyste, par une sorte de divination restée célèbre dans l'histoire de la Science, obtint sous forme algébrique l'intégrale générale de l'équation

$$(1) \qquad \frac{du}{\sqrt{(1-u^2)(1-k^2u^2)}} + \frac{du'}{\sqrt{(1-u'^2)(1-k^2u'^2)}} = 0.$$

Or ce résultat revient exactement à l'expression du sinus d'amplitude de la somme de deux arguments, comme nous allons le montrer. Effectivement, en désignant par C la constante arbitraire, l'intégrale est

$$(2) \qquad \mathrm{C} = \frac{u\sqrt{(1-u'^2)(1-k^2u'^2)} + u'\sqrt{(1-u^2)(1-k^2u^2)}}{1-k^2u^2u'^2}.$$

Mais si l'on fait,

$$u = \sin \operatorname{am} a,$$
$$u' = \sin \operatorname{am} a',$$

l'équation (1), réduite à la forme

$$da + da' = 0,$$

donne immédiatement

$$a + a' = c.$$

Voilà donc, sous deux formes différentes, l'intégrale d'une même équation différentielle, et l'on devra passer de l'une à l'autre en établissant la relation qui lie les deux constantes arbitraires. Je remarque à cet effet que c est évidemment la valeur de a pour $a' = 0$, et, si l'on fait semblablement $a' = 0$ et, par suite, $u' = 0$ dans l'équation (2), elle donne $c = u = \sin \operatorname{am} a$. La relation entre les constantes est donc

$$C = \sin \operatorname{am} c.$$

Ainsi la valeur de C en u et u' donne précisément la détermination de $\sin \operatorname{am}(a + a')$ en fonction algébrique de $\sin \operatorname{am} a$ et $\sin \operatorname{am} a'$. La Géométrie fournit aussi plusieurs méthodes extrêmement intéressantes pour parvenir à ce même résultat; ne pouvant ici les indiquer, nous nous bornons à donner sous sa forme analytique si remarquable le théorème découvert par Abel pour l'addition d'un nombre quelconque d'arguments.

I. — *Théorème d'Abel.*

Les expressions de $\sin \operatorname{am} x$, $\cos \operatorname{am} x$, $\Delta \operatorname{am} x$ par $\Theta(x)$, $H(x)$, etc., fournissent les relations suivantes qui établissent la double périodicité de ces fonctions, savoir :

$$\text{I.} \quad \begin{cases} \sin \operatorname{am}(x + 2K) = -\sin \operatorname{am} x, \\ \sin \operatorname{am}(x + 2iK') = +\sin \operatorname{am} x; \end{cases}$$

$$\text{II.} \quad \begin{cases} \cos \operatorname{am}(x + 2K) = -\cos \operatorname{am} x, \\ \cos \operatorname{am}(x + 2iK') = -\cos \operatorname{am} x; \end{cases}$$

$$\text{III.} \quad \begin{cases} \Delta \operatorname{am}(x + 2K) = +\Delta \operatorname{am} x, \\ \Delta \operatorname{am}(x + 2iK') = -\Delta \operatorname{am} x. \end{cases}$$

Or on remarque que les trois fonctions se reproduisent dans le second membre au signe près, de sorte que les diverses combinaisons deux à deux de ces signes, pour l'une et l'autre période, forment pour chacune d'elles un caractère spécial et qui lie entre elles, d'une certaine manière, toutes les fonctions plus générales, composées de $\sin \operatorname{am} x$, $\cos \operatorname{am} x$, $\Delta \operatorname{am} x$, qui à l'égard des périodes satisferont aux mêmes relations. Ainsi, en désignant par $F(x)$ et $f(x)$ deux polynomes entiers en $\sin \operatorname{am} x$ respectivement des degrés n et $n-1$, et faisant

$$\varphi_1(x) = \sin \operatorname{am} x \, F(\sin^2 \operatorname{am} x) + \frac{d \sin \operatorname{am} x}{dx} f(\sin^2 \operatorname{am} x),$$

$$\varphi_2(x) = \cos \operatorname{am} x \, F(\cos^2 \operatorname{am} x) + \frac{d \cos \operatorname{am} x}{dx} f(\cos^2 \operatorname{am} x),$$

$$\varphi_3(x) = \Delta \operatorname{am} x \, F(\Delta^2 \operatorname{am} x) + \frac{d \Delta \operatorname{am} x}{dx} f(\Delta^2 \operatorname{am} x),$$

on aura, comme précédemment,

$$\text{I.} \quad \begin{cases} \varphi_1(x + 2K) = -\varphi_1(x), \\ \varphi_1(x + 2iK') = +\varphi_1(x); \end{cases}$$

$$\text{II.} \quad \begin{cases} \varphi_2(x + 2K) = -\varphi_2(x), \\ \varphi_2(x + 2iK') = -\varphi_2(x); \end{cases}$$

$$\text{III.} \quad \begin{cases} \varphi_3(x + 2K) = +\varphi_3(x), \\ \varphi_3(x + 2iK') = -\varphi_3(x). \end{cases}$$

Ce sont ces diverses expressions qui figurent dans le théorème que nous allons établir, ou plutôt encore la suivante qui possède le caractère résultant de la quatrième combinaison possible des deux signes dans le second membre, savoir :

$$\varphi(x + 2K) = +\varphi(x),$$
$$\varphi(x + 2iK') = +\varphi(x).$$

En désignant par $F(x)$ et $F_1(x)$ des polynomes respectivement de degré n et $n-2$, $\varphi(x)$ sera représenté de cette manière, savoir :

$$\varphi(x) = F(z^2) + \frac{dz}{dx} z F_1(z^2),$$

z désignant indifféremment $\sin \operatorname{am} x$, $\cos \operatorname{am} x$, ou $\Delta \operatorname{am} x$. Mais, soit pour fixer les idées, $z = \sin \operatorname{am} x$, et afin de mettre en évidence dans $\varphi(x)$ le numérateur et le dénominateur, employons l'expression $z = \frac{1}{\sqrt{k}} \frac{H(x)}{\Theta(x)}$, qui conduira évidemment au dénominateur $\Theta^{2n}(x)$, de sorte qu'on pourra écrire

$$\varphi(x) = \frac{\Phi(x)}{\Theta^{2n}(x)}.$$

Cela posé, ayant

$$\begin{aligned} \Theta^{2n}(x+2K) &= \Theta^{2n}(x), \\ \Theta^{2n}(x+2iK') &= \Theta^{2n}(x)\, e^{-2n\frac{i\pi}{K}(x+iK')}, \end{aligned}$$

la relation

$$\Phi(x) = \varphi(x)\Theta^{2n}(x)$$

donne immédiatement, en ayant égard à ce que $\varphi(x)$ admet les périodes $2K$, $2iK'$, ces deux conditions

$$(1) \qquad \left\{ \begin{aligned} \Phi(x+2K) &= \Phi(x), \\ \Phi(x+2iK') &= \Phi(x)\, e^{-2n\frac{i\pi}{K}(x+iK')}. \end{aligned} \right.$$

Or on peut satisfaire à ces relations, et de la manière la plus générale, en n'employant, bien entendu, que des expressions entières, si l'on fait, en désignant par A un facteur constant,

$$\Phi(x) = AH(x-\alpha_1)H(x-\alpha_2)\ldots H(x-\alpha_{2n}).$$

Effectivement, on vérifiera, à l'aide des équations

$$\begin{aligned} H(x-\alpha+2K) &= -H(x-\alpha), \\ H(x-\alpha+2iK') &= -H(x-\alpha)\, e^{-\frac{i\pi}{K}(x-\alpha+iK')}, \end{aligned}$$

qu'il suffit pour cela de poser la condition

$$\alpha_1 + \alpha_2 + \ldots + \alpha_{2n} = 0.$$

Les quantités $\alpha_1, \alpha_2, \ldots, \alpha_{2n-1}$ restent donc arbitraires, ainsi que le facteur constant A, et il est aisé d'établir que la fonction entière, la plus générale qui satisfait aux relations (1), ne contient pareillement que $2n$ constantes arbitraires.

Soit, en effet,

$$\Phi(x) = \sum_{m=-\infty}^{m=+\infty} a_m e^{m\frac{i\pi x}{K}},$$

ou plutôt

$$\Phi(x) = \sum a_m q^{\frac{m^2}{2n}} e^{m \frac{i\pi x}{K}};$$

la seconde des relations (1) donnera la condition

$$a_{m+2n} = a_m,$$

ce qui ne laisse subsister dans l'expression de $\Phi(x)$ que les $2n$ constantes $a_0, a_1, \ldots, a_{2n-1}$.

Nous pouvons ainsi poser

$$(1) \qquad \varphi(x) = \frac{\mathrm{A}\,\mathrm{H}(x-\alpha_1)\,\mathrm{H}(x-\alpha_2)\ldots\mathrm{H}(x-\alpha_{2n})}{\Theta^{2n}(x)},$$

et cette équation remarquable aura également lieu en prenant pour $\varphi(x)$ la fonction déduite de

$$\mathrm{F}(z^2) + \frac{dz}{dx} z \mathrm{F}_1(z^2),$$

en faisant $z = \cos \operatorname{am} x$ et $z = \Delta \operatorname{am} x$.

Maintenant, une analyse toute semblable donnera, à l'égard des trois fonctions $\varphi_1(x)$, $\varphi_2(x)$, $\varphi_3(x)$, les théorèmes suivants, où A_1, A_2, A_3 désignent des constantes, savoir :

$$\varphi_1(x) = \frac{\mathrm{A}_1\,\mathrm{H}(x-\alpha_1)\,\mathrm{H}(x-\alpha_2)\ldots\mathrm{H}(x-\alpha_{2n+1})}{\Theta^{2n+1}(x)},$$

$$\varphi_2(x) = \frac{\mathrm{A}_2\,\mathrm{H}_1(x-\alpha_1)\,\mathrm{H}_1(x-\alpha_2)\ldots\mathrm{H}_1(x-\alpha_{2n+1})}{\Theta^{2n+1}(x)},$$

$$\varphi_3(x) = \frac{\mathrm{A}_3\,\Theta(x-\alpha_1)\,\Theta(x-\alpha_2)\ldots\Theta(x-\alpha_{2n+1})}{\Theta^{2n+1}(x)},$$

et l'on aura encore entre les quantités α la relation

$$\alpha_1 + \alpha_2 + \ldots + \alpha_{2n+1} = 0.$$

C'est dans la conséquence que nous allons en déduire que consiste, à proprement parler, le théorème d'Abel.

Nous partirons à cet effet des équations relatives à $\varphi(x)$ et $\varphi_1(x)$ où figure la fonction $\mathrm{H}(x)$ qui s'annule avec x et met ainsi en évidence les racines des équations $\varphi(x) = 0$, $\varphi_1(x) = 0$. En particulier, considérons la fonction $\varphi(x)$, où trois cas différents se présentent et correspondent à

$$z = \sin \operatorname{am} x,$$
$$z = \cos \operatorname{am} x,$$
$$z = \Delta \operatorname{am} x.$$

Les polynomes F et F_1 introduisant $2n$ constantes, on pourra, ayant pris égal à l'unité le coefficient de z^{2n}, déterminer les $2n-1$ autres coefficients par les équations du premier degré

$$\varphi(\alpha_1) = 0, \quad \varphi(\alpha_2) = 0, \quad \dots, \quad \varphi(\alpha_{2n-1}) = 0.$$

Cela fait, la relation (1) nous montre qu'on aura encore $\varphi(x) = 0$ pour $x = \alpha_{2n}$, c'est-à-dire d'après la condition posée entre les quantités α

$$x = -(\alpha_1 + \alpha_2 + \dots + \alpha_{2n-1}).$$

Or le produit

$$\left[F(z^2) + \frac{dz}{dx} z F_1(z^2)\right]\left[F(z^2) - \frac{dz}{dx} z F_1(z^2)\right]$$

donne dans les trois cas que nous avons à considérer un polynome entier de degré $4n$ et ne renfermant que des puissances paires de z, car on a successivement pour

$$z = \sin \operatorname{am} x \qquad \left(\frac{dz}{dx}\right)^2 = (1 - z^2)(1 - k^2 z^2),$$

$$z = \cos \operatorname{am} x \qquad \left(\frac{dz}{dx}\right)^2 = (1 - z^2)(k'^2 + k^2 z^2),$$

$$z = \Delta \operatorname{am} x \qquad \left(\frac{dz}{dx}\right)^2 = -(1 - z^2)(k'^2 - z^2).$$

Dans le premier, ce polynome, décomposé en facteurs, sera donc

$$(z^2 - \sin^2 \operatorname{am} \alpha_1)(z^2 - \sin^2 \operatorname{am} \alpha_2)\dots(z^2 - \sin^2 \operatorname{am} \alpha_{2n-1})$$
$$\times [z^2 - \sin^2 \operatorname{am}(\alpha_1 + \alpha_2 + \dots + \alpha_{2n-1})],$$

dans le second

$$(z^2 - \cos^2 \operatorname{am} \alpha_1)(z^2 - \cos^2 \operatorname{am} \alpha_2)\dots(z^2 - \cos^2 \operatorname{am} \alpha_{2n-1})$$
$$\times [z^2 - \cos^2 \operatorname{am}(\alpha_1 + \alpha_2 + \dots + \alpha_{2n-1})],$$

et enfin dans le troisième

$$(z^2 - \Delta^2 \operatorname{am} \alpha_1)(z^2 - \Delta^2 \operatorname{am} \alpha_2)\dots(z^2 - \Delta^2 \operatorname{am} \alpha_{2n-1})$$
$$\times [z^2 - \Delta^2 \operatorname{am}(\alpha_1 + \alpha_2 + \dots + \alpha_{2n-1})].$$

Les identités que nous venons ainsi d'établir donnent un résultat important lorsqu'on y fait $z=0$. Si l'on désigne en effet, suivant les trois cas, par L, M, N le terme qui ne contient pas z dans le polynome $F(z^2)$, on obtiendra les relations

$$\sin\operatorname{am}(\alpha_1+\alpha_2+\ldots+\alpha_{2n-1}) = \frac{\pm L}{\sin\operatorname{am}\alpha_1 \sin\operatorname{am}\alpha_2\ldots\sin\operatorname{am}\alpha_{2n-1}},$$

$$\cos\operatorname{am}(\alpha_1+\alpha_2+\ldots+\alpha_{2n-1}) = \frac{\pm M}{\cos\operatorname{am}\alpha_1 \cos\operatorname{am}\alpha_2\ldots\cos\operatorname{am}\alpha_{2n-1}},$$

$$\Delta\operatorname{am}(\alpha_1+\alpha_2+\ldots+\alpha_{2n-1}) = \frac{\pm N}{\Delta\operatorname{am}\alpha_1 \,\Delta\operatorname{am}\alpha_2\ldots\Delta\operatorname{am}\alpha_{2n-1}}.$$

Des conclusions toutes pareilles seront données par la fonction

$$\varphi_1(x) = \sin\operatorname{am}x\, F(\sin^2\operatorname{am}x) + \frac{d\sin\operatorname{am}x}{dx} f(\sin^2\operatorname{am}x),$$

où F et f introduisent $2n+1$ constantes arbitraires. En prenant encore égal à l'unité le coefficient de la puissance la plus élevée dans $F(z^2)$ et déterminant les autres coefficients par les conditions

$$\varphi_1(\alpha_1)=0, \qquad \varphi_1(\alpha_2)=0, \qquad \ldots, \qquad \varphi_1(\alpha_{2n})=0,$$

on aura

$$\begin{aligned}\sin^2\operatorname{am}x\, F^2(\sin^2\operatorname{am}x) &- \left(\frac{d\sin\operatorname{am}x}{dx}\right)^2 f^2(\sin^2\operatorname{am}x)\\ = (\sin^2\operatorname{am}x&-\sin^2\operatorname{am}\alpha_1)(\sin^2\operatorname{am}x-\sin^2\operatorname{am}\alpha_2)\ldots(\sin^2\operatorname{am}x-\sin^2\operatorname{am}\alpha_{2n})\\ \times[\sin^2\operatorname{am}x &- \sin^2\operatorname{am}(\alpha_1+\alpha_2+\ldots+\alpha_{2n})].\end{aligned}$$

Ce second théorème donnerait la valeur de

$$\sin^2\operatorname{am}(\alpha_1+\alpha_2+\ldots+\alpha_{2n}),$$

où figure un nombre pair d'arguments, mais le premier a l'avantage de conduire en même temps à l'expression de

$$\sin\operatorname{am}(\alpha_1+\alpha_2+\ldots+\alpha_{2n-1}),$$
$$\cos\operatorname{am}(\alpha_1+\alpha_2+\ldots+\alpha_{2n-1}),$$
$$\Delta\operatorname{am}(\alpha_1+\alpha_2+\ldots+\alpha_{2n-1}),$$

où il importe peu que le nombre des arguments soit impair, car rien n'empêche d'en supposer un égal à zéro. Une dernière conséquence à cet égard nous reste encore à établir. Observons que les équations

$$\varphi(\alpha_1) = 0, \qquad \varphi(\alpha_2) = 0, \qquad \ldots, \qquad \varphi(\alpha_{2n-1}) = 0,$$

ou, pour abréger,

$$\varphi(\alpha_i) = 0,$$

déterminent pour les coefficients de F et F_1 des fonctions rationnelles, dans le premier cas, pour $z = \sin \operatorname{am} x$, de

$$\sin \operatorname{am} \alpha_i \qquad \text{et} \qquad \frac{d \sin \operatorname{am} \alpha_i}{d\alpha_i} = \cos \operatorname{am} \alpha_i \, \Delta \operatorname{am} \alpha_i;$$

dans le second, pour $z = \cos \operatorname{am} x$, de

$$\cos \operatorname{am} \alpha_i \qquad \text{et} \qquad \frac{d \cos \operatorname{am} \alpha_i}{d\alpha_i} = - \sin \operatorname{am} \alpha_i \, \Delta \operatorname{am} \alpha_i;$$

dans le troisième enfin, pour $z = \Delta \operatorname{am} \alpha_i$, de

$$\Delta \operatorname{am} \alpha_i \qquad \text{et} \qquad \frac{d\Delta \operatorname{am} \alpha_i}{d\alpha_i} = - k^2 \sin \operatorname{am} \alpha_i \cos \operatorname{am} \alpha_i.$$

Telle sera donc la forme des quantités que nous avons tout à l'heure désignées par L, M, N, et, par suite, des valeurs elles-mêmes de

$$\sin \operatorname{am}(\alpha_1 + \alpha_2 + \ldots + \alpha_{2n-1}),$$
$$\cos \operatorname{am}(\alpha_1 + \alpha_2 + \ldots + \alpha_{2n-1}),$$
$$\Delta \operatorname{am}(\alpha_1 + \alpha_2 + \ldots + \alpha_{2n-1}).$$

Quant au double signe, il suffira, pour le déterminer, d'un cas particulier; nous allons en donner un exemple.

II. — *Formules pour l'addition de deux arguments.*

Nous appliquerons les théorèmes précédents au cas de trois arguments α_1, α_2 et α_3, en supposant le dernier égal à zéro, et nous prendrons

$$\varphi(x) = (z^4 + az^2 + b) + cz \frac{dz}{dx}.$$

On remarquera alors que, dans le cas de $z = \sin \operatorname{am} x$, l'équation fondamentale a cette forme

$$(z^4 + az^2 + b)^2 - c^2 z^2 \left(\frac{dz}{dx}\right)^2 = z^2(z^2 - \sin^2 \operatorname{am} \alpha_1)(z^2 - \sin^2 \operatorname{am} \alpha_2) \times [z^2 - \sin^2 \operatorname{am}(\alpha_1 + \alpha_2)],$$

de sorte qu'on doit déjà poser $b = 0$. Si l'on supprime dans les deux membres le facteur z^2, et qu'on fasse ensuite $z = 0$, on obtiendra

$$\sin \operatorname{am}(\alpha_1 + \alpha_2) = \frac{\pm c}{\sin \operatorname{am} \alpha_1 \sin \operatorname{am} \alpha_2}.$$

Cela posé, les équations $\varphi(\alpha_1) = 0$, $\varphi(\alpha_2) = 0$ deviennent

$$\sin^3 \operatorname{am} \alpha_1 + a \sin \operatorname{am} \alpha_1 + c \cos \operatorname{am} \alpha_1 \Delta \operatorname{am} \alpha_1 = 0,$$
$$\sin^3 \operatorname{am} \alpha_2 + a \sin \operatorname{am} \alpha_2 + c \cos \operatorname{am} \alpha_2 \Delta \operatorname{am} \alpha_2 = 0,$$

d'où

$$\frac{c}{\sin \operatorname{am} \alpha_1 \sin \operatorname{am} \alpha_2} = \frac{\sin^2 \operatorname{am} \alpha_1 - \sin^2 \operatorname{am} \alpha_2}{\sin \operatorname{am} \alpha_1 \cos \operatorname{am} \alpha_2 \Delta \operatorname{am} \alpha_2 - \sin \operatorname{am} \alpha_2 \cos \operatorname{am} \alpha_1 \Delta \operatorname{am} \alpha_1},$$

valeur qui se réduit à $\sin am \alpha_2$ pour $\alpha_2 = 0$, de sorte qu'on doit prendre dans la formule le signe supérieur. Il vient ainsi, en multipliant les deux termes de la fraction par

$$\sin \operatorname{am} \alpha_1 \cos \operatorname{am} \alpha_2 \Delta \operatorname{am} \alpha_2 + \sin \operatorname{am} \alpha_2 \cos \operatorname{am} \alpha_1 \Delta \operatorname{am} \alpha_1,$$

et supprimant haut et bas le facteur $\sin^2 \operatorname{am} \alpha_1 - \sin^2 \operatorname{am} \alpha_2$,

$$\sin \operatorname{am}(\alpha_1 + \alpha_2) = \frac{\sin \operatorname{am} \alpha_1 \cos \operatorname{am} \alpha_2 \Delta \operatorname{am} \alpha_2 + \sin \operatorname{am} \alpha_2 \cos \operatorname{am} \alpha_1 \Delta \operatorname{am} \alpha_1}{1 - k^2 \sin^2 \operatorname{am} \alpha_1 \sin^2 \operatorname{am} \alpha_2}.$$

Dans les autres cas où $z = \cos \operatorname{am} x$ et $z = \Delta \operatorname{am} x$, l'équation

$$z^4 + az^2 + b + cz \frac{dz}{dx} = 0$$

admet la racine $z = 1$ qui répond au troisième argument supposé nul. On doit donc faire

$$z^4 + az^2 + b = (z^2 - 1)(z^2 + m),$$

ce qui conduit, pour $z = \cos \operatorname{am} x$, aux équations

$$\cos^2 \operatorname{am} \alpha_1 + m + c \frac{\cos \operatorname{am} \alpha_1 \Delta \operatorname{am} \alpha_1}{\sin \operatorname{am} \alpha_1} = 0,$$
$$\cos^2 \operatorname{am} \alpha_2 + m + c \frac{\cos \operatorname{am} \alpha_2 \Delta \operatorname{am} \alpha_2}{\sin \operatorname{am} \alpha_2} = 0,$$

et à la valeur

$$\cos \operatorname{am}(\alpha_1 + \alpha_2) = \frac{\pm m}{\cos \operatorname{am}\alpha_1 \cos \operatorname{am}\alpha_2};$$

de même pour $z = \Delta \operatorname{am} x$, on a les relations toutes semblables

$$\Delta^2 \operatorname{am}\alpha_1 + m + c\,\frac{\cos \operatorname{am}\alpha_1\, \Delta \operatorname{am}\alpha_1}{\sin \operatorname{am}\alpha_1} = 0,$$

$$\Delta^2 \operatorname{am}\alpha_2 + m + c\,\frac{\cos \operatorname{am}\alpha_2\, \Delta \operatorname{am}\alpha_2}{\sin \operatorname{am}\alpha_2} = 0,$$

$$\Delta \operatorname{am}(\alpha_1 + \alpha_2) = \frac{\pm m}{\Delta \operatorname{am}\alpha_1\, \Delta \operatorname{am}\alpha_2}.$$

Un calcul, entièrement analogue à celui qui concerne le sinus, donne les formules suivantes :

$$\cos \operatorname{am}(\alpha_1+\alpha_2) = \frac{\cos \operatorname{am}\alpha_1 \cos \operatorname{am}\alpha_2 - \sin \operatorname{am}\alpha_1 \sin \operatorname{am}\alpha_2\, \Delta \operatorname{am}\alpha_1\, \Delta \operatorname{am}\alpha_2}{1 - k^2 \sin^2 \operatorname{am}\alpha_1 \sin^2 \operatorname{am}\alpha_2},$$

$$\Delta \operatorname{am}(\alpha_1 + \alpha_2) = \frac{\Delta \operatorname{am}\alpha_1\, \Delta \operatorname{am}\alpha_2 - k^2 \sin \operatorname{am}\alpha_1 \sin \operatorname{am}\alpha_2 \cos \operatorname{am}\alpha_1 \cos \operatorname{am}\alpha_2}{1 - k^2 \sin^2 \operatorname{am}\alpha_1 \sin^2 \operatorname{am}\alpha_2}.$$

Les trois formules que nous venons de déduire du théorème d'Abel sont nommées à juste titre *fondamentales,* car elles suffisent pour déterminer complètement les fonctions

$$\sin \operatorname{am} x, \quad \cos \operatorname{am} x, \quad \Delta \operatorname{am} x.$$

On peut voir dans les premiers Mémoires d'Abel, et postérieurement dans les Travaux de Gudermann ([1]), l'un des meilleurs auteurs qui aient écrit sur la théorie des fonctions elliptiques, comment elles donnent la double périodicité, puis les expressions de

$$\sin \operatorname{am}(nx), \quad \cos \operatorname{am}(nx), \quad \Delta \operatorname{am}(nx),$$

où n est un nombre entier quelconque, d'où l'on déduit, en remplaçant x par $\frac{x}{n}$, et passant à la limite pour n infini, les expressions analytiques sous forme de quotients des séries Θ et H. Nous y joindrons les suivantes, qui s'en déduisent immédiatement, savoir :

$$\sin \operatorname{am}(\alpha_1 - \alpha_2) = \frac{\sin \operatorname{am}\alpha_1 \cos \operatorname{am}\alpha_2\, \Delta \operatorname{am}\alpha_2 - \sin \operatorname{am}\alpha_2 \cos \operatorname{am}\alpha_1\, \Delta \operatorname{am}\alpha_1}{1 - k^2 \sin^2 \operatorname{am}\alpha_1 \sin^2 \operatorname{am}\alpha_2},$$

$$\cos \operatorname{am}(\alpha_1 - \alpha_2) = \frac{\cos \operatorname{am}\alpha_1 \cos \operatorname{am}\alpha_2 + \sin \operatorname{am}\alpha_1 \sin \operatorname{am}\alpha_2\, \Delta \operatorname{am}\alpha_1\, \Delta \operatorname{am}\alpha_2}{1 - k^2 \sin^2 \operatorname{am}\alpha_1 \sin^2 \operatorname{am}\alpha_2},$$

$$\Delta \operatorname{am}(\alpha_1 - \alpha_2) = \frac{\Delta \operatorname{am}\alpha_1\, \Delta \operatorname{am}\alpha_2 + k^2 \sin \operatorname{am}\alpha_1 \sin \operatorname{am}\alpha_2 \cos \operatorname{am}\alpha_1 \cos \operatorname{am}\alpha_2}{1 - k^2 \sin^2 \operatorname{am}\alpha_1 \sin \operatorname{am}\alpha_2}.$$

([1]) Voir *Journal de Crelle,* t. 16, 17, 18, 19, 20, 21, 23, 25 et 41.

Par voie d'addition et de soustraction on en conclut

$$\left\{\begin{aligned}
\sin\operatorname{am}(\alpha_1+\alpha_2)+\sin\operatorname{am}(\alpha_1-\alpha_2) &= \frac{2\sin\operatorname{am}\alpha_1\cos\operatorname{am}\alpha_2\,\Delta\operatorname{am}\alpha_2}{1-k^2\sin^2\operatorname{am}\alpha_1\sin^2\operatorname{am}\alpha_2},\\
\cos\operatorname{am}(\alpha_1+\alpha_2)+\cos\operatorname{am}(\alpha_1-\alpha_2) &= \frac{2\cos\operatorname{am}\alpha_1\cos\operatorname{am}\alpha_2}{1-k^2\sin^2\operatorname{am}\alpha_1\sin^2\operatorname{am}\alpha_2},\\
\Delta\operatorname{am}(\alpha_1+\alpha_2)+\Delta\operatorname{am}(\alpha_1-\alpha_2) &= \frac{2\Delta\operatorname{am}\alpha_1\,\Delta\operatorname{am}\alpha_2}{1-k^2\sin^2\operatorname{am}\alpha_1\sin^2\operatorname{am}\alpha_2}.
\end{aligned}\right.$$

$$\left\{\begin{aligned}
\sin\operatorname{am}(\alpha_1+\alpha_2)-\sin\operatorname{am}(\alpha_1-\alpha_2) &= \frac{2\sin\operatorname{am}\alpha_2\cos\operatorname{am}\alpha_1\,\Delta\operatorname{am}\alpha_1}{1-k^2\sin^2\operatorname{am}\alpha_1\sin^2\operatorname{am}\alpha_2},\\
\cos\operatorname{am}(\alpha_1-\alpha_2)-\cos\operatorname{am}(\alpha_1+\alpha_2) &= \frac{2\sin\operatorname{am}\alpha_1\sin\operatorname{am}\alpha_2\,\Delta\operatorname{am}\alpha_1\,\Delta\operatorname{am}\alpha_2}{1-k^2\sin^2\operatorname{am}\alpha_1\sin^2\operatorname{am}\alpha_2},\\
\Delta\operatorname{am}(\alpha_2-\alpha_2)-\Delta\operatorname{am}(\alpha_1+\alpha_2) &= \frac{2k^2\sin\operatorname{am}\alpha_1\sin\operatorname{am}\alpha_2\cos\operatorname{am}\alpha_1\cos\operatorname{am}\alpha_2}{1-k^2\sin^2\operatorname{am}\alpha_1\sin^2\operatorname{am}\alpha_2}.
\end{aligned}\right.$$

Les trois dernières équations, en faisant

$$\alpha_1+\alpha_2=x, \qquad \alpha_1-\alpha_2=a,$$

conduisent à déterminer toutes les valeurs de x, qui donnent

$$\begin{aligned}
\sin\operatorname{am}x &= \sin\operatorname{am}a,\\
\cos\operatorname{am}x &= \cos\operatorname{am}a,\\
\Delta\operatorname{am}x &= \Delta\operatorname{am}a.
\end{aligned}$$

Ainsi, dans le premier cas, on reconnaît que toutes les solutions sont données par celles des équations

$$\begin{aligned}
\sin\operatorname{am}\frac{x-a}{2} &= 0 \quad\text{ou}\quad \infty,\\
\cos\operatorname{am}\frac{x+a}{2} &= 0,\\
\Delta\operatorname{am}\frac{x+a}{2} &= 0.
\end{aligned}$$

On en conclut immédiatement, d'après les formules données page 143 pour les racines des équations

$$\Theta(x)=0, \qquad H(x)=0, \qquad \Theta_1(x)=0, \qquad H_1(x)=0,$$

qu'on a

$$\left\{\begin{aligned}
x &= a+4m\mathrm{K}+2m'i\mathrm{K}',\\
x &= -a+(4m+2)\mathrm{K}+2m'i\mathrm{K}';
\end{aligned}\right.$$

de même, pour

$$\cos\operatorname{am}x=\cos\operatorname{am}a,$$

on obtiendrait

$$\begin{cases} x = \pm a + 4mK + 4m'iK', \\ x = \pm a + (4m+2)K + (4m'+2)iK', \end{cases}$$

ou plus simplement

$$x = \pm a + 2m(K + iK') + 4m'iK',$$

et pour

$$\Delta \operatorname{am} x = \Delta \operatorname{am} a,$$

$$x = \pm a + 2mK + 4m'iK'.$$

Dans ces formules m et m' désignent des nombres entiers quelconques, positifs ou négatifs.

Les formules pour l'addition de deux arguments donneraient lieu à beaucoup d'autres remarques; je me bornerai ici aux résultats relatifs à la duplication et aux valeurs que prennent les trois fonctions lorsqu'on suppose l'argument égal à une demi-période. Les premières découlent des formules fondamentales, qui donnent immédiatement

$$\sin \operatorname{am} 2\alpha = \frac{2 \sin \operatorname{am} \alpha \cos \operatorname{am} \alpha \,\Delta \operatorname{am} \alpha}{1 - k^2 \sin^4 \operatorname{am} \alpha},$$

$$\cos \operatorname{am} 2\alpha = \frac{1 - 2\sin^2 \operatorname{am} \alpha + k^2 \sin^4 \operatorname{am} \alpha}{1 - k^2 \sin^4 \operatorname{am} \alpha},$$

$$\Delta \operatorname{am} 2\alpha = \frac{1 - 2k^2 \sin^2 \operatorname{am} \alpha + k^2 \sin^4 \operatorname{am} \alpha}{1 - k^2 \sin^4 \operatorname{am} \alpha},$$

et l'on en déduit les valeurs suivantes, qu'a données Gudermann :

$$\begin{cases} \sin \operatorname{am} \dfrac{K}{2} = \dfrac{1}{\sqrt{1+k'}}, \\ \cos \operatorname{am} \dfrac{K}{2} = \dfrac{\sqrt{k'}}{\sqrt{1+k'}}, \\ \Delta \operatorname{am} \dfrac{K}{2} = \sqrt{k'}; \end{cases} \qquad \begin{cases} \sin \operatorname{am} \dfrac{iK'}{2} = \dfrac{i}{\sqrt{k}}, \\ \cos \operatorname{am} \dfrac{iK'}{2} = \dfrac{\sqrt{1+k}}{\sqrt{k}}, \\ \Delta \operatorname{am} \dfrac{iK'}{2} = \sqrt{1+k}; \end{cases}$$

$$\begin{cases} \sin \operatorname{am} \left(\dfrac{K}{2} \pm iK'\right) = \dfrac{1}{\sqrt{1-k'}}, \\ \cos \operatorname{am} \left(\dfrac{K}{2} \pm iK'\right) = \mp i\sqrt{\dfrac{k'}{1-k'}}, \\ \Delta \operatorname{am} \left(\dfrac{K}{2} \pm iK'\right) = \mp i\sqrt{k'}; \end{cases} \qquad \begin{cases} \sin \operatorname{am} \left(K \pm \dfrac{iK'}{2}\right) = \dfrac{1}{\sqrt{k}}, \\ \cos \operatorname{am} \left(K \mp \dfrac{iK'}{2}\right) = \mp i\sqrt{\dfrac{1-k}{k}}, \\ \Delta \operatorname{am} \left(K \pm \dfrac{iK'}{2}\right) = \sqrt{1-k}; \end{cases}$$

et

$$\left\{\begin{aligned} \sin\operatorname{am}\left(\frac{K \pm iK'}{2}\right) &= \sqrt{1 \pm \frac{ik'}{k}},\\ \cos\operatorname{am}\left(\frac{K \pm iK'}{2}\right) &= (1 \mp i)\sqrt{\frac{k'}{2k}},\\ \Delta\operatorname{am}\left(\frac{K \pm iK'}{2}\right) &= k'\sqrt{1 \mp \frac{k}{ik'}}.\end{aligned}\right.$$

III. — *De la multiplication des arguments.*

Ce point important de la théorie des fonctions elliptiques est si intimement lié à la théorie de la transformation, dont nous ne nous occuperons pas ici, que nous devons nous borner à l'indication d'un petit nombre de résultats.

En premier lieu, soit n un nombre pair, et posons

$$m = \frac{n^2}{2},$$

on aura

$$\sin\operatorname{am}(nx) = n\cos\operatorname{am}x\,\Delta\operatorname{am}x\,\frac{\sin\operatorname{am}x + A'\sin^3\operatorname{am}x + \ldots + H'\sin^{2m-3}\operatorname{am}x}{1 + A\sin^2\operatorname{am}x + \ldots + H\sin^{2m}\operatorname{am}x},$$

$$(-1)^{\frac{n}{2}}\cos\operatorname{am}(nx) = \frac{1 + A'_1\cos^2\operatorname{am}x + \ldots + H'_1\cos^{2m}\operatorname{am}x}{1 + A_1\cos^2\operatorname{am}x + \ldots + H_1\cos^{2m}\operatorname{am}x},$$

$$(-1)^{\frac{n}{2}}\Delta\operatorname{am}(nx) = \frac{1 + A'_2\Delta^2\operatorname{am}x + \ldots + H'_2\Delta^{2m}\operatorname{am}x}{1 + A_2\Delta^2\operatorname{am}x + \ldots + H_2\Delta^{2m}\operatorname{am}x}.$$

Soit, en second lieu, n impair et faisons

$$m = \frac{n^2 - 1}{2},$$

on aura

$$\sin\operatorname{am}(nx) = n\,\frac{\sin\operatorname{am}x + a'\sin^3\operatorname{am}x + \ldots + h'\sin^{2m+1}\operatorname{am}x}{1 + a\sin^2\operatorname{am}x + \ldots + h\sin^{2m}\operatorname{am}x},$$

$$\cos\operatorname{am}(nx) = n\,\frac{\cos\operatorname{am}x + a'_1\cos^3\operatorname{am}x + \ldots + h'\cos^{2m+1}\operatorname{am}x}{1 + a_1\cos^2\operatorname{am}x + \ldots + h_1\cos^{2m}\operatorname{am}x},$$

$$\Delta\operatorname{am}(nx) = n\,\frac{\Delta\operatorname{am}x + a'_2\Delta^3\operatorname{am}x + \ldots + h'_2\Delta^{2m+1}\operatorname{am}x}{1 + a_2\Delta^2\operatorname{am}x + \ldots + h_2\Delta^{2m}\operatorname{am}x}.$$

Tous les coefficients dans ces diverses formules sont des fonctions rationnelles et entières de k^2, et Jacobi a donné pour leur détermination, dans le cas où n est impair, le théorème suivant :

Soient

$$\sin \operatorname{am} x = \frac{u}{\sqrt{k}}, \qquad \sin \operatorname{am}(nx) = \frac{\text{U}}{\sqrt{k}} \qquad \text{et} \qquad \text{U} = \frac{\text{P}}{\text{Q}},$$

P *et* Q *étant des polynomes entiers en* u; *si l'on fait*

$$\alpha = k + \frac{1}{k},$$

ces deux polynomes satisferont à l'équation linéaire aux différences partielles que voici :

$$u^2(n^2-1)u^2 z + (n^2-1)(\alpha u - 2u^3)\frac{dz}{du}$$
$$+ (1 - \alpha u^2 + u^4)\frac{d^2 z}{du^2} = 2n^2(\alpha^2 - 4)\frac{dz}{d\alpha}.$$

Sur les intégrales de seconde et de troisième espèce.

On y est amené par la considération de l'intégrale

$$\int \text{F}(\sin \operatorname{am} x,\ \cos \operatorname{am} x,\ \Delta \operatorname{am} x)\, dx,$$

où F désigne une fonction rationnelle quelconque, et qui va maintenant nous occuper.

Soit, comme précédemment,

$$u = \sin \operatorname{am} x,$$
$$v = \cos \operatorname{am} x,$$
$$w = \Delta \operatorname{am} x.$$

On reconnaîtra d'abord qu'elle peut être réduite à la forme

$$\int (\text{A} + \text{B}v + \text{C}w + \text{D}vw)\, dx,$$

où A, B, C, D sont des fonctions rationnelles de la quantité u. Il en résulte que la première partie

$$\int \text{A}\, dx$$

demande seule un examen attentif, car, à l'égard des deux suivantes, l'intégration s'effectuera par les règles relatives aux radicaux carrés du second degré, en prenant u pour variable indépendante, et la dernière se trouvera même ainsi ramenée aux fonctions rationnelles. C'est donc seulement dans l'expression $\int A\,dx$ que l'on peut s'attendre à voir résulter de l'intégration des fonctions nouvelles, et que les considérations suivantes vont mettre effectivement en évidence.

Soit

$$A = \frac{\varphi(u)}{\psi(u)},$$

φ et ψ désignant des polynomes entiers; en multipliant par $\psi(-u)$ les deux termes de la fraction et faisant

$$\psi(u)\psi(-u) = \Psi(u^2),$$
$$\varphi(u)\psi(-u) = \Phi(u^2) + u\,\Phi_1(u^2),$$

on décomposera l'intégrale proposée dans les deux suivantes :

$$\int \frac{\Psi(u^2)}{\Phi(u^2)}\,dx, \qquad \int \frac{u\,\Phi_1(u^2)}{\Psi(u^2)}\,dx,$$

dont la seconde se ramène encore aux radicaux du second degré, puisqu'en faisant $u^2 = t$ elle devient

$$\frac{1}{2}\int \frac{\Phi_1(t)}{\Psi(t)}\cdot\frac{dt}{\sqrt{(1-t)(1-k^2 t)}}.$$

Il y a donc seulement lieu de s'occuper de la première, qu'on fera dépendre, en décomposant en fractions simples $\frac{\varphi(u^2)}{\psi(u^2)}$, de termes tels que

$$\int u^{2n}\,dx, \qquad \int \frac{dx}{(1+\alpha u^2)^p},$$

ou bien

$$\int \frac{u^{2n}\,du}{\sqrt{(1-u^2)(1-k^2u^2)}}, \qquad \int \frac{du}{(1-\alpha u^2)^p\sqrt{(1-u^2)(1-k^2u^2)}},$$

et ces termes sont eux-mêmes réductibles, comme on va voir, aux cas les plus simples de $n=1$, $p=1$.

Partons en premier lieu de la relation

$$\frac{du^m}{dx} = mu^{m-1}\sqrt{(1-u^2)(1-k^2u^2)},$$

qui différentiée donnera

$$\frac{d^2u^m}{dx^2} = m(m-1)\,u^{m-2} - m^2(1+k^2)\,u^m + m(m+1)\,k^2u^{m+2}.$$

En intégrant par rapport à x les deux membres de cette équation, on trouvera cette formule de réduction

$$\frac{du^m}{dx} = m(m-1)\int u^{m-2}\,dx - m^2(1+k^2)\int u^m\,dx + m(m+1)k^2\int u^{m+2}\,dx,$$

qui montre comment de proche en proche on ramènera l'intégrale proposée où $m = 2n$, aux seuls cas de $n = 0$, $n = 1$.

Le premier donne un terme proportionnel à la variable, et c'est le second qui conduit à un nouvel élément analytique, dans la théorie des fonctions elliptiques.

En introduisant comme facteur constant le carré du module, nous poserons

$$\mathrm{Z}(x) = \int_0^x k^2 \sin^2 \mathrm{am}\, x\, dx,$$

ce sera ce que l'on nomme et ce que nous appellerons dorénavant la *fonction de seconde espèce*.

Partons en second lieu de la relation

$$\begin{aligned}\frac{u\sqrt{(1-u^2)(1-k^2u^2)}}{(1-\alpha u^2)^{p-1}} = \;& (2p-2)\left(1+\frac{1+k^2}{\alpha}+\frac{k^2}{\alpha^2}\right)\int\frac{dx}{(1-\alpha u^2)^p}\\ &-(2p-3)\left(1+\frac{2+2k^2}{\alpha}+\frac{3k^2}{\alpha^2}\right)\int\frac{dx}{(1-\alpha u^2)^{p-1}}\\ &+(2p-4)\left(\frac{1+k^2}{\alpha}+\frac{3k^2}{\alpha^2}\right)\int\frac{dx}{(1-\alpha u^2)^{p-2}}\\ &-(2p-5)\,\frac{k^2}{\alpha^2}\int\frac{dx}{(1-\alpha u^2)^{p-3}},\end{aligned}$$

qu'on trouvera identique par la différentiation. Il est clair que, de proche en proche, elle fait dépendre le cas le plus général des trois suivants où l'on suppose $p = -1$, $p = 0$, $p = 1$. Le premier nous ramène à la fonction de seconde espèce, le second donne un terme proportionnel à la variable : c'est donc seulement le dernier qui met encore en évidence une fonction nouvelle, que nous étudierons sous la forme

$$\int \frac{\mathrm{A}\,u^2\,dx}{1-\alpha u^2}$$

au lieu de

$$\int \frac{dx}{1-\alpha u^2}.$$

En faisant

$$\alpha = k^2 \sin^2 \operatorname{am} a,$$

$$\mathrm{A} = \frac{1}{2}\frac{d\alpha}{da} k^2 \sin \operatorname{am} a \cos \operatorname{am} a\, \Delta \operatorname{am} a,$$

nous poserons

$$\Pi(x, a) = \int_0^u \frac{k^2 \sin \operatorname{am} a \cos \operatorname{am} a\, \Delta \operatorname{am} a \sin^2 \operatorname{am} x . dx}{1 - k^2 \sin^2 \operatorname{am} a \sin^2 \operatorname{am} x},$$

et cette expression sera désormais pour nous la *fonction de troisième espèce.*

I. — *Expression par $\Theta(x)$ des intégrales de seconde et de troisième espèce.*

Nous avons précédemment établi la relation suivante :

$$\sin \operatorname{am} x(\sin^2 \operatorname{am} x + \mathrm{A}) + \mathrm{B}\frac{d \sin \operatorname{am} x}{dx} = \mathrm{C}\frac{\mathrm{H}(x-\alpha_1)\mathrm{H}(x-\alpha_2)\mathrm{H}(x-\alpha_3)}{\Theta^3(x)},$$

où les coefficients A et B s'expriment par α_1 et α_2 en posant

$$\sin \operatorname{am} \alpha_1(\sin^2 \operatorname{am} \alpha_1 + \mathrm{A}) + \mathrm{B}\frac{d \sin \operatorname{am} \alpha_1}{d\alpha_1} = 0,$$

$$\sin \operatorname{am} \alpha_2(\sin^2 \operatorname{am} \alpha_2 + \mathrm{A}) + \mathrm{B}\frac{d \sin \operatorname{am} \alpha_2}{d\alpha_2} = 0.$$

Soit

$$\alpha_1 = -\alpha_2 = a,$$

et, par suite,

$$\alpha_3 = 0;$$

d'après la condition

$$\alpha_1 + \alpha_2 + \alpha_3 = 0,$$

on trouvera

$$\mathrm{B} = 0, \qquad \mathrm{A} = -\sin^2 \operatorname{am} a,$$

et, par conséquent,

$$\sin \operatorname{am} x(\sin^2 \operatorname{am} x - \sin^2 \operatorname{am} a) = C\,\frac{H(x+a)\,H(x-a)\,H(x)}{\Theta^3(x)}.$$

Déterminant C en faisant $x = 0$, il viendra enfin

$$\sin^2 \operatorname{am} x - \sin^2 \operatorname{am} a = \frac{\Theta^2(0)\,H(x+a)\,H(x-a)}{k\Theta^2(x)\,\Theta^2(a)}.$$

Cette relation importante prend, si l'on change a en $a + iK'$, cette nouvelle forme

$$1 - k^2 \sin^2 \operatorname{am} a \sin^2 \operatorname{am} x = \frac{\Theta^2(0)\,\Theta(x+a)\,\Theta(x-a)}{\Theta^2(x)\,\Theta^2(a)},$$

à laquelle on parviendrait encore d'une autre manière en employant l'identité

$$\begin{aligned}\frac{1}{k}\,\frac{H(x+a)\,H(x-a)}{\Theta(x+a)\,\Theta(x-a)} &= \sin \operatorname{am}(x+a) \sin \operatorname{am}(x-a)\\ &= \frac{\sin^2 \operatorname{am} x - \sin^2 \operatorname{am} a}{1 - k^2 \sin^2 \operatorname{am} a \sin^2 \operatorname{am} x}.\end{aligned}$$

Elle donne, en prenant les logarithmes de deux membres,

$$\begin{aligned}\log(1 - k^2 \sin^2 \operatorname{am} a \sin^2 \operatorname{am} x) &= \log\Theta^2(0) + \log\Theta(x+a)\\ &\quad + \log\Theta(x-a) - 2\log\Theta(x) - 2\log\Theta(a),\end{aligned}$$

et de là on tire immédiatement, en différentiant par rapport à a et en intégrant ensuite par rapport à x,

$$\begin{aligned}&\int_0^x \frac{k^2 \sin \operatorname{am} a \cos \operatorname{am} a\,\Delta \operatorname{am} a \sin^2 \operatorname{am} x\,dx}{1 - k^2 \sin^2 \operatorname{am} a \sin^2 \operatorname{am} x}\\ &\qquad = \Pi(x, a) = x\,\frac{\Theta'(a)}{\Theta(a)} + \frac{1}{2} \log \frac{\Theta(x-a)}{\Theta(x+a)};\end{aligned}$$

c'est l'expression analytique découverte par Jacobi de la fonction de troisième espèce. En divisant par a et supposant ensuite $a = 0$, on en déduit

$$\int_0^x k^2 \sin^2 \operatorname{am} x\,dx = Z(x) = \zeta x - \frac{\Theta'(x)}{\Theta(x)},$$

où l'on a posé

$$\zeta = 8\,\frac{q - 4q^4 + 9q^9 - 16q^{16} + 25q^{25} - \ldots}{1 - 2q + 2q^4 - 2q^9 + 2q^{16} - \ldots} \times \frac{1}{\left(\frac{2K}{\pi}\right)^2};$$

c'est l'expression donnée également par Jacobi de la fonction de seconde espèce et qui va nous conduire aisément à ses propriétés fondamentales.

II. — *De la fonction* $Z(x)$.

La première de ces propriétés est de n'avoir qu'une seule et unique détermination pour toute valeur réelle ou imaginaire de la variable. C'est aussi ce qui résulte directement de la considération de l'intégrale

$$\int_0^x k^2 \sin^2 \operatorname{am} z \, dz.$$

En effet, pour l'une quelconque des racines de l'équation

$$\frac{1}{\sin \operatorname{am} z} = 0,$$

savoir

$$z = 2mK + (2m'+1)iK',$$

le résidu correspondant de $k^2 \sin^2 \operatorname{am} z$, c'est-à-dire le coefficient de $\frac{1}{\varepsilon}$ dans

$$k^2 \sin^2 \operatorname{am}[2mK + (2m'+1)iK' + \varepsilon] = \frac{1}{\sin^2 \operatorname{am} \varepsilon},$$

s'évanouit, car $\sin^2 \operatorname{am} \varepsilon$ ne contient que des puissances paires de ε dans son développement. L'intégration, quel que soit le chemin décrit par la variable z, ne donnera donc qu'une seule et unique détermination. Nous pouvons ainsi poser sans aucune ambiguïté, en adoptant les dénominations de M. Weierstrass,

$$J = \int_0^K k^2 \sin^2 \operatorname{am} x \, dx,$$

$$iJ' = \int_K^{K+iK'} k^2 \sin^2 \operatorname{am} x \, dx.$$

Ces quantités se nomment *les fonctions complètes* de seconde espèce et sont liées à K et K' fonctions complètes de première espèce par la relation que nous avons déjà mentionnée

$$KJ' - K'J = \frac{\pi}{2}$$

et que nous allons maintenant démontrer.

A cet effet, faisons successivement

$$z = K,$$
$$z = K + iK',$$

dans l'équation fondamentale

$$Z(x) = \zeta x - \frac{\Theta'(x)}{\Theta(x)}.$$

La première substitution donnera tout d'abord

$$J = \zeta K,$$

car on a

$$\Theta'(K) = 0.$$

Pour la seconde, nous partirons de la relation donnée page 143 :

$$\Theta_1(x + iK') = H_1(x)\, e^{-\frac{i\pi}{4K}(2x+iK')}$$

et d'où l'on tire

$$\log\Theta_1(x + iK') = \log H_1(x) - \frac{i\pi}{4K}(2x + iK').$$

En différentiant par rapport à x, on en déduit

$$\frac{\Theta'_1(x + iK')}{\Theta_1(x + iK')} = \frac{H'_1(x)}{H_1(x)} - \frac{i\pi}{2K}.$$

Maintenant, si l'on fait $x = 0$, la dérivée de la fonction paire $H_1(x)$ s'évanouissant, il viendra

$$\frac{\Theta'_1(iK')}{\Theta_1(iK')} = \frac{\Theta'(K + iK')}{\Theta(K + iK')} = -\frac{i\pi}{2K}.$$

On en conclut

$$Z(K + iK') = \zeta(K + iK') + \frac{i\pi}{2K}$$

et, par conséquent,

$$J' = \frac{Z(K + iK') - Z(K)}{i} = \zeta K' + \frac{\pi}{2K},$$

ce qui donne la relation annoncée en remplaçant ζ par $\frac{J}{K}$.

Ces quantités J et J′, lorsqu'on suppose le module k réel et moindre que l'unité, s'expriment par les intégrales rectilignes

$$\mathrm{J} = \int_0^1 \frac{k^2 x^2\,dx}{\sqrt{(1-x^2)(1-k^2x^2)}}, \qquad \mathrm{J}' = \int_1^{\frac{1}{k}} \frac{k^2 x^2\,dx}{\sqrt{(x^2-1)(1-k^2x^2)}},$$

et l'on a, comme pour K et K′, ces deux séries :

$$\mathrm{J} = \frac{\pi}{2}\,\mathfrak{J},$$

$$\mathrm{J}' = \mathfrak{J}\log\frac{4}{k} + 1 - (\mathfrak{J} - \mathfrak{J}_1) - \frac{2}{3.4}(\mathfrak{J} - \mathfrak{J}_2) - \frac{2}{5.6}(\mathfrak{J} - \mathfrak{J}_3) - \ldots,$$

en faisant

$$\mathfrak{J} = \frac{1}{2}k^2 + \frac{3}{4}\left(\frac{1}{2}\right)^2 k^4 + \frac{5}{6}\left(\frac{1.3}{2.4}\right)^2 k^6 + \frac{7}{8}\left(\frac{1.3.5}{2.4.6}\right)^2 k^8 + \ldots,$$

$$\mathfrak{J}_n = \frac{1}{2}k^2 + \frac{3}{4}\left(\frac{1}{2}\right)^2 k^4 + \ldots + \frac{2n-3}{2n-2}\left(\frac{1.3\ldots 2n-5}{2.4\ldots 2n-4}\right)^2 k^{2n-2}$$
$$+ \frac{1}{2}\,\frac{2n-1}{2n}\left(\frac{1.3\ldots 2n-3}{2.4\ldots 2n-2}\right)^2 k^{2n}.$$

Voici maintenant la propriété de la fonction de seconde espèce qu'on doit regarder comme caractéristique et qui justifie son introduction à titre de nouvel élément analytique dans la théorie des fonctions elliptiques; elle consiste dans les relations

$$\mathrm{Z}(x + 2\mathrm{K}) = \mathrm{Z}(x) + 2\mathrm{J},$$
$$\mathrm{Z}(x + 2i\mathrm{K}') = \mathrm{Z}(x) + 2i\mathrm{J}'.$$

Ces relations, qui découlent immédiatement des équations fondamentales

$$\Theta(x + 2\mathrm{K}) = \Theta(x),$$
$$\Theta(x + 2i\mathrm{K}') = -\Theta(x)\,e^{-\frac{i\pi}{\mathrm{K}}(x + i\mathrm{K}')},$$

en en prenant les dérivées logarithmiques, donnent en effet la notion d'un nouveau genre de fonctions qui, étant uniformes, se reproduisent avec l'addition d'une constante lorsqu'on augmente l'argument des quantités $2\mathrm{K}$ et $2i\mathrm{K}'$. Plus tard, on verra le rôle et l'importance de ce caractère qui n'est plus la double périodicité, mais qui s'y rattache d'une manière étroite.

On y parviendrait d'ailleurs encore autrement, en partant de l'équation

$$Z(x+a) = Z(x) + Z(a) + k^2 \sin \operatorname{am} x \sin \operatorname{am} a \sin \operatorname{am}(x+a),$$

c'est-à-dire du théorème de l'addition des arguments dans la fonction de seconde espèce, que Jacobi démontre comme il suit :

Différentions, par rapport à x, l'équation

$$\Pi(x, a) = x\frac{\Theta'(a)}{\Theta(a)} + \frac{1}{2}\log\frac{\Theta(x-a)}{\Theta(x+a)},$$

il viendra

$$\frac{k^2 \sin \operatorname{am} a \cos \operatorname{am} a \,\Delta \operatorname{am} a \sin^2 \operatorname{am} x}{1 - k^2 \sin^2 \operatorname{am} a \sin^2 \operatorname{am} x} = \frac{\Theta'(a)}{\Theta(a)} + \frac{1}{2}\frac{\Theta'(x-a)}{\Theta(x-a)} - \frac{1}{2}\frac{\Theta'(x+a)}{\Theta(x+a)}$$
$$= -Z(a) + \frac{1}{2}Z(x+a) - \frac{1}{2}Z(x-a),$$

d'où, en permutant x et a,

$$\frac{k^2 \sin \operatorname{am} x \cos \operatorname{am} x \,\Delta \operatorname{am} x \sin^2 \operatorname{am} a}{1 - k^2 \sin^2 \operatorname{am} a \sin^2 \operatorname{am} x} = -Z(x) + \frac{1}{2}Z(x+a) + \frac{1}{2}Z(x-a);$$

or ces relations, ajoutées membre à membre, donnent

$$k^2 \sin \operatorname{am} x \sin \operatorname{am} a \sin \operatorname{am}(x+a) = Z(x+a) - Z(x) - Z(a).$$

III. — *De la fonction* $\Pi(x, a)$.

On considère comme l'une des plus belles découvertes de Jacobi cette expression de $\Pi(x, a)$ où figurent deux quantités, l'argument x et le paramètre a, par la relation

$$\Pi(x, a) = x\frac{\Theta'(a)}{\Theta(a)} + \frac{1}{2}\log\frac{\Theta(x-a)}{\Theta(x+a)},$$

dans laquelle n'entre que la seule fonction Θ avec sa dérivée. Il pourrait même paraître inutile, à cause de la simplicité de cette expression, d'introduire avec une désignation spéciale et comme un élément analytique propre la fonction de troisième espèce. Cette désignation cependant est consacrée par les travaux de Legendre qui ont précédé la découverte de Jacobi, et nous l'emploierons dans les énoncés des propositions suivantes.

A. — *Échange de l'amplitude et du paramètre.*

L'équation fondamentale donne immédiatement

$$\Pi(x, a) - \Pi(a, x) = x\frac{\Theta'(a)}{\Theta(a)} - a\frac{\Theta'(x)}{\Theta(x)},$$

ou bien encore

$$\Pi(x, a) - \Pi(a, x) = a\mathrm{Z}(x) - x\mathrm{Z}(a)$$

en introduisant la fonction de seconde espèce. Cette propriété peut être établie directement et étendue aux intégrales d'ordre supérieur par la méthode suivante qu'a encore donnée Jacobi.

Soit $\varphi(x)$ un polynome de degré quelconque en x et

$$\mathrm{F}(x, a) = \int_0^x \frac{\sqrt{\varphi(a)}\,dx}{(x-a)\sqrt{\varphi(x)}}$$

la différence $\mathrm{F}(x, a) - \mathrm{F}(a, x)$, ou bien la somme des intégrales

$$\int_0^x \frac{\sqrt{\varphi(a)}\,dx}{(x-a)\sqrt{\varphi(x)}} + \int_0^a \frac{\sqrt{\varphi(x)}\,da}{(x-a)\sqrt{\varphi(a)}}$$

peut être remplacée par l'intégrale double

$$\int_0^a\int_0^x \frac{dx\,da}{\sqrt{\varphi(x)}\sqrt{\varphi(a)}}\;\frac{[\varphi'(x)+\varphi'(a)](x-a)+2\varphi(a)-2\varphi(x)}{2(x-a)^2}.$$

Or on trouve aisément que la quantité placée entre parenthèses est une fonction entière de x et de a, de sorte que l'intégrale double se ramène à une somme de produits tels que

$$\int_0^a \frac{a^m\,da}{\sqrt{\varphi(a)}} \times \int_0^x \frac{x^n\,dx}{\sqrt{\varphi(x)}}.$$

Le cas des intégrales elliptiques résulterait évidemment de là, en posant

$$\varphi(x) = x(1-x)(1-k^2x)$$

et prenant, pour variables x et a, les quantités $\frac{1}{k^2\sin^2\mathrm{am}\,x}$ et $\sin^2\mathrm{am}\,a$.

B. — *Des fonctions complètes.*

Supposons successivement dans l'équation précédente

$$\Pi(x, a) - \Pi(a, x) = a\mathrm{Z}(x) - x\mathrm{Z}(a),$$

$$x = \mathrm{K} \qquad \text{et} \qquad x = \mathrm{K} + i\mathrm{K}';$$

en observant qu'on aura

$$\Pi(a, \mathrm{K}) = 0,$$

$$\Pi(a, \mathrm{K} + i\mathrm{K}') = 0,$$

on en conclut

$$\Pi(\mathrm{K}, a) = a\mathrm{Z}(\mathrm{K}) - \mathrm{K}\mathrm{Z}(a) = a\mathrm{J} - \mathrm{K}\mathrm{Z}(a)$$

et

$$\Pi(\mathrm{K} + i\mathrm{K}') - \Pi(\mathrm{K}) = ia\mathrm{J}' - i\mathrm{K}'\mathrm{Z}(a).$$

Telles sont les valeurs des fonctions complètes ou bien des intégrales définies

$$\Pi(\mathrm{K}) = \int_0^{\mathrm{K}} \frac{k^2 \sin \mathrm{am}\, a \cos \mathrm{am}\, a\, \Delta\, \mathrm{am}\, a \sin^2 \mathrm{am}\, x\, dx}{1 - k^2 \sin^2 \mathrm{am}\, a \sin^2 \mathrm{am}\, x},$$

$$\Pi(\mathrm{K} + i\mathrm{K}') - \Pi(\mathrm{K}) = \int_{\mathrm{K}}^{\mathrm{K}+i\mathrm{K}'} \frac{k^2 \sin \mathrm{am}\, a \cos \mathrm{am}\, a\, \Delta\, \mathrm{am}\, a \sin^2 \mathrm{am}\, x\, dx}{1 - k^2 \sin^2 \mathrm{am}\, a \sin^2 \mathrm{am}\, x}.$$

Si pour un instant on les désigne respectivement par Π et $i\Pi'$, on aura les relations

$$\Pi(x + 2\mathrm{K}, a) \ = \Pi(x, a) + 2\Pi,$$

$$\Pi(x + 2i\mathrm{K}', a) = \Pi(x, a) + 2i\Pi'$$

et

$$\mathrm{K}\Pi' - \Pi\mathrm{K}' = \frac{a\pi}{2}.$$

Mais nous observerons, à l'égard de la fonction de troisième espèce, que l'intégration introduit, en modifiant le chemin décrit par la variable, un multiple entier positif ou négatif de $\pi\sqrt{-1}$, de sorte que ces relations n'ont lieu que pour certains modes d'intégration, tandis que les relations analogues relativement à la fonction de seconde espèce n'exigeaient aucune restriction de cette nature.

C. — *Addition des arguments.*

Considérons, pour fixer les idées, un nombre impair d'arguments $\alpha_1, \alpha_2, \ldots, \alpha_{2n+1}$, liés par la relation

$$\alpha_1 + \alpha_2 + \ldots + \alpha_{2n+1} = 0,$$

l'équation fondamentale

$$\Pi(x, a) = x\,\frac{\Theta'(a)}{\Theta(a)} + \frac{1}{2}\log\frac{\Theta(x-a)}{\Theta(x+a)}$$

donnera

$$\begin{aligned} &\Pi(\alpha_1, a) + \Pi(\alpha_2, a) + \ldots + \Pi(\alpha_{2n+1}, a) \\ &\quad = \frac{1}{2}\log\frac{\Theta(\alpha_1 - a)\,\Theta(\alpha_2 - a)\ldots\Theta(\alpha_{2n+1} - a)}{\Theta(\alpha_1 + a)\,\Theta(\alpha_2 + a)\ldots\Theta(\alpha_{2n+1} + a)}. \end{aligned}$$

Cela posé, je dis que la quantité sous le signe logarithmique s'exprime rationnellement par

$$(\mathrm{A})\quad \left\{\begin{array}{llll} \sin\mathrm{am}\,\alpha_1, & \sin\mathrm{am}\,\alpha_2, & \ldots, & \sin\mathrm{am}\,\alpha_{2n+1}, \\ \mathrm{D}_{\alpha_1}\sin\mathrm{am}\,\alpha_1, & \mathrm{D}_{\alpha_2}\sin\mathrm{am}\,\alpha_2, & \ldots, & \mathrm{D}_{\alpha_{2n+1}}\sin\mathrm{am}\,\alpha_{2n+1}. \end{array}\right.$$

Rappelons, à cet effet, qu'en désignant par $f(x)$ et $f_1(x)$ deux polynomes entiers en x des degrés n et $n-1$ et faisant

$$\varphi(x) = \sin\mathrm{am}\,x\,f(\sin^2\mathrm{am}\,x) + \mathrm{D}_x\sin\mathrm{am}\,x\,f_1(\sin^2\mathrm{am}\,x),$$

nous avons obtenu (p. 184) la relation suivante :

$$\varphi(x) = \frac{\mathrm{A}\,\mathrm{H}(x-\alpha_1)\,\mathrm{H}(x-\alpha_2)\ldots\mathrm{H}(x-\alpha_{2n+1})}{\Theta^{2n+1}(x)},$$

où les coefficients des polynomes f et f_1 doivent être déterminés par les équations linéaires

$$\varphi(\alpha_1) = 0, \qquad \varphi(\alpha_2) = 0, \qquad \ldots, \qquad \varphi(\alpha_{2n}) = 0,$$

et sont des fonctions rationnelles des quantités (A).

Cela posé, en changeant x en $-x$, on en déduit

$$\varphi(-x) = -\frac{\mathrm{A}\,\mathrm{H}(x+\alpha_1)\,\mathrm{H}(x+\alpha_2)\ldots\mathrm{H}(x+\alpha_{2n+1})}{\Theta^{2n+1}(x)},$$

et il en résulte

$$\frac{\varphi(x)}{\varphi(-x)} = -\frac{\mathrm{H}(x-\alpha_1)\,\mathrm{H}(x-\alpha_2)\ldots\mathrm{H}(x-\alpha_{2n+1})}{\mathrm{H}(x+\alpha_1)\,\mathrm{H}(x+\alpha_2)\ldots\mathrm{H}(x+\alpha_{2n+1})}.$$

Or, en faisant

$$x = a + i\mathrm{K}',$$

d'où

$$\sin\operatorname{am} x = \frac{1}{k\sin\operatorname{am} a},$$

$$\mathrm{D}_x \sin\operatorname{am} x = -\frac{\mathrm{D}_a \sin\operatorname{am} a}{k\sin^2\operatorname{am} a},$$

la quantité

$$\frac{\mathrm{H}(x-\alpha_1)\,\mathrm{H}(x-\alpha_2)\ldots\mathrm{H}(x-\alpha_{2n+1})}{\mathrm{H}(x+\alpha_1)\,\mathrm{H}(x+\alpha_2)\ldots\mathrm{H}(x+\alpha_{2n+1})}$$

deviendra précisément

$$\frac{\Theta(a-\alpha_1)\,\Theta(a-\alpha_2)\ldots\Theta(a-\alpha_{2n+1})}{\Theta(a+\alpha_1)\,\Theta(a+\alpha_2)\ldots\Theta(a+\alpha_{2n+1})}.$$

Elle s'exprime par conséquent comme il a été annoncé, ayant pour valeur la quantité

$$\frac{\dfrac{1}{k\sin\operatorname{am} a} f\left(\dfrac{1}{k^2\sin^2\operatorname{am} a}\right) - \left(\dfrac{\mathrm{D}_a\sin\operatorname{am} a}{k\sin^2\operatorname{am} a}\right) f_1\left(\dfrac{1}{k^2\sin^2\operatorname{am} a}\right)}{\dfrac{1}{k\sin\operatorname{am} a} f\left(\dfrac{1}{k^2\sin^2\operatorname{am} a}\right) + \left(\dfrac{\mathrm{D}_a\sin\operatorname{am} a}{k\sin^2\operatorname{am} a}\right) f_1\left(\dfrac{1}{k^2\sin^2\operatorname{am} a}\right)}$$

qu'on ramène, en multipliant haut et bas par $\sin^{2n+1}\operatorname{am} a$, à la forme

$$\frac{\sin\operatorname{am} a\,\mathrm{F}(\sin^2\operatorname{am} a) - \mathrm{D}_a\sin\operatorname{am} a\,\mathrm{F}_1(\sin^2\operatorname{am} a)}{\sin\operatorname{am} a\,\mathrm{F}(\sin^2\operatorname{am} a) + \mathrm{D}_a\sin\operatorname{am} a\,\mathrm{F}_1(\sin^2\operatorname{am} a)},$$

$\mathrm{F}(x)$ et $\mathrm{F}_1(x)$ étant comme $f(x)$ et $f_1(x)$ des polynomes de degrés n et $n-1$ en x.

On peut donc écrire, en remplaçant l'argument α_{2n+1} par

$$-(\alpha_1+\alpha_2+\ldots+\alpha_{2n}),$$

l'équation suivante

$$\begin{aligned}
&\Pi(\alpha_1, a) + \Pi(\alpha_2, a) + \ldots + \Pi(\alpha_{2n}, a)\\
&\quad = \Pi(\alpha_1+\alpha_2+\ldots+\alpha_{2n}, a)\\
&\qquad + \frac{1}{2}\log\frac{\sin\operatorname{am} a\,\mathrm{F}(\sin^2\operatorname{am} a) - \mathrm{D}_a\sin\operatorname{am} a\,\mathrm{F}_1(\sin^2\operatorname{am} a)}{\sin\operatorname{am} a\,\mathrm{F}(\sin^2\operatorname{am} a) + \mathrm{D}_a\sin\operatorname{am} a\,\mathrm{F}_1(\sin^2\operatorname{am} a)},
\end{aligned}$$

c'est le théorème de l'addition des arguments sous la forme trouvée par Abel.

D. — *De différentes fonctions analogues à la fonction de troisième espèce.*

D'importantes questions de mécanique conduisent souvent à réduire aux fonctions Θ des intégrales semblables à la fonction de troisième espèce et qui s'y ramènent par quelque substitution simple; aussi Jacobi, dans son mémorable travail sur la rotation des corps, a-t-il jugé nécessaire de donner le Tableau suivant, qui offre la réunion complète de ces diverses intégrales ainsi que leurs expressions sous la forme la plus simple par les fonctions Θ.

$$1.\quad \int_0^x \frac{k^2 \sin \operatorname{am} a \cos \operatorname{am} a \,\Delta \operatorname{am} a \sin^2 \operatorname{am} x\, dx}{1 - k^2 \sin^2 \operatorname{am} a \sin^2 \operatorname{am} x} = x \frac{\Theta'(a)}{\Theta(a)} + \frac{1}{2} \log \frac{\Theta(x-a)}{\Theta(x+a)}.$$

$$2.\quad \int_0^x \frac{k^2 \sin \operatorname{am} a \cos \operatorname{am} a \cos^2 \operatorname{am} x\, dx}{\Delta \operatorname{am} a (1 - k^2 \sin^2 \operatorname{am} a \sin^2 \operatorname{am} x)} = -x \frac{\Theta_1'(a)}{\Theta_1(a)} - \frac{1}{2} \log \frac{\Theta(x-a)}{\Theta(x+a)}.$$

$$3.\quad \int_0^x \frac{\operatorname{tang} \operatorname{am} a \,\Delta \operatorname{am} a \,\Delta^2 \operatorname{am} x\, dx}{1 - k^2 \sin^2 \operatorname{am} a \sin^2 \operatorname{am} x} = -x \frac{H_1'(a)}{H_1(a)} - \frac{1}{2} \log \frac{\Theta(x-a)}{\Theta(x+a)}.$$

$$4.\quad \int_0^x \frac{\Delta \operatorname{am} a \cot \operatorname{am} a\, dx}{1 - k^2 \sin^2 \operatorname{am} a \sin^2 \operatorname{am} x} = x \frac{H'(a)}{H(a)} + \frac{1}{2} \log \frac{\Theta(x-a)}{\Theta(x+a)}.$$

$$5.\quad \int_0^x \frac{\sin \operatorname{am} a \cos \operatorname{am} a \,\Delta \operatorname{am} a\, dx}{\sin^2 \operatorname{am} a - \sin^2 \operatorname{am} x} = -x \frac{\Theta'(a)}{\Theta(a)} + \frac{1}{2} \log \frac{H(a+x)}{H(a-x)}.$$

$$6.\quad \int_0^x \frac{\sin \operatorname{am} a \cos \operatorname{am} a \,\Delta^2 \operatorname{am} x\, dx}{\Delta \operatorname{am} a (\sin^2 \operatorname{am} a - \sin^2 \operatorname{am} x)} = -x \frac{\Theta_1'(a)}{\Theta_1(a)} + \frac{1}{2} \log \frac{H(a+x)}{H(a-x)}.$$

$$7.\quad \int_0^x \frac{\operatorname{tang} \operatorname{am} a \,\Delta \operatorname{am} a \cos^2 \operatorname{am} x\, dx}{\sin^2 \operatorname{am} a - \sin^2 \operatorname{am} x} = -x \frac{H_1'(a)}{H_1(a)} + \frac{1}{2} \log \frac{H(a+x)}{H(a-x)}.$$

$$8.\quad \int_0^x \frac{\Delta \operatorname{am} a \cot \operatorname{am} a \sin^2 \operatorname{am} x\, dx}{\sin^2 \operatorname{am} a - \sin^2 \operatorname{am} x} = -x \frac{H'(a)}{H(a)} + \frac{1}{2} \log \frac{H(a+x)}{H(a-x)}.$$

Il nous suffira d'observer, pour qu'on puisse immédiatement les démontrer, que les équations 2, 3, 4 se déduisent de la première en y changeant successivement x et a en

$$\begin{gathered} x + K, \quad a + K, \\ x + K + iK', \quad a + K + iK', \\ x + iK', \quad a + iK'. \end{gathered}$$

Ces quatre équations ainsi obtenues, on en tire les quatre suivantes par le changement de x en $x + i\mathrm{K}'$ (1).

Des fonctions de M. Weierstrass.

Il a été déjà remarqué que $\sin \operatorname{am} x$, $\cos \operatorname{am} x$, $\Delta \operatorname{am} x$, pouvaient, pour des valeurs de x moindres que l'unité, être développés suivant les puissances de cette variable en séries dont les coefficients sont des fonctions entières et à coefficients rationnels de k^2. Il en est évidemment de même de $\sin^2 \operatorname{am} x$, de la fonction de seconde espèce

$$\mathrm{Z}(x) = \int_0^x k^2 \sin^2 \operatorname{am} x \, dx,$$

de son intégrale $\int_0^x \mathrm{Z}(x)\, dx$ et même aussi de l'expression

$$e^{-\int_0^x \mathrm{Z}(x)\, dx};$$

mais, tandis qu'à l'égard de $\sin^2 \operatorname{am} x$, $\mathrm{Z}(x)$ et $\int^x \mathrm{Z}(x)\, dx$ les développements ne subsistent que pour des valeurs de la variable dont le module est inférieur à l'unité, l'exponentielle

$$e^{-\int_0^x \mathrm{Z}(x)\, dx}$$

conduit à un développement convergent dans toute l'étendue des valeurs réelles ou imaginaires de x. Effectivement l'équation

$$\mathrm{Z}(x) = \zeta x - \frac{\Theta'(x)}{\Theta(x)}$$

---

(1) Si l'on représente par $\int_0^x \mathrm{F}(x)\, dx$ l'une quelconque des huit formes de la fonction de troisième espèce, $\mathrm{F}(x)$ aura pour périodes $2\mathrm{K}$ et $2i\mathrm{K}'$, et les expressions précédentes s'obtiendront immédiatement à l'aide d'une expression générale des fonctions doublement périodiques, qui sera établie à la fin de cette Note, savoir :

$$\mathrm{F}(x) = \mathrm{C} + \Sigma \mathrm{R} \frac{\mathrm{H}'(x-\zeta)}{\mathrm{H}(x-\zeta)},$$

les quantités ζ désignant les racines de l'équation $\frac{1}{\mathrm{F}(x)} = 0$, et R les résidus correspondants de $\mathrm{F}(x)$.

donne

$$\mathrm{Al}(x) = e^{-\int_0^x \mathrm{Z}(x)\,dx} = e^{-\frac{\zeta x^2}{2}} \frac{\Theta(x)}{\Theta(0)}.$$

Voici donc une propriété bien digne d'attention de la fonction $\Theta(x)$ de se changer par l'introduction du facteur $e^{-\frac{\zeta x^2}{2}} \frac{1}{\Theta(0)}$ en une nouvelle fonction où l'argument est sorti du signe cosinus et où figure directement le module k^2 à la place des périodes et de la transcendante $q = e^{-\pi\frac{K'}{K}}$. Les mêmes choses auront encore lieu évidemment à l'égard de ces trois autres fonctions :

$$\mathrm{Al}(x)_1 = \sin\mathrm{am}\,x\; e^{-\int_0^x \mathrm{Z}(x)\,dx} = e^{-\frac{\zeta x^2}{2}} \frac{\mathrm{H}(x)}{\Theta(0)} \frac{1}{\sqrt{k}},$$

$$\mathrm{Al}(x)_2 = \cos\mathrm{am}\,x\; e^{-\int_0^x \mathrm{Z}(x)\,dx} = e^{-\frac{\zeta x^2}{2}} \frac{\mathrm{H}_1(x)}{\Theta(0)} \sqrt{\frac{k'}{k}},$$

$$\mathrm{Al}(x)_3 = \Delta\,\mathrm{am}\,x\; e^{-\int_0^x \mathrm{Z}(x)\,dx} = e^{-\frac{\zeta x^2}{2}} \frac{\Theta_1(x)}{\Theta(x)} \sqrt{k'}.$$

Il en résulte qu'à côté des développements périodiques

$$\sin\mathrm{am}\,\frac{2Kx}{\pi} = \frac{1}{\sqrt{k}} \frac{2\sqrt[4]{q}\sin x - 2\sqrt[4]{q^9}\sin 3x - 2\sqrt[4]{q^{25}}\sin 5x - \ldots}{1 - 2q\cos 2x + 2q^4\cos 4x - 2q^9\cos 6x + \ldots},$$

$$\cos\mathrm{am}\,\frac{2Kx}{\pi} = \sqrt{\frac{k'}{k}} \frac{2\sqrt[4]{q}\cos x + 2\sqrt[4]{q^9}\cos 3x + 2\sqrt[4]{q^{25}}\cos 5x + \ldots}{1 - 2q\cos 2x - 2q^4\cos 4x - 2q^9\cos 6x + \ldots},$$

$$\Delta\,\mathrm{am}\,\frac{2Kx}{\pi} = \sqrt{k'} \frac{1 + 2q\cos 2x + 2q^4\cos 4x + 2q^9\cos 6x + \ldots}{1 - 2q\cos 2x + 2q^4\cos 4x - 2q^9\cos 6x + \ldots},$$

on voit s'offrir un autre mode de représentation où les fonctions doublement périodiques sont exprimées par des quotients de séries rationnelles en x et k^2, et convergentes quelles que soient les valeurs réelles ou imaginaires de ces deux quantités. Abel avait entrevu et rapidement indiqué la possibilité de ce nouveau mode d'expression des fonctions elliptiques, mais c'est à M. Weierstrass que revient l'honneur d'avoir mis dans la Science, au lieu d'un simple aperçu, une théorie profonde qui conduit directement à ces nouvelles fonctions, non seulement dans le cas des transcendantes elliptiques, mais pour les transcendantes abéliennes à un nombre quelconque de variables. Ne pouvant exposer ici les principes dont cet illustre géomètre a tiré ces grandes et belles découvertes, nous nous bornerons, et sans sortir des fonctions elliptiques, aux indications suivantes.

I. — *Définition des quatre fonctions* Al(x). — *Équations différentielles.*

Afin de rattacher immédiatement ces fonctions aux quatre fonctions $\Theta(x)$, nous poserons :

$$\mathrm{Al}(x) = e^{-\int_0^x \mathrm{Z}(x)\,dx},$$

$$(\mathrm{A}) \qquad \begin{cases} \sin \operatorname{am} x = \dfrac{\mathrm{Al}(x)_1}{\mathrm{Al}(x)}, \\[2mm] \cos \operatorname{am} x = \dfrac{\mathrm{Al}(x)_2}{\mathrm{Al}(x)}, \\[2mm] \Delta \operatorname{am} x = \dfrac{\mathrm{Al}(x)_3}{\mathrm{Al}(x)}, \end{cases}$$

et, par suite,

$$(\mathrm{B}) \qquad \begin{cases} \mathrm{Al}(x) = e^{-\frac{\zeta x^2}{2}} \dfrac{\Theta(x)}{\Theta(0)}, \\[2mm] \mathrm{Al}(x)_1 = e^{-\frac{\zeta x^2}{2}} \dfrac{\mathrm{H}(x)}{\Theta(0)} \dfrac{1}{\sqrt{k}}, \\[2mm] \mathrm{Al}(x)_2 = e^{-\frac{\zeta x^2}{2}} \dfrac{\mathrm{H}_1(x)}{\Theta(0)} \sqrt{\dfrac{k'}{k}}, \\[2mm] \mathrm{Al}(x)_3 = e^{-\frac{\zeta x^2}{2}} \dfrac{\Theta_1(x)}{\Theta(0)} \sqrt{k'}. \end{cases}$$

Des relations (A) résultent en premier lieu celles-ci :

$$\mathrm{Al}^2(x)_2 = \mathrm{Al}^2(x) - \mathrm{Al}^2(x)_1,$$
$$\mathrm{Al}^2(x)_3 = \mathrm{Al}^2(x) - k^2\,\mathrm{Al}^2(x)_1.$$

Nous déduirons ensuite des égalités

$$\mathrm{Al}(x) = e^{-\int_0^x \mathrm{Z}(x)\,dx},$$
$$\frac{\mathrm{Al}(x)_1}{\mathrm{Al}(x)} = \sin \operatorname{am} x,$$

deux équations différentielles, en prenant d'abord les secondes dérivées de logarithmes des deux membres, ce qui donnera

$$\frac{d^2 \log \mathrm{Al}(x)}{dx^2} = -k^2 \sin^2 \mathrm{am}\, x = -k^2 \frac{\mathrm{Al}^2(x)_1}{\mathrm{Al}^2(x)}$$

et

$$\frac{d^2 \log \mathrm{Al}(x)_1}{dx^2} - \frac{d^2 \log \mathrm{Al}(x)}{dx^2} = \frac{d^2 \log \sin \mathrm{am}\, x}{dx^2} = k^2 \sin^2 \mathrm{am}\, x - \frac{1}{\sin^2 \mathrm{am}\, x},$$

d'où, à cause de l'équation précédente,

$$\frac{d^2 \log \mathrm{Al}(x)_1}{dx^2} = -\frac{1}{\sin^2 \mathrm{am}\, x} = -\frac{\mathrm{Al}^2(x)}{\mathrm{Al}^2(x)_1}.$$

Voici, en développant, les équations différentielles qui en résultent :

$$\left\{\begin{aligned} &\mathrm{Al}(x)\frac{d^2 \mathrm{Al}(x)}{dx^2} - \left[\frac{d\mathrm{Al}(x)}{dx}\right]^2 + k^2 \mathrm{Al}^2(x)_1 = 0,\\ &\mathrm{Al}(x)_1\frac{d^2 \mathrm{Al}(x)_1}{dx^2} - \left[\frac{d\mathrm{Al}(x)_1}{dx}\right]^2 + \mathrm{Al}^2(x) \quad = 0.\end{aligned}\right.$$

On aurait d'une manière analogue, ou comme conséquence des relations algébriques,

$$\left\{\begin{aligned} &\mathrm{Al}(x)_2\frac{d^2 \mathrm{Al}(x)_2}{dx^2} - \left[\frac{d\mathrm{Al}(x)_2}{dx}\right]^2 + \mathrm{Al}^2(x)_3 \quad = 0,\\ &\mathrm{Al}(x)_3\frac{d^2 \mathrm{Al}(x)_3}{dx^2} - \left[\frac{d\mathrm{Al}(x)_3}{dx}\right]^2 + k^2 \mathrm{Al}^2(x)_2 = 0.\end{aligned}\right.$$

Ces relations importantes que M. Weierstrass tire immédiatement des équations de définition :

$$\begin{aligned} \frac{d \sin \mathrm{am}\, x}{dx} &= \cos \mathrm{am}\, x\, \Delta\, \mathrm{am}\, x,\\ \frac{d \cos \mathrm{am}\, x}{dx} &= -\sin \mathrm{am}\, x\, \Delta\, \mathrm{am}\, x,\\ \frac{d\, \Delta\, \mathrm{am}\, x}{dx} &= -k^2 \sin \mathrm{am}\, x \cos \mathrm{am}\, x,\end{aligned}$$

et par une méthode qui s'applique aux transcendantes abéliennes les plus générales, peuvent alors, par une nouvelle méthode, conduire aux fonctions Θ, ou servir à démontrer directement qu'elles définissent des fonctions développables suivant les puissances de la variable en séries indéfiniment convergentes, et dont les coefficients sont des fonctions entières de k^2 à coefficients rationnels. Toutefois, pour effectuer les développements, on suit une voie différente et plus simple dont voici le principe.

II. — *Équations aux différentielles partielles. — Formules de développement.*

Une analyse un peu trop longue pour que nous puissions la rapporter ici a conduit M. Weierstrass à ces équations linéaires aux différences partielles, savoir :

$$\left\{\begin{aligned}
&\frac{d^2 \mathrm{Al}(x)}{dx^2} + 2k^2 x \frac{d\mathrm{Al}(x)}{dx} + 2kk'^2 \frac{d\mathrm{Al}(x)}{dk} + k^2x^2 \mathrm{Al}(x) = 0,\\
&\frac{d^2 \mathrm{Al}(x)_1}{dx^2} + 2k^2 x \frac{d\mathrm{Al}(x)_1}{dx} + 2kk'^2 \frac{d\mathrm{Al}(x)_1}{dk} + (k'^2 + k^2x^2)\, \mathrm{Al}(x)_1 = 0,\\
&\frac{d^2 \mathrm{Al}(x)_2}{dx^2} + 2k^2 x \frac{d\mathrm{Al}(x)_2}{dx} + 2kk'^2 \frac{d\mathrm{Al}(x)_2}{dk} + (1 + k^2x^2)\, \mathrm{Al}(x)_2 = 0,\\
&\frac{d^2 \mathrm{Al}(x)_3}{dx^2} + 2k^2 x \frac{d\mathrm{Al}(x)_3}{dx} + 2kk'^2 \frac{d\mathrm{Al}(x)_3}{dk} + (k^2 + k^2x^2)\, \mathrm{Al}(x)_3 = 0.
\end{aligned}\right.$$

Ces relations importantes sont éminemment propres aux développements en séries, et l'on en tire les formules suivantes. Soit, en désignant le produit $1.2.3\ldots n$ par $n!$,

$$\mathrm{Al}(x) = 1 - \mathrm{A}_2 \frac{x^4}{4!} + \mathrm{A}_3 \frac{x^6}{6!} - \ldots + (-1)^{m-1} \mathrm{A}_m \frac{x^{2m}}{(2m)!} \cdots \text{(1)},$$

$$\mathrm{Al}(x)_1 = x - \mathrm{B}_1 \frac{x^3}{3!} + \mathrm{B}_2 \frac{x^5}{5!} - \ldots + (-1)^m \mathrm{B}_m \frac{x^{2m+1}}{(2m+1)!} \cdots,$$

$$\mathrm{Al}(x)_2 = 1 - \mathrm{C}_1 \frac{x^2}{2!} + \mathrm{C}_2 \frac{x^4}{4!} - \ldots + (-1)^m \mathrm{C}_m \frac{x^{2m}}{(2m)!} \cdots,$$

$$\mathrm{Al}(x)_3 = 1 - \mathrm{D}_1 \frac{x^2}{2!} + \mathrm{D}_2 \frac{x^4}{4!} - \ldots + (-1)^m \mathrm{D}_m \frac{x^{2m}}{(2m)!} \cdots,$$

---

(1) Le terme en x^2 manque dans ce développement, comme on le voit *a prior* pari l'expression $e^{-\int_0^x Z(x)\,dx}$ où la série en exposant commence par un terme en x^4.

on aura

$$
\begin{aligned}
A_2 &= 2k^2,\\
A_3 &= 8(k^2+k^4),\\
A_4 &= 32(k^2+k^6)+68k^4,\\
A_5 &= 128(k^2+k^8)+480(k^4+k^6),\\
A_6 &= 512(k^2+k^{10})+3008(k^4+k^8)+5400k^6,\\
A_7 &= 2048(k^2+k^{12})+17\,408(k^4+k^{10})+49\,568(k^6+k^8),\\
A_8 &= 8\,192(k^2+k^{14})+95\,232(k^4+k^{12})+395\,520(k^6+k^{10})+603\,376\,k^8\\
A_9 &= 32\,768(k^2+k^{16})+499\,712(k^4+k^{14})+2\,853\,888(k^6+k^{12})\\
&\quad +5\,668\,096(k^8+k^{10}),\\
A_{10} &= 131\,072(k^2+k^{18})+2\,539\,520(k^4+k^{16})+19\,097\,600(k^6+k^{14})\\
&\quad +38\,153\,728(k^8+k^{12})+42\,090\,784\,k^{10},
\end{aligned}
$$

....

$$
\begin{aligned}
B_1 &= 1+k^2,\\
B_2 &= 1+k^4+4k^2,\\
B_3 &= 1+k^6+9(k^2+k^4),\\
B_4 &= 1+k^8+16(k^2+k^6)-6k^4,\\
B_5 &= 1+k^{10}+25(k^2+k^8)-494(k^4+k^6),\\
B_6 &= 1+k^{12}+36(k^2+k^{10})-5781(k^4+k^8)-12\,184\,k^6,\\
B_7 &= 1+k^{14}+49(k^2+k^{12})-55\,173(k^4+k^{10})-179\,605(k^6+k^8),\\
B_8 &= 1+k^{16}+64(k^2+k^{14})-502\,892(k^4+k^{12})-2\,279\,488(k^6+k^{10})\\
&\quad -3\,547\,930\,k^8,\\
B_9 &= 1+k^{18}+81(k^2+k^{16})-4\,537\,500(k^4+k^{14})-27\,198\,588(k^6+k^{12})\\
&\quad -59\,331\,498(k^8+k^{10}),\\
B_{10} &= 1+k^{20}+100(k^2+k^{18})-40\,856\,715(k^4+k^{16})\\
&\quad -31\,380\,080(k^6+k^{14})-909\,015\,270(k^8+k^{12})-1\,278\,530\,856\,k^{10},
\end{aligned}
$$

....

$$
\begin{aligned}
C_1 &= 1,\\
C_2 &= 1+2k^2,\\
C_3 &= 1+6k^2+8k^4,\\
C_4 &= 1+12k^2+60k^4+32k^6,\\
C_5 &= 1+20k^2+348k^4+448k^6+128k^8,\\
C_6 &= 1+30k^2+2372k^4+4600k^6+2880k^8+512k^{10},\\
C_7 &= 1+42k^2+19\,308\,k^4+51\,816\,k^6+45\,024\,k^8+16\,896\,k^{10}+2048\,k^{12},\\
C_8 &= 1+56k^2+169\,320\,k^4+628\,064\,k^6+757\,264\,k^8+370\,944\,k^{10}\\
&\quad +93\,184\,k^{12}+8\,192\,k^{14},\\
C_9 &= 1+72k^2+1\,515\,368\,k^4+7\,594\,592\,k^6+12\,998\,928\,k^8\\
&\quad +9\,100\,288\,k^{10}+2\,725\,888\,k^{12}+491\,520\,k^{14}+32\,768\,k^{16},\\
C_{10} &= 1+90k^2+13\,623\,480\,k^4+89\,348\,080\,k^6+211\,064\,400\,k^8\\
&\quad +219\,361\,824\,k^{10}+100\,242\,944\,k^{12}+1\,845\,0432\,k^{14}\\
&\quad +2\,506\,752\,k^{16}+131\,072\,k^{18},
\end{aligned}
$$

....

et

$$
\begin{aligned}
D_1 &= k^2,\\
D_2 &= 2k^2 + k^4,\\
D_3 &= 8k^2 + 6k^4 + k^6,\\
D_4 &= 32k^2 + 60k^4 + 12k^6 + k^8,\\
D_5 &= 128k^2 + 448k^4 + 348k^6 + 20k^8 + k^{10},\\
D_6 &= 512k^2 + 2880k^4 + 4600k^6 + 2372k^8 + 30k^{10} + k^{12},\\
D_7 &= 2048k^2 + 16896k^4 + 45024k^6 + 51816k^8 + 19308k^{10} + 42k^{12} + k^{14},\\
D_8 &= 8192k^2 + 93184k^4 + 370944k^6 + 757264k^8 + 628064k^{10}\\
&\qquad + 169320k^{12} + 56k^{14} + k^{16}.\\
D_9 &= 32768k^2 + 491520k^4 + 2725888k^6 + 9100288k^8\\
&\qquad + 12998928k^{10} + 7594592k^{12} + 1515368k^{14} + 72k^{16} + k^{18},\\
D_{10} &= 131072k^2 + 2506752k^4 + 18450432k^6 + 100242944k^8\\
&\qquad + 219361824k^{10} + 211064400k^{12} + 89348080k^{14}\\
&\qquad + 13623480k^{16} + 90k^{18} + k^{20},
\end{aligned}
$$

. . . .

Mais les équations aux différences partielles ne servent pas seulement à faciliter le calcul dont nous venons de rapporter les résultats d'après M. Weierstrass, elles donnent encore, par exemple, une démonstration facile des équations suivantes, qui se rapportent à la transformation du premier ordre, savoir :

$$
\left\{
\begin{aligned}
\mathrm{Al}\left(kx, \frac{1}{k}\right) &= \mathrm{Al}(x, k),\\
\mathrm{Al}\left(kx, \frac{1}{k}\right)_1 &= k\,\mathrm{Al}(x, k)_1,\\
\mathrm{Al}\left(kx, \frac{1}{k}\right)_2 &= \mathrm{Al}(x, k)_3,\\
\mathrm{Al}\left(kx, \frac{1}{k}\right)_3 &= \mathrm{Al}(x, k_2)_2,
\end{aligned}
\right.
$$

$$
\left\{
\begin{aligned}
\mathrm{Al}(ix, k') &= e^{\frac{x^2}{2}}\,\mathrm{Al}(x, k)_2,\\
\mathrm{Al}(ix, k')_1 &= i e^{\frac{x^2}{2}}\,\mathrm{Al}(x, k)_1,\\
\mathrm{Al}(ix, k')_2 &= e^{\frac{x^2}{2}}\,\mathrm{Al}(x, k),\\
\mathrm{Al}(ix, k')_3 &= e^{\frac{x^2}{2}}\,\mathrm{Al}(x, k)_3.
\end{aligned}
\right.
$$

Nous remarquerons enfin qu'en passant ainsi des fonctions $\Theta(x)$ à $\mathrm{Al}(x)$ qui ont perdu tout caractère périodique, les quotients $\frac{\mathrm{Al}(x)_1}{\mathrm{Al}(x)}$, $\frac{\mathrm{Al}(x)_2}{\mathrm{Al}(x)}$, $\frac{\mathrm{Al}(x)_3}{\mathrm{Al}(x)}$ se trouvent posséder la double périodicité en vertu des relations suivantes, conséquence immédiate des équations (B), en se rappelant qu'on a

$$\zeta = \frac{\mathrm{J}}{\mathrm{K}} \quad \text{et} \quad \mathrm{KJ'} - \mathrm{K'J} = \frac{\pi}{2},$$

savoir :

$$\left\{\begin{aligned} \mathrm{Al}(x+2\mathrm{K}) &= +\mathrm{Al}(x)\, e^{-2\mathrm{J}(x+\mathrm{K})}, \\ \mathrm{Al}(x+2\mathrm{K})_1 &= -\mathrm{Al}(x)_1\, e^{-2\mathrm{J}(x+\mathrm{K})}, \\ \mathrm{Al}(x+2\mathrm{K})_2 &= -\mathrm{Al}(x)_2\, e^{-2\mathrm{J}(x+\mathrm{K})}, \\ \mathrm{Al}(x+2\mathrm{K})_3 &= +\mathrm{Al}(x)_3\, e^{-2\mathrm{J}(x+\mathrm{K})}, \end{aligned}\right.$$

et

$$\left\{\begin{aligned} \mathrm{Al}(x+2i\mathrm{K'}) &= -\mathrm{Al}(x)\, e^{-2i\mathrm{J'}(x+i\mathrm{K'})}, \\ \mathrm{Al}(x+2i\mathrm{K'})_1 &= -\mathrm{Al}(x)_1\, e^{-2i\mathrm{J'}(x+i\mathrm{K'})}, \\ \mathrm{Al}(x+2i\mathrm{K'})_2 &= +\mathrm{Al}(x)_2\, e^{-2i\mathrm{J'}(x+i\mathrm{K'})}, \\ \mathrm{Al}(x+2i\mathrm{K'})_3 &= +\mathrm{Al}(x)_3\, e^{-2i\mathrm{J'}(x+i\mathrm{K'})}. \end{aligned}\right.$$

Développements des fonctions elliptiques en séries simples de sinus et de cosinus.

Voici un nouveau mode d'expression analytique qui se distingue essentiellement de celui que nous venons d'étudier, en ce que la variable est assujettie à rester entre certaines limites déterminées, de sorte que, ces limites changeant, la forme du développement doit changer également. Toutefois, comme il suffit, pour embrasser toutes les valeurs réelles ou imaginaires de l'argument, d'un nombre limité de développements et que, dans chaque intervalle d'ailleurs, le développement convenable subsiste quelles que soient les périodes ou le module, on peut présumer que l'étude de ce mode d'expression ouvrira également la voie pour parvenir aux propriétés fondamentales des nouvelles transcendantes. C'est, en effet, ce qui a lieu, et l'on verra même ainsi s'offrir naturellement la réduction aux fonctions elliptiques de toute fonction doublement périodique uniforme, c'est-à-dire la proposition de M. Liouville énoncée page 129 et qu'on démontrera ci-après. Mais, à un autre point de vue et par le seul fait des identités entre les séries et les quotients de séries, on se trouve amené aux propriétés des nombres les plus cachées et les plus importantes, propriétés dont l'intérêt s'augmente même par le lien si imprévu qui les rattache aux transcendantes de l'Analyse. Nous nous bornons ici à cette indication, ne pouvant entrer dans cette partie fort étendue de la théorie des fonctions elliptiques et qui est liée étroitement aux belles recherches que la Science doit à M. Liouville sur les fonctions numériques.

I. — *Première méthode.*

C'est celle qu'indique naturellement l'équation [1]

$$\Theta\left(\frac{2Kx}{\pi}\right) = A(1-2q\cos 2x+q^2)(1-2q^3\cos 2x+q^6)$$
$$\times(1-2q^5\cos 2x+q^{10})\ldots.$$

En partant en effet du développement connu

$$-\frac{1}{2}\log(1-2q\cos 2x+q^2) = q\cos 2x + q^2\frac{\cos 4x}{2}$$
$$+q^3\frac{\cos 6x}{3}+q^4\frac{\cos 8x}{4}+\ldots,$$

on aura

$$\frac{1}{2}\log\Theta\left(\frac{2Kx}{\pi}\right) = \text{const.} - \cos 2x(q+q^3+q^5+\ldots)$$
$$-\frac{\cos 4x}{2}(q^2+q^6+q^{10}+\ldots)$$
$$-\frac{\cos 6x}{3}(q^3+q^9+q^{15}+\ldots)$$
$$-\frac{\cos 8x}{4}(q^4+q^{12}+q^{20}+\ldots),$$

. . . .

ou bien

$$\frac{1}{2}\log\Theta\left(\frac{2Kx}{\pi}\right) = \text{const.} - \frac{q\cos 2x}{1-q^2} - \frac{q^2\cos 4x}{2(1-q^4)}$$
$$-\frac{q^3\cos 6x}{3(1-q^6)} - \frac{q^4\cos 8x}{4(1-q^8)} - \ldots.$$

On en conclut les développements des fonctions de deuxième et

---

[1] *Voyez* p. 141.

de troisième espèce, d'après les relations

$$\Pi(x, a) = x\frac{\Theta'(a)}{\Theta(a)} + \frac{1}{2}\log\frac{\Theta(x-a)}{\Theta(x+a)},$$

$$Z(x) = \zeta x - \frac{\Theta'(x)}{\Theta(x)},$$

c'est-à-dire les formules suivantes :

$$\Pi\left(\frac{2Kx}{\pi}, \frac{2Ka}{\pi}\right) = \frac{2Kx}{\pi}\frac{\Theta'\left(\frac{2Ka}{\pi}\right)}{\Theta\left(\frac{2Ka}{\pi}\right)}$$
$$+\frac{q\cos 2(x+a)}{1-q^2} + \frac{q^2\cos 4(x+a)}{2(1-q^4)} + \ldots$$
$$-\frac{q\cos 2(x-a)}{1-q^2} - \frac{q^2\cos 4(x-a)}{2(1-q^4)} - \ldots$$
$$= \frac{2Kx}{\pi}\frac{\Theta'\left(\frac{2Ka}{\pi}\right)}{\Theta\left(\frac{2Ka}{\pi}\right)}$$
$$-2\left[\frac{q\sin 2a\sin 2x}{1-q^2} + \frac{q^2\sin 4a\sin 4x}{2(1-q^4)} + \frac{q^3\sin 6a\sin 6x}{3(1-q^6)} + \ldots\right]$$

et

$$\frac{K}{2\pi}Z\left(\frac{2Kx}{\pi}\right) = \frac{\zeta K^2}{\pi^2}x - \left(\frac{q\sin 2x}{1-q^2} + \frac{q^2\sin 4x}{1-q^4} + \frac{q^3\sin 6x}{1-q^6} + \ldots\right).$$

En différentiant par rapport à x la dernière, on obtient encore

$$\frac{k^2K^2}{2\pi^2}\sin^2\operatorname{am}\frac{2Kx}{\pi} = \frac{\zeta K^2}{2\pi^2} - \left(\frac{q\cos 2x}{1-q^2} + \frac{2q^2\cos 4x}{1-q^4} + \frac{3q^3\cos 6x}{1-q^6} + \ldots\right).$$

Mais c'est à $\sin\operatorname{am} x$, $\cos\operatorname{am} x$, $\Delta\operatorname{am} x$ qu'il s'agit de parvenir, et le même procédé s'appliquerait, s'il était possible de les considérer comme les dérivées logarithmiques de fonctions décomposables en facteurs ainsi que $\Theta(x)$. Or, on a, en effet,

$$k\sin\operatorname{am} x = \frac{d\log(\Delta\operatorname{am} x - k\cos\operatorname{am} x)}{dx},$$

$$ik\cos\operatorname{am} x = \frac{d\log(\Delta\operatorname{am} x + ik\sin\operatorname{am} x)}{dx},$$

$$i\Delta\operatorname{am} x = \frac{d\log(\cos\operatorname{am} x + i\sin\operatorname{am} x)}{dx},$$

et les quantités sous le signe logarithmique s'expriment comme il suit :

$$\Delta \operatorname{am} \frac{2Kx}{\pi} - k \cos \operatorname{am} \frac{2Kx}{\pi}$$

$$= \frac{(1-2\sqrt{q}\cos x + q)(1-2\sqrt{q^3}\cos x + q^3)(1-2\sqrt{q^5}\cos x + q^5)\ldots}{(1+2\sqrt{q}\cos x + q)(1+2\sqrt{q^3}\cos x + q^3)(1+2\sqrt{q^5}\cos x + q^5)\ldots},$$

$$\Delta \operatorname{am} \frac{2Kx}{\pi} + ik \sin \operatorname{am} \frac{2Kx}{\pi}$$

$$= \frac{(1-2\sqrt{-q}\sin x - q)(1-2\sqrt{-q^3}\sin x - q^3)(1-2\sqrt{-q^5}\sin x - q^5)\ldots}{(1+2\sqrt{-q}\sin x - q)(1+2\sqrt{-q^3}\sin x - q^3)(1+2\sqrt{-q^5}\sin x - q^5)\ldots},$$

$$\cos \operatorname{am} \frac{2Kx}{\pi} + i \sin \operatorname{am} \frac{2Kx}{\pi}$$

$$= \frac{e^{2ix}(1-q e^{-2ix})(1-q^3 e^{2ix})(1-q^5 e^{-2ix})\ldots}{(1-q e^{2ix})(1-q^3 e^{-2ix})(1-q^5 e^{2ix})\ldots};$$

de sorte qu'un calcul tout semblable à celui qui a été fait précédemment conduit aux formules suivantes :

$$\frac{kK}{2\pi} \sin \operatorname{am} \frac{2Kx}{\pi} = \frac{\sqrt{q}\sin x}{1-q} + \frac{\sqrt{q^3}\sin 3x}{1-q^3} + \frac{\sqrt{q^5}\sin 5x}{1-q^5} + \ldots,$$

$$\frac{kK}{2\pi} \cos \operatorname{am} \frac{2Kx}{\pi} = \frac{\sqrt{q}\cos x}{1+q} + \frac{\sqrt{q^3}\cos 3x}{1+q^3} + \frac{\sqrt{q^5}\cos 5x}{1+q^5} + \ldots,$$

$$\frac{K}{2\pi} \Delta \operatorname{am} \frac{2Kx}{\pi} = \frac{1}{4} + \frac{q\cos 2x}{1+q^2} + \frac{q^2\cos 4x}{1+q^4} + \frac{q^3\cos 6x}{1+q^6} + \ldots.$$

Quant aux expressions des quantités

$$\Delta \operatorname{am} x - k \cos \operatorname{am} x,$$

$$\Delta \operatorname{am} x + ik \sin \operatorname{am} x,$$

$$\cos \operatorname{am} x + i \sin \operatorname{am} x,$$

dont nous venons de nous servir, nous nous bornerons à établir l'une d'elles, la même méthode s'appliquant aux autres, et c'est la dernière que nous choisirons, les précédentes se trouvant dans les *Fundamenta*, car elles se tirent de l'équation (5), page 86, en y changeant pour la première x en $\frac{\pi}{2} - x$ et pour la seconde q en $-q$.

A cet effet, soit pour un instant, comme page 140,

$$\varphi(x) = 1 - e^{\frac{i\pi x}{K}};$$

l'expression qu'il s'agit de démontrer égale à

$$\cos \operatorname{am} x + i \sin \operatorname{am} x$$

prendra cette forme

$$\frac{e^{\frac{i\pi x}{2K}} \varphi(-x+iK')\varphi(x+3iK')\varphi(-x+5iK')\ldots}{\varphi(x+iK')\varphi(-x+3iK')\varphi(x+5iK')\ldots},$$

d'où l'on voit qu'on la ramènera déjà à avoir $\Theta(x)$ pour dénominateur en multipliant les deux termes par

$$A\varphi(-x+iK')\varphi(x+3iK')\varphi(-x+5iK')\ldots,$$

A désignant une constante. Faisons donc

$$\Phi(x) = A e^{\frac{i\pi x}{2K}} \varphi^2(-x+iK')\varphi^2(x+3iK')\varphi^2(-x+5iK')\ldots,$$

on aura évidemment

$$\Phi(x+2K) = -\Phi(x),$$

et, en second lieu,

$$\Phi(x+4iK') = \Phi(x)\, q^2 \frac{\varphi^2(-x-3iK')}{\varphi^2(x+3iK')} = \Phi(x)\, e^{-\frac{2i\pi}{K}(x+2iK')}.$$

Or on satisfait de la manière la plus générale par des fonctions entières aux deux conditions

$$\left\{\begin{aligned} \Phi(x+2K) &= -\Phi(x), \\ \Phi(x+4iK') &= \Phi(x)\, e^{-\frac{2i\pi}{K}(x+2iK')}, \end{aligned}\right.$$

en prenant

$$\Phi(x) = C H(x) + C_1 H_1(x),$$

de sorte qu'on peut poser

$$\begin{aligned} &\frac{e^{\frac{i\pi x}{2K}} \varphi(-x+iK')\varphi(x+3iK')\varphi(-x+5iK')\ldots}{\varphi(x+iK')\varphi(-x+3iK')\varphi(x+5iK')\ldots} \\ &\quad = \frac{C H(x) + C_1 H_1(x)}{\Theta(x)} = A \cos \operatorname{am} x + iB \sin \operatorname{am} x, \end{aligned}$$

en désignant par A et B des constantes, qu'on déterminera par une hypothèse particulière. Soit par exemple $x = 0$ et $x = K$, on obtiendra immédiatement $A = 1$, $B = 1$, ce qui démontre notre formule.

A cette occasion, je remarquerai que la manière la plus générale de satisfaire par des fonctions entières aux conditions

$$\begin{cases} \Phi(x+4K) = \Phi(x), \\ \Phi(x+4iK') = \Phi(x)\, e^{-\frac{2i\pi}{K}(x+4iK')}, \end{cases}$$

qui comprennent les précédentes, est de prendre avec quatre constantes arbitraires

$$\Phi(x) = A\Theta(x) + BH(x) + C\Theta_1(x) + DH_1(x).$$

Cette expression qu'on voit *a priori* être solution, par les relations de la page 151, est effectivement la plus générale; car, en supposant

$$\Phi(x) = \Sigma a_m e^{\frac{mi\pi x}{2K}},$$

ou plutôt

$$\Phi(x) = \Sigma a_m q^{\frac{m^2}{4}} e^{\frac{mi\pi x}{2K}},$$

la seconde de ces conditions conduira à poser

$$a_{m+4} = a_m,$$

ce qui ne laisse bien subsister que quatre constantes arbitraires dans l'expression de $\Phi(x)$.

II. — *Des séries précédentes ordonnées suivant les puissances de q.*

Ces développements se sont offerts d'eux-mêmes dans ce qui précède; ainsi, avant d'effectuer la sommation des progressions géométriques, a-t-on obtenu par exemple :

$$\begin{aligned} \frac{kK}{2\pi}\sin\operatorname{am}\frac{2Kx}{\pi} = {} & \sin x\ \sqrt{q}\ (1+q+q^2+\ldots) \\ & + \sin 3x\sqrt{q^3}\,(1+q^3+q^6+\ldots) \\ & + \sin 5x\sqrt{q^5}\,(1+q^5+q^{10}+\ldots) \\ & \ldots\ldots\ldots\ldots\ldots\ldots\ldots\ldots \\ = {} & \sin x \sum\sqrt{q^{2m+1}} \\ & + \sin 3x \sum\sqrt{q^{3(2m+1)}} \\ & + \sin 5x \sum\sqrt{q^{5(2m+1)}} \\ & \ldots\ldots\ldots\ldots\ldots\ldots \end{aligned}$$

ou bien, sous la forme d'une somme double,

$$\frac{kK}{2\pi}\sin\operatorname{am}\frac{2Kx}{\pi}=\sum\sin(2\mu+1)\sqrt{q^{(2\mu+1)(2m+1)}}.$$

Faisons donc

$$(2\mu+1)(2m+1)=M,$$

M représentera tous les nombres impairs, et le coefficient d'un terme quelconque $\sqrt{q^M}$, dans la série, sera la somme de toutes les quantités $\sin(2\mu+1)x$, où $2\mu+1$ est un diviseur de M. Et, comme tout diviseur d'un nombre impair est lui-même impair, on pourra écrire plus simplement, en désignant par μ un diviseur de M,

$$\frac{kK}{2\pi}\sin\operatorname{am}\frac{2Kx}{\pi}=\sum\sqrt{q^M}\sum\sin\mu x.$$

D'une manière toute semblable on obtiendra

$$\frac{kK}{2\pi}\cos\operatorname{am}\frac{2Kx}{\pi}=\sum(-1)^{\frac{M-1}{2}}\sqrt{q^M}\sum(-1)^{\frac{\mu-1}{2}}\cos\mu x.$$

A l'égard de $\Delta\operatorname{am}x$, si l'on désigne par $N=2^\nu M$ un nombre entier quelconque, 2^ν étant la puissance la plus élevée du facteur 2 qu'il contienne, de sorte que M soit impair, on aura

$$\frac{K}{2\pi}\Delta\operatorname{am}\frac{2Kx}{\pi}=\frac{1}{4}+\sum(-1)^{\frac{M-1}{2}}q^N\sum(-1)^{\frac{\mu-1}{2}}\cos 2^{\nu+1}\mu x,$$

où μ représente comme précédemment tout diviseur du nombre impair M. Il est impossible de ne pas être frappé du caractère arithmétique de ces expressions

$$\sum\sin\mu x,$$
$$\sum(-1)^{\frac{\mu-1}{2}}\cos\mu x,$$
$$\sum(-1)^{\frac{\mu-1}{2}}\cos 2^{\nu+1}\mu x;$$

elles offrent un exemple des *fonctions numériques* qui ont été le sujet des belles recherches de M. Liouville, et la manière simple dont elles sont amenées par la théorie des fonctions elliptiques peut aisément faire présumer le rôle de cette théorie dans l'étude des propriétés des nombres.

III. — *Vérification des équations différentielles fondamentales.*

Désignons par m et m' tous les nombres impairs positifs et négatifs, par la lettre n tous les nombres entiers pairs et impairs; en posant

$$U = \sum \frac{\sqrt{q^m}\, e^{mix}}{1 - q^m},$$

$$V = \sum \frac{\sqrt{q^{m'}}\, e^{m'ix}}{1 + q^{m'}},$$

$$W = \sum \frac{q^n\, e^{2nix}}{1 + q^{2n}},$$

on aura

$$\frac{ikK}{\pi} \sin \operatorname{am} \frac{2Kx}{\pi} = U,$$

$$\frac{kK}{\pi} \cos \operatorname{am} \frac{2Kx}{\pi} = V,$$

$$\frac{K}{\pi} \Delta \operatorname{am} \frac{2Kx}{\pi} = W.$$

Cela posé, aux équations

$$\frac{d \sin \operatorname{am} x}{dx} = \cos \operatorname{am} x\, \Delta \operatorname{am} x,$$

$$\frac{d \cos \operatorname{am} x}{dx} = - \sin \operatorname{am} x\, \Delta \operatorname{am} x,$$

$$\frac{d\, \Delta \operatorname{am} x}{dx} = - k^2 \sin \operatorname{am} x \cos \operatorname{am} x,$$

correspondent celles-ci

$$\frac{dU}{dx} = 2i\, VW, \qquad \frac{dV}{dx} = 2i\, WU, \qquad \frac{dW}{dx} = 2i\, UV;$$

que nous nous proposons de vérifier.

Considérons pour cela les produits

$$VW = \sum \frac{q^{\frac{m'+2n}{2}}\, e^{(m'+2n)ix}}{(1 + q^{m'})(1 + q^{2n})},$$

$$WU = \sum \frac{q^{\frac{m+2n}{2}}\, e^{(m+2n)ix}}{(1 - q^{m})(1 + q^{2n})},$$

$$UV = \sum \frac{q^{\frac{m+m'}{2}}\, e^{(m+m')ix}}{(1 - q^{m})(1 + q^{m'})},$$

et observons qu'on a identiquement

$$\frac{q^{\frac{m'+2n}{2}}}{(1+q^{m'})(1+q^{2n})} = \frac{q^{\frac{m'+2n}{2}}}{1-q^{m'+2n}}\left(\frac{1}{1+q^{m'}} - \frac{q^{2n}}{1+q^{2n}}\right),$$

$$\frac{q^{\frac{m+2n}{2}}}{(1-q^{m})(1+q^{2n})} = \frac{q^{\frac{m+2n}{2}}}{1+q^{m+2n}}\left(\frac{1}{1-q^{m}} - \frac{q^{2n}}{1+q^{2n}}\right),$$

$$\frac{q^{\frac{m+m'}{2}}}{(1-q^{m})(1+q^{m'})} = \frac{q^{\frac{m+m'}{2}}}{1+q^{m+m'}}\left(\frac{1}{1-q^{m}} - \frac{q^{m'}}{1+q^{m'}}\right).$$

En posant

$$m + 2n = \text{M},$$
$$m' + 2n = \text{M}',$$
$$m + m' = 2\text{N},$$

de sorte que M et M' soient des nombres impairs, et N un entier quelconque, on pourra écrire :

$$\text{VW} = \sum \frac{\sqrt{q^{\text{M}'}}\, e^{\text{M}'ix}}{1-q^{\text{M}'}}\left(\frac{1}{1+q^{m'}} - \frac{q^{\text{M}'-m'}}{1+q^{\text{M}'-m'}}\right),$$

$$\text{WU} = \sum \frac{\sqrt{q^{\text{M}}}\, e^{\text{M}ix}}{1+q^{\text{M}}}\left(\frac{1}{1-q^{m}} - \frac{q^{\text{M}-m}}{1+q^{\text{M}-m}}\right),$$

$$\text{UV} = \sum \frac{q^{\text{M}}\, e^{2\text{N}ix}}{1+q^{2\text{N}}}\left(\frac{1}{1-q^{m}} - \frac{q^{2\text{N}-m}}{1+q^{2\text{N}-m}}\right).$$

Ces expressions étant comparées respectivement à $\frac{d\text{U}}{dx}$, $\frac{d\text{V}}{dx}$, $\frac{d\text{W}}{dx}$, on reconnaît qu'il suffit pour démontrer les relations différentielles d'établir qu'on a, en supprimant les accents :

$$\text{M} = 2\sum\left(\frac{1}{1+q^{m}} - \frac{q^{\text{M}-m}}{1+q^{\text{M}-m}}\right),$$

$$\text{M} = 2\sum\left(\frac{1}{1-q^{m}} - \frac{q^{\text{M}-m}}{1+q^{\text{M}-m}}\right),$$

$$\text{N} = \sum\left(\frac{1}{1-q^{m}} - \frac{q^{2\text{N}-m}}{1+q^{2\text{N}-m}}\right).$$

Le procédé à suivre pour cela étant le même dans les trois équations, nous considérerons, pour fixer les idées, la première. Distinguons, à cet effet, les valeurs positives des valeurs négatives du nombre m; les premières conduisent à l'expression

$$\sum\left(\frac{1}{1+q^m}-\frac{q^{M-m}}{1+q^{M-m}}\right),$$

qu'en supposant M positif, nous écrirons

$$\sum\left(\frac{q^{m-M}}{1+q^{m-M}}-\frac{q^m}{1+q^m}\right),$$

d'après les identités

$$\frac{1}{1+q^m}=1-\frac{q^m}{1+q^m},$$
$$\frac{q^{M-m}}{1+q^{M-m}}=1-\frac{q^{m-M}}{1+q^{m-M}};$$

les secondes, en mettant $-m$ à la place de m, à celle-ci :

$$\sum\left(\frac{1}{1+q^{-m}}-\frac{q^{M+m}}{1+q^{M+m}}\right)=\sum\left(\frac{q^m}{1+q^m}-\frac{q^{M+m}}{1+q^{M+m}}\right),$$

de sorte qu'il reste la quantité suivante :

$$\sum\frac{q^{m-M}}{1+q^{m-M}}-\sum\frac{q^{M+m}}{1+q^{M+m}}.$$

Mais, à partir de $m=2M+1$, tous les termes de la première somme sont donnés par la seconde en signes contraires et disparaissent. Ainsi il ne subsiste plus qu'une série finie

$$\sum_{m=1}^{m=2M-1}\frac{q^{m-M}}{1+q^{m-M}},$$

que nous décomposerons comme il suit, en isolant le terme moyen, savoir :

$$\sum_{m=1}^{m=M-1}\frac{q^{m-M}}{1+q^{m-M}}+\frac{1}{2}+\sum_{m=M+1}^{m=2M-1}\frac{q^{m-M}}{1+q^{m-M}}.$$

Or, en remplaçant $\frac{q^{m-M}}{1+q^{m-M}}$ apr $\frac{1}{1+q^{M-m}}$, la première somme est

$$\frac{1}{1+q^2}+\frac{1}{1+q^4}+\ldots+\frac{1}{1+q^{M-1}},$$

et ces divers termes, respectivement ajoutés à ceux de la seconde, savoir :

$$\frac{q^2}{1+q^2}+\frac{q^4}{1+q^4}+\ldots+\frac{q^{M-1}}{1+q^{M-1}},$$

donneront autant de fois l'unité qu'il y a de termes, c'est-à-dire $\frac{M-1}{2}$; joignant à cela la fraction $\frac{1}{2}$ qui correspond au terme du milieu, il vient en définitive

$$\frac{1}{2}+\frac{M-1}{2}=\frac{M}{2},$$

ce qui est bien le résultat auquel il fallait parvenir. Enfin, si l'on suppose M négatif, on observera que l'expression que nous avons considérée change de signe avec M, de sorte que

$$\sum\left(\frac{1}{1+q^m}-\frac{q^{M-m}}{1+q^{M-m}}\right)=-\sum\left(\frac{1}{1+q^m}-\frac{q^{-M-m}}{1+q^{-M-m}}\right).$$

En effet, si l'on met dans le premier membre $m+M$ au lieu de m, on obtiendra identiquement le terme général de la série du second membre.

Après avoir ainsi montré par un exemple important de quelle manière les nouveaux développements peuvent, comme ceux qui ont servi de base à la théorie, conduire aux propriétés fondamentales des fonctions elliptiques, nous allons présenter à un point de vue plus général la comparaison entre les deux modes d'expressions, en donnant sous forme de série périodique simple une fonction uniforme quelconque à double période.

IV. — *Développement en série de sinus et de cosinus d'une fonction doublement périodique.*

Nommons $F(z)$ la fonction proposée, a et b ses périodes; voici en premier lieu comment nous définirons les limites de la variable, entre lesquelles sera successivement représentée cette fonction, par un développement en série de sinus et de cosinus qui mettra en évidence, par exemple, la période a. Observons, à cet effet, que l'expression

$$z=at+bu,$$

en supposant réels t et u, peut représenter toute quantité imaginaire, et que, s'il s'agit d'obtenir toutes les valeurs que peut prendre $F(z)$, il suffira, eu égard à la double périodicité, d'attribuer à t et u toutes les valeurs réelles comprises entre zéro et l'unité. Nous appliquerons cette remarque aux racines de l'équation $\frac{1}{F(z)} = 0$ dont dépendent les limitations que nous avons en vue, et en suivant l'ordre croissant depuis zéro à l'unité des valeurs de u, nous les désignerons par $\zeta_1, \zeta_2, \ldots, \zeta_i$, de sorte que ζ_i corresponde à $u = u_i$. Cela posé, soit υ_i une quantité comprise entre u_i et u_{i+1} (¹), les limites exclues, l'expression

$$F(at + b\upsilon_1)$$

ne pourra devenir infinie pour aucune valeur réelle de t, et donnera lieu par suite au développement

$$F(at + b\upsilon_i) = \sum A_m^{(i)} e^{2mi\pi t},$$

convergent quelle que soit cette variable. Par conséquent, si les quantités ζ_i sont en nombre égal à μ, l'ensemble des μ séries suivantes :

$$\sum A_m^{(1)} e^{2mi\pi t},$$

$$\sum A_m^{(2)} e^{2mi\pi t},$$

$$\cdots\cdots\cdots\cdots,$$

$$\sum A_m^{(\mu)} e^{2mi\pi t},$$

représentera $F(z)$ pour

$$z = at + bu,$$

t étant quelconque, u moindre que l'unité, mais toutefois en excluant les quantités

$$at + bu_1,$$

$$at + bu_2,$$

$$\cdots\cdots\cdots,$$

$$at + bu_\mu.$$

(¹) La quantité υ_1 pourra être supposée comprise non seulement entre u_1 et zéro, mais encore entre zéro et la valeur négative de u la plus petite, abstraction faite du signe.

Et si l'on reproduit périodiquement les mêmes séries, en faisant croître u depuis l'unité jusqu'à l'infini, et décroître depuis zéro jusqu'à l'infini négatif, on aura embrassé toute l'étendue des valeurs imaginaires de l'argument et obtenu, sauf les restrictions indiquées, une représentation complète de la fonction. Cela bien compris, nous allons donner la détermination des quantités A_m.

Pour cela nous emploierons la proposition fondamentale du calcul des résidus, exprimée par l'équation

$$\int f(z)\,dz = 2i\pi\Delta,$$

où le premier membre représente l'intégrale d'une fonction uniforme $f(z)$, prise le long d'un contour fermé quelconque, et Δ la somme des résidus de $f(z)$ pour toutes les valeurs de la variable, qui correspondent à des points renfermés dans ce contour. Cette proposition de M. Cauchy, appliquée au cas où le contour est un parallélogramme ayant pour affixes de ses sommets les quantités

$$\begin{array}{l} p, \\ p+a, \\ p+a+b, \\ p+b, \end{array}$$

et pour équations de ses côtés ces relations où la variable croît de zéro à l'unité, savoir :

$$\begin{array}{l} z = p+at, \\ z = p+a+bt, \\ z = p+b+a(1-t), \\ z = p+b(1-t), \end{array}$$

donnera

$$\begin{aligned} &a\int_0^1 f(p+at)\,dt + b\int_0^1 f(p+a+bt)\,dt \\ &\quad - a\int_0^1 f[p+b+a(1-t)]\,dt - b\int_0^1 f[p+b(1-t)]\,dt = 2i\pi\Delta, \end{aligned}$$

ou plus simplement

$$(1)\quad \left\{ \begin{aligned} &a\int_0^1 f(p+at)\,dt + b\int_0^1 f(p+a+bt)\,dt \\ &\quad - a\int_0^1 f(p+b+at)\,dt - b\int_0^1 f(p+bt)\,dt = 2i\pi\Delta. \end{aligned} \right.$$

D'ailleurs, et d'après la signification précédemment indiquée, Δ représentera la somme des résidus de $f(z)$ pour toutes les racines ζ de l'équation $\frac{1}{f(z)} = 0$, dont les valeurs peuvent être représentées par la formule

$$\zeta = p + at + bu,$$

en supposant t et u compris entre zéro et l'unité. Cela posé, l'équation

$$F(at + b\upsilon_1) = \sum A_m^{(1)} e^{2mi\pi t},$$

donnant

$$A_m^{(1)} = \int_0^1 F(at + b\upsilon_1)\, e^{-2mi\pi t}\, dt,$$

nous appliquerons la relation (1) en faisant

$$p = b\upsilon_1,$$
$$f(z) = F(z)\, e^{-2mi\pi \frac{z - b\upsilon_1}{a}}.$$

Comme on a évidemment

$$f(z + a) = f(z),$$
$$f(z + b) = f(z)\, q^{-2m},$$

en posant, ainsi que plus haut,

$$q = e^{i\pi \frac{b}{a}},$$

le premier membre de l'équation (1) se réduira à

$$a A_m^{(1)} (1 - q^{-2m}).$$

Quant au second, c'est-à-dire à la somme des résidus de la fonction

$$F(z)\, e^{-2mi\pi \frac{z - b\upsilon_1}{a}},$$

pour $z = \zeta_1, \zeta_2, \ldots, \zeta_\mu$, nous supposerons pour simplifier que ces quantités soient des racines simples de l'équation $\frac{1}{F(z)} = 0$; alors, en désignant par R_i la limite de $\varepsilon F(\zeta_i + \varepsilon)$ pour $\varepsilon = 0$, on trouvera immédiatement

$$\Delta = e^{2mi\pi \frac{b\upsilon_1}{a}} \left(R_1 e^{-2mi\pi \frac{\zeta_1}{a}} + R_2\, e^{-2mi\pi \frac{\zeta_2}{a}} + \ldots + R_\mu\, e^{-2mi\pi \frac{\zeta_\mu}{a}} \right).$$

On en conclut le développement cherché de la fonction $F(z)$ pour $z = at + bv$, sous cette forme

$$F(z) = \text{const.} + \frac{2i\pi}{a}\left[R_1 \sum \frac{e^{2m\frac{i\pi}{a}(z-\zeta_1)}}{1-\mathfrak{q}^{-2m}} + R_2 \sum \frac{e^{2m\frac{i\pi}{a}(z-\zeta_2)}}{1-\mathfrak{q}^{-2m}} + \ldots + R_\mu \sum \frac{e^{2m\frac{i\pi}{a}(z-\zeta_\mu)}}{1-\mathfrak{q}^{-2m}}\right]$$

où nous ajoutons une constante arbitraire, en supprimant dans chaque somme le terme qui correspond à $m = 0$. Pour ce cas effectivement l'équation

$$a\,A_m^{(1)}(1-\mathfrak{q}^{-2m}) = 2i\pi\Delta$$

ne peut, comme on le voit, déterminer $A_0^{(1)}$, et donne seulement $\Delta = 0$, c'est-à-dire

$$R_1 + R_2 + \ldots + R_\mu = 0.$$

Mais, avant d'aller plus loin, faisons de suite une application de la formule générale que nous venons d'obtenir en supposant $F(z) = \sin \operatorname{am} z$. Soit alors

$$a = 4K,$$
$$b = 2iK',$$

on aura

$$\zeta_1 = iK',$$
$$\zeta_2 = iK' + 2K,$$
$$R_1 + \lim \varepsilon \sin \operatorname{am}(iK' + \varepsilon) = \frac{1}{k},$$
$$\mathfrak{q} = e^{-\pi\frac{K'}{2K}} = \sqrt{q},$$

et, par suite,

$$\sin \operatorname{am} z = \frac{i\pi}{2kK}\left[\sum \frac{e^{m\frac{i\pi}{2K}(z-iK')}}{1-q^{-m}} - \sum \frac{e^{m\frac{i\pi}{2K}(z-iK'-2K)}}{1-q^{-m}}\right] + \text{const.}$$
$$= \frac{i\pi}{2kK}\sum e^{m\frac{i\pi z}{2K}} \frac{\sqrt{q^{-m}}}{1-q^{-m}}[1-(-1)^m] + \text{const.}$$

On voit qu'on peut ne conserver que les valeurs impaires de m, de sorte qu'en supposant nulle la constante, on trouvera immédiatement

$$\frac{ikK}{\pi} \sin \operatorname{am} \frac{2Kz}{\pi} = \sum e^{miπz} \frac{\sqrt{q^m}}{1-q^m},$$

c'est-à-dire pour le second membre la série désignée par U, page 221.

Revenons aux considérations générales, et surtout à la comparaison des deux développements qui correspondent à $z = at + b\upsilon_1$ et $z = at + b\upsilon_2$. Les résidus, dans le premier cas, se rapportent aux valeurs $\zeta_1, \zeta_2, \ldots, \zeta_\mu$; or en passant à l'intervalle suivant, défini par la relation $z = at + b\upsilon_2$, on sera conduit à la série ζ_2, $\zeta_3, \ldots, \zeta_\mu, \zeta_1 + b$, et comme les résidus de $F(z)$ relatifs à ζ_1, $\zeta_1 + b$ seront les mêmes, les deux développements seront, avec l'expression des termes constants,

$$F(z) = \int_0^1 F(at + b\upsilon_1)\,dt + \frac{2i\pi}{a} R_1 \sum \frac{e^{2m\frac{i\pi}{a}(z-\zeta_1)}}{1 - q^{-2m}} + \frac{2i\pi}{a} R_2 \sum \frac{e^{2m\frac{i\pi}{a}(z-\zeta_2)}}{1 - q^{-2m}} + \ldots,$$

$$F(z) = \int_0^1 F(at + b\upsilon_2)\,dt + \frac{2i\pi}{a} R_1 \sum \frac{e^{2m\frac{i\pi}{a}(z-\zeta_1-b)}}{1 - q^{-2m}} + \frac{2i\pi}{a} R_2 \sum \frac{e^{2m\frac{i\pi}{a}(z-\zeta_2)}}{1 - q^{-2m}} + \ldots.$$

Ce sont donc les termes constants que nous avons à comparer. Nous nous servirons pour cela de l'équation déjà employée, en y remplaçant la période b par une quantité arbitraire β, savoir :

$$a\int_0^1 F(p + at)\,dt + \beta\int_0^1 F(p + a + \beta t)\,dt - a\int_0^1 F(p + \beta + at)\,dt - \beta\int_0^1 F(p + \beta t)\,dt = 2i\pi\Delta.$$

Si nous supposons $p = b\upsilon_1$ et $p + \beta = b\upsilon_2$, Δ se réduira au seul résidu de $F(z)$ qui correspond à $z = \zeta_1$, et l'on aura immédiatement, en divisant par a, la relation

$$\int_0^1 F(at + b\upsilon_1)\,dt - \int_0^1 F(at + b\upsilon_2)\,dt = \frac{2i\pi}{a} R_1.$$

Nous pouvons donc ramener les deux développements à ne contenir absolument que les mêmes éléments analytiques, de sorte que, le premier étant

$$C + \frac{2i\pi}{a} R_1 \sum \frac{e^{2m\frac{i\pi}{a}(z-\zeta_1)}}{1 - q^{-2m}} + \frac{2i\pi}{a} R_2 \sum \frac{e^{2m\frac{i\pi}{a}(z-\zeta_2)}}{1 - q^{-2m}} + \ldots + \frac{2i\pi}{a} R_\mu \sum \frac{e^{2m\frac{i\pi}{a}(z-\zeta_\mu)}}{1 - q^{-2m}};$$

le second, en réunissant les termes en R_1, s'écrira ainsi

$$C + \frac{2i\pi}{a} R_1 \left[\sum \frac{e^{2m\frac{i\pi}{a}(z-\zeta_1-b)}}{1-\mathfrak{q}^{-2m}} - 1 \right] + \frac{2i\pi}{a} R_2 \sum \frac{e^{2m\frac{i\pi}{a}(z-\zeta_2)}}{1-\mathfrak{q}^{-2m}} + \dots$$
$$+ \frac{2i\pi}{a} R_\mu \sum \frac{e^{2m\frac{i\pi}{a}(z-\zeta_\mu)}}{1-\mathfrak{q}^{-2m}}.$$

De là se tire une conséquence importante et qui justifiera ce que nous avons annoncé plus haut, sur le rôle de la fonction de seconde espèce.

Remarquons, en effet, que les diverses séries affectées des facteurs R_1, R_2, ... proviennent de ce seul développement

$$\sum \frac{e^{2m\frac{i\pi z}{a}}}{1-\mathfrak{q}^{-2m}},$$

en y remplaçant z par $z-\zeta_1$, $z-\zeta_2$, ..., et $z-\zeta_1-b$ dans le second cas. Or, en mettant $z-\frac{b}{2}$ au lieu de z, ce développement prend la forme

$$\sum \frac{\mathfrak{q}^{-m} e^{2m\frac{i\pi z}{a}}}{1-\mathfrak{q}^{-2m}},$$

qui nous rappelle immédiatement une expression analytique bien connue. Soit, en effet,

$$a = 2K, \qquad b = 2iK',$$

d'où

$$\mathfrak{q} = q,$$

on aura

$$\frac{\Theta'(z)}{\Theta(z)} = \frac{i\pi}{K} \sum \frac{q^{-m} e^{m\frac{i\pi z}{K}}}{1-q^{-2m}} = \frac{2\pi}{K} \sum_{1}^{\infty}{}_m \frac{q^m}{1-q^{2m}} \sin\frac{m\pi z}{K}.$$

Nous pourrons, par conséquent, écrire, pour $z = at + b\upsilon_1$,

$$F(z-iK') = C + R_1 \frac{\Theta'(z-\zeta_1)}{\Theta(z-\zeta_1)} + R_2 \frac{\Theta'(z-\zeta_2)}{\Theta(z-\zeta_2)} + \dots + R_\mu \frac{\Theta'(z-\zeta_\mu)}{\Theta(z-\zeta_\mu)},$$

et, pour $z = at + b\upsilon_2$,

$$F(z-iK') = C + R_1 \left[\frac{\Theta'(z-\zeta_1-2iK')}{\Theta(z-\zeta_1-2iK')} - \frac{i\pi}{K} \right]$$
$$+ R_2 \frac{\Theta'(z-\zeta_2)}{\Theta(z-\zeta_2)} + \dots + R_\mu \frac{\Theta'(z-\zeta_\mu)}{\Theta(z-\zeta_\mu)}.$$

C'est en ce moment que se manifeste toute l'importance de la propriété caractéristique de la fonction de seconde espèce relativement à la double périodicité. Effectivement, les relations

$$\left\{\begin{aligned} Z(x+2K) &= Z(x)+2J, \\ Z(x+2iK') &= Z(x)+2iJ' \end{aligned}\right.$$

équivalent à celles-ci :

$$\left\{\begin{aligned} \frac{\Theta'(x+2K)}{\Theta(x+2K)} &= \frac{\Theta'(x)}{\Theta(x)}, \\ \frac{\Theta'(x-2iK')}{\Theta(x-2iK')} &= \frac{\Theta'(x)}{\Theta(x)}+\frac{i\pi}{K}, \end{aligned}\right.$$

d'où l'on voit que l'on peut ramener à une seule les deux formules de développement, par l'introduction de la transcendante, puisque la quantité $\frac{\Theta'(z-\zeta_1-2iK')}{\Theta(z-\zeta_1-2iK')}-\frac{i\pi}{K}$ se réduit à $\frac{\Theta'(z-\zeta_1)}{\Theta(z-\zeta_1)}$.

De là résulte une relation analytique générale subsistant dans toute l'étendue des valeurs de l'argument, et dont la forme définitive, en passant de $F(z-iK')$ à $F(z)$, s'obtiendra comme il suit :

Rappelons d'abord que l'on a

$$\Theta(x+iK') = iH(x)\,e^{-\frac{i\pi}{4K}(2x+iK')},$$

d'où, en prenant les dérivées logarithmiques des deux membres,

$$\frac{\Theta'(x+iK')}{\Theta(x+iK')} = \frac{H'(x)}{H(x)}-\frac{i\pi}{2K}.$$

Il s'ensuit qu'en mettant $z+iK'$ à la place de z, on obtiendra

$$\begin{aligned} F(z) = C + R_1\frac{H'(z-\zeta_1)}{H(z-\zeta_1)} \\ + R_2\frac{H'(z-\zeta_2)}{H(z-\zeta_2)}+\ldots+R_\mu\frac{H'(z-\zeta_\mu)}{H(z-\zeta_\mu)}-\frac{i\pi}{2K}(R_1+R_2+\ldots+R_\mu), \end{aligned}$$

et plus simplement, puisque la somme des résidus est nulle,

$$F(z) = C + R_1\frac{H'(z-\zeta_1)}{H(z-\zeta_1)}+R_2\frac{H'(z-\zeta_2)}{H(z-\zeta_2)}+\ldots+R_\mu\frac{H'(z-\zeta_\mu)}{H(z-\zeta_\mu)}.$$

Dans le cas enfin où ζ, au lieu d'être une racine simple de l'équation $\frac{1}{F(x)} = 0$, serait racine multiple d'ordre n, ce qui donnerait lieu à la relation

$$\varepsilon^n F(\zeta+\varepsilon) = A + B\varepsilon + \ldots + Q\varepsilon^{n-2} + R\varepsilon^{n-1} + \ldots,$$

le seul terme $R\frac{H'(z-\zeta)}{H(z-\zeta)}$ devrait être remplacé dans la formule par l'ensemble

$$R\frac{H'(z-\zeta)}{H(z-\zeta)} - Q\frac{d}{dz}\left[\frac{H'(z-\zeta)}{H(z-\zeta)}\right] + \ldots + \frac{(-1)^{n-2}B}{1.2\ldots n-2}\frac{d^{n-2}}{dz}\left[\frac{H'(z-\zeta)}{H(z-\zeta)}\right]$$
$$+ \frac{(-1)^{n-1}A}{1.2\ldots n-1}\frac{d^{n-1}}{dz}\left[\frac{H'(z-\zeta)}{H(z-\zeta)}\right].$$

V. — *Proposition de M. Liouville.*

Nous fonderons la démonstration sur la formule précédente, en y supposant

$$F(z) = \frac{\Phi'(z)}{\Phi(z)},$$

$\Phi(z)$ étant une fonction doublement périodique uniforme dont les périodes seront, comme plus haut, $2K$ et $2iK'$. Alors les racines ζ comprendront les solutions des équations

$$\begin{cases} \Phi(z) = 0, \\ \dfrac{1}{\Phi(z)} = 0. \end{cases}$$

Nous désignerons les premières par ζ et les secondes par ζ', en admettant toujours qu'elles soient représentées par la formule

$$p + 2Kt + 2iK'u,$$

t et u restant compris entre zéro et l'unité. A l'égard des résidus de $\frac{\Phi'(z)}{\Phi(z)}$, on sait qu'ils sont égaux à $+1$ ou à -1 suivant qu'ils se rapportent aux quantités ζ ou ζ', et, comme leur somme est nulle, on est amené à la conséquence remarquable que ces quantités ζ et ζ' sont précisément en même nombre.

Cela posé, et en désignant ce nombre par n, on aura

$$\frac{\Phi'(z)}{\Phi(z)} = C + \frac{H'(z-\zeta_1)}{H(z-\zeta_1)} + \frac{H'(z-\zeta_2)}{H(z-\zeta_2)} + \ldots + \frac{H'(z-\zeta_n)}{H(z-\zeta_n)}$$
$$- \frac{H'(z-\zeta'_1)}{H(z-\zeta'_1)} - \frac{H'(z-\zeta'_2)}{H(z-\zeta'_2)} - \ldots - \frac{H'(z-\zeta'_n)}{H(z-\zeta'_n)},$$

d'où l'on tire, en désignant par A une constante arbitraire,

$$\Phi(z) = A\, e^{Cz} \frac{H(z-\zeta_1)\, H(z-\zeta_2) \ldots H(z-\zeta_n)}{H(z-\zeta'_1)\, H(z-\zeta'_2) \ldots H(z-\zeta'_n)},$$

expression qui doit avoir les quantités $2K$ et $2iK'$ pour périodes.

Or, en faisant usage des relations

$$H(x+2K) = -H(x),$$
$$H(x+2iK') = -H(x)\, e^{-\frac{i\pi}{K}(x+iK')},$$

et représentant la somme des racines ζ par $\Sigma\zeta$, la somme des racines ζ' par $\Sigma\zeta'$, on trouvera

$$\Phi(z+2K) = \Phi(z)\, e^{2KC},$$
$$\Phi(z+2iK') = \Phi(z)\, e^{2iK'C + \frac{i\pi}{K}\Sigma\zeta - \frac{i\pi}{K}\Sigma\zeta'},$$

de sorte qu'il faut poser

$$e^{2KC} = 1,$$
$$e^{2iK'C + \frac{i\pi}{K}\Sigma\zeta - \frac{i\pi}{K}\Sigma\zeta'} = 1,$$

et ces conditions donnent, en désignant par α et β des nombres entiers arbitraires,

$$C = -\frac{i\pi}{K}\beta,$$

et, en second lieu,

$$\Sigma\zeta - \Sigma\zeta' = 2\alpha K + 2\beta i K'.$$

On observera combien est digne de remarque cette relation dont la découverte appartient à M. Liouville, entre les racines des équations

$$\begin{cases} \Phi(z) = 0, \\ \dfrac{1}{\Phi(z)} = 0; \end{cases}$$

quant aux nombres entiers α et β qui y figurent, j'ajouterai seulement qu'ils se rattachent immédiatement à la fonction $\Phi(z)$ elle-même par l'équation

$$\int_0^1 \frac{\Phi'(p+2iK't)}{\Phi(p+2iK't)}\,dt - \int_0^1 \frac{\Phi'(p+2Kt)}{\Phi(p+2Kt)}\,dt = \frac{\pi}{2KK'}(\alpha K + \beta iK').$$

Voici maintenant les conséquences qui en résultent. Ayant

$$H(z+\Sigma\zeta) = H(z+\Sigma\zeta' + 2\alpha K + 2\beta iK'),$$

on en tire

$$H(z+\Sigma\zeta) = (-1)^{\alpha+\beta} H(z+\Sigma\zeta')\, e^{-\frac{i\pi}{K}(\beta z + \beta^2 iK')},$$

ce qu'on peut écrire

$$(-1)^{\alpha+\beta} q^{\beta^2} \frac{H(z+\Sigma\zeta)}{H(z+\Sigma\zeta')} = e^{-\frac{i\pi}{K}\beta z}.$$

Remplaçant donc le facteur exponentiel

$$e^{Cz} = e^{-\frac{i\pi}{K}\beta z},$$

qui figure dans l'expression de $\Phi(z)$, par ce rapport de fonctions H, et posant

$$(-1)^{\alpha+\beta} q^{\beta^2} A = a,$$

il viendra

$$\Phi(z) = a\,\frac{H(z-\zeta_1)\,H(z-\zeta_2)\ldots H(z+\Sigma\zeta)}{H(z-\zeta'_1)\,H(z-\zeta'_2)\ldots H(z+\Sigma\zeta')}.$$

Or on reconnaît au numérateur et au dénominateur de $\Phi(z)$ les expressions que nous avons déjà employées en démontrant le théorème d'Abel sur l'addition des arguments. Si le nombre n est impair par exemple, l'expression

$$\frac{H(z-\zeta_1)\,H(z-\zeta_2)\ldots H(z+\Sigma\zeta)}{\Theta^{n+1}(z)}$$

est celle qui a été considérée page 184, et qui s'exprime ainsi

$$\varphi(z) = F(x^2) + \frac{dx}{dz}\,x F_1(x^2),$$

$F(x)$ et $F_1(x)$ désignant des polynomes de degrés $\frac{n+1}{2}$ et $\frac{n-3}{2}$, et x pouvant être pris égal à $\sin\operatorname{am} z$, $\cos\operatorname{am} z$, ou $\Delta\operatorname{am} z$. Dans le cas de n pair, elle coïncide avec la fonction désignée page 184, par $\varphi_1(x)$, et l'on a alors, en désignant par $F(x)$ et $f(x)$ deux polynomes entiers en x respectivement des degrés $\frac{n}{2}$ et $\frac{n-2}{2}$,

$$\begin{aligned}&\frac{H(z-\zeta_1)\,H(z-\zeta_2)\ldots H(z+\Sigma\zeta)}{\Theta^{n+1}(z)}\\&\quad=\sin\operatorname{am}z\,F(\sin^2\operatorname{am}z)+\frac{d\sin\operatorname{am}z}{dz}\,f(\sin^2\operatorname{am}z).\end{aligned}$$

On voit donc que $\Phi(z)$ est donné par le quotient de deux expressions de cette nature, et c'est précisément dans la réduction de la fonction doublement périodique à $\sin\operatorname{am}z$ et à sa dérivée que consiste la proposition que nous avons en vue d'établir.

La démonstration que nous venons de donner, reposant en entier sur l'expression générale d'une fonction doublement périodique $F(x)$, que nous avons précédemment obtenue, savoir :

$$F(x)=C+R_1\frac{H'(x-\zeta_1)}{H(x-\zeta_1)}+R_2\frac{H'(x-\zeta_2)}{H(x-\zeta_2)}+\ldots+R_\mu\frac{H'(x-\zeta_\mu)}{H(x-\zeta_\mu)},$$

nous indiquerons encore un moyen d'y parvenir immédiatement, en partant de l'équation

$$\begin{aligned}&a\int_0^1 f(p+at)\,dt+b\int_0^1 f(p+a+bt)\,dt\\&\quad-a\int_0^1 f(p+b+at)\,dt-b\int_0^1 f(p+bt)\,dt=2i\pi\Delta.\end{aligned}$$

Soient, comme plus haut,

$$a=2K,\qquad b=2iK',$$

et prenons

$$f(z)=F(z)\frac{H'(x-z)}{H(x-z)}.$$

Par la définition seule de la fonction $H(z)$, on a

$$\left\{\begin{aligned}\frac{H'(z+2K)}{H(z+2K)}&=\frac{H'(z)}{H(z)},\\\frac{H'(z-2iK')}{H(z-2iK')}&=-\frac{H'(z)}{H(z)}+\frac{i\pi}{K},\end{aligned}\right.$$

et il en résulte

$$\begin{aligned}f(z+2K)&=f(z),\\f(z+2iK')&=f(z)+\frac{i\pi}{K}F(z),\end{aligned}$$

de sorte que l'équation précédente se réduit à

$$\int_0^1 F(p+2Kt)\,dt = -\Delta.$$

Or les divers résidus qui entrent dans Δ se rapportent d'une part à $z = \zeta_1, \zeta_2, \ldots, \zeta_\mu$, et de l'autre à $z = x$; les premiers, s'ils correspondent, comme nous l'avons supposé, à des racines simples, donnent pour somme

$$R_1 \frac{H'(x-\zeta_1)}{H(x-\zeta_1)} + R_2 \frac{H'(x-\zeta_2)}{H(x-\zeta_2)} + \ldots + R_\mu \frac{H'(x-\zeta_\mu)}{H(x-\zeta_\mu)},$$

et le résidu relatif à $z = x$, racine simple de $H(x-z) = 0$, sera évidemment $-F(x)$. L'expression de Δ qui suit de là donne immédiatement la relation

$$F(x) = \int_0^1 F(p+2Kt)\,dt + R_1 \frac{H'(x-\zeta_1)}{H(x-\zeta_1)} + R_2 \frac{H'(x-\zeta_2)}{H(x-\zeta_2)} + \ldots + R_\mu \frac{H'(x-\zeta_\mu)}{H(x-\zeta_\mu)}.$$

J'ajouterai encore une remarque sur cette formule que j'écrirai, pour abréger, comme il suit :

$$F(x) = C + \sum R \frac{H'(x-\zeta)}{H(x-\zeta)}.$$

En employant le théorème relatif à l'addition des arguments dans la fonction de seconde espèce ([1]), on trouvera aisément la relation

$$\frac{H'(x-\zeta)}{H(x-\zeta)} = \frac{H'(x)}{H(x)} - \frac{H'(\zeta)}{H(\zeta)} - \operatorname{cotang} \operatorname{am} x\, \Delta \operatorname{am} x + \frac{\sin \operatorname{am} x}{\sin \operatorname{am} \zeta \sin \operatorname{am}(x-\zeta)},$$

([1]) C'est la quantité $\frac{\Theta'(x)}{\Theta(x)}$ qui entre dans $Z(x)$, mais on peut lui substituer $\frac{H'(x)}{H(x)}$, à l'aide de la relation $\sin \operatorname{am} x = \frac{1}{\sqrt{k}} \frac{H(x)}{\Theta(x)}$, qui donne, en prenant les dérivées logarithmiques des deux membres,

$$\frac{H'(x)}{H(x)} - \frac{\Theta'(x)}{\Theta(x)} = \operatorname{cotang} \operatorname{am} x\, \Delta \operatorname{am} x.$$

d'où résulte en substituant dans l'expression de $F(x)$, et ayant égard à la condition

$$\Sigma R = 0,$$

cette nouvelle formule

$$F(x) = C - \sum R \frac{H'(\zeta)}{H(\zeta)} + \sum \frac{R \sin \operatorname{am} x}{\sin \operatorname{am} \zeta \sin \operatorname{am}(x-\zeta)},$$

ou bien

$$F(x) = \text{const.} + \sum \frac{R \sin \operatorname{am} x}{\sin \operatorname{am} \zeta \sin \operatorname{am}(x-\zeta)}.$$

C'est donc encore la réduction de la fonction à double période à $\sin \operatorname{am} x$ et à sa dérivée; mais la méthode plus rapide qui nous y conduit ne donne pas, comme la précédente, la relation importante, et que nous avons dû tenir à ne pas omettre, savoir :

$$\Sigma\zeta - \Sigma\zeta' = 2(\alpha K + \beta i K').$$

Cette nouvelle formule résulte d'ailleurs immédiatement de la seule condition

$$\Sigma R = 0,$$

comme nous allons encore le faire voir.

Considérez en effet la fonction

$$f(z) = \frac{F(z)}{\sin \operatorname{am} z \sin \operatorname{am}(x-z)},$$

dont les périodes seront $2K$ et $2iK'$. La somme de ses résidus comprendra d'une part ceux qui se rapportent aux racines de l'équation

$$\frac{1}{F(x)} = 0,$$

c'est-à-dire

$$\sum \frac{R}{\sin \operatorname{am} \zeta \sin \operatorname{am}(x-\zeta)},$$

et puis les résidus relatifs aux deux équations

$$\sin \operatorname{am} z = 0,$$

$$\sin \operatorname{am}(x-z) = 0.$$

Or, dans l'intervalle des périodes $2K$ et $2iK'$, on n'aura d'autres racines que $z = 0$, $z = x$, auxquelles correspondront les résidus

$$\frac{F(0)}{\sin \operatorname{am} x}, \qquad -\frac{F(x)}{\sin \operatorname{am} x};$$

on a, par conséquent,

$$\sum \frac{R}{\sin \operatorname{am} \zeta \sin \operatorname{am}(x-\zeta)} + \frac{F(0)}{\sin \operatorname{am} x} - \frac{F(x)}{\sin \operatorname{am} x} = 0,$$

d'où

$$F(x) = F(0) + \sum \frac{R \sin \operatorname{am} x}{\sin \operatorname{am} \zeta \sin \operatorname{am}(x-\zeta)}.$$

D'une manière toute semblable on trouvera relativement à une fonction $\mathfrak{F}(x)$, satisfaisant aux conditions

$$\mathfrak{F}(x+2K) = -\mathfrak{F}(x),$$
$$\mathfrak{F}(x+2iK') = \mathfrak{F}(x),$$

l'expression très simple

$$\mathfrak{F}(x) = \sum \frac{R}{\sin \operatorname{am}(x-\zeta)},$$

où figurent seulement les racines ζ qui sont renfermées dans l'intervalle $2K$ et $2iK'$, et exprimées par la formule

$$\zeta = p + 2Kt + 2iK'u,$$

t et u étant moindres que l'unité.

Nous nous arrêterons à ce point dans cette Note, pensant ainsi avoir à peu près complètement esquissé l'ensemble des notions élémentaires de la théorie des fonctions elliptiques qui précède l'étude de la transformation.

EXTRAIT D'UNE LETTRE A L'ÉDITEUR

SUR LA TRANSFORMATION

DU

TROISIÈME ORDRE DES FONCTIONS ELLIPTIQUES.

Journal de Crelle, t. 60, 1862, p. 304.

« ... Soit une forme biquadratique et son covariant du quatrième degré, à savoir :

$$f = ax^4 + 4bx^3y + 6cx^2y^2 + 4b'xy^3 + a'y^4,$$
$$g = (ac - b^2)x^4 + 2(ab' - bc)x^3y + (aa' + 2bb' - 3c^2)x^2y^2 + 2(a'b - b'c)xy^3 + (a'c - b'^2)y^4.$$

En posant, suivant l'usage,

$$I = aa' - 4bb' + 3c^2,$$
$$J = aca' + 2bcb' - ab'^2 - a'b^2 - c^3,$$

je considère ces deux covariants, qui sont encore du quatrième degré,

$$Ig - Jf \quad \text{et} \quad Ig + 3Jf,$$

et qui conduisent à la relation remarquable que voici :

» *Nommons* F *et* G *ce que deviennent* f *et* g *quand on y remplace* x *et* y *par* $-\frac{1}{4}\frac{\partial f}{\partial y}$ *et* $\frac{1}{4}\frac{\partial f}{\partial x}$, *on aura*

$$IG - JF = g^2(Ig + 3Jf).$$

» Il en résulte, d'après le principe algébrique de Jacobi pour la transformation des fonctions elliptiques, qu'en supposant $y = 1$ et x seule variable, et faisant, pour abréger,

$$\Delta(x) = \mathrm{I}g - \mathrm{J}f,$$
$$\Delta'(x) = \mathrm{I}g + 3\mathrm{J}f,$$

on aura

$$\frac{dz}{\sqrt{\Delta(z)}} = \mathrm{M}\frac{dx}{\sqrt{\Delta'(x)}},$$

z étant lié à x par cette relation du troisième degré

$$z = -\frac{bx^3 + 3cx^2 + 3b'x + a'}{ax^3 + 3bx^2 + 3cx + b'},$$

et M désignant une constante.

» C'est donc la transformation du troisième ordre qui s'offre comme conséquence de la théorie algébrique des formes biquadratiques.

» Paris, mai 1861. »

SUR

LES THÉORÈMES DE M. KRONECKER

RELATIFS AUX FORMES QUADRATIQUES.

Comptes rendus de l'Académie des Sciences, t. LV, 1862 (II), p. 11-85 et *Journal de Liouville*, t. IX (2e série), 1864, p. 145.

La théorie des fonctions elliptiques présente deux points principaux où elle vient se lier à l'Arithmétique et spécialement à la théorie des formes quadratiques à deux indéterminées de déterminant négatif. L'un s'offre lorsqu'on développe en séries simples de sinus et de cosinus des quotients de fonctions Θ, et ne suppose que les considérations les plus élémentaires de la théorie; l'autre tient à l'étude beaucoup plus profonde et difficile de ces équations algébriques à coefficients entiers dont dépendent les modules qui donnent lieu à la multiplication complexe. Si différents et éloignés que soient ces deux points de vue, ils présentent néanmoins un ensemble de résultats communs : nous voulons parler des déterminations nouvelles du nombre des classes de même déterminant, découvertes par M. Kronecker, et qui, à bien juste titre, ont attiré l'attention des géomètres. Dans une Lettre communiquée par M. Liouville à l'Académie l'année dernière, j'ai rapidement indiqué de quelle manière ces résultats pouvaient s'établir par la considération élémentaire du développement en série de sinus et de cosinus. C'est sur cette méthode que je me propose de revenir pour en faire une étude plus complète, en mieux fixer le caractère et les limites, et surtout approfondir la nature des nouveaux éléments arithmétiques qu'elle met en jeu et qui lui semblent propres. Elle repose essentiellement sur l'emploi des expressions en séries de deux systèmes différents de fonctions qu'il est nécessaire de donner avant d'en exposer le principe.

I.

Le premier de ces systèmes est, à quelques exceptions près, l'ensemble des fonctions doublement périodiques considérées par Jacobi dans le § 39 des *Fundamenta*. En écrivant, pour abréger,

$$\Theta, \quad \Theta_1, \quad \mathrm{H}, \quad \mathrm{H}_1$$

au lieu de

$$\Theta\left(\frac{2\mathrm{K}x}{\pi}\right), \quad \Theta_1\left(\frac{2\mathrm{K}x}{\pi}\right), \quad \mathrm{H}\left(\frac{2\mathrm{K}x}{\pi}\right), \quad \mathrm{H}_1\left(\frac{2\mathrm{K}x}{\pi}\right)$$

et

$$\theta, \quad \theta_1, \quad \eta$$

au lieu de

$$\Theta(0), \quad \Theta_1(0), \quad \mathrm{H}_1(0),$$

de sorte qu'on ait

$$\theta = \sqrt{\frac{2k'\mathrm{K}}{\pi}} = 1 - 2q + 2q^4 - 2q^9 + 2q^{16} - 2q^{25} + \ldots,$$

$$\theta_1 = \sqrt{\frac{2\mathrm{K}}{\pi}} = 1 + 2q + 2q^4 + 2q^9 + 2q^{16} + 2q^{25} + \ldots,$$

$$\eta = \sqrt{\frac{2k\mathrm{K}}{\pi}} = 2\sqrt[4]{q} + 2\sqrt[4]{q^9} + 2\sqrt[4]{q^{25}} + 2\sqrt[4]{q^{49}} + \ldots,$$

je les présenterai groupées de la manière suivante :

1. $$\eta\theta_1\frac{\mathrm{H}}{\Theta} = \frac{4\sqrt{q}\sin x}{1-q} + \frac{4\sqrt{q^3}\sin 3x}{1-q^3} + \frac{4\sqrt{q^5}\sin 5x}{1-q^5} + \ldots,$$

2. $$\eta\theta_1\frac{\Theta}{\mathrm{H}} = \frac{1}{\sin x} + \frac{4q\sin x}{1-q} + \frac{4q^3\sin 3x}{1-q^3} + \frac{4q^5\sin 5x}{1-q^5} + \ldots,$$

3. $$\eta\theta_1\frac{\mathrm{H}_1}{\Theta} = \frac{4\sqrt{q}\cos x}{1-q} - \frac{4\sqrt{q^3}\cos 3x}{1-q^3} + \frac{4\sqrt{q^5}\cos 5x}{1-q^5} - \ldots,$$

4. $$\eta\theta_1\frac{\Theta_1}{\mathrm{H}_1} = \frac{1}{\cos x} + \frac{4q\cos x}{1-q} - \frac{4q^3\cos 3x}{1-q^3} + \frac{4q^5\cos 5x}{1-q^5} - \ldots;$$

$$5. \qquad \eta\theta\,\frac{H}{\Theta_1} = \frac{4\sqrt{q}\sin x}{1+q} - \frac{4\sqrt{q^3}\sin 3x}{1+q^3} + \frac{4\sqrt{q^5}\sin 5x}{1+q^5} + \ldots,$$

$$6. \qquad \eta\theta\,\frac{\Theta_1}{H} = \frac{1}{\sin x} - \frac{4q\sin x}{1+q} - \frac{4q^3\sin 3x}{1+q^3} - \frac{4q^5\sin 5x}{1+q^5} - \ldots,$$

$$7. \qquad \eta\theta\,\frac{H_1}{\Theta} = \frac{4\sqrt{q}\cos x}{1+q} + \frac{4\sqrt{q^3}\cos 3x}{1+q^3} + \frac{4\sqrt{q^5}\cos 5x}{1+q^5} + \ldots,$$

$$8. \qquad \eta\theta\,\frac{\Theta}{H_1} = \frac{1}{\cos x} - \frac{4q\cos x}{1+q} + \frac{4q^3\cos 3x}{1+q^3} - \frac{4q^5\cos 5x}{1+q^5} + \ldots;$$

$$9. \qquad \theta\theta_1\,\frac{\Theta_1}{\Theta} = 1 + \frac{4q\cos 2x}{1+q^2} + \frac{4q^2\cos 4x}{1+q^4} + \frac{4q^3\cos 6x}{1+q^6} + \ldots,$$

$$10. \qquad \theta\theta_1\,\frac{\Theta}{\Theta_1} = 1 - \frac{4q\cos 2x}{1+q^2} + \frac{4q^2\cos 4x}{1+q^4} - \frac{4q^3\cos 6x}{1+q^6} + \ldots,$$

$$11. \qquad \theta\theta_1\,\frac{H_1}{H} = \cot x - \frac{4q^2\sin 2x}{1+q^2} - \frac{4q^4\sin 4x}{1+q^4} - \frac{4q^6\sin 6x}{1+q^6} - \ldots,$$

$$12. \qquad \theta\theta_1\,\frac{H}{H_1} = \tang x - \frac{4q^2\sin 2x}{1+q^2} + \frac{4q^4\sin 4x}{1+q^4} - \frac{4q^6\sin 6x}{1+q^6} + \ldots;$$

$$13. \qquad \theta^2\,\frac{\Theta_1 H_1}{\Theta H} = \cot x - \frac{4q\sin 2x}{1+q} - \frac{4q^2\sin 4x}{1+q^2} - \frac{4q^3\sin 6x}{1+q^3} - \ldots,$$

$$14. \qquad \theta^2\,\frac{\Theta H}{\Theta_1 H_1} = \tang x - \frac{4q\sin 2x}{1+q} + \frac{4q^2\sin 4x}{1+q^2} - \frac{4q^3\sin 6x}{1+q^3} + \ldots;$$

$$15. \qquad \theta_1^2\,\frac{\Theta H_1}{\Theta_1 H} = \cot x + \frac{4q\sin 2x}{1-q} - \frac{4q^2\sin 4x}{1+q^2} + \frac{4q^3\sin 6x}{1-q^3} + \ldots,$$

$$16. \qquad \theta_1^2\,\frac{\Theta_1 H}{\Theta H_1} = \tang x + \frac{4q\sin 2x}{1-q} + \frac{4q^2\sin 4x}{1+q^2} + \frac{4q^3\sin 6x}{1-q^3} + \ldots;$$

$$17. \qquad \eta^2\,\frac{HH_1}{\Theta\Theta_1} = \frac{8q\sin 2x}{1-q^2} + \frac{8q^3\sin 6x}{1-q^6} + \frac{8q^5\sin 10x}{1-q^{10}} + \ldots,$$

$$18. \qquad \eta^2\,\frac{\Theta\Theta_1}{HH_1} = \frac{1}{\sin x\cos x} + \frac{8q^2\sin 2x}{1-q^2} + \frac{8q^6\sin 6x}{1-q^6} + \frac{8q^{10}\sin 10x}{1-q^{10}} + \ldots.$$

Je joindrai en outre à ces formules celles qui concernent la fonction seconde espèce, savoir :

$$19. \qquad \theta_1^2\,\frac{\Theta'}{\Theta} = \frac{4q\sin 2x}{1-q^2} + \frac{4q^2\sin 4x}{1-q^4} + \frac{4q^3\sin 6x}{1-q^6} + \ldots,$$

$$20. \qquad \theta_1^2\,\frac{H'}{H} = \cot x + \frac{4q^2\sin 2x}{1-q^2} + \frac{4q^4\sin 4x}{1-q^4} + \frac{4q^6\sin 6x}{1-q^6} + \ldots,$$

$$21. \qquad \theta_1^2\,\frac{\Theta'_1}{\Theta_1} = \frac{4q\sin 2x}{1-q^2} + \frac{4q^2\sin 4x}{1-q^4} + \frac{4q^3\sin 6x}{1-q^6} + \ldots,$$

$$22. \qquad \theta_1^2\,\frac{H'_1}{H_1} = \tang x + \frac{4q^2\sin 2x}{1-q^2} + \frac{4q^4\sin 4x}{1-q^4} + \frac{4q^6\sin 6x}{1-q^6} + \ldots.$$

Le second système comprend le développement en série de quotients dont le dénominateur est l'une des fonctions Θ, le numérateur le produit de deux autres et qui, par suite, ne représentent plus de fonctions doublement périodiques. En supposant différents l'un de l'autre les facteurs du numérateur et posant, pour abréger,

$$\mathfrak{A}_n = q^{-\frac{1}{4}} + q^{-\frac{9}{4}} + \ldots + q^{-\frac{(2n-1)^2}{4}},$$
$$\mathfrak{B}_n = 1 + 2q^{-1} + 2q^{-4} - \ldots + 2q^{-(n-1)^2},$$
$$\mathfrak{C}_n = 1 - 2q^{-1} + 2q^{-4} - \ldots + 2(-q)^{-(n-1)^2},$$

on a ce premier groupe de fonctions, savoir :

1. $$\eta\,\frac{\mathrm{H}\mathrm{H}_1}{\Theta} = \sum_{n=1} 4 \sin 2nx\, q^{n^2}\, \mathfrak{A}_n,$$

2. $$\eta\,\frac{\mathrm{H}\mathrm{H}_1}{\Theta_1} = \sum_{n=1} 4 \sin 2nx (-1)^{n-1} q^{n^2}\, \mathfrak{A}_n,$$

3. $$\eta\,\frac{\Theta\Theta_1}{\mathrm{H}} = \frac{1}{\sin x} + \sum_{n=1} 4 (\sin 2n+1)\, x\, q^{\frac{(2n+1)^2}{4}}\, \mathfrak{A}_n,$$

4. $$\eta\,\frac{\Theta\Theta_1}{\mathrm{H}_1} = \frac{1}{\cos x} + \sum_{n=1} 4 \cos(2n+1)\, x (-1)^n q^{\frac{(2n+1)^2}{4}}\, \mathfrak{A}_n,$$

5. $$\theta_1\,\frac{\Theta_1 \mathrm{H}}{\mathrm{H}_1} = \operatorname{tang} x + \sum_{n=1} 2 \sin 2nx (-1)^{n-1} q^{n^2}\, \mathfrak{B}_n,$$

6. $$\theta_1\,\frac{\Theta \mathrm{H}_1}{\mathrm{H}} = \cot x + \sum_{n=1} 2 \sin 2nx\, q^{n^2}\, \mathfrak{B}_n,$$

7. $$\theta_1\,\frac{\Theta_1 \mathrm{H}}{\Theta} = \sum_{n=0} 2 \sin(2n+1)\, x\, q^{\frac{2(n+1)^2}{4}}\, \mathfrak{B}_{n+1},$$

8. $$\theta_1\,\frac{\Theta \mathrm{H}_1}{\Theta_1} = \sum_{n=0} 2 \cos(2n+1)\, x (-1)^n q^{\frac{(2n+1)^2}{4}}\, \mathfrak{B}_{n+1},$$

9. $$\theta\,\frac{\Theta \mathrm{H}}{\mathrm{H}_1} = \operatorname{tang} x - \sum_{n=1} 2 \sin 2nx\, q^{n^2}\, \mathfrak{C}_n,$$

10. $$\theta\,\frac{\Theta_1 \mathrm{H}_1}{\mathrm{H}} = \cot x + \sum_{n=1} 2 \sin 2nx (-1)^n q^{n^2}\, \mathfrak{C}_n,$$

11. $$\theta\,\frac{\Theta \mathrm{H}}{\Theta_1} = \sum_{n=0} 2 \sin(2n+1)\, x\, q^{\frac{(2n+1)^2}{4}}\, \mathfrak{C}_{n+1},$$

12. $$\theta\,\frac{\Theta_1 \mathrm{H}_1}{\Theta} = \sum_{n=0} 2 \cos(2n+1)\, x (-1)^n q^{\frac{(2n+1)^2}{4}}\, \mathfrak{C}_{n+1}.$$

Si l'on suppose ensuite que les deux facteurs du numérateur soient égaux, on a un second groupe de douze fonctions où figurent les expressions suivantes. Posons

$$\begin{aligned} Z = {} & 4\cos 2xq\left(q^{-\frac{1}{4}}\right) \\ & -4\cos 4xq^{4}\left(q^{-\frac{1}{4}}-q^{-\frac{9}{4}}\right) \\ & +4\cos 6xq^{9}\left(q^{-\frac{1}{4}}-q^{-\frac{9}{4}}+q^{-\frac{25}{4}}\right) \\ & -\ldots\ldots\ldots\ldots\ldots\ldots \end{aligned}$$

$$\begin{aligned} U = \frac{1}{\sin x} & -4\sin 3xq^{\frac{4}{9}}\left(q^{-\frac{1}{4}}\right) \\ & +4\sin 5xq^{\frac{25}{4}}\left(q^{-\frac{1}{4}}-q^{-\frac{9}{4}}\right) \\ & -\sin 7xq^{\frac{49}{4}}\left(q^{-\frac{1}{4}}-q^{-\frac{9}{4}}+q^{-\frac{25}{4}}\right) \\ & +\ldots\ldots\ldots\ldots\ldots\ldots \end{aligned}$$

En désignant par Z_1 et U_1 ce que deviennent Z et U lorsqu'on met $\frac{\pi}{2}-x$ au lieu de x, on aura

$$13.\qquad \eta\theta_1\frac{H^2}{\Theta} = A\Theta - \theta Z,$$

$$14.\qquad \eta\theta_1\frac{\Theta^2}{H} = AH + \theta U,$$

$$15.\qquad \eta\theta_1\frac{H_1^2}{\Theta_1} = A\Theta_1 - \theta Z_1,$$

$$16.\qquad \eta\theta_1\frac{\Theta_1^2}{H_1} = AH_1 + \theta U_1,$$

$$17.\qquad \eta\theta\frac{H^2}{\Theta_1} = B\Theta_1 + \theta_1 Z_1,$$

$$18.\qquad \eta\theta\frac{\Theta_1^2}{H} = -BH + \theta_1 U,$$

$$19.\qquad \eta\theta\frac{H_1^2}{\Theta} = B\Theta + \theta_1 Z,$$

$$20.\qquad \eta\theta\frac{\Theta^2}{H_1} = -BH_1 + \theta_1 U_1,$$

$$21.\qquad \theta\theta_1\frac{\Theta_1^2}{\Theta} = C\Theta + \eta Z,$$

$$22.\qquad \theta\theta_1\frac{H_1^2}{H} = -CH + \eta U,$$

$$23.\qquad \theta\theta_1\frac{\Theta^2}{\Theta_1} = C\Theta_1 + \eta Z_1,$$

$$24.\qquad \theta\theta_1\frac{H^2}{H_1} = -CH_1 + \eta U_1.$$

Les quantités A, B, C sont des constantes, savoir :

$$\begin{aligned} \mathrm{A} &= \quad \mathrm{Z}\,(0) = 4\sum a_n q^{\frac{1}{4}n}, \\ \mathrm{B} &= -\mathrm{Z}_1(0) = 4\sum (-1)^{\frac{n-3}{4}} a_n q^{\frac{1}{4}n}, \\ \mathrm{C} &= \quad \mathrm{U}_1(0) = 1 + 4\sum (-1)^{\frac{m}{2}} c_m q^m. \end{aligned}$$

Dans ces formules m est pair et $n \equiv 3 \pmod 4$, les coefficients a_n, c_m désignant les fonctions numériques définies par ces égalités

$$a_n = \sum (-1)^{\frac{d-1}{2}}, \qquad c_m = \sum (-1)^{\frac{d'-1}{2}} - \sum (-1)^{\frac{d-1}{2}},$$

où d représente tous les diviseurs impairs de n et de m inférieurs à leurs conjugués et d' les diviseurs impairs de m plus grands que leurs conjugués. On a d'ailleurs, en faisant $x = 0$ dans les équations **15**, **16**, **20**, ces relations dont nous ferons usage plus tard :

$$\left\{ \begin{aligned} \eta^3 &= \mathrm{A}\theta_1 - \mathrm{B}\theta, \\ \theta_1^3 &= \mathrm{A}\eta + \mathrm{C}\theta, \\ \theta^3 &= \mathrm{B}\eta + \mathrm{C}\theta_1. \end{aligned} \right.$$

Voici maintenant de quelle manière les deux systèmes de fonctions conduisent à la considération des formes quadratiques à deux indéterminées de déterminant négatif.

II.

Ayant, à cet effet, distingué quatre espèces de développements en série, suivant qu'ils se composent de termes en

$$\sin(2n+1)x, \qquad \cos(2n+1)x, \qquad \sin 2nx, \qquad \cos 2nx,$$

nous multiplierons entre elles toutes les fonctions du premier et du second système qui appartiennent à la même espèce, de manière que les produits obtenus ne comprennent que des termes en $\cos 2nx$. En intégrant ces produits entre les limites zéro et $\frac{\pi}{2}$ on donnera naissance à autant d'expressions fonctions de la seule quantité q, où le coefficient d'un terme quelconque q^Δ ou $q^{\frac{\Delta}{4}}$ dépendra d'une certaine manière du nombre des classes quadratiques de déterminant $-\Delta$. Tel est donc le procédé analytique très simple qui, en établissant un lien entre les formes quadratiques de déterminant négatif et les transcendantes elliptiques, conduit à l'ensemble de résultats que nous allons passer en revue. Ces résultats d'ailleurs se classent naturellement d'après les intégrales définies de fonctions Θ, d'où ils sont tirés. Ainsi, en premier lieu, s'offrent les combinaisons obtenues en multipliant respectivement les équations 15, 18, 1, 2, 11 du premier système avec les équations 5, 1, 3, 7, 5 du second, et où l'intégration s'effectue d'elle-même, savoir :

$$
(\mathrm{A})\quad\left\{
\begin{array}{ll}
(15,\ 5) & \theta_1^3 \displaystyle\int_0^{\frac{\pi}{2}} \Theta\, dx = \frac{\pi}{2}\,\theta_1^3, \\[2ex]
(18,\ 1) & \eta^3 \displaystyle\int_0^{\frac{\pi}{2}} \Theta_1\, dx = \frac{\pi}{2}\,\eta^3, \\[2ex]
(1,\ 3) & \theta_1\eta^2 \displaystyle\int_0^{\frac{\pi}{2}} \Theta_1\, dx = \frac{\pi}{2}\,\theta_1\eta^2, \\[2ex]
(2,\ 7) & \eta\theta_1^2 \displaystyle\int_0^{\frac{\pi}{2}} \Theta_1\, dx = \frac{\pi}{2}\,\eta\theta_1^2, \\[2ex]
(11,\ 5) & \theta\theta_1^2 \displaystyle\int_0^{\frac{\pi}{2}} \Theta_1\, dx = \frac{\pi}{2}\,\theta\theta_1^2.
\end{array}
\right.
$$

Celles-ci seront étudiées ensuite, savoir :

$$
(\mathrm{B})\quad\left\{
\begin{array}{ll}
(5,\ 7) \text{ et } (12,\ 1) & \displaystyle\int_0^{\frac{\pi}{2}} \eta\theta\theta_1 \frac{\mathrm{H}^2}{\Theta}\, dx = \frac{\pi}{2}\,\mathrm{A}\theta, \\[2ex]
(16,\ 2) & \displaystyle\int_0^{\frac{\pi}{2}} \eta\theta_1^2 \frac{\mathrm{H}^2}{\Theta}\, dx = \frac{\pi}{2}\,\mathrm{A}\theta_1, \\[2ex]
(17,\ 5) & \displaystyle\int_0^{\frac{\pi}{2}} \eta^2\theta_1 \frac{\mathrm{H}^2}{\Theta}\, dx = \frac{\pi}{2}\,\mathrm{A}\eta, \\[2ex]
(13,\ 5) & \displaystyle\int_0^{\frac{\pi}{2}} \theta^2\theta_1 \frac{\Theta_1^2}{\Theta}\, dx = \frac{\pi}{2}\,\mathrm{C}\theta, \\[2ex]
(6,\ 7) & \displaystyle\int_0^{\frac{\pi}{2}} \eta\theta\theta_1 \frac{\Theta_1^2}{\Theta}\, dx = \frac{\pi}{2}\,\mathrm{C}\eta.
\end{array}
\right.
$$

Elles sont, comme on voit, essentiellement distinctes, et toutes les autres de forme analytique semblable qu'on pourrait obtenir reproduiraient, en changeant suivant les cas le signe de q, les mêmes fonctions.

III.

Legendre, comme on sait, a le premier découvert par induction que le nombre des décompositions d'un entier en trois carrés dépendait d'une manière simple du nombre des classes quadratiques ayant pour déterminant ce même entier changé de signe, et Gauss a démontré ensuite ce résultat important dans ses *Recherches arithmétiques*. M. Kronecker a remarqué qu'on y est également amené par la théorie des fonctions elliptiques; mais la méthode du savant géomètre suppose, à son point de départ, et d'une manière essentielle, autant que je puis en juger, la notion arithmétique de classe, qu'il n'est pas nécessaire d'employer dans la voie que j'ai suivie. Si l'on ne distingue pas les représentations propres et impropres, il suffira, en effet, de la définition seule du système des formes réduites pour un déterminant donné; de sorte que ce théorème, dans l'enchaînement naturel des propositions de l'Arithmétique, pourra être placé dès le commencement et à côté des résultats qu'a obtenus Jacobi sur la décomposition en quatre carrés. Pour justifier cette observation, je présenterai en détail ce qui concerne la formation du cube de la fonction

$$\theta_1 = 1 + 2q + 2q^4 + 2q^9 + 2q^{16} + \ldots,$$

afin aussi de pouvoir me borner à l'égard des autres quantités η^3, $\theta_1\eta^2$, ..., contenues dans les formules (A), à donner seulement les résultats.

Considérons, à cet effet, les séries 15 et 5 du premier et du second système, dont il faut effectuer le produit, savoir :

$$\begin{aligned}\theta_1^2 \frac{\Theta H_1}{\Theta_1 H} &= \cot x + \frac{4q\sin 2x}{1-q} - \frac{4q^2\sin 4x}{1+q^2} + \frac{4q^3\sin 6x}{1-q^3} - \ldots \\ &= \cot x + \sum (-1)^{n-1} \frac{4q^n \sin 2nx}{1+(-q)^n},\end{aligned}$$

et, en faisant comme précédemment,

$$\mathfrak{B}_n = 1 + 2q^{-1} + 2q^{-4} + \ldots + 2q^{-(n-1)^2},$$

$$\theta_1 \frac{\Theta_1 H}{H_1} = \operatorname{tang} x + \sum (-1)^{n-1} 2 q^{n^2} \mathfrak{B}_n \sin 2nx.$$

Ce produit devant être ensuite intégré entre les limites o et $\frac{\pi}{2}$, nous ferons usage de ces formules, qu'il est aisé d'obtenir,

$$\int_0^{\frac{\pi}{2}} \cot x \sin 2nx \, dx = \frac{\pi}{2},$$

$$\int_0^{\frac{\pi}{2}} \operatorname{tang} x \sin 2nx \, dx = (-1)^{n-1} \frac{\pi}{2}.$$

On trouvera de cette manière, après avoir supprimé le facteur $\frac{\pi}{2}$,

$$\theta_1^2 = 1 + 4 \sum_{n=1} \frac{q^n}{1 + (-q)^n} - 2 \sum_{n=1} (-1)^n q^{n^2} \mathfrak{B}_n + 4 \sum_{n=1} \frac{q^{n^2+n} \mathfrak{B}_n}{1 + (-q)^n}.$$

Les deux premières séries qui se présentent dans cette expression se développent sans difficulté suivant les puissances de q. En désignant par m un nombre impair quelconque, par $\varphi(m)$ le nombre de ses diviseurs, on trouvera

$$\sum \frac{q^n}{1 + (-q)^n} = \sum \varphi(m) q^m - \sum (\sigma - 3) \varphi(m) q^{2^\sigma m},$$

$$\sum (-1)^n q^{n^2} \mathfrak{B}_n = \sum (-1)^{\frac{m+1}{2}} \varphi(m) q^m + \sum \varphi(m) q^{4m}$$
$$+ \sum (\sigma - 3) \varphi(m) q^{4 \cdot 2^\sigma m},$$

l'exposant σ prenant la série des valeurs 1, 2, 3, etc.

Pour la troisième, en remplaçant d'abord $\frac{1}{1 + (-q)^n}$ par le développement $\sum_{a=0} (-1)^{a(n+1)} q^{an}$, elle devient

$$\sum \frac{q^{n^2+n} \mathfrak{B}_n}{1 + (-q)^n} = \sum (-1)^{a(n+1)} q^{n^2+n+an-b^2};$$

ce qui met en évidence dans l'exposant q le déterminant d'une forme quadratique (A, B, C), en posant

$$A = n, \qquad B = b, \qquad C = n + 1 + a.$$

Laissant de côté pour un instant le facteur $(-1)^{a(n+1)}$, dont nous nous occuperons plus tard, observons que b doit recevoir les valeurs

$$0, \quad \pm 1, \quad \pm 2, \quad \ldots, \quad \pm(n-1);$$

de sorte que cette forme sera réduite, si l'on s'arrête à la limite $\pm\left(\frac{n}{2}\right)$, c'est-à-dire, pour plus de précision, $\pm\left(\frac{n}{2}-1\right)$ lorsque n sera pair, et $\pm\left(\frac{n-1}{2}\right)$ lorsque n sera impair. Ce premier groupe de valeurs, si l'on fait

$$n^2+n+an-b^2=\Delta,$$

donnera, et une seule fois, toutes les formes réduites de déterminant $-\Delta$, en exceptant les formes ambiguës (A, B, C) ou $2B=A$ et $C=A$, et parmi les formes (A, o, C), le seul cas de $A=C$, qui se présente quand Δ est un carré. Dans ces divers cas, en effet, on serait conduit pour le nombre a à une valeur négative.

Considérons ensuite la seconde série des valeurs de b, savoir :

$$\pm b=\frac{n}{2}, \quad \frac{n}{2}+1, \quad \ldots, \quad n-1,$$

lorsque n est pair, et

$$\pm b=\frac{n+1}{2}, \quad \frac{n+1}{2}+1, \quad \ldots, \quad n-1,$$

lorsque n est impair. Soit ε une quantité égale à l'unité en valeur absolue et de même signe que b; en faisant la substitution

$$x=\varepsilon X-Y, \qquad y=\varepsilon Y$$

dans la forme

$$nx^2+2bxy+(n+1+a)y^2,$$

on trouvera

$$nX^2-2\varepsilon(n-b\varepsilon)XY+(2n-2b\varepsilon+1+a)Y^2,$$

et cette transformée, que nous désignerons par $(A, -\varepsilon B, C)$, en posant

$$(1) \qquad A=n, \qquad B=n-b\varepsilon, \qquad C=2n-2b\varepsilon+1+a,$$

remplira les conditions $2B<A$, $2B<C$, le premier terme étant tantôt plus grand, tantôt plus petit que le dernier C. On voit donc maintenant se produire une série de formes en nombre double des

formes réduites, si l'on excepte celles-ci : (A, o, C), qui ont été précédemment obtenues pour $b = 0$. En effet, on tire des équations (1) :

$$(2) \qquad n = A, \qquad b = \varepsilon(A - B), \qquad a = C - 2B - 1,$$

et, en permutant A et C,

$$(3) \qquad n = C, \qquad b = \varepsilon(C - B), \qquad a = A - 2B - 1.$$

Ainsi chaque forme réduite non ambiguë donne effectivement deux systèmes différents (n, b, a), où n et a sont positifs et b compris entre les limites assignées. Mais, à l'égard des deux formes ambiguës (A, εB, A), les équations (2) et (3) coïncident, et pour celles-ci : (2B, εB, C) les équations (3) conduisant à une valeur négative de a, on n'a de même et pour chacune d'elles qu'un seul et unique système de nombres, n, b, a. Si l'on avait d'ailleurs à la fois

$$2B = A = C,$$

on ne pourrait employer ni les équations (2), ni les équations (3), de sorte que cette forme est absolument exclue, comme plus haut le cas de $A = C$ dans le groupe des formes ambiguës (A, o, C). En résumé, soient, pour un déterminant donné Δ : H le nombre des formes réduites non ambiguës, h le nombre des formes ambiguës de l'espèce (A, o, C), h' le même nombre à l'égard des deux suivantes : (2B, B, C), (A, B, A), l'expression

$$3H + h + 2h'$$

sera le nombre des systèmes (n, b, a) qui, sous les conditions requises, satisfont à l'équation

$$n^2 + n + an - b^2 = \Delta.$$

Mais, si Δ est un carré ou le triple d'un carré, ce nombre, d'après les exceptions relatives aux formes dérivées de (1, o, 1) et (2, 1, 2), devra être diminué d'une ou de deux unités. On peut d'ailleurs l'écrire de cette autre manière :

$$3\mathfrak{H} - 2h - h',$$

en introduisant le nombre total des classes de déterminant $-\Delta$ qui est

$$\mathfrak{H} = H + h + h'.$$

Maintenant revenons au facteur $(-1)^{a(n+1)}$ qui joue dans la question un rôle essentiel. En posant en premier lieu

$$A = n, \qquad B = b, \qquad C = n + 1 + a,$$

et, en second lieu,

$$A = n, \qquad B = n - b\varepsilon, \qquad C = 2n - 2b\varepsilon + 1 + a,$$

et

$$C = n, \qquad B = n - b\varepsilon, \qquad A = 2n - 2b\varepsilon + 1 + a,$$

on trouve toujours la même valeur

$$a(n+1) \equiv \Delta + A + B + C + 1 \qquad (\text{mod } 2).$$

Il en résulte que pour tout déterminant le facteur $(-1)^{a(n+1)}$ sera égal à $+1$ si l'un au moins des termes extrêmes A et C est impair, et à -1 si tous deux sont pairs. En faisant cette distinction dans les formes réduites, nommons $\mathfrak{H}_0$ le nombre total de ces formes, h_0, h'_0 celui des formes ambiguës des deux espèces dont nous avons parlé, où l'un des termes extrêmes est impair, et $\mathfrak{H}_1$, h_1, h'_1, les expressions de même signification dans le cas où les deux termes extrêmes sont pairs, on aura évidemment

$$\begin{aligned}\sum (-1)^{a(n+1)} q^{n^2+n+an-b^2} &= \sum [(3\mathfrak{H}_0 - 2h_0 - h'_0) - (3\mathfrak{H}_1 - 2h_1 - h'_1)]\, q^{\Delta},\\ &= 3\sum (\mathfrak{H}_0 - \mathfrak{H}_1)\, q^{\Delta} + \sum (2h_1 + h'_1 - 2h_0 - h'_0)\, q^{\Delta},\end{aligned}$$

ce qui donne la loi du développement suivant les puissances de q, de la série $\sum \dfrac{q^{n^2+n}\mathfrak{B}_n}{1+(-q)^n}$. La partie que nous avons isolée à dessein

$$\sum (2h_1 + h'_0 - 2h_0 - h'_0)\, q^{\Delta}$$

s'évalue à l'aide des résultats qui suivent.

Soit d'abord $\Delta = m$, m étant impair, on aura,

$$\left\{\begin{aligned} h_0 &= \frac{1}{2}\varphi(m),\\ h_1 &= 0,\end{aligned}\right. \qquad \left\{\begin{aligned} h'_0 &= \frac{1-(-1)^{\frac{m+1}{2}}}{4}\varphi(m),\\ h'_1 &= \frac{1+(-1)^{\frac{m+1}{2}}}{4}\varphi(m).\end{aligned}\right.$$

Et ensuite pour

$$\Delta = 2m,$$

$$\begin{cases} h_0 = \varphi(m), \\ h_1 = 0, \end{cases} \qquad \begin{cases} h'_0 = 0, \\ h'_1 = 0; \end{cases}$$

$$\Delta = 4m,$$

$$\begin{cases} h_0 = \varphi(m), \\ h_1 = \frac{1}{2}\varphi(m), \end{cases} \qquad \begin{cases} h'_0 = 0, \\ h'_1 = \frac{1}{2}\varphi(m); \end{cases}$$

$$\Delta = 4.2^\sigma m,$$

$$\begin{cases} h_0 = \varphi(m), \\ h_1 = \frac{\sigma+1}{2}\varphi(m), \end{cases} \qquad \begin{cases} h'_0 = \varphi(m), \\ h'_1 = \frac{\sigma-1}{2}\varphi(m). \end{cases}$$

On en conclut

$$\sum (2h_1 + h'_1 - 2h_0 - h'_0)\, q^\Delta = \sum \frac{(-1)^{\frac{m+1}{2}} - 2}{2} \varphi(m)\, q^m$$
$$- \sum 2\varphi(m)\, q^{2m} - \sum \frac{1}{2}\varphi(m)\, q^{4m} + \sum \frac{3\sigma - 5}{2} \varphi(m)\, q^{4.2^\sigma m}.$$

Il en résulte qu'en remplaçant dans l'équation fondamentale

$$\theta_1^3 = 1 + 4\sum \frac{q^n}{1+(-q)^n} - 2\sum (-1)^n q^{n^2} \mathfrak{B}_n + 4\sum \frac{q^{n^2+n}\mathfrak{B}_n}{1+(-q)^n}$$

les trois séries par leurs valeurs, on verra les deux premières détruire cette partie qui provient des formes ambiguës, et il restera simplement

$$\theta_1^3 = 1 + \sum 12(\mathfrak{H}_0 - \mathfrak{H}_1)\, q^\Delta.$$

Toutefois, si Δ est un carré ou le triple d'un carré, le terme général doit être remplacé par

$$12\left[\mathfrak{H}_0 - \mathfrak{H}_1 + \frac{(-1)^n}{2}\right] q^{n^2}$$

ou

$$12\left(\mathfrak{H}_0 - \mathfrak{H}_1 + \frac{2}{3}\right) q^{3n^2}.$$

Mais on peut éviter ces deux cas d'exception en ajoutant deux séries de termes de la forme q^{n^2} et q^{3n^2}; si l'on fait, pour abréger,

$$\varepsilon = \sum 2q^{3n^2} = \theta_1(q^3),$$

on aura de cette manière

$$\theta_1^3 = \sum 12(\mathfrak{H}_0 - \mathfrak{H}_1)\, q^{\Delta} + 3\theta + 4\varepsilon - 6.$$

C'est le résultat auquel est parvenu M. Kronecker, en employant la considération des modules qui donnent lieu à la multiplication complexe, car, d'après les dénominations de ce savant géomètre, on aura

$$\mathfrak{H}_0 = F(\Delta), \qquad \mathfrak{H}_1 = G(\Delta) - F(\Delta),$$

et, par suite,

$$\mathfrak{H}_0 - \mathfrak{H}_1 = 2F(\Delta) - G(\Delta) = E(\Delta).$$

On a donc deux méthodes absolument distinctes qui rattachent par un double lien à la théorie des fonctions elliptiques les propositions de Legendre et de Gauss sur la décomposition des nombres en trois carrés. Ces illustres géomètres, en poursuivant au prix de tant d'efforts leurs profondes recherches sur cette partie de l'Arithmétique supérieure, tendaient ainsi à leur insu vers une autre région de la Science et donnaient un mémorable exemple de cette mystérieuse unité qui se manifeste parfois dans les travaux analytiques en apparence les plus éloignés.

SUR

LA THÉORIE DES FORMES QUADRATIQUES.

Comptes rendus de l'Académie des Sciences, t. LV, 1862 (II), p. 684.

La méthode de M. Dirichlet pour la détermination du nombre des classes de formes quadratiques de même déterminant, et celles qu'on a tirées récemment de la considération des fonctions elliptiques dans le cas des déterminants négatifs, conduisent pour la même question à des solutions tellement différentes, qu'il semble aussi difficile de trouver un lien quelconque entre leurs résultats qu'entre les principes sur lesquels elles se fondent. Ce que laisse à désirer à cet égard la théorie des formes quadratiques paraît tenir à l'absence de quelque principe essentiel auquel on serait sans doute amené, soit en découvrant une démonstration purement arithmétique des propositions de M. Kronecker, soit en tirant de la théorie des fonctions elliptiques les expressions mêmes de Dirichlet. En accordant la préférence à ce dernier point de vue, j'ai dû, comme première préparation, faire de la méthode de cet illustre maître une étude qui m'a conduit peut-être à abréger et à simplifier en quelque chose son analyse, et voici sous quelle forme je la présenterai.

I.

Soit

$$m = a^{\alpha} b^{\beta} c^{\gamma} \ldots k^{\varkappa}$$

un nombre entier décomposé en ses facteurs premiers $a, b, c, \ldots, k$; l'expression

$$\varphi(m) = m\left(1 - \frac{1}{a}\right)\left(1 - \frac{1}{b}\right)\cdots\left(1 - \frac{1}{k}\right),$$

ou, en développant le produit des facteurs binomes,

$$\varphi(m) = m - \sum \frac{m}{a} + \sum \frac{m}{ab} - \sum \frac{m}{abc} + \ldots \pm \frac{m}{abc\ldots k},$$

représente le nombre des entiers moindres que m et premiers avec lui. Je commencerai par généraliser cette expression en considérant le nombre des termes premiers à m dans la suite

$$1,\ 2,\ 3,\ \ldots,\ n,$$

où n est quelconque. Si l'on désigne, suivant l'usage, par $\mathrm{E}(x)$ le plus grand entier contenu dans x, ce nombre sera

$$\Phi(n) = n - \sum \mathrm{E}\left(\frac{n}{a}\right) + \sum \mathrm{E}\left(\frac{n}{ab}\right) - \sum \mathrm{E}\left(\frac{n}{abc}\right) + \ldots \pm \mathrm{E}\left(\frac{n}{abc\ldots k}\right).$$

Pour plus d'uniformité, je remplacerai le premier terme n par $\mathrm{E}(n)$; on obtient par là une expression où il est possible de mettre, au lieu du nombre entier n, une variable quelconque x, à savoir :

$$\Phi(x) = \mathrm{E}(x) - \sum \mathrm{E}\left(\frac{x}{a}\right) + \sum \mathrm{E}\left(\frac{x}{ab}\right) - \sum \mathrm{E}\left(\frac{x}{abc}\right) + \ldots \pm \mathrm{E}\left(\frac{x}{abc\ldots k}\right).$$

La signification arithmétique de cette fonction sera d'exprimer le nombre des entiers non supérieurs à x et premiers à m, en faisant toujours

$$m = a^{\alpha} b^{\beta} c^{\gamma} \ldots k^{\varkappa}.$$

Pour $m = 1$ et afin de compléter la définition, nous conviendrons de poser

$$\Phi(x) = \mathrm{E}(x),$$

c'est-à-dire de réduire la formule à son premier terme. Enfin, en désignant par ε une quantité comprise entre $+1$ et -1, et par μ le nombre des facteurs premiers, $a, b, \ldots, k$, on voit aisément qu'on a

$$\Phi(x) = \frac{x}{m} \varphi(m) + 2^{\mu-1} \varepsilon;$$

c'est la propriété de cette fonction dont nous ferons principalement usage.

II.

Soit encore à trouver le nombre des termes de la suite

$$1, 2, 3, \ldots, n,$$

qui sont en même temps premiers à m et divisibles par un nombre donné i. Comme les multiples de i dans cette suite sont

$$i, 2i, 3i, \ldots, E\left(\frac{n}{i}\right) i,$$

ce nombre est le même que celui des entiers non supérieurs à $\frac{n}{i}$ et premiers à m; ainsi il est donné par l'expression $\Phi\left(\frac{n}{i}\right)$. C'est à ce moment que se justifie notre convention de faire, pour $m = 1$,

$$\Phi(x) = E(x),$$

car alors la formule doit donner le nombre des multiples de i qui ne sont pas supérieurs à n, et par suite coïncider avec $E\left(\frac{n}{i}\right)$. De là résulte entre $\Phi(x)$ et $E(x)$ une certaine analogie de rôle que la question suivante rendra manifeste.

Soit $F(n)$ une fonction ainsi définie

$$F(n) = \sum f(i),$$

la somme comprenant tous les nombres i qui sont diviseurs de n. On vérifie aisément qu'on aura

$$\sum_{1}^{n}{}_{k} F(k) = \sum_{1}^{n}{}_{i} f(i) E\left(\frac{n}{i}\right).$$

En effet, dans le premier membre un terme quelconque $f(i)$ est amené par toutes les quantités $F(k)$ où k est multiple de i; il se trouve par conséquent répété autant de fois qu'il y a de multiples de i dans la suite

$$1, 2, 3, \ldots, n,$$

et c'est précisément ce qu'exprime le second membre. Modifions maintenant cette relation en introduisant d'abord la condition $f(i) = 0$, lorsque i n'est pas premier à un nombre donné

$$m = a^\alpha b^\beta c^\gamma \ldots k^\varkappa,$$

et posant ensuite

$$F(k) = 0,$$

lorsque pareillement k n'est pas premier à m. On voit alors que dans la somme $\sum_{1}^{n}{}_k F(k)$ un terme $f(i)$ est autant de fois répété qu'il y a dans la suite 1, 2, 3, ..., n de termes divisibles par i et premiers à m. On aura donc, au lieu de la relation précédente, celle-ci :

$$\sum_{1}^{n}{}_k F(k) = \sum_{1}^{n}{}_i f(i)\,\Phi\left(\frac{n}{i}\right),$$

que nous emploierons bientôt à la recherche du nombre des classes. Mais il est nécessaire de rappeler d'abord quelques résultats sur la représentation des nombres, par le système des formes non équivalentes, de même déterminant D.

III.

A cet effet, nous désignerons par n un entier positif, impair, premier à D, et, en nommant S^2 le plus grand carré qui divise D, nous ferons

$$\frac{D}{S^2} = \mathfrak{D}.$$

Cela posé, voici les deux théorèmes fondamentaux établis par Dirichlet au moyen des considérations les plus élémentaires et qui pourraient être placés parmi les premières propositions de la théorie des formes quadratiques.

1° *Le déterminant* D *étant négatif, la somme*

$$2\sum\left(\frac{\mathfrak{D}}{i}\right),$$

où i désigne tous les diviseurs de n, et $\left(\frac{\mathfrak{D}}{i}\right)$ le symbole généra-

lisé de Legendre, exprime de combien de manières différentes (¹) *l'entier n est susceptible d'être représenté par les formes non équivalentes, composant l'ordre proprement primitif de déterminant* D.

2° *Le déterminant étant positif, la même expression, sauf le facteur* 2 *qu'on supprime,*

$$\sum\left(\frac{\mathfrak{D}}{i}\right),$$

donnera encore le nombre des représentations de n par les formes non équivalentes de l'ordre proprement primitif, mais sous les conditions suivantes : Premièrement, on choisira, pour représenter n, des formes

$$ax^2 + 2bxy + cy^2,$$

où a soit positif et c négatif; en second lieu, x et y devront être positifs et satisfaire à cette condition

$$y \leqq \frac{a\mathrm{U}}{\mathrm{T} - b\mathrm{U}}\, x,$$

où T *et* U *sont les plus petits nombres qui donnent*

$$\mathrm{T}^2 - \mathrm{DU}^2 = 1.$$

On voit que dans ces propositions figurent exclusivement les nombres impairs et premiers au déterminant. Les valeurs des indéterminées x et y, qui rendent ainsi une forme impaire et première à son déterminant, se distribuent en certains systèmes, tels que

$$\text{(A)} \qquad x = 2\mathrm{D}v + \alpha, \qquad y = 2\mathrm{D}w + \beta,$$

v et w étant des entiers arbitraires, α et β étant choisis dans un système de résidus suivant le module 2D. Leur nombre, si l'on

(¹) Les déterminants − 1 et − 3 font exception, le nombre des représentations étant respectivement pour ces deux cas :

$$4\sum\left(\frac{-1}{i}\right) \quad \text{et} \quad 6\sum\left(\frac{-3}{i}\right).$$

représente par D_1 la valeur absolue de D, est

$$2D_1\varphi(D_1) \quad \text{ou} \quad 4D_1\varphi(D_1),$$

selon que D est impair ou pair. Ce dernier résultat rappelé, voici maintenant de quelle manière, en n'ayant en vue que la détermination du nombre des classes, il nous a paru possible d'abréger la belle analyse de Dirichlet.

IV.

Revenons à l'équation

$$\sum_{1}^{n}{}_k F(k) = \sum_{1}^{n}{}_i f(i)\Phi\left(\frac{n}{i}\right),$$

pour y faire

$$f(i) = \left(\frac{\text{D}}{i}\right),$$

où $\left(\frac{\text{D}}{i}\right)$ est le symbole de Jacobi, avec la convention de poser $\left(\frac{\text{D}}{i}\right) = 0$ lorsque i ne sera pas premier à D. Alors les expressions

$$F(n) = 2\sum f(i) \quad \text{ou} \quad F(n) = \sum f(i),$$

suivant que D est négatif ou positif, donneront, en vertu des propositions précédentes, le nombre des représentations de l'entier n, par le système des formes proprement primitives de déterminant D. Mais ces propositions supposent essentiellement n impair et premier à D, de sorte que, pour tout nombre k qui ne satisfait pas à ces deux conditions, nous devrons supposer $F(k) = 0$. En conséquence, il faut déterminer la fonction Φ en prenant $m = 2D_1$, ou simplement $m = D_1$, selon que le déterminant sera impair ou pair. Pour mieux préciser, bornons-nous au premier cas : les expressions

$$F(n) = 2\sum_{1}^{n}{}_i \left(\frac{\text{D}}{i}\right)\Phi\left(\frac{n}{i}\right) \quad \text{pour D négatif,}$$

$$F(n) = \sum_{1}^{n}{}_i \left(\frac{\text{D}}{i}\right)\Phi\left(\frac{n}{i}\right) \quad \text{pour D positif,}$$

auxquelles nous sommes ainsi amenés, donneront donc la *somme* des nombres de représentations pour tous les entiers positifs, impairs et premiers à D de un à n. Or on peut obtenir cette même somme en se plaçant à un point de vue bien différent, comme on va voir. En supposant d'abord le déterminant négatif, faisons correspondre, à chacune des formes (a, b, c) qui composent l'ordre proprement primitif de ce déterminant, une ellipse ayant pour équation en coordonnées rectangulaires

$$ax^2 + 2bxy + cy^2 = n.$$

On reconnaît sans peine que le nombre des points dont les coordonnées sont exprimées par l'ensemble des formules (A),

$$x = 2Dv + \alpha, \qquad y = 2Dw + \beta,$$

et qui sont situés dans l'intérieur et sur le contour de cette ellipse, donne précisément cette somme des nombres de représentations par la forme (a, b, c) des entiers considérés ci-dessus. En second lieu, supposons D positif, nous aurons un résultat entièrement analogue, en faisant correspondre à chaque forme (a, b, c) de l'ordre proprement primitif une hyperbole

$$ax^2 + 2bxy + cy^2 = n.$$

Effectivement, d'après les conditions propres aux déterminants positifs, le nombre de points dont les coordonnées sont l'ensemble des formules (A), et qui sont compris dans l'intérieur ou sur le contour du secteur hyperbolique, terminé d'une part par les droites

$$y = 0, \qquad y = \frac{aU}{T - bU}x,$$

et de l'autre par la branche de courbe s'étendant du côté des abscisses positives, coïncidera avec la somme des nombres de représentations appartenant à la forme (a, b, c).

On va voir quelle conséquence importante résulte de cette seconde manière d'exprimer $F(n)$.

V.

Rappelons, à cet effet, la proposition de Dirichlet sur le nombre des points compris dans l'intérieur d'un contour fermé, et donnés par les formules

$$x = av + \alpha, \qquad y = bw + \beta,$$

où v et w prennent toutes les valeurs entières de $-\infty$ à $+\infty$. Si l'on suppose a et b positifs, ainsi qu'on peut toujours le faire en changeant le signe de v et w, et qu'on désigne l'aire du contour par σ, on aura sensiblement $\frac{\sigma}{ab}$ pour la valeur de ce nombre quand σ est très grand. Ce résultat ne contenant pas α et β, si l'on a μ systèmes de valeurs des coordonnées ne différant que par ces constantes, $\frac{\mu\sigma}{ab}$ sera la somme de tous les nombres de points ainsi exprimés et qui sont compris dans l'intérieur du même contour. Cela posé, l'aire de l'ellipse

$$ax^2 + 2bxy + cy^2 = n \qquad \text{où} \qquad b^2 - ac = -D_1$$

est

$$\frac{n\pi}{\sqrt{D_1}},$$

celle du secteur hyperbolique,

$$\frac{n \log(T + U\sqrt{D})}{2\sqrt{D}};$$

le nombre μ des systèmes

$$x = 2Dv + \alpha, \qquad y = 2Dw + \beta,$$

puisque nous supposons le déterminant impair, est

$$2D_1\varphi(D_1).$$

Ainsi $\frac{\mu\sigma}{ab}$ sera

$$\frac{n\pi\varphi(D_1)}{2\sqrt{D_1^3}} \qquad \text{dans le premier cas,}$$

et

$$\frac{n\varphi(D)\log(T + U\sqrt{D})}{4\sqrt{D^3}} \qquad \text{dans le second.}$$

Telles seront donc pour n très grand les expressions approchées de la somme des nombres de représentations par une forme (a, b, c) de déterminant D positif et négatif des entiers positifs, impairs et premiers à D qui sont compris de l'unité à n. Ces expressions ne contiennent pas a, b, c; le déterminant seul y figure, de sorte qu'il suffira de les multiplier respectivement par le nombre h, des classes de l'ordre proprement primitif, pour en conclure la valeur approchée de la fonction précédemment désignée par $F(n)$. Il vient ainsi

$$\frac{n\pi\varphi(D_1)}{2\sqrt{D_1^3}}\,h = 2\sum_1^n{}_i\left(\frac{\mathfrak{D}}{i}\right)\Phi\left(\frac{n}{i}\right) \quad \text{dans le cas de D négatif,}$$

et

$$\frac{n\varphi(D)\log(T+U\sqrt{D})}{4\sqrt{D^3}}\,h = \sum_1^n{}_i\left(\frac{\mathfrak{D}}{i}\right)\Phi\left(\frac{n}{i}\right) \quad \text{dans le cas de D positif.}$$

Or on a, ainsi que nous l'avons remarqué en commençant,

$$\Phi(x) = \frac{x}{m}\,\varphi(m) + 2^{\mu-1}\varepsilon;$$

le nombre m d'ailleurs a été pris égal à $2D_1$, de sorte qu'en divisant par n les deux égalités pour y supposer n infiniment grand, on trouvera les expressions remarquables découvertes pour la première fois par Dirichlet, savoir :

$$h = \frac{2\sqrt{D_1}}{\pi}\sum_1^\infty{}_i\left(\frac{\mathfrak{D}}{i}\right)\frac{1}{i},$$

$$h = \frac{2\sqrt{D}}{\log(T+U\sqrt{D})}\sum_1^\infty{}_i\left(\frac{\mathfrak{D}}{i}\right)\frac{1}{i},$$

la première se rapportant aux déterminants négatifs et la seconde aux déterminants positifs ([1]).

([1]) Je dois m'empresser de déclarer qu'ayant eu occasion de m'entretenir avec M. Liouville de cette manière d'arriver aux résultats de M. Dirichlet, j'ai appris de notre savant confrère qu'il y était parvenu, de son côté, en se servant des propres indications de M. Dirichlet, et l'avait fait connaître à ses auditeurs du Collège de France.

REMARQUES

SUR

LE DÉVELOPPEMENT DE $\cos \operatorname{am} x$.

Comptes rendus de l'Académie des Sciences, t. LVII, 1863 (II), p. 613
et *Journal de Mathématiques pures et appliquées*, t. IX, 1864, 2ᵉ s., p. 289.

En développant suivant les puissances de l'argument les trois fonctions $\sin \operatorname{am} x$, $\cos \operatorname{am} x$, $\Delta \operatorname{am} x$, on obtient les séries suivantes :

$$\sin \operatorname{am} x = x - (1+k^2)\frac{x^3}{1.2.3} + (1+14k^2+k^4)\frac{x^5}{1.2.3.4.5} - \ldots,$$

$$\cos \operatorname{am} x = 1 - \frac{x^2}{1.2} + (1+4k^2)\frac{x^4}{1.2.3.4} - \ldots,$$

$$\Delta \operatorname{am} x = 1 - k^2\frac{x^2}{1.2} + (k^4+4k^2)\frac{x^4}{1.2.3.4} - \ldots,$$

où le coefficient d'un terme quelconque, $\frac{x^{2n+1}}{1.2.3\ldots 2n+1}$, $\frac{x^{2n}}{1.2.3\ldots 2n}$, est une fonction entière et à coefficients entiers du module k^2. Mais jusqu'ici il n'a pas été possible d'en obtenir l'expression générale, et tout ce que l'on sait à leur égard résulte simplement des relations

$$\sin \operatorname{am}\left(kx, \frac{1}{k}\right) = k \sin \operatorname{am}(x, k),$$

$$\cos \operatorname{am}\left(kx, \frac{1}{k}\right) = \Delta \operatorname{am}(x, k).$$

On reconnaît ainsi que les coefficients de $\sin \operatorname{am} x$ sont des polynomes réciproques et que le développement de $\cos \operatorname{am} x$ donne immédiatement celui de $\Delta \operatorname{am} x$. C'est de cette fonction, $\cos \operatorname{am} x$, que je vais m'occuper en ce moment, me proposant d'établir à l'égard des coefficients, dont voici les premiers d'après Gudermann :

$$1 + 4k^2,$$
$$1 + 44k^2 + 16k^4,$$
$$1 + 408k^2 + 912k^4 + 64k^6,$$
$$1 + 3\,688k^2 + 30\,768k^4 + 15\,808k^6 + 256k^8,$$
$$\ldots\ldots\ldots\ldots\ldots\ldots\ldots\ldots,$$

la remarque suivante :

Posons $k = \cos\theta$ et introduisons les arcs multiples, au lieu des puissances du cosinus; en les multipliant chacun par k, on trouvera successivement

$$k + 4k^3 = 4\cos\theta + \cos 3\theta,$$
$$k + 44k^3 + 16k^5 = 44\cos\theta + 16\cos 3\theta + \cos 5\theta,$$
$$k + 408k^3 + 912k^5 + 64k^7 = 912\cos\theta + 408\cos 3\theta + 64\cos 5\theta + \cos 7\theta,$$
$$\ldots\ldots\ldots\ldots\ldots\ldots\ldots\ldots\ldots\ldots\ldots\ldots$$

On aperçoit dans ces égalités que les puissances de k et les cosinus des multiples de θ ont précisément les mêmes coefficients. Or, en général, si l'on représente le coefficient de $\frac{x^{2n+2}}{1.2.3\ldots(2n+2)}$ dans le développement de cos am$x$ par

$$A_0 + A_1k^2 + A_2k^4 + \ldots + A_nk^{2n} = \sum_0^n{}_i A_ik^{2i},$$

on aura cette relation :

$$\sum A_i\cos^{2i+1}\theta = \sum A_i\cos(2n+1-4i)\theta,$$

qu'on peut facilement démontrer, comme on verra. Mais je veux d'abord faire voir, par un exemple, comment elle sert à calculer directement les nombres entiers A_0, A_1, A_2, etc.

Soit $n = 4$: en faisant, pour simplifier, $A_i = 4^ia_i$, et posant $A_0 = 1$, on trouvera, en remplaçant par les arcs multiples les puissances du cosinus

$$\begin{aligned}
&\cos\theta + 4a_1\cos^3\theta + 16a_2\cos^5\theta + 64a_3\cos^7\theta + 256a_4\cos^9\theta \\
&\quad = \cos\theta + a_1(\cos 3\theta + 3\cos\theta) + a_2(\cos 5\theta + 5\cos 3\theta + 10\cos\theta) \\
&\qquad + a_3(\cos 7\theta + 7\cos 5\theta + 21\cos 3\theta + 35\cos\theta) \\
&\qquad + a_4(\cos 9\theta + 9\cos 7\theta + 36\cos 5\theta + 84\cos 3\theta + 126\cos\theta).
\end{aligned}$$

On en conclut, entre les quatre inconnues, les cinq équations que voici :

$$
\begin{aligned}
1 &= a_4,\\
4a_1 &= a_2 + 7a_3 + 36a_4,\\
16a_2 &= 1 + 3a_1 + 10a_2 + 35a_3 + 126a_4,\\
64a_3 &= a_1 + 5a_2 + 21a_3 + 84a_4,\\
256a_4 &= a_3 + 9a_4.
\end{aligned}
$$

Leur somme conduisant à une identité, on peut omettre l'une d'elles, et, si l'on exclut la troisième, un calcul facile donne

$$a_1 = 922, \qquad a_2 = 1923, \qquad a_3 = 247, \qquad a_4 = 1,$$

ce qui conduit en effet au coefficient rapporté plus haut, d'après Gudermann. Laissant de côté l'étude de ces équations considérées en général, et me bornant à remarquer les valeurs

$$
\begin{aligned}
A_n &= 4^n,\\
A_{n-1} &= 4^{2n-1} - (2n+1)4^{n-1},\\
A_1 &= \frac{9^{n+1} - 9 - 8n}{16},
\end{aligned}
$$

j'arrive à la démonstration de l'égalité

$$\sum A_i \cos^{2i+1}\theta = \sum A_i \cos(2n+1-4i)\theta,$$

et à cette occasion, comme j'aurai à faire usage de la transformation du second ordre, je vais donner diverses formules qui s'y rapportent et qui peuvent être utiles dans bien d'autres circonstances.

La principale, celle dont toutes les autres peuvent être tirées, est

$$\sin \operatorname{am}\left[(1+k)x, \frac{2\sqrt{k}}{1+k}\right] = \frac{(1+k)\sin \operatorname{am} x}{1 + k\sin^2 \operatorname{am} x}.$$

Il suffit pour cela d'opérer tour à tour sur les fonctions au module primitif k et au module transformé, en employant les relations de la transformation du premier ordre; on le démontre en partant de ce théorème arithmétique que tous les systèmes linéaires

$$\begin{vmatrix} a, & b \\ c, & d \end{vmatrix}$$

dans lesquels $ad - bc$ est un nombre premier p, sont donnés par un seul d'entre eux

$$\begin{vmatrix} 1, & 0 \\ 0, & p \end{vmatrix}$$

en le composant à droite et à gauche avec des systèmes $\begin{vmatrix} \alpha, & \beta \\ \gamma, & \delta \end{vmatrix}$ au déterminant 1. Or l'ensemble des relations relatives à la transformation du premier ordre consiste dans ces formules, savoir :

$$\left\{\begin{aligned} \sin\operatorname{am}\left(kx, \frac{1}{k}\right) &= k\sin\operatorname{am} x, \\ \cos\operatorname{am}\left(kx, \frac{1}{k}\right) &= \Delta\operatorname{am} x, \\ \Delta\operatorname{am}\left(kx, \frac{1}{k}\right) &= \cos\operatorname{am} x. \end{aligned}\right.$$

$$\left\{\begin{aligned} \sin\operatorname{am}(ix, k') &= \frac{i\sin\operatorname{am} x}{\cos\operatorname{am} x}, \\ \cos\operatorname{am}(ix, k') &= \frac{1}{\cos\operatorname{am} x}, \\ \Delta\operatorname{am}(ix, k') &= \frac{\Delta\operatorname{am} x}{\cos\operatorname{am} x}. \end{aligned}\right.$$

$$\left\{\begin{aligned} \sin\operatorname{am}\left(ik'x, \frac{1}{k'}\right) &= \frac{ik'\sin\operatorname{am} x}{\cos\operatorname{am} x}, \\ \cos\operatorname{am}\left(ik'x, \frac{1}{k'}\right) &= \frac{\Delta\operatorname{am} x}{\cos\operatorname{am} x}, \\ \Delta\operatorname{am}\left(ik'x, \frac{1}{k'}\right) &= \frac{1}{\cos\operatorname{am} x}, \end{aligned}\right.$$

$$\left\{\begin{aligned} \sin\operatorname{am}\left(ikx, \frac{ik'}{k}\right) &= \frac{ik\sin\operatorname{am} x}{\Delta\operatorname{am} x}, \\ \cos\operatorname{am}\left(ikx, \frac{ik'}{k}\right) &= \frac{1}{\Delta\operatorname{am} x}, \\ \Delta\operatorname{am}\left(ikx, \frac{ik'}{k}\right) &= \frac{\cos\operatorname{am} x}{\Delta\operatorname{am} x}, \end{aligned}\right.$$

$$\left\{\begin{aligned} \sin\operatorname{am}\left(k'x, \frac{ik}{k'}\right) &= \frac{k'\sin\operatorname{am} x}{\Delta\operatorname{am} x}, \\ \cos\operatorname{am}\left(k'x, \frac{ik}{k'}\right) &= \frac{\cos\operatorname{am} x}{\Delta\operatorname{am} x}, \\ \Delta\operatorname{am}\left(k'x, \frac{ik}{k'}\right) &= \frac{1}{\Delta\operatorname{am} x}. \end{aligned}\right.$$

On en tire, par un calcul facile pour la transformation du second ordre, les formes suivantes :

$$\text{I.}\quad\left\{\begin{aligned}
&\sin\operatorname{am}\left[(1+k)x,\ \frac{2\sqrt{k}}{1+k}\right]=\frac{(1+k)\sin\operatorname{am}x}{1+k\sin^2\operatorname{am}x},\\
&\cos\operatorname{am}\left[(1+k)x,\ \frac{2\sqrt{k}}{1+k}\right]=\frac{\cos\operatorname{am}x\,\Delta\operatorname{am}x}{1+k\sin^2\operatorname{am}x},\\
&\Delta\operatorname{am}\left[(1+k)x,\ \frac{2\sqrt{k}}{1+k}\right]=\frac{1-k\sin^2\operatorname{am}x}{1+k\sin^2\operatorname{am}x}.
\end{aligned}\right.$$

$$\text{II.}\quad\left\{\begin{aligned}
&\sin\operatorname{am}\left[(1+k')ix,\ \frac{2\sqrt{k'}}{1+k'}\right]=\frac{i(1+k')\sin\operatorname{am}x\cos\operatorname{am}x}{1-(1+k')\sin^2\operatorname{am}x},\\
&\cos\operatorname{am}\left[(1+k')ix,\ \frac{2\sqrt{k'}}{1+k'}\right]=\frac{\Delta\operatorname{am}x}{1-(1+k')\sin^2\operatorname{am}x},\\
&\Delta\operatorname{am}\left[(1+k')ix,\ \frac{2\sqrt{k'}}{1+k'}\right]=\frac{1-(1-k')\sin^2\operatorname{am}x}{1-(1+k')\sin^2\operatorname{am}x}.
\end{aligned}\right.$$

$$\text{III}\quad\left\{\begin{aligned}
&\sin\operatorname{am}\left[(k'+ik)x,\ \frac{2\sqrt{ikk'}}{k'+ik}\right]=\frac{(k'+ik)\sin\operatorname{am}x\,\Delta\operatorname{am}x}{1-(k-ik')k\sin^2\operatorname{am}x},\\
&\cos\operatorname{am}\left[(k'+ik)x,\ \frac{2\sqrt{ikk'}}{k'+ik}\right]=\frac{\cos\operatorname{am}x}{1-(k-ik')k\sin^2\operatorname{am}x},\\
&\Delta\operatorname{am}\left[(k'+ik)x,\ \frac{2\sqrt{ikk'}}{k'+ik}\right]=\frac{1-(k+ik')k\sin^2\operatorname{am}x}{1-(k-ik')k\sin^2\operatorname{am}x}.
\end{aligned}\right.$$

$$\text{IV.}\quad\left\{\begin{aligned}
&\sin\operatorname{am}\left[(1+k)ix,\ \frac{1-k}{1+k}\right]=\frac{i(1+k)\sin\operatorname{am}x}{\cos\operatorname{am}x\,\Delta\operatorname{am}x},\\
&\cos\operatorname{am}\left[(1+k)ix,\ \frac{1-k}{1+k}\right]=\frac{1+k\sin^2\operatorname{am}x}{\cos\operatorname{am}x\,\Delta\operatorname{am}x},\\
&\Delta\operatorname{am}\left[(1+k)ix,\ \frac{1-k}{1+k}\right]=\frac{1-k\sin^2\operatorname{am}x}{\cos\operatorname{am}x\,\Delta\operatorname{am}x}.
\end{aligned}\right.$$

$$\text{V.}\quad\left\{\begin{aligned}
&\sin\operatorname{am}\left[(1+k')x,\ \frac{1-k'}{1+k'}\right]=\frac{(1+k')\sin\operatorname{am}x\cos\operatorname{am}x}{\Delta\operatorname{am}x},\\
&\cos\operatorname{am}\left[(1+k')x,\ \frac{1-k'}{1+k'}\right]=\frac{1-(1+k')\sin^2\operatorname{am}x}{\Delta\operatorname{am}x},\\
&\Delta\operatorname{am}\left[(1+k')x,\ \frac{1-k'}{1+k'}\right]=\frac{1-(1-k')\sin^2\operatorname{am}x}{\Delta\operatorname{am}x}.
\end{aligned}\right.$$

$$\text{VI.}\quad\left\{\begin{aligned}
&\sin\operatorname{am}\left[(k-ik')x,\ \frac{k+ik'}{k-ik'}\right]=\frac{(k-ik')\sin\operatorname{am}x\,\Delta\operatorname{am}x}{\cos\operatorname{am}x},\\
&\cos\operatorname{am}\left[(k-ik')x,\ \frac{k+ik'}{k-ik'}\right]=\frac{1-(k-ik')k\sin^2\operatorname{am}x}{\cos\operatorname{am}x},\\
&\Delta\operatorname{am}\left[(k-ik')x,\ \frac{k+ik'}{k-ik'}\right]=\frac{1-(k+ik')k\sin^2\operatorname{am}x}{\cos\operatorname{am}x}.
\end{aligned}\right.$$

J'omets d'écrire, pour abréger, toutes celles qui en résulteraient par le changement de signe de k ou k', et par le changement des modules transformés en leurs inverses, et ne conduiraient pas, par conséquent, à de nouvelles formes analytiques dans les seconds membres.

C'est dans le dernier groupe que nous trouverons la relation conduisant à l'identité que nous voulons établir. En partant, en effet, de l'égalité

$$\cos \operatorname{am}\left[(k - ik')x, \frac{k + ik'}{k - ik'}\right] = \frac{1 - (k - ik')k \sin^2 \operatorname{am} x}{\cos \operatorname{am} x},$$

on en déduira, par le changement de signe de k',

$$\cos \operatorname{am}\left[(k + ik')x, \frac{k - ik'}{k + ik'}\right] = \frac{1 - (k + ik')k \sin^2 \operatorname{am} x}{\cos \operatorname{am} x},$$

d'où il sera facile de tirer

$$(k + ik') \cos \operatorname{am}\left[(k - ik')x, \frac{k + ik'}{k - ik'}\right] + (k - ik') \cos \operatorname{am}\left[(k + ik')x, \frac{k - ik'}{k + ik'}\right] = 2k \cos \operatorname{am} x.$$

Or, en posant

$$k = \cos\theta,$$

cette égalité prendra cette forme

$$e^{i\theta} \cos \operatorname{am}(e^{-i\theta}x, e^{2i\theta}) + e^{-i\theta} \cos \operatorname{am}(e^{i\theta}x, e^{-2i\theta}) = 2 \cos\theta \cos \operatorname{am} x,$$

et la relation que nous nous sommes proposé de démontrer en résulte évidemment, en comparant dans les deux membres les coefficients d'une même puissance de la variable.

Relativement à $\sin \operatorname{am} x$, ce serait une formule de la transformation du quatrième ordre qui donnerait une conséquence semblable. Partant en effet de la relation suivante :

$$\sin \operatorname{am}\left[\frac{i(1 + \sqrt{k})^2 x}{2}, \frac{(1 - \sqrt{k})^2}{(1 + \sqrt{k})^2}\right] = \frac{i}{(1 - \sqrt{k})^2} \frac{1 - k \sin^2 \operatorname{am} x - \cos \operatorname{am} x \,\Delta \operatorname{am} x}{\sin \operatorname{am} x},$$

on en déduira aisément

$$(1-\sqrt{-k})^2 \sin\operatorname{am}\left[\frac{i(1+\sqrt{-k})^2 x}{2}, \frac{(1-\sqrt{-k})^2}{(1+\sqrt{+k})^2}\right]$$

$$-(1-\sqrt{k})^2 \sin\operatorname{am}\left[\frac{i(1+\sqrt{k})^2 x}{2}, \frac{(1-\sqrt{k})^2}{(1+\sqrt{k})^2}\right] = 2ik \sin\operatorname{am} x,$$

et l'on en tirera, pour la détermination des coefficients du développement de $\sin\operatorname{am} x$, des relations analogues aux précédentes, mais d'une forme un peu moins simple.

SUR

QUELQUES FORMULES RELATIVES AU MODULE

DANS

LA THÉORIE DES FONCTIONS ELLIPTIQUES.

Comptes rendus de l'Académie des Sciences, t. LVII, 1863 (II), p. 993
et *Journal de Mathématiques pures et appliquées,* t. IX, 1864, 2e s., p. 313.

Les expressions en produits infinis des fonctions elliptiques, savoir :

$$\operatorname{am}\frac{2Kx}{\pi}=\frac{1}{\sqrt{k}}\;\frac{2\sqrt[4]{q}\sin x(1-2q^2\cos 2x+q^4)(1-2q^4\cos 2x+q^8)(1-2q^6\cos 2x+q^{12})\ldots}{(1-2q\cos 2x+q^2)(1-2q^3\cos 2x+q^6)(1-2q^3\cos 2x+q^{10})\ldots},$$

$$\operatorname{am}\frac{2Kx}{\pi}=\sqrt{\frac{k'}{k}}\;\frac{2\sqrt[4]{q}\cos x(1+2q^2\cos 2x+q^4)(1+2q^4\cos 2x+q^8)(1+2q^6\cos 2x+q^{12})\ldots}{(1-2q\cos 2x+q^2)(1-2q^3\cos 2x+q^6)(1-2q^5\cos 2x+q^{10})\ldots},$$

$$\operatorname{am}\frac{2Kx}{\pi}=\sqrt{k'}\;\frac{(1+2q\cos 2x+q^2)(1+2q^3\cos 2x+q^6)(1+2q^5\cos 2x+q^{10})\ldots}{(1-2q\cos 2x+q^2)(1-2q^3\cos 2x+q^6)(1-2q^5\cos 2x+q^{10})\ldots},$$

donnent immédiatement, pour la racine quatrième du module et de son complément, des fonctions uniformes à l'égard de la variable ω définie en posant $q=e^{i\pi\omega}$. C'est ce qu'on voit dans les *Fundamenta,* § 36, où sont établies ces relations

$$\sqrt[4]{k}=\sqrt{2}\,.\,\sqrt[8]{q}\,\frac{(1+q^2)(1+q^4)(1+q^6)\ldots}{(1+q)(1+q^3)(1+q^4)\ldots},$$

$$\sqrt[4]{k'}=\frac{(1-q)(1-q^3)(1-q^5)\ldots}{(1+q)(1+q^3)(1+q^5)\ldots},$$

ou encore sous forme entière

$$\sqrt[4]{k}=\sqrt{2}\,.\,\sqrt[8]{q}\,[(1+q^2)(1+q^4)(1+q^6)\ldots]^2[(1-q)(1-q^3)(1-q^5)\ldots],$$

$$\sqrt[4]{k'}=[(1+q^2)(1+q^4)(1+q^6)\ldots][(1-q)(1-q^3)(1-q^5)\ldots]^2.$$

Mais cette conséquence importante ne résulte pas des développements sous forme de quotients de séries des mêmes fonctions, savoir :

$$\sin\operatorname{am}\frac{2Kx}{\pi} = \frac{1}{\sqrt{k}}\,\frac{2\sqrt[4]{q}\sin x - 2\sqrt[4]{q^9}\sin 3x + 2\sqrt[4]{q^{25}}\sin 5x - \ldots}{1 - 2q\cos 2x + 2q^4\cos 4x - 2q^9\cos 6x + \ldots},$$

$$\cos\operatorname{am}\frac{2Kx}{\pi} = \sqrt{\frac{k'}{k}}\,\frac{2\sqrt[4]{q}\cos x + 2\sqrt[4]{q^9}\cos 3x + 2\sqrt[4]{q^{25}}\cos 5x + \ldots}{1 - 2q\cos 2x + 2q^4\cos 4x - 2q^9\cos 6x + \ldots},$$

$$\Delta\operatorname{am}\frac{2Kx}{\pi} = \sqrt{k'}\,\frac{1 + 2q\cos 2x + 2q^4\cos 4x + 2q^9\cos 6x + \ldots}{1 - 2q\cos 2x - 2q^4\cos 4x - 2q^9\cos 6x + \ldots},$$

car c'est seulement alors la racine carrée du module et celle de son complément qui sont données en fonction de q par ces formules

$$\sqrt{k} = \frac{2\sqrt[4]{q} + 2\sqrt[4]{q^9} + 2\sqrt[4]{q^{25}} + \ldots}{1 + 2q + 2q^4 + 2q^9 + \ldots},$$

$$\sqrt{k'} = \frac{1 - 2q + 2q^4 - 2q^9 + \ldots}{1 + 2q + 2q^4 + 2q^9 + \ldots}.$$

Dans cette Note, je me propose d'établir, pour

$$\sin\operatorname{am}x, \quad \cos\operatorname{am}x, \quad \Delta\operatorname{am}x,$$

de nouveaux développements en série de sinus et de cosinus analogues aux précédents, mais qui donneront aussi bien que les produits infinis les racines quatrièmes de k et k' comme fonctions uniformes de la variable ω. On en déduira, en effet, ces formules remarquables, où le signe $\sum$ s'étend à toutes les valeurs positives et négatives de n

$$\sqrt[4]{k} = \frac{\sqrt{2}\,.\,\sqrt[8]{q}\sum q^{4n^2+2n}}{\sum q^{2n^2+n}}, \qquad \sqrt[4]{k'} = \frac{\sum(-1)^n q^{2n^2+n}}{\sum q^{2n^2+n}},$$

$$\sqrt[4]{k} = \frac{\sqrt{2}\,.\,\sqrt[8]{q}\sum(-1)^n q^{2n^2+n}}{\sum(-1)^n q^{2n^2}}, \qquad \sqrt[4]{k'} = \frac{\sum(-1)^n q^{n^2}}{\sum(-1)^n q^{2n^2}},$$

$$\sqrt[4]{k} = \frac{\sqrt{2}\,.\,\sqrt[8]{q}\sum q^{2n^2+n}}{\sum q^{n^2}}, \qquad \sqrt[4]{k'} = \frac{\sum(-1)^n q^{2n^2}}{\sum q^{n^2}},$$

et auxquelles Jacobi est déjà parvenu dans son Mémoire intitulé : *Uber unendliche Reihen, deren Exponenten zugleich in zwei verschiedenen quadratischen Formen enthalten sind*, en les déduisant des produits infinis en q rapportés plus haut. Les propriétés si importantes auxquelles donnent lieu ces quantités $\sqrt[4]{k}$ et $\sqrt[4]{k'}$, lorsqu'on y remplace ω par $\frac{c+d\omega}{a+b\omega}$, a, b, c, d étant des nombres entiers assujettis à la condition $ad-bc=1$, résultent de ces formules et peuvent être établies, comme j'espère le montrer, d'une manière simple et facile.

I.

Pour abréger l'écriture, je conviendrai de désigner les quatre fonctions

$$\Theta\left(\frac{2Kx}{\pi}\right),\quad \Theta_1\left(\frac{2Kx}{\pi}\right),\quad H\left(\frac{2Kx}{\pi}\right),\quad H_1\left(\frac{2Kx}{\pi}\right)$$

par $\theta(x)$, $\theta_1(x)$, $\eta(x)$, $\eta_1(x)$, de sorte qu'on ait, en mettant en évidence la quantité ω dont il a été question tout à l'heure,

$$\begin{aligned}
\theta\,(x,\omega) &= 1-2q\cos 2x+2q^4\cos 4x-2q^9\cos 6x+\ldots,\\
\theta_1(x,\omega) &= 1+2q\cos 2x+2q^4\cos 4x+2q^9\cos 6x+\ldots,\\
\eta\,(x,\omega) &= 2\sqrt[4]{q}\sin x-2\sqrt[4]{q^9}\sin 3x+2\sqrt[4]{q^{25}}\sin 5x-\ldots,\\
\eta_1(x,\omega) &= 2\sqrt[4]{q}\cos x+2\sqrt[4]{q^9}\cos 3x+2\sqrt[4]{q^{25}}\cos 5x+\ldots.
\end{aligned}$$

Cela posé, la transformation du second ordre donnera ces deux systèmes de relation

$$\left\{\begin{aligned}
2\theta^2(x,\omega) &= \left[\sqrt{1+k}\,\theta\left(x,\frac{\omega}{2}\right)+\sqrt{1-k}\,\theta_1\left(x,\frac{\omega}{2}\right)\right]\sqrt{\frac{2K}{\pi}},\\
2\theta_1^2(x,\omega) &= \left[\sqrt{1+k}\,\theta_1\left(x,\frac{\omega}{2}\right)+\sqrt{1-k}\,\theta\left(x,\frac{\omega}{2}\right)\right]\sqrt{\frac{2K}{\pi}},\\
2\eta^2(x,\omega) &= \left[\sqrt{1+k}\,\theta\left(x,\frac{\omega}{2}\right)-\sqrt{1-k}\,\theta_1\left(x,\frac{\omega}{2}\right)\right]\sqrt{\frac{2K}{\pi}},\\
2\eta_1^2(x,\omega) &= \left[\sqrt{1+k}\,\theta_1\left(x,\frac{\omega}{2}\right)-\sqrt{1-k}\,\theta\left(x,\frac{\omega}{2}\right)\right]\sqrt{\frac{2K}{\pi}},
\end{aligned}\right.$$

et

$$\left\{\begin{aligned}
\theta\,(x,\omega)\,\theta_1(x,\omega) &= \sqrt[4]{k'}\,\theta(2x,2\omega)\sqrt{\frac{2K}{\pi}},\\
\eta\,(x,\omega)\,\eta_1(x,\omega) &= \sqrt[4]{k'}\,\eta(2x,2\omega)\sqrt{\frac{2K}{\pi}},\\
\eta\,(x,\omega)\,\theta\,(x,\omega) &= \frac{\sqrt[4]{k}}{\sqrt{2}}\,\eta\left(x,\frac{\omega}{2}\right)\sqrt{\frac{2K}{\pi}},\\
\eta_1(x,\omega)\,\theta_1(x,\omega) &= \frac{\sqrt[4]{k}}{\sqrt{2}}\,\eta_1\left(x,\frac{\omega}{2}\right)\sqrt{\frac{2K}{\pi}},\\
\eta\,(x,\omega)\,\theta_1(x,\omega) &= \frac{e^{-\frac{i\pi}{8}}\sqrt[4]{kk'}}{\sqrt{2}}\,\eta\left(x,\frac{\omega+1}{2}\right)\sqrt{\frac{2K}{\pi}},\\
\eta_1(x,\omega)\,\theta\,(x,\omega) &= \frac{e^{-\frac{i\pi}{8}}\sqrt[4]{kk'}}{\sqrt{2}}\,\eta_1\left(x,\frac{\omega+1}{2}\right)\sqrt{\frac{2K}{\pi}};
\end{aligned}\right.$$

et c'est le second dont je vais faire usage comme il suit :

Considérons, par exemple, le sinus d'amplitude : on aura

$$\sin\operatorname{am}\frac{2Kx}{\pi} = \frac{1}{\sqrt{k}}\,\frac{\eta(x,\omega)}{\theta(x,\omega)} = \frac{1}{\sqrt{k}}\,\frac{\eta(x,\omega)\,\theta_1(x,\omega)}{\theta(x,\omega)\,\theta_1(x,\omega)}.$$

Or, en employant la première et la cinquième de ces relations, on obtiendra de suite

$$\sin\operatorname{am}\frac{2Kx}{\pi} = \frac{e^{-\frac{i\pi}{8}}}{\sqrt{2}\sqrt[4]{k}}\cdot\frac{\eta\left(x,\dfrac{\omega+1}{2}\right)}{\theta(2x,2\omega)},$$

ou bien

$$\sin\operatorname{am}\frac{2Kx}{\pi} = \frac{\sqrt{2}}{\sqrt[4]{k}}\,\frac{\sqrt[8]{q}\sin x + \sqrt[8]{q^9}\sin 3x - \sqrt[8]{q^{25}}\sin 5x - \ldots}{1 - 2q^2\cos 4x + 2q^8\cos 8x - 2q^{18}\cos 12x + \ldots},$$

et le même procédé de transformation, appliqué à $\cos\operatorname{am}\frac{2Kx}{\pi}$ et $\Delta\operatorname{am}\frac{2Kx}{\pi}$, donnera les résultats que voici :

$$\left\{\begin{aligned}
\sin\operatorname{am}\frac{2Kx}{\pi} &= \frac{e^{-\frac{i\pi}{8}}}{\sqrt{2}\sqrt[4]{k}}\,\frac{\eta\left(x,\dfrac{\omega+1}{2}\right)}{\theta(2x,2\omega)} = \frac{1}{\sqrt[4]{k}}\,\frac{\sqrt{2}\sqrt[8]{q}\sum(-1)^n q^{2n^2+n}\sin(4n+1)x}{\sum(-1)^n q^{2n^2}\cos 4nx},\\
\cos\operatorname{am}\frac{2Kx}{\pi} &= \frac{1}{\sqrt{2}}\sqrt[4]{\frac{k'}{k}}\,\frac{\eta_1\left(x,\dfrac{\omega}{2}\right)}{\theta(2x,2\omega)} = \sqrt[4]{\frac{k'}{k}}\,\frac{\sqrt{2}\sqrt[8]{q}\sum q^{2n^2+n}\cos(4n+1)x}{\sum(-1)^n q^{2n^2}\cos 4nx},\\
\Delta\operatorname{am}\frac{2Kx}{\pi} &= e^{+\frac{i\pi}{8}}\sqrt[4]{k'}\,\frac{\eta_1\left(x,\dfrac{\omega}{2}\right)}{\eta_1\left(x,\dfrac{\omega+1}{2}\right)} = \sqrt[4]{k'}\,\frac{\sum q^{2n^2+n}\cos(4n+1)x}{\sum(-1)^n q^{2n^2+n}\cos(4n+1)x},
\end{aligned}\right.$$

et, en second lieu,

$$\left\{\begin{aligned}
\sin \operatorname{am} \frac{2Kx}{\pi} &= \frac{\sqrt{2}\, e^{\frac{i\pi}{8}}}{\sqrt[4]{k^3}} \frac{\eta(2x, 2\omega)}{\eta_1\left(x, \frac{\omega+1}{2}\right)} = \frac{1}{\sqrt[4]{k^3}} \frac{\sqrt{2}\sqrt[8]{q^3} \sum q^{8n^2+4n} \sin(8n+2)x}{\sum (-1)^n q^{2n^2+n} \cos(4n+1)x},\\
\cos \operatorname{am} \frac{2Kx}{\pi} &= \sqrt{2}\sqrt[4]{\frac{k'^3}{k^3}} \frac{\eta(2x, 2\omega)}{\eta\left(x, \frac{\omega}{2}\right)} = \sqrt[4]{\frac{k'^3}{k^3}} \frac{\sqrt{2}\sqrt[8]{q^3} \sum q^{8n^2+4n} \sin(8n+2)x}{\sum q^{2n^2+n} \sin(4n+1)x},\\
\Delta \operatorname{am} \frac{2Kx}{\pi} &= e^{-\frac{i\pi}{8}} \sqrt[4]{k'^3} \frac{\eta\left(x, \frac{\omega+1}{2}\right)}{\eta\left(x, \frac{\omega}{2}\right)} = \sqrt[4]{k'^3} \frac{\sum (-1)^n q^{2n^2+n} \sin(4n+1)x}{\sum q^{2n^2+n} \sin(4n+1)x}.
\end{aligned}\right.$$

Tels sont donc les modes nouveaux de développement des fonctions elliptiques, qui manifestent immédiatement que les quantités $\sqrt[4]{k}$ et $\sqrt[4]{k'}$ sont des fonctions uniformes de ω. Il suffit en effet de poser $x = 0$ dans les deux dernières équations du premier groupe pour obtenir

$$\sqrt[4]{k} = \frac{e^{-\frac{i\pi}{8}}}{\sqrt{2}} \frac{\eta_1\left(0, \frac{\omega+1}{2}\right)}{\theta(0, 2\omega)} = \frac{\sqrt{2}\,.\sqrt[8]{q} \sum (-1)^n q^{2n^2+n}}{\sum (-1)^n q^{2n^2}},$$

$$\sqrt[4]{k'} = e^{-\frac{i\pi}{8}} \frac{\eta_1\left(0, \frac{\omega+1}{2}\right)}{\eta_1\left(0, \frac{\omega}{2}\right)} = \frac{\sum (-1)^n q^{2n^2+n}}{\sum q^{2n^2+n}},$$

c'est-à-dire deux des formules rapportées plus haut d'après Jacobi, et dont les autres se tirent aisément, comme nous le verrons bientôt. Quant aux équations du second groupe, elles donneraient, en prenant le rapport des dérivées, deux termes pour $x = 0$,

$$\sqrt[4]{k^3} = \frac{2\sqrt{2}\sqrt[8]{q^3} \sum (4n+1) q^{8n^2+4n}}{\sum (-1)^n (4n+1) q^{2n^2+n}},$$

$$\sqrt[4]{k'^3} = \frac{\sum (4n+1) q^{2n^2+n}}{\sum (-1)^n (4n+1) q^{2n^2+n}},$$

les signes $\sum$ s'étendant, comme précédemment, aux valeurs positives et négatives de n.

Mais ces nouveaux développements n'ont pas seulement pour objet de conduire à ces conséquences, que je vais donner principalement en vue de l'étude des quantités $\sqrt[4]{k}$ et $\sqrt[4]{k'}$; j'en indiquerai encore un usage dans la question suivante :

II.

La dérivée de $\sin \operatorname{am} x$ étant exprimée par

$$\sqrt{(1-\sin^2 \operatorname{am} x)(1-k^2 \sin^2 \operatorname{am} x)},$$

il est naturel de se demander si les combinaisons suivantes des facteurs du radical

$$\lambda\ (x, k) = \sqrt{(1+\sin \operatorname{am} x)(1+k \sin \operatorname{am} x)},$$
$$\lambda_1(x, k) = \sqrt{(1+\sin \operatorname{am} x)(1-k \sin \operatorname{am} x)}$$

représenteront aussi bien que

$$\cos \operatorname{am} x = \sqrt{1-\sin^2 \operatorname{am} x} \qquad \text{et} \qquad \Delta \operatorname{am} x = \sqrt{1-k^2 \sin^2 \operatorname{am} x}$$

des fonctions uniformes de la variable. Or, en désignant par a une racine quelconque des équations $\lambda(x) = 0$, $\lambda_1(x) = 0$, on reconnaît aisément que les développements $\lambda(a+\varepsilon)$, $\lambda_1(a+\varepsilon)$ commencent par un terme proportionnel à ε, de sorte que d'après les principes connus (¹) on peut assurer déjà que ces fonctions sont uniformes. On trouve en effet, par exemple,

$$\lambda(-K+\varepsilon) = \sqrt{1+k}\,\frac{\sqrt{1-k\sin^2 \operatorname{am}\varepsilon} - \cos \operatorname{am}\varepsilon\, \Delta \operatorname{am}\varepsilon}{\Delta \operatorname{am}\varepsilon},$$

et la quantité sous le radical est une fonction paire de ε, qui s'annule avec cette variable. Mais il reste à trouver leur expression analytique, et l'on y parvient d'une manière facile comme il suit.

(¹) *Voyez* l'ouvrage de MM. Briot et Bouquet sur les fonctions doublement périodiques.

Changeons k en $\frac{1-k'}{1+k'}$ et x en $(1+k')x$, en employant la formule

$$\sin\mathrm{am}\left[(1+k')x, \frac{1-k'}{1+k'}\right] = \frac{(1+k')\sin\mathrm{am}\,x\cos\mathrm{am}\,x}{\Delta\,\mathrm{am}\,x},$$

on trouvera

$$\lambda\left[(1+k')x, \frac{1-k'}{1+k'}\right]$$
$$= \frac{1}{\Delta\,\mathrm{am}\,x}\sqrt{1-k^2\sin^4\mathrm{am}\,x+2\sin\mathrm{am}\,x\cos\mathrm{am}\,x\,\Delta\,\mathrm{am}\,x},$$

$$\lambda_1\left[(1+k')x, \frac{1-k'}{1+k'}\right]$$
$$= \frac{1}{\Delta\,\mathrm{am}\,x}\sqrt{1-2k^2\sin^2\mathrm{am}\,x+k^2\sin^4\mathrm{am}\,x+2k'\sin\mathrm{am}\,x\cos\mathrm{am}\,x\,\Delta\,\mathrm{am}\,x}.$$

Or il arrive que les quantités sous les deux radicaux sont des carrés parfaits, à savoir :

$$(\cos\mathrm{am}\,x+\sin\mathrm{am}\,x\,\Delta\,\mathrm{am}\,x)^2 \quad \text{et} \quad (k'\sin\mathrm{am}\,x+\cos\mathrm{am}\,x\,\Delta\,\mathrm{am}\,x)^2,$$

de sorte qu'il vient simplement

$$\lambda\left[(1+k')x, \frac{1-k'}{1+k'}\right] = \sin\mathrm{am}\,x+\frac{\cos\mathrm{am}\,x}{\Delta\,\mathrm{am}\,x} = \sin\mathrm{am}\,x+\sin\mathrm{coam}\,x,$$

$$\lambda_1\left[(1+k')x, \frac{1-k'}{1+k'}\right] = \cos\mathrm{am}\,x+\frac{k'\sin\mathrm{am}\,x}{\Delta\,\mathrm{am}\,x} = \cos\mathrm{am}\,x+\cos\mathrm{coam}\,x.$$

Posons encore avec Jacobi

$$k^{(2)} = \frac{1-k'}{1+k'}, \qquad K^{(2)} = \frac{1+k'}{2}K,$$

ces quantités désignant ce que deviennent k et K par le changement de q en q^2 ou de ω en 2ω, et mettons $\frac{2Kx}{\pi}$ au lieu de x ; on aura

$$\lambda\left[\frac{4K^{(2)}x}{\pi}, k^{(2)}\right] = \sin\mathrm{am}\frac{2Kx}{\pi}+\sin\mathrm{coam}\frac{2Kx}{\pi},$$

$$\lambda_1\left[\frac{4K^{(2)}x}{\pi}, k^{(2)}\right] = \cos\mathrm{am}\frac{2Kx}{\pi}+\cos\mathrm{coam}\frac{2Kx}{\pi}.$$

C'est à ce moment que nous ferons remarquer l'avantage des nouvelles formules

$$\sin\operatorname{am}\frac{2Kx}{\pi} = \frac{e^{-\frac{i\pi}{8}}}{\sqrt{2}\sqrt[4]{k}}\cdot\frac{\eta\left(x, \frac{\omega+1}{2}\right)}{\theta(2x, 2\omega)},$$

$$\cos\operatorname{am}\frac{2Kx}{\pi} = \frac{1}{\sqrt{2}}\sqrt[4]{\frac{k'}{k}}\cdot\frac{\eta_1\left(x, \frac{\omega}{2}\right)}{\theta(2x, 2\omega)},$$

car elles donnent, avec le même dénominateur,

$$\sin\operatorname{coam}\frac{2Kx}{\pi} = \frac{e^{-\frac{i\pi}{8}}}{\sqrt{2}\sqrt[4]{k}}\cdot\frac{\eta_1\left(x, \frac{\omega+1}{2}\right)}{\theta(2x, 2\omega)},$$

$$\cos\operatorname{coam}\frac{2Kx}{\pi} = \frac{1}{\sqrt{2}}\sqrt[4]{\frac{k'}{k}}\cdot\frac{\eta\left(x, \frac{\omega}{2}\right)}{\theta(2x, 2\omega)},$$

de sorte qu'ayant, comme on le vérifie de suite,

$$\eta\left(x, \frac{\omega+1}{2}\right) + \eta_1\left(x, \frac{\omega+1}{2}\right) = \sqrt{2}\,.\,e^{\frac{i\pi}{8}}\,\eta_1\left(x - \frac{\pi}{4}, \frac{\omega}{2}\right),$$

$$\eta\left(x, \frac{\omega}{2}\right) + \eta_1\left(x, \frac{\omega}{2}\right) = \sqrt{2}\,.\,e^{-\frac{i\pi}{8}}\,\eta_1\left(x - \frac{\pi}{4}, \frac{\omega+1}{2}\right),$$

on en conclut, en remplaçant x et ω par $\frac{x}{2}$ et $\frac{\omega}{2}$,

$$\lambda\left(\frac{2Kx}{\pi}, k\right) = \frac{1}{\sqrt[4]{k_{\frac{1}{2}}}}\,\frac{\eta_1\left(\frac{2x-\pi}{4}, \frac{\omega}{4}\right)}{\theta(x, \omega)}$$

$$= \frac{1}{\sqrt[4]{k_{\frac{1}{2}}}}\,\frac{2\sqrt[16]{q}\sum q^{\frac{2n^2+n}{2}}\cos(4n+1)\left(\frac{2x-\pi}{4}\right)}{\sum(-1)^n q^{n^2}\cos 2nx}$$

et

$$\lambda_1\left(\frac{2Kx}{\pi}, k\right) = e^{-\frac{i\pi}{8}}\sqrt[4]{\frac{k'_{\frac{1}{2}}}{k_{\frac{1}{2}}}}\,\frac{\eta_1\left(\frac{2x-\pi}{4}, \frac{\omega+2}{4}\right)}{\theta(x, \omega)}$$

$$= \sqrt[4]{\frac{k'_{\frac{1}{2}}}{k_{\frac{1}{2}}}}\,\frac{2\sqrt[16]{q}\sum(-1)^n q^{\frac{2n^2+n}{2}}\cos(4n+1)\left(\frac{2x-\pi}{4}\right)}{\sum(-1)^n q^{n^2}\cos 2nx}.$$

Dans ces formules, $k_{\frac{1}{2}}$ et $k'_{\frac{1}{2}}$ désignent ce que deviennent le module et son complément par le changement de ω en $\frac{\omega}{2}$, et ont pour valeur

$$k_{\frac{1}{2}} = \frac{2\sqrt{k}}{1+k}, \qquad k'_{\frac{1}{2}} = \frac{1-k}{1+k}.$$

Sous forme de séries simples, on aurait

$$\lambda\left(\frac{2Kx}{\pi}, k\right) = \frac{\pi\sqrt{2}\sqrt[4]{q}}{K\sqrt{k}} \sum_{-\infty}^{+\infty}{}_n (-1)^n \frac{q^n \cos(4n+1)\left(\frac{x}{2} - \frac{\pi}{4}\right)}{1 - q^{2n+\frac{1}{2}}},$$

$$\lambda_1\left(\frac{2Kx}{\pi}, k\right) = \frac{\pi\sqrt{2}\sqrt[4]{q}}{K\sqrt{k}} \sum_{-\infty}^{+\infty}{}_n (-1)^n \frac{q^n \cos(4n+1)\left(\frac{x}{2} - \frac{\pi}{4}\right)}{1 + q^{2n+\frac{1}{2}}}.$$

SUR

LES FONCTIONS DE SEPT LETTRES.

Comptes rendus de l'Académie des Sciences, t. LVII, 1863 (II), p. 750.

En représentant, suivant l'usage, un système de p quantités indépendantes par la notation z_i, où l'on suppose

$$i = 0, \quad 1, \quad 2, \quad \ldots, \quad p-1,$$

toute substitution entre ces quantités pourra se représenter analytiquement de la manière suivante :

$$\begin{bmatrix} z_i \\ z_{\theta(i)} \end{bmatrix},$$

la fonction $\theta(i)$ étant déterminée de manière à reproduire dans un autre ordre l'ensemble des p valeurs de l'indice. Ce n'est, il est vrai, qu'une abréviation de la notation explicite

$$\begin{bmatrix} z_0, & z_1, & \ldots, & z_{p-1} \\ z_a, & z_b, & \ldots, & z_k \end{bmatrix},$$

où $a, b, \ldots, k$ sont les nouveaux indices, et qu'on obtient immédiatement par la formule d'interpolation; toutefois, on verra qu'on en tire quelques résultats intéressants, au moins à l'égard des fonctions de sept lettres, en prenant pour symboles de distinction, au lieu des indices $i = 0, 1, 2, \ldots, p-1$, un système de résidus suivant le module p. Sous ce point de vue, la formule d'interpolation se simplifie en effet, comme nous allons d'abord le montrer.

Soit, pour un instant,

$$\varphi(x) = x(x-1)(x-2)\ldots(x-p+1);$$

on aura, comme on sait,

$$\theta(x) = \frac{a\varphi(x)}{x\varphi'(0)} + \frac{b\varphi(x)}{(x-1)\varphi'(1)} + \ldots + \frac{k\varphi(x)}{(x-p+1)\varphi'(p-1)}.$$

Or, en supposant p premier, et employant le théorème connu

$$\varphi(x) \equiv x^p - x \pmod{p},$$

d'où

$$\varphi'(x) \equiv -1,$$

on trouvera immédiatement

$$\begin{aligned}\theta(x) \equiv &- a(x^{p-1}-1) - bx(x^{p-2}+x^{p-3}+\ldots+1)\\ &- cx(x^{p-2}+2x^{p-3}+\ldots+2^{p-2}) - \ldots\\ &- kx[x^{p-2}+(p-1)x^{p-3}+\ldots+(p-1)^{p-2}].\end{aligned}$$

Ordonnant par rapport à x, et remarquant que les nombres a, b, ..., k, coïncident, sauf l'ordre, avec un système de résidus, de sorte que leur somme

$$a+b+\ldots+k \equiv 0 \pmod{p},$$

il viendra

$$\begin{aligned}\theta(x) \equiv a &- x\,[b+2^{p-2}c+\ldots+(p-1)^{p-2}k]\\ &- x^2\,[b+2^{p-3}c+\ldots+(p-1)^{p-3}k]\\ &- \ldots\ldots\ldots\ldots\ldots\ldots\ldots\ldots,\\ &- x^{p-2}[b+2c+\ldots+(p-1)k],\end{aligned}$$

ce qui est un polynome à coefficients entiers du degré $p-2$, et dont voici la propriété caractéristique :

Formons la suite des puissances

$$\theta^2(x),\quad \theta^3(x),\quad \ldots,\quad \theta^{p-2}(x),$$

et soit, en général,

$$\theta^n(x) = (n)_0 + (n)_1 x + (n)_2 x^2 + \ldots + (n)_{n(p-2)} x^{n(p-2)},$$

je dis qu'on aura

$$(n)_0 + (n)_{p-1} + (n)_{2(p-1)} + \ldots + (n)_{(n-1)(p-1)} \equiv 0.$$

Effectivement, a, b, ..., k représentant dans un ordre quelconque un système de résidus, on a

$$\begin{aligned}\theta^n(0)+\theta^n(1)+\ldots+\theta^n(p-1) &\equiv a^n+b^n+\ldots+k^n \\ &\equiv 1^n+2^n+\ldots+k^n \\ &\equiv 0 \pmod p,\end{aligned}$$

de sorte qu'en éliminant dans $\theta^n(x)$ les puissances de x dont l'exposant est supérieur à $p-1$, à l'aide de la relation $x^{p-1}\equiv 1$, le coefficient du terme indépendant auquel on sera ainsi amené devra être congru à zéro.

Et, réciproquement, tout polynome à coefficients entiers, de degré $p-2$,

$$\theta(x)=G+Hx+\ldots+Nx^{p-2},$$

qui remplira ces conditions, pourra servir à désigner une substitution, car en faisant, pour un instant,

$$\theta(0)=a,\qquad \theta(1)=b,\qquad \ldots,\qquad \theta(p-1)=k,$$

la fonction $(x-a)(x-b)\ldots(x-k)$ coïncidera, en vertu des relations

$$a^n+b^n+\ldots+k^n\equiv 0,$$

avec

$$x^p-x \quad \text{ou} \quad x(x-1)\ldots(x-p+1),$$

et, par conséquent, $a, b, \ldots, k$ représenteront un système de résidus.

Ces premières remarques faites, nous allons les employer à l'étude des substitutions, en partant de ce fait évident de lui-même que, si $\theta(x)$ est une fonction quelconque, propre à représenter une substitution, la suivante :

$$\vartheta(x)=\alpha\theta(x+\beta)+\gamma,$$

en excluant la valeur $\alpha\equiv 0$, aura, quels que soient β et γ, la même propriété. Or, il est aisé de définir, dans un tel ensemble d'expressions, une *forme réduite*, unique, qui, une fois connue, donnera toutes les autres, et ce qui se présente le plus naturellement c'est de déterminer α de manière à rendre égal à l'unité, dans $\vartheta(x)$, le coefficient de la puissance la plus élevée de la variable, β en faisant disparaître le coefficient de la puissance immédiatement inférieure, et γ enfin, de sorte qu'il n'y ait pas de terme indépendant. On pourra même chercher à réduire ultérieurement $\vartheta(x)$, en considérant l'expression $\alpha\vartheta(ax)$, où il restera encore un entier arbitraire, après qu'on aura rendu égal à l'unité le coefficient du terme du plus haut degré. La notion des formes réduites ainsi établie pour les fonctions $\theta(x)$, nous allons, en considérant les cas de $p = 5$ et $p = 7$, montrer comment elles se déterminent.

Premier cas : $p = 5$.

Les formes réduites sont

$$\vartheta(x) \equiv x, \quad x^2, \quad x^3 + ax;$$

la seconde est à exclure attendu que

$$\vartheta^2(x) \equiv x^4 \equiv 1,$$

et il ne reste à considérer que la dernière dont le carré est

$$x^6 + 2ax^4 + a^2x^2 \equiv x^2(1 + a^2) + 2a.$$

Devant faire disparaître le terme indépendant, il faut poser

$$a \equiv 0;$$

toutes les autres conditions se trouvant d'ailleurs remplies par l'expression

$$\vartheta(x) \equiv x^3,$$

il en résulte que la totalité des substitutions, pour un système de cinq lettres, s'obtiennent en employant pour indices

$$\alpha x + \beta, \qquad \alpha(x + \beta)^3 + \gamma,$$

où l'on n'excepte que la valeur $\alpha \equiv 0$. M. Betti avait donné déjà ce résultat dans le Tome II des *Annales de Tortolini* et, récemment, M. Brioschi en a fait l'application la plus ingénieuse dans son beau travail sur la méthode de Kronecker pour la résolution de l'équation du cinquième degré (*Actes de l'Institut Lombard*, année 1858).

Deuxième cas : $p = 7$.

On devra partir des expressions

$$\vartheta(x) \equiv x, \quad x^2, \quad x^3 + ax, \quad x^4 + ax^2 + bx, \quad x^5 + ax^3 + bx^2 + cx,$$

dont la seconde et la troisième sont d'abord à rejeter, le terme indépendant existant nécessairement dans le cube de l'une et le carré de l'autre. Soit donc

$$\mathfrak{I}(x) \equiv x^4 + ax^2 + bx.$$

Le terme indépendant de $\mathfrak{I}^2(x)$ donne immédiatement $a \equiv 0$. On trouve ensuite

$$(x^4 + bx)^3 \equiv x^3(b^3 + 3b) + 3b^2 + 1,$$

d'où cette condition

$$3b^2 + 1 \equiv 0, \qquad b \equiv \pm 3,$$

et, par conséquent, ces deux formes

$$\mathfrak{I}(x) \equiv x^4 + 3x, \qquad x^4 - 3x.$$

La seconde se ramène à la première en recourant au dernier mode de réduction que nous avons indiqué en commençant. On trouve, en effet, en prenant $\mathfrak{I}(x) \equiv x^4 - 3x$,

$$a^2\,\mathfrak{I}(ax) \equiv x^4 - 3a^3x,$$

de sorte qu'il suffit pour y parvenir de poser $a^3 \equiv -1$, c'est-à-dire de prendre a non résidu de 7. Cela étant connu, on obtient, pour la série des puissances,

$$\left\{\begin{aligned}
\mathfrak{I}\,(x) &\equiv x^4 + 3x,\\
\mathfrak{I}^2(x) &\equiv 6x^5 + 3x^2,\\
\mathfrak{I}^3(x) &\equiv x^3,\\
\mathfrak{I}^4(x) &\equiv 3x^4 + x,\\
\mathfrak{I}^5(x) &\equiv 3x^5 + 6x^2.
\end{aligned}\right.$$

Ainsi toutes les autres conditions se trouvent remplies d'elles-mêmes.

Soit, en dernier lieu,

$$\mathfrak{I}(x) \equiv x^5 + ax^3 + bx^2 + cx;$$

on aura, en égalant à zéro les termes indépendants dans le carré, le cube, et la quatrième puissance,

$$2c + a^2 \equiv 0,$$
$$b(3 + 6ac + b^2) \equiv 0,$$
$$ab^2 + 4b^2c^2 + 2(2a + c^2)(1 + 2ac + b^2) \equiv 0.$$

La seconde équation conduit à supposer d'abord $b \equiv 0$, ce qui réduit la dernière à

$$(2a + c^2)(1 + 2ac) \equiv 0.$$

Or, en y faisant

$$c \equiv -\frac{1}{2} a^2 \equiv 3a^2,$$

elle donne l'identité

$$2(a + a^4)(1 - a^3) \equiv 2(a - a^7) \equiv 0;$$

on a donc cette expression

$$\mathfrak{I}(x) \equiv x^5 + ax^3 + 3a^2x,$$

où a reste indéterminé, mais que nous pouvons ramener aux cas de $a \equiv 0$, $a \equiv 1$ et $a \equiv 3$, d'après la relation

$$\alpha\mathfrak{I}(\alpha x) \equiv x^5 - a\alpha^4x^3 + 3a^2\alpha^2x.$$

On vérifiera aisément que la cinquième puissance ne renferme pas d'ailleurs de terme indépendant. Supposons enfin que b ne soit pas $\equiv 0$, les deux dernières équations donnent, en y faisant $c \equiv 3a^2$,

$$3 - 3a^3 + b^2 \equiv 0,$$
$$a + a^4 \equiv 0,$$

d'où ces deux solutions

$$\begin{cases} a \equiv 0, & b \equiv \pm 2, \\ a^3 \equiv -1, & b \equiv \pm 1; \end{cases}$$

on en conclut ces nouvelles formes réduites

$$\mathfrak{I}(x) \equiv x^5 \pm 2x^2,$$
$$\mathfrak{I}(x) \equiv x^5 + ax^3 \pm x^2 + 3a^2x \quad (a \text{ non résidu quadratique de } 7),$$

que nous ramenons, en opérant comme tout à l'heure, à celles-ci :

$$\mathfrak{I}(x) \equiv x^5 + 2x^2,$$
$$\mathfrak{I}(x) \equiv x^5 + 3x^3 \pm x^2 - x.$$

En résumé, toutes les substitutions d'un système de sept lettres, au nombre de 5040, se trouvent représentées de cette manière,

$$\left\{\begin{matrix} z_x \\ z_{\alpha x+\beta} \end{matrix}\right\} \quad \left\{\begin{matrix} z_x \\ z_{\alpha\theta(x+\beta)+\gamma} \end{matrix}\right\},$$

la fonction $\theta(x)$ prenant successivement ces formes

$$\begin{array}{ll} x^4 \pm 3x, & \\ x^5 \pm 2x^2, & \\ x^5 + ax^3 + 3a^2x & (a \text{ quelconque}), \\ x^5 + ax^3 \pm x^2 + 3a^2x & (a \text{ non résidu de } 7). \end{array}$$

C'est le résultat que j'ai déjà indiqué dans une Lettre adressée à M. Brioschi, et publiée dans les *Annales de M. Tortolini;* je vais le compléter en présentant quelques remarques sur les diverses fonctions $\mathfrak{S}(x)$, et me servant à cet effet des formes réduites précédemment obtenues, savoir :

$$\begin{aligned} \mathfrak{S}(x) \equiv\ & x^4 + 3x, \\ & x^5 + 2x^2, \\ & x^5 + x^3 + 3x, \\ & x^5 + 3x^3 - x, \\ & x^5 + 3x^3 \pm x^2 - x. \end{aligned}$$

A l'égard des deux premières, je distingue en deux groupes les valeurs de x, suivant leur caractère quadratique par rapport au module 7; on trouvera ainsi

$$\begin{array}{rll} x^4 + 3x & \equiv 2x & (x \text{ résidu quadratique de } 7), \\ & \equiv 4x & (x \text{ non résidu de } 7), \\ x^5 + 2x^2 & \equiv 3x^2 & (x \text{ résidu quadratique de } 7), \\ & \equiv x^2 & (x \text{ non résidu de } 7). \end{array}$$

Pour la troisième, je distinguerai les indices en résidus cubiques, et non résidus par rapport à 7, et il viendra

$$\begin{array}{rll} x^5 + x^3 + 3x & \equiv -2x & (x \text{ résidu cubique de } 7), \\ & \equiv +2x & (x \text{ non résidu cubique}). \end{array}$$

Pour les deux derniers enfin, on parviendra encore à des formes monomes, mais sous un point de vue bien différent, car on trouvera

$$\begin{array}{rll} x^5 + 3x^3 - x & \equiv 3x^2, & x < \frac{7}{2}, \\ & \equiv -3x^2, & x > \frac{7}{2}, \end{array}$$

et, par suite, en faisant $\varepsilon = \pm 1$,

$$x^5 + 3x^3 + \varepsilon x^2 - x \equiv (3 + \varepsilon)x^2, \qquad x < \frac{7}{2},$$
$$\equiv (-3 + \varepsilon)x^2, \qquad x > \frac{7}{2}.$$

Ces remarques, qu'on vérifie facilement, autorisent jusqu'à un certain point peut-être à supposer que, dans l'étude des formes analytiques de substitution pour un nombre premier quelconque p de lettres, les expressions que nous avons nommées réduites se ramènent elles-mêmes à d'autres beaucoup plus simples, en considérant les valeurs de l'indice comme résidus ou non résidus de puissances dont l'exposant diviserait $p - 1$, ou bien encore comme divisées en ces deux séries

$$x = 1, \quad 2, \quad 3, \quad \ldots, \quad \frac{p-1}{2},$$
$$x = \frac{p+1}{2}, \quad \frac{p+3}{2}, \quad \ldots, \quad p - 1.$$

Soit, par exemple (¹), une substitution réduite de la forme

$$\vartheta(x) \equiv ax^{\omega}\left(x^{\frac{p-1}{2}} + 1\right) - bx^{\varpi}\left(x^{\frac{p-1}{2}} - 1\right):$$

il est clair qu'on aura simplement

$$\vartheta(x) \equiv 2ax^{\omega} \qquad (x \text{ résidu de } p),$$
$$\equiv 2bx^{\varpi} \qquad (x \text{ non résidu de } p);$$

c'est à cette catégorie qu'appartient, dans le cas de $p = 7$, l'expression

$$\vartheta(x) \equiv -x^5 - 2x^2,$$

qui vérifie les relations

$$\vartheta[a\vartheta(x) + b] \equiv 2ab^4\vartheta\left(x + \frac{2}{a^4 b}\right) + \frac{1-a}{a}(b^5 + 2b^2) \quad (a \text{ résidu de } 7),$$
$$\vartheta[\vartheta(x)] \equiv x.$$

(¹) Avant cet exemple dans lequel p est un nombre premier quelconque, Hermite donne un autre exemple où $p \equiv 3 \pmod 4$; nous l'avons supprimé dans le texte, car le passage nous paraît contenir des inexactitudes. E. P.

Il en résulte qu'on a un système de 168 substitutions conjuguées représentées ainsi :

$$\begin{Bmatrix} z_x \\ z_{ax+b} \end{Bmatrix}, \quad \begin{Bmatrix} z_x \\ z_{a\mathfrak{S}(x+b)+c} \end{Bmatrix} \quad (a \text{ résidu de } 7);$$

d'où cette conséquence, indiquée pour la première fois par M. Kronecker, qu'une fonction de sept lettres, invariable par ce système de substitutions, ne peut avoir que trente valeurs distinctes.

EXTRAIT

D'UNE

LETTRE DE M. HERMITE A M. BRIOSCHI.

Journal de Crelle, t. 63, 1864, p. 30.

« En appelant, comme vous le faites (¹), U la forme cubique proposée, H le hessien, K le covariant du sixième degré, et

$$\Theta = \begin{vmatrix} \frac{dU}{dx} & \frac{dU}{dy} & \frac{dU}{dz} \\ \frac{dH}{dx} & \frac{dH}{dy} & \frac{dH}{dz} \\ \frac{dK}{dx} & \frac{dK}{dy} & \frac{dK}{dz} \end{vmatrix},$$

le covariant du neuvième degré que vous avez à bien juste titre introduit dans la théorie, j'ai remarqué qu'il est décomposable en facteurs linéaires et que tous ses invariants sont des puissances du discriminant de U. On le prouve au moyen de l'expression correspondante à la forme canonique $U = x^3 + y^3 + z^3 + 6lxyz$, qui est

$$\Theta = R(x^3 - y^3)(y^3 - z^3)(z^3 - x^3),$$

abstraction faite d'un facteur numérique, R étant le discriminant.

» D'une manière analogue, en ajoutant aux trois contravariants que M. Cayley désigne ainsi, PU, QU, FU, le contravariant du

(¹) *Comptes rendus de l'Académie des Sciences*, t. LVI, 1863 (I), p. 304.

neuvième degré

$$\Omega = \begin{vmatrix} \frac{d\,\mathrm{PU}}{d\xi} & \frac{d\,\mathrm{PU}}{d\eta} & \frac{d\,\mathrm{PU}}{d\zeta} \\ \frac{d\,\mathrm{QU}}{d\xi} & \frac{d\,\mathrm{QU}}{d\eta} & \frac{d\,\mathrm{QU}}{d\zeta} \\ \frac{d\,\mathrm{FU}}{d\xi} & \frac{d\,\mathrm{FU}}{d\eta} & \frac{d\,\mathrm{FU}}{d\zeta} \end{vmatrix},$$

on parviendra, si l'on supprime un facteur numérique, à

$$\Omega = \mathrm{R}(\xi^3 - \eta^3)(\eta^3 - \zeta^3)(\zeta^3 - \xi^3),$$

d'où résultent les mêmes conséquences que pour Θ.

» Mais la valeur de Ω sous forme de déterminant suggère naturellement d'appliquer votre méthode à la relation $\mathrm{PU} = 0$ en multipliant par

$$\Delta = \begin{vmatrix} \alpha & \beta & \gamma \\ \xi & \eta & \zeta \\ d\xi & d\eta & d\zeta \end{vmatrix},$$

ce qui donne

$$\Omega\Delta = 3(\mathrm{QU}\,d\,\mathrm{FU} - 2\,\mathrm{FU}\,d\,\mathrm{QU})\left(\alpha\frac{d\,\mathrm{PU}}{d\xi} + \beta\frac{d\,\mathrm{PU}}{d\eta} + \gamma\frac{d\,\mathrm{PU}}{d\zeta}\right),$$

sous la condition admise $\mathrm{PU} = 0$.

» Effectivement il est aisé d'obtenir

$$\Omega^2 = \mathrm{FU}(\mathrm{QU})^4 - 2\mathrm{T}(\mathrm{FU}\;\mathrm{QU})^2 + \mathrm{R}(\mathrm{FU})^3.$$

T étant l'invariant du dixième ordre et R le discriminant. Faisant donc

$$z = \frac{\mathrm{QU}}{\sqrt{\mathrm{FU}}},$$

on aura

$$\Omega\Delta = -6\,dz(\mathrm{FU})^{\frac{3}{2}}\left(\alpha\frac{d\,\mathrm{PU}}{d\xi} + \beta\frac{d\,\mathrm{PU}}{d\eta} + \gamma\frac{d\,\mathrm{PU}}{d\zeta}\right),$$

$$\Omega = (\mathrm{FU})^{\frac{3}{2}}\sqrt{z^4 - 2\mathrm{T}z^2 + \mathrm{R}}$$

et, par suite,

$$\frac{\Delta}{\alpha\frac{d\,\mathrm{PU}}{d\xi} + \beta\frac{d\,\mathrm{PU}}{d\eta} + \gamma\frac{d\,\mathrm{PU}}{d\zeta}} = -6\frac{dz}{\sqrt{z^4 - 2\mathrm{T}z^2 + \mathrm{R}}},$$

Mais le point le plus essentiel est d'obtenir l'expression de Ω^2 en fonction rationnelle et entière des covariants et contravariants, ainsi que vous l'avez fait à l'égard de Θ^2 et des trois covariants. Votre méthode qui emploie les quantités S_{ab}, T_{ab} de M. Aronhold m'ayant entièrement échappé, voici celle que j'ai suivie. J'ai pris pour point de départ les expressions canoniques données par M. Cayley

$$\begin{aligned}
\text{PU} &= -l(\xi^3+\eta^3+\zeta^3)+(4l^3-1)\xi\eta\zeta = 0,\\
\text{QU} &= (1-10l^3)(\xi^3+\eta^3+\zeta^3)-6l^2(5+4l^3)\xi\eta\zeta,\\
\text{FU} &= -4(1+8l^3)(\eta^3\zeta^3+\zeta^3\xi^3+\xi^3\eta^3)\\
&\quad +(\xi^3+\eta^3+\zeta^3)^2-24l^2(\xi^3+\eta^3+\zeta^3)\xi\eta\zeta-24l(1+2l^3)\xi^2\eta^2\zeta^2,
\end{aligned}$$

d'où l'on tire, en faisant

$$\begin{aligned}
\omega &= 1+8l^3,\\
\xi^3+\eta^3+\zeta^3 &= \frac{1-4l^3}{\omega^2}\text{QU},\\
\eta^3\zeta^3+\zeta^3\xi^3+\xi^3\eta^3 &= -\frac{1}{4\omega}\text{FU}+\frac{1-16l^3}{4\omega^4}(\text{QU})^2,\\
\xi^3\eta^3\zeta^3 &= -\frac{l^3}{\omega^6}(\text{QU})^3,
\end{aligned}$$

de sorte que le résultat cherché s'obtiendra en calculant le discriminant de l'équation du troisième degré

$$t^3-t^2\frac{1-4l^3}{\omega^2}\text{QU}+t\left[-\frac{1}{4\omega}\text{FU}+\frac{1-16l^3}{4\omega^4}(\text{QU})^2\right]+\frac{l^3}{\omega^6}(\text{QU})^3=0.$$

Ou en faisant

$$2t-\frac{\text{QU}}{\omega^2}=\theta,$$

on a la transformée plus simple

$$\theta^3+\theta^2\frac{\text{QU}}{\omega}-\theta\frac{\text{FU}}{\omega}-\frac{\text{FU QU}}{\omega^3}=0,$$

et l'on en déduit, abstraction faite d'un facteur numérique,

$$\begin{aligned}
&(\xi^3-\eta^3)^2(\eta^3-\zeta^3)^2(\zeta^3-\xi^3)^2\\
&=\frac{1}{\omega^6}[\text{FU}(\text{QU})^4-2(1-20l^3-8l^6)(\text{FU QU})^2+\omega^3(\text{FU})^3],
\end{aligned}$$

et par suite le résultat ci-dessus.

» Peut-être ne serait-il pas sans intérêt de rapprocher la substitution précédente de la vôtre appropriée à l'équation $PU = 0$, et aussi d'envisager, à la place des équations $U = 0$ et $PU = 0$, celles-ci

$$aU + bHU = 0, \qquad aPU + bQU = 0. \text{ »}$$

Paris, 21 février 1863.

SUR UN NOUVEAU DÉVELOPPEMENT

EN SÉRIE DES FONCTIONS.

Comptes rendus de l'Académie des Sciences, t. LVIII, 1864 (I), p. 93 et 266.

Les fonctions uniformes de plusieurs variables à périodes simultanées par lesquelles MM. Weierstrass et Riemann ont résolu le problème de l'inversion des intégrales de différentielles algébriques quelconques sont représentées, comme l'on sait, par le quotient de deux séries telles que

$$\sum e^{-\varphi(x+m,\, y+n,\, z+p,\, \ldots)},$$

où φ désigne une forme quadratique dont la partie réelle est définie et positive, le signe $\sum$ s'étendant à toutes les valeurs des nombres entiers m, n, p, ... de $-\infty$ à $+\infty$. L'élément fondamental de ces nouvelles transcendantes, ainsi donné par l'expression

$$e^{-\varphi(x,\, y,\, z,\, \ldots)},$$

se présente dans toutes leurs relations analytiques, et acquiert par là une importance dont il est impossible de n'être pas frappé. La théorie des fonctions elliptiques, déjà assez avancée pour donner l'idée de ce qu'on doit attendre de ces transcendantes à plusieurs variables, justifie particulièrement, à l'égard de l'expression e^{-x^2}, ce caractère d'élément essentiel dans l'expression de leurs propriétés, et qu'on ne peut, en quelque sorte, perdre de vue dans les recherches auxquelles elles conduisent. C'est ce qui m'a amené à cette remarque, que les exponentielles e^{-x^2} et $e^{-\varphi(x,y,z,\ldots)}$ donnent naissance, comme le radical

$$(1-2\alpha x+\alpha^2)^{-\frac{1}{2}},$$

et l'expression

$$\left[1-2\alpha\left(xy+\cos\theta\sqrt{1-x^2}\sqrt{1-y^2}\right)+\alpha^2\right]^{-\frac{1}{2}},$$

qui joue le principal rôle dans plusieurs des plus importantes questions de la *Mécanique céleste,* à un système de polynomes entiers, pouvant servir au développement des fonctions d'un nombre quelconque de variables. Mais, tandis que les fonctions de Legendre et de Laplace conduisent à des développements où les variables sont renfermées dans les limites -1 et $+1$, il sera nécessaire ici d'embrasser toute l'étendue des valeurs réelles de $-\infty$ à $+\infty$; on verra, du reste, entre les propriétés d'expressions d'origine si différente, l'analogie la plus complète. Je commencerai, afin de la mettre dans tout son jour, par le cas des fonctions d'une seule variable et des polynomes semblables à X_n qui se tirent de l'exponentielle e^{-x^2}.

I.

Désignons par $e^{-x^2}U_n$ la dérivée d'ordre n de e^{-x^2}, de sorte qu'on ait successivement

$$\begin{aligned}
U_0 &= 1,\\
U_1 &= -2x,\\
U_2 &= 4x^2-2,\\
U_3 &= -8x^3+12x,\\
U_4 &= 16x^4-48x^2+12,\\
&\ldots\ldots\ldots\ldots\ldots\ldots,
\end{aligned}$$

et, en général,

$$(-1)^n U_n=(2x)^n-\frac{n(n-1)}{1}(2x)^{n-2}+\frac{n(n-1)(n-2)(n-3)}{1.2}(2x)^{n-4}$$
$$-\frac{n(n-1)(n-2)(n-3)(n-4)(n-5)}{1.2.3}(2x)^{n-6}+\ldots,$$

ou, sous une autre forme,

$$\frac{(-1)^{\frac{1}{2}n}\,U_n}{n(n-1)\ldots\left(\frac{n}{2}+1\right)} = 1 - nx^2 + \frac{n(n-2)}{1.2.3.4}2^2x^4 - \frac{n(n-2)(n-4)}{1.2.3.4.5.6}2^3x^6 + \frac{n(n-2)(n-4)(n-6)}{1.2.3.4.5.6.7.8}2^4x^8 - \ldots,$$

quand n est pair, et

$$\frac{(-1)^{\frac{n+1}{2}}\,U_n}{2n(n-1)\ldots\left(\frac{n+1}{2}\right)} = x - \frac{n-1}{1.2.3}2x^3 + \frac{(n-1)(n-3)}{1.2.3.4.5}2^2x^5 - \frac{(n-1)(n-3)(n-5)}{1.2.3.4.5.6.7}2^3x^7 + \ldots,$$

quand n est impair.

Cela posé, on démontrera aisément les propositions suivantes :

1. Trois polynomes consécutifs U_{n+1}, U_n, U_{n-1} sont liés par la relation

$$U_{n+1} + 2xU_n + 2nU_{n-1} = 0$$

et, par suite, peuvent être considérés comme les réduites successives de la fraction continue

$$-\cfrac{1}{2x - \cfrac{2}{2x - \cfrac{4}{2x - \cfrac{6}{2x - \ldots}}}}$$

On a de plus

$$\frac{dU_n}{dx} = -2nU_{n-1},$$

et l'on en conclut l'équation du second ordre

$$\frac{d^2U_n}{dx^2} - 2x\frac{dU_n}{dx} + 2nU_n = 0.$$

2. L'équation $U_n = 0$ a toutes ses racines réelles; ces racines sont en valeur absolue comprises entre les limites $\frac{1}{\sqrt{n}}$ et $\sqrt{\frac{n^2-n}{2}}$.

3. L'intégrale $\int_{-\infty}^{+\infty} e^{-x^2} U_n \, dx$ est nulle, quel que soit n, sauf $n = 0$, et la suivante $\int_{-\infty}^{+\infty} e^{-x^2} U_n U_{n'} \, dx$ est nulle quand n est différent de n'. Pour $n = n'$, on a

$$\int_{-\infty}^{+\infty} e^{-x^2} U_n^2 \, dx = 2.4.6\ldots 2n.\sqrt{\pi}.$$

4. Tout polynome entier $F(x)$ du degré n peut être exprimé ainsi

$$F(x) = A_0 U_0 + A_1 U_1 + \ldots + A_n U_n,$$

les quantités A_0, A_1, ... étant des constantes. Il suffit, en effet, de remarquer qu'on a pour une puissance quelconque

$$(-2x)^n = U_n + \frac{n(n-1)}{1} U_{n-2} + \frac{n(n-1)(n-2)(n-3)}{1.2} U_{n-4}$$
$$+ \frac{n(n-1)(n-2)(n-3)(n-4)(n-5)}{1.2.3} U_{n-6} + \ldots,$$

et en général il en est de même de toute fonction $F(x)$ en prenant

$$A_n = \frac{1}{2.4.6\ldots 2n.\sqrt{\pi}} \int_{-\infty}^{+\infty} e^{-x^2} U_n F(x) \, dx.$$

Un des caractères de ces développements consistera en ce qu'ils gardent la même forme après la différentiation et l'intégration ; on a en effet

$$F(x) = \sum A_n U_n,$$

$$F'(x) = -2 \sum (n+1) A_{n+1} U_n,$$

$$\int F(x) \, dx = -\frac{1}{2} \sum \frac{A_{n-1}}{n} U_n.$$

5. En particulier, on obtiendra

$$\cos 2\omega x = e^{-\omega^2} \left(U_0 - \frac{\omega^2}{1.2} U_2 + \frac{\omega^4}{1.2.3.4} U_4 - \ldots \right),$$

$$\sin 2\omega x = -e^{-\omega^2} \left(\frac{\omega}{1} U_1 - \frac{\omega^3}{1.2.3} U_3 + \frac{\omega^5}{1.2.3.4.5} U_5 - \ldots \right).$$

Ces divers résultats se retrouveront d'ailleurs à l'égard des fonctions plus générales qu'on tirerait des dérivées successives de l'expression e^{-ax^2}, que j'ai reconnu indispensable d'employer dans certaines circonstances. Sans m'y arrêter en ce moment, j'arrive aux polynomes analogues à U_n, et qui renferment un nombre quelconque de variables (¹).

(¹) En posant $x = 2\cos\varphi$, les quantités $V_n = 2\cos n\varphi$, $U_n = \dfrac{\sin\left(n+\frac{1}{2}\right)\varphi}{\sin\frac{1}{2}\varphi}$ seront aussi des polynomes du degré n en x, tels que les intégrales

$$\int_{-2}^{+2} V_n V_{n'} \frac{dx}{\sqrt{4-x^2}} \quad \text{et} \quad \int_{-2}^{+2} U_n U_{n'} \sqrt{\frac{2-x}{2+x}}\, dx$$

seront nulles ou égales à 2π suivant que n est différent de n' ou lui est égal. Ces polynomes satisfont aux équations différentielles

$$(x^2-4)\frac{d^2V_n}{dx^2} + x\frac{dV_n}{dx} - n^2V_n = 0,$$

$$(x^2-4)\frac{d^2U_n}{dx^2} + 2(x+1)\frac{dU_n}{dx} - n(n+1)U_n = 0,$$

dont la première est donnée dans l'*Algèbre supérieure* de M. Serret. On peut également les considérer comme les dénominateurs des réduites successives des fractions continues suivantes :

$$\frac{2}{\sqrt{x^2-4}} = \cfrac{2}{x - \cfrac{2}{x - \cfrac{1}{x - \cfrac{1}{x - \ddots}}}}$$

et

$$\sqrt{\frac{x-2}{x+2}} = 1 - \cfrac{2}{x+1 - \cfrac{1}{x - \cfrac{1}{x - \ddots}}}$$

Je n'ai pas besoin enfin de rappeler les polynomes $P_l^{(n)}$ de M. Lamé dont les propriétés ont été exposées avec tant de simplicité et d'élégance, par l'illustre géomètre, dans son Ouvrage sur les fonctions inverses des transcendantes et les surfaces isothermes.

II.

Soit $\varphi(x, y, z, \ldots)$ une forme quadratique à μ variables $x, y, z, \ldots$ et dont la partie réelle soit définie et positive : désignons par $\psi(x, y, z, \ldots)$ le contrevariant quadratique ou forme adjointe de Gauss, et par δ l'invariant. Nous considérerons deux systèmes de polynomes rationnels et entiers en $x, y, z \ldots$ qui seront définis de la manière suivante.

Développons en premier lieu, suivant les puissances des accroissements $h, h_1, h_2, \ldots$, l'exponentielle

$$e^{-\varphi(x+h,\, y+h_1,\, z+h_2,\, \ldots)},$$

et en remplaçant, pour abréger, le produit $1.2.3\ldots n$ par (n), posons l'égalité

$$e^{-\varphi(x+h,\, y+h_1,\, z+h_2,\ldots)} = e^{-\varphi(x, y, z, \ldots)} \sum \frac{h^n h_1^{n'} h_2^{n''} \ldots}{(n)(n')(n'')\ldots} \mathrm{U}_{n, n', n'', \ldots};$$

les quantités $\mathrm{U}_{n, n', n'', \ldots}$ rationnelles et entières en $x, y, z, \ldots$ et d'un degré égal à $n + n' + n'' + \ldots$, formeront le premier système.

Le second s'en déduira par une substitution linéaire effectuée sur les accroissements $h, h_1, h_2, \ldots$; en introduisant le polynome $\psi(k, k_1, k_2, \ldots)$, nous ferons

$$h = \frac{d\psi}{dk}, \qquad h_1 = \frac{d\psi}{dk_1}, \qquad h_2 = \frac{d\psi}{dk_2}, \qquad \ldots,$$

et ils seront définis par le développement suivant les puissances de $k, k_1, k_2, \ldots$ de l'expression

$$e^{-\varphi\left(x+\frac{d\psi}{dk},\, y+\frac{d\psi}{dk_1},\, z+\frac{d\psi}{dk_2},\, \ldots\right)}.$$

Nous les désignerons par $\mathrm{V}_{n, n', n'', \ldots}$, en posant, comme tout à l'heure,

$$e^{-\varphi\left(x+\frac{d\psi}{dk},\, y+\frac{d\psi}{dk_1},\, z+\frac{d\psi}{dk_2},\, \ldots\right)} = e^{-\varphi(x, y, z, \ldots)} \sum \frac{k^n k_1^{n'} k_2^{n''} \ldots}{(n)(n')(n'')\ldots} \mathrm{V}_{n, n', n'', \ldots}.$$

Voici maintenant comment s'obtient leur propriété caractéristique. Soit, pour un instant,

$$\Phi(x, y, z, \ldots) = \varphi(x+h, y+h_1, z+h_2, \ldots) + \varphi\left(x+\frac{d\psi}{dk}, y+\frac{d\psi}{dk_1}, z+\frac{d\psi}{dk_2}, \ldots\right) - \varphi(x, y, z, \ldots),$$

on aura, d'après les équations mêmes de définition,

$$e^{-\Phi(x,y,z,\ldots)} = e^{-\varphi(x,y,z,\ldots)} \sum \frac{h^n h_1^{n'} h_2^{n''} \ldots}{(n)(n')(n'')\ldots} U_{n,n',n'',\ldots} \times \sum \frac{k^n k_1^{n'} k_2^{n''} \ldots}{(n)(n')(n'')\ldots} V_{n,n',n'',\ldots}.$$

Multiplions par $dx\,dy\,dz\ldots$ les deux membres, et intégrons μ fois entre les limites $-\infty$ et $+\infty$; l'expression

$$\int_{-\infty}^{+\infty}\int_{-\infty}^{+\infty}\ldots e^{-\Phi(x,y,z,\ldots)}\,dx\,dy\,dz\ldots$$

nous conduira au résultat par une transformation bien simple.

Posons, en effet,

$$x = \xi - h - \frac{d\psi}{dk},$$

$$y = \eta - h_1 - \frac{d\psi}{dk_1},$$

$$z = \zeta - h_2 - \frac{d\psi}{dk_2},$$

$$\ldots\ldots\ldots\ldots\ldots\ldots,$$

les limites des variables ξ, η, ζ, ... seront toujours $-\infty$ et $+\infty$, et l'on vérifiera sans peine que

$$\Phi(x, y, z) = \varphi(\xi, \eta, \zeta, \ldots) - \left(\frac{d\varphi}{dh}\frac{d\psi}{dk} + \frac{d\varphi}{dh_1}\frac{d\psi}{dk_1} + \frac{d\varphi}{dh_2}\frac{d\psi}{dk_2} + \ldots\right).$$

L'intégrale cherchée est ainsi ramenée à celle-ci :

$$\int_{-\infty}^{+\infty}\int_{-\infty}^{+\infty}\ldots e^{-\varphi(\xi,\eta,\zeta,\ldots)}\,d\xi\,d\eta\,d\zeta\ldots = \sqrt{\frac{\pi^\mu}{\delta}}.$$

Mais de plus, et d'après la nature du polynome adjoint

$$\psi(k, k_1, k_2, \ldots),$$

on a l'identité

$$\frac{d\varphi}{dh}\frac{d\psi}{dk} + \frac{d\varphi}{dh_1}\frac{d\psi}{dk_1} + \frac{d\varphi}{dh_2}\frac{d\psi}{dk_2} + \ldots = 4\delta(hk + h_1k_1 + h_2k_2 + \ldots),$$

de sorte que nous parvenons à la relation fondamentale

$$\sqrt{\frac{\pi^\mu}{\delta}}\, e^{4\delta(hk+h_1k_1+h_2k_2+\ldots)} = \int_{-\infty}^{+\infty}\int_{-\infty}^{+\infty}\cdots dx\, dy\, dz \ldots e^{-\varphi(x,y,z,\ldots)}$$
$$\times \sum \frac{h^n h_1^{n'} h_2^{n''}\ldots}{(n)(n')(n'')\ldots}\, U_{n,n',n'',\ldots} \times \sum \frac{k^n k_1^{n'} k_2^{n''}\ldots}{(n)(n')(n'')\ldots}\, V_{n,n',n'',\ldots}.$$

Il en résulte immédiatement cette conséquence que l'intégrale

$$\int_{-\infty}^{+\infty}\int_{-\infty}^{+\infty}\cdots e^{-\varphi(x,y,z,\ldots)}\, U_{n,n',n'',\ldots} V_{m,m',m'',\ldots}\, dx\, dy\, dz \ldots$$

s'évanouit, si aucune des différences $n-m$, $n'-m'$, $n''-m''$, ... n'est nulle, tandis qu'en supposant $n=m$, $n'=m'$, $n''=m''$, ..., on a

$$\int_{-\infty}^{+\infty}\int_{-\infty}^{+\infty}\cdots e^{-\varphi(x,y,z,\ldots)}\, U_{n,n',n'',\ldots} V_{n,n',n'',\ldots}\, dx\, dy\, dz \ldots$$
$$= \sqrt{\frac{\pi^\mu}{\delta}}\,(n)(n')(n'')\ldots(4\delta)^{n+n'+n''+\ldots}.$$

Cette proposition peut servir de base, comme on voit, à l'étude du développement d'une fonction $F(x, y, z, \ldots)$ sous cette double forme

$$F(x, y, z, \ldots) = \sum A_{n,n',n'',\ldots} U_{n,n',n'',\ldots} = \sum B_{n,n',n'',\ldots} V_{n,n',n'',\ldots};$$

les coefficients étant ainsi déterminés :

$$A_{n,n',n'',\ldots} = \frac{1}{(n)(n')(n'')\ldots}\sqrt{\frac{\delta}{\pi^\mu}}\int_{-\infty}^{+\infty}\int_{-\infty}^{+\infty}\cdots e^{-\varphi(x,y,z,\ldots)}$$
$$\times V_{n,n',n'',\ldots}\, F(x, y, z, \ldots)\, dx\, dy\, dz \ldots,$$
$$B_{n,n',n'',\ldots} = \frac{1}{(n)(n')(n'')\ldots}\sqrt{\frac{\delta}{\pi^\mu}}\int_{-\infty}^{+\infty}\int_{-\infty}^{+\infty}\cdots e^{-\varphi(x,y,z,\ldots)}$$
$$\times U_{n,n',n'',\ldots}\, F(x, y, z, \ldots)\, dx\, dy\, dz \ldots.$$

Mais la recherche des propriétés des polynomes U et V doit naturellement précéder cette question; dans une autre occasion, j'essayerai d'y revenir.

III.

Je vais donner quelques nouvelles remarques sur les polynomes tirés des exponentielles e^{-ax^2}, $e^{-\varphi(x,y,z,\ldots)}$ et qui peuvent être employés, comme je l'ai fait précédemment (*Comptes rendus*, t. LVIII, séance du 11 janvier), au développement en série des fonctions d'une ou de plusieurs variables. J'indiquerai, en premier lieu, une modification légère à apporter à leur définition, et dont l'effet, comme on le reconnaîtra, est de simplifier leurs expressions algébriques. Ainsi les équations

$$e^{-\varphi(x+h,\, y+h_1,\, z+h_2,\ldots)} = e^{-\varphi(x,y,z,\ldots)} \sum \frac{h^n h_1^{n'} h_2^{n''}\ldots}{(n)(n')(n'')\ldots} \mathrm{U}_{n,n',n'',\ldots}$$

et

$$e^{-\varphi\left(x+\frac{d\psi}{dk},\, y+\frac{d\psi}{dk_1},\, z+\frac{d\psi}{dk_2},\ldots\right)} = e^{-\varphi(x,y,z,\ldots)} \sum \frac{k^n k_1^{n'} k_2^{n''}\ldots}{(n)(n')(n'')\ldots} \mathrm{V}_{n,n',n'',\ldots},$$

que j'avais d'abord données, seront remplacées par celles-ci :

$$e^{-\frac{1}{2}\varphi(x-h,\, y-h_1,\, z-h_2,\ldots)} = e^{-\frac{1}{2}\varphi(x,y,z,\ldots)} \sum \frac{h^n h_1^{n'} h_2^{n''}\ldots}{(n)(n')(n'')\ldots} \mathrm{U}_{n,n',n'',\ldots},$$

$$e^{-\frac{1}{2}\varphi\left(x-\frac{1}{2\delta}\frac{d\psi}{dk},\, y-\frac{1}{2\delta}\frac{d\psi}{dk_1},\, z-\frac{1}{2\delta}\frac{d\psi}{dk_2},\ldots\right)}$$
$$= e^{-\frac{1}{2}\varphi(x,y,z,\ldots)} \sum \frac{k^n k_1^{n'} k_2^{n''}\ldots}{(n)(n')(n'')\ldots} \mathrm{V}_{n,n',n'',\ldots}.$$

En particulier, pour le cas d'une seule variable, je poserai

$$e^{-\frac{a}{2}(x-h)^2} = e^{-\frac{x^2 a}{2}} \left(\mathrm{U}_0 + \frac{h}{1}\mathrm{U}_1 + \frac{h^2}{1.2}\mathrm{U}_2 + \ldots\right),$$

et l'on aura de la sorte

$$\mathrm{U}_n = a^n x^n - \frac{n(n-1)}{2} a^{n-1} x^{n-2} + \frac{n(n-1)(n-2)(n-3)}{2.4} a^{n-2} x^{n-4}$$
$$- \frac{n(n-1)(n-2)(n-3)(n-4)(n-5)}{2.4.6} a^{n-3} x^{n-6} + \ldots,$$

ce qui montre déjà la simplification dont je parle. Ordonnant par rapport aux puissances ascendantes, on obtiendra pour n pair

$$\frac{(-1)^{\frac{n}{2}}\mathrm{U}_n}{1.3.5\ldots n-1.a^{\frac{n}{2}}}$$
$$=1-\frac{nax^2}{1.2}+\frac{n(n-2)a^2x^4}{1.2.3.4}-\frac{n(n-2)(n-4)a^3x^6}{1.2.3.4.5.6}+\ldots,$$

et pour n impair

$$\frac{(-1)^{\frac{n+1}{2}}\mathrm{U}_n}{1.3.5\ldots n.a^{\frac{n+1}{2}}}$$
$$=x-\frac{(n-1)ax^3}{1.2.3}+\frac{(n-1)(n-3)a^2x^5}{1.2.3.4.5}-\frac{(n-1)(n-3)(n-5)a^3x^7}{1.2.3.4.5.6.7}+\ldots.$$

A ces formules j'ajouterai encore les relations

$$\mathrm{U}_{n+1}-ax\mathrm{U}_n+an\mathrm{U}_{n-1}=0,$$
$$\frac{d^2\mathrm{U}_n}{dx^2}-ax\frac{d\mathrm{U}_n}{dx}+an\mathrm{U}_n=0,$$
$$\int_{-\infty}^{+\infty}e^{-\frac{ax^2}{2}}\mathrm{U}_n\mathrm{U}_{n'}\,dx=0\qquad(n\neq n'),$$
$$\int_{-\infty}^{+\infty}e^{-\frac{ax^2}{2}}\mathrm{U}_n^2\,dx=1.2.3\ldots n.a^n\sqrt{\frac{2\pi}{a}}.$$

Maintenant j'arrive aux polynomes à plusieurs variables.

IV.

Soit, en considérant pour plus de simplicité le cas de deux variables seulement,

$$\varphi(x,y)=ax^2+2bxy+cy^2;$$

nos polynomes seront définis par l'équation

$$e^{-\frac{1}{2}\varphi(x-h,y-h_1)}=e^{-\frac{1}{2}\varphi(x,y)}\sum\frac{h^m h_1^n}{(m)(n)}\mathrm{U}_{m,n}$$

ou bien

$$e^{h(ax+by)+h_1(bx+cy)}=e^{\frac{1}{2}\varphi(h,h_1)}\sum\frac{h^m h_1^n}{(m)(n)}\mathrm{U}_{m,n}.$$

On trouvera ainsi, en faisant, pour abréger,

$$ax + by = \xi, \qquad bx + cy = \eta,$$

les valeurs

$$\begin{array}{ll} U_{0,0} = 1, & U_{3,0} = \xi^3 - 3a\xi, \\ U_{1,0} = \xi, & U_{2,1} = \xi^2\eta - 2b\xi - a\eta, \\ U_{0,1} = \eta, & U_{1,2} = \xi\eta^2 - 2b\eta - c\xi, \\ U_{2,0} = \xi^2 - a, & U_{0,3} = \eta^3 - 3c\eta, \\ U_{1,1} = \xi\eta - b, & U_{4,0} = \xi^4 - 6a\xi^2 + 3a^2, \\ U_{0,2} = \eta^2 - c, & \ldots\ldots\ldots\ldots\ldots\ldots \end{array}$$

Généralement, soit

$$F_n(x, a) = x^n - \frac{n(n-1)}{2} a x^{n-2} + \frac{n(n-1)(n-2)(n-3)}{2.4} a^2 x^{n-4} - \ldots,$$

c'est-à-dire l'expression même de U_n, quand on y aura mis $\frac{x}{a}$ au lieu de x; on aura

$$\begin{aligned} U_{m,n} = {} & F_m(\xi, a) F_n(\eta, c) - mnb\, F_{m-1}(\xi, a) F_{n-1}(\eta, c) \\ & + \frac{mn(m-1)(n-1)}{1.2} b^2 F_{m-2}(\xi, a) F_{n-2}(\eta, c) \\ & - \frac{mn(m-1)(n-1)(m-2)(n-2)}{1.2.3} b^3 F_{m-3}(\xi, a) F_{n-3}(\eta, c) \\ & + \ldots\ldots\ldots\ldots\ldots\ldots \end{aligned}$$

A l'égard des polynomes $V_{m,n}$, l'équation de définition donnera

$$e^{kx+k_1y} = e^{\frac{\psi(k, k_1)}{2\delta}} \sum \frac{k^m k_1^n}{(m)(n)} V_{m,n},$$

d'où l'on voit que leur expression coïncidera avec la précédente en mettant x et y au lieu de ξ et η, et en remplaçant a, b, c par les coefficients de la forme adjointe $\frac{c}{\delta}$, $\frac{-b}{\delta}$, $\frac{a}{\delta}$ divisés par le déterminant $\delta = ac - b^2$. Cela posé, on obtiendra aisément les relations

$$\begin{aligned} U_{m+1,n} - \xi U_{m,n} + am U_{m-1,n} + bn U_{m,n-1} = 0, \\ U_{m,n+1} - \eta U_{m,n} + bm U_{m-1,n} + cn U_{m,n-1} = 0, \end{aligned}$$

et celles-ci

$$\frac{dU_{m,n}}{d\xi} = m U_{m-1,n}, \qquad \frac{dU_{m,n}}{d\eta} = n U_{m,n-1},$$

d'où se tirent les deux équations linéaires du second ordre aux différences partielles

$$a\frac{d^2 U_{m,n}}{d\xi^2} + b\frac{d^2 U_{m,n}}{d\xi\, d\eta} - \xi\frac{dU_{m,n}}{d\xi} + m U_{m,n} = 0,$$

$$c\frac{d^2 U_{m,n}}{d\eta^2} + b\frac{d^2 U_{m,n}}{d\xi\, d\eta} - \eta\frac{dU_{m,n}}{d\eta} + n U_{m,n} = 0.$$

Je joindrai aussi à la relation fondamentale

$$\int_{-\infty}^{+\infty}\int_{-\infty}^{+\infty} e^{-\frac{1}{2}\varphi(x,y)} U_{m,n} V_{p,q}\, dx\, dy = 0,$$

les suivantes

$$\int_{-\infty}^{+\infty} e^{-\frac{1}{2}\varphi(x,y)} U_{m,n} V_{p,q}\, dx = 0,$$

sous la condition $m > p$, et

$$\int_{-\infty}^{+\infty} e^{-\frac{1}{2}\varphi(x,y)} U_{m,n} V_{p,q}\, dy = 0,$$

en supposant $n > q$. On en déduit aisément

$$\int_{-\infty}^{+\infty} e^{-\frac{1}{2}\varphi(x,y)} U_{m,n}\, \theta(x)\, dx = 0, \qquad \int_{-\infty}^{+\infty} e^{-\frac{1}{2}\varphi(x,y)} U_{m,n}\, \vartheta(y)\, dy = 0,$$

$\theta(x)$ et $\vartheta(y)$ étant les polynomes entiers en x et y des degrés $m-1$ et $n-1$, à coefficients arbitraires. Voici la conséquence qu'on en déduit.

V.

Je dis que l'équation $U_{m,n} = 0$, considérée par rapport à x, admet au moins m racines réelles, quel que soit y, et envisagée par rapport à y, n racines réelles quel que soit x. Employant en effet la belle méthode donnée par Legendre dans les *Exercices de Calcul intégral* pour les fonctions X_n, je supposerai i racines réelles,

$$x = x_1,\ x_2,\ \ldots,\ x_i,$$

i étant moindre que m; et en faisant pour un instant

$$f(x)=(x-x_1)(x-x_2)\ldots(x-x_i),$$
$$U_{m,n}=f(x)\,F(x),$$

je prendrai $\theta(x)=f(x)$, ce qui donne l'égalité

$$\int_{-\infty}^{+\infty} e^{-\frac{1}{2}\varphi(x,y)} f^2(x)\,F(x)\,dx=0.$$

On en conclut que le polynome $F(x)$ change de signe au moins une fois entre $-\infty$ et $+\infty$, sans quoi l'intégrale ayant tous ses éléments positifs ne pourrait s'évanouir, de sorte qu'on peut ajouter une nouvelle racine réelle aux précédentes, et poursuivre ainsi jusqu'à ce qu'on soit amené à la limite du degré de $\theta(x)$. Cela donne par conséquent m racines réelles pour x, et en opérant sur y on trouverait de même le résultat annoncé. Mais on peut aller plus loin et établir que l'équation $U_{m,n}=0$, considérée par rapport à x ou y, a toujours toutes ses racines réelles.

Remontant à cet effet à la définition même de nos fonctions, savoir

$$e^{-\frac{1}{2}\varphi(x,y)}\,U_{m,n}=(-1)^{m+n}\frac{d^{m+n}e^{-\frac{1}{2}\varphi(x,y)}}{dx^m\,dy^n},$$

je remarque qu'on a pour $m=0$

$$e^{-\frac{1}{2}\varphi(x,y)}\,U_{0,n}=(-1)^n\frac{d^n e^{-\frac{1}{2}\varphi(x,y)}}{dy^n},$$

de sorte qu'on peut écrire

$$e^{-\frac{1}{2}\varphi(x,y)}\,U_{m,n}=(-1)^m\frac{d^m e^{-\frac{1}{2}\varphi(x,y)}\,U_{0,n}}{dx^m}.$$

Or on a, d'après l'expression générale précédemment donnée,

$$U_{0,n}=F_n(\eta,c),$$

et, en vertu de la liaison remarquée entre F_n et les fonctions U_n à une seule variable, nous sommes déjà assurés que l'équation $U_{0,n}=0$ admet n racines réelles par rapport à $\eta=bx+cy$, et par conséquent par rapport à x quel que soit y. Le facteur exponentiel étant toujours positif, on en conclut que la dérivée

$\dfrac{de^{-\frac{1}{2}\varphi(x,y)}\mathrm{U}_{0,n}}{dx}$ a $n-1$ racines dans l'intervalle des précédentes. Mais, en raison de ce même facteur exponentiel, l'expression $e^{-\frac{1}{2}\varphi(x,y)}\mathrm{U}_{0,n}$ s'annule pour $x=-\infty$ et $x=+\infty$, d'où résulte nécessairement, dans la dérivée, deux nouvelles racines, l'une entre $-\infty$ et la plus petite racine de l'équation $\mathrm{U}_{0,n}=0$, l'autre entre la plus grande et $+\infty$. Il est prouvé par là que la nouvelle équation $\mathrm{U}_{1,n}=0$ admet $n+1$ racines; et, en continuant de proche en proche le même raisonnement, on établira l'existence de $m+n$ racines réelles pour l'équation $\mathrm{U}_{m,n}=0$, dont le degré est $m+n$ par rapport à x. La même chose aura lieu évidemment à l'égard de y, et notre proposition se trouve ainsi démontrée.

VI.

Je terminerai par une remarque sur la valeur limite, lorsqu'on suppose n très grand, des termes du développement d'une fonction $\mathrm{F}(x)$ par la formule

$$\mathrm{F}(x)=\sum \mathrm{A}_n \mathrm{U}_n,$$

où le coefficient A_n est, comme on l'a dit précédemment, déterminé par la relation

$$\mathrm{A}_n=\frac{1}{1.2\ldots n.a^n}\sqrt{\frac{a}{2\pi}}\int_{-\infty}^{+\infty} e^{-\frac{ax^2}{2}}\mathrm{U}_n \mathrm{F}(x)\,dx,$$

et qui pourra servir à la recherche des conditions de convergence de ce développement. Suivant à cet effet la méthode donnée par Laplace dans la *Connaissance des Temps*, année 1827, et appliquée par ce grand géomètre aux fonctions X_n de Legendre, je représenterai l'intégrale de l'équation

$$\frac{d^2\mathrm{U}_n}{dx^2}-ax\frac{d\mathrm{U}_n}{dx}+an\mathrm{U}_n=0$$

par

$$\mathrm{U}_n=p\sin(x\sqrt{an})+q\cos(x\sqrt{an}).$$

En substituant et égalant séparément à zéro les coefficients de

$\sin(x\sqrt{an})$ et $\cos(x\sqrt{an})$, on aura

$$axp - 2\frac{dp}{dx} = \frac{1}{\sqrt{an}}\left(\frac{d^2q}{dx^2} - ax\frac{dq}{dx}\right),$$

$$2\frac{dq}{dx} - axq = \frac{1}{\sqrt{an}}\left(\frac{d^2p}{dx^2} - ax\frac{dp}{dx}\right),$$

et par suite, en négligeant les termes divisés par $\sqrt{n}$,

$$axp - 2\frac{dp}{dx} = 0, \qquad axq - 2\frac{dq}{dx} = 0,$$

d'où

$$p = \alpha e^{\frac{ax^2}{4}}, \quad q = \beta e^{\frac{ax^2}{4}}.$$

Les constantes α et β se déterminent d'après la condition que U_n soit une fonction paire ou impaire de x, suivant que n est lui-même pair ou impair, et en comparant au premier terme des développements

$$(-1)^{\frac{n}{2}} U_n = 1.3.5\ldots n-1.a^{\frac{n}{2}}\left(1 - \frac{nax^2}{2} + \ldots\right),$$

$$(-1)^{\frac{n+1}{2}} U_n = 1.3.5\ldots n.a^{\frac{n+1}{2}}\left[x - \frac{(n-1)ax^3}{1.2.3} + \ldots\right].$$

On obtient ainsi pour n pair l'expression limite

$$A_n U_n = \sqrt{\frac{a}{n}}\cdot e^{\frac{ax^2}{4}}\cos(x\sqrt{an}) \times \frac{1}{\pi}\int_{-\infty}^{+\infty} e^{-\frac{ax^2}{4}} F(x)\cos(x\sqrt{an})\,dx,$$

et pour n impair

$$A_n U_n = \sqrt{\frac{a}{n}}\cdot e^{\frac{ax^2}{4}}\sin(x\sqrt{an}) \times \frac{1}{\pi}\int_{-\infty}^{+\infty} e^{-\frac{ax^2}{4}} F(x)\sin(x\sqrt{an})\,dx.$$

En mettant dans les intégrales $\frac{x}{\sqrt{an}}$ au lieu de x, on peut dire encore que les termes du développement $\sum A_n U_n$ tendent de plus en plus à se confondre avec ceux de la série

$$e^{\frac{ax^2}{4}} \sum \frac{1}{n}\left[a_n\cos(x\sqrt{an}) + b_n\sin(x\sqrt{an})\right],$$

où l'on suppose

$$a_n = \frac{1}{\pi}\int_{-\infty}^{+\infty} e^{-\frac{x^2}{4n}} F\left(\frac{x}{\sqrt{an}}\right)\cos x\,dx,$$

$$b_n = \frac{1}{\pi}\int_{-\infty}^{+\infty} e^{-\frac{x^2}{4n}} F\left(\frac{x}{\sqrt{an}}\right)\sin x\,dx.$$

Ces expressions en série au moyen du polynome U_n, d'après une observation importante faite par M. Bienaymé à l'occasion d'un Mémoire de M. Tchébichef [*Sur les fractions continues* (*Journal de M. Liouville*, année 1858)], appartiennent à cette catégorie très étendue de développements qui donnent des formules d'interpolation par la méthode des moindres carrés. Je remarquerai enfin que la quantité U_n s'offre dans la théorie de la chaleur et a été déjà considérée par M. Sturm dans son beau *Mémoire sur une classe d'équations aux différences partielles* (1). Si l'on désigne par u la température d'une barre non homogène, de petite épaisseur, placée dans un milieu d'une température constante, on a, comme on sait, l'équation

$$g\frac{du}{dt} = \frac{d\left(k\frac{du}{dx}\right)}{dx} - lu.$$

Considérant le cas où, pour $x = \xi$, $t = \tau$, la fonction u s'annule avec ses $n - 1$ premières dérivées par rapport à x, M. Sturm donne l'expression suivante

$$u(\xi + x, \tau - t) = A\left(\frac{kt}{g}\right)^n (P + \varepsilon),$$

où le polynome P, en faisant

$$x = z\sqrt{\frac{kt}{g}},$$

a pour valeur

$$P = \frac{z^{2n}}{(2n)} - \frac{z^{2n-2}}{(2n-2)} + \frac{z^{2n-4}}{1.2(2n-4)} - \frac{z^{2n-6}}{1.2.3(2n-6)} + \ldots.$$

Or, on a ainsi précisément la fonction $\frac{1}{2^{2n}(2n)} U_{2n}$, en supposant la constante a égale à $\frac{1}{2}$.

(1) Voir *Journal de Liouville*, t. I, p. 373.

EXTRAIT

D'UNE

LETTRE[1] DE M. HERMITE A M. BORCHARDT.

Journal de Crelle, t. 64, 1865, p. 294.

« Partant de ce résultat si beau de Jacobi, savoir

$$X_n = \frac{1}{1.2\ldots n.2^n}\frac{d^n(x^2-1)^n}{dx^n},$$

j'ai considéré des polynomes à deux variables

$$\frac{d^n(x^2+y^2-1)^n}{dx^\alpha\,dy^\beta},$$

sous la condition $\alpha+\beta=n$, ou plus généralement

$$\frac{d^n(ax^2+2bxy+cy^2-1)^n}{dx^\alpha\,dy^\beta},$$

en imitant exactement comme vous voyez le mode de généralisation pour passer des séries elliptiques $\sum e^{mx+m^2\omega}$ aux séries abéliennes

$$\sum e^{mx+ny+am^2+2bmn+cn^2}.$$

Je songeais en même temps à la modification correspondante à

(1) Une exposition plus détaillée du sujet traité dans cette lettre se trouve dans les *Comptes rendus de l'Académie des Sciences de Paris,* année 1865, séances du 20 et 27 février, du 6 et 13 mars. *Voir* aussi HERMITE, *Œuvres,* t. II, p. 319.

apporter au radical $\sqrt{1-2ax+a^2}$, et c'est aux expressions suivantes

$$\sqrt{1-2ax-2by+a^2+b^2},$$

ou

$$\sqrt{1-2ax-2by+Aa^2+2Bab+Cb^2},$$

que je me suis arrêté tout d'abord. La grande importance du développement de la fraction $\frac{1}{1-2ax+a^2}$ appelait également mon attention sur l'expression $\frac{1}{1-2ax-2by+a^2+b^2}$, et c'est ici que j'ai un premier résultat à vous indiquer.

» Soit en effet

$$\frac{1}{1-2ax-2by+a^2+b^2}=\sum a^\alpha b^\beta U_{\alpha,\beta},$$

$U_{\alpha,\beta}$ sera un polynome entier en x et y du degré $\alpha+\beta$, et l'on aura

$$\int\int U_{\alpha,\beta}U_{\gamma,\delta}\,dx\,dy=0,$$

l'intégrale étant prise entre les limites définies par la condition

$$x^2+y^2\leqq 1,$$

sous la condition que la différence $\alpha+\beta-\gamma-\delta$ ne soit pas nulle. Mais, en intégrant le produit de deux polynomes différents, on n'obtient plus zéro, s'ils sont du même degré. Pour rétablir l'analogie avec les fonctions d'une variable ayant pour origine le développement de $\frac{1}{1-2ax+a^2}$ et qui semble ici se perdre, j'ai pensé à déduire des polynomes $U_{\alpha,\beta}$ d'un même degré, d'autres en même nombre qui en dépendent linéairement, auxquels je donne la dénomination $V_{\alpha,\beta}$, de manière à avoir

$$\int\int U_{\alpha,\beta}V_{\gamma,\delta}\,dx\,dy=0,$$

toutes les fois que les deux indices α et β, γ et δ ne seront pas simultanément égaux. Ce sont précisément ces polynomes qui m'ont donné la généralisation des fonctions de Legendre que je recherchais, mais il est nécessaire pour cela de sortir de l'expression $1-2ax-2by+a^2+b^2$ qui a servi de point de départ.

» Considérant la forme ternaire en a, b, c

$$c^2 + 2acx + 2bcy + a^2 + b^2,$$

j'observe qu'elle a pour forme adjointe

$$(c - ax - by)^2 - (a^2 + b^2)(x^2 + y^2 - 1);$$

or en y faisant pour simplifier $c = 1$, c'est le radical

$$\sqrt{(1 - ax - by)^2 - (a^2 + b^2)(x^2 + y^2 - 1)},$$

dont le développement donne naissance aux polynomes $V_{\alpha,\beta}$, et, si l'on fait

$$\sqrt{(1 - ax - by)^2 - (a^2 + b^2)(x^2 + y^2 - 1)} = \sum a^\alpha b^\beta V_{\alpha,\beta},$$

on aura ce nouveau résultat :

» Soit

$$\alpha + \beta = n, \qquad \frac{n.n-1\ldots n-\alpha+1}{1.2.3\ldots\alpha} = n_\alpha,$$

les polynomes $V_{\alpha,\beta}$ seront exprimés de cette manière :

$$V_{\alpha,\beta} = \frac{n_\alpha}{1.2.3\ldots n.2^n} \frac{d^n(x^2 + y^2 - 1)^n}{dx^\alpha\, dy^\beta},$$

et l'on obtient l'analogie aussi complète que possible avec les fonctions de Legendre. Opérant donc comme le fait Jacobi (*Journal de Crelle*, t. 2), au moyen d'intégrations par parties successives, je trouve quelle que soit la fonction $F(x, y)$

$$\int\int F(x, y) \frac{d^n(x^2 + y^2 - 1)^n}{dx^\alpha\, dy^\beta}$$
$$= (-1)^n \int\int \frac{d^n F(x, y)}{dx^\alpha\, dy^\beta}(x^2 + y^2 - 1)^n\, dx\, dy,$$

entre les limites

$$x^2 + y^2 \leqq 1.$$

J'en conclus que

$$\int\int V_{\alpha,\beta} V_{\gamma,\delta}\, dx\, dy = 0,$$

si les degrés $\alpha + \beta$ et $\gamma + \delta$ ne sont pas les mêmes, comme cela devait être en effet d'après la dépendance des polynomes $V_{\alpha,\beta}$ et $U_{\alpha,\beta}$.

» La propriété caractéristique des fonctions $V_{\alpha,\beta}$ consiste en ce que l'équation

$$V_{\alpha,\beta}=0,$$

si l'on fait abstraction du facteur x ou y, suivant que α ou β est impair, représente une courbe fermée, la distance d'un quelconque de ses points à l'origine étant moindre que l'unité, de sorte qu'elle est comprise dans l'intérieur du cercle

$$x^2+y^2=1.$$

D'après l'égalité fondamentale

$$\int\int U_{\alpha,\beta}V_{\gamma,\delta}\,dx\,dy=0,$$

tant qu'on n'a pas à la fois $\alpha=\gamma$ et $\beta=\delta$, on voit que, dans l'intérieur de ce cercle $x^2+y^2=1$, toute fonction $F(x, y)$ pourra être développée de ces deux manières

$$F(x,y)=\sum AU_{\alpha,\beta},\qquad F(x,y)=\sum BV_{\alpha,\beta},$$

qu'il semble impossible de ne pas considérer en même temps. J'ai déjà trouvé un fait semblable d'un double mode de développement en m'occupant des polynomes tirés des dérivées de la fonction $e^{ax^2+2bxy+cy^2}$ (*Comptes rendus*, 1864) (¹).

» Les intégrales suivantes qu'on obtient facilement,

$$\int\int\frac{dx\,dy}{(1-2ax-2by+a^2+b^2)(1-2a'x-2b'y+a'^2+b'^2)}$$
$$=\frac{\pi}{ab'-ba'}\operatorname{arc\,tang}\frac{ab'-ba'}{1-aa'-bb'},$$

$$\int\int\frac{dx\,dy}{(1-2a'x-2b'y+a'^2+b'^2)[(1-ax-by)^2-(a^2+b^2)(x^2+y^2-1)]^{\frac{1}{2}}}$$
$$=-\frac{\pi}{aa'+bb'}\log(1-aa'-bb'),$$
$$x^2+y^2\leqq 1,$$

suffisent pour établir les points essentiels de la théorie des fonctions U et V; je donnerai plus tard dans les *Comptes rendus* quelques autres détails. »

Paris, 27 janvier 1865.

(¹) *Voir* aussi HERMITE, *Œuvres*, t. II, p. 293.

SUR DEUX INTÉGRALES DOUBLES.

Annales scientifiques de l'École Normale supérieure,
1re série, t. II, 1865, p. 49.

Une question relative à un certain mode de développement en série des fonctions de plusieurs variables repose sur la détermination de l'intégrale multiple

$$A = \int\int \cdots \int \frac{dx\,dy\ldots du}{PP'},$$

où les quantités P et P' ont pour expression

$$P = 1 - 2ax - 2by - \ldots - 2lu + a^2 + b^2 + \ldots + l^2,$$
$$P' = 1 - 2a'x - 2b'y - \ldots - 2l'u + a'^2 + b'^2 + \ldots + l'^2,$$

et l'intégration devant être étendue à toutes les valeurs des variables $x, y, \ldots, u$, qui satisfont à la condition

$$x^2 + y^2 + \ldots + u^2 \leqq 1.$$

En posant

$$Q = (1 - ax - by - \ldots - lu)^2 - (a^2 + b^2 + \ldots + l^2)(x^2 + y^2 + \ldots + u^2 - 1),$$

la même question exige aussi la détermination de l'intégrale

$$B = \int\int \cdots \int \frac{dx\,dy\ldots du}{P'\sqrt{Q}}$$

entre les mêmes limites que la précédente. Me bornant au cas de deux variables seulement, et en employant les méthodes élémentaires, je vais développer le calcul par lequel on obtient leurs valeurs.

Soit, pour abréger,

$$r^2 = a^2 + b^2,$$
$$r'^2 = a'^2 + b'^2;$$

j'introduirai comme auxiliaire un angle θ défini par les égalités

$$\frac{aa' + bb'}{rr'} = \cos\theta, \qquad \frac{ba' - ab'}{rr'} = \sin\theta,$$

et je ferai un premier changement de variable, savoir

$$x = \frac{a\xi + b\eta}{r}, \qquad y = \frac{b\xi - a\eta}{r},$$

par lequel l'intégrale A prendra cette forme plus simple

$$\mathrm{A} = \int\int \frac{d\xi\, d\eta}{(1 - 2r\xi + r^2)[1 - 2r'(\xi\cos\theta + \eta\sin\theta) + r'^2]}.$$

Les limites d'ailleurs seront déterminées comme précédemment par la condition

$$\xi^2 + \eta^2 \leqq 1,$$

de sorte que l'intégration par rapport à η devra s'effectuer depuis $\eta = -\sqrt{1 - \xi^2}$ jusqu'à $\eta = +\sqrt{1 - \xi^2}$. On trouve ainsi pour résultat

$$\frac{1}{1 - 2r\xi + r^2}\,\frac{1}{2r'\sin\theta}\log\frac{1 - 2r'(\xi\cos\theta - \sqrt{1 - \xi^2}\sin\theta) + r'^2}{1 - 2r'(\xi\cos\theta + \sqrt{1 - \xi^2}\sin\theta) + r'^2},$$

et c'est cette expression qu'il reste à intégrer de $\xi = -1$ à $\xi = +1$.

En posant

$$\xi = \cos\varphi,$$

on obtiendra pour A la valeur suivante

$$\mathrm{A} = \frac{1}{2r'\sin\theta}\int_0^\pi d\varphi\,\frac{\sin\varphi}{1 - 2r\cos\varphi + r^2}\log\frac{1 - 2r'\cos(\varphi + \theta) + r'^2}{1 - 2r'\cos(\varphi - \theta) + r'^2},$$

ou plutôt, en multipliant et divisant par r,

$$\mathrm{A} = \frac{1}{2(ba' - ab')}\int_0^\pi d\varphi\,\frac{r\sin\varphi}{1 - 2r\cos\varphi + r^2}\log\frac{1 - 2r'\cos(\varphi + \theta) + r'^2}{1 - 2r'\cos(\varphi - \theta) + r'^2}.$$

Cette intégrale définie se trouve aisément, comme on va voir.

Je supposerai expressément que r et r' sont tous deux moindres que l'unité, de manière à pouvoir faire usage de ces développements :

$$\frac{r\sin\varphi}{1-2r\cos\varphi+r^2} = r\sin\varphi + r^2\sin 2\varphi + r^3\sin 3\varphi + \ldots$$

$$-\frac{1}{2}\log[1-2r'\cos(\varphi+\theta)+r'^2]$$
$$= r'\cos(\varphi+\theta) + \frac{r'^2}{2}\cos 2(\varphi+\theta) + \frac{r'^3}{3}\cos 3(\varphi+\theta) + \ldots$$

$$-\frac{1}{2}\log[1-2r'\cos(\varphi-\theta)+r'^2]$$
$$= r'\cos(\varphi-\theta) + \frac{r'^2}{2}\cos 2(\varphi-\theta) + \frac{r'^3}{3}\cos 3(\varphi-\theta) + \ldots.$$

On conclut des deux derniers

$$\frac{1}{4}\log\frac{1-2r'\cos(\varphi+\theta)+r'^2}{1-2r'\cos(\varphi-\theta)+r'^2}$$
$$= r'\sin\varphi\sin\theta + \frac{r'^2}{2}\sin 2\varphi\sin 2\theta + \frac{r'^3}{3}\sin 3\varphi\sin 3\theta + \ldots,$$

de sorte que l'on est amené à intégrer entre zéro et π le produit de deux séries

$$(r\sin\varphi + r^2\sin 2\varphi + r^3\sin 3\varphi + \ldots)$$
$$\times\left(r'\sin\varphi\sin\theta + \frac{r'^2}{2}\sin 2\varphi\sin 2\theta + \frac{r'^3}{3}\sin 3\varphi\sin 3\theta + \ldots\right).$$

Or, en vertu des relations,

$$\int_0^\pi d\varphi\sin m\varphi\sin n\varphi = 0,$$
$$\int_0^\pi d\varphi\sin^2 m\varphi = \frac{\pi}{2},$$

on obtient ainsi, pour la valeur de A, ce développement

$$A = \frac{\pi}{ba'-ab'}\left(rr'\sin\theta + \frac{r^2r'^2}{2}\sin 2\theta + \frac{r^3r'^3}{3}\sin 3\theta + \ldots\right),$$

et, d'après les formules connues, on en conclut immédiatement

$$A = \frac{\pi}{ba'-ab'}\,\frac{1}{2\sqrt{-1}}\log\frac{1-rr'e^{-\theta\sqrt{-1}}}{1-rr'e^{\theta\sqrt{-1}}}.$$

Observant enfin que l'on peut écrire successivement

$$\log \frac{1 - rr' e^{-\theta\sqrt{-1}}}{1 - rr' e^{\theta\sqrt{-1}}} = \log \frac{1 - rr'(\cos\theta - \sqrt{-1}\sin\theta)}{1 - rr'(\cos\theta + \sqrt{-1}\sin\theta)}.$$

$$= \log \frac{1 + \dfrac{rr'\sin\theta}{1 - rr'\cos\theta}\sqrt{-1}}{1 - \dfrac{rr'\sin\theta}{1 - rr'\cos\theta}\sqrt{-1}},$$

$$= \log \frac{1 + \dfrac{ba' - ab'}{1 - aa' - bb'}\sqrt{-1}}{1 - \dfrac{ba' - ab'}{1 - aa' - bb'}\sqrt{-1}},$$

on arrive définitivement à ce résultat très simple

$$A = \frac{\pi}{ba' - ab'} \operatorname{arc\,tang} \frac{ba' - ab'}{1 - aa' - bb'}.$$

Je considère en second lieu l'intégrale B, savoir

$$B = \int\int \frac{dx\,dy}{(1 - 2a'x - 2b'y + a'^2 + b'^2)[(1 - ax - by)^2 - (a^2 + b^2)(x^2 + y^2 - 1)]^{\frac{1}{2}}},$$

elle devient d'abord, par la substitution linéaire,

$$x = \frac{a'\xi - b'\eta}{r'}, \qquad y = \frac{b'\xi + a'\eta}{r'},$$

$$B = \int\int \frac{d\xi\,d\eta}{(1 - 2r'\xi + r'^2)[(1 - r\cos\theta\xi - r\sin\theta\eta)^2 - (\xi^2 + \eta^2 - 1)r^2]^{\frac{1}{2}}},$$

ce qui conduit à intégrer, en premier lieu, par rapport à la variable η. Il convient, à cet effet, d'employer des logarithmes imaginaires, en se servant de la formule

$$\int \frac{dx}{\sqrt{Ax^2 + 2Bx + C}} = \frac{1}{\sqrt{A}} \log\left(\frac{Ax + B}{\sqrt{A}} + \sqrt{Ax^2 + 2Bx + C}\right);$$

et en remarquant que les valeurs limites de η donnent $\xi^2 + \eta^2 = 1$, la racine carrée placée sous le signe logarithmique pourra s'extraire et deviendra simplement

$$1 - r\cos\theta\xi - r\sin\theta\eta.$$

Quelques réductions faciles à voir donneront pour résultat de cette intégration, par rapport à η, entre les limites $\eta = -\sqrt{1-\xi^2}$, $\eta = +\sqrt{1-\xi^2}$, la quantité

$$\frac{1}{1-2r'\xi+r'^2}\,\frac{1}{r\cos\theta\sqrt{-1}}\log\frac{1-r\cos\theta(\xi-\sqrt{-1}\sqrt{1-\xi^2})}{1-r\cos\theta(\xi+\sqrt{-1}\sqrt{1-\xi^2})},$$

et il s'agit de l'intégrer par rapport à ξ entre les limites $\xi = -1$, $\xi = +1$.

Je ferai comme précédemment

$$\xi = \cos\varphi,$$

ce qui donnera, après avoir multiplié et divisé par r', l'intégrale définie

$$B = \frac{1}{rr'\cos\theta}\int_0^\pi d\varphi\,\frac{r'\sin\varphi}{1-2r'\cos\varphi+r'^2}\,\frac{1}{\sqrt{-1}}\log\frac{1-r\cos\theta\, e^{-\varphi\sqrt{-1}}}{1-r\cos\theta\, e^{\varphi\sqrt{-1}}},$$

et, en admettant toujours la supposition déjà faite de r et r' moindres que l'unité, je ferai usage des développements

$$\frac{r'\sin\varphi}{1-2r'\cos\varphi+r'^2} = r'\sin\varphi + r'^2\sin 2\varphi + r'^3\sin 3\varphi + \ldots,$$

$$\frac{1}{2\sqrt{-1}}\log\frac{1-r\cos\theta\, e^{-\varphi\sqrt{-1}}}{1-r\cos\theta\, e^{\varphi\sqrt{-1}}}$$
$$= r\cos\theta\sin\varphi + \frac{r^2\cos^2\theta}{2}\sin 2\varphi + \frac{r^3\cos^3\theta}{3}\sin 3\varphi + \ldots.$$

Maintenant, si l'on intègre entre les limites *zéro* et π le produit des seconds membres, on trouvera immédiatement

$$B = \frac{\pi}{rr'\cos\theta}\left[rr'\cos\theta + \frac{(rr'\cos\theta)^2}{2} + \frac{(rr'\cos\theta)^3}{3} + \ldots\right],$$

c'est-à-dire

$$B = \frac{\pi}{rr'\cos\theta}\log\frac{1}{1-rr'\cos\theta} = \frac{\pi}{aa'+bb'}\log\left(\frac{1}{1-aa'-bb'}\right).$$

C'est le résultat que je me proposais d'établir; je me borne en ce moment à remarquer que les constantes a, b, a', b' n'y entrent que par les produits aa' et bb', de sorte que l'intégrale ne change pas en y remplaçant a et a' par $\frac{a}{t}$, $a't$, et b et b' par $\frac{b}{u}$, $b'u$. Relativement à A, il est possible seulement de changer a et b, d'une part, en at, bt; a' et b', de l'autre, en $\frac{a'}{t}$, $\frac{b'}{t}$; ce sont ces propriétés qui servent de point de départ à l'extension aux fonctions de plusieurs variables de la théorie des fonctions X_n de Legendre.

SUR

QUELQUES DÉVELOPPEMENTS EN SÉRIE

DE FONCTIONS DE PLUSIEURS VARIABLES.

Comptes rendus de l'Académie des Sciences, t. LX, 1865 (I), p. 370, 432, 461 et 512.

Les recherches que j'ai eu l'honneur de communiquer à l'Académie sur les dérivées des divers ordres de l'expression

$$e^{-\varphi(x,y,z,\ldots)}$$

où $\varphi(x, y, z, \ldots)$ représente une forme quadratique définie et positive, et dont se tire un mode de développement en série de fonctions de plusieurs variables [1], m'ont amené à faire une étude attentive des fonctions X_n de Legendre, comme offrant l'exemple le plus important et le type des propriétés que j'ai remarquées dans les polynomes $U_{n,n',n'',\ldots}$ définis par l'équation

$$e^{-\varphi(x-h,y-h_1,z-h_2,\ldots)} = e^{-\varphi(x,y,z,\ldots)} \sum \frac{h^n h_1^{n'} h_2^{n''} \ldots}{(n)(n')(n'')} U_{n,n',n'',\ldots}.$$

J'ai été ainsi conduit à une généralisation sous un nouveau point de vue de ces fonctions X_n, je veux dire à un système de polynomes d'un nombre quelconque de variables ayant une même origine que ceux de Legendre, ce qui n'avait pas lieu pour les quantités $U_{n,n',n'',\ldots}$, et à l'égard desquels on retrouvera la plupart des

(1) *Comptes rendus de l'Académie des Sciences*, t. LVIII, séances du 11 janvier et du 8 février. *Voir* aussi Hermite, *Œuvres*, t. II, p. 293.

propositions de l'illustre géomètre, et même l'analogue du beau théorème de Jacobi, savoir :

$$X_n = \frac{1}{1.2\ldots n.2^n} \frac{d^n(x^2-1)^n}{dx^n}.$$

Ce système de polynomes, et un autre qui s'y joint immédiatement, conduisent à des développements de fonctions de plusieurs variables, x, y, z, ..., dans l'étendue limitée par la condition

$$x^2+y^2+z^2+\ldots \leqq 1,$$

ou plus généralement

$$\varphi(x, y, z, \ldots) \leqq 1,$$

le premier membre de l'inégalité étant une forme quadratique définie et positive. La méthode si féconde et si connue depuis Fourier, consistant à déterminer les coefficients par l'intégration après avoir multiplié la fonction par un facteur convenable, s'applique encore dans ces nouvelles circonstances, mais avec une modification qui semble caractéristique pour les fonctions de plusieurs variables. L'intérêt de ces nouveaux développements, d'ailleurs, consiste surtout en ce que les variables y sont traitées simultanément, de sorte qu'ils ne résultent pas, comme le plus souvent, de l'application répétée du même procédé sur chacune des quantités x, y, z, ..., successivement considérée comme variable unique. Enfin on peut présumer que ces polynomes donneront la solution de questions de minimum ou d'interpolation du genre de celles qu'a traitées M. Tchébichef, et cette étude a été amenée, je dois le dire, par diverses questions que m'a posées plusieurs fois sur ce sujet notre savant confrère.

I.

L'expression

$$1-2ax+a^2,$$

qui donne naissance aux fonctions de Legendre et aux formules trigonométriques pour la multiplication des arcs, d'après ces relations,

$$(1-2ax+a^2)^{-\frac{1}{2}}=\sum a^n X_n,$$

$$(1-2ax+a^2)^{-1}=\sum a^n \frac{\sin[(n+1)\arc\cos x]}{\sqrt{1-x^2}}$$

se prête au mode de généralisation découvert par Göpel et M. Rosenhain pour passer des séries elliptiques de Jacobi aux fonctions abéliennes d'un nombre quelconque de variables. En comparant en effet ces deux expressions

$$\sum e^{i\pi(2mx+m^2\omega)},$$

$$\sum\sum e^{i\pi(2mx+2ny+gm^2+2hmn+g'n^2)},$$

on est amené naturellement à l'étendre de cette manière

$$1-2ax-2by+ga^2+2hab+g'b^2,$$

ou bien, avec n variables, $x, y, z, \ldots, u$

$$1-2ax-2by-\ldots-2ku+\varphi(a, b, c, \ldots, k),$$

$\varphi(a, b, c, \ldots, k)$ étant un polynome homogène et du second degré en $a, b, \ldots, k$. Mettant, avec une indéterminée de plus, sous forme homogène,

$$l^2-2alx-2bly+\ldots-2klu+\varphi(a, b, \ldots k),$$

nous considérerons également sa forme adjointe ou contrevariant quadratique qu'on obtient aisément comme il suit. Soient

$$\psi(a, b, \ldots, k)$$

la forme adjointe de φ, Δ son invariant, en faisant, pour abréger,

$$\chi(a, b, \ldots, k)=\frac{1}{2}\left(x\frac{d\psi}{da}+y\frac{d\psi}{db}+\ldots+\frac{d\psi}{dk}\right),$$

on trouvera pour résultat

$$[l\Delta-\chi(a, b, \ldots, k)]^2-\psi(a, b, \ldots, k)[\psi(x, y, \ldots, u)-\Delta].$$

Tels sont les éléments algébriques qui serviront de point de départ à nos recherches; nous nous bornerons toutefois à deux variables et au cas le plus simple où l'on suppose

$$\varphi(a, b) = a^2 + b^2,$$

ce qui conduit aux quantités

$$1 - 2ax - 2by + a^2 + b^2,$$

$$(1 - ax - by)^2 - (a^2 + b^2)(x^2 + y^2 - 1)$$
$$= 1 - 2ax - 2by + a^2(1 - y^2) + 2abxy + b^2(1 - x^2).$$

Cela posé, les fonctions dont nous allons étudier les développements sont les suivantes que nous réunissons en deux groupes, savoir :

$$(1 - 2ax - 2by + a^2 + b^2)^{-1},$$

$$[1 - 2ax - 2by + a^2(1 - y^2) + 2abxy + b^2(1 - x^2)]^{-\frac{1}{2}},$$

et en second lieu

$$(1 - 2ax - 2by + a^2 + b^2)^{-\frac{3}{2}},$$

$$(1 - x^2 - y^2)^{\frac{1}{2}}[1 - 2ax - 2by + a^2(1 - y^2) + 2abxy + b^2(1 - x^2)]^{-1}.$$

Leur analogie avec les fonctions d'une variable, qu'elles comprennent comme cas particulier en supposant $b = 0$ et $y = 0$, se rapporte donc à la fois aux polynomes de Legendre, et aux formules pour la multiplication des arcs dans la théorie des fonctions circulaires.

II.

Soit en premier lieu

$$(1 - 2ax - 2by + a^2 + b^2)^{-1} = \sum a^m b^n V_{m,n}.$$

On reconnaîtra immédiatement que $V_{m,n}$ est un polynome entier en x et y, du degré $m + n$, mais ayant $x^m y^n$ pour seul et unique terme de ce degré. On aura par exemple

$$V_{0,0} = 1,$$
$$V_{1,0} = 2x,$$
$$V_{0,1} = 2y,$$
$$V_{2,0} = 4x^2 - 1,$$
$$V_{1,1} = 8xy,$$

et

$$\begin{aligned}
V_{0,2} &= 4y^2 - 1,\\
V_{3,0} &= 8x^3 - 4x,\\
V_{2,1} &= 24x^2y - 4y,\\
V_{1,2} &= 24xy^2 - 4x,\\
V_{0,3} &= 8y^3 - 4y,\\
V_{4,0} &= 16x^4 - 12x^2 + 1,\\
V_{3,1} &= 64x^3y - 24xy,\\
V_{2,2} &= 96x^2y^2 - 12x^2 - 12y^2 + 2,\\
V_{1,3} &= 64xy^3 - 24xy,\\
V_{0,4} &= 16y^4 - 12y^2 + 1,\\
&\ldots\ldots\ldots\ldots\ldots\ldots
\end{aligned}$$

Réciproquement on pourra exprimer $x^m y^n$ en fonction linéaire de $V_{m,n}$ et des polynomes du degré moindre, de sorte que la formule

$$\sum A_{m,n} V_{m,n}$$

représentera, en déterminant convenablement les constantes, tout polynome entier en x et y. Voici maintenant leur propriété fondamentale.

Considérons l'intégrale double

$$A = \int\int dx\,dy(1-2ax-2by+a^2+b^2)^{-1}(1-2a'x-2b'y+a'^2+b')^{-1},$$

les variables étant limitées par la condition

$$x^2+y^2 \leqq 1.$$

Un calcul, pour lequel je renvoie aux *Annales de l'École Normale supérieure* (année 1865) [1], conduit à la valeur

$$A = \frac{\pi}{ab'-ba'}\,\text{arc tang}\,\frac{ab'-ba'}{1-aa'-bb'}.$$

On voit que cette expression ne change pas en y remplaçant a et b par at et bt, a' et b' par $\frac{a'}{t}$, $\frac{b'}{t}$, de sorte que t doit disparaître dans l'intégrale

$$\int\int dx\,dy \sum a^m b^n t^{m+n} V_{m,n} \sum a'^{\mu} b'^{\nu} t^{-\mu-\nu} V_{\mu,\nu}.$$

---

(1) *Voir* aussi HERMITE, *Œuvres*, t. II, p. 313.

Cela exige que l'on ait

$$\int\int dx\, dy\, V_{m,n} V_{\mu,\nu} = 0,$$

entre les limites

$$x^2 + y^2 \leqq 1,$$

lorsque les degrés $m + n$ et $\mu + \nu$ sont différents. Cette proposition met sur la voie d'un développement tel que $\sum A_{m,n} V_{m,n}$ pour toute fonction $F(x, y)$, les variables étant assujetties à la condition $x^2 + y^2 \leqq 1$. Elle ne suffit pas toutefois pour la détermination des coefficients, et c'est en ce moment qu'il est nécessaire de considérer la seconde fonction dont nous avons parlé, à savoir

$$[1 - 2ax - 2by + a^2(1 - y^2) + 2bxy + b^2(1 - x^2)]^{-\frac{1}{2}}.$$

III.

Désignons par $U_{m,n}$ les polynomes entiers en x et y, du degré $m + n$, ayant pour origine le développement

$$[1 - 2ax - 2by + a^2(1 - y^2) + 2abxy + b^2(1 - x^2)]^{-\frac{1}{2}} = \sum a^m b^n U_{m,n},$$

et dont voici les premiers

$$U_{0,0} = 1, \qquad U_{3,0} = \frac{1}{2}(5x^3 + 3xy^2 - 3x),$$

$$U_{1,0} = x, \qquad U_{2,1} = \frac{3}{2}(3x^2y + y^3 - y),$$

$$U_{0,1} = y, \qquad U_{1,2} = \frac{3}{2}(3xy^2 + x^3 - x),$$

$$U_{2,0} = \frac{1}{2}(3x^2 + y^2 - 1), \qquad U_{0,3} = \frac{1}{2}(5y^3 + 3x^2y - 3y),$$

$$U_{1,1} = 2xy, \qquad \ldots\ldots\ldots\ldots$$

$$U_{0,2} = \frac{1}{2}(3y^2 + x^2 - 1);$$

L'intégrale double, prise comme précédemment entre les limites

$x^2+y^2 \leqq 1$, savoir

$$B=\int\int dx\,dy(1-2a'x-2b'y+a'^2+b'^2)^{-1}$$
$$\times[1-2ax-2by+a^2(1-y^2)+2ab\,xy+b^2(1-x^2)]^{-\frac{1}{2}},$$

va nous donner leur propriété fondamentale. On trouve en effet

$$B=\frac{\pi}{aa'+bb'}\log\frac{1}{1-aa'-bb'},$$

valeur qui ne change pas en y remplaçant a, b, a', b', par at, bu, $\frac{a'}{t}$, $\frac{b'}{u}$. Il en résulte qu'on a généralement

$$\int\int dx\,dy\,V_{m,n}U_{\mu,\nu}=0,$$

si les indices m et μ, n et ν ne sont pas égaux en même temps; et, dans l'hypothèse contraire, on obtient

$$\int\int dx\,dy\,V_{m,n}U_{m,n}=\frac{\pi}{m+n+1}\,\frac{n+1.n+2\ldots n+m}{1.2\ldots m}.$$

Nous pouvons donc déterminer maintenant par la méthode ordinaire les coefficients du développement considéré plus haut, savoir

$$F(x,y)=\sum A_{m,n}V_{m,n};$$

on trouve ainsi

$$\int\int dx\,dy\,F(x,y)U_{m,n}=\frac{\pi}{m+n+1}\,\frac{n+1.n+2\ldots n+m}{1.2\ldots m}A_{m,n},$$

l'intégrale étant prise entre les limites $x^2+y^2 \leqq 1$; et c'est dans l'obligation d'introduire le facteur $U_{m,n}$ différent de $V_{m,n}$, que consiste d'une manière générale, nous pensons, à l'égard des fonctions de plusieurs variables, la modification caractéristique dont nous avons parlé en commençant. On pourrait également poser

$$F(x,y)=\sum B_{m,n}U_{m,n},$$

mais c'est au premier développement que nous nous attachons de préférence, la nature du polynome $U_{m,n}$ permettant de reconnaître immédiatement que la valeur de $A_{m,n}$ tend vers zéro quand m et n

augmentent. Cela résulte effectivement, comme nous le verrons, de l'expression suivante

$$U_{m,n} = \frac{1}{1.2\ldots m.1.2\ldots n.2^{m+n}} \frac{d^{m+n}(x^2+y^2-1)^{m+n}}{dx^m\,dy^n},$$

que nous allons établir.

IV.

La série donnée par Lagrange pour la résolution de l'équation

$$z = x + af(z),$$

c'est-à-dire

$$\varphi(z) = \varphi(x) + \frac{a}{1} f(x)\varphi'(x) + \frac{a^2}{1.2}\frac{df^2(x)\varphi'(x)}{dx} + \frac{a^3}{1.2.3}\frac{d^2 f^3(x)\varphi'(x)}{dx^2} + \ldots,$$

peut être présentée sous une autre forme qu'il est nécessaire d'établir pour l'objet que nous avons en vue. Supposons d'abord $x=0$, $a=1$, je l'écrirai de cette manière

$$\varphi(z) = \varphi(0) + [f(z)\varphi'(z)]_{z=0} + \frac{1}{1.2}\left[\frac{df^2(z)\varphi'(z)}{dz}\right]_{z=0} + \ldots,$$

ou encore

$$\int_0^z \varphi(z)\,dz = [f(z)\varphi(z)]_{z=0} + \frac{1}{1.2}\left[\frac{df^2(z)\varphi(z)}{dz}\right]_{z=0} + \ldots,$$

en remplaçant $\varphi'(z)$ par $\varphi(z)$. Maintenant faisons

$$f(z) = F(x+az),$$
$$\varphi(z) = \Phi(x+az),$$

ce qui donnera évidemment

$$\int_0^z \Phi(x+az)\,dz = F(x)\Phi(x) + \frac{a}{1.2}\frac{dF^2(x)\Phi(x)}{dx} + \frac{a^2}{1.2.3}\frac{d^2F^3(x)\Phi(x)}{dx^2} + \ldots.$$

En différentiant par rapport à x, on en conclura

$$\frac{\Phi(x+az)-\Phi(x)}{a}+\frac{dz}{dx}\Phi(x+az)$$
$$=\frac{d\,F(x)\Phi(x)}{dx}+\frac{a}{1.2}\frac{d^2\,F^2(x)\Phi(x)}{dx^2}+\ldots,$$

et en simplifiant

$$\left(1+a\frac{dz}{dx}\right)\Phi(x+az)$$
$$=\Phi(x)+\frac{a}{1}\frac{d\,F(x)\Phi(x)}{dx}+\frac{a^2}{1.2}\frac{d^2\,F^2(x)\Phi(x)}{dx^2}+\ldots.$$

Mais, l'équation en z étant maintenant

$$z-F(x+az)=0,$$

on en tire

$$1+a\frac{dz}{dx}=\frac{1}{1-aF'(x+az)},$$

de sorte qu'en posant

$$\mathfrak{F}(z)=z-F(x+az),$$

il viendra en dernier lieu

$$\frac{\Phi(x+az)}{\mathfrak{F}'(z)}=\Phi(x)+\frac{a}{1}\frac{d\,F(x)\Phi(x)}{dx}+\frac{a^2}{1.2}\frac{d^2\,F^2(x)\Phi(x)}{dx^2}+\ldots.$$

Sous cette forme nouvelle, on peut appliquer à la série de Lagrange le procédé qu'on emploie dans les éléments pour étendre aux fonctions de plusieurs variables la série de Taylor

$$F(x+h)=F(x)+\frac{h}{1}F'(x)+\frac{h^2}{1.2}F''(x)+\ldots.$$

Ainsi on fera d'abord $x=0$, $a=1$, se servant de ce cas particulier pour y introduire, au lieu de $F(z)$ et $\Phi(z)$, les fonctions

$$F(x+az,\,y+bz),\quad \Phi(x+az,\,y+bz),$$

et l'on parviendra à ce développement où l'on a mis, pour abréger, F et Φ dans le second membre au lieu de $F(x,y)$, $\Phi(x,y)$,

savoir :

$$\frac{\Phi(x+az,\, y+bz)}{\mathfrak{F}'(z)} = \Phi + a\frac{dF\Phi}{dx} + \frac{a^2}{1.2}\frac{d^2F^2\Phi}{dx^2} + \ldots$$
$$+ b\frac{dF\Phi}{dy} + ab\frac{d^2F^2\Phi}{dx\,dy} + \ldots$$
$$+ \frac{b^2}{1.2}\frac{d^2F^2\Phi}{dy^2} + \ldots$$
$$+ \ldots,$$

ou bien

$$\frac{\Phi(x+az,\, y+bz)}{\mathfrak{F}'(z)} = \sum \frac{a^m b^n}{1.2\ldots m.1.2\ldots n}\,\frac{d^{m+n}F^{m+n}\Phi}{dx^m\,dy^n},$$

l'équation en z étant

$$\mathfrak{F}(z) = z - F(x+az,\, y+bz) = 0.$$

Cette conséquence de la formule de Lagrange donne le théorème que nous avions en vue d'établir; supposant en effet

$$F(x, y) = x^2 + y^2 - 1, \qquad \Phi(x, y) = 1,$$

et remplaçant a et b par $\frac{a}{2}$, $\frac{b}{2}$, l'équation devient

$$\mathfrak{F}(z) = z - \left(x + \frac{az}{2}\right)^2 - \left(y + \frac{bz}{2}\right)^2 + 1 = 0.$$

On en tire

$$\mathfrak{F}'(z) = [1 - 2ax - 2by + a^2(1-y^2) + 2abxy + b^2(1-x^2)]^{\frac{1}{2}},$$

et, par suite,

$$[1 - 2ax - 2by + a^2(1-y^2) + 2abxy + b^2(1-x^2)]^{-\frac{1}{2}}$$
$$= \sum \frac{a^m b^n}{1.2\ldots m.1.2\ldots n.2^{m+n}}\,\frac{d^{m+n}(x^2+y^2-1)^{m+n}}{dx^m\,dy^n}.$$

Voici ce qui résulte de cette expression pour les polynomes $U_{m,n}$.

V.

En premier lieu, on a comme pour $V_{m,n}$ la relation

$$\int\int dx\,dy\,U_{m,n}U_{\mu,\nu} = 0,$$

avec la condition

$$x^2+y^2 \leqq 1,$$

quand $m+n$ n'est pas égal à $\mu+\nu$. Nous le déduirons de la formule suivante

$$\int F(x)\frac{d^n\Phi(x)}{dx^n}dx = F\frac{d^{n-1}\Phi}{dx^{n-1}} - \frac{dF}{dx}\frac{d^{n-2}\Phi}{dx^{n-2}} + \frac{d^2F}{dx^2}\frac{d^{n-3}\Phi}{dx^{n-3}} - \cdots$$
$$+(-1)^{n-1}\frac{d^{n-1}F}{dx^{n-1}}\Phi + (-1)^n\int \Phi(x)\frac{d^nF(x)}{dx^n}dx,$$

qui donne

$$\int_a^b F(x)\frac{d^n\Phi(x)}{dx^n}dx = (-1)^n\int_a^b \Phi(x)\frac{d^nF(x)}{dx^n}dx,$$

en supposant que a et b annulent $\Phi(x)$ et ses $n-1$ premières dérivées. Considérons, en effet, l'intégrale double

$$\int\int dx\,dy\,F(x,y)\frac{d^{m+n}(x^2+y^2-1)^{m+n}}{dx^m\,dy^n},$$

avec la condition

$$x^2+y^2 \leqq 1,$$

et commençons par rapport à la variable y l'intégration qui devra être faite entre les limites $-\sqrt{1-x^2}$, $+\sqrt{1-x^2}$. On aura

$$\int_{-\sqrt{1-x^2}}^{+\sqrt{1-x^2}} dy\,F(x,y)\frac{d^{m+n}(x^2+y^2-1)^{m+n}}{dx^m\,dy^n}$$
$$=(-1)^n\int_{-\sqrt{1-x^2}}^{+\sqrt{1-x^2}} dy\frac{d^nF(x,y)}{dy^n}\,\frac{d^m(x^2+y^2-1)^{m+n}}{dx^m},$$

de sorte qu'on peut écrire

$$\int\int dx\,dy\,F(x,y)\frac{d^{m+n}(x^2+y^2-1)^{m+n}}{dx^m\,dy^n}$$
$$=(-1)^n\int\int dx\,dy\frac{d^nF}{dx\,dy}\,\frac{d^m(x^2+y^2-1)^{m+n}}{dx^m}.$$

Opérant en second lieu sur la variable x, comme on l'a fait sur y, on aura

$$\int\int dx\,dy\,F(x,y)\frac{d^{m+n}(x^2+y^2-1)^{m+n}}{dx^m\,dy^n}$$
$$=(-1)^{m+n}\int\int dx\,dy\frac{d^{m+n}F(x,y)}{dx^m\,dy^n}(x^2+y^2-1)^{m+n},$$

et la proposition annoncée s'ensuit en prenant

$$F(x, y) = U_{\mu,\nu},$$

et supposant $\mu + \nu < m + n$, ce qui annule évidemment le second membre. Il en résulte, comme on le montre aisément, que le polynome $U_{m,n}$ est une fonction linéaire des divers polynomes $V_{m+n,0}$, $V_{m+n-1,1}$, ..., $V_{0,m+n}$, de degré $m+n$.

Considérons en second lieu le terme général du développement de la fonction quelconque $F(x, y)$ sous la forme

$$F(x, y) = \sum A_{m,n} V_{m,n},$$

savoir :

$$\frac{\pi}{m+n+1}\,\frac{m+1.m+2\ldots m+n}{1.2\ldots n}\,A_{m,n} = \int\!\!\int dx\,dy\,F(x, y)\,U_{m,n}.$$

En appliquant la même formule au second membre, on en déduira

$$\begin{aligned}
&\frac{\pi}{m+n+1}\,1.2\ldots m+n.2^{m+n}\,A_{m,n}\\
&\quad = (-1)^{m+n}\int\!\!\int dx\,dy\,\frac{d^{m+n}F(x, y)}{dx^m\,dy^n}(x^2+y^2-1)^{m+n}\\
&\quad = \int\!\!\int dx\,dy\,\frac{d^{m+n}F(x, y)}{dx^m\,dy^n}(1-x^2-y^2)^{m+n},
\end{aligned}$$

ce qui introduit sous les signes d'intégration les puissances d'un facteur moindre que l'unité, et qui sont d'autant plus petites que les indices m et n sont plus grands. Comme on trouve aisément d'ailleurs

$$\int\!\!\int dx\,dy(1-x^2-y^2)^{m+n} = \frac{\pi}{m+n+1},$$

on aura, si l'on appelle $\rho_{m,n}$ le maximum de l'expression $\dfrac{d^{m+n}F(x, y)}{dx^m\,dy^n}$ sous la condition $x^2+y^2 \leqq 1$, cette limite supérieure fort simple de $A_{m,n}$, savoir

$$A_{m,n} < \frac{\rho_{m,n}}{1.2\ldots m+n.2^{m+n}}.$$

En supposant donc que $\dfrac{\rho_{m,n}}{1.2\ldots m+n}$ ne dépasse jamais une certaine constante k, les termes du développement considéré $\sum A_{m,n} V_{m,n}$ ne dépasseront pas non plus ceux de la série suivante

$$k \sum \frac{1}{2^{m+n}} V_{m,n},$$

représentant la fonction

$$k(1 - 2ax - by + a^2 + b^2)^{-1},$$

dans l'hypothèse

$$a = \frac{1}{2} \quad \text{et} \quad b = \frac{1}{2}.$$

Mais d'autres propriétés du polynome $U_{m,n}$ vont encore nous montrer, et indépendamment de la transformation précédente, que la valeur de $A_{m,n}$ diminue quand les indices augmentent.

VI.

On sait que la fonction X_n de Legendre reste, quel que soit n, numériquement moindre que l'unité lorsqu'on fait varier x de -1 à $+1$, et que l'équation $X_n = 0$ admet entre ces mêmes limites n racines réelles et inégales. Par conséquent, dans l'intégrale

$$\int_{-1}^{+1} F(x) X_n \, dx,$$

$F(x)$ se trouve multiplié par un facteur qui change $n+1$ fois de signe entre les limites et sans dépasser l'unité. Or, aux infiniment petits près du second ordre, une fonction prend des valeurs égales et de signes contraires avant et après son passage par zéro, la fonction $F(x)$ variant alors infiniment peu, on voit que le facteur X_n a pour effet d'amener dans le voisinage de ses racines des éléments de l'intégrale infiniment peu différents et de signes contraires, d'où résulte que l'intégrale diminue de valeur quand le nombre de ces racines augmente. Des considérations semblables s'appliquent à l'intégrale double

$$\int\int dx \, dy \, F(x, y) U_{m,n},$$

dont les limites sont déterminées par la condition

$$x^2 + y^2 \leqq 1,$$

et reposent sur les propriétés suivantes du polynome $U_{m,n}$.

Supposons que les variables x et y représentent des coordonnées rectangulaires, la courbe donnée par l'équation $U_{m,n} = 0$, abstraction faite du facteur x ou y, suivant les cas, sera toute comprise dans l'intérieur du cercle $x^2 + y^2 = 1$; de plus, elle sera rencontrée en m points par une parallèle à l'axe des abscisses, et en n points par une parallèle à l'axe des ordonnées. Ce sont les changements de signe du facteur $U_{m,n}$, résultant de ces intersections, qui amèneront dans les intégrations relatives à x ou à y les mêmes conséquences et la même conclusion que précédemment ([1]).

Le premier point résulte d'une forme de développement de l'expression

$$[1 - 2ax - 2by + a^2(1 - y^2) + 2abxy + b^2(1 - x^2)]^{-\frac{1}{2}},$$

qui s'obtient de la manière suivante. Soit pour un instant

$$u = \frac{1}{1 - ax - by};$$

elle pourra s'écrire ainsi

$$u[1 - (a^2 + b^2)(x^2 + y^2 - 1)u^2]^{-\frac{1}{2}},$$

ce qui donnera la série

$$u + \frac{1}{2}(a^2 + b^2)(x^2 + y^2 - 1)u^3 + \frac{1.3}{2.4}(a^2 + b^2)^2(x^2 + y^2 - 1)^2 u^5 + \ldots$$
$$+ \frac{1.3.5\ldots 2n - 1}{2.4.6\ldots 2n}(a^2 + b^2)^n (x^2 + y^2 - 1)^n u^{2n+1} + \ldots.$$

Faisant encore

$$ax + by = z,$$

([1]) Je dois faire remarquer toutefois une différence en ce qui concerne le maximum de $U_{m,n}$ égal à l'unité lorsque l'un des indices est supposé nul, et dont l'expression générale est

$$\frac{1.2\ldots m + n}{1.2\ldots m.1.2\ldots n}\left(\frac{m}{m + n}\right)^{\frac{1}{2}m}\left(\frac{n}{m + n}\right)^{\frac{1}{2}n}.$$

de manière à avoir

$$u = \frac{1}{1-z},$$

et, par suite,

$$\frac{du}{dz} = \frac{1}{(1-z)^2}, \quad \frac{d^2u}{dz^2} = \frac{1.2}{(1-z)^3}, \quad \ldots, \quad \frac{d^nu}{dz^n} = \frac{1.2\ldots n}{(1-z)^{n+1}},$$

ou bien

$$\frac{du}{dz} = u^2, \quad \frac{d^2u}{dz^2} = 1.2u^3, \quad \ldots, \quad \frac{d^nu}{dz^n} = 1.2\ldots n.u^{n+1};$$

en remplaçant les puissances de u par les dérivées, cette série deviendra

$$u + \frac{1}{1.2}\frac{d^2u}{dz^2}\frac{1}{2}(a^2+b^2)(x^2+y^2-1)$$
$$+ \frac{1}{1.2.3.4}\frac{d^4u}{dz^4}\frac{1.3}{2.4}(a^2+b^2)^2(x^2+y^2-1)^2+\ldots.$$

Cela posé, nous en déduirons l'ensemble homogène des termes de degré k en a et b, en développant, suivant les puissances de z, la quantité

$$u = \frac{1}{1-z} = \sum z^n,$$

ainsi que ses dérivées

$$\frac{du}{dz} = \sum nz^{n-1}, \quad \frac{d^2u}{dz^2} = \sum n(n-1)z^{n-2}, \quad \ldots.$$

Par là on obtiendra cette expression dont la loi est manifeste :

$$z^k + \frac{k(k-1)}{1.2}\frac{1}{2}(a^2+b^2)(x^2+y^2-1)z^{k-2}$$
$$+ \frac{k(k-1)(k-2)(k-3)}{1.2.3.4}\frac{1.3}{2.4}(a^2+b^2)^2(x^2+y^2-1)^2z^{k-4}+\ldots.$$

De sorte qu'en mettant au lieu de z sa valeur $ax+by$, on sera conduit à la relation suivante

$$a^k U_{k,0} + a^{k-1}b\,U_{k-1,1} + \ldots + ab^{k-1}U_{1,k-1} + b^kU_{0,k}$$
$$= (ax+by)^k + \frac{k(k-1)}{1.2}\frac{1}{2}(a^2+b^2)(x^2+y^2-1)(ax+by)^{k-2}$$
$$+ \frac{k(k-1)(k-2)(k-3)}{1.2.3.4}\frac{1.3}{2.4}(a^2+b^2)^2(x^2+y^2-1)^2(ax+by)^{k-4}+\ldots.$$

Elle met immédiatement ce fait en évidence, que pour des valeurs positives des coordonnées, rendant positive la fonction x^2+y^2-1, toutes les quantités $U_{k,0}$, $U_{k-1,1}$, ..., $U_{1,k-1}$, $U_{0,k}$ seront également positives. Or $U_{m,n}$, suivant ces quatre cas, savoir :

$$\left.\begin{matrix} m\equiv 0 & m\equiv 1 & m\equiv 0 & m\equiv 1 \\ n\equiv 0 & n\equiv 0 & n\equiv 1 & n\equiv 1 \end{matrix}\right\} \pmod 2,$$

ayant pour expression

$$F(x^2, y^2), \quad x\,F(x^2, y^2), \quad y\,F(x^2, y^2), \quad xy\,F(x^2, y^2),$$

ne pourra par conséquent jamais s'annuler, quel que soit le signe des coordonnées, abstraction faite du facteur x ou y, qu'en supposant $x^2+y^2-1<0$, ce qui démontre notre proposition.

Pour en donner un exemple, considérons la courbe $U_{m,0}=0$; on vérifiera aisément qu'elle est composée, suivant que m est pair ou impair, de $\frac{m}{2}$ ou $\frac{m-1}{2}$ ellipses ayant pour équations $\frac{x^2}{\rho^2}+y^2=1$, où ρ est une des racines du polynome X_m de Legendre. Ces racines étant moindres que l'unité, les diverses ellipses sont bien effectivement comprises dans le cercle

$$x^2+y^2=1.$$

Démontrons en dernier lieu qu'une parallèle à l'axe des y, par exemple, rencontre en n points la courbe $U_{m,n}=0$, et remarquons à cet effet qu'on peut poser

$$\frac{d^m(x^2+y^2-1)^{m+n}}{dx^m}=(x^2+y^2-1)^n Z,$$

en désignant par Z une fonction entière en x et y. Il en résultera

$$U_{m,n}=\frac{1}{1.2\ldots m.1.2\ldots n.2^{m+n}}\,\frac{d^n(x^2+y^2-1)^n Z}{dy^n},$$

et sous cette forme le théorème de Rolle suffit pour montrer que, par rapport à y, l'équation $U_{m,n}=0$ admet n racines réelles comprises entre les limites $-\sqrt{1-x^2}$, $+\sqrt{1-x^2}$. Notre courbe est donc effectivement rencontrée en n points par l'une quelconque des ordonnées du cercle $x^2+y^2=1$.

La même démonstration s'appliquera d'ailleurs à une parallèle à l'axe des x.

VII.

Nous avons cherché à montrer, dans ce qui précède, l'analogie des polynomes à deux variables $U_{m,n}$ avec les fonctions de Legendre, et sous ce point de vue le fait le plus caractéristique s'est trouvé dans la relation

$$U_{m,n} = \frac{1}{1.2\ldots m.1.2\ldots n.2^{m+n}} \frac{d^{m+n}(x^2+y^2-1)^{m+n}}{dx^m\, dy^n},$$

si semblable à l'expression donnée par Jacobi,

$$X_n = \frac{1}{1.2\ldots n.2^n} \frac{d^n(x^2-1)^n}{dx^n}.$$

Maintenant nous devons considérer les fonctions ayant pour origine le développement des quantités

$$(1-2ax-2by+a^2+b^2)^{-\frac{3}{2}},$$

$$(1-x^2-y^2)^{\frac{1}{2}}[1-2ax-2by+a^2(1-y^2)+2abxy+b^2(1-x^2)]^{-1},$$

et que nous définirons ainsi

$$(1-2ax-2by+a^2+b^2)^{-\frac{3}{2}} = \sum a^m b^n \mathfrak{V}_{m,n},$$

$$(1-x^2-y^2)^{\frac{1}{2}}[1-2ax-2by+a^2(1-y^2) \\ +2abxy+b^2(1-x^2)]^{-1} = \sum a^m b^n \mathfrak{O}_{m,n}.$$

L'équation suivante, que nous établirons bientôt,

$$\mathfrak{O}_{m,n} = \frac{1.2\ldots m+n}{1.2\ldots m.1.2\ldots n} \frac{(-1)^{m+n}(m+n+1)}{1.3.5\ldots 2(m+n)+1} \frac{d^{m+n}(1-x^2-y^2)^{m+n+\frac{1}{2}}}{dx^m\, dy^n},$$

rapproche par la similitude de forme analytique ces fonctions de deux variables des expressions qui donnent le sinus du multiple d'un arc au moyen du cosinus de cet arc. C'est ce que rend manifeste ce beau résultat dû encore à Jacobi, savoir :

$$\sin[(n+1)\arccos x] = \frac{(-1)^n(n+1)}{1.3.5\ldots 2n+1} \frac{d^n(1-x^2)^{n+\frac{1}{2}}}{dx^n}.$$

Nous aurons d'ailleurs pour $\mathcal{V}_{m,n}$ et $\mathcal{U}_{m,n}$ des propriétés entièrement semblables aux précédentes, et, comme elles s'établissent de la même manière, il suffira d'indiquer rapidement les plus importantes.

Voici en premier lieu leurs valeurs dans les cas les plus simples

$$\mathcal{V}_{0,0} = 1, \qquad \mathcal{V}_{1,2} = \frac{15}{2}(7xy^2 - x),$$

$$\mathcal{V}_{1,0} = 3x, \qquad \mathcal{V}_{0,3} = \frac{3}{2}(7y^3 - 3y).$$

$$\mathcal{V}_{0,1} = 3y, \qquad \mathcal{V}_{4,0} = \frac{15}{8}(21x^4 - 14x^2 + 1),$$

$$\mathcal{V}_{2,0} = \frac{3}{2}(5x^2 - 1), \qquad \mathcal{V}_{3,1} = \frac{105}{2}(3x^3y - xy),$$

$$\mathcal{V}_{1,1} = 15xy, \qquad \mathcal{V}_{2,2} = \frac{15}{4}(63x^2y^2 - 7x^2 - 7y^2 + 1),$$

$$\mathcal{V}_{0,2} = \frac{3}{2}(5y^2 - 1), \qquad \mathcal{V}_{1,3} = \frac{105}{2}(3xy^3 - xy),$$

$$\mathcal{V}_{3,0} = \frac{5}{2}(7x^3 - 3x), \qquad \mathcal{V}_{0,4} = \frac{15}{8}(21y^4 - 14y^2 + 1),$$

$$\mathcal{V}_{2,1} = \frac{15}{2}(7x^2y - y), \qquad \ldots\ldots\ldots\ldots\ldots\ldots;$$

et en posant, pour abréger,

$$\rho = \sqrt{1 - x^2 - y^2},$$

$$\mathcal{U}_{0,0} = \rho, \qquad \mathcal{U}_{1,2} = 4\rho(4xy^2 + x^3 - x),$$

$$\mathcal{U}_{1,0} = 2\rho x, \qquad \mathcal{U}_{0,3} = 4\rho(2y^3 + x^2y - y),$$

$$\mathcal{U}_{0,1} = 2\rho y, \qquad \mathcal{U}_{4,0} = \rho(16x^4 + 12x^2y^2 + y^4 - 12x^2 - 2y^2 + 1),$$

$$\mathcal{U}_{2,0} = \rho(4x^2 + y^2 - 1), \qquad \mathcal{U}_{3,1} = 20\rho(2x^3y + xy^3 - xy),$$

$$\mathcal{U}_{1,1} = 6\rho xy, \qquad \mathcal{U}_{2,2} = 2\rho(6x^4 + 27x^2y^2 + 6y^4 - 7x^2 - 7y^2 + 1),$$

$$\mathcal{U}_{0,2} = \rho(4y^2 + x^2 - 1), \qquad \mathcal{U}_{1,3} = 20\rho(2xy^3 + x^3y - xy),$$

$$\mathcal{U}_{3,0} = 4\rho(2x^3 + xy^2 - x), \qquad \mathcal{U}_{0,4} = \rho(16y^4 + 12x^2y^2 + x^4 - 12y^2 - 2x^2 + 1),$$

$$\mathcal{U}_{2,1} = 4\rho(4x^2y + y^3 - y), \qquad \ldots\ldots\ldots\ldots\ldots\ldots\ldots\ldots$$

Cela posé, les intégrations étant toujours entre les limites déterminées par la condition

$$x^2 + y^2 \leqq 1,$$

on aura

$$\int\int dx\, dy\, \mathcal{V}_{m,n} \mathcal{V}_{\mu,\nu} = 0, \qquad \int\int dx\, dy\, \mathcal{U}_{m,n} \mathcal{U}_{\mu,\nu} = 0;$$

si les degrés $m+n$ et $\mu+\nu$ sont différents, et en outre,

$$\int\int dx\,dy\,\mathfrak{V}_{m,n}\mathfrak{V}_{\mu,\nu}=0,$$

lorsque les indices m et μ, n et ν ne sont pas égaux à la fois. Dans le cas contraire, on obtient

$$\int\int dx\,dy\,\mathfrak{V}_{m,n}\mathfrak{V}_{m,n}=\pi\left(1-\frac{1}{2m+2n+3}\right)\frac{n+1.n+2\ldots n+m}{1.2\ldots m}.$$

Ce dernier point résulte de la considération d'une intégrale double analogue à celles qui ont été précédemment désignées par A et B, savoir :

$$\begin{aligned}C=\int\int dx\,dy&(1-2a'x-2b'y+a'^2+b'^2)^{-\frac{3}{2}}(1-x^2-y^2)^{\frac{1}{2}}\\&\times[1-2ax-2by+a^2(1-y^2)+2abxy+b^2(1-x^2)]^{-1}.\end{aligned}$$

Nous allons en donner la détermination.

VIII.

Soit, pour abréger,

$$r^2=a^2+b^2,$$
$$r'^2=a'^2+b'^2.$$

En posant

$$x=\frac{a'\xi+b'\eta}{r'},\qquad y=\frac{b'\xi-a'\eta}{r'},$$

et introduisant les quantités suivantes

$$\frac{aa'+bb'}{rr'}=\cos\theta,\qquad \frac{ab'-ba'}{rr'}=\sin\theta,$$

nous obtiendrons une transformée en ξ et η, que nous écrirons ainsi

$$\begin{aligned}C=\int\int d\xi\,d\eta&(1-2r'\xi+r'^2)^{-\frac{3}{2}}(1-\xi^2-\eta^2)^{\frac{1}{2}}\\&\times[(1-r\cos\theta\xi-r\sin\theta\eta)^2-r^2(\xi^2+\eta^2-1)]^{-1}.\end{aligned}$$

Ce résultat conduit à intégrer en premier lieu par rapport à η, c'est-à-dire à l'expression

$$\int d\eta(1-\xi^2-\eta^2)^{\frac{1}{2}}[(1-r\cos\theta\xi-r\sin\theta\eta)^2-r^2(\xi^2+\eta^2-1)]^{-1},$$

qu'on peut décomposer de cette manière

$$-\frac{1}{2ir}\int d\eta\left(1-r\cos\theta\xi-r\sin\theta\eta-r\sqrt{\xi^2+\eta^2-1}\right)^{-1}$$
$$+\frac{1}{2ir}\int d\eta\left(1-r\cos\theta\xi-r\sin\theta\eta+r\sqrt{\xi^2+\eta^2-1}\right)^{-1}.$$

En faisant

$$\eta=\sqrt{1-\xi^2}\cos\varphi,$$

on devra, d'après les limites de η, faire croître l'angle φ de zéro à π, et, si l'on pose

$$L=1-r\cos\theta\xi,$$
$$M=r\sin\theta\sqrt{1-\xi^2},$$
$$N=r\sqrt{1-\xi^2},$$

ces intégrales deviendront

$$-\frac{\sqrt{1-\xi^2}}{2ir}\int_0^\pi\frac{\sin\varphi\,d\varphi}{L-M\cos\varphi-iN\sin\varphi}+\frac{\sqrt{1-\xi^2}}{2ir}\int_0^\pi\frac{\sin\varphi\,d\varphi}{L-M\cos\varphi+iN\sin\varphi},$$

ce qui peut être évidemment réduit à l'intégrale unique

$$-\frac{\sqrt{1-\xi^2}}{2ir}\int_{-\pi}^{+\pi}\frac{\sin\varphi\,d\varphi}{L-M\cos\varphi-iN\sin\varphi}.$$

Introduisant en dernier lieu la variable $e^{i\varphi}=z$, nous serons conduit à intégrer, le long d'un cercle ayant son centre à l'origine et son rayon égal à l'unité, la fraction rationnelle

$$\frac{1-z^2}{z[2Lz-M(z^2+1)-N(z^2-1)]},$$

dont il n'y a plus dès lors qu'à déterminer les résidus.

A cet effet, nous supposerons r et r' moindres que l'unité, restriction permise, puisque l'intégrale doit être développée suivant les puissances ascendantes des quantités a, b, a', b'. Sous cette condition, l'équation

$$2Lz-M(z^2+1)-N(z^2-1)=0$$

admet une racine inférieure à l'unité, car le premier membre prend pour $z = 1$ la valeur positive

$$2L - 2M = 2(1 - r\cos\theta\xi - r\sin\theta\sqrt{1-\xi^2}),$$

et pour $z = -1$ la valeur négative

$$-2L - 2M = -2(1 - r\cos\theta\xi + r\sin\theta\sqrt{1-\xi^2}).$$

Or, le résidu de la fraction proposée, relatif à cette racine, a pour expression

$$-\frac{1}{r\cos^2\theta\sqrt{1-\xi^2}}\left(\sin\theta + \frac{1 - r\cos\theta\xi}{\sqrt{1 - 2r\cos\theta\xi + r^2\cos^2\theta}}\right);$$

en l'ajoutant au résidu relatif à la racine $z = 0$, savoir :

$$\frac{1}{r(1-\sin\theta)\sqrt{1-\xi^2}},$$

on trouve l'intégrale de la fraction rationnelle

$$\int \frac{(1-z^2)\,dz}{z[2Lz - M(z^2+1) - N(z^2-1)]}$$
$$= \frac{2i\pi}{r\cos^2\theta\sqrt{1-\xi^2}}\left(1 - \frac{1 - r\cos\theta\xi}{\sqrt{1 - 2r\cos\theta\xi + r^2\cos^2\theta}}\right),$$

et par conséquent

$$\frac{\sqrt{1-\xi^2}}{2ir}\int_{-\pi}^{+\pi} \frac{\sin\varphi\,d\varphi}{L - M\cos\varphi - iN\sin\varphi}$$
$$= \frac{\pi}{r^2\cos^2\theta}\left(1 - \frac{1 - r\cos\theta\xi}{\sqrt{1 - 2r\cos\theta\xi + r^2\cos^2\theta}}\right),$$

ce qui réduit l'intégrale double proposée à

$$C = \frac{-\pi}{r^2\cos^2\theta}\int_{-1}^{+1} \frac{d\xi}{(1 - 2r'\xi + r'^2)^{\frac{3}{2}}}\left(1 - \frac{1 - r\cos\theta\xi}{\sqrt{1 - 2r\cos\theta\xi + r^2\cos^2\theta}}\right).$$

Maintenant le calcul s'achève par les procédés élémentaires, et l'on obtient

$$C = \frac{-\pi}{rr'\cos\theta}\left(\frac{1}{1 - rr'\cos\theta} - \frac{1}{2\sqrt{rr'\cos\theta}}\log\frac{1+\sqrt{rr'\cos\theta}}{1-\sqrt{rr'\cos\theta}}\right),$$

de sorte qu'il vient en définitive, en remplaçant $rr'\cos\theta$ par sa valeur,

$$C = \frac{-\pi}{aa'+bb'}\left(\frac{1}{1-aa'-bb'} - \frac{1}{2\sqrt{aa'+bb'}}\log\frac{1+\sqrt{aa'+bb'}}{1-\sqrt{aa'+bb'}}\right),$$

et l'on en conclut immédiatement la proposition énoncée sur l'intégrale

$$\int\int dx\,dy\,\mho_{m,n}\,\mho_{\mu,\nu},$$

prise entre les limites déterminées par la condition $x^2+y^2 \leqq 1$.

IX.

Nous allons considérer maintenant le développement suivant les puissances ascendantes de a et b de la fonction

$$(1-x^2-y^2)^{\frac{1}{2}}[1-2ax-2by+a^2(1-y^2) + 2abxy+b^2(1-x^2)]^{-1} = \sum a^m b^n \mho_{m,n},$$

afin d'établir l'expression déjà donnée du polynome $\mho_{m,n}$.

Soit à cet effet

$$P = ax+by+(a^2+b^2)^{\frac{1}{2}}(x^2+y^2-1)^{\frac{1}{2}},$$
$$Q = ax+by-(a^2+b^2)^{\frac{1}{2}}(x^2+y^2-1)^{\frac{1}{2}};$$

on voit aisément que l'on pourra écrire

$$(1-x^2-y^2)^{\frac{1}{2}}[1-2ax-2by+a^2(1-y^2)+2abxy+b^2(1-x^2)]^{-1}$$
$$= \frac{1}{2i\sqrt{a^2+b^2}}[(1-P)^{-1}-(1-Q)^{-1}],$$

de sorte que l'ensemble homogène des termes de degré k dans ce développement sera

$$\frac{P^{k+1}-Q^{k+1}}{2i\sqrt{a^2+b^2}},$$

et voici comment on parvient à leur expression.

Revenons à la formule

$$\frac{\Phi(x+az,\,y+bz)}{\mathfrak{F}'(z)}=\sum\frac{a^m b^n}{1.2\ldots m.1.2\ldots n}\,\frac{d^{m+n}\mathrm{F}^{m+n}\Phi}{dx^m\,dy^n},$$

où z est une racine de l'équation

$$\mathfrak{F}(z)=z-\mathrm{F}(x+az,\,y+bz)=0,$$

en y changeant, comme plus haut, a et b en $\frac{a}{2}$, $\frac{b}{2}$. Si l'on prend

$$\mathrm{F}(x,y)=x^2+y^2-1,$$
$$\Phi(x,y)=(x^2+y^2-1)^{\frac{1}{2}},$$

on retrouvera d'abord la même équation en z, savoir :

$$\frac{1}{4}\mathrm{G}z^2-\mathrm{H}z+\mathrm{K}=0,$$

en faisant, pour abréger,

$$\begin{aligned}\mathrm{G}&=a^2+b^2,\\ \mathrm{H}&=1-ax-by,\\ \mathrm{K}&=x^2+y^2-1.\end{aligned}$$

Nous en tirerons

$$z=2\,\frac{\mathrm{H}-\sqrt{\mathrm{H}^2-\mathrm{GK}}}{\mathrm{G}},$$

de sorte qu'ayant évidemment

$$\Phi\left(x+\frac{az}{2},\,y+\frac{bz}{2}\right)=\sqrt{z},$$

on en conclura par un calcul facile

$$\frac{\Phi\left(x+\frac{az}{2},\,y+\frac{bz}{2}\right)}{\mathfrak{F}'(z)}$$
$$=\frac{\sqrt{z}}{\sqrt{\mathrm{H}^2-\mathrm{GK}}}=\frac{1}{\sqrt{\mathrm{G}}}\left[(\mathrm{H}-\sqrt{\mathrm{GK}})^{-\frac{1}{2}}-(\mathrm{H}+\sqrt{\mathrm{GK}})^{-\frac{1}{2}}\right].$$

Mais, d'après les valeurs de G, H, K, cette expression est précisément

$$\frac{(1-P)^{-\frac{1}{2}}-(1-Q)^{-\frac{1}{2}}}{\sqrt{a^2+b^2}},$$

et l'ensemble homogène des termes de degré k en a et b sera donné par le développement des puissances fractionnaires sous cette forme

$$\frac{1.3.5\ldots 2k+1}{2.4.6\ldots 2k+2}\,\frac{P^{k+1}-Q^{k+1}}{\sqrt{a^2+b^2}},$$

de sorte qu'en posant $k=m+n$, on a

$$\frac{1.3.5\ldots 2k+1}{2.4.6\ldots 2k+2}\,\frac{P^{k+1}-Q^{k+1}}{\sqrt{a^2+b^2}}$$
$$=\sum\frac{a^m b^n}{1.2\ldots m.1.2\ldots n.2^{m+n}}\,\frac{d^{m+n}(x^2+y^2-1)^{m+n+\frac{1}{2}}}{dx^m\,dy^n},$$

et, par conséquent, ce résultat auquel nous voulions parvenir,

$$\frac{P^{k+1}-Q^{k+1}}{2i\sqrt{a^2+b^2}}=\sum\frac{n+1.n+2\ldots n+m}{1.2\ldots n}$$
$$\times\frac{(m+n+1)(-1)^{m+n}a^m b^n}{1.3.5\ldots 2(m+n)+1}\,\frac{d^{m+n}(1-x^2-y^2)^{m+n+\frac{1}{2}}}{dx^m\,dy^n}.$$

On en tire, pour le coefficient de $a^m b^n$ dans le développement de la fonction proposée, l'expression du polynome $\mho_{m,n}$ qu'il s'agissait de démontrer, savoir :

$$\mho_{m,n}=\frac{n+1.n+2\ldots n+m}{1.2\ldots n}$$
$$\times\frac{(m+n+1)(-1)^{m+n}}{1.3.5\ldots 2(m+n)+1}\,\frac{d^{m+n}(1-x^2-y^2)^{m+n+\frac{1}{2}}}{dx^m\,dy^n}.$$

En partant maintenant de cette expression et considérant le développement d'une fonction quelconque sous la forme

$$F(x,y)=\sum A_{m,n}\mho_{m,n},$$

on obtiendra évidemment à l'égard de l'intégrale

$$\int\int dx\,dy\,F(x,y)\,\mho_{m,n},$$

prise entre les limites

$$x^2+y^2 \leqq 1,$$

ainsi que sur les propriétés de la courbe $\mho_{m,n}=0$, les mêmes conséquences que précédemment; je ne m'y arrêterai pas, pour abréger, et je terminerai par une dernière remarque sur les polynomes $U_{m,n}$ et $V_{m,n}$.

X.

Les dérivées des divers ordres de l'exponentielle $e^{-\varphi(x,y,z,\ldots)}$, dans laquelle $\varphi(x, y, z, \ldots)$ désigne une forme quadratique, conduisent, comme on l'a vu, à un mode de développement d'une fonction quelconque, où les variables peuvent recevoir toutes les valeurs de $-\infty$ à $+\infty$. Or, un pareil mode de développement peut être obtenu comme conséquence de ces formules

$$F(x, y)=\sum A_{m,n} V_{m,n}=\sum B_{m,n} U_{m,n},$$

et de celles où l'on emploie $\vartheta_{m,n}$ et $\mho_{m,n}$, et en supposant x et y limités par la condition

$$x^2+y^2 \leqq 1.$$

Considérons en effet la substitution

$$x=\frac{\xi}{\sqrt{1+\xi^2+\eta^2}}, \qquad y=\frac{\eta}{\sqrt{1+\xi^2+\eta^2}};$$

on en déduit

$$1-x^2-y^2=\frac{1}{1+\xi^2+\eta^2},$$

d'où résulte que les nouvelles variables pourront s'étendre de $-\infty$ à $+\infty$, et l'on est amené par là à rechercher ce que deviennent en fonction de ξ et η les polynomes $U_{m,n}$ et $V_{m,n}$. Si l'on fait

$$U_{m,n}=R_{m,n}(1+\xi^2+\eta^2)^{-\frac{m+n}{2}},$$

$$V_{m,n}=S_{m,n}(1+\xi^2+\eta^2)^{-\frac{m+n}{2}},$$

on voit tout d'abord que les quantités $R_{m,n}$, $S_{m,n}$ sont rationnelles, entières et du degré $m+n$ en ξ et η; ainsi on aura

$$R_{0,0}=1, \qquad R_{3,0}=\frac{1}{2}(2\xi^3-3\xi),$$
$$R_{1,0}=\xi, \qquad R_{2,1}=\frac{3}{2}(2\xi^2\eta-\eta),$$
$$R_{0,1}=\eta, \qquad R_{1,2}=\frac{3}{2}(2\eta^2\xi-\xi),$$
$$R_{2,0}=\frac{1}{2}(2\xi^2-1), \qquad R_{0,3}=\frac{1}{2}(2\eta^3-3\eta),$$
$$R_{1,1}=2\xi\eta, \qquad R_{4,0}=\frac{1}{8}(8\xi^4-24\xi^2+3),$$
$$R_{0,2}=\frac{1}{2}(2\eta^2-1), \qquad \ldots\ldots,$$

$$S_{0,0}=1, \qquad S_{3,0}=4(\xi^3-\eta^2\xi-\xi),$$
$$S_{1,0}=2\xi, \qquad S_{2,1}=4(5\xi^2\eta-\eta^3-\eta),$$
$$S_{0,1}=2\eta, \qquad S_{1,2}=4(5\eta^2\xi-\xi^3-\xi),$$
$$S_{2,0}=3\xi^2-\eta^2-1, \qquad S_{0,3}=4(\eta^3-\xi\eta^2-\eta),$$
$$S_{1,1}=8\xi\eta, \qquad S_{4,0}=5\xi^4-10\xi^2\eta^2+\eta^4-10\xi^2+2\eta^2+1,$$
$$S_{0,2}=3\eta^2-\xi^2-1, \qquad \ldots\ldots$$

Mais, pour en reconnaître la nature, revenons aux équations de définition

$$[1-2ax-2by+a^2(1-y^2)+2abxy+b^2(1-x^2)]^{-\frac{1}{2}}=\sum a^m b^n U_{m,n},$$

$$(1-2ax-2by+a^2+b^2)^{-1}=\sum a^m b^n V_{m,n}.$$

En posant dans la première

$$x=\frac{\xi}{\sqrt{1+\xi^2+\eta^2}}, \qquad y=\frac{\eta}{\sqrt{1+\xi^2+\eta^2}},$$
$$a=\alpha\sqrt{1+\xi^2+\eta^2}, \qquad b=\beta\sqrt{1+\xi^2+\eta^2},$$

elle prendra cette forme

$$[1-2\alpha\xi-2\beta\eta+\alpha^2(\xi^2+1)+2\alpha\beta\xi\eta+\beta^2(\eta^2+1)]^{-\frac{1}{2}}=\sum \alpha^m\beta^n R_{m,n};$$

par conséquent, $R_{m,n}$, comme on le reconnaît aisément, ne contient que le seul terme $\xi^m\eta^n$ du degré $m+n$; c'est la propriété caractéristique de $V_{m,n}$ qui a été transportée ainsi par le changement de variables au polynome $U_{m,n}$.

Faisons dans la seconde équation

$$x = \frac{\xi}{\sqrt{1+\xi^2+\eta^2}}, \qquad y = \frac{\eta}{\sqrt{1+\xi^2+\eta^2}},$$
$$a = \frac{\alpha}{\sqrt{1+\xi^2+\eta^2}}, \qquad b = \frac{\beta}{\sqrt{1+\xi^2+\eta^2}};$$

elle deviendra

$$(1+\xi^2+\eta^2)[1+(\xi-\alpha)^2+(\eta-\beta)^2]^{-1} = \sum \alpha^m \beta^n S_{m,n}(1+\xi^2+\eta^2)^{-(m+n)},$$

et l'on en conclut cette expression qui nous rapproche de la forme analytique de $U_{m,n}$, savoir :

$$S_{m,n} = (-1)^{m+n} \frac{(1+\zeta^2+\eta^2)^{m+n+1}}{1.2\ldots m.1.2\ldots n} \frac{d^{m+n}(1+\xi^2+\eta^2)^{-1}}{d\xi^m\, d\eta^n}.$$

En posant

$$\varphi_{m,n} = \mathcal{S}_{m,n}(1+\xi^2+\eta^2)^{-\frac{m+n}{2}},$$

on obtiendra semblablement

$$\mathcal{S}_{m,n} = (-1)^{m+n} \frac{(1+\xi^2+\eta^2)^{m+n+\frac{3}{2}}}{1.2\ldots m.1.2\ldots n} \frac{d^{m+n}(1+\xi^2+\eta^2)^{-\frac{3}{2}}}{d\xi^m\, d\eta^n}.$$

A l'aide de cette forme, en raisonnant comme je l'ai fait précédemment, on établit que les équations

$$S_{m,n} = 0, \qquad \mathcal{S}_{m,n} = 0$$

admettent toujours m racines réelles considérées par rapport à ξ et n racines réelles par rapport à η. Sous la condition $\xi > \cot \frac{\pi}{n+1}$, l'équation $S_{m,n} = 0$ a même toutes ses racines réelles par rapport à η (¹). Mais je ne m'arrêterai pas à l'étude des polynomes $R_{m,n}$, $S_{m,n}$, ayant voulu seulement indiquer encore un exemple du genre d'expression donné par Jacobi aux fonctions de Legendre. C'est en 1826, dans le second volume du *Journal de Crelle,* que ce grand géomètre a établi la relation

$$X_n = \frac{1}{1.2\ldots n.2^n} \frac{d^n(x^2-1)^n}{dx^n}.$$

(¹) Cette affirmation ne paraît pas exacte, comme le montre le cas particulier de $m = 2$, $n = 1$. E. P.

Mais bien avant, et dès 1815, un homme du mérite le plus distingué et dont la mémoire est restée chère à ses nombreux amis, M. Olinde Rodrigues, y était parvenu dans une thèse, *Sur l'attraction des sphéroïdes,* présentée à la Faculté des Sciences de Paris. Cette thèse contient encore la relation remarquable

$$\frac{1}{1.2\ldots m-p}\,\frac{d^{m-p}(x^2-1)^m}{dx^{m-p}} = \frac{(x^2-1)^p}{1.2\ldots m+p}\,\frac{d^{m+p}(x^2-1)^m}{dx^{m+p}},$$

donnée également par Jacobi dans le même Mémoire, et qui joue un rôle important dans la théorie des fonctions Y_n. A l'égard des polynomes $U_{m,n}$ la propriété analogue n'a pas une forme aussi simple. On l'obtiendrait en partant de l'équation suivante, facile à démontrer,

$$\begin{aligned}&\frac{1}{1.2\ldots n-p.1.2\ldots m-q}\,\frac{d^{m+n-p-q}(xy-1)^{m+n}}{dx^{n-p}\,dy^{m-q}}\\ &=\frac{(xy-1)^{p+q}}{1.2\ldots m+p.1.2\ldots n+q}\,\frac{d^{m+n+p+q}(xy-1)^{m+n}}{dx^{m+q}\,dy^{n+q}},\end{aligned}$$

et remplaçant les quantités x et y par $x+y\sqrt{-1}$, $x-y\sqrt{-1}$; mais ce changement de variables donnerait un résultat un peu compliqué, et je ne m'y arrêterai pas.

SUR

L'ÉQUATION DU CINQUIÈME DEGRÉ.

Comptes rendus de l'Académie des Sciences, t. LXI, 1865 (II), p. 877, 965 et 1073; t. LXII, 1866 (I), p. 65, 157, 245, 715, 919, 959, 1054, 1161 et 1213.

La théorie des fonctions elliptiques conduit à deux méthodes pour la résolution de l'équation du cinquième degré. La première a pour fondement la possibilité de ramener l'équation proposée à la réduite

$$x^5 - x - \frac{2}{\sqrt[4]{5^5}} \frac{1+k^2}{k'\sqrt{k}} = 0$$

de l'équation modulaire relative à la transformation du cinquième ordre. Dans la seconde, qui est due à M. Kronecker ([1]), on prend pour point de départ certaines fonctions cycliques des racines dont les carrés ont seulement six valeurs, et que l'on représente par les quantités

$$\frac{\cos \operatorname{am} 2\omega}{\cos \operatorname{am} 4\omega} - \frac{\cos \operatorname{am} 4\omega}{\cos \operatorname{am} 2\omega},$$

ω étant successivement $\frac{K}{5}$, $\frac{iK'}{5}$, $\frac{K \pm iK'}{5}$, $\frac{2K \pm iK'}{5}$. De ces fonctions on déduit ensuite rationnellement les racines elles-mêmes, qui s'obtiennent ainsi sous forme explicite à l'aide des mêmes quantités. Ces deux méthodes ont été pour moi le sujet d'une longue

([1]) *Comptes rendus de l'Académie des Sciences,* t. XLVI, année 1858, et *Journal de Crelle,* t. 59, année 1861.

étude, dont j'ai en ce moment l'honneur d'offrir à l'Académie les résultats. Je m'occuperai d'abord de la réduction à la forme trinome $x^5 - x - a = 0$ de l'équation générale du cinquième degré, et, à cette occasion, de la recherche des conditions de réalité des racines sur laquelle M. Sylvester a publié récemment un de ses plus beaux Mémoires ([1]). J'essayerai ensuite d'approfondir la méthode de M. Kronecker et de la rapprocher de la précédente, en prenant pour base le travail remarquable et plein d'invention dans lequel M. Brioschi en a exposé les principes ([2]). Cette méthode permet, en effet, de ramener l'équation générale du cinquième degré à celle-ci

$$x^5 - 10x^3 + 45x - 4\frac{(1-2k^2)(1+32k^2k'^2)}{kk'} = 0,$$

qui est la réduite de l'équation

$$z^6 + \frac{5.2^5}{k^2k'^2}z^3 - 2^8\frac{1-16k^2k'^2}{k^4k'^4}z + \frac{5.2^8}{k^4k'^4} = 0,$$

dont les racines sont les quantités $\frac{1}{2}\left(\frac{\cos \operatorname{am} 2\omega}{\cos \operatorname{am} 4\omega} - \frac{\cos \operatorname{am} 4\omega}{\cos \operatorname{am} 2\omega}\right)^2$.

Mon but principal sera d'effectuer complètement le calcul de la substitution qui donne ce résultat si important, et, comme les éléments algébriques invariants et covariants des formes du cinquième degré servent de base à ce calcul, ainsi qu'à la réduction à la forme trinome, je rappellerai d'abord à cet égard les notions dont j'aurai à faire usage.

I.

Soit

$$\begin{aligned} f(x, y) = {} & \alpha x^5 + 5\beta x^4 y + 10\gamma x^3 y^2 \\ & + 10\gamma' x^2 y^3 + 5\beta' x y^4 + \alpha' y^5 = (\alpha, \beta, \gamma, \gamma', \beta', \alpha')(x, y)^5 \end{aligned}$$

([1]) *On the real and imaginary roots of algebraical equations: a trilogy* (*Philosophical Transactions*, Part III, 1864).

([2]) *Sul methodo di Kronecker per la risoluzione della equazione di quinto grado* (*Atti dell' Instituto Lombardo*, t. I, 1858, p. 275).

la forme proposée et

$$x = mX + m'Y,$$
$$y = nX + n'Y$$

une substitution S au déterminant *un*, propre à réduire le covariant quadratique

$$(\alpha\beta' - 4\beta\gamma' + 3\gamma^2)x^2 + (\alpha\alpha' - 3\beta\beta' + 2\gamma\gamma')xy + (\alpha'\beta - 4\beta'\gamma + 3\gamma'^2)y^2$$

au monome $\sqrt{A}.XY$, où je pose, pour abréger,

$$A = (\alpha\alpha' - 3\beta\beta' + 2\gamma\gamma')^2 - 4(\alpha\beta' - 4\beta\gamma' + 3\gamma^2)(\alpha'\beta - 4\beta'\gamma + 3\gamma'^2).$$

Cette substitution n'est pas ainsi entièrement déterminée ; mais on sait qu'on en aura l'expression générale en la faisant suivre de toutes celles qui reproduisent $\sqrt{A}.XY$. Celles-ci comprennent d'abord la substitution propre

$$X = \omega X',$$
$$Y = \frac{1}{\omega} Y',$$

et la substitution impropre

$$X = \omega Y',$$
$$Y = \frac{1}{\omega} X' ;$$

mais cette dernière doit être rejetée, si l'on veut conserver le déterminant de la substitution S égal à $+1$. Cela posé, soit pour un instant

$$f(mX + m'Y, nX + n'Y) = F(X, Y) = (a, b, c, c', b', a')(X, Y)^5,$$

de sorte que l'on ait

$$F\left(\omega X, \frac{1}{\omega} Y\right) = (a\omega^5, b\omega^3, c\omega, c'\omega^{-1}, b'\omega^{-3}, a'\omega^{-5})(X, Y)^5.$$

J'achèverai de définir entièrement la substitution en déterminant ω par la condition $c\omega = c'\omega^{-1}$; cela fait, je prendrai $F\left(\omega X, \frac{1}{\omega} Y\right)$ pour transformée *canonique* de la forme générale du cinquième degré, et en posant, pour abréger,

$$a\omega^5 = \lambda, \quad b\omega^3 = \mu, \quad c\omega = \sqrt{k}, \quad c'\omega^{-1} = \sqrt{k}, \quad b'\omega^{-3} = \mu', \quad a'\omega^{-5} = \lambda',$$

je la désignerai par $\mathcal{F}(X, Y)$, de sorte que l'on aura

$$\mathcal{F}(X, Y) = (\lambda, \mu, \sqrt{k}, \sqrt{k}, \mu', \lambda')(X, Y)^5.$$

Il est aisé de voir qu'on obtiendra la même forme canonique pour toutes les transformées déduites de la proposée $f(x, y)$ par une substitution quelconque Σ au déterminant *un*; car il suffira d'effectuer dans cette forme la substitution inverse Σ^{-1} qui ramènera à la proposée, et puis de la faire suivre de S, pour retrouver $\mathcal{F}(X, Y)$, le déterminant de la substitution composée $\Sigma^{-1}S$ étant d'ailleurs égal à l'unité. Il suit de là que les coefficients de la forme canonique sont des invariants de la forme proposée, et il importe d'étudier avec soin ces coefficients.

II.

Je dis, en premier lieu, qu'ils peuvent s'exprimer en fonction des trois quantités $\lambda\lambda' = g$, $\mu\mu' = h$ et k. Effectivement le covariant quadratique de $\mathcal{F}(X, Y)$ étant devenu $\sqrt{A}.XY$, on a les deux relations

$$\lambda\mu' - 4\mu\sqrt{k} + 3k = 0,$$
$$\lambda'\mu - 4\mu'\sqrt{k} + 3k = 0,$$

d'où l'on tire ces deux équations du second degré

$$36\sqrt{k^5}\lambda^2 - [h(g-16k)^2 - 9k^2(g+16k)]\lambda + 36g\sqrt{k^5} = 0,$$
$$12\sqrt{k^3}\mu^2 - (9k^2 + 16hk - gh)\mu + 12h\sqrt{k^3} = 0.$$

En les résolvant et posant, pour abréger,

$$\Delta = (9k^2 + 16hk - gh)^2 - 24^2hk^3,$$

on aura un premier système de solutions, savoir

$$72\sqrt{k^5}\lambda = h(g-16k)^2 - 9k^2(g+16k) + (g-16k)\sqrt{\Delta},$$
$$24\sqrt{k^3}\mu = 9k^2 + 16hk - gh - \sqrt{\Delta},$$

et le second s'en déduira en changeant à la fois le signe de $\sqrt{\Delta}$ dans ces deux formules. Mais, d'après le produit des racines des équations en λ et μ, ce second système pourra aussi se représenter par $\frac{g}{\lambda}$, $\frac{h}{\mu}$, c'est-à-dire par λ' et μ', de sorte que l'on aura

$$72\sqrt{k^5}\lambda' = h(g-16k)^2 - 9k^2(g+16k) - (g-16k)\sqrt{\Delta},$$
$$24\sqrt{k^3}\mu' = 9k^2 + 16hk - gh + \sqrt{\Delta}.$$

Voici donc, comme on l'a annoncé, les coefficients de la forme canonique

$$\mathcal{F}(X, Y) = (\lambda, \mu, \sqrt{k}, \sqrt{k}, \mu', \lambda')(X, Y)^5$$

exprimés en g, h, k, et l'on va voir que ces quantités s'expriment elles-mêmes par les invariants de la forme proposée.

III.

Je rappellerai d'abord cette proposition : que, $\varphi(x,y)$ et $\varphi_1(x,y)$ désignant deux covariants d'une forme f, si l'on pose

$$\varphi(x, y) = a_0 x^\nu + a_1 x^{\nu-1} y + \ldots + a_{\nu-1} x y^{\nu-1} + a_\nu y^\nu,$$

d'où

$$\varphi(-y, x) = a_\nu x^\nu - a_{\nu-1} x^{\nu-1} y + \ldots + (-1)^{\nu-1} a_1 x y^{\nu-1} + (-1)^\nu a_0 y^\nu,$$

l'expression

$$\psi(x, y) = a_\nu \frac{d^\nu \varphi_1}{dx^\nu} - a_{\nu-1} \frac{d^\nu \varphi_1}{dx^{\nu-1}\,dy} + \ldots$$
$$+ (-1)^{\nu-1} a_1 \frac{d^\nu \varphi_1}{dx\,dy^{\nu-1}} + (-1)^\nu a_0 \frac{d^\nu \varphi_1}{dy^\nu}$$

sera encore un covariant de f, et je dirai suivant l'usage qu'il a été obtenu en *opérant* avec $\varphi(x, y)$ sur $\varphi_1(x, y)$. Cela résulte de ce qu'en faisant

$$\varphi(mX + m'Y, nX + n'Y)$$
$$= A_0 X^\nu + A_1 X^{\nu-1} Y + \ldots + A_{\nu-1} X Y^{\nu-1} + A_\nu Y^\nu = \Phi(X, Y)$$

et

$$\varphi_1(mX + m'Y, nX + n'Y) = \Phi_1(X, Y),$$

l'expression semblable obtenue en opérant avec $\Phi(X, Y)$ sur

$\Phi_1(X, Y)$, savoir :

$$A_\nu \frac{d^\nu \Phi_1}{dX^\nu} - A_{\nu-1} \frac{d^\nu \Phi_1}{dX^{\nu-1}\,dY} + \ldots + (-1)^{\nu-1} A_1 \frac{d^\nu \Phi_1}{dX\,dY^{\nu-1}} + (-1)^\nu A_0 \frac{d^\nu \Phi_1}{dY^\nu},$$

sera

$$\psi(mX + m'Y,\ nX + n'Y)(mn' - m'n)^{\nu_1},$$

où l'exposant ν_1 du déterminant de la substitution est le degré de $\varphi_1(x, y)$. Je ferai usage de cette proposition en prenant pour $\Phi_1(X, Y)$ et $\Phi(X, Y)$ la transformée canonique de la forme du cinquième degré et son covariant quadratique, de sorte que l'on ait

$$\Phi(X, Y) = \sqrt{A}\,XY, \qquad \Phi_1(X, Y) = \mathfrak{F}(X, Y).$$

On obtiendra ainsi, sous sa forme canonique, un premier covariant du troisième degré (¹)

$$\sqrt{A}\,\frac{d^2\mathfrak{F}}{dX\,dY} = 20\sqrt{A}(\mu, \sqrt{k}, \sqrt{k}, \mu')(X, Y)^3,$$

et, en opérant avec le carré de $\Phi(X, Y)$, ce covariant linéaire

$$A\,\frac{d^4\mathfrak{F}}{dX^2\,dY^2} = 120\,A(\sqrt{k}X + \sqrt{k}Y).$$

Enfin on sait que le déterminant

$$\psi(x, y) = \frac{d\varphi}{dx}\frac{d\varphi_1}{dy} - \frac{d\varphi_1}{dx}\frac{d\varphi}{dy}$$

est aussi un covariant, car on a

$$(mn' - m'n)\,\psi(mX + m'Y,\ nX + n'Y) = \frac{d\Phi}{dX}\frac{d\Phi_1}{dY} - \frac{d\Phi_1}{dX}\frac{d\Phi}{dY}.$$

Faisant donc

$$\Phi(X, Y) = \sqrt{A}\,XY,$$

et prenant successivement pour Φ_1 les deux covariants auxquels on vient de parvenir, savoir :

(I) $$\sqrt{A}(\mu, \sqrt{k}, \sqrt{k}, \mu')(X, Y)^3,$$

(II) $$A(\sqrt{k}X + \sqrt{k}Y),$$

(¹) Il faudrait mettre le signe — devant le second membre. E. P.

on obtiendra les suivants ([1])

$$\text{(III)} \qquad A(3\mu, \sqrt{k}, -\sqrt{k}, -3\mu')(X, Y)^3,$$

$$\text{(IV)} \qquad A\sqrt{A}(\sqrt{k}X - \sqrt{k}Y),$$

qui sont encore du troisième et du premier degré en X et Y. Maintenant on voit qu'en opérant avec (I) sur (III), on est conduit à un invariant du huitième degré ([2]), $\sqrt{A^3}(\mu\mu' - k)$: je le désignerai par B. En opérant avec (II) sur (IV), on trouve un invariant du douzième degré ([3]), $\sqrt{A^5}\,k$, que je représenterai par C. On a d'ailleurs

$$\lambda\lambda' - 3\mu\mu' + 2k = \sqrt{A};$$

de sorte qu'ayant posé

$$\lambda\lambda' = g, \qquad \mu\mu' = h,$$

on peut déterminer g, h et k au moyen de l'invariant du quatrième degré A, et de ceux du huitième et du douzième degré, que l'on vient de définir, par ces relations

$$g - 3h + 2k = \sqrt{A}, \qquad h - k = \frac{B}{\sqrt{A^3}}, \qquad k = \frac{C}{\sqrt{A^5}};$$

d'où l'on tire

$$g = \frac{A^3 + 3AB + C}{\sqrt{A^5}}, \qquad h = \frac{AB + C}{\sqrt{A^5}}.$$

Enfin j'observerai qu'en opérant sur (I) avec le cube du covariant linéaire (II), on obtient un invariant du dix-huitième degré, ayant pour forme canonique $\sqrt{A^7}\sqrt{k^3}(\mu - \mu')$. Je le désignerai par K, en posant ([4])

$$K = 12\sqrt{A^7}\sqrt{k^3}(\mu - \mu'),$$

et, d'après les valeurs précédemment données de μ et μ' en fonc-

---

([1]) Les expressions (III) et (IV) devraient être précédées du signe —.
E. P.

([2]) Un coefficient numérique 36 serait à rétablir devant l'expression qui suit.
E. P.

([3]) Un coefficient numérique 2 serait à rétablir devant l'expression $\sqrt{A^5}k$.
E. P.

([4]) Le coefficient numérique 12 serait à remplacer par 6 devant l'expression de l'invariant K.
E. P.

tion de g, h, k, on voit que

$$K = -\sqrt{A^7}\sqrt{\Delta},$$

et, par conséquent,

$$K^2 = A^7\Delta = A^7[(9k^2 + 16hk - gh)^2 - 24^2 hk^3].$$

Or il vient, en remplaçant g, h, k par les valeurs ci-dessus,

$$K^2 = (A^2+3B)^2 AB^2 + 2(A^2+3B)(A^2-12B)BC + (A^2-72B)AC^2 - 48C^3;$$

de sorte que K^2 est une fonction entière des invariants A, B, C. Une dernière et importante proposition nous reste à établir pour terminer ce sujet, c'est que tout invariant, quel qu'il soit, peut être exprimé en fonction entière de A, B, C et K.

IV.

En désignant un invariant quelconque, fonction entière des coefficients de la forme du cinquième degré : $f = (\alpha, \beta, \gamma, \gamma', \beta', \alpha')(x, y)^5$, par

$$I = \Theta(\alpha, \beta, \gamma, \gamma', \beta', \alpha'),$$

je remarque d'abord que, la transformée canonique

$$\mathfrak{F} = (\lambda, \mu, \sqrt{k}, \sqrt{k}, \mu', \lambda')(X, Y)^5$$

ayant été déduite de f par une substitution au déterminant *un*, on a également

$$I = \Theta(\lambda, \mu, \sqrt{k}, \sqrt{k}, \mu', \lambda'),$$

et l'on en conclut, d'après les expressions des coefficients λ, μ, ..., données précédemment,

$$I = \frac{P + Q\sqrt{\Delta}}{k^n},$$

en désignant par P et Q des fonctions entières en g, h, k. Mais distinguons entre les invariants directs et les invariants gauches, et pour cela considérons la transformée déduite de la forme canonique par la substitution impropre

$$X = Y_1,$$
$$Y = X_1,$$

savoir :

$$\mathcal{F}_1 = (\lambda', \mu', \sqrt{k}, \sqrt{k}, \mu, \lambda)(X_1, Y_1)^5.$$

On remarque qu'elle ne diffère de $\mathcal{F}$ que par le signe de $\sqrt{\Delta}$, de sorte que l'expression du même invariant I relative à $\mathcal{F}_1$ sera

$$I = \frac{P - Q\sqrt{\Delta}}{k^n}.$$

Nous aurons donc, selon qu'il s'agira d'un invariant direct ou d'un invariant gauche,

$$\frac{P + Q\sqrt{\Delta}}{k^n} = \frac{P - Q\sqrt{\Delta}}{k^n},$$

ou bien

$$\frac{P + Q\sqrt{\Delta}}{k^n} = -\frac{P - Q\sqrt{\Delta}}{k^n}.$$

Ainsi, dans le premier cas, $Q = 0$ et, dans le second, $P = 0$. J'ajoute que le dénominateur k^n disparaît dans l'une et l'autre de ces expressions, qui prendront dès lors les formes plus simples P et $Q\sqrt{\Delta}$. On va voir, en effet, que, d'après la nature même de la fonction Θ, aucune de ces quantités ne peut devenir infinie pour $k = 0$; car, quel que soit ω, on peut poser

$$\Theta(\lambda, \mu, \sqrt{k}, \sqrt{k}, \mu', \lambda') = \Theta(\lambda\omega^5, \mu\omega^3, \sqrt{k}\,\omega, \sqrt{k}\,\omega^{-1}, \mu'\omega^{-3}, \lambda'\omega^{-5});$$

et, en prenant $\omega = \sqrt{k}$, nous allons reconnaître que dans ce cas le second membre est nécessairement fini. C'est ce qui résulte immédiatement des expressions

$$72\sqrt{k^5}\,\lambda = h(g - 16k)^2 - 9k^2(g + 16k) + (g - 16k)\sqrt{\Delta},$$
$$24\sqrt{k^3}\,\mu = 9k^2 + 16hk - gh - \sqrt{\Delta},$$

qui donnent, en supposant $k = 0$,

$$72\sqrt{k^5}\,\lambda = 2gh,$$
$$24\sqrt{k^3}\,\mu = -2gh.$$

Ces deux quantités étant limitées, on voit qu'il en est de même de

$$\lambda'\omega^{-5} = \frac{g}{\lambda\omega^5} \quad \text{et} \quad \mu'\omega^{-3} = \frac{h}{\mu\omega^3};$$

on serait d'ailleurs parvenu à la même conclusion, si l'on eût pris un autre signe pour le radical $\sqrt{\Delta}$ dans les expressions générales de λ et μ, car on aurait opéré de même en supposant $\omega = \frac{1}{\sqrt{k}}$, et considérant λ' et μ' au lieu de λ et μ.

Ce qui vient d'être établi fournit une première donnée sur l'expression d'un invariant quelconque des formes du cinquième degré, au moyen de ceux qui ont été définis précédemment et nommés A, B, C, K. Ayant en effet

$$g = \frac{A^3 + 3AB + C}{\sqrt{A^5}}, \qquad h = \frac{AB + C}{\sqrt{A^5}}, \qquad k = \frac{C}{\sqrt{A^5}}, \qquad \sqrt{\Delta} = -\frac{K}{\sqrt{A^7}},$$

on voit l'invariant du dix-huitième ordre figurer comme facteur dans l'expression générale $Q\sqrt{\Delta}$ des invariants gauches, tandis que A, B, C se présentent seuls dans les invariants directs. Mais, pour parvenir à notre conclusion, exprimons en A, B, C, K les coefficients de la forme canonique. En posant, pour abréger,

$$\begin{aligned} L &= C^3 + \frac{3}{2}ABC^2 + \frac{1}{72}A^2[(3B + A^2)^2(C + AB) \\ &\qquad - 30AC(C + AB) - 9AC^2 - 90B^2C], \\ M &= C^2 + \frac{1}{2}ABC - \frac{1}{24}A^2(3B^2 + AC + A^2B), \\ L' &= +\frac{1}{72}[A(A^2 + 3B) - 15C]K, \\ M' &= -\frac{K}{24}, \end{aligned}$$

on trouvera

$$\lambda\sqrt{C^5} = \frac{L}{\sqrt[4]{A^5}} - L'\sqrt[4]{A}, \qquad \lambda'\sqrt{C^5} = \frac{L}{\sqrt[4]{A^5}} + L'\sqrt[4]{A},$$

$$\mu\sqrt{C^3} = \frac{M}{\sqrt[4]{A^5}} - M'\sqrt[4]{A}, \qquad \mu'\sqrt{C^3} = \frac{M}{\sqrt[4]{A^5}} + M'\sqrt[4]{A};$$

on a d'ailleurs

$$\sqrt{k} = \frac{\sqrt{C}}{\sqrt[4]{A^5}}.$$

D'après cela, je fais la substitution

$$X = T\sqrt[4]{A} + \frac{U}{\sqrt[4]{A}}, \qquad Y = T\sqrt[4]{A} - \frac{U}{\sqrt[4]{A}},$$

dont le déterminant est numérique; elle donnera le résultat suivant

$$[\lambda+\lambda'+5(\mu+\mu')+20\sqrt{k}]\sqrt[4]{A^5}T^5+5[\lambda-\lambda'+3(\mu-\mu')]\sqrt[4]{A^3}T^4U$$
$$+10[\lambda+\lambda'+\mu+\mu'-4\sqrt{k}]\sqrt[4]{A}T^3U^2+10[\lambda-\lambda'-(\mu-\mu')]\sqrt[4]{A^{-1}}T^2U^3$$
$$+5[\lambda+\lambda'-3(\mu+\mu')+4\sqrt{k}]\sqrt[4]{A^{-3}}TU^4+[\lambda-\lambda'-5(\mu-\mu')]\sqrt[4]{A^{-5}}U^5,$$

ou bien, d'après les valeurs de λ, μ, λ', μ',

$$2\sqrt{C^{-5}}(L+5MC+10C^3)T^5-10\sqrt{C^{-5}}(L'+3M'C)AT^4U$$
$$+20\sqrt{C^{-5}}(L+MC-2C^3)A^{-1}T^3U^2-20\sqrt{C^{-5}}(L'-M'C)T^2U^3$$
$$+10\sqrt{C^{-5}}(L-3MC+2C^3)A^{-2}TU^4-2\sqrt{C^{-5}}(L'-5M'C)A^{-1}U^5.$$

Cette transformée pourra servir, absolument comme la forme canonique, à donner l'expression générale des invariants de la forme du cinquième degré, qui seront des fonctions entières de ses coefficients. Or, on observe que A, dans les termes en T^3U^2, TU^4, U^5, disparaît comme dénominateur; d'après les valeurs de L, M, L', M', on obtient effectivement

$$(L+MC-2C^3)A^{-1}$$
$$=2BC^2+\frac{1}{72}A[(3B+A^2)^2(C+AB)$$
$$-30AC(C+AB)-9AC^2-90B^2C]$$
$$-\frac{1}{24}AC(3B^2+AC+A^2B),$$

$$(L-3MC+2C^3)A^{-2}$$
$$=\frac{1}{72}[(3B+A^2)^2(C+AB)-30AC(C+AB)-9AC^2-90B^2C]$$
$$+\frac{1}{8}C(3B^2+AC+A^2B),$$
$$(L'-5M'C)A^{-1}=+\frac{K(A^2+3B)}{72}.$$

Tous ces coefficients sont ainsi des expressions entières en A, B, C, K, ayant pour diviseur $\sqrt{C^5}$, et par conséquent un invariant quelconque sera une fonction entière des mêmes quantités divisée par une puissance de C. Mais les considérations précédentes ayant déjà conduit aux expressions P et $Q\sqrt{\Delta}$, entières en g, h, k, on voit que ce dénominateur, représenté par une puissance de C, disparaîtra nécessairement comme facteur commun. C'est le résultat que je m'étais proposé d'établir et qui autorise à regarder A, B, C, K comme invariants fondamentaux, puisque tous les autres, quels qu'ils soient, en sont des fonctions rationnelles et entières. M'arrêtant à ce point dans la théorie algébrique des formes du cinquième degré, je reviens à mon objet principal en établissant la proposition suivante, qui sert de fondement à ma méthode, et qui montrera comment les invariants s'introduisent à titre d'éléments analytiques et jouent le principal rôle dans la résolution de l'équation du cinquième degré.

V.

Soient $f(x,y)$ une forme de degré quelconque n et $\varphi(x,y)$ un de ses covariants de degré $n-2$ en x et y; je dis que les coefficients de la transformée en z de l'équation $f(x,1)=0$, obtenue en posant

$$z=\frac{\varphi(x,1)}{f'_x(x,1)},$$

sont tous des invariants de $f(x,y)$.

Avant d'exposer la démonstration, je rappellerai que l'on nomme covariant de

$$f(x,y)=(a,b,c,\ldots)(x,y)^n$$

tout polynome $\varphi(x,y;\ a,b,c,\ldots)$ dont les coefficients sont fonctions entières de a, b, c, ... et tel qu'en posant

$$f(mX+m'Y,\ nX+n'Y)=(A,B,C,\ldots)(X,Y)^n$$

on ait

$$\varphi(X,Y;\ A,B,C,\ldots)=(mn'-m'n)^i\,\varphi(mX+m'Y,\ nX+n'Y;\ a,b,c,\ldots).$$

On voit qu'en faisant, pour abréger,

$$F(X,Y)=f(mX+m'Y,\ nX+n'Y)$$

et

$$\Phi(X,Y)=\varphi(X,Y;\ A,B,C,\ldots),$$

le polynome Φ est déduit de F absolument comme φ de f.

Cela posé, je considère les deux équations homogènes

$$f(x, y) = 0,$$
$$z \frac{df}{dx} - y\varphi(x, y) = 0,$$

qui donnent celles de l'énoncé pour $y = 1$, et d'où l'on déduit aisément celles-ci

$$(1) \qquad \begin{cases} z \dfrac{df}{dy} + x\varphi(x, y) = 0, \\ z \dfrac{df}{dx} - y\varphi(x, y) = 0, \end{cases}$$

sur lesquelles je vais raisonner. Si l'on y remplace les coefficients a, b, c, ... par ceux de la transformée A, B, C, ..., elles deviendront

$$(2) \qquad \begin{cases} z \dfrac{dF}{dY} + X\Phi(X, Y) = 0, \\ z \dfrac{dF}{dX} - Y\Phi(X, Y) = 0, \end{cases}$$

et il s'agit de comparer le résultat de l'élimination de x et y entre les équations (1) avec celui de l'élimination de X et Y entre les équations (2). J'observe à cet effet que l'on peut introduire x et y au lieu de X et Y en posant

$$x = mX + m'Y, \qquad y = nX + n'Y,$$

d'où

$$\frac{dF}{dX} = m\frac{df}{dx} + n\frac{df}{dy}, \qquad \frac{dF}{dY} = m'\frac{df}{dx} + n'\frac{df}{dy},$$

de cette manière les équations (2), en y remplaçant $\Phi(X, Y)$ par $(mn' - m'n)^i \varphi(x, y)$, deviennent

$$z\left(m'\frac{df}{dx} + n'\frac{df}{dy}\right) + X(mn' - m'n)^i \varphi(x, y) = 0,$$
$$z\left(m\frac{df}{dx} + n\frac{df}{dy}\right) - Y(mn' - m'n)^i \varphi(x, y) = 0.$$

Or, en multipliant la première par n, la seconde par n' et retranchant, il viendra

$$z(mn' - m'n)\frac{df}{dx} - (nX + n'Y)(mn' - m'n)^i \varphi(x, y) = 0,$$

ou évidemment

$$z\frac{df}{dx} - y(mn' - m'n)^{i-1}\varphi(x, y) = 0.$$

De même, en multipliant la première par m, la seconde par m', et retranchant, on obtient

$$z\frac{df}{dy} + x(mn' - m'n)^{i-1}\varphi(x, y) = 0.$$

Ce sont donc précisément les équations (1) qui se trouvent reproduites, en y multipliant $\varphi(x, y)$ par $(mn' - m'n)^{i-1}$ ou remplaçant z par $\frac{z}{(mn' - m'n)^{i-1}}$, et il va être ainsi prouvé que les coefficients de la transformée sont bien des invariants de $f(x, y)$. En effet, cette équation en z sera, d'après un théorème connu, privée de son second terme, et, si l'on désigne par D le discriminant, elle aura cette forme

$$z^n + \frac{\mathfrak{A}}{D} z^{n-2} + \frac{\mathfrak{B}}{D} z^{n-3} + \ldots + \frac{\mathfrak{K}}{D} = 0,$$

$\mathfrak{A}$, $\mathfrak{B}$, ..., $\mathfrak{K}$ étant des fonctions entières de a, b, c, ... Maintenant, si l'on remplace z par $\frac{z}{(mn' - m'n)^{i-1}}$, elle deviendra

$$z^n + (mn' - m'n)^{2i-2}\frac{\mathfrak{A}}{D} z^{n-2}$$
$$+ (mn' - m'n)^{3i-3}\frac{\mathfrak{B}}{D} z^{n-3} + \ldots + (mn' - m'n)^{ni-n}\frac{\mathfrak{K}}{D} = 0,$$

d'où l'on voit que, par le changement de a, b, c, ... en A, B, C, ..., les coefficients $\frac{\mathfrak{A}}{D}$, $\frac{\mathfrak{B}}{D}$, ..., $\frac{\mathfrak{K}}{D}$, et, par conséquent, $\mathfrak{A}$, $\mathfrak{B}$, ..., $\mathfrak{K}$, se reproduisent multipliés par une puissance du déterminant de la substitution, et sont bien des invariants.

VI.

Ce qui précède ne peut être appliqué aux formes cubiques et biquadratiques, qui n'ont pas de covariants linéaires ni de covariants quadratiques, mais plus tard on établira, pour toutes les formes de degré n égal ou supérieur à *cinq*, l'existence de divers systèmes de $n-1$ covariants du degré $n-2$. Désignant par

$$\varphi_1(x, y),\quad \varphi_2(x, y),\quad \ldots,\quad \varphi_{n-1}(x, y)$$

l'un de ces systèmes, et posant

$$\varphi(x, y) = t_1\varphi_1(x, y) + t_2\varphi_2(x, y) + \ldots + t_{n-1}\varphi_{n-1}(x, y),$$

j'introduirai l'expression $z = \dfrac{\varphi(x, 1)}{f'_x(x, 1)}$, qui contient $n-1$ quantités arbitraires $t_1, t_2, \ldots, t_{n-1}$, comme formule générale de transformation à l'égard de l'équation $f(x, 1) = 0$ de degré quelconque supérieur au quatrième. On va voir ainsi disparaître en quelque sorte les coefficients de cette équation, pour faire place aux invariants qui prendront le caractère d'éléments analytiques dans les plus importantes questions de la théorie des équations algébriques. En effet, les quantités $\mathfrak{A}$, $\mathfrak{B}$, ..., $\mathfrak{K}$ deviendront des fonctions homogènes de $t_1, t_2, \ldots, t_{n-1}$, du deuxième, du troisième et enfin du $n^{\text{ième}}$ degré, dont les coefficients seront des invariants de la forme $f(x, y)$; et, pour montrer immédiatement comment intervient leur propriété caractéristique, en prenant, par exemple, $\mathfrak{A}$, je vais déterminer le degré de ces coefficients dans les divers termes t_1^2, t_2^2, t_1, t_2, ...

Nommons indice d'un invariant ou d'un covariant $\varphi(x, y)$ l'exposant i, qui figure dans l'équation de définition

$$\begin{aligned}&\varphi(X, Y;\ A, B, C, \ldots)\\&\quad = (mn' - m'n)^i\,\varphi(mX + m'Y, nX + n'Y;\ a, b, c, \ldots),\end{aligned}$$

et soient $i_1, i_2, \ldots, i_{n-1}$ les indices des covariants $\varphi_1(x, y)$, $\varphi_2(x, y)$, ..., $\varphi_{n-1}(x, y)$ qui entrent dans la formule générale de transformation. D'après la démonstration donnée (§ V), le changement de $a, b, c, \ldots$ en A, B, C, ..., dans l'équation en z, revient à remplacer $t_1, t_2, \ldots$, par $t_1(mn' - m'n)^{i_1-1}$, $t_2(mn' - m'n)^{i_2-1}$, ..., et il en résulte immédiatement que l'indice du coefficient d'un terme quelconque $t_\alpha t_\beta$ dans $\mathfrak{A}$ sera $i_\alpha + i_\beta - 2$. Mais ce coefficient a pour diviseur le discriminant dont l'indice est $n(n-1)$; par conséquent l'indice du numérateur sera la somme $i_\alpha + i_\beta - 2 + n(n-1)$ et son degré en $a, b, c, \ldots$ le double de cette quantité divisé par n, c'est-à-dire $\frac{2(i_\alpha + i_\beta - 2)}{n} + 2(n-1)$. En introduisant le degré δ_α du covariant $\varphi_\alpha(x, y)$ en $a, b, c, \ldots$, au lieu de l'indice i_α, d'après la relation $2i_\alpha = n\delta_\alpha - n + 2$, cette formule se simplifie et devient $\delta_\alpha + \delta_\beta + 2n - 4$. On trouvera pour la forme cubique $\mathfrak{B}$, absolument de même, que le degré du coefficient de $t_\alpha t_\beta t_\gamma$ est $\delta_\alpha + \delta_\beta + \delta_\gamma + 3n - 6$. Ce sont ces fonctions $\mathfrak{A}$ et $\mathfrak{B}$ qui jouent le principal rôle dans la réduction à la forme trinome de l'équation du cinquième degré, car cette réduction dépend de la résolution des équations $\mathfrak{A} = 0$, $\mathfrak{B} = 0$. Et ici le point qui m'a semblé le plus essentiel et m'a le plus préoccupé consiste à vérifier la première en exprimant t_1, t_2, t_3, t_4 en fonction linéaire de deux indéterminées. La méthode à laquelle j'ai été amené repose en entier sur le choix des quatre covariants du troisième degré qui entrent dans la formule de transformation, et voici comment on les obtient.

VII.

Une remarque facile à établir, et dont j'ai fait usage ailleurs [1], me servira de point de départ. Elle consiste en ce que les coefficients des termes en ξ et η, dans le développement de l'expression

$$(1)\qquad \varphi_1\left(\xi x - \eta \frac{d\varphi}{dy}, \; \xi y + \eta \frac{d\varphi}{dx}\right),$$

où $\varphi(x, y)$ et $\varphi_1(x, y)$ sont deux covariants d'une forme quelconque $f(x, y)$, sont encore des covariants de la même forme. En supposant $\varphi(x, y)$ du second degré et $\varphi_1(x, y)$ du troisième, on voit ainsi un premier covariant cubique donner naissance à trois autres, et les éléments de la formule de transformation

$$z = \frac{t\varphi_1(x, 1) + u\varphi_2(x, 1) + v\varphi_3(x, 1) + w\varphi_4(x, 1)}{f'_x(x, 1)}$$

semblent s'offrir d'eux-mêmes, en partant du covariant quadratique

$$\begin{aligned} \varphi(x, y) = {} & (\alpha\beta' - 4\beta\gamma' + 3\gamma^2)x^2 \\ & + (\alpha\alpha' - 3\beta\beta' + 2\gamma\gamma')xy + (\alpha'\beta - 4\beta'\gamma + 3\gamma'^2)y^2 \end{aligned}$$

---

[1] Voir HERMITE, *Œuvres*, t. III, p. 308.

et du covariant du troisième degré obtenu au paragraphe III, en opérant avec $\varphi(x, y)$ sur la forme proposée $f(x, y)$. Désignons, pour les introduire dans l'expression (1), par $\Phi(X, Y)$ et $\Phi_1(X, Y)$, les transformées canoniques de $\varphi(x, y)$ et $\varphi_1(x, y)$; on aura

$$\begin{aligned}
\Phi\,(X, Y) &= \sqrt{A}\,XY,\\
\Phi_1(X, Y) &= \sqrt{A}(\mu X^3 + 3\sqrt{k}X^2Y + 3\sqrt{k}XY^2 + \mu' Y^3),
\end{aligned}$$

et l'on pourra remplacer

$$\varphi_1\left(\xi x - \eta\frac{d\varphi}{dy},\ \xi y + \eta\frac{d\varphi}{dx}\right)$$

par

$$\Phi_1[(\xi - \eta\sqrt{A})X,\quad (\xi + \eta\sqrt{A})Y].$$

Posant donc

$$\begin{aligned}
&\Phi_1[(\xi - \eta\sqrt{A})X,\ (\xi + \eta\sqrt{A})Y]\\
&\quad = \xi^3\,\Phi_1(X, Y) - 3\xi^2\eta\,\Phi_2(X, Y) + 3\xi\eta^2\,\Phi_3(X, Y) - \eta^3\,\Phi_4(X, Y),
\end{aligned}$$

voici, sous forme canonique, les expressions des covariants que nous sommes tout d'abord amenés à prendre pour $\varphi_1(x, y)$, $\varphi_2(x, y)$, ..., à savoir :

$$\begin{aligned}
\Phi_1(X, Y) &= \sqrt{A}\ (\mu X^3 + 3\sqrt{k}X^2Y + 3\sqrt{k}XY^2 + \mu' Y^3),\\
\Phi_2(X, Y) &= \ A\ (\mu X^3 + \ \sqrt{k}X^2Y - \ \sqrt{k}XY^2 - \mu' Y^3),\\
\Phi_3(X, Y) &= \sqrt{A^3}(\mu X^3 - \ \sqrt{k}X^2Y - \ \sqrt{k}XY^2 + \mu' Y^3),\\
\Phi_4(X, Y) &= \ A^2(\mu X^3 - 3\sqrt{k}X^2Y + 3\sqrt{k}XY^2 - \mu' Y^3).
\end{aligned}$$

Le premier est du troisième degré par rapport aux coefficients de la forme proposée, ou, si l'on veut, du troisième ordre ([1]), et a reçu de M. Sylvester la dénomination de *canonisant*. Sous cette forme de déterminant, savoir

$$\varphi_1(x, y) = 3\begin{vmatrix} \alpha & \beta & \gamma & \gamma' \\ \beta & \gamma & \gamma' & \beta' \\ \gamma & \gamma' & \beta' & \alpha' \\ y^3 & -y^2x & yx^2 & -x^3 \end{vmatrix},$$

il sert de base au mémorable travail de l'illustre analyste sur les

---

([1]) Pour abréger, je désignerai désormais, sous le nom d'*ordre*, le degré des covariants ou invariants de $f(x, y)$ par rapport aux coefficients de cette forme.

conditions de réalité des racines de l'équation du cinquième degré. Je me bornerai à observer, à son égard, que toute forme cubique $(a, b, b', a')(x, y)^3$ admettant pour covariant l'expression

$$\begin{aligned}(2b^3 - 3abb' + a'a^2,\ b^2b' + aba' - 2ab'^2,\\ -b'^2b - ab'a' + 2a'b^2,\ -2b'^3 + 3a'bb' - aa'^2)(x, y)^3,\end{aligned}$$

on en tire un nouveau covariant du troisième degré et du neuvième ordre $\psi_1(x, y)$, dont je désignerai la forme canonique par $\Psi_1(X, Y)$, de sorte que l'on aura

$$\begin{aligned}\Psi_1(X, Y) = &\ \sqrt{A^3}(2\sqrt{k^3} - 3\mu k + \mu'\mu^2)X^3\\ &+ 3\sqrt{A^3}(\ \sqrt{k^3} + \mu\mu'\sqrt{k} - 2\mu k)X^2Y\\ &- 3\sqrt{A^3}(\ \sqrt{k^3} + \mu\mu'\sqrt{k} - 2\mu' k)XY^2\\ &- \ \sqrt{A^3}(2\sqrt{k^3} - 3\mu' k + \mu\mu'^2)Y^3.\end{aligned}$$

Le second covariant $\varphi_2(x, y)$, qui est du cinquième ordre, donne lieu à une observation importante. Lorsque la proposée $f(x, y)$ admet un facteur linéaire au carré, il contient ce facteur à la première puissance, absolument comme les dérivées $\frac{df}{dx}$ et $\frac{df}{dy}$; voici la démonstration de cette propriété.

Désignant par σ et τ deux constantes arbitraires, j'observerai qu'en prenant pour les coefficients $\lambda, \mu, \ldots$, de la forme canonique

$$\mathfrak{F} = (\lambda, \mu, \sqrt{k}, \sqrt{k}, \mu', \lambda')(X, Y)^5,$$

les valeurs suivantes

$$(1)\qquad \left\{\begin{aligned}\lambda &= (6\sigma - 5\tau)\sigma^5,\\ \mu &= \frac{1}{5}(3\sigma + 2\tau)\tau\sigma^4,\\ \sqrt{k} &= \tau^3\sigma^3,\\ \mu' &= \frac{1}{5}(3\tau + 2\sigma)\sigma\tau^4,\\ \lambda' &= (6\tau - 5\sigma)\tau^5,\end{aligned}\right.$$

qui donnent identiquement

$$\lambda\mu' - 4\mu\sqrt{k} + 3k = 0, \qquad \lambda'\mu - 4\mu'\sqrt{k} + 3k = 0,$$

elle devient

$$\mathfrak{F} = (\sigma X + \tau Y)^2$$
$$\times [(6\sigma - 5\tau)\sigma^3, (4\tau - 3\sigma)\tau\sigma^2, (4\sigma - 3\tau)\sigma\tau^2, (6\tau - 5\sigma)\tau^3](X, Y)^3.$$

On a donc ainsi, dans le cas d'une racine double, l'expression générale de la forme canonique et, par suite, de tous ses covariants. En particulier, on obtient

$$\Phi_2(X, Y) = \tau\sigma \frac{1}{5} A(\sigma X + \tau Y)$$
$$\times \left[(3\sigma + 2\tau)\sigma^2, \frac{3}{2}(\tau - \sigma)\tau\sigma, -(2\sigma + 3\tau)\tau^2\right](X, Y)^2,$$

ce qui établit la propriété énoncée. Mais on reconnaîtra qu'elle n'appartient plus aux covariants $\varphi_3(x, y)$ et $\varphi_4(x, y)$, et c'est ce qui conduit à les remplacer respectivement par les suivants

$$4\varphi_3(x, y) + A\varphi_1(x, y),$$
$$4\varphi_4(x, y) + 3A\varphi_2(x, y) + 96\psi_1(x, y),$$

qui sont encore du septième et du neuvième ordre, et où elle se retrouve. On obtient en effet, dans le cas d'un facteur double, les expressions

$$4\Phi_3(X, Y) + A\Phi_1(X, Y)$$
$$= +\sqrt{A^3}\tau\sigma(\sigma X + \tau Y)\left[(3\sigma + 2\tau)\sigma^2, -\frac{3}{2}(\tau + \sigma)\tau\sigma, (3\tau + 2\sigma)\tau^2\right](X, Y)^2,$$

$$4\Phi_4(X, Y) + 3A\Phi_2(X, Y) + 96\Psi_1(X, Y)$$
$$= -\frac{3.2^6}{5}\sqrt{A^3}\sigma^6\tau^6(\sigma - \tau)(3\sigma^2 + 2\tau\sigma + 3\tau^2)(\sigma X + \tau Y)^3,$$

et, si on les désigne de même par $\varphi_3(x, y)$ et $\varphi_4(x, y)$ afin de ne pas multiplier les notations, leurs formes canoniques seront

$$\Phi_3(X, Y) = \sqrt{A^3}(5\mu X^3 - \sqrt{k}X^2Y - \sqrt{k}XY^2 + 5\mu' Y^3),$$
$$\begin{aligned}\Phi_4(X, Y) = {} & \sqrt{A^3}[7\sqrt{A}\mu + 96(2\sqrt{k^3} - 3\mu k + \mu'\mu^2)]X^3 \\ & - 3\sqrt{A^3}[3\sqrt{A}\sqrt{k} - 96(\sqrt{k^3} + \mu\mu'\sqrt{k} - 2\mu k)]X^2Y \\ & + 3\sqrt{A^3}[3\sqrt{A}\sqrt{k} - 96(\sqrt{k^3} + \mu\mu'\sqrt{k} - 2\mu' k)]XY^2 \\ & - \sqrt{A^3}[7\sqrt{A}\mu' + 96(2\sqrt{k^3} - 3\mu' k + \mu\mu'^2)]Y^3,\end{aligned}$$

ou encore

$$\begin{aligned}\Phi_4(X, Y) = & \quad\sqrt{A^3}\big[(7g + 75h - 18k)\mu - 64\lambda\mu'\sqrt{k}\big]X^3 \\ & - 3\sqrt{A^3}\big[(3g + 151h - 90k)\sqrt{k} - 64\lambda'\mu^2\big]X^2Y \\ & + 3\sqrt{A^3}\big[(3g + 151h - 90k)\sqrt{k} - 64\lambda\mu'^2\big]XY^2 \\ & - \quad\sqrt{A^3}\big[(7g + 75h - 18k)\mu' - 64\lambda'\mu\sqrt{k}\big]Y^3.\end{aligned}$$

Tous les covariants dont se compose la formule de transformation pour l'équation du cinquième degré sont maintenant définis ([1]), et il ne me reste plus qu'à montrer que l'invariant du huitième ordre $D = A^2 + 128B$ est le discriminant de cette équation. Effectivement les équations (1) relatives au cas d'un facteur double donnent

$$\begin{aligned} g &= (-30\sigma^2 + 61\tau\sigma - 30\tau^2)\sigma^5\tau^5, \\ 25h &= (6\sigma^2 + 13\tau\sigma + 6\tau^2)\sigma^5\tau^5, \\ k &= \sigma^6\tau^6, \end{aligned}$$

d'où

$$g + 125h - 126k = 0,$$

et en remplaçant g, h, k par leurs valeurs en A, B, C,

$$A^2 + 128B = 0,$$

([1]) Celui du neuvième ordre mérite d'être remarqué; si l'on opère en effet avec le covariant quadratique sur $\varphi_4(x, y)$, on est conduit à un covariant du premier degré qui, dans le cas où la proposée contient un facteur linéaire élevé au carré, coïncide avec ce facteur. Sa forme canonique est

$$A^2\big[(3g + 151h - 90k)\sqrt{k} - 64\lambda'\mu^2\big]X - A^2\big[(3g + 151h - 90k)\sqrt{k} - 64\lambda\mu'^2\big]Y.$$

Un résultat analogue a lieu pour toutes les formes $f = (a, b, \ldots, b', a')(x, y)^n$ de degré impair et supérieur à trois. Soit, en effet, D le discriminant; M. Cayley a démontré que, pour $D = 0$, le covariant

$$\varphi(x, y) = \frac{dD}{da'}x^n - \frac{dD}{db'}x^{n-1}y + \ldots + \frac{dD}{db}xy^{n-1} - \frac{dD}{da}y^n$$

devient la puissance $n^{\text{ième}}$ du facteur contenu alors dans f au carré. Or en opérant sur $\varphi(x, y)$ avec la puissance $\frac{n-1}{2}$ du covariant quadratique du second ordre de la forme proposée, le covariant du premier degré et d'ordre $3n - 4$, auquel on sera ainsi amené, sera évidemment, pour $D = 0$, ce facteur linéaire. Dans le cas de $n = 3$, mais dans ce cas seul, il s'évanouit identiquement.

ce qui fait voir que D s'évanouit bien dans le cas où la proposée admet deux racines égales. L'invariant du douzième ordre $D_1 = 25AB + 16C$, qui se présentera bientôt, pourrait être appelé *second discriminant*, les deux conditions $D = 0$, $D_1 = 0$ exprimant que la proposée contient deux facteurs linéaires doubles.

VIII.

Nous voici parvenus à un point bien important et qui servira d'épreuve à toutes les considérations précédentes, c'est le calcul de la forme quadratique à quatre indéterminées désignée par $\mathfrak{A}$. Déjà nous savons que les coefficients de cette forme sont des invariants, je vais prouver de plus qu'ils contiennent tous le discriminant D comme facteur, le coefficient du seul terme t^2 étant excepté. Reprenons à cet effet l'expression

$$z = \frac{t\,\varphi_1(x, 1) + u\,\varphi_2(x, 1) + v\,\varphi_3(x, 1) + w\,\varphi_4(x, 1)}{f'_x(x, 1)},$$

et soit pour un instant

$$\Theta(x) = u\,\varphi_2(x, 1) + v\,\varphi_3(x, 1) + w\,\varphi_4(x, 1);$$

je dis qu'en nommant x_0, x_1, x_2, x_3, x_4 les racines de l'équation proposée, la quantité $\Theta(x_0)$ sera divisible par

$$(x_0 - x_1)(x_0 - x_2)(x_0 - x_3)(x_0 - x_4).$$

Remplaçons à cet effet $\frac{\beta}{\alpha}, \frac{\gamma}{\alpha}, \frac{\gamma'}{\alpha}, \frac{\beta'}{\alpha}, \frac{\alpha'}{\alpha}$ dans $\Theta(x)$ par leurs valeurs en fonction des racines, $\Theta(x_0)$ prendra évidemment la forme suivante :

$$\Pi(x_0, x_1, x_2, x_3, x_4),$$

Π désignant une fonction entière. Cela étant, plaçons-nous dans le cas de deux racines égales, en supposant par exemple $x_0 = x_1$, chacun des covariants qui entrent dans $\Theta(x)$, et par conséquent cette fonction elle-même, s'évanouira pour $x = x_0$. Il en résulte que $\Pi(x_0, x_1, x_2, x_3, x_4)$ s'annule quand on y fait $x_0 = x_1$, et il en serait de même pour

$$x_0 = x_2, \qquad x_0 = x_3, \qquad x_0 = x_4;$$

d'où l'on voit que cette expression est divisible par

$$(x_0 - x_1)(x_0 - x_2)(x_0 - x_3)(x_0 - x_4).$$

On peut donc, en désignant par $\Phi(x)$ une fonction entière, écrire

$$z = \frac{t\varphi_1(x, 1)}{f'_x(x, 1)} + \Phi(x).$$

Cela posé, et observant que l'équation en z n'a pas de second terme, j'exprime $\frac{\mathfrak{A}}{D}$ par la somme des carrés de ses racines, ce qui donnera

$$-\frac{2\mathfrak{A}}{D} = \sum \left[\frac{t\varphi_1(x, 1)}{f'_x(x, 1)} + \Phi(x)\right]^2,$$

le signe $\sum$ dans le second membre se rapportant aux diverses racines $x = x_0, x_1, \ldots$. Or, on sait, par un théorème élémentaire, que

$$\sum \frac{\varphi_1(x, 1)}{f'_x(x, 1)} \Phi(x)$$

se réduit à une fonction entière, et l'on voit par là que, à l'exception du coefficient t^2, tous les termes de $\frac{\mathfrak{A}}{D}$ sont entiers, ce qui démontre la proposition annoncée.

Déterminons maintenant l'ordre de ces termes à l'aide de la formule du paragraphe VI,

$$\delta_\alpha + \delta_\beta + 2n - 4,$$

et qui s'appliquera, en prenant pour $\delta_1, \delta_2, \delta_3, \delta_4$, les valeurs 3, 5, 7, 9. Pour les coefficients de t^2, tv, v^2; u^2, uw, w^2, on obtiendra les nombres 12, 16, 20; 16, 20, 24, multiples de 4; quant aux coefficients de tu, tw, uw, vw, ce seront des invariants d'ordres impairement pairs : 14, 18, 18, 22, et par conséquent tous sont nuls, car, en les divisant par le discriminant qu'ils contiennent en facteur, l'ordre des quotients est inférieur à 18, qui est le plus petit degré possible d'un invariant gauche. On reconnaît ainsi, et avant tout calcul, que $\mathfrak{A}$ est la somme de deux formes quadratiques à deux indéterminées, l'une en t et v, l'autre en u et w, de sorte que le mode de solution de l'équation $\mathfrak{A} = 0$, dont dépend essentiellement la réduction à la forme trinome de l'équation en z, se présente de lui-même en égalant séparément à zéro ces deux formes.

Voici cette équation qu'on obtient par une méthode facile :

$$(1)\quad \left\{\begin{aligned}&[D_1t^2-6BDtv-D(D_1-10AB)v^2]\\&\quad+D[-Bu^2+2D_1uw+(9BD-10AD_1)w^2]=0.\end{aligned}\right.$$

D_1, comme on l'a dit plus haut, est

$$25AB+16C,$$

et, en posant

$$D_1t^2-6BDtv-D(D_1-10AB)v^2=0,$$
$$Bu^2-2D_1uw-(9BD-10AD_1)w^2=0,$$

on trouvera, si l'on écrit, pour abréger,

$$N=D_1^2-10ABD_1+9B^2D,$$

ces valeurs bien simples :

$$t=\frac{3BD+\sqrt{ND}}{D_1}v,\qquad u=\frac{D_1+\sqrt{N}}{B}w.$$

Aussi avais-je pensé qu'elles étaient la conclusion définitive de ma méthode, lorsqu'un nouvel examen de l'équation (1) me fit apercevoir cet autre mode de solution où des invariants du huitième ordre seulement figurent sous les radicaux carrés. En l'écrivant ainsi :

$$D_1(t^2-Dv^2+2Duw-10ADw^2)+BD(10Av^2-6tv-u^2+9Dw^2)=0,$$

on la vérifie si l'on pose

$$t^2-Dv^2+2Duw-10ADw^2=0,$$
$$10Av^2-6tv-u^2+9Dw^2=0.$$

Or, en faisant

$$t=\frac{1}{\sqrt{2}}\sqrt{D}\,T,\qquad u=U+5AW,\qquad v=\frac{1}{\sqrt{2}}V,\qquad w=W,$$

ces équations deviennent

$$T^2-V^2+4UW=0,$$
$$-5AV^2+3\sqrt{D}\,TV+U^2+10AUW+(25A^2-9D)W^2=0.$$

La première est satisfaite par ces valeurs

$$T = \rho W - \frac{1}{\rho} U, \qquad V = \rho W + \frac{1}{\rho} U,$$

où ρ reste arbitraire, et, en les substituant dans la seconde, il suffira pour la vérifier également de prendre

$$\rho^2 = 5A + 3\sqrt{D}.$$

Deux voies s'ouvrent donc comme conséquence de ces deux modes de solution, pour achever la réduction à la forme trinome en calculant et résolvant l'équation du troisième degré $\mathfrak{B} = 0$. Et, comme on ne peut voir d'avance aucun motif de préférer l'une à l'autre, toutes deux doivent être suivies afin d'en comparer les résultats, et reconnaître les irrationnalités qu'elles introduisent dans la formule de substitution. Mais, me sentant plutôt attiré vers la méthode de résolution de l'équation du cinquième degré à laquelle M. Kronecker a attaché son nom, j'ai préféré consacrer à l'approfondir le temps que ces calculs paraissent exiger. J'indiquerai cependant quelques cas particuliers où ils s'abrégeraient beaucoup, en supposant par exemple $D_1 = 0$ ou $B = 0$; car il suffirait de prendre, dans le premier,

$$v = 0, \qquad u = 3\sqrt{D}\, w,$$

et, dans le second,

$$t = \pm\sqrt{D}\, v, \qquad w = 0.$$

Enfin, si l'on avait

$$5A + 3\sqrt{D} = 0,$$

ce qui rendrait illusoires les expressions de T et V, on devrait poser

$$U = 0, \qquad T = -V,$$

d'où

$$t = \frac{1}{\sqrt{2}}\sqrt{D}\, T, \qquad u = 5AW, \qquad v = -\frac{1}{\sqrt{2}} T, \qquad w = W.$$

En m'arrêtant donc à ce point, en ce qui concerne la première méthode de résolution, je vais encore, avant de m'occuper de la méthode de M. Kronecker, déduire de ce qui précède la détermination, au moyen des invariants, du nombre des racines réelles ou imaginaires de l'équation du cinquième degré.

IX.

Les résultats obtenus dans l'étude des formes à deux indéterminées, indépendamment de leur intérêt propre, paraissent avoir pour conséquence de donner à la théorie des équations algébriques une base nouvelle, et je ne pense pas m'éloigner trop de l'objet principal de ces recherches en montrant de quelle manière les nouveaux éléments de l'Algèbre, invariants et covariants, s'introduisent dans les questions résolues pour la première fois par le théorème de Sturm. Mais on verra leur rôle commencer seulement à partir du cinquième degré, comme pour rendre manifeste, sous un nouveau point de vue, la profonde différence qui sépare les équations des quatre premiers degrés, seules solubles par radicaux, de celles des degrés supérieurs. Ainsi on a déjà remarqué que la formule générale de transformation

$$z = \frac{t_1\varphi_1(x, 1) + t_2\varphi_2(x, 1) + \ldots + t_{n-1}\varphi_{n-1}(x, 1)}{f'_x(x, 1)}$$

n'a pas d'existence effective à l'égard des équations du troisième et du quatrième degré; mais, ces cas exceptés, je vais donner la définition des $n-1$ covariants qui servent à la composer.

Je dis, en premier lieu, que toute forme du degré n admet un covariant quadratique du second ordre en supposant n impair, du troisième pour $n=4i+2$, et enfin du cinquième pour $n=4i+8$, ce qui exclut le cas de $n=4$.

On a effectivement, pour les formes du deuxième et du troisième degré $(a, b, a')(x, y)^2$, $(a, b, b', a')(x, y)^3$, ces covariants

$$(aa'-b^2)^i(a, b, a')(x, y)^2,$$

$$(a^2a'^2+4ab'^3+4a'b^3-3b^2b'^2-6aa'bb')^i$$
$$\times(b^2-ab', bb'-aa', b'^2-a'b)(x, y)^2,$$

d'ordre $2i+1$ et $4i+2$; on en conclut par la loi de réciprocité l'existence, pour les formes de degré $2i+1$ et $4i+2$, de covariants quadratiques du deuxième et du troisième ordre. Pour le dernier cas, il est nécessaire de partir des formes du cinquième degré, et je vais établir qu'elles ont un covariant quadratique d'ordre $4i+8$. J'opère à cet effet sur le covariant cubique et du troisième ordre, ayant pour expression canonique

$$\Phi_1(X, Y) = \sqrt{A}(\mu, \sqrt{k}, \sqrt{k}, \mu')(X, Y)^3,$$

avec le covariant linéaire et du cinquième ordre obtenu paragraphe III, savoir :

$$A(\sqrt{k}X + \sqrt{k}Y).$$

On parvient ainsi au covariant quadratique et du huitième ordre, savoir (¹) :

$$\sqrt{A^3}\sqrt{k}[(\sqrt{k}-\mu)X^2 - (\sqrt{k}-\mu')Y^2],$$

et il suffit de le multiplier par A^i pour obtenir l'ordre $4i+8$, de sorte que l'on conclut, par la loi de réciprocité, comme précédemment, l'existence d'un covariant quadratique du cinquième ordre pour le degré $4i+8$.

Ce résultat peut servir de base pour généraliser la notion des formes canoniques (²) telle qu'elle a été donnée au début de ces recherches; mais actuellement je me bornerai aux conséquences que voici :

Désignant par $\varphi(x, y)$ le covariant quadratique auquel on vient de parvenir, j'observe qu'en opérant sur la proposée avec $\varphi(x, y)$ on obtient un covariant du degré $n-2$ que je représenterai par $\varphi_1(x, y)$. Cela posé, et en recourant de nouveau au théorème dont il a été fait usage au paragraphe VII, le système des $n-1$ covariants du degré $n-2$ pourra être défini par les coefficients des termes en ξ et η dans l'expression

$$\varphi_1\left(\xi x - \eta\frac{d\varphi}{dy}, \xi y + \eta\frac{d\varphi}{dx}\right).$$

(¹) Un coefficient numérique -3 serait à rétablir devant l'expression qui suit.
E. P.

(²) On ne pourrait plus, en considérant par exemple le septième degré, déterminer les coefficients de la transformée $\mathcal{F} = (\lambda, \mu, \nu, \sqrt{l}, \sqrt{l}, \nu', \mu', \lambda')(X, Y)^7$ en fonction de $\lambda\lambda' = g$, $\mu\mu' = h$, $\nu\nu' = k$ et l. Il serait nécessaire de joindre à ces quantités, $\nu - \nu'$, $\mu - \mu'$, et même $\lambda - \lambda'$ qui s'expriment facilement par des invariants gauches; par cela seul on peut juger quelle différence sépare le cinquième degré des degrés supérieurs.

A la vérité, et dès le cas de $n = 5$, ces covariants ne sont pas ceux qui ont été employés; mais ils présentent cet avantage d'avoir des transformées extrêmement simples, qu'on peut obtenir explicitement si l'on y fait la substitution propre à ramener $\varphi(x, y)$ à la forme monome $\sqrt{\mathrm{A}}\mathrm{XY}$. Et c'est ainsi qu'on peut démontrer qu'ils sont linéairement indépendants; mais j'arrive immédiatement, sans m'arrêter à ce point, à mon principal objet, qui est d'obtenir, au moyen des invariants de la forme proposée $f(x, y)$, le nombre des racines réelles et imaginaires de l'équation $f(x, 1) = 0$.

X.

A cet effet je rappellerai le principe dû à Jacobi, qu'en réduisant à une somme de carrés, par une substitution réelle, la forme quadratique

$$\begin{gathered}(t_0 + at_1 + a^2 t_2 + \ldots + a^{n-1} t_{n-1})^2 \\ + (t_0 + bt_1 + b^2 t_2 + \ldots + b^{n-1} t_{n-1})^2 + \ldots \\ + (t_0 + kt_1 + k^2 t_2 + \ldots + k^{n-1} t_{n-1})^2,\end{gathered}$$

où $a, b, \ldots, k$ sont les racines de l'équation proposée, le nombre des carrés affectés de coefficients négatifs est précisément égal au nombre des couples de racines imaginaires. Et, si l'on fait

$$\Pi(x) = t_0 \pi_0(x) + t_1 \pi_1(x) + \ldots + t_{n-1} \pi_{n-1}(x),$$

$\pi_0(x), \pi_1(x), \ldots, \pi_{n-1}(x)$ étant des fonctions rationnelles quelconques de x, le même fait a lieu à l'égard de la forme plus générale

$$\Pi^2(a) + \Pi^2(b) + \ldots + \Pi^2(k).$$

Or, en prenant

$$\Pi(x) = t_0 + \frac{t_1 \varphi_1(x, 1) + t_2 \varphi_2(x, 1) + \ldots + t_{n-1} \varphi_{n-1}(x, 1)}{f'_x(x, 1)},$$

tous les coefficients seront des invariants de $f(x, y)$, et par conséquent, si on la réduit à une somme de carrés, ce seront bien des invariants dont les signes détermineront le nombre des racines réelles et imaginaires de l'équation $f(x, 1) = 0$. On peut encore observer qu'en posant

$$\Phi(x) = \frac{t_1\varphi_1(x, 1) + t_2\varphi_2(x, 1) + \ldots + t_{n-1}\varphi_{n-1}(x, 1)}{f'_x(x, 1)},$$

on aura

$$\Pi^2(a) + \Pi^2(b) + \ldots + \Pi^2(k) = nt_0^2 + \Phi^2(a) + \Phi^2(b) + \ldots + \Phi^2(k),$$

de sorte qu'il suffit d'opérer sur la forme quadratique à $n-1$ indéterminées

$$F = \Phi^2(a) + \Phi^2(b) + \ldots + \Phi^2(k).$$

C'est ce que je vais faire dans le cas de l'équation du cinquième degré, en supposant comme précédemment, pour obtenir la réduction à la forme trinome,

$$\Phi(x) = \frac{t\varphi_1(x, 1) + u\varphi_2(x, 1) + v\varphi_3(x, 1) + w\varphi_4(x, 1)}{f'_x(x, 1)},$$

ce qui donnera

$$\begin{aligned} \frac{5}{2}\,\mathrm{DF} = {} & [\mathrm{D}_1 t^2 - 6\mathrm{BD}\,tv - \mathrm{D}(\mathrm{D}_1 - 10\mathrm{AB})v^2] \\ & + \mathrm{D}[-\mathrm{B}u^2 + 2\mathrm{D}_1 uw + (9\mathrm{BD} - 10\mathrm{AD}_1)w^2]. \end{aligned}$$

J'observerai d'abord que le discriminant désigné par D est le produit des carrés des différences des racines, multiplié par le facteur positif 5^5, et l'on en conclut aisément que la seule condition $\mathrm{D} < 0$ est nécessaire et suffisante pour que l'équation possède deux racines imaginaires et trois réelles. Mais l'hypothèse $\mathrm{D} > 0$ convient aux deux autres cas de cinq racines réelles ou de quatre imaginaires, qu'il s'agit donc d'examiner.

Pour le premier, F doit se réduire à une somme de carrés tous affectés de coefficients positifs; ainsi il faut et il suffit que les formes quadratiques

(I) $\quad \mathrm{D}_1 t^2 - 6\mathrm{BD}\,tv - \mathrm{D}(\mathrm{D}_1 - 10\mathrm{AB})v^2,$

(II) $\quad -\mathrm{B}u^2 + 2\mathrm{D}_1 uw + (9\mathrm{BD} - 10\mathrm{AD}_1)w^2$

soient définies et positives. Faisant donc, comme au paragraphe VIII,

$$\mathrm{N} = \mathrm{D}_1^2 - 10\mathrm{ABD}_1 + 9\mathrm{B}^2\mathrm{D},$$

on aura les criteria suivants :

$$\mathrm{N} < 0, \qquad \mathrm{D}_1 > 0, \qquad \mathrm{B} < 0.$$

Pour le second, deux des coefficients des carrés doivent être négatifs, ce qui est réalisé de deux manières différentes : d'abord par la condition unique $N > 0$, car les formes (I) et (II) seront ainsi des différences de carrés, et ensuite en les supposant toutes deux définies, l'une étant positive et l'autre négative. Cela donne avec $N < 0$ les conditions

$$D_1 > 0, \qquad B > 0,$$

ou bien celles-ci

$$D_1 < 0, \qquad B < 0,$$

c'est-à-dire simplement $BD_1 > 0$.

On remarquera que parmi ces criteria ne figure point la combinaison

$$N < 0, \qquad D_1 < 0, \qquad B > 0;$$

et le motif de cette exclusion est qu'on supposerait ainsi les formes (I) et (II) définies et négatives, c'est-à-dire F réductible à quatre carrés affectés de coefficients négatifs, ce que l'on reconnaît impossible d'après son origine même. Le Tableau suivant peut donc résumer nos conclusions :

$N > 0$, une racine réelle, quatre imaginaires;
$N < 0$, $BD_1 > 0$, une racine réelle, quatre imaginaires;
$N < 0$, $BD_1 < 0$, cinq racines réelles.

Mais voici un autre système de criteria auquel va nous conduire la méthode suivante :

Supposant toujours le discriminant positif de manière à n'avoir à distinguer que deux cas, j'écris, comme au paragraphe VIII,

$$\begin{aligned}\frac{5}{2}\,DF = D_1(t^2 - Dv^2 + 2Duw - 10ADw^2)\\ + BD(10Av^2 - 6tv - u^2 + 9Dw^2).\end{aligned}$$

Cela posé, soit pour un instant

$$\begin{aligned}\mathfrak{P} &= t^2 - Dv^2 + 2Duw - 10ADw^2,\\ \mathfrak{Q} &= 10Av^2 - 6tv - u^2 + 9Dw^2,\end{aligned}$$

d'où

$$\begin{aligned}\mathfrak{P} + \omega\mathfrak{Q} = [t^2 - 6\omega tv + (10A\omega - D)v^2]\\ - [\omega u^2 - 2Duw + D(10A - 9\omega)w^2].\end{aligned}$$

On observera qu'on peut rendre un carré parfait chacune des deux formes quadratiques en t et v, u et w, en posant

$$9\omega^2 - 10A\omega + D = 0,$$

de sorte qu'en nommant ω et ω' les deux racines de cette équation, on aura

$$\mathfrak{P} + \omega\mathfrak{Q} = (t - 3\omega v)^2 - \omega\left(u - \frac{D}{\omega}w\right)^2,$$

$$\mathfrak{P} + \omega'\mathfrak{Q} = (t - 3\omega' v)^2 - \omega'\left(u - \frac{D}{\omega'}w\right)^2,$$

et, par conséquent,

$$\begin{aligned} D_1\mathfrak{P} + BD\mathfrak{Q} = {} & \frac{D_1\omega - BD}{\omega - \omega'}\left[(t - 3\omega' v)^2 - \omega'\left(u - \frac{D}{\omega'}w\right)^2\right] \\ & + \frac{D_1\omega' - BD}{\omega' - \omega}\left[(t - 3\omega v)^2 - \omega\left(u - \frac{D}{\omega}w\right)^2\right]. \end{aligned}$$

Or voici les conséquences de cette nouvelle décomposition en carrés :

Supposons les racines ω imaginaires, c'est-à-dire $25A^2 - 9D < 0$, on pourra évidemment poser, en désignant par T, U, V, W des fonctions linéaires réelles de t, u, v, w,

$$\frac{D_1\omega - BD}{\omega - \omega'}(t - 3\omega' v)^2 = (T + \sqrt{-1}\,V)^2,$$

$$\frac{D_1\omega' - BD}{\omega' - \omega}(t - 3\omega v)^2 = (T - \sqrt{-1}\,V)^2,$$

$$\omega'\frac{D_1\omega - BD}{\omega - \omega'}\left(u - \frac{D}{\omega'}w\right)^2 = (U + \sqrt{-1}\,W)^2,$$

$$\omega\frac{D_1\omega' - BD}{\omega' - \omega}\left(u - \frac{D}{\omega}w\right)^2 = (U - \sqrt{-1}\,W)^2,$$

de sorte que F deviendra

$$(T + \sqrt{-1}\,V)^2 + (T - \sqrt{-1}\,V)^2 - (U + \sqrt{-1}\,W)^2 - (U - \sqrt{-1}\,W)^2,$$

ou bien

$$2T^2 - 2V^2 - 2U^2 + 2W^2.$$

Nous parvenons ainsi à deux carrés affectés de coefficients négatifs, et, par conséquent, quatre des racines de l'équation proposée sont imaginaires.

Soit, en second lieu, $25A^2 - 9D > 0$; deux cas seront à distinguer, suivant que A sera positif ou négatif.

Dans le premier, les deux racines ω sont positives, on est donc comme tout à l'heure conduit à deux carrés dont les coefficients sont négatifs. Et dans le second cas il en sera de même encore si les quantités $\frac{D_1\omega - BD}{\omega - \omega'}$, $\frac{D_1\omega' - BD}{\omega' - \omega}$ sont de signes contraires. Or on trouve

$$(D_1\omega - BD)(D_1\omega' - BD) = \frac{1}{9}ND,$$

d'où la condition

$$N > 0.$$

Enfin, en supposant $N < 0$, F se réduira à une somme de carrés, dont les coefficients auront tous le même signe, et par conséquent seront positifs, le cas où ils seraient négatifs devant être rejeté comme on l'a déjà vu. Les conclusions qui précèdent sont ainsi résumées :

$25A^2 - 9D < 0$, une racine réelle, quatre imaginaires;
$25A^2 - 9D > 0$, $A > 0$, une racine réelle, quatre imaginaires;
$25A^2 - 9D > 0$, $A < 0$, $N > 0$, une racine réelle, quatre imaginaires;
$25A^2 - 9D > 0$, $A < 0$, $N < 0$, cinq racines réelles.

Elles s'accordent avec les résultats auxquels est parvenu M. Sylvester dans le Mémoire déjà cité, et j'observerai, pour en faciliter la comparaison, qu'on a, entre A, B, C et les quantités désignées par J, K, L, Λ dans ce Mémoire, les relations suivantes :

$$\begin{aligned} J &= A, \\ K &= -B, \\ 9L &= C + AB, \\ \Lambda &= A^3 - 2^{11}L. \end{aligned}$$

Mais la marche que j'ai suivie ne saurait conduire à ce fait, si important et si nouveau en Algèbre, des criteria renfermant un paramètre variable entre certaines limites, et qui me paraît une des plus belles découvertes du savant géomètre anglais. C'est dans une autre direction que je vais suivre encore ces questions intéressantes, en m'occupant du système des fonctions dont les signes servent à déterminer le nombre des racines réelles, comprises entre des limites données.

XI.

Après avoir remplacé par des invariants, dans les équations de degré supérieur au quatrième, les expressions données par le théorème de Sturm pour la détermination du nombre de leurs racines réelles et imaginaires, on est amené à se demander s'il n'y a pas, à partir du cinquième degré, une modification correspondante à découvrir dans le système des fonctions que ce théorème célèbre présente sous une seule et même forme analytique pour les équations de tous les degrés. On peut ainsi penser à retrouver leurs propriétés caractéristiques dans certains covariants, afin de les employer alors au même usage; mais ce sont des covariants doubles qui m'ont paru s'offrir au moins de la manière la plus immédiate et la plus facile, comme je vais le montrer.

Mon point de départ est dans une généralisation du système des fonctions

$$V = (x-a)(x-b)\ldots(x-k),$$

$$V_1 = V\sum\frac{1}{x-a},$$

$$V_2 = V\sum\frac{(a-b)^2}{(x-a)(x-b)},$$

$$\ldots\ldots\ldots\ldots\ldots\ldots,$$

que je vais d'abord indiquer.

Employant avec M. Sylvester [1], afin d'abréger, le symbole $\zeta(a, b, \ldots, k)$ pour désigner le produit des carrés des différences des racines $a, b, \ldots, k$, je poserai

$$\vartheta_1 = V\sum\frac{x'-a}{x-a},$$

$$\vartheta_2 = V\sum\frac{(x'-a)(x'-b)}{(x-a)(x-b)}\zeta(a, b),$$

$$\vartheta_3 = V\sum\frac{(x'-a)(x'-b)(x'-c)}{(x-a)(x-b)(x-c)}\zeta(a, b, c),$$

$$\ldots\ldots\ldots\ldots\ldots\ldots,$$

$$\vartheta_n = (x'-a)(x'-b)\ldots(x'-k)\,\zeta(a, b, c, \ldots, k),$$

---

[1] *On a Theory of the syzygetic relations*, dans *les Transactions philosophiques* de 1853, p. 457.

de sorte que $\frac{\varphi_{i+1}}{V}$ sera l'invariant de la forme quadratique

$$\sum \frac{x'-a}{x-a}(t_0 + a t_1 + a^2 t_2 + \ldots + a^i t_i)^2.$$

De là on conclut déjà, d'après le principe de Jacobi (¹), que le nombre des variations de la suite

(1) $$V,\quad \varphi_1,\quad \varphi_2,\quad \ldots,\quad \varphi_n$$

est égal au nombre des racines réelles de l'équation $V = 0$ comprises entre x et x', plus le nombre des couples de racines imaginaires. Cette dernière quantité se déterminant en faisant $x = x'$, on voit que les nouvelles fonctions qui sont à deux variables remplissent le même objet que celles de Sturm. J'ajoute qu'elles ont absolument les mêmes propriétés et, bien que je n'aie pas à les employer ultérieurement, j'indiquerai, à cet égard, les propositions suivantes.

Soit
$$\varphi_i = A_i x^{n-i} + B_i x^{n-i-1} + \ldots;$$

les coefficients A_i, B_i, ... étant des polynomes entiers en x' du degré i, on aura, entre trois fonctions consécutives φ_{i-1}, φ_i, φ_{i+1}, la relation suivante :

$$A_i^2 \varphi_{i-1} - [A_{i-1} A_i x + (B_{i-1} A_i - A_{i-1} B_i)] \varphi_i + A_{i-1}^2 \varphi_{i+1} = 0.$$

On voit ainsi qu'elles pourront de proche en proche s'obtenir toutes en partant des deux premières, φ_0 ou bien V qui est le premier membre de l'équation proposée, et φ_1 dont voici l'expression. Supposant que V soit donné par la fonction homogène $f(x, y)$ pour $y = 1$, on aura

$$\varphi_1 = x' \frac{df}{dx} + \frac{df}{dy}$$

en faisant de même $y = 1$.

C'est donc uniquement dans l'introduction de cette quantité

(¹) *Ueber einen algebraischen Fundamentalsatz und seine Anwendungen* (*Journal de Crelle*, t. 53); *voyez* aussi une Note de M. Borchardt faisant suite à l'article de Jacobi.

à la place de la dérivée $V_1 = \frac{df}{dx}$ que consiste la modification apportée aux fonctions du théorème de Sturm, et, pour bien en montrer l'effet, je vais employer succinctement le mode de démonstration de ce théorème fondé sur des considérations de continuité, en laissant fixe la quantité x' et faisant croître x de x_0 à X. Partant pour cela de l'équation

$$\frac{\varphi_1}{V} = \sum \frac{x' - a}{x - a},$$

je remarque que, si x' est en dehors de ces limites et supérieur à X par exemple, φ_1 se comporte exactement comme la dérivée V_1. D'ailleurs, quand une fonction intermédiaire quelconque φ_i s'annule, φ_{i-1} et φ_{i+1} sont de signes contraires; donc l'excès du nombre des variations de la suite (2) pour $x = x_0$, sur le nombre des variations pour $x = X$, est égal au nombre des racines réelles de l'équation $V = 0$, qui sont comprises entre x_0 et X. En supposant $x' < x_0$, on pourrait encore raisonner de même, mais en faisant décroître x de X à x_0. Enfin, quand x' est compris entre x_0 et X, on trouvera que l'excès du nombre des variations pour $x = x_0$ sur le nombre des variations pour $x = X$ représente le nombre des racines réelles comprises entre x_0 et x', moins le nombre des racines comprises entre x' et X, et ces résultats s'accordent évidemment avec l'énoncé donné plus haut.

J'indiquerai, en second lieu, la relation

$$(2) \qquad \varphi_{i+1} = W_i \varphi_1 - U_i V,$$

W_i et U_i étant des polynomes *rationnels et entiers* en x et x'. Le premier W_i est l'invariant de la forme quadratique

$$\sum (x-a)(x'-a)(t_0 + at_1 + a^2 t_2 + \ldots + a^{i-1} t_{i-1})^2,$$

de sorte que la suite des polynomes à deux variables

$$1, \quad W_1, \quad W_2, \quad \ldots, \quad W_n$$

donne par les variations, absolument comme la suite des fonctions φ_i, le nombre des racines réelles comprises entre x et x', augmenté du nombre des couples de racines imaginaires. Pour avoir l'expression de U_i, soit

$$\theta(p)=(a-p)(a-x')+(b-p)(b-x')-\dots$$
$$+(k-p)(k-x')=\sum(a-p)(a-x'),$$

et de même

$$\theta(p,q)=\sum(a-p)(a-q)(a-x'),$$
$$\theta(p,q,r)=\sum(a-p)(a-q)(a-r)(a-x'),$$

et ainsi de suite. On trouvera ainsi

$$U_1=\left[\sum(x'-a)\right]^2,$$
$$U_2=\sum(x-a)(x'-a)\,\theta^2(a),$$
$$U_3=\sum(x-a)(x-b).(x'-a)(x'-b)\,\zeta(a,b)\,\theta^2(a,b),$$
$$U_4=\sum(x-a)(x-b)(x-c).(x'-a)(x'-b)(x'-c)\,\zeta(a,b,c)\,\theta^2(a,b,c),$$
....

La loi de ces expressions est évidente, et, bien que dans l'équation (2) l'indice i ne doive pas surpasser $n-1$, on peut néanmoins les continuer jusqu'au terme U_n que l'on trouve aisément avoir pour valeur $\varphi_1\varphi_n$. On obtiendrait de même d'ailleurs

$$W_n=V\varphi_n, \quad \text{d'où} \quad \varphi_{n+1}=0,$$

comme on pouvait effectivement s'y attendre. Mais c'est la relation

$$\varphi_n=W_{n-1}\varphi_1-U_{n-1}V$$

qu'on doit surtout remarquer; si, pour abréger, on représente par $\frac{1}{\mathcal{A}}, \frac{1}{\mathcal{B}}, \dots, \frac{1}{\mathcal{K}}$ les valeurs de la fonction V_1 pour $x=a, b, \dots, k$, de sorte que

$$\frac{1}{\mathcal{A}}=(a-b)(a-c)\dots(a-k),$$
$$\frac{1}{\mathcal{B}}=(b-a)(b-c)\dots(b-k),$$
..............................,

on aura les expressions suivantes :

$$W_{n-1} = V\varphi_n \sum \frac{\mathcal{A}^2}{(x-a)(x'-a)},$$

$$U_{n-1} = V\varphi_n \sum \frac{[\mathcal{A}(b-x') - \mathcal{B}(a-x')]^2}{(x-a)(x-b).(x'-a)(x'-b)}.$$

On voit assez, sans aller plus loin dans cette étude, l'étroite liaison de ces nouvelles fonctions avec celles du théorème de Sturm dont elles reproduisent les propriétés analytiques. Elles servent ensuite de transition naturelle et facile pour arriver à celles dont je vais établir l'existence à partir du cinquième degré et qui sont des covariants doubles de la forme $f(x, y)$, l'équation proposée étant $f(x, 1) = 0$. Pour cela, il suffira de remplacer la forme quadratique

$$\sum \frac{x'-a}{x-a}(t_0 + at_1 + a^2 t_2 + \ldots + a^i t_i)^2,$$

qui donne naissance aux fonctions φ, par celle-ci :

$$\sum \frac{x'-ay'}{x-ay}\Pi^2(a),$$

où l'on a, comme au paragraphe X,

$$\Pi(x) = t_0 + \frac{t_1\varphi_1(x, 1) + t_2\varphi_2(x, 1) + \ldots + t_{n-1}\varphi_{n-1}(x, 1)}{f'_x(x, 1)}.$$

En effet, les expressions $\frac{x'-ay'}{x-ay}$ étant des covariants doubles, et les quantités $\Pi(a)$ des invariants, tous les coefficients de cette forme seront des covariants doubles en x et y d'une part, x' et y' de l'autre, et auxquels on pourra donner $f(x, y)$ pour dénominateur commun. Mais je ne veux pas m'étendre davantage sur ces questions générales, qui m'éloigneraient de mon sujet; je m'abstiendrai même d'appliquer ce qui précède à l'équation du cinquième degré, pour entrer immédiatement dans l'étude de la méthode de résolution par les fonctions elliptiques dont M. Kronecker est l'auteur. Les recherches que je vais exposer m'offriront d'ailleurs l'occasion de donner un système spécial au cinquième degré de ces covariants en x et y, x' et y' qui peuvent remplacer les fonctions de Sturm.

XII.

La transformation des fonctions elliptiques conduit à deux sortes d'équations algébriques de la plus grande importance pour l'Algèbre et la théorie des nombres ; les unes sont entre les modules λ et k, les autres entre le multiplicateur $\frac{1}{M}$ et le module. Ce sont ces dernières qui ont été, au point de vue de la résolution de l'équation du cinquième degré, le sujet des beaux travaux de M. Kronecker et de M. Brioschi, et, comme les résultats obtenus par ces éminents géomètres me serviront de point de départ, je vais les rappeler succinctement.

D'après un théorème de Jacobi, démontré dans le n° 3 des *Annali di Mathematica*, t. I, année 1858, p. 175, par M. Brioschi (¹), on sait que les racines de l'équation du sixième degré entre $\frac{1}{M} = x$ et k, savoir

$$\sqrt{x} = \frac{\sin \operatorname{am} 4\omega \sin \operatorname{am} 8\omega}{\sin \operatorname{coam} 4\omega \sin \operatorname{coam} 8\omega},$$

ω étant successivement $\frac{K}{5}$ et $\frac{\nu K + iK'}{5}$ pour $\nu = 0, 1, 2, 3, 4$, s'expriment de la manière suivante :

Désignons par $\sqrt{x_\nu}$ celle qui correspond à $\omega = \frac{\nu K + iK'}{5}$, ce qui conduit naturellement à adopter la notation $\sqrt{x_\infty}$ pour la première qui est donnée en faisant $\omega = \frac{K}{5}$; on aura

$$(1) \quad \left\{\begin{aligned} \sqrt{x_\infty} &= A_0\sqrt{5}, \\ \sqrt{x_0} &= A_0 + A_1 + A_2, \\ \sqrt{x_1} &= A_0 + \rho A_1 + \rho^4 A_2, \end{aligned}\right. \qquad \left\{\begin{aligned} \sqrt{x_2} &= A_0 + \rho^2 A_1 + \rho^3 A_2, \\ \sqrt{x_3} &= A_0 + \rho^3 A_1 + \rho^2 A_2, \\ \sqrt{x_4} &= A_0 + \rho^4 A_1 + \rho A_2 ; \end{aligned}\right.$$

ρ étant une racine cinquième de l'unité. Ces expressions remar-

---

(¹) Le P. Joubert avait trouvé, de son côté, la même démonstration, en s'occupant de la formation des équations entre M et k pour la transformation relative au cinquième, septième et onzième ordre (*Comptes rendus*, séance du 12 avril 1858).

quables n'appartiennent pas uniquement d'ailleurs à l'équation entre x et k : elles se retrouvent à l'égard des racines des équations analogues (¹) que donne la théorie des fonctions elliptiques entre l'inverse du multiplicateur x et les quantités $x\frac{\sqrt{k}}{\sqrt{\lambda}}$, $x\frac{k}{\lambda}$, $x\left(\frac{\sqrt{k}}{\sqrt{\lambda}}+\frac{\sqrt{k'}}{\sqrt{\lambda'}}\right)^2$, ... L'idée hardie, et qui devait être si féconde, d'étudier en général toutes les équations du sixième degré dont les racines s'expriment de cette manière, quels que soient A_0, A_1, A_2, revient en entier à M. Kronecker. Un premier résultat, obtenu mais non publié par le savant géomètre, a été donné par M. Brioschi à la page 256 des *Annali di Matematica*, t. I, année 1858, et consiste dans la formation même de cette équation du sixième degré. Si l'on pose

$$\begin{aligned}
A &= A_0^2 + A_1 A_2,\\
B &= 8A_0^4 A_1 A_2 - 2A_0^2 A_1^2 A_2^2 + A_1^3 A_2^3 - A_0(A_1^5 + A_2^5),\\
C &= 320 A_0^6 A_1^2 A_2^2 - 160 A_0^4 A_1^3 A_2^3 + 20 A_0^2 A_1^4 A_2^4 + 6 A_1^5 A_2^5\\
&\quad - 4A_0(32A_0^4 - 20A_0^2 A_1 A_2 + 5A_1^2 A_2^2)(A_1^5 + A_2^5) + A_1^{10} + A_2^{10},
\end{aligned}$$

elle aura cette forme remarquable (²) :

$$(x-A)^5(x-5A) + 10B(x-A)^3 - C(x-A) + 5B^2 - AC = 0.$$

Un second résultat extrêmement important est dans l'abaissement de cette équation au cinquième degré (³). Les expressions données par la formule

$$y\sqrt{5} = (x_\infty - x_\nu)(x_{\nu+1} - x_{\nu-1})(x_{\nu+2} - x_{\nu-2}),$$

l'indice ν étant toujours un nombre entier pris suivant le module 5, sont en effet les racines de l'équation suivante, où $5^5\Pi$ représente

---

(¹) M. Brioschi, *Sul methodo di Kronecker per la risoluzione delle equazioni di quinto grado, Atti dell' Instituto Lombardo*, t. I, 1858, p. 275, § II, et le P. Joubert, *Comptes rendus*, t. XLVII, 1858, p. 341.

(²) M. Kronecker, *Ueber die Gleichungen fünften Grades* (*Journal de Crelle*, t. 59, année 1861).

(³) Le cas particulier de l'équation M et k avait été pour la première fois obtenu par le P. Joubert (*Comptes rendus*, séance du 12 avril 1858, t. XLVI, p. 718).

le discriminant (¹) de la proposée, savoir :

$$y^5 + 20By^4 + 10(9B^2 - AC)y^3 + 100B(9B^2 - AC)y^2 + 25(9B^2 - AC)^2 y - \sqrt{\Pi} = 0.$$

Enfin cette réduite peut être simplifiée, et, en posant $\sqrt{y} = 4x$, M. Brioschi parvient ultérieurement à ce beau résultat (²) :

$$x^5 + \frac{5B}{8}x^3 + \frac{5(9B^2 - AC)}{4^4}x - \frac{1}{4^5}\sqrt[4]{\Pi} = 0.$$

Il sert en effet d'origine à ces équations remarquables du cinquième degré dont les racines s'obtiennent sous forme explicite à l'aide des transcendantes elliptiques, et qui, à cet égard, offrent deux cas principaux. Le premier s'obtient en posant

$$A = 1, \qquad B = 0, \qquad C = -2^8 k^2 k'^2;$$

alors l'équation du sixième degré en x n'est autre que la relation entre le multiplicateur et le module considérée plus haut, et, comme on l'a dit, on a

$$\sqrt{x} = \frac{\sin \operatorname{am} \omega \sin \operatorname{am} 8\omega}{\sin \operatorname{coam} 4\omega \sin \operatorname{coam} 8\omega}.$$

Quant à la réduite, elle a la forme trinome

$$x^5 + 5k^2k'^2 x - 2k^2k'^2(1 - 2k^2) = 0,$$

à laquelle j'ai eu pour but, dans la première partie de ces recherches, de ramener toute équation du cinquième degré.

Le second cas s'obtient en posant

$$A = 0, \qquad B = -\frac{16}{k^2k'^2}, \qquad C = 2^8\frac{1 - 16k^2k'^2}{k^4k'^4};$$

il conduit à la réduite

$$x^5 - \frac{10}{k^2k'^2}x^3 + \frac{45}{k^4k'^4}x + \frac{4}{k^6k'^6}(1 - 2k^2)(1 + 32k^2k'^2) = 0.$$

(¹) On trouve aisément, pour $A = 0$,

$$\Pi = (C^3 - 12^3B^5)^2;$$

et, pour $B = 0$,

$$\Pi = (C^3 + 2^6C^2A^5)^2.$$

(²) N° 5 des *Annali di Matematica*, année 1858, t. I, p. 326.

ou plus simplement, en mettant $\frac{x}{kk'}$ au lieu de x,

$$x^5 - 10x^3 + 45x + 4\frac{(1-2k^2)(1+32k^2k'^2)}{kk'} = 0,$$

et c'est à cette équation particulière que la méthode de M. Kronecker permet, comme on le verra bientôt, de ramener le cas général. Quant à l'équation en x du sixième degré, ses racines s'expriment de cette manière

$$\sqrt{x} = \frac{\cos \operatorname{am} 2\omega}{\cos \operatorname{am} 4\omega} - \frac{\cos \operatorname{am} 4\omega}{\cos \operatorname{am} 2\omega},$$

ω étant toujours $\frac{K}{5}$ et $\frac{\nu K + iK'}{5}$; nous avons ainsi les quantités par lesquelles M. Kronecker est parvenu le premier à représenter certaines fonctions cycliques des racines de l'équation générale du cinquième degré, et par conséquent les racines mêmes de cette équation. Mais je renonce à dire, en énumérant ces divers résultats, ce que je crois plus particulièrement appartenir au géomètre allemand et à M. Brioschi, plusieurs choses fondamentales me paraissant avoir été simultanément découvertes par les deux auteurs. Je citerai surtout ce qui concerne les résolvantes de l'équation générale du cinquième degré, dont les racines ont la forme donnée par les équations (1). J'ai étudié avec admiration l'analyse donnée par M. Brioschi sur ce point si important, et elle me servira de base pour les considérations que je vais exposer.

XIII.

Désignons par ξ_ν, l'indice étant un nombre entier pris suivant le module 5, les racines de l'équation $(\alpha, \beta, \gamma, \gamma', \beta', \alpha')(\xi, 1)^5 = 0$, de manière à représenter par ces formules de M. Betti, savoir

$$\xi_{a\nu+b}, \qquad \xi_{(a\nu+b)^3+c},$$

où a, b, c sont également des nombres entiers pris suivant le module 5, les 120 permutations de ces racines. Elles se décomposent en ces deux groupes de 60 permutations conjuguées, savoir

(I) $$\begin{Bmatrix} \xi_{a^2\nu+b} \\ \xi_{(3a^2\nu+b)^3+c} \end{Bmatrix},$$

(II) $$\begin{Bmatrix} \xi_{3a^2\nu+b} \\ \xi_{(a^2\nu+b)^3+c} \end{Bmatrix},$$

de sorte que toute fonction rationnelle des racines, invariable par les substitutions d'un de ces groupes, n'aura que deux valeurs distinctes, et s'exprimera rationnellement par les coefficients de la proposée et la racine carrée du discriminant. Considérant désormais comme quantité *adjointe* cette racine carrée, on pourra se borner aux substitutions (I), et les fonctions des racines dont nous allons surtout nous occuper, qui ont seulement six valeurs, seront caractérisées comme ne changeant pas par les substitutions $\xi_{a^2\nu+b}$. Soient donc $u = F(\xi_0, \xi_1, \xi_2, \xi_3, \xi_4)$ une telle fonction et u_n ce qu'elle devient en remplaçant ξ_ν par $\xi_{3\nu^3+n}$, les six valeurs qu'elle pourra prendre pour les 60 permutations (I) seront u, u_0, u_1, u_2, u_3, u_4, et le système de ces quantités donne lieu à la remarque suivante. Convenant de représenter la première par u_∞, et les autres par u_n, l'indice étant pris suivant le module 5, on vérifiera très facilement qu'aux substitutions

(A) $$\begin{Bmatrix} \xi_\nu \\ \xi_{\nu+1} \end{Bmatrix}, \quad \begin{Bmatrix} \xi_\nu \\ \xi_{4\nu} \end{Bmatrix}, \quad \begin{Bmatrix} \xi_\nu \\ \xi_{3\nu^3} \end{Bmatrix}$$

correspondent [1]

(B) $$\begin{Bmatrix} u_n \\ u_{n+1} \end{Bmatrix}, \quad \begin{Bmatrix} u_n \\ u_{4n} \end{Bmatrix}, \quad \begin{Bmatrix} u_n \\ u_{\frac{1}{n}} \end{Bmatrix}.$$

Mais les substitutions (A) répétées donnent toutes celles des formules (I), et il est visible qu'en composant entre elles les substitutions (B), on trouvera pour résultat $\begin{Bmatrix} u_n \\ u_{\frac{an+b}{cn+d}} \end{Bmatrix}$, a, b, c, d étant des entiers pris suivant le module 5 et tels que $ad - bc$ est résidu quadratique. On voit donc que le *groupe* de l'équation en u, dans

---

[1] Par $u_{\frac{1}{n}}$ se trouve désigné $u_{n'}$, n' étant un entier tel que $nn' \equiv 1 \pmod 5$.

E. P.

le sens de Galois, est le même que celui de l'équation modulaire du sixième degré; mais cette remarque, que j'avais indiquée ([1]), n'est qu'un premier pas vers un résultat beaucoup plus important donné aussi par M. Brioschi.

Supposons qu'au lieu d'être invariable par les substitutions $\xi_{a^2\nu+b}$, la fonction des racines que l'on vient de désigner par u soit cyclique, et change de signe quand on y remplace ξ_ν par $\xi_{4\nu}$; on trouvera qu'aux deux premières substitutions (A) correspondent celles-ci : $\begin{Bmatrix} u_n \\ u_{n+1} \end{Bmatrix}$, $\begin{Bmatrix} u_n \\ -u_{4n} \end{Bmatrix}$, et que le résultat de la troisième est représenté ainsi :

$$\begin{Bmatrix} u_\infty & u_0 & u_1 & u_2 & u_3 & u_4 \\ u_0 & u_\infty & -u_1 & u_3 & u_2 & -u_4 \end{Bmatrix}.$$

Cela posé, faisons dans les relations (1) du paragraphe précédent

$$A_0\sqrt{5} = k_\infty\sqrt{5} + k_0 + k_1 + k_2 + k_3 + k_4,$$

$$\frac{1}{2}A_1\sqrt{5} = k_0 + \rho^4 k_1 + \rho^3 k_2 + \rho^2 k_3 + \rho k_4,$$

$$\frac{1}{2}A_2\sqrt{5} = k_0 + \rho k_1 + \rho^2 k_2 + \rho^3 k_3 + \rho^4 k_4,$$

ρ étant une racine cinquième de l'unité, satisfaisant à la condition

$$-\sqrt{5} = \rho + \rho^4 - \rho^2 - \rho^3,$$

et elles deviendront

$$\begin{aligned}
\sqrt{x_\infty} &= k_\infty\sqrt{5} + k_0 + k_1 + k_2 + k_3 + k_4,\\
\sqrt{x_0} &= k_\infty + k_0\sqrt{5} - k_1 + k_2 + k_3 - k_4,\\
\sqrt{x_1} &= k_\infty - k_0 + k_1\sqrt{5} - k_2 + k_3 + k_4.\\
\sqrt{x_2} &= k_\infty + k_0 - k_1 + k_2\sqrt{5} - k_3 + k_4,\\
\sqrt{x_3} &= k_\infty + k_0 + k_1 - k_2 + k_3\sqrt{5} - k_4,\\
\sqrt{x_4} &= k_\infty - k_0 + k_1 + k_2 - k_3 + k_4\sqrt{5}.
\end{aligned}$$

Or, en représentant le système des quantités x et k par x_n et k_n, l'indice devant recevoir les valeurs ∞, 0, 1, 2, 3, 4. on

([1]) *Sur la théorie des fonctions homogènes à deux indéterminées* (*Cambridge and Dublin Mathématical Journal*, année 1854). HERMITE, *Œuvres*, t. I, p. 348.

vérifie immédiatement qu'aux substitutions $\begin{Bmatrix} k_n \\ k_{n+1} \end{Bmatrix}$, $\begin{Bmatrix} k_n \\ -k_{4n} \end{Bmatrix}$ correspondent celles-ci $\begin{Bmatrix} \sqrt{x_n} \\ \sqrt{x_{n+1}} \end{Bmatrix}$, $\begin{Bmatrix} \sqrt{x_n} \\ -\sqrt{x_{4n}} \end{Bmatrix}$, et enfin que la suivante $\begin{Bmatrix} k_\infty, & k_0, & k_1, & k_2, & k_3, & k_4 \\ k_0, & k_\infty, & -k_1, & k_3, & k_2, & -k_4 \end{Bmatrix}$ donne absolument de même pour résultat

$$\begin{Bmatrix} \sqrt{x_\infty}, & \sqrt{x_0}, & \sqrt{x_1}, & \sqrt{x_2}, & \sqrt{x_3}, & \sqrt{x_4} \\ \sqrt{x_0}, & \sqrt{x_\infty}, & -\sqrt{x_1}, & \sqrt{x_3}, & \sqrt{x_2}, & -\sqrt{x_4} \end{Bmatrix}.$$

On voit donc qu'en posant $k_n = u_n$ les substitutions élémentaires (A) effectuées sur les racines ξ_ν ne feront que reproduire, sauf l'ordre ou le signe, les quantités $\sqrt{x_n}$; par conséquent il en est de même de toutes les substitutions (I), et les coefficients de l'équation du sixième degré en x sont des fonctions rationnelles de ceux de l'équation proposée du cinquième degré, et de la racine carrée du discriminant.

La belle découverte de M. Kronecker est une conséquence immédiate de ce que l'on vient d'établir. Revenant en effet aux expressions désignées dans le paragraphe précédent par A, B, C, on voit qu'en disposant de la fonction cyclique u et du module, de manière à avoir

$$A = 0, \qquad B = -\frac{16}{k^2 k'^2}, \qquad C = 2^8 \frac{1 - 16 k^2 k'^2}{k^4 k'^4},$$

les six quantités $\sqrt{x}$ seront explicitement données par la formule

$$\frac{\cos \operatorname{am} 2\omega}{\cos \operatorname{am} 4\omega} - \frac{\cos \operatorname{am} 4\omega}{\cos \operatorname{am} 2\omega}.$$

A cet effet, soit pour un instant

$$p\,\xi_\alpha \xi_\beta^2 \xi_\gamma^2 + q\,\xi_\alpha^3 \xi_\beta \xi_\gamma = (\alpha\beta\gamma);$$

la fonction cyclique choisie par le savant géomètre est celle-ci, où figurent deux indéterminées p et q, savoir

$$\begin{aligned} u = {} & (012)+(123)+(234)+(340)+(401) \\ & -(210)-(321)-(432)-(043)-(104). \end{aligned}$$

Cela étant, la condition $A = 0$ détermine $\frac{p}{q}$ par une équation du second degré; la relation

$$\frac{C^3}{B^5} = -\frac{16(1-16k^2k'^2)^3}{k^2k'^2},$$

dont le premier membre dépend seulement de $\frac{p}{q}$, donne $k^2k'^2$; enfin la condition $B = -\frac{16}{k^2k'^2}$ achève de déterminer p et q. Voici maintenant une remarque importante qui résulte de cette méthode.

XIV.

On a vu tout à l'heure que l'équation du sixième degré

(1) $(x-A)^5(x-5A)+10B(x-A)^3-C(x-A)+5B^2-AC=0$

était réductible au cinquième, la transformée obtenue par M. Brioschi ayant pour racines les expressions

$$z_\nu = \frac{1}{4\sqrt[4]{5}}[(x_\infty - x_\nu)(x_{\nu+1}-x_{\nu-1})(x_{\nu+2}-x_{\nu-2})]^{\frac{1}{2}},$$

où l'indice ν prend les valeurs 0, 1, 2, 3, 4. Il s'ensuit qu'en partant de l'équation générale

$$(\alpha, \beta, \gamma, \gamma', \beta', \alpha')(\xi, 1)^5 = 0,$$

et faisant $k_n = u_n$, nous allons pouvoir revenir au cinquième degré en obtenant comme conséquence du passage par l'équation (1) ces résultats bien remarquables. En premier lieu la transformée en z, savoir

(2) $$z^5 + \frac{5B}{8}z^3 + \frac{5(9B^2-AC)}{4^4}z - \frac{1}{4^5}\sqrt[4]{\Pi} = 0,$$

ne contient pas, comme on le voit, de puissances paires de l'inconnue. En second lieu, comme on l'a dit plus haut, dans le cas de $A=1$, $B=0$, $C=-2^8k^2k'^2$, et dans celui-ci : $A=0$, $B=-\frac{16}{k^2k'^2}$, $C=2^8\frac{1-16k^2k'^2}{k^4k'^4}$, c'est-à-dire, au fond, en supposant $B=0$ ou $A=0$, cette transformée peut être résolue par les fonctions elliptiques. On voit donc combien il importe de reconnaître de quelle manière dépendent les inconnues z et ξ; voici comme on y parvient.

Soit pour un instant

$$R = k_\infty + k_0 + \frac{\sqrt{5}-1}{2}(k_2 + k_3),$$

$$S = k_1 + k_4 + \frac{\sqrt{5}-1}{2}(k_\infty - k_0),$$

$$T = k_3 - k_2 + \frac{\sqrt{5}-1}{2}(k_1 - k_4),$$

on trouvera immédiatement

$$\sqrt{x_\infty} - \sqrt{x_0} = 2S, \qquad \sqrt{x_\infty} + \sqrt{x_0} = (\sqrt{5}+1)R,$$

$$\sqrt{x_1} - \sqrt{x_4} = 2T, \qquad \sqrt{x_1} + \sqrt{x_4} = (\sqrt{5}+1)S,$$

$$\sqrt{x_2} - \sqrt{x_3} = -(\sqrt{5}+1)T, \qquad \sqrt{x_2} + \sqrt{x_3} = 2R,$$

et l'on en conclura $z_0 = \varepsilon RST$, ε désignant un facteur numérique.

De cette expression rationnelle par rapport aux diverses quantités k_n, on déduira ensuite une autre racine quelconque z_ν, en effectuant la substitution $\begin{Bmatrix} k_n \\ k_{n+\nu} \end{Bmatrix}$. Ce résultat montre qu'en faisant $k_n = u_n$, le produit RST, qui devient alors une fonction rationnelle des racines $\xi_0, \xi_1, \xi_2, \xi_3, \xi_4$, est symétrique par rapport à quatre d'entre elles, et peut s'exprimer rationnellement en ξ_0, au moyen des coefficients de l'équation et de la racine carrée du discriminant. Effectivement, la substitution $\begin{Bmatrix} u_n \\ u_{n+\nu} \end{Bmatrix}$, par laquelle z_ν se déduit de z_0, s'obtient comme on l'a vu dans le paragraphe précédent, en faisant sur les racines ξ la permutation circulaire qui consiste à ajouter le nombre ν aux indices. Cette propriété singulière et si remarquable du système des valeurs de la fonction cyclique désignée par u, se retrouverait encore dans le produit de ces trois facteurs où ω est arbitraire, savoir

$$R = u_\infty + u_0 + \omega(u_2 + u_3),$$

$$S = u_1 + u_4 + \omega(u_\infty - u_0),$$

$$T = u_3 - u_2 + \omega(u_1 - u_4).$$

Ainsi on reconnaît que les substitutions

$$\begin{Bmatrix} \xi_\nu \\ \xi_{4\nu} \end{Bmatrix}, \quad \begin{Bmatrix} \xi_\nu \\ \xi_{3\nu^2} \end{Bmatrix}, \quad \begin{Bmatrix} \xi_\nu \\ \xi_{(2\nu+2)^2-3} \end{Bmatrix}$$

donnent pour résultats

$$\begin{Bmatrix} R, & S, & T \\ -R, & -S, & T \end{Bmatrix}, \quad \begin{Bmatrix} R, & S, & T \\ R, & -S, & -T \end{Bmatrix}, \quad \begin{Bmatrix} R, & S, & T \\ -T, & R, & -S \end{Bmatrix}.$$

Mais, nous proposant d'approfondir cette nouvelle formule de transformation qui ramène à l'équation (2) l'équation générale du cinquième degré, nous supposerons toujours dans ce qui va suivre

$$\omega = \frac{\sqrt{5}-1}{2}.$$

XV.

Les recherches qui me restent à exposer dépendent principalement du choix de la fonction cyclique des racines $\xi_0, \xi_1, \xi_2, \xi_3, \xi_4$, de l'équation générale

$$(\alpha, \beta, \gamma, \gamma', \beta', \alpha')(x, 1)^5 = 0,$$

que l'on a précédemment désignée par u. C'est de là en effet que se déduira la formule de transformation $z = \mathrm{RST}$, où la nouvelle inconnue est une fonction rationnelle et entière de la racine ξ_0, et en prenant pour u un invariant par rapport aux racines, cette formule, comme celle dont j'ai d'abord fait usage, savoir

$$z = \frac{t\varphi_1(x, 1) + u\varphi_2(x, 1) + v\varphi_3(x, 1) + w\varphi_4(x, 1)}{f'_x(x, 1)},$$

conduira à une transformée dont les coefficients seront des invariants de la forme $f = (\alpha, \beta, \gamma, \gamma', \beta', \alpha')(x, y)^5$. Les deux substitutions se ramènent en effet au même type, et chaque expression u donne naissance à des covariants cubiques tels que $\varphi_1(x, y)$, $\varphi_2(x, y)$, ..., mais dont l'ordre est toujours un multiple de 4 augmenté de 3. J'ajouterai encore à ce rapprochement entre les deux méthodes de résolution de l'équation du cinquième degré, en déduisant de la seconde les conditions de réalité des racines. Sous ce nouveau point de vue, on verra qu'il ne sera plus nécessaire de recourir au principe de Jacobi, le caractère propre de la seconde méthode consistant en ce que l'on opère toujours directement sur les racines. C'est pourquoi nous aurons lieu d'employer, dans tout ce qui va suivre, une transformée canonique de la forme proposée, différente de celle qui a été considérée au début de ces recherches. Nous la définirons par une substitution linéaire qui donne pour résultat

$$f = (0, \mathfrak{a}, \mathfrak{b}, \mathfrak{b}', \mathfrak{a}', 0)(\mathfrak{x}, \mathfrak{y})^5,$$

et de manière qu'aux racines $\xi_0, \xi_1, \xi_2, \xi_3, \xi_4$ correspondent respectivement les quantités $1, \varepsilon, 0, \infty, \eta$, en posant

$$\varepsilon = \frac{(\xi_0 - \xi_3)(\xi_1 - \xi_2)}{(\xi_0 - \xi_2)(\xi_1 - \xi_3)}, \qquad \eta = \frac{(\xi_0 - \xi_3)(\xi_2 - \xi_4)}{(\xi_0 - \xi_2)(\xi_3 - \xi_4)}.$$

Soit donc $I = \alpha^n \Theta(\xi_0, \xi_1, \xi_2, \xi_3, \xi_4)$ l'expression en $\xi_0, \xi_1, \ldots$ d'un invariant dont l'ordre soit un nombre pair quelconque n; en désignant le coefficient de ξ_3^n dans Θ par $\theta(\xi_0, \xi_1, \xi_2, \xi_3, \xi_4)$, on aura pour forme canonique

$$I = (5\mathfrak{a})^n \theta(1, \varepsilon, 0, \eta).$$

Je vais appliquer ce résultat à l'invariant du dix-huitième ordre K, dont je rappellerai d'abord l'expression en fonction des racines.

Soient à cet effet

$$\begin{aligned}
F &= (\xi_0 - \xi_1)(\xi_0 - \xi_4)(\xi_3 - \xi_2) + (\xi_0 - \xi_2)(\xi_0 - \xi_3)(\xi_1 - \xi_4),\\
G &= (\xi_0 - \xi_1)(\xi_0 - \xi_2)(\xi_4 - \xi_3) + (\xi_0 - \xi_3)(\xi_0 - \xi_4)(\xi_1 - \xi_2),\\
H &= (\xi_0 - \xi_1)(\xi_0 - \xi_3)(\xi_4 - \xi_2) + (\xi_0 - \xi_2)(\xi_0 - \xi_4)(\xi_3 - \xi_1),
\end{aligned}$$

et convenons de représenter par F_ν, G_ν, H_ν ce que deviennent respectivement ces quantités, en ajoutant aux indices des racines, toujours pris suivant le module 5, le nombre ν; on sait qu'en faisant

$$X_\nu = F_\nu G_\nu H_\nu$$

on aura, abstraction faite d'un facteur numérique,

$$K = \alpha^{18} X X_1 X_2 X_3 X_4.$$

Cela étant, désignons par $\mathcal{F}_\nu$, $\mathcal{G}_\nu$, $\mathcal{H}_\nu$ les formes canoniques des quinze facteurs F_ν, G_ν, H_ν; elles s'exprimeront en ε et η comme il suit :

$$\begin{array}{lll}
\mathcal{F} = 1 - 2\varepsilon + \varepsilon\eta, & \mathcal{G} = \varepsilon\eta - 1, & \mathcal{H} = 1 - 2\eta + \varepsilon\eta, \\
\mathcal{F}_1 = 2\varepsilon - \varepsilon^2 - \eta, & \mathcal{G}_1 = 2\varepsilon\eta - \varepsilon^2 - \eta, & \mathcal{H}_1 = -\varepsilon^2 + \eta, \\
\mathcal{F}_2 = \varepsilon + \eta - \varepsilon\eta, & \mathcal{G}_2 = \varepsilon - \eta + \varepsilon\eta, & \mathcal{H}_2 = \varepsilon - \eta - \varepsilon\eta, \\
\mathcal{F}_3 = \varepsilon + \eta - 1, & \mathcal{G}_3 = -1 - \varepsilon + \eta, & \mathcal{H}_3 = \varepsilon - \eta - 1, \\
\mathcal{F}_4 = -\varepsilon + 2\varepsilon\eta - \eta^2, & \mathcal{G}_4 = \varepsilon - 2\varepsilon\eta + \eta^2, & \mathcal{H}_4 = -\varepsilon + \eta^2,
\end{array}$$

et, si l'on pose

$$\mathcal{X}_\nu = \mathcal{F}_\nu \mathcal{G}_\nu \mathcal{H}_\nu,$$

la transformée canonique de l'invariant du dix-huitième ordre sera

$$K = (5a)^{18} \mathcal{X} \mathcal{X}_1 \mathcal{X}_2 \mathcal{X}_3 \mathcal{X}_4.$$

Ces quantités F, G, H ont pour notre objet une grande importance, et tout à l'heure il sera nécessaire de connaître comment elle se permutent les unes dans les autres, lorsqu'on effectue la substitution $\begin{Bmatrix} \xi_\nu \\ \xi_{3\nu} \end{Bmatrix}$. Or on trouve aisément ces résultats, savoir :

$$\begin{Bmatrix} F & F_1 & F_2 & F_3 & F_4 \\ F & G_3 & -H_4 & -H_1 & -G_2 \end{Bmatrix},$$

$$\begin{Bmatrix} G & G_1 & G_2 & G_3 & G_4 \\ -G & -H_3 & -F_4 & F_1 & H_2 \end{Bmatrix},$$

$$\begin{Bmatrix} H & H_1 & H_2 & H_3 & H_4 \\ -H & -F_3 & G_4 & -G_1 & -F_2 \end{Bmatrix}.$$

Relativement à la substitution $\begin{Bmatrix} \xi_\nu \\ \xi_{2\nu} \end{Bmatrix}$, on obtiendrait

$$\begin{Bmatrix} F & F_1 & F_2 & F_3 & F_4 \\ -H & -H_2 & -H_4 & -H_1 & -H_3 \end{Bmatrix},$$

$$\begin{Bmatrix} G & G_1 & G_2 & G_3 & G_4 \\ -G & -G_2 & -G_4 & -G_1 & -G_3 \end{Bmatrix},$$

$$\begin{Bmatrix} H & H_1 & H_2 & H_3 & H_4 \\ F & F_2 & F_4 & F_1 & F_3 \end{Bmatrix},$$

et par conséquent les expressions suivantes,

$$\alpha^6 F F_1 F_2 F_3 F_4, \qquad \alpha^6 H H_1 H_2 H_3 H_4.$$

que l'on reconnaît immédiatement être des invariants, et qui sont aussi des fonctions cycliques des racines, se reproduiront l'une et l'autre, changées de signe, lorsque l'on fera la substitution $\begin{Bmatrix} \xi_\nu \\ \xi_{4\nu} \end{Bmatrix}$. Elles réunissent donc les conditions qui permettent de les employer à composer une fonction u contenant deux indéterminées; mais leur étude exige que l'on considère en même temps que F, G, H les quantités

$$f = (\xi_3 - \xi_1)(\xi_2 - \xi_4), \qquad g = (\xi_1 - \xi_4)(\xi_2 - \xi_3), \qquad h = (\xi_1 - \xi_2)(\xi_3 - \xi_4).$$

En désignant par f_ν, g_ν, h_ν ce qu'elles deviennent lorsque l'on ajoute ν aux indices des racines, on trouve que la substitution $\begin{Bmatrix} \xi_\nu \\ \xi_{3\nu^3} \end{Bmatrix}$ opère les changements que voici :

$$\begin{Bmatrix} f & f_1 & f_2 & f_3 & f_4 \\ f & g_3 & h_4 & h_1 & g_2 \end{Bmatrix},$$

$$\begin{Bmatrix} g & g_1 & g_2 & g_3 & g_4 \\ g & h_3 & f_4 & f_1 & h_2 \end{Bmatrix},$$

$$\begin{Bmatrix} h & h_1 & h_2 & h_3 & h_4 \\ h & f_3 & g_4 & g_1 & f_2 \end{Bmatrix}.$$

La substitution $\begin{Bmatrix} \xi_\nu \\ \xi_{2\nu} \end{Bmatrix}$ donne pour résultat

$$\begin{Bmatrix} f & f_1 & f_2 & f_3 & f_4 \\ -h & -h_2 & -h_4 & -h_1 & -h_3 \end{Bmatrix},$$

$$\begin{Bmatrix} g & g_1 & g_2 & g_3 & g_4 \\ -g & -g_2 & -g_4 & -g_1 & -g_3 \end{Bmatrix},$$

$$\begin{Bmatrix} h & h_1 & h_2 & h_3 & h_4 \\ -f & -f_2 & -f_4 & -f_1 & -f_3 \end{Bmatrix},$$

d'où l'on voit que, sauf certains changements de signe, les deux groupes de quinze quantités se permutent de la même manière, quand on effectue les mêmes permutations sur les racines de la proposée. Me bornant à remarquer en ce moment qu'en posant, pour abréger,

$$l = (\xi_0 - \xi_1)(\xi_0 - \xi_2)(\xi_0 - \xi_3)(\xi_0 - \xi_4),$$

on a les relations suivantes :

$$G^2 - H^2 = 4lf,$$
$$H^2 - F^2 = 4lg,$$
$$F^2 - G^2 = 4lh,$$

j'arrive immédiatement à l'étude de nos fonctions cycliques.

XVI.

Soient à cet effet

$$U = \alpha^6 F F_1 F_2 F_3 F_4,$$
$$V = \alpha^6 H H_1 H_2 H_3 H_4,$$

de sorte que l'on ait pour l'expression de u avec deux indéterminées

$$u = pU + qV,$$

le système des six valeurs : u_∞, u_0, u_1, u_2, u_3, u_4 s'obtiendra, d'après ce qui a été dit au paragraphe XIV, en effectuant sur la première, qui représente u_∞, la substitution $\begin{Bmatrix} \xi_\nu \\ \xi_{3\nu^2+i} \end{Bmatrix}$, ce qui donnera u_i en prenant $i = 0, 1, 2, 3, 4$. On aura, d'après cela,

$$\begin{aligned}
U_\infty &= \alpha^6 F F_1 F_2 F_3 F_4, & V_\infty &= \alpha^6 H H_1 H_2 H_3 H_4,\\
U_0 &= -\alpha^6 F H_1 G_2 G_3 H_4, & V_0 &= \alpha^6 H G_1 F_2 F_3 G_4,\\
U_1 &= -\alpha^6 H F_1 H_2 G_3 G_4, & V_1 &= \alpha^6 G H_1 G_2 F_3 F_4,\\
U_2 &= -\alpha^6 G H_1 F_2 H_3 G_4, & V_2 &= \alpha^6 F G_1 H_2 G_3 F_4,\\
U_3 &= -\alpha^6 G G_1 H_2 F_3 H_4, & V_3 &= \alpha^6 F F_1 G_2 H_3 G_4,\\
U_4 &= -\alpha^6 H G_1 G_2 H_3 F_4. & V_4 &= \alpha^6 G F_1 F_2 G_3 H_4;
\end{aligned}$$

or ces expressions donnent lieu aux transformations remarquables que voici :

$$\begin{cases} U_\infty = +\alpha^6 F[h^3 H^2 + (h^3 + fgh) FH + (h^2 + fg)^2 l],\\ U_0 = +\alpha^6 F[h^3 H^2 - (h^3 + fgh) FH + (h^2 + fg)^2 l], \end{cases}$$

$$\begin{cases} U_1 = -\alpha^6 H[g^3 G^2 - (g^3 + fgh) GH + (g^2 + fh)^2 l],\\ U_4 = -\alpha^6 H[g^3 G^2 + (g^3 + fgh) GH + (g^2 + fh)^2 l], \end{cases}$$

$$\begin{cases} U_2 = +\alpha^6 G[f^3 F^2 - (f^3 + fgh) FG - (f^2 + gh)^2 l],\\ U_3 = -\alpha^6 G[f^3 F^2 + (f^3 + fgh) FG + (f^2 + gh)^2 l], \end{cases}$$

et

$$\begin{cases} V_\infty = -\alpha^6 H[f^3F^2-(f^3+fgh)FH-(f^2+gh)^2 l], \\ V_0 = +\alpha^6 H[f^3F^2+(f^3+fgh)FH-(f^2+gh)^2 l]; \end{cases}$$

$$\begin{cases} V_1 = -\alpha^6 G[h^3H^2+(h^3+fgh)GH-(h^2+fg)^2 l], \\ V_4 = +\alpha^6 G[h^3H^2-(h^3+fgh)GH-(h^2+fg)^2 l], \end{cases}$$

$$\begin{cases} V_2 = +\alpha^6 F[g^3G^2+(g^3+fgh)FG-(g^2+fh)^2 l], \\ V_3 = +\alpha^6 F[g^3G^2-(g^3+fgh)FG-(g^2+fh)^2 l]. \end{cases}$$

La démonstration est facile, comme on va voir; il suffit, en effet, d'établir la seule relation

$$U_\infty = \alpha^6 F[h^3H^2+(h^3+fgh)FH+(h^2+fg)^2 l],$$

pour en déduire toutes les autres. Or elle revient à cette égalité

$$F_1F_2F_3F_4 = h^3H^2+(h^3+fgh)FH+(h^2+fg)^2 l,$$

que l'on vérifie immédiatement en employant les expressions suivantes :

$$F_1F_2 = (\xi_1-\xi_2)hH+(\xi_0-\xi_1)(\xi_0-\xi_2)(h^2+fg),$$
$$F_3F_4 = (\xi_3-\xi_4)hH+(\xi_0-\xi_3)(\xi_0-\xi_4)(h^2+fg),$$

et observant que l'on a identiquement

$$\begin{aligned}&(\xi_0-\xi_1)(\xi_0-\xi_2)(\xi_3-\xi_4)+(\xi_0-\xi_3)(\xi_0-\xi_4)(\xi_1-\xi_2)\\ &=(\xi_0-\xi_1)(\xi_0-\xi_4)(\xi_3-\xi_2)+(\xi_0-\xi_2)(\xi_0-\xi_3)(\xi_1-\xi_4) = F.\end{aligned}$$

Quant aux produits F_1F_2, F_3F_4, je remarque qu'en multipliant le premier, par exemple, par $\alpha^4 f_1 f_2$, on obtient un invariant par rapport aux racines dont la forme canonique est

$$(5a)^4\eta(\varepsilon-\eta)(2\varepsilon-\varepsilon^2-\eta)(\varepsilon+\eta-\varepsilon\eta).$$

Voici d'ailleurs la forme canonique de la quantité

$$\alpha^4 f_1 f_2[(\xi_1-\xi_2)hH+(\xi_0-\xi_1)(\xi_0-\xi_2)(h^2+fg)],$$

savoir

$$(5a)^4\eta(\varepsilon-\eta)[(\varepsilon-1)\eta^2+(\varepsilon^3-3\varepsilon^2+\varepsilon)\eta-\varepsilon^2(\varepsilon-2)],$$

de sorte qu'ayant

$$(2\varepsilon-\varepsilon^2-\eta)(\varepsilon+\eta-\varepsilon\eta) = (\varepsilon-1)\eta^2+(\varepsilon^3-3\varepsilon^2+\varepsilon)\eta-\varepsilon^2(\varepsilon-2),$$

on établit par l'égalité des formes canoniques celle des expressions proposées elles-mêmes. Après avoir démontré la relation

$$U_\infty = \alpha^6 F[h^3 H^2 + (h^3 + fgh) FH + (h^2 + fg)^2 l],$$

nous en déduirons comme il suit toutes les autres.

Soit pour un instant

$$U_\infty = \Phi(F, H, h, h^2 + fg, l),$$

nous obtiendrons d'abord U_0, en effectuant sur les racines la substitution $\left\{\begin{matrix} \xi_\nu \\ \xi_{3\nu^3} \end{matrix}\right\}$ qui laisse l invariable et donnera

$$U_0 = \Phi(F, -H, h, h^2 + fg, l).$$

Maintenant, ajoutons aux indices les nombres 1, 2, 3, 4, il viendra, en désignant par l_1, l_2, l_3, l_4 les valeurs correspondantes de l,

$$\begin{aligned}
U_1 &= \Phi(F_1, -H_1, h_1, h_1^2 + f_1 g_1, l_1),\\
U_2 &= \Phi(F_2, -H_2, h_2, h_2^2 + f_2 g_2, l_2),\\
U_3 &= \Phi(F_3, -H_3, h_3, h_3^2 + f_3 g_3, l_3),\\
U_4 &= \Phi(F_4, -H_4, h_4, h_4^2 + f_4 g_4, l_4).
\end{aligned}$$

Effectuons ensuite dans chacune de ces égalités la substitution $\left\{\begin{matrix} \xi_\nu \\ \xi_{3\nu^3} \end{matrix}\right\}$, on tirera les suivantes :

$$\begin{aligned}
-U_1 &= \Phi(G_3, F_3, f_3, f_3^2 + g_3 h_3, l_3),\\
U_3 &= \Phi(-H_4, -G_4, g_4, g_4^2 + h_4 f_4, l_4),\\
U_2 &= \Phi(-H_1, G_1, g_1, g_1^2 + h_1 f_1, l_1),\\
-U_4 &= \Phi(-G_2, F_2, f_2, f_2^2 + g_2 h_2, l_2).
\end{aligned}$$

Enfin, dans chacune d'elles ajoutons aux indices des racines le nombre nécessaire pour ramener dans la fonction Φ les quantités F, G, H, et l'on obtiendra de cette manière

$$\begin{aligned}
-U_3 &= \Phi(G, F, f, f^2 + gh, l),\\
U_4 &= \Phi(-H, -G, g, g^2 + hf, l),\\
U_1 &= \Phi(-H, G, g, g^2 + hf, l),\\
-U_2 &= \Phi(-G, F, f, f^2 + gh, l);
\end{aligned}$$

d'où l'on conclut, comme l'on voit, les résultats qui concernent les quantités U. A l'égard des quantités V, il suffira d'effectuer dans les égalités qui précèdent la substitution $\left\{\begin{matrix}\xi_\nu \\ \xi_{2\nu}\end{matrix}\right\}$, car U_∞, U_0, U_1, U_2, U_3, U_4 deviennent par là $-V_\infty$, V_0, V_2, V_4, V_1, V_3, de sorte que l'on aura

$$\begin{aligned}
-V_\infty &= \Phi(-H, \quad F, \ -f, \ f^2+gh, \ l),\\
V_0 &= \Phi(-H, \ -F, \ -f, \ f^2+gh, \ l),\\
-V_1 &= \Phi(-G, \ -H, \ -h, \ h^2+fg, \ l),\\
V_3 &= \Phi(-F, \quad G, \ -g, \ g^2+hf, \ l),\\
V_2 &= \Phi(-F, \ -G, \ -g, \ g^2+hf, \ l),\\
-V_4 &= \Phi(\quad G, \ -H, \ -h, \ h^2+fg, \ l),
\end{aligned}$$

et toutes les relations données plus haut se trouvent ainsi démontrées.

XVII.

La considération des quantités U et V ne suffit pas seule à l'objet que nous avons en vue, et aux résultats précédents il est nécessaire de joindre ceux que nous allons tirer des fonctions cycliques du second ordre envisagées par M. Brioschi dans le beau et important travail déjà cité : *Sul metodo di Kronecker per la risoluzione delle equazioni di quinto grado*. Voici d'abord les valeurs de ces fonctions, ainsi que leurs formes canoniques en ε et η :

$$\left\{\begin{aligned}
\mathfrak{u}_\infty &= \alpha^2(\xi_0-\xi_1)(\xi_1-\xi_2)(\xi_2-\xi_3)(\xi_3-\xi_4)(\xi_4-\xi_0) = 25\mathfrak{a}^2\varepsilon(1-\varepsilon)(1-\eta),\\
\mathfrak{u}_0 &= \alpha^2(\xi_0-\xi_3)(\xi_3-\xi_4)(\xi_4-\xi_1)(\xi_1-\xi_2)(\xi_2-\xi_0) = 25\mathfrak{a}^2\varepsilon(\eta-\varepsilon),\\
\mathfrak{u}_1 &= \alpha^2(\xi_1-\xi_4)(\xi_4-\xi_0)(\xi_0-\xi_2)(\xi_2-\xi_3)(\xi_3-\xi_1) = 25\mathfrak{a}^2(\varepsilon-\eta)(1-\eta),\\
\mathfrak{u}_2 &= \alpha^2(\xi_2-\xi_0)(\xi_0-\xi_1)(\xi_1-\xi_3)(\xi_3-\xi_4)(\xi_4-\xi_2) = 25\mathfrak{a}^2\eta(1-\varepsilon),\\
\mathfrak{u}_3 &= \alpha^2(\xi_3-\xi_1)(\xi_1-\xi_2)(\xi_2-\xi_4)(\xi_4-\xi_0)(\xi_0-\xi_3) = 25\mathfrak{a}^2\varepsilon\eta(\eta-1),\\
\mathfrak{u}_4 &= \alpha^2(\xi_4-\xi_2)(\xi_2-\xi_3)(\xi_3-\xi_0)(\xi_0-\xi_1)(\xi_1-\xi_4) = 25\mathfrak{a}^2\eta(\varepsilon-\eta)(\varepsilon-1);
\end{aligned}\right.$$

$$\left\{\begin{aligned}
\mathfrak{v}_\infty &= \alpha^2(\xi_0-\xi_2)(\xi_2-\xi_4)(\xi_4-\xi_1)(\xi_1-\xi_3)(\xi_3-\xi_0) = 25\mathfrak{a}^2\eta(\eta-\varepsilon),\\
\mathfrak{v}_0 &= \alpha^2(\xi_0-\xi_4)(\xi_4-\xi_2)(\xi_2-\xi_3)(\xi_3-\xi_1)(\xi_1-\xi_0) = 25\mathfrak{a}^2\eta(1-\varepsilon)(1-\eta),\\
\mathfrak{v}_1 &= \alpha^2(\xi_1-\xi_0)(\xi_0-\xi_3)(\xi_3-\xi_4)(\xi_4-\xi_2)(\xi_2-\xi_1) = 25\mathfrak{a}^2\varepsilon\eta(\varepsilon-1),\\
\mathfrak{v}_2 &= \alpha^2(\xi_2-\xi_1)(\xi_1-\xi_4)(\xi_4-\xi_0)(\xi_0-\xi_3)(\xi_3-\xi_2) = 25\mathfrak{a}^2\varepsilon(\varepsilon-\eta)(\eta-1),\\
\mathfrak{v}_3 &= \alpha^2(\xi_3-\xi_2)(\xi_2-\xi_0)(\xi_0-\xi_1)(\xi_1-\xi_4)(\xi_4-\xi_3) = 25\mathfrak{a}^2(\varepsilon-\eta)(1-\varepsilon),\\
\mathfrak{v}_4 &= \alpha^2(\xi_4-\xi_3)(\xi_3-\xi_1)(\xi_1-\xi_2)(\xi_2-\xi_0)(\xi_0-\xi_4) = 25\mathfrak{a}^2\varepsilon(1-\eta).
\end{aligned}\right.$$

Cela posé, et au moyen des formes canoniques, on vérifiera immédiatement les relations suivantes, dont on verra bientôt l'importance, savoir :

$$(1)\quad \left\{\begin{array}{ll} 2u_\infty = +\alpha^2 h(H+F), & 2v_\infty = +\alpha^2 f(H-F), \\ 2u_0 = -\alpha^2 h(H-F), & 2v_0 = -\alpha^2 f(H+F), \\ 2u_1 = +\alpha^2 g(G-H), & 2v_1 = +\alpha^2 h(G+H), \\ 2u_4 = -\alpha^2 g(G+H), & 2v_4 = -\alpha^2 h(G-H), \\ 2u_2 = -\alpha^2 f(F-G), & 2v_2 = -\alpha^2 g(F+G), \\ 2u_3 = -\alpha^2 f(F+G), & 2v_3 = -\alpha^2 g(F-G). \end{array}\right.$$

J'en déduirai d'abord l'expression des invariants du quatrième, du huitième et du douzième ordre, de la forme du cinquième degré, en fonction de F, G, H et f, g, h. On trouve aisément, en effet,

$$u_\infty^2 + u_0^2 + u_1^2 + u_2^2 + u_3^2 + u_4^2 = -25(25A + 3\sqrt{5D}),$$

$$v_\infty^2 + v_0^2 + v_1^2 + v_2^2 + v_3^2 + v_4^2 = -25(25A - 3\sqrt{5D}),$$

et, par conséquent,

$$\alpha^4[h^2(F^2+H^2) + g^2(H^2+G^2) + f^2(G^2+F^2)] = -50(25A + 3\sqrt{5D}),$$

$$\alpha^4[f^2(F^2+H^2) + h^2(H^2+G^2) + g^2(G^2+F^2)] = -50(25A - 3\sqrt{5D}),$$

d'où

$$\alpha^4[f^2(2F^2+G^2+H^2) + g^2(2G^2+H^2+F^2) + h^2(2H^2+F^2+G^2)] = -2500A,$$

$$\alpha^4[f^2(H^2-G^2) + g^2(F^2-H^2) + h^2(G^2-F^2)] = 300\sqrt{5D}.$$

Considérons ensuite la somme des produits trois à trois, que l'on peut écrire de cette manière :

$$\begin{aligned}(u_\infty^2 + u_0^2)(u_1^2 + u_4^2)(u_2^2 + u_3^2) &+ u_\infty^2 u_0^2(u_1^2 + u_4^2 + u_2^2 + u_3^2) \\ &+ u_1^2 u_4^2(u_\infty^2 + u_0^2 + u_2^2 + u_3^2) \\ &+ u_2^2 u_3^2(u_\infty^2 + u_0^2 + u_1^2 + u_4^2).\end{aligned}$$

Elle est la même pour les deux groupes de quantités u et v, et a pour valeur $4.5^9\left(\frac{80}{9}D_1 - AD\right)$. C'est donc un des invariants du douzième ordre qui s'évanouissent comme D_1, lorsque la forme proposée admet deux couples de racines doubles; je l'introduirai en le désignant par $\mathfrak{D}$, de sorte que l'on aura

$$\begin{aligned}\frac{1}{\alpha^{12}}\mathfrak{D} = {} & \frac{1}{8} f^2 g^2 h^2 (G^2+H^2)(H^2+F^2)(F^2+G^2)\\ & + \frac{1}{32} f^4 (F^2-H^2)^2 [g^2(F^2+G^2) + h^2(G^2+H^2)]\\ & + \frac{1}{32} g^4 (G^2-F^2)^2 [h^2(G^2+H^2) + f^2(H^2+F^2)]\\ & + \frac{1}{32} h^4 (H^2-G^2)^2 [f^2(H^2+F^2) + g^2(F^2+G^2)].\end{aligned}$$

Mais ces diverses expressions ne sont pas sous leur forme définitive; observant en effet que F, G, H n'y entrent que par leurs carrés, on pourra, au moyen des relations

$$\begin{aligned} G^2 - H^2 &= 4lf,\\ H^2 - F^2 &= 4lg,\\ F^2 - G^2 &= 4lh,\end{aligned}$$

auxquelles je joindrai

$$f + g + h = 0,$$

les faire uniquement dépendre des quatre quantités F^2, g, h et l. On trouvera ainsi

$$\frac{5^4 A}{\alpha^4} = -2(g^2+gh+h^2)F^2 - (g-h)(2g^2+gh+2h^2)l,$$

$$\frac{5^2\sqrt{5D}}{\alpha^4} = fghl = -(g+h)\,ghl,$$

$$\frac{5^5 D}{\alpha^8} = (g+h)^2 g^2 h^2 l^2,$$

$$\begin{aligned}\frac{\mathfrak{D}}{\alpha^{12}} = {} & (g+h)^2 g^2 h^2 F^6 + 4(g-h)(g+h)^2 g^2 h^2 l F^4\\ & + (g^8 + 4g^7 h + 12 g^6 h^2 + 6 g^5 h^3 - 5 g^4 h^4 + 6 g^3 h^5 + 12 g^2 h^6 + 4 g h^7 + h^8) l^2 F^2\\ & - 2gh(g-h)(g^6 + 3g^5 h + 8 g^4 h^2 + 11 g^3 h^3 + 8 g^2 h^4 + 3 g h^5 + h^6) l^3,\end{aligned}$$

et la valeur de $\mathfrak{D}$ montre bien effectivement qu'il s'évanouit pour $l = 0$ et $g = 0$, c'est-à-dire lorsque deux couples de racines deviennent égales entre elles.

Les équations (1) peuvent aussi servir à démontrer immédiatement ces identités remarquables données par M. Brioschi, savoir :

$$u_0 + u_1 + u_2 + u_3 + u_4 = u_\infty + 2v_\infty,$$
$$u_\infty - u_1 + u_2 + u_3 - u_4 = u_0 + 2v_0,$$
$$u_\infty - u_0 - u_2 + u_3 + u_4 = u_1 + 2v_1,$$
$$u_\infty + u_0 - u_1 - u_3 + u_4 = u_2 + 2v_2,$$
$$u_\infty + u_0 + u_1 - u_2 - u_4 = u_3 + 2v_3,$$
$$u_\infty - u_0 + u_1 + u_2 - u_3 = u_4 + 2v_4.$$

Mais nous les employons principalement à l'étude des nouvelles fonctions cycliques du sixième ordre formées en élevant u et v au cube, et que nous allons joindre à U et V.

XVIII.

Je montrerai en premier lieu que ces deux groupes de quantités U et u^3, de natures si différentes au premier abord, peuvent être compris dans la même forme algébrique. Pour cela, je remplace les carrés F^2 et H^2, dans l'équation

$$8u_\infty^3 = \alpha^6 h^3(F^3 + 3F^2H + 3FH^2 + H^3),$$

par $H^2 - 4lg$ et $F^2 + 4lg$, après avoir divisé par 4, il viendra ainsi :

$$2u_\infty^3 = \alpha^6(h^3F^3 + h^3H^3 + 3gh^3lF - 3gh^3lH).$$

J'opère de même dans la relation

$$U_\infty = \alpha^6[h^3FH^2 + (h^3 + fgh)F^2H + (h^2 + fg)^2 lF],$$

ce qui donne

$$U_\infty = \alpha^6[h^3F^3 + (h^2 - fh - f^2)hH^3 + (f^4 + 2f^3h - f^2h^2 - 6fh^3 - 3h^4)lF - 4(f^3h + 2f^2h^2 - h^4)lH].$$

On voit donc que les deux fonctions cycliques du sixième ordre sont comprises dans cette forme

$$\varphi(f, h)F^3 + \psi(f, h)H^3 + \varphi_1(f, h)lF + \psi_1(f, h)lH,$$

φ et ψ étant deux polynomes homogènes du troisième degré, φ_1 et ψ_1 du quatrième, et il y aurait lieu sans doute d'en faire l'étude en recherchant l'expression la plus générale de ces polynomes qui permette d'obtenir ainsi des fonctions cycliques. Mais, pour ne pas trop m'étendre, je me borne aux quantités U et $\mathfrak{u}^3$, et, observant que l'expression

$$fghl(\mu\mathfrak{u}_\infty + \nu\mathfrak{v}_\infty),$$

où $fghl$ est proportionnel à la racine carrée du déterminant, est aussi du sixième ordre, j'envisagerai seulement les expressions de cette forme

$$m\mathrm{U} + n\mathfrak{u}^3 + fghl(\mu\mathfrak{u} + \nu\mathfrak{v}),$$

où m, n, μ, ν sont des constantes. Cela étant, je me suis arrêté à la combinaison suivante :

$$\mathrm{U} - 2\mathfrak{u}^3 - fghl(6\mathfrak{u} + 4\mathfrak{v}) = \mathcal{U},$$

d'où l'on tire

$$\begin{cases} \mathcal{U}_\infty = \alpha^6[+fgh\mathrm{H}^3 + (h-2f)g^2hl\mathrm{H} + f^4l\mathrm{F}], \\ \mathcal{U}_0 = \alpha^6[-fgh\mathrm{H}^3 - (h-2f)g^2hl\mathrm{H} + f^4l\mathrm{F}], \end{cases}$$

$$\begin{cases} \mathcal{U}_1 = \alpha^6[+fgh\mathrm{G}^3 + (g-2h)f^2gl\mathrm{G} - h^4l\mathrm{H}], \\ \mathcal{U}_4 = \alpha^6[-fgh\mathrm{G}^3 - (g-2h)f^2gl\mathrm{G} - h^4l\mathrm{H}], \end{cases}$$

$$\begin{cases} \mathcal{U}_2 = \alpha^6[-fgh\mathrm{F}^3 - (f-2g)h^2fl\mathrm{F} + g^4l\mathrm{G}], \\ \mathcal{U}_3 = \alpha^6[-fgh\mathrm{F}^3 - (f-2g)h^2fl\mathrm{F} - g^4l\mathrm{G}]. \end{cases}$$

En opérant ensuite dans $\mathcal{U}$ la substitution $\begin{Bmatrix} \xi_\nu \\ \xi_{2\nu} \end{Bmatrix}$, j'en déduis ce second système, savoir :

$$\begin{cases} \mathcal{V}_\infty = \alpha^6[-fgh\mathrm{F}^3 + (f-2h)g^2fl\mathrm{F} - h^4l\mathrm{H}], \\ \mathcal{V}_0 = \alpha^6[-fgh\mathrm{F}^3 + (f-2h)g^2fl\mathrm{F} + h^4l\mathrm{H}], \end{cases}$$

$$\begin{cases} \mathcal{V}_1 = \alpha^6[+fgh\mathrm{H}^3 - (h-2g)f^2hl\mathrm{H} - g^4l\mathrm{G}], \\ \mathcal{V}_4 = \alpha^6[+fgh\mathrm{H}^3 - (h-2g)f^2hl\mathrm{H} + g^4l\mathrm{G}], \end{cases}$$

$$\begin{cases} \mathcal{V}_2 = \alpha^6[-fgh\mathrm{G}^3 + (g-2f)h^2gl\mathrm{G} + f^4l\mathrm{F}], \\ \mathcal{V}_3 = \alpha^6[+fgh\mathrm{G}^3 - (g-2f)h^2gl\mathrm{G} + f^4l\mathrm{F}]. \end{cases}$$

Maintenant je prendrai pour la fonction u cette expression où figurent quatre constantes qui tout à l'heure se réduiront à deux seulement, savoir :

$$u = p\,\mathcal{U} + p'\,\mathcal{V} + 2\alpha^4 fghl(q\,\mathfrak{u} + q'\,\mathfrak{v}).$$

C'est dans cette détermination que se trouve le point le plus difficile et le plus important de mon travail, et elle ne pourra être justifiée que par les résultats qui en sont les conséquences, et que je vais exposer.

XIX.

Je reviens maintenant, pour en effectuer la détermination, aux quantités précédemment désignées par R, S, T, et qui figurent dans la formule de transformation propre à la méthode de M. Kronecker, savoir :

$$\begin{aligned}
R &= u_\infty + u_0 + \omega(u_2 + u_3),\\
S &= u_1 + u_4 + \omega(u_\infty - u_0),\\
T &= u_3 - u_2 + \omega(u_1 - u_4).
\end{aligned}$$

On se rappelle qu'on a posé $\omega = \frac{\sqrt{5}-1}{2}$; faisant d'après cela, pour abréger,

$$\begin{aligned}
\mathfrak{f} &= -2ghF^2 - (f^2 + 2gh)(g-h)l + \sqrt{5}f^3 l,\\
\mathfrak{g} &= -2hfG^2 - (g^2 + 2hf)(h-f)l + \sqrt{5}g^3 l,\\
\mathfrak{h} &= -2fgH^2 - (h^2 + 2fg)(f-g)l + \sqrt{5}h^3 l,
\end{aligned}$$

on trouvera immédiatement

$$(1)\quad \left\{\begin{aligned}
\mho_\infty + \mho_0 + \omega(\mho_2 + \mho_3) &= +\,\omega\alpha^6 f\mathfrak{f}F,\\
\mho_1 + \mho_4 + \omega(\mho_\infty - \mho_0) &= -\,\omega\alpha^6 h\mathfrak{h}H,\\
\mho_3 - \mho_2 + \omega(\mho_1 - \mho_4) &= -\,\omega\alpha^6 g\mathfrak{g}G,\\
\varphi_\infty + \varphi_0 + \omega(\varphi_2 + \varphi_3) &= +\,\alpha^6 f\mathfrak{f}F,\\
\varphi_1 + \varphi_4 + \omega(\varphi_\infty - \varphi_0) &= -\,\alpha^6 h\mathfrak{h}H,\\
\varphi_3 - \varphi_2 + \omega(\varphi_1 - \varphi_4) &= -\,\alpha^6 g\mathfrak{g}G.
\end{aligned}\right.$$

Soit en second lieu

$$\begin{aligned}
\mathfrak{f}' &= (h - g - \sqrt{5}f)ghl,\\
\mathfrak{g}' &= (f - h - \sqrt{5}g)hfl,\\
\mathfrak{h}' &= (g - f - \sqrt{5}h)fgl,
\end{aligned}$$

et l'on aura de même

$$(2)\quad \left\{\begin{aligned} 2fghl[\mathfrak{u}_\infty+\mathfrak{u}_0+\omega(\mathfrak{u}_2+\mathfrak{u}_3)] &= +\ \ \alpha^6 f\mathfrak{f}'\mathrm{F},\\ 2fghl[\mathfrak{u}_1+\mathfrak{u}_4+\omega(\mathfrak{u}_\infty-\mathfrak{u}_0)] &= -\ \ \alpha^6 h\mathfrak{h}'\mathrm{H},\\ 2fghl[\mathfrak{u}_3-\mathfrak{u}_2+\omega(\mathfrak{u}_1-\mathfrak{u}_4)] &= -\ \ \alpha^6 g\mathfrak{g}'\mathrm{G},\\ 2fghl[\mathfrak{v}_\infty+\mathfrak{v}_0+\omega(\mathfrak{v}_2+\mathfrak{v}_3)] &= +\,\omega\alpha^6 f\mathfrak{f}'\mathrm{F},\\ 2fghl[\mathfrak{v}_1+\mathfrak{v}_4+\omega(\mathfrak{v}_\infty-\mathfrak{v}_0)] &= -\,\omega\alpha^6 h\mathfrak{h}'\mathrm{H},\\ 2fghl[\mathfrak{v}_3-\mathfrak{v}_2+\omega(\mathfrak{v}_1-\mathfrak{v}_4)] &= -\,\omega\alpha^6 g\mathfrak{g}'\mathrm{G}. \end{aligned}\right.$$

Or il résulte des équations (1) que p et p' n'entreront dans R, S, T que par la combinaison $\omega p + p'$, et des relations (2) que q et q' se réuniront dans l'expression analogue $q + \omega q'$; posant, en conséquence,

$$\omega p + p' = \mathfrak{p}, \qquad q + \omega q' = \mathfrak{q},$$

on trouvera simplement

$$\begin{aligned} \mathrm{R} &= \alpha^6 f\,\mathrm{F}(\mathfrak{p}\mathfrak{f}+\mathfrak{q}\mathfrak{f}'),\\ -\mathrm{T} &= \alpha^6 g\,\mathrm{G}(\mathfrak{p}\mathfrak{g}+\mathfrak{q}\mathfrak{g}'),\\ -\mathrm{S} &= \alpha^6 h\,\mathrm{H}(\mathfrak{p}\mathfrak{h}+\mathfrak{q}\mathfrak{h}'). \end{aligned}$$

La formule de transformation $z = \mathrm{RST}$ peut donc être présentée comme le produit de ces deux facteurs, qui, l'un et l'autre, sont des invariants, savoir

$$\alpha^6 fgh\mathrm{FGH} \qquad \text{et} \qquad \alpha^{12}(\mathfrak{p}\mathfrak{f}+\mathfrak{q}\mathfrak{f}')(\mathfrak{p}\mathfrak{g}+\mathfrak{q}\mathfrak{g}')(\mathfrak{p}\mathfrak{h}+\mathfrak{q}\mathfrak{h}').$$

Le premier, qu'on peut écrire ainsi

$$\alpha^6 fghl\frac{\mathrm{FGH}}{l} = 5^2\sqrt{5\mathrm{D}}\,\frac{\alpha^2\mathrm{FGH}}{l},$$

met immédiatement en évidence une fonction rationnelle de la racine ξ_0; mais il reste encore à donner explicitement au second cette même forme, et c'est ce que je vais faire, après avoir ajouté cette remarque, facile à vérifier, que la substitution $\begin{Bmatrix} \xi_\nu \\ \xi_{2\nu} \end{Bmatrix}$ n'a d'autre effet que d'y changer le signe du radical $\sqrt{5}$.

XX.

Comme élément essentiel de l'importante transformation qu'il s'agit d'opérer, j'introduirai l'expression suivante :

$$\lambda = \alpha^4 (f-g)(g-h)(h-f) l.$$

C'est un invariant, comme on le voit de suite, et de plus une fonction rationnelle de la racine ξ_0, car le facteur $\alpha^3 (f-g)(g-h)(h-f)$ représente l'invariant cubique de la forme du quatrième degré obtenu en divisant la proposée par $\xi - \xi_0$. Désignant donc par λ_0, λ_1, λ_2, λ_3, λ_4 les cinq déterminations qui correspondent ainsi aux racines ξ_0, ξ_1, ξ_2, ξ_3, ξ_4, on aura ces relations remarquables, savoir :

$$\begin{aligned}
\lambda_0 - \lambda_1 &= +2\alpha^4(\xi_0 - \xi_1) H_2 G_3 H_4,\\
\lambda_0 - \lambda_2 &= -2\alpha^4(\xi_0 - \xi_2) G_1 F_3 F_4,\\
\lambda_0 - \lambda_3 &= -2\alpha^4(\xi_0 - \xi_3) F_1 F_2 G_4,\\
\lambda_0 - \lambda_4 &= +2\alpha^4(\xi_0 - \xi_4) H_1 G_2 H_3;
\end{aligned}$$

$$\begin{aligned}
\lambda_1 - \lambda_3 &= -2\alpha^4(\xi_1 - \xi_3) F G_2 F_4, & \lambda_2 - \lambda_4 &= -2\alpha^4(\xi_2 - \xi_4) F F_1 G_3,\\
\lambda_1 - \lambda_4 &= -2\alpha^4(\xi_1 - \xi_4) G F_2 F_3, & \lambda_2 - \lambda_3 &= +2\alpha^4(\xi_2 - \xi_3) G H_1 H_4,\\
\lambda_3 - \lambda_4 &= +2\alpha^4(\xi_3 - \xi_4) H G_1 H_2, & \lambda_1 - \lambda_2 &= +2\alpha^4(\xi_1 - \xi_2) H H_3 G_4.
\end{aligned}$$

Pour les établir il suffit, par exemple, de démontrer celles-ci :

$$\begin{aligned}
\lambda_0 - \lambda_1 &= +2\alpha^4(\xi_0 - \xi_1) H_2 G_3 H_4,\\
\lambda_0 - \lambda_2 &= -2\alpha^4(\xi_0 - \xi_2) G_1 F_3 F_4,
\end{aligned}$$

les autres s'en déduisant par une simple permutation cyclique des racines; or elles se vérifient au moyen des formes canoniques en ε et η des facteurs de l'invariant du dix-huitième ordre et des quantités λ elles-mêmes, dont voici le Tableau complet :

$$\begin{aligned}
\lambda_0 &= (5a)^4 (1-\varepsilon)(1-\eta)(\varepsilon+\eta)(\varepsilon-2\eta)(2\varepsilon-\eta),\\
\lambda_1 &= (5a)^4 \varepsilon(1-\varepsilon)(\varepsilon-\eta)(1+\eta)(1-2\eta)(\eta-2),\\
\lambda_2 &= (5a)^4 \varepsilon\eta(\varepsilon+\eta-2)(\varepsilon-2\eta+1)(\eta-2\varepsilon+1),\\
\lambda_3 &= (5a)^4 (\varepsilon+\eta-2\varepsilon\eta)(\varepsilon-2\eta+\varepsilon\eta)(\eta-2\varepsilon+\varepsilon\eta),\\
\lambda_4 &= (5a)^4 \eta(1-\eta)(\eta-\varepsilon)(1+\varepsilon)(1-2\varepsilon)(\varepsilon-2).
\end{aligned}$$

Cela posé, et en se rappelant que l'on a désigné par K l'invariant du dix-huitième ordre, on tire des premières multipliées membre à membre

$$(\lambda_0 - \lambda_1)(\lambda_0 - \lambda_2)(\lambda_0 - \lambda_3)(\lambda_0 - \lambda_4) = \frac{16 l K}{\alpha^2 FGH},$$

ou bien

$$\Pi'(\lambda_0) = \frac{16 l K}{\alpha^2 FGH},$$

en faisant, pour abréger,

$$\Pi(\lambda) = (\lambda - \lambda_0)(\lambda - \lambda_1)(\lambda - \lambda_2)(\lambda - \lambda_3)(\lambda - \lambda_4),$$

et, par suite,

$$\Pi'(\lambda_\nu) = \frac{16 l_\nu K}{\alpha^2 F_\nu G_\nu H_\nu},$$

pour les diverses valeurs de l'indice. C'est ce qui va permettre d'établir la proposition suivante :

Tout invariant donné sous forme de fonction entière des racines, symétrique par rapport à $\xi_1, \xi_2, \xi_3, \xi_4$ *et dont le degré en* ξ_0 *est multiple de* 4, *s'exprime par*

$$L_0 + \lambda_0 L_1 + \lambda_0^2 L_2 + \lambda_0^3 L_3 + \lambda_0^4 L_4,$$

les coefficients $L_1, L_2, \ldots$ *étant des fonctions entières des invariants fondamentaux* A, B, C.

Soient en effet, pour un instant, $\Theta_0, \Theta_1, \ldots$ les cinq valeurs de cette fonction; j'observe que le polynome du quatrième degré en λ

$$\Theta = \sum_0^4 {}_\nu \frac{\Theta_\nu}{\Pi'(\lambda_\nu)} \frac{\Pi(\lambda)}{\lambda - \lambda_\nu},$$

qui se réduit à $\Theta_0, \Theta_1, \ldots$, pour $\lambda = \lambda_0$, $\lambda = \lambda_1, \ldots$, peut, d'après la valeur de $\Pi'(\lambda_\nu)$, s'écrire ainsi :

$$\Theta = \frac{1}{16K} \sum_0^4 {}_\nu \frac{\alpha^3 F_\nu G_\nu H_\nu \Theta_\nu}{\alpha l_\nu} \frac{\Pi(\lambda)}{\lambda - \lambda_\nu}.$$

Or αl_ν étant la dérivée du premier membre de l'équation proposée pour $\xi = \xi_\nu$, on sait par un théorème élémentaire que $16K\Theta$ s'exprimera en fonction entière des coefficients de cette équation. D'ailleurs les quantités Θ_ν et $\frac{\alpha^3 F_\nu G_\nu H_\nu}{\alpha l_\nu}$ sont des invariants, donc il en est de même des coefficients des puissances de λ. Or, d'après la supposition faite sur le degré de Θ_ν, leur ordre sera $\equiv 0$, mod 4; ainsi ils seront tous le produit de K par une fonction entière de A, B, C, l'invariant du dix-huitième ordre disparaissant ainsi comme facteur commun, et l'on en conclut relativement à Θ la proposition annoncée.

Je vais l'appliquer à l'expression

$$\alpha^{12}(\mathfrak{p}\mathfrak{f}+\mathfrak{q}\mathfrak{f}')(\mathfrak{p}\mathfrak{g}+\mathfrak{q}\mathfrak{g}')(\mathfrak{p}\mathfrak{h}+\mathfrak{q}\mathfrak{h}'),$$

préalablement mise sous la forme

$$\Theta+\alpha^4 fghl\sqrt{5}\,\Theta',$$

où Θ et Θ' restent invariables quand on fait la substitution $\begin{Bmatrix}\xi_\nu\\ \xi_{2\nu}\end{Bmatrix}$; mais, avant de commencer le calcul, j'ajouterai quelques remarques sur le système des quantités λ.

XXI.

Je considère à cet effet la combinaison suivante :

$$(\mathfrak{v}_\infty\mathfrak{v}_0+\mathfrak{v}_1\mathfrak{v}_4-\mathfrak{v}_2\mathfrak{v}_3)-(\mathfrak{u}_\infty\mathfrak{u}_0+\mathfrak{u}_1\mathfrak{u}_4-\mathfrak{u}_2\mathfrak{u}_3);$$

en employant les relations (1) du paragraphe XVII, on trouvera qu'elle devient

$$\frac{1}{4}[f^2(F^2-H^2)+g^2(G^2-F^2)+h^2(H^2-G^2)]$$
$$-\frac{1}{4}[f^2(G^2-F^2)+g^2(H^2-G^2)+h^2(F^2-H^2)],$$

ou encore

$$(-f^2g-g^2h-h^2f+f^2h+g^2f+h^2g)l=(f-g)(g-h)(h-f)l,$$

et, par suite, que sa valeur est λ_0. En partant de là et effectuant sur les racines ξ_0, ξ_1, ... une permutation cyclique, on en conclut cet ensemble de relations, savoir :

$$\begin{aligned}
\lambda_0&=(\mathfrak{v}_\infty\mathfrak{v}_0+\mathfrak{v}_1\mathfrak{v}_4-\mathfrak{v}_2\mathfrak{v}_3)-(\mathfrak{u}_\infty\mathfrak{u}_0+\mathfrak{u}_1\mathfrak{u}_4-\mathfrak{u}_2\mathfrak{u}_3),\\
\lambda_1&=(\mathfrak{v}_\infty\mathfrak{v}_1+\mathfrak{v}_2\mathfrak{v}_0-\mathfrak{v}_3\mathfrak{v}_4)-(\mathfrak{u}_\infty\mathfrak{u}_1+\mathfrak{u}_2\mathfrak{u}_0-\mathfrak{u}_3\mathfrak{u}_4),\\
\lambda_2&=(\mathfrak{v}_\infty\mathfrak{v}_2+\mathfrak{v}_3\mathfrak{v}_1-\mathfrak{v}_4\mathfrak{v}_0)-(\mathfrak{u}_\infty\mathfrak{u}_2+\mathfrak{u}_3\mathfrak{u}_1-\mathfrak{u}_4\mathfrak{u}_0),\\
\lambda_3&=(\mathfrak{v}_\infty\mathfrak{v}_3+\mathfrak{v}_4\mathfrak{v}_2-\mathfrak{v}_0\mathfrak{v}_1)-(\mathfrak{u}_\infty\mathfrak{u}_3+\mathfrak{u}_4\mathfrak{u}_2-\mathfrak{u}_0\mathfrak{u}_1),\\
\lambda_4&=(\mathfrak{v}_\infty\mathfrak{v}_4+\mathfrak{v}_0\mathfrak{v}_3-\mathfrak{v}_1\mathfrak{v}_2)-(\mathfrak{u}_\infty\mathfrak{u}_4+\mathfrak{u}_0\mathfrak{u}_3-\mathfrak{u}_1\mathfrak{u}_2).
\end{aligned}$$

Or, en faisant usage de nouveau des relations (1), on voit que l'on pourra exprimer les seconds membres au moyen de F, G, H et f, g, h. Ainsi, nous avons déjà

$$4\lambda_0 = \alpha^4[f^2(2F^2 - G^2 - H^2) + g^2(2G^2 - F^2 - H^2) + h^2(2H^2 - F^2 - G^2)],$$

et, en faisant, pour abréger,

$$f' = f^2 + gh, \qquad g' = g^2 + hf, \qquad h' = h^2 + fg,$$
$$\Phi(x, y, z) = -f^2x^2 - g^2y^2 - h^2z^2 + 2f'yz + 2g'zx + 2h'xy,$$

on parviendra à ces expressions fort simples :

$$4\lambda_1 = \alpha^4\Phi(F, G, -H),$$
$$4\lambda_2 = \alpha^4\Phi(F, G, H),$$
$$4\lambda_3 = \alpha^4\Phi(F, -G, H),$$
$$4\lambda_4 = \alpha^4\Phi(-F, G, H).$$

On en tire ensuite les relations suivantes

$$\lambda_2 - \lambda_4 = \alpha^4 F(g'H + h'G), \qquad \lambda_3 - \lambda_1 = \alpha^4 F(g'H - h'G),$$
$$\lambda_2 - \lambda_3 = \alpha^4 G(h'F + f'H), \qquad \lambda_1 - \lambda_4 = \alpha^4 G(h'F - f'H),$$
$$\lambda_2 - \lambda_1 = \alpha^4 H(f'G + g'F), \qquad \lambda_4 - \lambda_3 = \alpha^4 H(f'G - g'F),$$

et par conséquent, en employant les expressions précédemment obtenues pour les différences des quantités λ,

$$2(\xi_4 - \xi_2)F_1G_3 = g'H + h'G, \qquad 2(\xi_1 - \xi_3)G_2F_4 = g'H - h'G,$$
$$2(\xi_2 - \xi_3)H_1H_4 = h'F + f'H, \qquad 2(\xi_4 - \xi_1)F_2F_3 = h'F - f'H,$$
$$2(\xi_2 - \xi_1)H_3G_4 = f'G + g'F, \qquad 2(\xi_4 - \xi_3)G_1H_2 = f'G - g'F.$$

Ces dernières équations multipliées entre elles conduisent à cette valeur de l'invariant du dix-huitième ordre, savoir :

$$-64fghK = \alpha^{18}FGH(g'^2H^2 - h'^2G^2)(h'^2F^2 - f'^2H^2)(f'^2G^2 - g'^2F^2).$$

Nous parviendrons à l'égard de la même quantité à un autre résultat en considérant les différences $\lambda_0 - \lambda_1$, $\lambda_0 - \lambda_2$, ..., et employant l'équation

$$(\lambda_0 - \lambda_1)(\lambda_0 - \lambda_2)(\lambda_0 - \lambda_3)(\lambda_0 - \lambda_4) = \frac{16lK}{\alpha^2FGH},$$

on trouve, en effet, après quelques réductions faciles, qu'en faisant pour un instant

$$\Phi_1(x, y, z) = f'(x^2 - yz) + g'(y^2 - zx) + h'(z^2 - xy),$$

on a

$$2(\lambda_0-\lambda_1)=\alpha^4\,\Phi_1(\mathrm{F},\ \mathrm{G},\ -\mathrm{H}),$$
$$2(\lambda_0-\lambda_2)=\alpha^4\,\Phi_1(\mathrm{F},\ \mathrm{G},\ \mathrm{H}),$$
$$2(\lambda_0-\lambda_3)=\alpha^4\,\Phi_1(\mathrm{F},\ -\mathrm{G},\ \mathrm{H}),$$
$$2(\lambda_0-\lambda_4)=\alpha^4\,\Phi_1(-\mathrm{F},\ \mathrm{G},\ \mathrm{H}).$$

On en conclut par conséquent, en multipliant membre à membre,

$$\begin{aligned} l\mathrm{K} = \alpha^{18}\mathrm{FGH}&[f'(\mathrm{F}^2+\mathrm{GH})+g'(\mathrm{G}^2+\mathrm{HF})+h'(\mathrm{H}^2-\mathrm{FG})]\\ &\times[f'(\mathrm{F}^2-\mathrm{GH})+g'(\mathrm{G}^2-\mathrm{HF})+h'(\mathrm{H}^2-\mathrm{FG})]\\ &\times[f'(\mathrm{F}^2+\mathrm{GH})+g'(\mathrm{G}^2-\mathrm{HF})+h'(\mathrm{H}^2+\mathrm{FG})]\\ &\times[f'(\mathrm{F}^2-\mathrm{GH})+g'(\mathrm{G}^2+\mathrm{HF})+h'(\mathrm{H}^2+\mathrm{FG})]. \end{aligned}$$

Enfin, nous joindrons à ces expressions celle du carré de l'invariant du dix-huitième ordre, sous cette forme, savoir

$$\begin{aligned} \mathrm{K}^2 = \alpha^{36}\mathrm{F}^2\mathrm{G}^2\mathrm{H}^2&[fg(f-g)\mathrm{F}^2-f'^2 l][fh(f-h)\mathrm{F}^2+f'^2 l]\\ &\times[gh(g-h)\mathrm{G}^2-g'^2 l][fg(g-f)\mathrm{G}^2+g'^2 l]\\ &\times[hf(h-f)\mathrm{H}^2-h'^2 l][gh(h-g)\mathrm{H}^2+h'^2 l]. \end{aligned}$$

Elle se tire de la relation $\mathrm{K}^2=\mathrm{U}_\infty\mathrm{U}_0,\ \mathrm{U}_1\mathrm{U}_4,\ \mathrm{U}_2\mathrm{U}_3$, en employant les égalités

$$\mathrm{U}_\infty\mathrm{U}_0=\alpha^{12}\,\mathrm{F}^2[hf(h-f)\mathrm{H}^2-h'^2 l][gh(h-g)\mathrm{H}^2+h'^2 l],$$
$$\mathrm{U}_2\mathrm{U}_3=\alpha^{12}\,\mathrm{G}^2[fg(f-g)\mathrm{F}^2-f'^2 l][fh(f-h)\mathrm{F}^2+f'^2 l],$$
$$\mathrm{U}_1\mathrm{U}_4=\alpha^{12}\,\mathrm{H}^2[gh(g-h)\mathrm{G}^2-g'^2 l][fg(g-f)\mathrm{G}^2+g'^2 l],$$

qu'il est aisé de vérifier. J'indique ces résultats, bien que je n'aie pas à en faire usage plus tard, pour montrer dans la théorie algébrique des formes du cinquième degré le rôle des deux groupes de quantités F, G, H et f, g, h, qui servent de base au calcul suivant.

XXII.

Un premier point à établir avant de mettre sous forme d'un polynome entier en λ_0 l'expression

$$(\mathfrak{p}\mathfrak{f}+\mathfrak{q}\mathfrak{f}')(\mathfrak{p}\mathfrak{g}+\mathfrak{q}\mathfrak{g}')(\mathfrak{p}\mathfrak{h}+\mathfrak{q}\mathfrak{h}')$$

est de montrer que la partie multipliée par le radical $\sqrt{5}$, et qui seule, comme on l'a remarqué plus haut, change de signe par la substitution $\begin{Bmatrix} \xi_\nu \\ \xi_{2\nu} \end{Bmatrix}$, contient dans tous ses termes le facteur $fghl$. Or en faisant, par exemple, $f=0$, et par suite $g=-h$, on trouvera

$$\begin{aligned} \mathfrak{p}\mathfrak{f}+\mathfrak{q}\mathfrak{f}' &= 2\mathfrak{p}h^2(F^2-2hl)-2\mathfrak{q}h^3l, \\ \mathfrak{p}\mathfrak{g}+\mathfrak{q}\mathfrak{g}' &= -\mathfrak{p}h^3l(1+\sqrt{5}), \\ \mathfrak{p}\mathfrak{h}+\mathfrak{q}\mathfrak{h}' &= -\mathfrak{p}h^3l(1-\sqrt{5}); \end{aligned}$$

d'où

$$(\mathfrak{p}\mathfrak{f}+\mathfrak{q}\mathfrak{f}')(\mathfrak{p}\mathfrak{g}+\mathfrak{q}\mathfrak{g}')(\mathfrak{p}\mathfrak{h}+\mathfrak{q}\mathfrak{h}') = -8\mathfrak{p}^2h^8l^2[\mathfrak{p}(F^2-2hl)-\mathfrak{q}hl],$$

et l'on verrait que le radical $\sqrt{5}$ disparaît pareillement lorsque l'on suppose $g=0$, $h=0$ et $l=0$. On peut donc écrire

$$\alpha^{12}(\mathfrak{p}\mathfrak{f}+\mathfrak{q}\mathfrak{f}')(\mathfrak{p}\mathfrak{g}+\mathfrak{q}\mathfrak{g}')(\mathfrak{p}\mathfrak{h}+\mathfrak{q}\mathfrak{h}') = \Theta+\alpha^4 fghl\Theta',$$

où Θ et Θ' seront invariables par la substitution $\begin{Bmatrix} \xi_\nu \\ \xi_{2\nu} \end{Bmatrix}$, qui change de signe le produit $fghl$, et par suite symétriques par rapport aux quatre racines ξ_1, ξ_2, ξ_3, ξ_4. Ces quantités, qui sont des invariants, réunissent donc les conditions du théorème donné au paragraphe XX, et, comme elles sont du douzième et du huitième ordre, on est assuré de pouvoir les mettre sous la forme de polynomes en λ_0 du troisième et du second degré. Faisant ainsi

$$(1) \qquad \Theta+\alpha^4 fghl\Theta' = L_0+\lambda_0 L_1+\lambda_0^2 L_2+\lambda_0^3 L_3,$$

les coefficients L_0, L_1, L_2, L_3 seront respectivement d'ordre 12, 8, 4 et 0, et s'exprimeront au moyen des invariants fondamentaux et de la racine carrée du discriminant par ces formules, où je pose

$$\mathcal{A} = 5^4 A, \qquad \Delta = 5^5 D,$$

afin de simplifier quelques expressions, savoir :

$$\begin{aligned} L_3 &= \mathfrak{a}, \\ L_2 &= \mathfrak{b}\mathcal{A} + \mathfrak{m}\sqrt{\Delta}, \\ L_1 &= \mathfrak{c}\mathcal{A}^2 + \mathfrak{c}'\Delta + \mathfrak{n}\mathcal{A}\sqrt{\Delta}, \\ L_0 &= \mathfrak{d}\mathcal{A}^3 + \mathfrak{d}'\mathcal{A}\Delta + \mathfrak{d}''\mathcal{D} + \mathfrak{p}\mathcal{A}^2\sqrt{\Delta} + \mathfrak{p}'\sqrt{\Delta^3}, \end{aligned}$$

$\mathfrak{a}$, $\mathfrak{b}$, ... étant des constantes numériques qu'il s'agit maintenant de déterminer.

A cet effet, j'observe que le premier membre de l'équation (1) peut être mis sous la forme d'une fonction homogène de F^2 et l, dont les coefficients contiendront seulement g et h, car il suffira d'y remplacer G^2 et H^2 par $F^2 - 4lh$, $F^2 + 4lg$, puis d'éliminer f au moyen de la relation $f + g + h = 0$. D'ailleurs le second membre est immédiatement de cette même forme, en vertu des expressions des invariants fondamentaux obtenus au paragraphe XVII, et de la valeur

$$\lambda_0 = \alpha^4 (f - g)(g - h)(h - f) l = - \alpha^4 (2g + h)(g - h)(2h + g) l.$$

Cela étant, je dis que dans les deux membres les coefficients des diverses puissances de F^2 sont identiquement les mêmes; car autrement on aurait entre F^2 et l une équation homogène qui pourrait donner $\frac{F^2}{l}$ exprimé en g et h, c'est-à-dire une fonction de la racine ξ_0, et par conséquent cette racine elle-même exprimée au moyen des quatre autres, puisque g et h ne contiennent pas ξ_0. On voit donc qu'il suffira de calculer ces coefficients des diverses puissances de F pour arriver par l'identification aux valeurs des constantes α, β, ... En supposant $h = 1$, et n'ayant pas égard aux puissances de g supérieures à la seconde, ce qui rend les opérations faciles, on pourra ainsi les obtenir toutes, à l'exception de $\mathfrak{p}'$, facteur d'un polynome en g commençant par le terme g^3. Mais, afin de simplifier encore, je vais, en considérant le cas particulier de $f = 0$, établir *a priori* que l'on a $\mathfrak{c} = 0$, $\partial = 0$. Cette supposition donne, en effet,

$$\begin{aligned}
\mathcal{A} &= - 2\alpha^4 h^2 (F^2 - 3hl),\\
\Delta &= 0,\\
\mathfrak{D} &= \alpha^{12} h^8 l^2 (F^2 - 4hl),\\
\lambda_0 &= - 2\alpha^4 h^3 l,
\end{aligned}$$

et tout à l'heure on a obtenu

$$(\mathfrak{p}\mathfrak{f} + \mathfrak{q}\mathfrak{f}')(\mathfrak{p}\mathfrak{g} + \mathfrak{q}\mathfrak{g}')(\mathfrak{p}\mathfrak{h} + \mathfrak{q}\mathfrak{h}') = - 8\mathfrak{p}^2 h^8 l^2 [\mathfrak{p}(F^2 - 2hl) - \mathfrak{q}hl].$$

L'identité qui en résulte, savoir :

$$\begin{aligned}
&- 8\alpha h^9 l^3 - 8\beta h^8 l^2 (F^2 - 3hl)\\
&\qquad - 8\mathfrak{c} h^7 l (F^2 - 3hl)^2 - 8\partial h^6 (F^2 - 3hl)^3 + \partial'' h^8 l^2 (F^2 - 4hl)\\
&\quad = - 8\mathfrak{p}^2 h^8 l^2 [\mathfrak{p}(F^2 - 2hl) - \mathfrak{q}hl],
\end{aligned}$$

conduit immédiatement aux résultats annoncés.

Sans entrer maintenant dans tous les détails du calcul, j'en rapporterai les éléments principaux, qui seront d'abord les expressions suivantes, où l'on n'a gardé que la première puissance et le carré de g, en supposant, pour simplifier, $\alpha = 1$, $h = 1$, $l = 1$, savoir :

$$\begin{aligned}
\lambda_0^3 &= 8 + 36g + 18g^2,\\
\lambda_0^2 \mathcal{A} &= -2(4 + 16g + 13g^2)F^2 + 8 + 20g - 14g^2,\\
\lambda_0^2 \sqrt{\Delta} &= -4g - 16g^2,\\
\lambda_0 \Delta &= 2g^2,\\
\lambda_0 \mathcal{A} \sqrt{\Delta} &= (4g + 14g^2)F^2 - 4g - 8g^2,\\
\mathcal{A} \Delta &= -2g^2F^2 + 2g^2,\\
\mathcal{D} &= g^2F^6 - 4g^2F^4 + (1 + 4g + 12g^2)F^2 + 2g + 4g^2,\\
\mathcal{A}^2\sqrt{\Delta} &= -(4g + 12g^2)F^4 + (8g + 12g^2)F^2 - 4g,\\
\sqrt{\Delta^3} &= 0.
\end{aligned}$$

En second lieu, si l'on fait

$$(\mathfrak{p}\mathfrak{f} + \mathfrak{q}\mathfrak{f}')(\mathfrak{p}\mathfrak{g} + \mathfrak{q}\mathfrak{g}')(\mathfrak{p}\mathfrak{h} + \mathfrak{q}\mathfrak{h}') = LF^6 + MF^4 + NF^2 + P,$$

on aura

$$\begin{aligned}
L &= -8\mathfrak{p}^3 g^2,\\
M &= -8\mathfrak{p}^3[+\sqrt{5}\,g - (4 - 3\sqrt{5})g^2],\\
N &= -8\mathfrak{p}^3 - 16\mathfrak{p}^3(2 - \sqrt{5})g - 8[(11 - 3\sqrt{5})\mathfrak{p}^3 + 8\mathfrak{p}^2\mathfrak{q} - 2\mathfrak{p}\mathfrak{q}^2]g^2,\\
P &= 16\mathfrak{p}^3 - 8\mathfrak{p}^2\mathfrak{q} + 4[14\mathfrak{p}^3 - (9 + 5\sqrt{5})\mathfrak{p}^2\mathfrak{q} + 2\sqrt{5}\,\mathfrak{p}\mathfrak{q}^2]g\\
&\quad + 8[(11 + 4\sqrt{5})\mathfrak{p}^3 + (2 - 10\sqrt{5})\mathfrak{p}^2\mathfrak{q} - (5 - 4\sqrt{5})\mathfrak{p}\mathfrak{q}^2 + \mathfrak{q}^3]g^2.
\end{aligned}$$

Cela posé, on obtient sans peine :

$$\begin{aligned}
\mathfrak{a} &= 2\mathfrak{p}^3 - \mathfrak{p}^2\mathfrak{q}, & \mathfrak{m} &= \sqrt{5}(-2\mathfrak{p}^3 + 5\mathfrak{p}^2\mathfrak{q} - 2\mathfrak{p}\mathfrak{q}^2),\\
\mathfrak{b} &= 0, & \mathfrak{n} &= 0,\\
\mathfrak{c}' &= 46\mathfrak{p}^3 - 15\mathfrak{p}^2\mathfrak{q} - 12\mathfrak{p}\mathfrak{q}^2 + 4\mathfrak{q}^3, & \mathfrak{p} &= 2\sqrt{5}\,\mathfrak{p}^3.\\
\mathfrak{d}' &= -4\mathfrak{p}^3 + 32\mathfrak{p}^2\mathfrak{q} - 8\mathfrak{p}\mathfrak{q}^2, & &\\
\mathfrak{d}'' &= -8\mathfrak{p}^3, & &
\end{aligned}$$

La constante $\mathfrak{p}'$ reste donc seule à déterminer; je considérerai pour l'obtenir le cas particulier de $g = 1$, $h = 1$, ce qui donnera, en supposant toujours $\alpha = 1$, $l = 1$,

$$\begin{aligned} \mathcal{A} &= -6F^2, \\ \Delta &= 4, \\ \mathcal{D} &= 4F^6 + 41F^2, \\ \lambda_0 &= 0; \end{aligned}$$

on aura d'ailleurs

$$\begin{aligned} (\mathfrak{p}\mathfrak{f} + \mathfrak{q}\mathfrak{f}')(\mathfrak{p}\mathfrak{g} + \mathfrak{q}\mathfrak{g}')(\mathfrak{p}\mathfrak{h} + \mathfrak{q}\mathfrak{h}') = {} & [-2\mathfrak{p}(F^2 + 4\sqrt{5}) + 2\mathfrak{q}\sqrt{5}] \\ & \times [\mathfrak{p}(4F^2 - 7 + \sqrt{5}) + 2\mathfrak{q}(3 + \sqrt{5})] \\ & \times [\mathfrak{p}(4F^2 + 7 + \sqrt{5}) - 2\mathfrak{q}(3 - \sqrt{5})] \end{aligned}$$

et le terme indépendant de F^2 suffit pour donner immédiatement

$$\mathfrak{r}' = \sqrt{5}(-44\mathfrak{p}^3 + 115\mathfrak{p}^2\mathfrak{q} - 42\mathfrak{p}\mathfrak{q}^2 + 4\mathfrak{q}^3).$$

Les éléments de la nouvelle formule de transformation de l'équation du cinquième degré, à laquelle conduit la méthode de résolution de M. Kronecker, sont donc maintenant complètement obtenus, et l'on a mis en évidence le mode d'expression de cette formule comme fonction rationnelle et entière de la racine ξ_0, ce qui est un des résultats auxquels je désirais surtout parvenir. On observera que les valeurs de α, β, ... prennent une forme un peu plus simple par le changement de $\mathfrak{q}$ en $\mathfrak{q} + 2\mathfrak{p}$; on trouve alors en effet :

$$\begin{aligned} \mathfrak{a} &= -\mathfrak{p}^2\mathfrak{q}, & \mathfrak{m} &= -\sqrt{5}(3\mathfrak{p}^2\mathfrak{q} + 2\mathfrak{p}\mathfrak{q}^2), \\ \mathfrak{c}' &= -15\mathfrak{p}^2\mathfrak{q} + 12\mathfrak{p}\mathfrak{q}^2 + 4\mathfrak{q}^3, & p &= 2\sqrt{5}\mathfrak{p}^3, \\ \mathfrak{d}' &= +28\mathfrak{p}^3 - 8\mathfrak{p}\mathfrak{q}^2, & p' &= \sqrt{5}(50\mathfrak{p}^3 - 5\mathfrak{p}^2\mathfrak{q} - 18\mathfrak{p}\mathfrak{q}^2 + 4\mathfrak{q}^3), \\ \mathfrak{d}'' &= -8\mathfrak{p}^3, \end{aligned}$$

d'où l'on conclut

$$\begin{aligned} & [\mathfrak{p}(\mathfrak{f} + 2\mathfrak{f}') + \mathfrak{q}\mathfrak{f}'][\mathfrak{p}(\mathfrak{g} + 2\mathfrak{g}') + \mathfrak{q}\mathfrak{g}'][(\mathfrak{p}(\mathfrak{h} + 2\mathfrak{h}') + \mathfrak{q}\mathfrak{h}'] \\ & \quad = \mathfrak{p}^3(-8\mathcal{D} + 28\mathcal{A}\Delta + 2\mathcal{A}^2\sqrt{5\Delta} + 50\sqrt{5\Delta^3}) - \mathfrak{p}^2\mathfrak{q}(\lambda_0 + \sqrt{5\Delta})^3 \\ & \qquad - 2\mathfrak{p}\mathfrak{q}^2(\lambda_0^2\sqrt{5\Delta} - 6\lambda_0\Delta + 4\mathcal{A}\Delta + 9\sqrt{5\Delta^3}) + 4\mathfrak{q}^3(\lambda_0\Delta + \sqrt{5\Delta^3}), \end{aligned}$$

et c'est en multipliant ce résultat par $\alpha^6 fgh$FGH que s'obtient en résumé la valeur de z. Or on va voir qu'on est ainsi ramené au type de substitution donné par la formule

$$z = \frac{t\,\varphi_1(x, 1) + u\,\varphi_2(x, 1) + v\,\varphi_3(x, 1) + w\,\varphi_4(x, 1)}{f'_x(x, 1)},$$

que j'ai employée au commencement de mon travail.

XXIII.

Après avoir été précédemment conduit à exprimer en fonction des racines les invariants des formes du cinquième degré, nous allons d'une manière analogue définir quatre covariants cubiques d'ordre 3, 7, 11, 15 qui s'offrent d'eux-mêmes dans la nouvelle formule de transformation à laquelle nous venons de parvenir. N'ayant d'autre but en ce moment que de rattacher à un point de vue commun les deux méthodes de résolution que j'ai étudiées, je ne chercherai pas à étendre au delà de mon objet des considérations qu'il serait peut-être intéressant de généraliser, et je me bornerai aux résultats suivants.

J'observe que, l'expression $\alpha^3 \mathrm{FGH}\lambda''_0$ étant symétrique par rapport à ξ_1, ξ_2, ξ_3, ξ_4, on pourra écrire

$$\alpha^3 \mathrm{FGH}\lambda''_0 = \alpha \mathrm{N}\xi_0^4 + \mathrm{A}\xi_0^3 + 3\mathrm{B}\xi_0^2 + 3\mathrm{B}'\xi_0 + \mathrm{A}',$$

les coefficients N, A, ... étant des fonctions entières de ceux de la forme proposée $f(x, y) = (\alpha, \beta, \gamma, \gamma', \beta', \alpha')(x, y)^5$. C'est ce que l'on reconnaît par l'égalité

$$\alpha \mathrm{N}\xi^4 + \mathrm{A}\xi^3 + 3\mathrm{B}\xi^2 + 3\mathrm{B}'\xi + \mathrm{A}' = \sum_0^4{}_\nu \frac{\alpha^3 \mathrm{F}_\nu \mathrm{G}_\nu \mathrm{H}_\nu \lambda''_\nu}{f'_\xi(\xi_\nu, 1)} \frac{f(\xi, 1)}{\xi - \xi_\nu},$$

qui a lieu quel que soit ξ, et d'où l'on tire pour le coefficient de ξ^4 cette valeur

$$\mathrm{N} = \sum_0^4{}_\nu \frac{\alpha^3 \mathrm{F}_\nu \mathrm{G}_\nu \mathrm{H}_\nu \lambda''_\nu}{f'_\xi(\xi_\nu, 1)},$$

ou, plus simplement,

$$\mathrm{N} = \sum_0^4{}_\nu \frac{\alpha^2 \mathrm{F}_\nu \mathrm{G}_\nu \mathrm{H}_\nu \lambda''_\nu}{l_\nu}.$$

Or on a déjà remarqué, paragraphe XX, que la quantité $\frac{\alpha^2 F_\nu G_\nu H_\nu}{l_\nu}$ est, par rapport aux racines, un invariant comme λ_ν. Ce coefficient N se distingue donc de tous les autres en ce qu'il est un invariant dont l'ordre est $4n+2$, de sorte qu'il s'évanouit en supposant n inférieur à 4.

Cela étant, je dis que

$$Ax^3+3Bx^2y+3B'xy^2+A'y^3$$

est un covariant de la forme du cinquième degré, et je l'établirai en cherchant ce que devient l'égalité

$$\alpha^3 FGH\lambda_0^n = A\xi_0^3+3B\xi_0^2+3B'\xi_0+A'$$

appliquée à la transformée $F(X, Y)=f(mX+m'Y, nX+n'Y)$.

Faisant à cet effet $\delta = mn'-m'n$, et remarquant que les racines de l'équation $F(X, 1)=0$ sont les quantités $\frac{n'\xi_\nu-m'}{m-n\xi_\nu}$, on trouve que le premier membre devient

$$\frac{\alpha^3 FGH\lambda_0^n}{(m-n\xi_0)^3}\delta^{10n+9}.$$

Si l'on désigne par $\mathfrak{A}$, $\mathfrak{B}$, ... les valeurs de A, B, ..., lorsque l'on y remplace α, β, ... par les coefficients de la transformée $F(X, Y)$, on aura

$$\frac{\alpha^3 FGH\lambda_0^n}{(m-n\xi_0)^3}\delta^{10n+9}=\mathfrak{A}\left(\frac{n'\xi_0-m'}{m-n\xi_0}\right)^3+3\mathfrak{B}\left(\frac{n'\xi_0-m'}{m-n\xi_0}\right)^2+3\mathfrak{B}'\frac{n'\xi_0-m'}{m-n\xi_0}+\mathfrak{A}'$$

et, par conséquent,

$$\begin{aligned}\frac{A\xi_0^3+3B\xi_0^2+3B'\xi_0+A'}{(m-n\xi_0)^3}\delta^{10n+9}\\=\mathfrak{A}\left(\frac{n'\xi_0-m'}{m-n\xi_0}\right)^3+3\mathfrak{B}\left(\frac{n'\xi_0-m'}{m-n\xi_0}\right)^2+3\mathfrak{B}'\frac{n'\xi_0-m'}{m-n\zeta_0}+\mathfrak{A}'.\end{aligned}$$

Cette égalité, ayant lieu en substituant à ξ_0 l'une quelconque des racines, est identique par rapport à cette quantité, et l'on voit facilement qu'en faisant

$$x=mX+m'Y, \qquad y=nX+n'Y,$$

on en conclut

$$(Ax^3+3Bx^2y+3B'xy^2+A'y^3)\delta^{10n+6}=\mathfrak{A}X^3+3\mathfrak{B}X^2Y+3\mathfrak{B}'XY^2+\mathfrak{A}'Y^3,$$

de sorte qu'aux valeurs $n = 0, 1, 2, 3$ correspondent bien, comme on l'a annoncé, quatre covariants cubiques d'ordre 3, 7, 11, 15. Cela posé, et en les désignant pour un instant par $\varphi_0(x, y)$, $\varphi_1(x, y)$, $\varphi_2(x, y)$, $\varphi_3(x, y)$, je reviens à la formule

$$(1) \qquad z = \alpha^6 fgh \mathrm{FGH}(\mathrm{L}_0 + \lambda_0 \mathrm{L}_1 + \lambda_0^2 \mathrm{L}_2 + \lambda_0^3 \mathrm{L}_3),$$

où l'on a, d'après les valeurs de α, β, ...,

$$\begin{aligned}
\mathrm{L}_3 &= -\mathfrak{p}^2\mathfrak{q},\\
\mathrm{L}_2 &= -\sqrt{5\Delta}(3\mathfrak{p}^2\mathfrak{q} + 2\mathfrak{p}\mathfrak{q}^2),\\
\mathrm{L}_1 &= -\Delta(15\mathfrak{p}^2\mathfrak{q} - 12\mathfrak{p}\mathfrak{q}^2 - 4\mathfrak{q}^3),\\
\mathrm{L}_0 &= \mathcal{A}\Delta(28\mathfrak{p}^3 - 8\mathfrak{p}\mathfrak{q}^2) - 8\mathcal{D}\mathfrak{p}^3\\
&\quad + \sqrt{5\Delta}[2\mathcal{A}^2\mathfrak{p}^3 + \Delta(50\mathfrak{p}^3 - 5\mathfrak{p}^2\mathfrak{q} - 18\mathfrak{p}\mathfrak{q}^2 + 4\mathfrak{q}^3)].
\end{aligned}$$

Or, en multipliant et divisant par $\alpha l = f'_\xi(\xi_0, 1)$, elle prend cette forme

$$z = \sqrt{\Delta}\, \frac{\mathrm{L}_0\varphi_0(\xi_0, 1) + \mathrm{L}_1\varphi_1(\xi_0, 1) + \mathrm{L}_2\varphi_2(\xi_0, 1) + \mathrm{L}_3\varphi_3(\xi_0, 1)}{f'_\xi(\xi_0, 1)},$$

et c'est le type de substitution que je voulais mettre en évidence, les indéterminées t, u, v, w étant remplacées par L_0, L_1, L_2, L_3. De plus, on reconnaît que les covariants $\varphi_0(x, y)$, $\varphi_1(x, y)$ sont précisément ceux du troisième et du septième ordre dont j'ai fait usage, et la relation

$$\varphi_1(\xi_0, 1) = \alpha^3 \mathrm{FGH}\lambda_0$$

donne même une démonstration nouvelle de ce fait, établi au paragraphe VII, qu'on a $\varphi_1(\xi_0, 1) = 0$ lorsque ξ_0 est une racine double ([1]). Mais je remarque surtout cette conséquence que l'équation transformée en z étant (§ XII)

$$(2) \qquad z^5 + \frac{5\mathrm{B}}{8} z^3 + \frac{5(9\mathrm{B}^2 - \mathrm{AC})}{4^4} z - \frac{1}{4^5}\sqrt[5]{\Pi} = 0,$$

les valeurs en $\mathfrak{p}$ et $\mathfrak{q}$ de t, u, v, w, savoir : $t = \mathrm{L}_0$, $u = \mathrm{L}_1$, ...,

---

([1]) A l'égard des formes du troisième et du quatrième degré $f(x, y)$, le covariant quadratique ou Hessien, quand on y fait $x = \xi_0$, $y = 1$, a pour valeur le carré $f'_\xi(\xi_0, 1)$ et le covariant du troisième ordre le cube de la même quantité.

font disparaître le coefficient de z^2, propriété bien remarquable de la forme cubique en t, u, v, w qui représente ce coefficient.

Un autre point de vue sous lequel on peut encore envisager la formule (1) résulte de l'équation

$$\Pi'(\lambda_0) = \frac{16 l K}{\alpha^2 FGH},$$

établie au paragraphe XIX, car elle conduit à cette expression où n'entre plus que la quantité λ_0, savoir

$$z = 16 K \sqrt{\Delta} \frac{L_0 + \lambda_0 L_1 + \lambda_0^2 L_2 + \lambda_0^3 L_3}{\Pi'(\lambda_0)}.$$

L'équation proposée $f(x, 1) = 0$ disparaît donc pour faire place à celle-ci : $\Pi(\lambda) = 0$, qui est directement ramenée à l'équation (2). Ce résultat obtenu, il ne reste plus, pour arriver à la résolution par les fonctions elliptiques, qu'à calculer l'expression de la quantité A, afin de déterminer par l'équation $A = 0$ le rapport $\frac{p}{q}$.

XXIV.

J'ai indiqué au paragraphe XII par quelle voie M. Brioschi avait été conduit à l'équation en z, et je rappelle succinctement qu'en désignant par u_∞ une fonction cyclique des racines de l'équation générale du cinquième degré $f(\xi, 1) = 0$, qui change de signe par la substitution $\left\{ \begin{matrix} \xi_\nu \\ \xi_{4\nu} \end{matrix} \right\}$, et nommant u_i ce que devient u_∞ par la substitution $\left\{ \begin{matrix} \xi_\nu \\ \xi_{3\nu^3+i} \end{matrix} \right\}$, l'expression suivante, où ε est numérique, savoir

$$\begin{aligned} z = \varepsilon\, & [u_\infty + u_0 + \omega(u_2 + u_3)] \\ & \times [u_1 + u_4 + \omega(u_\infty - u_0)] \\ & \times [u_3 - u_2 + \omega(u_1 - u_4)], \end{aligned}$$

satisfait à l'équation

$$z^5 + \frac{5B}{8} z^3 + \frac{z(9B^2 - AC)}{4^4} z - \frac{1}{4^5} \sqrt[4]{\Pi} = 0,$$

les quantités A, B, C et Π s'exprimant rationnellement par les coefficients et la racine carrée du déterminant de la proposée. C'est dans le cas particulier de $A = 0$ que cette équation est immédiatement résolue par les fonctions elliptiques, et l'on a trouvé qu'en faisant

$$A_0\sqrt{5} = u_\infty\sqrt{5} + u_0 + u_1 + u_2 + u_3 + u_4,$$

$$\frac{1}{2}A_1\sqrt{5} = u_0 + \rho^4 u_1 + \rho^3 u_2 + \rho^2 u_3 + \rho u_4,$$

$$\frac{1}{2}A_2\sqrt{5} = u_0 + \rho u_1 + \rho^2 u_2 + \rho^3 u_3 + \rho^4 u_4,$$

où ρ est une racine cinquième de l'unité, donnant

$$\sqrt{5} = \rho^2 + \rho^3 - \rho - \rho^4,$$

on avait

$$A = A_0^2 + A_1 A_2.$$

Cela posé, voici comment s'obtient cette quantité si importante lorsque l'on prend pour u l'expression dont j'ai fait usage

$$u = p\mathfrak{U} + p'\mathfrak{V} + 2\alpha^4 fghl(q\mathfrak{u} + q'\mathfrak{v}).$$

On a vu que les quatre indéterminées p, p', q, q' se réduisaient, dans la valeur de z, aux deux suivantes

$$\mathfrak{p} = \omega p + p', \qquad \mathfrak{q} = q + \omega q',$$

de sorte que l'on peut supposer $p = 0$, $q' = 0$, ce qui donne plus simplement

$$u = \mathfrak{p}\mathfrak{V} + 2\alpha^4 fghl\mathfrak{q}\mathfrak{u},$$

ou encore, en changeant $\mathfrak{q}$ en $\mathfrak{q} + 2\mathfrak{p}$, comme au paragraphe XXI,

$$u = \mathfrak{p}\mathfrak{V} + 2\alpha^4 fghl(\mathfrak{q} + 2\mathfrak{p})\mathfrak{u}.$$

Or, on a pour les six valeurs de $\mathfrak{V}$ et $\mathfrak{u}$ ces expressions

$$\begin{aligned}
\mathfrak{V}_\infty &= \alpha^6[-fgh\mathrm{F}^3 + (f-2h)g^2 fl\mathrm{F} - h^4 l\mathrm{H}], & 2\mathfrak{u}_\infty &= +\alpha^2 h(\mathrm{F}+\mathrm{H}),\\
\mathfrak{V}_0 &= \alpha^6[-fgh\mathrm{F}^3 + (f-2h)g^2 fl\mathrm{F} + h^4 l\mathrm{H}], & 2\mathfrak{u}_0 &= +\alpha^2 h(\mathrm{F}-\mathrm{H}),\\
\mathfrak{V}_1 &= \alpha^6[+fgh\mathrm{H}^3 - (h-2g)f^2 hl\mathrm{H} - g^4 l\mathrm{G}], & 2\mathfrak{u}_1 &= -\alpha^2 g(\mathrm{H}-\mathrm{G}),\\
\mathfrak{V}_4 &= \alpha^6[+fgh\mathrm{H}^3 - (h-2g)f^2 hl\mathrm{H} + g^4 l\mathrm{G}], & 2\mathfrak{u}_4 &= -\alpha^2 g(\mathrm{H}+\mathrm{G}),\\
\mathfrak{V}_2 &= \alpha^6[-fgh\mathrm{G}^3 + (g-2f)h^2 gl\mathrm{G} + f^4 l\mathrm{F}], & 2\mathfrak{u}_2 &= -\alpha^2 f(\mathrm{F}-\mathrm{G}),\\
\mathfrak{V}_3 &= \alpha^6[+fgh\mathrm{G}^3 - (g-2f)h^2 gl\mathrm{G} + f^4 l\mathrm{F}], & 2\mathfrak{u}_3 &= -\alpha^2 f(\mathrm{F}+\mathrm{G}).
\end{aligned}$$

Elles montrent qu'en supposant $G = 0$ on a

$$\mathfrak{V}_1 = \mathfrak{V}_4, \qquad \mathfrak{u}_1 = \mathfrak{u}_4,$$
$$\mathfrak{V}_2 = \mathfrak{V}_3, \qquad \mathfrak{u}_2 = \mathfrak{u}_3,$$

et, par conséquent, $u_1 = u_4$, $u_2 = u_3$, de sorte que l'équation $A = 0$ devient alors une somme de deux carrés, savoir

$$\left(\frac{u_\infty\sqrt{5}+u_0}{2}+u_1+u_2\right)^2+[u_0+(\rho+\rho^4)u_1+(\rho^2+\rho^3)u_2]^2 = 0,$$

ou encore, en faisant toujours $\omega = \dfrac{\sqrt{5}-1}{2}$,

$$\left(\frac{u_\infty+u_0}{2}+\omega u_2\right)^2+\left(u_1+\frac{u_\infty-u_0}{2}\omega\right)^2 = 0.$$

Mais l'hypothèse $G = 0$ revient à supposer nul l'invariant du dix-huitième ordre, ou bien à établir entre les invariants fondamentaux de la forme du cinquième degré une relation du trente-sixième ordre, et, comme la quantité qu'il s'agit d'obtenir est seulement du douzième, cette relation ne pourra la modifier en rien, et c'est en me plaçant dans ce cas particulier que je vais en faire le calcul.

J'observe d'abord que les égalités

$$G^2 - H^2 = 4lf, \qquad H^2 - F^2 = 4lg, \qquad F^2 - G^2 = 4lh$$

donnant pour $G = 0$: $H^2 = -4lf$, $F^2 = 4lh$, il suffit, pour obtenir les invariants, d'employer cette valeur de F^2 dans les expressions du paragraphe XVII. Mais on peut éviter ce calcul, car les invariants, fonctions symétriques des racines, ne changent pas de valeur en effectuant la substitution suivante : $\begin{Bmatrix} \xi_\nu \\ \xi_{3(\nu+1)^2+2} \end{Bmatrix}$ qui change F, G, H, f, g, h en G, $-H$, $-F$, g, h, f; ainsi l'on a, par exemple,

$$\frac{5^4 A}{\alpha^4} = \frac{\mathcal{A}}{\alpha^4} = -2(g^2+gh+h^2)F^2-(g-h)(2g^2+gh+2h^2)l$$
$$= -2(h^2+hf+f^2)G^2-(h-f)(2h^2+hf+2f^2)l.$$

Or cette dernière expression donne immédiatement

$$\frac{\mathcal{A}}{\alpha^4} = -(h-f)(2h^2+hf+2f^2)l,$$

et l'on aurait de même

$$\frac{\mathfrak{D}}{\alpha^{12}} = -2hf(h-f)(h^6+3h^5f+8h^4f^2+11h^3f^3+8h^2f^4+3hf^5+f^6)l^3.$$

Cela posé, en faisant $\omega' = -\frac{\sqrt{5}+1}{2}$, on trouve pour $G = 0$, après quelques réductions faciles,

$$\frac{u_\infty + u_0}{2} + \omega u_2 = \alpha^6[\omega f^2(f-g\omega)^2\mathfrak{p} + fgh(h-f\omega)\mathfrak{q}]lF,$$

$$u_1 + \frac{u_\infty - u_0}{2}\omega = \alpha^6[\omega' h^2(f-g\omega)^2\mathfrak{p} - fgh(g-h\omega)\mathfrak{q}]lH,$$

et il vient, pour la somme des carrés, après avoir remplacé F^2 et H^2 par $4lh$ et $-4lf$,

$$\left.\begin{array}{l} 4\alpha^{12}(f-g\omega)^4[(f^3\omega^2 - h^3\omega'^2)]fhl^3.\mathfrak{p}^2 \\ -8\alpha^{12}(f-g\omega)^2[(1-\omega')h-(1-\omega)f]f^2g^2h^2l^3.\mathfrak{pq} \\ +4\alpha^{12}[h(h-f\omega)^2 - f(g-h\omega)^2]f^2g^2h^2l^3.\mathfrak{q}^2 \end{array}\right\} = 0.$$

Soit donc, en me bornant au coefficient de $\mathfrak{p}^2$,

$$\begin{aligned} &4\alpha^{12}(f-g\omega)^4(f^3\omega^2 - h^3\omega'^2)fhl^3 \\ &= \alpha\mathcal{A}^3 + \alpha'\mathcal{A}\Delta + \alpha''\mathfrak{D} + \beta\mathcal{A}^2\sqrt{\Delta} + \beta'\sqrt{\Delta^3}. \end{aligned}$$

On trouvera d'abord $\alpha = 0$, en supposant $f = 0$, et, après avoir supprimé le facteur fh, il suffira de faire $f = h$, $f = -h$, $f = 0$, et enfin de comparer dans les deux membres les termes en f^6h, pour obtenir bien facilement

$$\alpha' = 2, \qquad \alpha'' = 3, \qquad \beta = -\frac{1}{2}\sqrt{5}, \qquad \beta' = \frac{1}{2}\sqrt{5^3}.$$

Le calcul des deux autres coefficients est plus facile encore, et l'on obtient en définitive l'équation

$$\begin{aligned} &\left(3\mathfrak{D} + 2\mathcal{A}\Delta - \frac{\mathcal{A}^2\sqrt{5\Delta} - \sqrt{5^3\Delta^3}}{2}\right)\mathfrak{p}^2 \\ &\quad - 4(\mathcal{A} + \sqrt{5^3\Delta})\Delta\mathfrak{pq} - 2(\mathcal{A} - 3\sqrt{5\Delta})\Delta\mathfrak{q}^2 = 0. \end{aligned}$$

Ce résultat complète l'étude que je me suis proposé de faire de la méthode de M. Kronecker, en prenant pour point de départ les quantités $\mathfrak{u}$, $\mathfrak{v}$, $\mathfrak{U}$, $\mathfrak{V}$ et je serais au terme de mes recherches si la marche que j'ai suivie ne conduisait encore à une autre fonction cyclique dont je vais dire quelques mots. Aux expressions $U_\infty = \alpha^6 F F_1 F_2 F_3 F_4$ et $V_\infty = \alpha^6 H H_1 H_2 H_3 H_4$, composées avec les facteurs F et H de l'invariant du dix-huitième ordre, on peut joindre celle-ci : $W_\infty = \alpha^6 G G_1 G_2 G_3 G_4$, que la substitution $\begin{Bmatrix} \xi_\nu \\ \xi_{4\nu} \end{Bmatrix}$ laisse invariable, de sorte qu'on en déduit, en la multipliant par u_∞ ou par u_∞, une fonction du huitième ordre, changeant de signe par cette même substitution, et que l'on peut par conséquent prendre pour u. Soit donc ainsi $u = p u W + q u$, on aura, à l'égard de l'équation $A = 0$, cette conséquence remarquable que les coefficients de p^2, pq, q^2 étant du seizième, du dixième et du quatrième ordre, cette équation ne contient pas le terme en pq. Mais j'ajourne l'étude de cette nouvelle espèce de fonctions, et je vais terminer en reprenant sous un autre point de vue la question déjà traitée des conditions de réalité des racines de l'équation du cinquième degré.

XXV.

En désignant par A, B, C les invariants fondamentaux et posant

$$\begin{aligned} D &= A^2 + 128 B, \\ D_1 &= 25 AB + 16 C, \\ N &= D_1^2 - 10 ABD_1 + 9 B^2 D, \end{aligned}$$

j'ai donné au paragraphe X, pour les conditions de réalité des cinq racines, ces trois criteria :

$$D > 0, \qquad BD_1 < 0, \qquad N < 0,$$

qui sont du huitième, du vingtième et du vingt-quatrième ordre, et l'on a vu que, les conditions $B > 0$, $D_1 < 0$ ne pouvant jamais avoir lieu simultanément, le second criterium donne à la fois $B < 0$, $D_1 > 0$. Or il est bien remarquable que le théorème de Sturm, appliqué à l'équation en λ, reproduise exactement les mêmes résultats, et c'est ce que je vais établir avant de donner le procédé qui conduira à des criteria d'un ordre moins élevé. Voici d'abord, en posant avec M. Sylvester

$$9 \Lambda = 9 A^3 - 2^{11}(AB + C),$$

cette équation en λ, qui a été calculée par le P. Joubert,

$$\left(\frac{\lambda}{5^3}\right)^5 - 5A\left(\frac{\lambda}{5^3}\right)^4 + 10D\left(\frac{\lambda}{5^3}\right)^3 - 10(3AD - 2A)\left(\frac{\lambda}{5^3}\right)^2$$
$$+ 5D(5D - 4A^2)\left(\frac{\lambda}{5^3}\right) - D(108A - 9AD - 100A^3) = 0.$$

Cela posé, on trouve, par le calcul direct du premier terme des fonctions intermédiaires et en supprimant un facteur numérique,

$$V_2 = B\lambda^3 + \ldots, \qquad V_3 = -N\lambda^2 + \ldots.$$

Mais, pour la quatrième fonction, les expressions des différences des quantités λ, données au paragraphe XX, montrent qu'elle contient en facteur le carré de l'invariant du dix-huitième ordre, et l'on trouve ainsi, pour le coefficient de son premier terme, l'expression

$$K^2 \sum_0^4{}_\nu (f_\nu g_\nu h_\nu F_\nu G_\nu H_\nu)^2 = 25 K^2 D_1.$$

Quant à V_5, on obtient $K^4 D$, d'où il résulte qu'en supprimant les facteurs K^2 et K^4 on retombe bien sur les criteria déduits de la forme quadratique

$$D_1 t^2 - 6BDtv - D(D_1 - 10AB)v^2$$
$$+ D[-Bu^2 + 2D_1 uw + (9BD - 10AD_1)w^2].$$

Je remarque encore que l'équation en λ donne un système simple des covariants doubles en x et x' définis au paragraphe XI, et servant à déterminer par leurs signes le nombre des racines réelles de l'équation proposée $f(x, 1) = 0$ qui sont comprises entre les limites données. En effet, on peut prendre, en désignant toujours ces racines par $x_0, x_1, \ldots,$ et posant $V = f(x, 1)$,

$$\varphi_1 = V \sum \frac{x' - x_0}{x - x_0},$$
$$\varphi_2 = V \sum \frac{(x' - x_0)(x' - x_1)}{(x - x_0)(x - x_1)} \zeta(\lambda_0, \lambda_1),$$
$$\varphi_3 = V \sum \frac{(x' - x_0)(x' - x_1)(x' - x_2)}{(x - x_0)(x - x_1)(x - x_2)} \zeta(\lambda_0, \lambda_1, \lambda_2).$$

Quant à φ_4, on supprimera le facteur K^2, amené par les symboles ζ qui contiennent quatre des racines λ, et enfin on prendra $\varphi_5 = f(x', 1)D$. On voit qu'ainsi φ_1 sera du premier ordre, φ_2 du neuvième, φ_3 du vingt-cinquième, φ_4 du treizième, et φ_5 du neuvième. Mais j'arrive, sans m'arrêter plus longtemps sur ce sujet, a la méthode élémentaire, et qui donne pour les conditions de réalité les criteria du quatrième, du huitième et du douzième ordre, et au nombre de trois seulement. Elle se fonde sur ce que les quantités u_∞, u_0, ... satisfont à l'équation suivante

$$u^{12} + (\mathcal{A} + 3\sqrt{\Delta})u^{10} + \left[\frac{1}{4}(\mathcal{A} - \sqrt{\Delta})^2 + \Delta\right]u^8 + \mathcal{D}u^6$$
$$+ \left[\frac{1}{4}(\mathcal{A} + \sqrt{\Delta})^2 + \Delta\right]\Delta u^4 + (\mathcal{A} - 3\sqrt{\Delta})\Delta^2 u^2 + \Delta^3 = 0,$$

que l'on forme très facilement, et dont les coefficients seront tous réels si nous supposons le discriminant Δ positif, ce qui est, dans la question présente, le seul cas à examiner. Or, en revenant à l'expression d'une des racines, par exemple

$$u_\infty = \alpha^4(x_0 - x_1)(x_1 - x_2)(x_2 - x_3)(x_3 - x_4)(x_4 - x_0),$$

on reconnaît immédiatement que, x_0 étant réel, x_2 et x_3 imaginaires conjugués, ainsi que x_1 et x_4, on obtient pour u_∞ une quantité de la forme $m\sqrt{-1}$, dont le carré est essentiellement négatif. En établissant donc que l'équation en u n'a que des racines positives, c'est-à-dire que son premier membre n'offre que des variations, on aura les conditions à la fois nécessaires et suffisantes pour que les racines de l'équation du cinquième degré soient toutes réelles. Si l'on convient de prendre positivement $\sqrt{\Delta}$, on parvient ainsi à ces résultats fort simples

$$\Delta > 0, \qquad \mathcal{A} + 3\sqrt{\Delta} < 0, \qquad \mathcal{D} < 0,$$

et il est visible que le cas des quatre racines imaginaires sera caractérisé par un changement de signe des deux derniers criteria, en conservant la condition $\Delta > 0$ [1].

---

(1) Nous n'avons pas signalé toutes les erreurs de calcul qui se trouvaient dans ce Mémoire, et qui ont été corrigées par M. Bourget. Celui-ci a refait tous les calculs, sauf en deux points. Il a admis que la réduite du cinquième degré de l'équation du sixième ordre était exacte dans le travail du P. Joubert sur les équations du sixième degré (*Comptes rendus*, t. LXIV). Il a admis comme exacte également la formation de l'équation en $\left(\frac{\lambda}{5^5}\right)$ (p. 423) et le calcul des premières fonctions de Sturm. E. P.

SUR LES INVARIANTS
DES
FORMES DU CINQUIÈME DEGRÉ.

SALMON, *Algèbre supérieure*, trad. *O. Chemin*, deuxième édition, 1890, p. 557.

C'est dans la théorie des formes du cinquième degré qu'on voit s'offrir pour la première fois un invariant gauche, c'est-à-dire un invariant qui se reproduit changé de signe dans toute transformée de la forme proposée par une substitution au déterminant -1, telle que par exemple

$$\left\{\begin{array}{l} x = -X \\ y = Y \end{array}\right\}$$

ou bien

$$\left\{\begin{array}{l} x = Y \\ y = X \end{array}\right\}.$$

Si la forme du cinquième degré décomposée en ses facteurs linéaires est

$$\Phi = a(x - x_0 y)(x - x_1 y)(x - x_2 y)(x - x_3 y)(x - x_4 y),$$

son expression en fonction des racines s'obtient comme il suit.

Posons, pour abréger,

$$(mn) = x_m - x_n,$$

on aura

$$\begin{aligned} K = a^{18}&[(01)(04)(32)+(02)(03)(14)][(01)(02)(43)+(03)(04)(12)][(01)(03)(42)+(02)(04)(31)] \\ &\times[(12)(10)(43)+(13)(14)(20)][(12)(13)(04)+(14)(10)(23)][(12)(14)(03)+(13)(10)(42)] \\ &\times[(23)(21)(04)+(24)(20)(31)][(23)(24)(10)+(20)(21)(34)][(23)(20)(14)+(24)(21)(03)] \\ &\times[(34)(32)(10)+(30)(31)(42)][(34)(30)(21)+(31)(32)(40)][(34)(31)(20)+(30)(32)(14)] \\ &\times[(40)(43)(21)+(41)(42)(03)][(40)(41)(32)+(42)(43)(01)][(40)(42)(31)+(41)(43)(20)]. \end{aligned}$$

Cela étant, je vais résumer dans cette Note plusieurs résultats relatifs aux facteurs de l'invariant gauche et qui donneront sous un nouveau point de vue la détermination des invariants dans les formes du cinquième degré.

Soient à cet effet ([1])

$$\begin{aligned} F &= (01)(04)(32)+(02)(03)(14), \\ G &= (01)(02)(43)+(03)(04)(12), \\ H &= (01)(03)(42)+(02)(04)(31), \end{aligned}$$

et convenons de représenter par F_ν, G_ν, H_ν ce que deviennent respectivement ces quantités, en ajoutant le nombre ν aux indices des racines x_0, x_1, ..., pris suivant le module 5. L'expression de l'invariant du dix-huitième ordre sera ainsi

$$K = a^{18}.\,FGH.\,F_1G_1H_1.\,F_2G_2H_2.\,F_3G_3H_3.\,F_4G_4H_4,$$

et en premier lieu je donnerai le moyen de connaître comment s'échangent entre eux les quinze facteurs, lorsqu'on effectue sur les racines une substitution quelconque. Or, à l'égard de la substitution $\begin{Bmatrix} x_\nu \\ x_{2\nu} \end{Bmatrix}$, on aura pour résultats

1° $\begin{Bmatrix} F, & F_1, & F_2, & F_3, & F_4 \\ -H, & -H_2, & -H_4, & -H_1, & -H_3 \end{Bmatrix}$;

2° $\begin{Bmatrix} G, & G_1, & G_2, & G_3, & G_4 \\ -G, & -G_2, & -G_4, & -G_1, & -G_3 \end{Bmatrix}$;

3° $\begin{Bmatrix} H, & H_1, & H_2, & H_3, & H_4 \\ F, & F_2, & F_4, & F_1, & F_3 \end{Bmatrix}$.

La substitution $\begin{Bmatrix} x_\nu \\ x_{3\nu} \end{Bmatrix}$ donnera

1° $\begin{Bmatrix} F, & F_1, & F_2, & F_3, & F_4 \\ F, & G_3, & -H_4, & -H_1, & -G_2 \end{Bmatrix}$;

2° $\begin{Bmatrix} G, & G_1, & G_2, & G_3, & G_4 \\ -G, & -H_3, & -F_4, & F_1, & H_2 \end{Bmatrix}$;

3° $\begin{Bmatrix} H, & H_1, & H_2, & H_3, & H_4 \\ -H, & -F_3, & G_4, & -G_1, & -F_2 \end{Bmatrix}$.

([1]) *Voyez* mon Mémoire *Sur l'équation du cinquième degré*. Paris, Gauthier-Villars et HERMITE, *Œuvres*, t. II, p. 347.

Et comme toute substitution entre cinq quantités résulte de la composition des substitutions élémentaires

$$\begin{Bmatrix} x_\nu \\ x_{\nu+1} \end{Bmatrix}, \quad \begin{Bmatrix} x_\nu \\ x_{2\nu} \end{Bmatrix}, \quad \begin{Bmatrix} x_\nu \\ x_{3\nu^3} \end{Bmatrix},$$

on pourra, par ce qui précède, connaître l'effet d'une permutation donnée des racines sur l'un quelconque des quinze facteurs.

En même temps que F, G, H, je considérerai les quantités

$$\begin{aligned} f &= (31)(24), \\ g &= (14)(23), \\ h &= (12)(34), \end{aligned}$$

et je désignerai par f_ν, g_ν, h_ν ce qu'elles deviennent en ajoutant ν aux indices des racines. Cela étant, on trouve que la substitution $\begin{Bmatrix} x_\nu \\ x_{2\nu} \end{Bmatrix}$ opère les changements que voici :

1° $$\begin{Bmatrix} f, & f_1, & f_2, & f_3, & f_4 \\ -h, & -h_2, & -h_4, & -h_1, & -h_3 \end{Bmatrix};$$

2° $$\begin{Bmatrix} g, & g_1, & g_2, & g_3, & g_4 \\ -g, & -g_2, & -g_4, & -g_1, & -g_3 \end{Bmatrix};$$

3° $$\begin{Bmatrix} h, & h_1, & h_2, & h_3, & h_4 \\ -f, & -f_2, & -f_4, & -f_1, & -f_3 \end{Bmatrix}.$$

Quant à la substitution $\begin{Bmatrix} x_\nu \\ x_{3\nu^3} \end{Bmatrix}$, elle donne pour résultats :

1° $$\begin{Bmatrix} f, & f_1, & f_2, & f_3, & f_4 \\ f, & g_3, & h_4, & h_1, & g_2 \end{Bmatrix};$$

2° $$\begin{Bmatrix} g, & g_1, & g_2, & g_3, & g_4 \\ g, & h_3, & f_4, & f_1, & h_2 \end{Bmatrix};$$

3° $$\begin{Bmatrix} h, & h_1, & h_2, & h_3, & h_4 \\ h, & f_3, & g_4, & g_1, & f_2 \end{Bmatrix}.$$

D'où l'on voit que les deux groupes de quinze quantités se permutent de la même manière, sauf certains changements de signes, quand on effectue les mêmes permutations sur les racines de la proposée. Mais le lien que nous établissons entre elles se justifie plus complètement, d'abord par ces relations où, pour abréger, on fait

$$l = (01)(02)(03)(04),$$

savoir

$$G^2 - H^2 = 4lf,$$
$$H^2 - F^2 = 4lg,$$
$$F^2 - G^2 = 4lh,$$

et ensuite par cette remarque que les divers produits

$$a^2 F_\nu f_\nu, \quad a^2 F_\nu g_\nu, \quad a^2 F_\nu h_\nu,$$
$$a^2 G_\nu f_\nu, \quad a^2 G_\nu g_\nu, \quad a^2 G_\nu h_\nu,$$
$$a^2 H_\nu f_\nu, \quad a^2 H_\nu g_\nu, \quad a^2 H_\nu h_\nu,$$

a étant le coefficient du premier terme de la forme du cinquième degré, *sont des invariants*. Ces produits donnent lieu à ce fait algébrique que neuf d'entre eux, correspondant à la même valeur de l'indice ν, suffisent pour en déduire linéairement tous les autres. On a, en effet, les relations qui suivent :

$$2F_1 f_1 = Ff - Gh + Hg,$$
$$2G_1 g_1 = Fg + Gf + Hh,$$
$$2H_1 h_1 = Fh - Gg - Hf;$$

$$2F_2 f_2 = -Fh + Gg - Hf,$$
$$2G_2 g_2 = -Ff + Gh + Hg,$$
$$2H_2 h_2 = -Fg - Gf + Hh;$$

$$2F_3 f_3 = -Fh - Gg - Hf,$$
$$2G_3 g_3 = +Ff + Gh - Hg,$$
$$2H_3 h_3 = -Fg + Gf + Hh;$$

$$2F_4 f_4 = +Ff + Gh + Hg,$$
$$2G_4 g_4 = -Fg + Gf - Hh,$$
$$2H_4 h_4 = +Fh + Gg - Hf.$$

Tous les autres sont d'une forme presque aussi simple, et en voici le type :

$$2F_1 h_1 = Fh + Gg + H(h - g),$$
$$2H_1 g_1 = F(f - h) - Gf + Hh,$$
$$2G_1 f_1 = -Ff + G(g - f) + Hg,$$

$$\ldots\ldots\ldots\ldots\ldots\ldots\ldots\ldots\ldots$$

De là résulte la possibilité d'exprimer au moyen de F, G, H, d'une part, f, g, h, de l'autre, des fonctions des racines de la forme proposée qui sont des invariants. Considérons, par exemple, l'expression

$$Ff + F_1 f_1 + F_2 f_2 + F_3 f_3 + F_4 f_4,$$

qui est évidemment cyclique. En vertu des relations précédentes, elle prendra cette forme très simple

$$F(2f - h) + H(g - f).$$

Les fonctions $FF_1F_2F_3F_4$, $HH_1H_2H_3H_4$, qui sont également cycliques, s'expriment d'une manière analogue. En faisant, pour abréger,

$$\begin{aligned} f' &= f^2 + gh, \\ g' &= g^2 + fh, \\ h' &= h^2 + fg, \end{aligned}$$

j'ai montré dans mon Mémoire *Sur l'équation du cinquième degré* qu'on a

$$\begin{aligned} FF_1F_2F_3F_4 &= F(H^2h^3 + FHhh' + h'^2 l), \\ HH_1H_2H_3H_4 &= H(-F^2f^3 + FHff' + f'^2 l). \end{aligned}$$

On obtiendrait pareillement

$$\begin{aligned} GG_1G_2G_3G_4 = G[&-G^2(f-h)g^2 + FH(f^2 + fh + h^2)g \\ &+ (f^4 - 2f^3h - 5f^2h^2 - 2fh^3 + h^4)l]. \end{aligned}$$

Mais, dans ces formes si simples de fonctions compliquées de racines, le caractère cyclique de ces fonctions n'apparaît plus d'une manière évidente, et pour le retrouver il faudrait toute une théorie, qui me mènerait bien au delà de mon objet actuel. Je me propose en effet, en considérant des expressions non seulement cycliques, mais symétriques, d'établir que *tout invariant dont l'ordre est multiple de 4 est une fonction homogène de* F^2 *et* l *ayant pour coefficients des polynomes entiers en* g *et* h.

Dans ce but, je considérerai les diverses déterminations de la fonction suivante

$$u = (01)(12)(23)(34)(40),$$

qui, multipliée par a^2, donne évidemment un invariant. Ces déterminations, au nombre de vingt-quatre, sont deux à deux égales et de signes contraires, et peuvent ainsi se réduire à douze, que je partagerai en deux groupes et désignerai comme il suit :

$$\left\{\begin{aligned} u_\infty &= (01)(12)(23)(34)(40),\\ u_0 &= (03)(34)(41)(12)(20),\\ u_1 &= (14)(40)(02)(23)(31),\\ u_2 &= (20)(01)(13)(34)(42),\\ u_3 &= (31)(12)(24)(40)(03),\\ u_4 &= (42)(23)(30)(01)(14);\end{aligned}\right.$$

$$\left\{\begin{aligned} v_\infty &= (02)(24)(41)(13)(30),\\ v_0 &= (04)(42)(23)(31)(10),\\ v_1 &= (10)(03)(34)(42)(21),\\ v_2 &= (21)(14)(40)(03)(32),\\ v_3 &= (32)(20)(01)(14)(43),\\ v_4 &= (43)(31)(12)(20)(04).\end{aligned}\right.$$

v_∞ a été tiré de u_∞ par la substitution $\left\{\begin{matrix} x_\nu \\ x_{2\nu}\end{matrix}\right\}$; u_0 et v_0 ont été respectivement déduits de u_∞ et v_∞ par la substitution $\left\{\begin{matrix} x_\nu \\ x_{3\nu^3}\end{matrix}\right\}$; enfin u_i et v_i de u_0 et v_0 en ajoutant le nombre i aux indices des racines pris suivant le module 5. On sait qu'à l'origine de la théorie des invariants on a considéré comme fonctions symétriques des carrés de ces douze quantités les invariants fondamentaux du quatrième, du huitième et du douzième ordre des formes du cinquième degré. Ainsi l'on a, en désignant avec M. Sylvester l'invariant du quatrième ordre par J et le déterminant par D,

$$a^4(u_\infty^2+u_0^2+u_1^2+u_2^2+u_3^2+u_4^2) = -5^4\mathrm{J} - 3.5^2\sqrt{5\mathrm{D}},$$
$$a^4(v_\infty^2+v_0^2+v_1^2+v_2^2+v_3^2+v_4^2) = -5^4\mathrm{J} + 3.5^2\sqrt{5\mathrm{D}},$$

et la somme des produits trois à trois des carrés conduit à

$$\begin{aligned} a^{12}(u_\infty^2 u_1^2 u_0^2+\ldots) &= a^{12}(v_\infty^2 v_0^2 v_1^2+\ldots)\\ &= 4.5^9(48\,\mathrm{JK} - 768\,\mathrm{L} - \mathrm{A}),\end{aligned}$$

en adoptant les dénominations du même auteur. Or on a, comme on le vérifie sans peine, ces deux systèmes de relation, savoir

$$\left\{\begin{array}{ll} 2u_\infty = +h(H+F), & 2v_\infty = +f(H-F), \\ 2u_0 = -h(H-F), & 2v_0 = -f(H+F), \\ 2u_1 = +g(G-H), & 2v_1 = +h(G+H), \\ 2u_4 = -g(G+H), & 2v_4 = -h(G-H), \\ 2u_2 = +f(F-G), & 2v_2 = -g(F+G), \\ 2u_3 = -f(F+G), & 2v_3 = +g(F-G). \end{array}\right.$$

On en déduit, en faisant la somme des carrés, l'expression de l'invariant du quatrième ordre J, sous la forme

$$a^4[(2F^2+G^2+H^2)f^2+(2G^2+H^2+F^2)g^2 \\ +(2H^2+F^2+G^2)h^2] = -4.5^4 J,$$

et, si l'on écrit la somme des produits trois à trois, $u_\infty^2 u_0^2 u_1^2 + \ldots$, de cette manière :

$$(u_\infty^2+u_0^2)(u_1^2+u_4^2)(u_2^2+u_3^2) \\ + u_\infty^2 u_0^2(u_1^2+u_4^2+u_2^2+u_3^2) \\ + u_1^2 u_4^2(u_\infty^2+u_0^2+u_2^2+u_3^2) \\ + u_2^2 u_3^2(u_\infty^2+u_0^2+u_1^2+u_4^2),$$

on parviendra à l'invariant du douzième ordre, exprimé comme il suit :

$$2^7 5^9(48JK-768L-A) \\ = 4a^{12}(F^2+G^2)(G^2+H^2)(H^2+F^2)f^2g^2h^2 \\ + a^{12}(F^2-H^2)^2[(F^2+G^2)g^2+(G^2+H^2)h^2]f^4 \\ + a^{12}(G^2-F^2)^2[(G^2+H^2)h^2+(H^2+F^2)f^2]g^4 \\ + a^{12}(H^2-G^2)^2[(H^2+F^2)f^2+(F^2+G^2)g^2]h^4.$$

Adoptant donc le discriminant $5^5 D = a^8 f^2 g^2 h^2 l^2$ pour invariant du huitième ordre, la proposition précédemment annoncée se trouvera démontrée à l'égard de ces invariants fondamentaux, en observant que F, G, H n'y entrent que par leurs carrés, de sorte qu'au moyen des relations

$$G^2 - H^2 = 4lf, \\ H^2 - F^2 = 4lg, \\ F^2 - G^2 = 4lh,$$

et de celle-ci qui en découle

$$f+g+h=0,$$

on pourra effectivement les exprimer par F^2, g, h, l. Nous obtiendrons ainsi

$$5^4 J = -a^4[2F^2(g^2+gh+h^2)+(g-h)(2g^2+gh+2h^2)l],$$

$$5^5 D = a^8(g+h)^2 g^2 h^2 l^2,$$

$$\begin{aligned}4.5^9(48JK - 768L - \Lambda)\\ = a^{12}[&F^6(g+h)^2g^2h^2 + 4F^4l(g-h)(g+h)^2g^2h^2\\ &+F^2l^2(g^8+4g^7h+12g^6h^2+6g^5h^3-5g^4h^4\\ &\qquad+6g^3h^5+12g^2h^6+4gh^7+h^8)\\ &-2l^3gh(g-h)(g^6+3g^5h+8g^4h^2+11g^3h^3+8g^2h^4+3gh^5+h^6)].\end{aligned}$$

Or, ces expressions sont des fonctions homogènes de F^2 et l, dont les coefficients sont des polynomes entiers en g et h, et il en sera de même par conséquent de leurs combinaisons entières qui représentent tout invariant de la forme du cinquième degré dont l'ordre est multiple de quatre. J'ajoute qu'un invariant donné ne peut être obtenu de deux manières différentes, comme nous venons de le dire; car, en égalant deux expressions de cette nature, on arrive à une équation homogène entre F^2 et l, qui pouvait donner $\frac{F^2}{l}$ en g et h, c'est-à-dire une fonction de la racine x_0, et par conséquent cette racine au moyen des quatre autres, puisque g et h ne contiennent pas x_0.

Je terminerai cette Note par ce qui concerne, au même point de vue, l'invariant gauche, et à cet effet, en posant comme plus haut

$$f' = f^2 + gh,$$
$$g' = g^2 + fh,$$
$$h' = h^2 + fg,$$

j'emploierai les relations suivantes qu'il est aisé de vérifier, savoir

$$2(x_4 - x_2)F_1G_3 = Hg' + Gh',$$
$$2(x_2 - x_3)H_1H_4 = Fh' + Hf',$$
$$2(x_2 - x_1)H_3G_4 = Gf' + Fg',$$
$$2(x_1 - x_3)G_2F_4 = Hg' - Gh',$$
$$2(x_4 - x_1)F_2F_3 = Fh' - Hf',$$
$$2(x_4 - x_3)G_1H_2 = Gf' - Fg'.$$

On en déduit, en les multipliant membre à membre,

$$-64fghK = a^{18}FGH(H^2g'^2 - G^2h'^2)(F^2h'^2 - H^2f'^2)(G^2f'^2 - F^2g'^2).$$

Écrivant ensuite

$$\begin{aligned} H^2g'^2 - G^2h'^2 &= H^2(g'^2 - h'^2) - 4lfh'^2,\\ F^2h'^2 - H^2f'^2 &= F^2(h'^2 - f'^2) - 4lgf'^2,\\ G^2f'^2 - F^2g'^2 &= G^2(f'^2 - g'^2) - 4lhg'^2,\end{aligned}$$

et observant qu'on a

$$\begin{aligned} g'^2 - h'^2 &= 4fgh(g-h),\\ h'^2 - f'^2 &= 4fgh(h-f),\\ f'^2 - g'^2 &= 4fgh(f-g),\end{aligned}$$

on en conclut immédiatement

$$\begin{aligned} K = a^{18}FGH&[F^2(h-f)fh - lf'^2]\\ &\times[G^2(f-g)fg - lg'^2]\\ &\times[H^2(g-h)gh - lh'^2],\end{aligned}$$

et l'on reconnaît que la quantité par laquelle est multipliée FGH peut encore être mise sous la forme d'une fonction homogène de F^2 et l.

SUR L'INVARIANT GAUCHE

DES

FORMES DU SIXIÈME DEGRÉ.

SALMON, *Algèbre supérieure*, trad. *O. Chemin*, deuxième édition, 1890, p. 568.

On doit au P. Joubert (1) la découverte intéressante de l'expression de cet invariant, qui est du quinzième ordre, au moyen des racines de la forme proposée. Représentons cette forme par

$$f = a(x - x_\infty y)(x - x_0 y)(x - x_1 y)(x - x_2 y)(x - x_3 y)(x - x_4 y),$$

et posons

$$\begin{aligned} U_0 = [&x_\infty x_0(x_2 + x_3 - x_1 - x_4) + x_1 x_4(x_\infty + x_0 - x_2 - x_3) \\ &+ x_2 x_3(x_1 + x_4 - x_\infty - x_0)], \\ V_0 = [&x_\infty x_0(x_3 + x_4 - x_1 - x_2) + x_1 x_2(x_\infty + x_0 - x_3 - x_4) \\ &+ x_3 x_4(x_1 + x_2 - x_\infty - x_0)], \\ W_0 = [&x_\infty x_0(x_2 + x_4 - x_1 - x_3) + x_1 x_3(x_\infty + x_0 - x_2 - x_4) \\ &+ x_2 x_4(x_1 + x_3 - x_\infty - x_0)]. \end{aligned}$$

En convenant de désigner par U_i, V_i, W_i ce que deviennent ces expressions, en ajoutant le nombre k aux indices des racines pris suivant le module 5, on aura la valeur suivante de l'invariant gauche du quinzième ordre, savoir :

$$K = a^{15} U_0 U_1 U_2 U_3 U_4 V_0 V_1 V_2 V_3 V_4 W_0 W_1 W_2 W_3 W_4.$$

(1) Voir *Comptes rendus*, t. LXIV, 1867 (I), p. 1026.

SUR

LA THÉORIE DES POLYNOMES HOMOGÈNES

DU SECOND DEGRÉ (¹).

Note VI du *Programme détaillé d'un Cours d'Arithmétique, d'Algèbre et de Géométrie analytique,* par GERONO et ROGNET, 4ᵉ édition, Paris, Mallet-Bachelier, 1856, p. 154.

Les propriétés des polynomes homogènes du second degré à plusieurs variables sont utiles à connaître dans beaucoup de questions d'Algèbre et de Géométrie analytique. Nous allons exposer dans cette Note, d'après M. Hermite, celles qui nous paraissent les plus importantes, et dont la démonstration n'exige que les premiers éléments du calcul. Voulant d'ailleurs que l'étude de ces démonstrations soit un exercice pour les élèves, nous considérerons le plus souvent un cas particulier de manière à en bien faire saisir l'esprit; après avoir mis ainsi en évidence tout ce qu'il faut connaître pour traiter le cas général, nous laisserons à chercher l'expression analytique la plus étendue des raisonnements et des méthodes exposés dans un cas spécial. On aura de la sorte à traiter des questions d'algèbre faciles en elles-mêmes, car la voie pour arriver au résultat sera bien indiquée à l'avance, et aucun autre exercice ne paraît plus profitable pour arriver à connaître et à employer avec sûreté l'instrument du calcul algébrique. Nous pensons aussi qu'on parviendra par là à mieux saisir et conserver dans son esprit les diverses propositions dont nous allons nous

(¹) Nous insérons ici une Note *Sur la théorie des polynomes homogènes du second degré* extraite de l'Ouvrage indiqué de Gerono et Rognet. Cette Note n'est pas signée et porte seulement la mention : « d'après M. Hermite »; mais nous savons qu'elle a été rédigée par Hermite. Quoiqu'elle soit surtout intéressante au point de vue de l'enseignement, il nous a paru qu'elle méritait d'être reproduite. E. P.

occuper. Comme elles reposent en grande partie sur quelques propriétés des quantités qui se présentent dans la résolution d'un système d'équations du premier degré à plusieurs inconnues, nous commencerons par rappeler en quelques mots celles dont nous ferons usage.

I. — Des déterminants.

Considérons $n+1$ équations du premier degré à $n+1$ inconnues, dont les coefficients soient des quantités littérales, savoir :

$$\begin{array}{l} ax + by + cz + \ldots + hu = \mathrm{K}, \\ a'x + b'y + c'z + \ldots + h'u = \mathrm{K}', \\ \ldots\ldots\ldots\ldots\ldots\ldots\ldots\ldots, \\ a^{(n)}x + b^{(n)}y + c^{(n)}z + \ldots + h^{(n)}u = \mathrm{K}^{(n)}. \end{array}$$

Le dénominateur commun des valeurs des inconnues, qu'on enseigne à former en Algèbre, et qui dépend seulement des coefficients de ces inconnues, a reçu le nom de *déterminant,* et se désigne par la notation abrégée

$$(1) \qquad \begin{vmatrix} a & b & c & \ldots & h \\ a' & b' & c' & \ldots & h' \\ .. & .. & .. & \ldots & .. \\ a^{(n)} & b^{(n)} & c^{(n)} & \ldots & h^{(n)} \end{vmatrix}.$$

Ainsi, par exemple, pour deux équations à deux inconnues,

$$\begin{array}{l} ax + by = \mathrm{K}, \\ a'x + b'y = \mathrm{K}', \end{array}$$

on écrira

$$(2) \qquad ab' - ba' = \begin{vmatrix} a & b \\ a' & b' \end{vmatrix}.$$

Pour trois équations à trois inconnues

$$\begin{array}{l} ax + by + cz = \mathrm{K}, \\ a'x + b'y + c'z = \mathrm{K}', \\ a''x + b''y + c''z = \mathrm{K}'', \end{array}$$

on écrira de même

$$(3) \qquad ab'c'' + bc'a'' + ca'b'' - cb'a'' - ac'b'' - ba'c'' = \begin{vmatrix} a & b & c \\ a' & b' & c' \\ a'' & b'' & c'' \end{vmatrix}.$$

Parmi les monomes qui entrent dans le déterminant (1) développé, on distingue celui qui sert à former tous les autres par des échanges de lettres, savoir : $ab'c''$, ..., $h^{(n)}$. On lui donne le nom de *terme principal*, et il est toujours affecté du signe $+$. Ainsi ab' et $ab'c''$ sont respectivement les termes principaux des déterminants (2) et (3). Des diverses propriétés des déterminants qui découlent immédiatement de leur loi de formation, nous énoncerons celles-ci, qui seront utiles plus tard :

1° L'expression développée du déterminant (1) a la forme

$$Aa + Bb + Cc + \ldots + Hh,$$

où A, B, C, ..., H sont des quantités indépendantes de a, b, c, ..., h.

2° Un déterminant s'évanouit identiquement lorsque deux lignes horizontales ou deux colonnes verticales sont composées des mêmes termes. Ainsi, par exemple,

$$\begin{vmatrix} a & b \\ a & b \end{vmatrix} = ab - ab = 0, \qquad \begin{vmatrix} a & b & c \\ a & b & c \\ a'' & b'' & c'' \end{vmatrix} = 0,$$

$$\begin{vmatrix} a & a \\ a' & a' \end{vmatrix} = aa' - aa' = 0, \qquad \begin{vmatrix} a & a & c \\ a' & a' & c' \\ a'' & a'' & c'' \end{vmatrix} = 0.$$

3° Un déterminant ne change pas de valeur lorsqu'on remplace les colonnes verticales par les lignes horizontales, de manière que le terme principal reste le même. Ainsi, par exemple,

$$\begin{vmatrix} a & b \\ a' & b' \end{vmatrix} = \begin{vmatrix} a & a' \\ b & b' \end{vmatrix} = ab' - ba'.$$

Les deux premières de ces propositions se trouvent démontrées dans les Traités de M. Lefébure de Fourcy et de M. Briot; nous laissons comme exercice à trouver la démonstration de la troisième. Mais une autre, qui recevra d'importantes applications, nous reste à établir; et nous allons d'abord la présenter dans le cas le plus simple.

Considérons à cet effet les deux fonctions linéaires

$$ax + by,$$
$$a'x + b'y,$$

et supposons qu'on y remplace x et y par ces expressions,

$$x = \alpha X + \alpha' Y,$$
$$y = \beta X + \beta' Y;$$

elles deviendront respectivement

$$(a\alpha + b\beta)X + (a\alpha' + b\beta')Y,$$
$$(a'\alpha + b'\beta)X + (a'\alpha' + b'\beta')Y,$$

ou, pour abréger,

$$AX + BY,$$
$$A'X + B'Y.$$

Cela posé, je dis que *le déterminant* $\begin{vmatrix} A & B \\ A' & B' \end{vmatrix}$ *sera égal au produit des deux déterminants* $\begin{vmatrix} a & b \\ a' & b' \end{vmatrix}$ *et* $\begin{vmatrix} \alpha & \alpha' \\ \beta & \beta' \end{vmatrix}$.

La vérification se fait sans difficulté, dans ce cas très simple, mais on peut éviter tout calcul en raisonnant comme il suit.

Considérons les deux équations

$$(4)\qquad \begin{cases} ax + by = K, \\ a'x + b'y = K'. \end{cases}$$

On sait qu'en les résolvant on trouvera, pour le dénominateur commun des valeurs de x et y, le déterminant $\begin{vmatrix} a & b \\ a' & b' \end{vmatrix}$, et de la même manière, relativement aux deux autres équations

$$(5)\qquad \begin{cases} AX + BY = K, \\ A'X + B'Y = K', \end{cases}$$

le dénominateur commun des valeurs de X et Y sera le déterminant $\begin{vmatrix} A & B \\ A' & B' \end{vmatrix}$. Or, on peut trouver X et Y par les équations

$$x = \alpha X + \alpha' Y,$$
$$y = \beta X + \beta' Y,$$

quand on y aura mis, au lieu de x et y, les valeurs fournies par les équations (4). Maintenant, et sans qu'il soit besoin d'effectuer ces calculs, on doit voir qu'en raison des valeurs fractionnaires de x et y, on trouvera pour dénominateur commun de X et Y le produit des déterminants $\begin{vmatrix} a & b \\ a' & b' \end{vmatrix}$ et $\begin{vmatrix} \alpha & \alpha' \\ \beta & \beta' \end{vmatrix}$. Ainsi ce produit doit être égal au déterminant $\begin{vmatrix} A & B \\ A' & B' \end{vmatrix}$, qui, d'après les équations (5), représente aussi le dénominateur des valeurs de X et Y.

A la vérité, cette démonstration n'est pas entièrement rigoureuse, mais elle met immédiatement sur la voie du théorème général que nous allons énoncer en prenant pour exemple les trois fonctions linéaires :

$$\begin{aligned} &ax + by + cz, \\ &a'x + b'y + c'z, \\ &a''x + b''y + c''z. \end{aligned}$$

Concevons qu'on y mette, au lieu de x, y, z,

$$\begin{aligned} x &= \alpha X + \alpha' Y + \alpha'' Z, \\ y &= \beta X + \beta' Y + \beta'' Z, \\ z &= \gamma X + \gamma' Y + \gamma'' Z; \end{aligned}$$

elles deviendront respectivement

$$\begin{aligned} &(a\alpha + b\beta + c\gamma) X + (a\alpha' + b\beta' + c\gamma') Y + (a\alpha'' + b\beta'' + c\gamma'') Z, \\ &(a'\alpha + b'\beta + c'\gamma) X + (a'\alpha' + b'\beta' + c'\gamma') Y + (a'\alpha'' + b'\beta'' + c'\gamma'') Z, \\ &(a''\alpha + b''\beta + c''\gamma) X + (a''\alpha' + b''\beta' + c''\gamma') Y + (a''\alpha'' + b''\beta'' + c''\gamma'') Z, \end{aligned}$$

ou, pour abréger,

$$\begin{aligned} &AX + BY + CZ, \\ &A'X + B'Y + C'Z, \\ &A''X + B''Y + C''Z. \end{aligned}$$

Cela posé, on aura comme précédemment l'équation

$$\begin{vmatrix} A & B & C \\ A' & B' & C' \\ A'' & B'' & C'' \end{vmatrix} = \begin{vmatrix} a & b & c \\ a' & b' & c' \\ a'' & b'' & c'' \end{vmatrix} \times \begin{vmatrix} \alpha & \alpha' & \alpha'' \\ \beta & \beta' & \beta'' \\ \gamma & \gamma' & \gamma'' \end{vmatrix}.$$

La démonstration complète se déduit de la loi même de formation des déterminants; mais, comme elle offre peu d'intérêt par elle-même, nous l'omettrons, en insistant néanmoins sur la nécessité de bien se pénétrer du théorème qui va bientôt trouver d'importantes applications.

II. — De l'invariant des polynomes homogènes du second degré et du polynome adjoint.

On nomme *polynomes homogènes du second degré* des expressions telles que

$$Ax^2 + 2Bxy + Cy^2,$$
$$Ax^2 + A'y^2 + A''z^2 + 2Byz + 2B'zx + 2B''xy, \quad \ldots;$$

ce sont ces expressions dont nous allons étudier les propriétés, en considérant, comme nous l'avons déjà dit, les cas particuliers les plus simples, et laissant aux élèves à généraliser les énoncés et les démonstrations.

La première que nous allons considérer dans le cas du polynome à deux indéterminées seulement

$$Ax^2 + 2Bxy + Cy^2,$$

consiste en ce que, si l'on y remplace x et y par ces formules

$$x = aX + bY,$$
$$y = a'X + b'Y,$$

il se transformera en un polynome *qui est encore homogène et du second degré par rapport aux nouvelles indéterminées* X *et* Y. Ce polynome sera ainsi de la forme

$$\mathcal{A}X^2 + 2\mathcal{B}XY + \mathcal{C}Y^2,$$

les coefficients ayant ces valeurs :

$$\mathcal{A} = Aa^2 + 2Baa' + Ca'^2,$$
$$\mathcal{B} = Aab + B(ab' + ba') + Ca'b',$$
$$\mathcal{C} = Ab^2 + 2Bbb' + Cb'^2.$$

Cette propriété très simple conduit naturellement à se proposer la question suivante :

Étant donnés deux polynomes quelconques, tels que

$$Ax^2 + 2Bxy + Cy^2,$$
$$\mathcal{A}X^2 + 2\mathcal{B}XY + \mathcal{C}Y^2,$$

est-il toujours possible de déduire le second du premier en y faisant une substitution de la forme

$$x = aX + bY,$$
$$y = a'X + b'Y?$$

Le problème admet-il un nombre fini ou infini de solutions; est-il résoluble en prenant pour les coefficients de la substitution des quantités réelles, les coefficients des polynomes donnés étant eux-mêmes supposés réels?

Notre principal objet dans cette Note sera d'établir quelques-uns des principes qui servent à résoudre ces questions et de montrer comment ils s'appliquent à la Géométrie et à l'Algèbre; faisons aussi observer en passant qu'une branche étendue des Mathématiques, l'Arithmétique supérieure, trouve également son point de départ dans la comparaison des polynomes homogènes du second degré, lorsqu'on suppose que les coefficients des polynomes et ceux des substitutions sont des nombres entiers.

Nous commencerons par établir qu'un polynome du second degré à n indéterminées est toujours réductible à la somme de n carrés de fonctions linéaires de ces indéterminées. Observons pour cela qu'en ordonnant ce polynome par rapport à l'une des indéterminées que nous nommerons x pour fixer les idées, il prendra la forme suivante :

$$Ax^2 + 2Bx + C,$$

B étant une fonction linéaire, et C une fonction homogène du second degré des $n-1$ indéterminées restantes. Or, on peut écrire

$$Ax^2 + 2Bx + C = \frac{1}{A}(Ax + B)^2 + \frac{1}{A}(AC - B^2),$$

et mettre ainsi en évidence, d'une part le carré de la fonction linéaire $Ax + B$, et de l'autre un polynome homogène à $n-1$ indéterminées, $AC - B^2$, multiplié par la constante $\frac{1}{A}$. Cela posé, on opérera sur ce nouveau polynome, comme sur le proposé, et on le décomposera encore en deux parties, à savoir : le carré d'une fonction linéaire et un polynome à $n-2$ indéterminées. Continuant donc de proche en proche les mêmes opérations, il est clair qu'on parviendra à la réduction annoncée quand on aura épuisé toutes les indéterminées. Par exemple, soit le polynome

$$f = x^2 + 2y^2 + z^2 + 4yz + 2zx + 2xy,$$

on écrira successivement

$$f = x^2 + 2x(y+z) + 2y^2 + 4yz + z^2 = (x+y+z)^2 + y^2 + 2yz,$$
$$y^2 + 2yz = (y+z)^2 - z^2,$$

et il viendra

$$f = (x+y+z)^2 + (y+z)^2 - z^2.$$

Plus tard, cette réduction sera étudiée attentivement; actuellement, nous nous bornons à remarquer qu'elle peut s'effectuer de plusieurs manières, en commençant chaque opération par l'une ou par l'autre des indéterminées, et que, pour arriver effectivement à une somme de carrés, de fonctions linéaires, il peut être nécessaire d'introduire des quantités imaginaires dans les coefficients de ces fonctions. Ainsi, dans l'exemple précédent, il faudrait écrire

$$f = (x+y+z)^2 + (y+z)^2 + (z\sqrt{-1})^2.$$

Quoi qu'il en soit, et sans insister sur d'autres particularités, nous allons, comme il suit, en tirer la notion de l'*invariant*.

Considérons le cas le plus simple du polynome

$$Ax^2 + 2Bxy + Cy^2,$$

que nous mettrons sous la forme

$$Ax^2 + 2Bxy + Cy^2 = (ax + by)^2 + (a'x + b'y)^2.$$

Cette équation ne suffira pas pour déterminer les quatre quantités a, b, a', b'; mais il est très facile de trouver, en fonction de A, B, C, le déterminant $\begin{vmatrix} a & b \\ a' & b' \end{vmatrix}$.

En effet, soient pour un instant

$$(1) \qquad \begin{cases} X = ax + by, \\ Y = a'x + b'y, \end{cases}$$

de sorte que l'on ait

$$Ax^2 + 2Bxy + Cy^2 = X^2 + Y^2.$$

En prenant successivement les dérivées des deux membres de cette équation par rapport à x et y, et divisant par 2, il viendra

$$\begin{aligned} Ax + By &= aX + a'Y, \\ Bx + Cy &= bX + b'Y. \end{aligned}$$

Or, X et Y ayant les valeurs définies par les équations (1), on pourra égaler les déterminants relatifs aux fonctions linéaires

$$\begin{aligned} &Ax + By, \\ &Bx + Cy \end{aligned}$$

et

$$\begin{aligned} &aX + a'Y, \\ &bX + b'Y; \end{aligned}$$

mais, d'après un théorème établi au paragraphe I, le second de ces déterminants sera égal au produit

$$\begin{vmatrix} a & a' \\ b & b' \end{vmatrix} \times \begin{vmatrix} a & b \\ a' & b' \end{vmatrix},$$

ou même à $\begin{vmatrix} a & b \\ a' & b' \end{vmatrix}^2$; car, d'après une proposition énoncée au paragraphe I, un déterminant ne change pas de valeur quand on met les lignes horizontales à la place des colonnes verticales. Nous en conclurons la relation à laquelle nous voulions parvenir, savoir :

$$\begin{vmatrix} A & B \\ B & C \end{vmatrix} = \begin{vmatrix} a & b \\ a' & b' \end{vmatrix}^2.$$

Or, la fonction des coefficients du polynome $Ax^2 + 2Bxy + Cy^2$, à laquelle nous sommes ainsi conduits,

$$\begin{vmatrix} A & B \\ B & C \end{vmatrix} = AC - B^2,$$

est ce qu'on appelle l'*invariant* de ce polynome. Cette dénomination, proposée par M. Sylvester, célèbre géomètre anglais, se trouve justifiée par le théorème suivant :

Soit

$$\mathcal{A}X^2 + 2\mathcal{B}XY + \mathcal{C}Y^2$$

la transformée du polynome proposé par la substitution

$$\begin{aligned} x &= \alpha X + \alpha' Y, \\ y &= \beta X + \beta' Y; \end{aligned}$$

je dis qu'on aura

$$\begin{vmatrix} \mathfrak{A} & \mathfrak{B} \\ \mathfrak{B} & \mathfrak{C} \end{vmatrix} = \begin{vmatrix} A & B \\ B & C \end{vmatrix} \times \begin{vmatrix} \alpha & \alpha' \\ \beta & \beta' \end{vmatrix}^2;$$

c'est-à-dire que l'invariant se reproduira dans toute transformée, multiplié par le carré du déterminant de la substitution.

En effet, effectuons la substitution considérée dans les deux membres de l'équation identique

$$Ax^2 + 2Bxy + Cy^2 = (ax + by)^2 + (a'x + b'y)^2,$$

et posons, pour abréger,

$$\begin{aligned} a(\alpha X + \alpha' Y) + b(\beta X + \beta' Y) &= p X + q Y, \\ a'(\alpha X + \alpha' Y) + b'(\beta X + \beta' Y) &= p' X + q' Y, \end{aligned}$$

on en déduira

$$\mathfrak{A} X^2 + 2\mathfrak{B} XY + \mathfrak{C} Y^2 = (pX + qY)^2 + (p'X + q'Y)^2,$$

et, par suite,

$$\begin{vmatrix} \mathfrak{A} & \mathfrak{B} \\ \mathfrak{B} & \mathfrak{C} \end{vmatrix} = \begin{vmatrix} p & q \\ p' & q' \end{vmatrix}^2.$$

Mais, d'après le théorème sur la multiplication des déterminants, on a

$$\begin{vmatrix} p & q \\ p' & q' \end{vmatrix} = \begin{vmatrix} a & b \\ a' & b' \end{vmatrix} \times \begin{vmatrix} \alpha & \alpha' \\ \beta & \beta' \end{vmatrix},$$

et il en résulte immédiatement, après avoir élevé les deux membres au carré, la relation qu'il s'agissait d'établir

$$\begin{vmatrix} \mathfrak{A} & \mathfrak{B} \\ \mathfrak{B} & \mathfrak{C} \end{vmatrix} = \begin{vmatrix} A & B \\ B & C \end{vmatrix} \times \begin{vmatrix} \alpha & \alpha' \\ \beta & \beta' \end{vmatrix}^2.$$

Avant d'aller plus loin, donnons encore l'énoncé des theorèmes analogues pour les polynomes à trois indéterminées, afin de rendre plus facile la recherche des énoncés les plus généraux.

Soit, à cet effet,

$$f = Ax^2 + A'y^2 + A''z^2 + 2Byz + 2B'zx + 2B''xy,$$

ce qu'on nommera l'invariant, sera le déterminant relatif aux trois fonctions linéaires

$$\frac{1}{2} f'_x = A\,x + B''y + B'\,z,$$

$$\frac{1}{2} f'_y = B''x + A'\,y + B\,z,$$

$$\frac{1}{2} f''_z = B'x + B\,y + A''z;$$

c'est-à-dire

$$(2)\qquad \begin{vmatrix} A & B'' & B' \\ B'' & A' & B \\ B' & B & A'' \end{vmatrix} = AA'A'' + 2BB'B'' - AB^2 - A'B'^2 - A''B''^2,$$

et l'on aura le théorème suivant :

Soit

$$\mathcal{A}X^2 + \mathcal{A}'Y^2 + \mathcal{A}''Z^2 + 2\mathcal{B}YZ + 2\mathcal{B}'ZX + 2\mathcal{B}''XY$$

la transformée déduite de f par la substitution

$$x = \alpha X + \alpha' Y + \alpha'' Z,$$
$$y = \beta X + \beta' Y + \beta'' Z,$$
$$z = \gamma X + \gamma' Y + \gamma'' Z,$$

l'invariant de cette transformée sera égal à l'invariant de f, multiplié par le carré du déterminant de la substitution.

Ainsi on aura

$$\begin{vmatrix} \mathcal{A} & \mathcal{B}'' & \mathcal{B}' \\ \mathcal{B}'' & \mathcal{A}' & \mathcal{B} \\ \mathcal{B}' & \mathcal{B} & \mathcal{A}'' \end{vmatrix} = \begin{vmatrix} A & B'' & B' \\ B'' & A' & B \\ B' & B & A'' \end{vmatrix} \times \begin{vmatrix} \alpha & \alpha' & \alpha'' \\ \beta & \beta' & \beta'' \\ \gamma & \gamma' & \gamma'' \end{vmatrix}^2.$$

Les applications que nous ferons plus tard de ces théorèmes en montreront toute l'importance, mais dès à présent nous allons en faire voir l'usage, en nous proposant de calculer l'invariant de cette forme particulière

$$Ax^2 + 2Bxy + Cy^2 + (\alpha x + \beta y + \gamma z)^2.$$

Au lieu d'appliquer la formule (2), après avoir développé le carré de $\alpha x + \beta y + \gamma z$, pour mettre en évidence les coefficients des carrés et des rectangles des variables, on fera

$$x = X,$$
$$y = Y,$$
$$\alpha x + \beta y + \gamma z = Z;$$

d'où résultera cette conséquence, que le polynome proposé est la transformée de

$$(3) \qquad AX^2 + 2BXY + CY^2 + Z^2,$$

par la substitution précédente, dont le déterminant se réduit, comme on le reconnaît aisément, à γ.

L'invariant cherché sera donc celui du polynome (3) multiplié par γ^2, c'est-à-dire, en appliquant la formule (2), égal à

$$\gamma^2(AC - B^2).$$

La notion d'invariant bien comprise, passons à celle du polynome *adjoint,* qu'il importe également d'établir.

Pour cela, nous considérerons encore le cas le plus simple des polynomes à deux indéterminées, $f = Ax^2 + 2Bxy + Cy^2$, et nous rappellerons en premier lieu le théorème bien connu qui est exprimé par cette relation

$$2f = xf'_x + yf'_y.$$

Cela posé, cherchons ce que devient f, quand on y remplace x et y par les indéterminées x_0 et y_0, liées aux précédentes par les relations

$$\frac{1}{2}f'_x = x_0, \qquad \frac{1}{2}f'_y = y_0.$$

En nommant φ le résultat cherché, qui sera un nouveau polynome du second degré, aux indéterminées x_0 et y_0, on aura ces trois équations,

$$\frac{1}{2}f'_x = x_0,$$
$$\frac{1}{2}f'_y = y_0,$$
$$\varphi = xx_0 + yy_0,$$

entre lesquelles il s'agit d'éliminer x et y. Pour cela, multiplions membre à membre successivement la première et la troisième, la seconde et la troisième, il viendra ainsi

$$\frac{1}{2}\varphi f'_x = x_0(xx_0 + yy_0),$$

$$\frac{1}{2}\varphi f'_y = y_0(xx_0 + yy_0);$$

équations homogènes et du premier degré en x et y.

Le résultat de l'élimination de ces deux indéterminées s'obtiendra donc en égalant à zéro le déterminant relatif aux deux fonctions linéaires

$$\frac{1}{2}\varphi f'_x - x_0(xx_0 + yy_0),$$

$$\frac{1}{2}\varphi f'_y - y_0(xx_0 + yy_0);$$

de sorte que φ sera déterminé par cette équation :

$$\begin{vmatrix} \varphi A - x_0^2 & \varphi B - x_0 y_0 \\ \varphi B - x_0 y_0 & \varphi C - y_0^2 \end{vmatrix} = 0.$$

Dans un instant il sera prouvé que ce déterminant contient le facteur φ. Ainsi l'on arrive bien, après la suppression de ce facteur, à une équation linéaire; mais ce qu'il importe tout d'abord de bien saisir, ce sont les propriétés du polynome en x_0 et y_0, déterminé par l'équation que nous venons d'obtenir.

Observons à cet effet qu'en posant

$$\psi = \varphi(Ax^2 - 2Bxy + Cy^2) - (xx_0 + yy_0)^2,$$

on aura

$$\frac{1}{2}\psi'_x = \frac{1}{2}\varphi f'_x - x_0(xx_0 + yy_0),$$

$$\frac{1}{2}\psi'_y = \frac{1}{2}\varphi f'_y - y_0(xx_0 + yy_0).$$

Le déterminant ci-dessus n'est donc autre chose que l'invariant de ψ, considéré comme fonction de x et y. D'après cela, faisons dans ce polynome la substitution quelconque

$$x = \alpha X + \alpha' Y,$$
$$y = \beta X + \beta' Y,$$

et supposons alors que le polynome f devienne

$$\mathcal{A}X^2 + 2\mathcal{B}XY + \mathcal{C}Y^2,$$

il en résultera pour le polynome ψ cette nouvelle forme

$$\Psi = \varphi(\mathcal{A}X^2 + 2\mathcal{B}XY + \mathcal{C}X^2) - [(\alpha x_0 + \beta x_0)X + (\alpha' x_0 + \beta' y_0)Y]^2.$$

Cela posé, formons l'invariant de ψ et égalons-le à zéro; on reproduira ainsi l'équation dont dépend la quantité φ, car ces deux invariants sont égaux, à un facteur près; de là résulte ce théorème :

Le polynome φ reste invariable, si l'on y remplace les coefficients A, B, C, *qui y entrent, respectivement par* $\mathcal{A}$, $\mathcal{B}$, $\mathcal{C}$, *pourvu qu'au lieu des indéterminées x_0, y_0 on mette en même temps*

$$\alpha x_0 + \beta x_0 \quad \text{et} \quad \alpha' x_0 + \beta' y_0.$$

Revenons maintenant au déterminant

$$\begin{vmatrix} \varphi A - x_0^2 & \varphi B - x_0 y_0 \\ \varphi B - x_0 y_0 & \varphi C - y_0^2 \end{vmatrix},$$

pour établir, comme nous l'avons annoncé, qu'il contient φ en facteur. A cet effet, considérons le polynome suivant à trois indéterminées

$$\chi = \psi + (x x_0 + y y_0 + z\varphi)^2,$$

qu'on trouvera aisément, en substituant la valeur de ψ, se réduire à

$$\chi = \varphi(Ax^2 + 2Bxy + Cy^2) + z\varphi(2xx_0 + 2yy_0 + 2\varphi).$$

Il résulte d'une remarque faite plus haut, que l'invariant de ce polynome χ, c'est-à-dire le déterminant relatif au système des trois fonctions linéaires

$$\frac{1}{2}\chi'_x, \quad \frac{1}{2}\chi'_y, \quad \frac{1}{2}\chi'_z,$$

est égal au produit de φ^2 multiplié par l'invariant du polynome ψ. En développant les expressions des trois dérivées, on parvient ainsi à la relation

$$\begin{vmatrix} \varphi A & \varphi B & \varphi x_0 \\ \varphi B & \varphi C & \varphi y_0 \\ \varphi x_0 & \varphi y_0 & \varphi^2 \end{vmatrix} = \varphi^2 \begin{vmatrix} \varphi A - x_0^2 & \varphi B - x_0 y_0 \\ \varphi B - x_0 y_0 & \varphi C - y_0^2 \end{vmatrix},$$

et, par suite, à celle-ci, après avoir divisé par φ^2,

$$\begin{vmatrix} A & B & x_0 \\ B & C & y_0 \\ x_0 & y_0 & \varphi \end{vmatrix} \times \varphi = \begin{vmatrix} \varphi A - x_0^2 & \varphi B - x_0 y_0 \\ \varphi B - x_0 y_0 & \varphi C - y_0^2 \end{vmatrix}.$$

Cette transformation de déterminants nous montre que le terme indépendant de φ, dans l'équation

$$\begin{vmatrix} \varphi A - x_0^2 & \varphi B - x_0 y_0 \\ \varphi B - x_0 y_0 & \varphi C - y_0^2 \end{vmatrix} = 0,$$

doit disparaître de lui-même. Cela posé, soit pour un instant

$$\begin{vmatrix} A, & B \\ B, & C \end{vmatrix} = \theta(A, B, C);$$

cette équation pourra s'écrire

$$\theta(\varphi A - x_0^2, \varphi B - x_0 y_0, \varphi C - y_0^2) = 0,$$

et l'on tirera, en développant,

$$\varphi^2 \theta(A, B, C) - \varphi \left\{ \theta'_A x_0^2 + \theta'_B x_0 y_0 + \theta'_C y_0^2 \right\} = 0;$$

d'où enfin

$$\varphi = \frac{\theta'_A x_0^2 + \theta'_B x_0 y_0 + \theta'_C y_0^2}{\theta(A, B, C)}.$$

C'est là le résultat définitif auquel nous voulions parvenir; et le polynome en x_0 et y_0 qui se présente comme numérateur de φ est ce que nous nommerons avec Gauss le polynome adjoint de $Ax^2 + 2Bxy + Cy^2$. Maintenant il ne nous reste plus, pour terminer ce sujet, qu'à donner quelques indications propres à faciliter aux élèves l'extension au cas général des raisonnements et des calculs précédents.

Soit, par exemple, le polynome à trois indéterminées

$$f = Ax^2 + A'y^2 + A''z^2 + 2Byz + 2B'zx + 2B''xy.$$

En prenant pour point de départ la relation

$$2f = xf'_x + yf'_y + zf'_z,$$

il s'agira de trouver ce qu'il devient en substituant à x, y, z les indéterminées nouvelles

$$x_0 = \frac{1}{2} f'_x, \qquad y_0 = \frac{1}{2} f'_y, \qquad z_0 = \frac{1}{2} f'_z.$$

Nommons φ le résultat cherché ; on sera conduit aux quatre équations

$$\begin{aligned} x_0 &= \frac{1}{2} f'_x, \\ y_0 &= \frac{1}{2} f'_y, \\ z_0 &= \frac{1}{2} f'_z, \\ \varphi &= x x_0 + y y_0 + z z_0, \end{aligned}$$

desquelles on déduira d'abord

$$\begin{aligned} \frac{1}{2} \varphi f'_x &= x_0 (x x_0 + y y_0 + z z_0), \\ \frac{1}{2} \varphi f'_y &= y_0 (x x_0 + y y_0 + z z_0), \\ \frac{1}{2} \varphi f'_z &= z_0 (x x_0 + y y_0 + z z_0). \end{aligned}$$

On observera ensuite qu'en posant

$$\psi = \varphi f - (x x_0 + y y_0 + z z_0)^2,$$

elles deviennent simplement

$$\frac{1}{2} \psi'_x = 0, \qquad \frac{1}{2} \psi'_y = 0, \qquad \frac{1}{2} \psi'_z = 0,$$

et l'on en conclura que l'équation pour déterminer φ s'obtiendra en égalant à zéro l'invariant du polynome ψ. D'ailleurs cet invariant, à savoir

$$\begin{vmatrix} \varphi A - x_0^2 & \varphi B'' - x_0 y_0 & \varphi B' - x_0 z_0 \\ \varphi B'' - x_0 y & \varphi A' - y_0^2 & \varphi B - y_0 z_0 \\ \varphi B' - x_0 z_0 & \varphi B - y_0 z_0 & \varphi A'' - z_0^2 \end{vmatrix},$$

sera susceptible de la transformation exprimée par l'équation suivante

$$\begin{vmatrix} A & B'' & B' & x_0 \\ B'' & A' & B & y_0 \\ B & B & A'' & z_0 \\ x_0 & y_0 & z_0 & \varphi \end{vmatrix} \times \varphi^2 = \begin{vmatrix} \varphi A - x_0^2 & \varphi B'' - x_0 y_0 & \varphi B' - z_0 x_0 \\ \varphi B'' - x_0 y_0 & \varphi A' - y_0^2 & \varphi B - y_0 z_0 \\ \varphi B' - z_0 x_0 & \varphi B - y_0 z_0 & \varphi A'' - z_0^2 \end{vmatrix},$$

à laquelle on parviendra en cherchant l'invariant du polynome à quatre indéterminées

$$\chi = \psi + (xx_0 + yy_0 + zz_0 + \varphi u)^2.$$

Les choses ainsi préparées, en posant

$$\begin{vmatrix} A & B'' & B' \\ B'' & A' & B \\ B' & B & A'' \end{vmatrix} = \theta(A, A', A'', B, B', B''),$$

on donnera à l'équation en φ la forme suivante

$$\theta(\varphi A - x_0^2,\ \varphi A' - y_0^2,\ \varphi A'' - z_0^2,\ \varphi B - y_0 z_0,\ \varphi B' - x_0 z_0,\ \varphi B'' - x_0 y_0) = 0.$$

Or, dans cette équation, les termes φ^3 et φ^2 existeront seuls, et, après avoir développé, on en tirera

$$\varphi = \frac{\theta'_A x_0^2 + \theta'_{A'} y_0^2 + \theta'_{A''} z_0^2 + \theta'_B y_0 z_0 + \theta'_{B'} z_0 x_0 + \theta'_{B''} x_0 y_0}{\theta(A, A', A'', B, B', B'')}.$$

Cela posé, le numérateur de cette expression sera le *polynome adjoint* de f, et φ lui-même donnera lieu au théorème suivant :

Supposons qu'en faisant la substitution

$$\begin{aligned} x &= \alpha X + \alpha' Y + \alpha'' Z, \\ y &= \beta X + \beta' Y + \beta'' Z, \\ z &= \gamma X + \gamma' Y + \gamma'' Z, \end{aligned}$$

f se change en

$$F = \mathcal{A} X^2 + \mathcal{A}' Y^2 + \mathcal{A}'' Z^2 + 2\mathcal{B} YZ + 2\mathcal{B}' ZX + 2\mathcal{B}'' XY,$$

φ restera invariable, si l'on y remplace les coefficients de f par ceux de F, *et qu'on y mette en même temps, au lieu de x_0, y_0, z_0, les fonctions linéaires*

$$\alpha x_0 + \beta y_0 + \gamma z_0, \quad \alpha' x_0 + \beta' y_0 + \gamma' z_0, \quad \alpha'' x_0 + \beta'' y_0 + \gamma'' z_0.$$

En terminant, nous remarquerons que la forme explicite du polynome adjoint de

$$A x^2 + 2 B xy + C y^2$$

est

$$C x_0^2 - 2 B x_0 y_0 + A y_0^2,$$

et que la forme explicite du polynome adjoint de

$$Ax^2 + A'y^2 + A''z^2 + 2Byz + 2B'zx + 2B''xy$$

est

$$(A'A'' - B^2)x_0^2 + (A''A - B'^2)y_0^2 + (AA' - B''^2)z_0^2$$
$$+ 2(B'B'' - AB)y_0z_0 + 2(B''B - A'B')z_0x_0 + 2(BB' - A''B'')x_0y_0.$$

Elles nous seront utiles dans les questions suivantes.

III. — Applications à la géométrie analytique.

La recherche des axes principaux dans les courbes du second degré dépend de ce problème.

Étant proposé le polynome

$$f = AX^2 + 2BXY + CY^2,$$

déterminer les coefficients de la substitution

$$(1) \qquad \begin{cases} x = \alpha X + \alpha' Y, \\ y = \beta X + \beta' Y, \end{cases}$$

et les quantités ε, ε', *de manière qu'on ait identiquement*

$$(2) \qquad AX^2 + 2BXY + CY^2 = \varepsilon x^2 + \varepsilon' y^2$$

et

$$(3) \qquad X^2 + Y^2 = x^2 + y^2.$$

Il s'agit, comme on voit, de trouver les valeurs de six quantités inconnues, ε et ε' d'une part, et de l'autre les coefficients de la substitution; et pour cela on a, en effet, six équations qui résultent de l'identification des termes semblables dans les relations (2) et (3). Mais nous éviterons comme il suit la considération de ce système compliqué d'équations.

Désignons par λ une quantité indéterminée; on aura

$$(4) \qquad f - \lambda(X^2 + Y^2) = (\varepsilon - \lambda)x^2 + (\varepsilon' - \lambda)y^2.$$

Cela fait, cherchons l'invariant du second membre.

L'invariant du polynome $(\varepsilon - \lambda)x^2 + (\varepsilon' - \lambda)y^2$, en y considérant x et y comme les indéterminées indépendantes, sera

$(\varepsilon-\lambda)(\varepsilon'-\lambda)$; donc, si l'on fait la substitution (1), l'invariant du polynome transformé sera

$$(\varepsilon-\lambda)(\varepsilon'-\lambda)\times\begin{vmatrix}\alpha & \alpha'\\ \beta & \beta'\end{vmatrix}^2.$$

Maintenant, si on l'égale à celui du premier membre, on arrivera à la relation

$$\begin{vmatrix}A-\lambda & B\\ B & C-\lambda\end{vmatrix}=(\varepsilon-\lambda)(\varepsilon'-\lambda)\times\begin{vmatrix}\alpha & \alpha'\\ \beta & \beta'\end{vmatrix}^2.$$

Or, il en résulte immédiatement que les deux quantités ε et ε' sont les racines de l'équation du second degré en λ

$$\begin{vmatrix}A-\lambda & B\\ B & C-\lambda\end{vmatrix}=(A-\lambda)(C-\lambda)-B^2=0.$$

Une autre conséquence à remarquer, c'est que, le coefficient de λ^2 dans le premier membre étant l'unité, on a

$$\begin{vmatrix}\alpha & \alpha'\\ \beta & \beta'\end{vmatrix}^2=1.$$

Pour achever la solution, en regardant ε et ε' comme connus, on fera successivement, dans l'équation (4), $\lambda=\varepsilon$, $\lambda=\varepsilon'$, et l'on en déduira les valeurs de x^2 et y^2, de sorte que les fonctions linéaires $\alpha X+\alpha' Y$, $\beta X+\beta' Y$ peuvent dès lors être regardées comme complètement déterminées.

Passons à la question analogue pour les surfaces du second ordre.

Le problème est alors :

Étant proposé un polynome à trois indéterminées

$$f=AX^2+A'Y^2+A''Z^2+2BYZ+2B''ZX+2B''XY,$$

déterminer les coefficients de la substitution

$$(5)\qquad\begin{cases}x=\alpha X+\alpha' Y+\alpha'' Z,\\ y=\beta X+\beta' Y+\beta'' Z,\\ z=\gamma X+\gamma' Y+\gamma'' Z,\end{cases}$$

et les quantités ε, ε', ε'', *de manière qu'on ait identiquement*

$$f = \varepsilon x^2 + \varepsilon' y^2 + \varepsilon'' z^2,$$
$$X^2 + Y^2 + Z^2 = x^2 + y^2 + z^2.$$

Soit, comme précédemment, λ une indéterminée, et déduisons de ces deux relations la suivante

$$(6) \qquad f - \lambda(X^2 + Y^2 + Z^2) = (\varepsilon - \lambda)x^2 + (\varepsilon' - \lambda)y^2 + (\varepsilon'' - \lambda)z^2.$$

Nous commencerons encore par chercher l'invariant du second membre. Observons, à cet effet, qu'en considérant x, y, z comme les indéterminées indépendantes, l'invariant du polynome

$$(\varepsilon - \lambda)x^2 + (\varepsilon' - \lambda)y^2 + (\varepsilon'' - \lambda)z^2$$

est simplement

$$(\varepsilon - \lambda)(\varepsilon' - \lambda)(\varepsilon'' - \lambda);$$

d'où il résulte qu'en faisant la substitution (5), l'invariant du polynome transformé sera

$$(\varepsilon - \lambda)(\varepsilon' - \lambda)(\varepsilon'' - \lambda) \times \begin{vmatrix} \alpha & \alpha' & \alpha'' \\ \beta & \beta' & \beta'' \\ \gamma & \gamma' & \gamma'' \end{vmatrix}^2.$$

Maintenant, si on l'égale à celui du premier membre, on arrivera à la relation

$$\begin{vmatrix} A - \lambda & B'' & B' \\ B'' & A' - \lambda & B \\ B' & B & A'' - \lambda \end{vmatrix} = (\varepsilon - \lambda)(\varepsilon' - \lambda)(\varepsilon'' - \lambda) \times \begin{vmatrix} \alpha & \alpha' & \alpha'' \\ \beta & \beta' & \beta'' \\ \gamma & \gamma' & \gamma'' \end{vmatrix}^2.$$

Ainsi, les quantités ε, ε', ε'' sont les racines de l'équation du troisième degré en λ

$$\begin{vmatrix} A - \lambda & B'' & B' \\ B'' & A' - \lambda & B \\ B' & B & A'' - \lambda \end{vmatrix}$$
$$= (A - \lambda)(A' - \lambda)(A'' - \lambda)$$
$$+ 2BB'B'' - (A - \lambda)B^2 - (A' - \lambda)B'^2 - (A'' - \lambda)B''^2 = 0,$$

et l'on obtient encore, comme précédemment, cette conséquence que le carré du déterminant

$$\begin{vmatrix} \alpha & \alpha' & \alpha'' \\ \beta & \beta' & \beta'' \\ \gamma & \gamma' & \gamma'' \end{vmatrix}$$

a pour valeur l'unité, de sorte que l'invariant du second membre de la relation (6) se réduit à

$$(\varepsilon - \lambda)(\varepsilon' - \lambda)(\varepsilon'' - \lambda).$$

Il nous reste à déterminer les coefficients de la substitution (5), c'est à quoi nous parviendrons en égalant les polynomes adjoints des deux membres de la relation (6). Mais nous avons d'abord une observation importante à faire. De l'identité

$$x^2 + y^2 + z^2 = X^2 + Y^2 + Z^2$$

résultent les six relations suivantes

$$(7) \quad \left\{ \begin{array}{ll} \alpha^2 + \beta^2 + \gamma^2 = 1, & \alpha'\alpha'' + \beta'\beta'' + \gamma'\gamma'' = 0, \\ \alpha'^2 + \beta'^2 + \gamma'^2 = 1, & \alpha''\alpha + \beta''\beta + \gamma''\gamma = 0, \\ \alpha''^2 + \beta''^2 + \gamma''^2 = 1, & \alpha\alpha' + \beta\beta' + \gamma\gamma' = 0. \end{array} \right.$$

Or il s'ensuit, qu'étant proposé le système d'équations

$$(8) \quad \left\{ \begin{array}{l} \alpha\, u + \beta\, v + \gamma\, w = x_0, \\ \alpha'\, u + \beta'\, v + \gamma'\, w = y_0, \\ \alpha''\, u + \beta''\, v + \gamma''\, w = z_0, \end{array} \right.$$

on en tire

$$u = \alpha\, x_0 + \alpha' y_0 + \alpha'' z_0,$$
$$v = \beta\, x_0 + \beta' y_0 + \beta'' z_0,$$
$$w = \gamma\, x_0 + \gamma' y_0 + \gamma'' z_0.$$

Substituons, en effet, ces valeurs dans les équations proposées, on les trouvera immédiatement identiques, en vertu des relations (7). En nous bornant, par exemple, à faire la substitution dans la première équation

$$\alpha u + \beta v + \gamma w = x_0,$$

on trouvera pour le premier membre

$$\alpha(\alpha x_0 + \alpha' y_0 + \alpha'' z_0) + \beta(\beta x_0 + \beta' y_0 + \beta'' z_0) + \gamma(\gamma x_0 + \gamma' y_0 + \gamma'' z_0),$$

ou bien

$$x_0(\alpha^2+\beta^2+\gamma^2)+y_0(\alpha\alpha'+\beta\beta'+\gamma\gamma')+z_0(\alpha''\alpha+\beta''\beta+\gamma''\gamma),$$

ce qui se réduit bien à x_0.

Cette remarque faite, passons à la recherche du polynome adjoint du second membre de la relation (6). Pour cela nous aurons à effectuer la substitution suivante

$$(9)\qquad \begin{cases} \alpha\,(\varepsilon-\lambda)x+\beta\,(\varepsilon'-\lambda)y+\gamma\,(\varepsilon''-\lambda)z=x_0,\\ \alpha'(\varepsilon-\lambda)x+\beta'(\varepsilon'-\lambda)y+\gamma'(\varepsilon''-\lambda)z=y_0,\\ \alpha''(\varepsilon-\lambda)x+\beta''(\varepsilon'-\lambda)y+\gamma''(\varepsilon''-\lambda)z=z_0,\end{cases}$$

dont les premiers membres sont les moitiés des dérivées du polynome $(\varepsilon-\lambda)x^2+(\varepsilon'-\lambda)y^2+(\varepsilon''-\lambda)z^2$ prises par rapport aux indéterminées indépendantes X, Y, Z. Et, comme nous avons remarqué que l'invariant de ce polynome est $(\varepsilon-\lambda)(\varepsilon'-\lambda)(\varepsilon''-\lambda)$, en nommant φ le résultat de la substitution précédente, le polynome adjoint sera, d'après la définition même, égal à

$$\varphi\times(\varepsilon-\lambda)(\varepsilon'-\lambda)(\varepsilon''-\lambda).$$

Or, en représentant pour un instant par u, v, w les quantités $(\varepsilon-\lambda)x$, $(\varepsilon'-\lambda)y$, $(\varepsilon''-\lambda)z$, les équations (9) coïncideront avec les équations (8), ainsi, d'après la résolution qui a été effectuée de ces dernières, nous trouverons

$$\begin{aligned} u&=(\varepsilon-\lambda)\,x=\alpha x_0+\alpha' y_0+\alpha'' z_0,\\ v&=(\varepsilon'-\lambda)y=\beta x_0+\beta' y_0+\beta'' z_0,\\ w&=(\varepsilon''-\lambda)\,z=\gamma x_0+\gamma' y_0+\gamma'' z_0.\end{aligned}$$

Il en résulte pour la transformée en x_0, y_0, z_0 du polynome

$$(\varepsilon-\lambda)x^2+(\varepsilon'-\lambda)y^2+(\varepsilon''-\lambda)z^2,$$

l'expression

$$\begin{aligned}\varphi=\;&\frac{1}{\varepsilon-\lambda}(\alpha x_0+\alpha' y_0+\alpha'' z_0)^2\\ &+\frac{1}{\varepsilon'-\lambda}(\beta x_0+\beta' y_0+\beta'' z_0)^2+\frac{1}{\varepsilon''-\lambda}(\gamma x_0+\gamma' y_0+\gamma'' z_0)^2,\end{aligned}$$

et l'on voit qu'en mettant X, Y, Z au lieu de x_0, y_0, z_0, on pourra écrire simplement

$$\varphi = \frac{x^2}{\varepsilon - \lambda} + \frac{y^2}{\varepsilon' - \lambda} + \frac{z^2}{\varepsilon'' - \lambda},$$

d'où suit, pour le polynome adjoint du second membre de l'équation (6), l'expression

$$\begin{aligned}\varphi \times (\varepsilon - \lambda)(\varepsilon' - \lambda)(\varepsilon'' - \lambda) = & \ (\varepsilon' - \lambda)(\varepsilon'' - \lambda)x^2 \\ & + (\varepsilon'' - \lambda)(\varepsilon - \lambda)y^2 + (\varepsilon - \lambda)(\varepsilon' - \lambda)z^2.\end{aligned}$$

Cela posé, faisons successivement

$$\lambda = \varepsilon,$$
$$\lambda = \varepsilon',$$
$$\lambda = \varepsilon'',$$

dans le polynome adjoint du premier membre de l'équation (6), savoir $f - \lambda(X^2 + Y^2 + Z^2)$, on trouvera qu'il se réduit :

Dans le premier cas à $(\varepsilon' - \varepsilon)(\varepsilon'' - \varepsilon)x^2$,
Dans le deuxième cas à $(\varepsilon'' - \varepsilon')(\varepsilon - \varepsilon')y^2$,
Dans le troisième cas à $(\varepsilon - \varepsilon'')(\varepsilon' - \varepsilon'')z^2$,

de sorte que les carrés des trois fonctions linéaires qui nous restaient à déterminer étant connus par les seules quantités ε, ε', ε'', ces fonctions elles-mêmes et les coefficients de la substitution (5) sont complètement déterminés.

L'analyse que nous venons d'employer s'étend d'elle-même au cas d'un polynome à un nombre quelconque d'indéterminées, et nous pensons n'avoir besoin de rien ajouter pour que les élèves puissent faire eux-mêmes cette généralisation. Mais il nous reste à démontrer que toutes les quantités dont nous avons donné la détermination ont des valeurs toujours réelles.

Rien n'est plus facile pour le cas des polynomes à deux indéterminées

$$f = AX^2 + 2BXY + CY^2.$$

En effet, nous avons trouvé sous la forme suivante l'équation en λ, savoir

$$(A - \lambda)(C - \lambda) - B^2 = 0;$$

et en supposant, pour fixer les idées, $A > C$, on voit immédiatement qu'en substituant dans le premier membre les valeurs

$$+\infty, \quad A, \quad C, \quad -\infty,$$

il prendra les signes

$$+, \quad -, \quad -, \quad +.$$

L'équation proposée a donc deux racines réelles : l'une plus grande que A, l'autre plus petite que C, et nous pourrons supposer que la première soit ε et la seconde ε'. Cela posé, les valeurs obtenues pour les carrés x^2 et y^2 donnent, en y faisant, par exemple, $Y = 0$, les équations suivantes

$$\alpha^2 = \frac{A - \varepsilon'}{\varepsilon - \varepsilon'}, \qquad \beta^2 = \frac{\varepsilon - A}{\varepsilon - \varepsilon'},$$

et, d'après ce que nous venons de dire, on reconnaît qu'elles sont positives; donc α et β sont réels, et il en serait de même pour α' et β'.

Abordons maintenant la même question dans le cas plus difficile des polynomes à trois variables.

Afin d'indiquer complètement tout ce qu'il est nécessaire de connaître pour étendre au cas général la méthode que nous allons suivre, nous démontrerons d'abord ce lemme, qui est important en lui-même :

Lorsque l'invariant d'un polynome homogène du second degré se réduit à zéro, le polynome adjoint est un carré parfait.

Considérons, par exemple, les polynomes à trois variables

$$f = AX^2 + A'Y^2 + A''Z^2 + 2BYZ + 2B'ZX + 2B''XY,$$

et prenons, mais sans supposer les coefficients réels, la substitution que nous avons précédemment déterminée :

$$\begin{aligned} x &= \alpha X + \alpha' Y + \alpha'' Z, \\ y &= \beta X + \beta' Y + \beta'' Z, \\ z &= \gamma X + \gamma' Y + \gamma'' Z, \end{aligned}$$

de telle sorte qu'on ait

$$\begin{aligned} f &= \varepsilon x^2 + \varepsilon' y^2 + \varepsilon'' z^2, \\ X^2 + Y^2 + Z^2 &= x^2 + y^2 + z^2. \end{aligned}$$

Nous avons trouvé, quelle que soit l'indéterminée λ, le polynome adjoint de

$$f - \lambda(X^2 + Y^2 + Z^2)$$

égal à

$$(\varepsilon' - \lambda)(\varepsilon'' - \lambda)x^2 + (\varepsilon'' - \lambda)(\varepsilon - \lambda)y^2 + (\varepsilon - \lambda)(\varepsilon' - \lambda)z^2;$$

donc, supposant $\lambda = 0$ et désignant par F le polynome adjoint de f, on voit que la substitution ci-dessus donnera en même temps

$$f = \varepsilon x^2 + \varepsilon' y^2 + \varepsilon'' z^2,$$
$$F = \varepsilon'\varepsilon'' x^2 + \varepsilon''\varepsilon y^2 + \varepsilon\varepsilon' z^2.$$

Cela posé, si l'invariant de f est nul, l'équation qui a pour racines ε, ε', ε'', savoir

$$\begin{vmatrix} A - \lambda & B'' & B' \\ B'' & A' - \lambda & B \\ B' & B & A'' - \lambda \end{vmatrix} = 0,$$

sera vérifiée pour $\lambda = 0$, de sorte que l'une de ses racines s'évanouira. Or on voit qu'alors des trois carrés dont se compose F un seul subsistera, ce qui démontre la proposition annoncée.

Observons que dans le cas du polynome à deux variables

$$f = Ax^2 + 2Bxy + Cy^2,$$

cette proposition serait évidente, car le polynome adjoint étant alors $Ay^2 - 2Bxy + Cx^2$ est un carré parfait en même temps que f, lorsque l'invariant $AC - B^2$ est nul. Ce seul cas nous suffira même pour ce qui va suivre, comme on va voir.

Mettons l'équation en λ, en employant la valeur développée du déterminant sous cette forme

$$(10)\qquad \left\{\begin{aligned} &(A'' - \lambda)[(A - \lambda)(A' - \lambda) - B''^2] \\ &\quad - [(A - \lambda)B^2 - 2B''BB' + (A' - \lambda)B'^2] = 0, \end{aligned}\right.$$

et considérons l'équation du second degré

$$(11)\qquad (A - \lambda)(A' - \lambda) - B''^2 = 0.$$

On a établi tout à l'heure la réalité de ses racines, et l'on a démontré qu'en supposant, par exemple, $A > A'$ l'une d'elles η était plus grande que A, et l'autre η' plus petite que A'. Cela posé, substituons dans le premier membre de l'équation les valeurs

$$\lambda = +\infty, \quad \eta, \quad \eta', \quad -\infty,$$

les signes correspondants aux valeurs extrêmes seront $-\infty$ et $+\infty$, et nous allons prouver que pour $\lambda = \eta$ il est positif, et pour $\lambda = \eta'$, négatif. Dans ces deux cas, en effet, la première partie de l'équation (10) s'évanouit, et la seconde, en y considérant, pour un instant, B et B' comme deux indéterminées, représente un polynome à deux variables, dont l'invariant égal à $(A-\lambda)(A'-\lambda) - B''^2$ s'évanouit par hypothèse. Quels que soient donc B et B', ce polynome sera du signe de son premier terme; mais nous savons que l'on a

$$A - \eta < 0, \qquad A - \eta' > 0;$$

les résultats des substitutions ont donc les signes que nous avons annoncés. Il s'ensuit que l'équation en λ a ses trois racines réelles; la plus grande, ε, supérieure à η; la moyenne, ε', comprise entre η et η'; la plus petite, ε'', moindre que η'. Et en même temps on obtient cette conséquence que les racines de l'équation (11) étant comprises, l'une entre ε et ε', l'autre entre ε et ε'', le polynome

$$(A-\lambda)(A'-\lambda) - B''^2$$

possède exactement la propriété caractéristique de la fonction dérivée du premier membre de l'équation (9). On remarquera aussi qu'il suit du mode de détermination précédemment obtenu pour les coefficients α, β, γ, ..., qu'on a ces valeurs

$$\alpha''^2 = \frac{(A-\varepsilon)(A'-\varepsilon) - B''^2}{(\varepsilon'-\varepsilon)(\varepsilon''-\varepsilon)},$$
$$\beta''^2 = \frac{(A-\varepsilon')(A'-\varepsilon') - B''^2}{(\varepsilon-\varepsilon')(\varepsilon''-\varepsilon')},$$
$$\gamma''^2 = \frac{(A-\varepsilon'')(A'-\varepsilon'') - B''^2}{(\varepsilon-\varepsilon'')(\varepsilon'-\varepsilon'')}.$$

Or, d'après ce qu'on vient de dire, et en ayant égard à l'ordre de grandeur des quantités ε, ε', ε'', on reconnaît immédiatement que ces valeurs sont positives. Maintenant il suffit d'avoir prouvé que α'' est réel, par exemple, pour en conclure que α' et α le sont aussi. Comparant, en effet, les termes en YZ et ZX dans le développement de $(\alpha X + \alpha' Y + \alpha'' Z)^2$ et du polynome adjoint de

$f - \varepsilon(X^2 + Y^2 + Z^2)$, on trouvera pour $\alpha'\alpha''$ et $\alpha''\alpha$ des expressions réelles; donc, etc.; et l'on raisonnerait de même par rapport aux quantités β', β'' et γ', γ''.

Nous terminerons ce sujet en faisant remarquer que la méthode suivie pour établir la réalité des racines de l'équation du troisième degré en λ a déjà été donnée par M. Cauchy, mais sous une forme un peu différente, dans le troisième Volume des *Exercices mathématiques*. Nous ferons voir aussi, en peu de mots, qu'elle s'étend immédiatement aux équations générales relatives à des polynomes homogènes du second degré à un nombre quelconque de variables, équations qui s'offrent dans la détermination des inégalités séculaires des éléments du mouvement elliptique des planètes.

Considérons à cet effet l'équation en λ de degré $n+1$, dont le premier membre serait le déterminant

$$\Delta_{n+1} = \begin{vmatrix} a_{1,1}-\lambda & a_{1,2} & \dots & a_{1,n} & a_{1,n+1} \\ a_{2,1} & a_{2,2}-\lambda & \dots & a_{2,n} & a_{2,n+1} \\ \dots & \dots & \dots & \dots & \dots \\ a_{n,1} & a_{n,2} & \dots & a_{n,n}-\lambda & a_{n,n+1} \\ a_{n+1,1} & a_{n+1,2} & \dots & a_{n+1,n} & a_{n+1,n+1}-\lambda \end{vmatrix},$$

les quantités $a_{i,j}$ vérifiant pour toutes les valeurs des indices la condition $a_{i,j} = a_{j,i}$. Nous supposerons qu'on ait démontré la réalité des racines de l'équation analogue, mais de degré n, dont le premier membre serait le déterminant

$$\Delta_n = \begin{vmatrix} a_{1,1}-\lambda & a_{1,2} & \dots & a_{1,n} \\ a_{2,1} & a_{2,2}-\lambda & \dots & a_{2,n} \\ \dots & \dots & \dots & \dots \\ a_{n,1} & a_{n,2} & \dots & a_{n,n}-\lambda \end{vmatrix},$$

et nous nommerons ces racines, rangées par ordre croissant de grandeur,

$$\eta_1, \quad \eta_2, \quad \eta_3, \quad \dots, \quad \eta_n.$$

Nous supposerons aussi qu'on ait démontré que le déterminant déduit du précédent, en supprimant la dernière colonne verticale et la dernière ligne horizontale, savoir

$$\Delta_{n-1} = \begin{vmatrix} a_{1,1}-\lambda & a_{1,2} & \dots & a_{1,n-1} \\ a_{2,1} & a_{2,2}-\lambda & \dots & a_{2,n-1} \\ \dots & \dots & \dots & \dots \\ a_{n-1,1} & a_{n-1,2} & \dots & a_{n-1,n-1}-\lambda \end{vmatrix},$$

possède la propriété caractéristique de la dérivée première de Δ_n, prise par rapport à λ, c'est-à-dire que, si l'on y fait les substitutions

$$\lambda = \eta_1,\quad \eta_2,\quad \eta_3,\quad \ldots,\quad \eta_n,$$

les signes des résultats seront respectivement

$$+,\quad -,\quad +\ldots,\quad -(-1)^n,$$

et ne présenteront que des variations. Cela posé, nous décomposerons Δ_{n+1} en deux parties comme il suit :

$$\Delta_{n+1} = \begin{vmatrix} a_{1,1}-\lambda & a_{1,2} & \ldots & a_{1,n} & 0 \\ a_{2,1} & a_{2,2}-\lambda & \ldots & a_{2,n} & 0 \\ \ldots & \ldots\ldots & \ldots & \ldots & . \\ a_{n,1} & a_{n,2} & \ldots & a_{n,n}-\lambda & 0 \\ 0 & 0 & \ldots & 0 & a_{n+1,n+1}-\lambda \end{vmatrix}$$
$$+ \begin{vmatrix} a_{1,1}-\lambda & a_{1,2} & \ldots & a_{1,n} & a_{n,n+1} \\ a_{2,1} & a_{2,2}-\lambda & \ldots & a_{2,n} & a_{2,n+1} \\ \ldots & \ldots\ldots & \ldots & \ldots & \ldots\ldots \\ a_{n,1} & a_{n,2} & \ldots & a_{n,n}-\lambda & a_{n,n+1} \\ a_{n+1,1} & a_{n+1,2} & \ldots & a_{n+1,n} & 0 \end{vmatrix}.$$

La première sera évidemment le produit de $a_{n+1,n+1}-\lambda$ par le déterminant Δ_n, et la seconde, en y considérant pour un instant $a_{1,n+1}, a_{2,n+1}, \ldots, a_{n,n+1}$ comme n indéterminées, sera au signe près le polynome adjoint du polynome suivant :

$$\begin{aligned} & X_1[(a_{1,1}-\lambda)X_1 + a_{1,2}X_2 + \ldots + a_{1,n}X_n] \\ + & X_2[a_{2,1}X_1 + (a_{2,2}-\lambda)X_2 + \ldots + a_{2,n}X_n] \\ + & \ldots\ldots\ldots\ldots\ldots\ldots\ldots\ldots\ldots\ldots \\ + & X_n[a_{n,1}X_1 + a_{n,2}X_2 + \ldots + (a_{n,n}-\lambda)X_n], \end{aligned}$$

dont l'invariant est précisément Δ_n. Or, en substituant au lieu de λ, dans Δ_{n+1}, la série des racines η, de l'équation $\Delta_n = 0$, cet invariant s'évanouira, et alors le polynome adjoint, se réduisant à un carré parfait, sera toujours du même signe, quelles que soient les valeurs des quantités $a_{1,n+1}, a_{2,n+1}, \ldots, a_{n,n+1}$. Maintenant il est aisé de voir que le coefficient de $a_{n,n+1}^2$ sera le déterminant Δ_{n-1}, affecté du signe $-$. Donc pour les valeurs

$$\lambda = \eta_1,\quad \eta_2,\quad \eta_3,\quad \ldots,\quad \eta_n$$

les signes correspondants de Δ_{n+1} seront ceux de $-\Delta_{n-1}$, c'est-à-dire, d'après ce qu'on admet,

$$-,\quad +,\quad -,\quad \ldots,\quad (-1)^n.$$

Joignons enfin à ces substitutions les suivantes : $\lambda = -\infty$ et $\lambda = +\infty$; en observant que le premier terme de Δ_{n+1} est $(-\lambda)^{n+1}$, on trouvera finalement que les signes de cette fonction pour

$$\lambda = -\infty,\quad \eta_1,\quad \eta_2,\quad \eta_3,\quad \ldots,\quad \eta_n,\quad +\infty$$

seront

$$+,\quad -,\quad +,\quad -,\quad \ldots,\quad (-1)^n,\quad (-1)^{n+1}.$$

De là résulte que, sous les hypothèses admises, l'équation $\Delta_{n+1} = 0$ a toutes ses racines réelles. Et de plus on voit par les limites entre lesquelles sont comprises ces racines que Δ_n jouirait, par rapport à cette équation, de la même propriété que la fonction dérivée du premier membre. Dès lors, les propriétés que nous voulions établir dans toute leur généralité découlent immédiatement de ce qu'elles ont été démontrées dans le cas particulier que nous avons eu en vue pour la recherche des axes principaux des surfaces du second ordre.

IV. — Théorème général sur la réduction des polynomes homogènes du second degré par des substitutions à coefficients réels, à des sommes de carrés.

Ce théorème s'énonce ainsi :

De quelque manière qu'on transforme un polynome du second degré à coefficients réels en une somme de carrés de fonctions linéaires réelles, ces carrés étant affectés de coefficients numériques également réels, le nombre de ces coefficients qui auront un signe donné sera toujours le même.

Ainsi, par exemple, étant proposé le polynome

$$(1)\qquad -x_0^2 - x_1^2 - \ldots - x_i^2 + x_{i+1}^2 + x_{i+2}^2 + \ldots + x_n^2,$$

on ne pourra par aucune substitution réelle de la forme

$$(2)\quad \left\{\begin{array}{l} x_0 = \alpha_0 X_0 + \beta_0 X_1 + \ldots + \varkappa_0 X_n, \\ x_1 = \alpha_1 X_0 + \beta_1 X_1 + \ldots + \varkappa_1 X_n, \\ \ldots\ldots\ldots\ldots\ldots\ldots\ldots\ldots, \\ x_n = \alpha_n X_0 + \beta_n X_1 + \ldots + \varkappa_n X_n, \end{array}\right.$$

le transformer en un autre polynome tel que

$$(3)\quad -X_0^2 - X_1^2 - \ldots - X_k^2 + X_{k+1}^2 + X_{k+2}^2 + \ldots + X_n^2,$$

k étant différent de i. C'est ce cas particulier auquel se ramène immédiatement le théorème général que nous allons établir.

Et d'abord on peut supposer $k > i$, car, s'il en était autrement, on résoudrait les équations (2) par rapport aux indéterminées X, et l'on raisonnerait sur cette nouvelle substitution à coefficients réels comme ceux de la proposée. Cette résolution d'ailleurs n'est jamais impossible, car, en nommant pour un instant δ le déterminant relatif aux équations (2), on sait que l'invariant du polynome (1), à savoir $(-1)^{i+1}$, sera le produit de l'invariant du polynome (2) dont la valeur est $(-1)^{k+1}$, multiplié par le carré de δ; et cette relation montre que δ n'est jamais nul.

Cela posé, parmi les diverses équations auxquelles les coefficients de la substitution (2) doivent satisfaire, on voit s'offrir en premier lieu celle-ci :

$$-\alpha_0^2 - \alpha_1^2 - \ldots - \alpha_i^2 + \alpha_{i+1}^2 + \alpha_{i+2}^2 + \ldots + \alpha_n^2 = -1,$$

qui ne pourrait évidemment être vérifiée que par des valeurs imaginaires des quantités α, si l'on avait

$$\alpha_0 = 0, \qquad \alpha_1 = 0, \qquad \ldots, \qquad \alpha_i = 0.$$

Or on va voir comment, en admettant la substitution (2), il est possible d'en déduire une nouvelle, qui, changeant le polynome (1) en le polynome (3), ait ses coefficients réels, et de plus présente ce caractère que l'indéterminée X_0 ait disparu dans les expressions de $x_0, x_1, \ldots, x_{k-1}$. Comme on suppose $k > i$, $k-1$ sera au moins égal à i, et, les conditions précédemment énoncées se trouvant réalisées, notre théorème se trouve par là même démontré.

A cet effet, nous commencerons par remarquer qu'on peut,

sans changer le polynome (3), y remplacer X_0 et X_1 par $X_0 \cos\varphi + X_1 \sin\varphi$, $X_0 \sin\varphi - X_1 \cos\varphi$, et introduire par là un angle arbitraire φ dans les formules (2), qui deviendront

$$x_0 = (\alpha_0 \cos\varphi + \beta_0 \sin\varphi) X_0 + (\alpha_0 \sin\varphi - \beta_0 \cos\varphi) X_1 + \ldots,$$
$$x_1 = (\alpha_1 \cos\varphi + \beta_1 \sin\varphi) X_0 + (\alpha_1 \sin\varphi - \beta_1 \cos\varphi) X_1 + \ldots,$$
$$\ldots\ldots\ldots\ldots\ldots\ldots\ldots\ldots\ldots\ldots$$

Maintenant, et quels que soient les coefficients α, β, ..., on pourra disposer de cet angle de manière à avoir

$$\alpha_0 \cos\varphi + \beta_0 \sin\varphi = 0,$$

et l'on sera amené à une nouvelle substitution également réelle où l'indéterminée X_0 aura déjà disparu dans la valeur de x_0. Cela fait, partons de cette nouvelle substitution pour y introduire de nouveau un angle arbitraire, en remplaçant X_1 et X_2 par $X_1 \cos\varphi + X_2 \sin\varphi$, $X_1 \sin\varphi - X_2 \cos\varphi$, ce qui se fera encore sans changer le polynome (3). On voit, en raisonnant comme tout à l'heure, qu'on pourra annuler le coefficient de X_1, dans l'expression de x_0. Or des calculs analogues pourront être continués jusqu'à ce qu'on soit amené à remplacer X_{k-1} et X_k par $X_{k-1} \cos\varphi + X_k \sin\varphi$, $X_{k-1} \sin\varphi - X_k \cos\varphi$, et en dernière analyse on voit que de la substitution (2) on aura déduit par des opérations toujours possibles une substitution réelle dans laquelle X_0, X_1, ..., X_{k-1} auront disparu de l'expression de l'indéterminée x_0. Ce premier point établi, nous concevons qu'on répète, en raisonnant sur la valeur de l'indéterminée suivante x_1, des opérations toutes semblables, mais en se bornant à faire disparaître de proche en proche, dans l'expression de cette indéterminée, les coefficients de X_0, X_1, ..., X_{k-2}. On n'aura ainsi besoin d'introduire dans les substitutions successives que les indéterminées X_0, X_1, ..., X_{k-1}, de sorte que, ces calculs faits, on ne verra reparaître dans la valeur de x_0 aucune des indéterminées qui en ont déjà été éliminées. Cela posé, il est clair qu'en raisonnant d'une manière analogue successivement sur x_2, x_3, ..., on sera en dernier lieu conduit à faire disparaître la seule indéterminée X_0 de la valeur x_{k-1}. Elle ne se trouvera point d'ailleurs, dans les indéterminées précédentes x_{k-2}, x_{k-3}, ..., x_0, et de la sorte on sera parvenu à une dernière substitution, conséquence de la substitution (2), changeant encore le polynome (1) en le polynome (3) et qui tombe dans le cas indiqué plus haut, où il est manifestement impossible que les coefficients soient des quantités réelles.

Passons maintenant au théorème que nous voulions établir.

Supposons qu'un polynome homogène quelconque du second degré à $n+1$ indéterminées, $f(u_0, u_1, \ldots, u_n)$, soit transformé d'une première manière en une somme de carrés affectés de coefficients numériques, par la substitution réelle

$$(4) \quad \left\{ \begin{array}{l} u_0 = a_0 x_0 + b_0 x_1 + \ldots + k_0 x_n, \\ u_1 = a_1 x_0 + b_1 x_1 + \ldots + k_1 x_n, \\ \ldots\ldots\ldots\ldots\ldots\ldots\ldots\ldots, \\ u_n = a_n x_0 + b_n x_1 + \ldots + k_n x_n, \end{array} \right.$$

de sorte qu'on ait

$$f(u_0, u_1, \ldots, u_n) = \varepsilon_0 x_0^2 + \varepsilon_1 x_1^2 + \ldots + \varepsilon_n x_n^2.$$

Si l'on donne une seconde substitution également réelle

$$\begin{array}{l} u_0 = A_0 X_0 + B_0 X_1 + \ldots + K_0 X_n, \\ u_1 = A_1 X_0 + B_1 X_1 + \ldots + K_1 X_n, \\ \ldots\ldots\ldots\ldots\ldots\ldots\ldots\ldots, \\ u_n = A_n X_0 + B_n X_1 + \ldots + K_n X_n, \end{array}$$

de laquelle résulte la transformation analogue

$$f(u_0, u_1, \ldots, u_n) = \eta_0 X_0^2 + \eta_1 X_1^2 + \ldots + \eta_n X_n^2,$$

il s'agit de prouver que le nombre des quantités ε, qui auront un signe donné, sera égal au nombre de quantités η, qui auront aussi le même signe.

A cet effet, et pour fixer les idées, supposons négatives les quantités $\varepsilon_0, \varepsilon_1, \ldots, \varepsilon_i$, et positives les suivantes $\varepsilon_{i+1}, \varepsilon_{i+2}, \ldots, \varepsilon_n$. Supposons aussi que $\eta_0, \eta_1, \ldots, \eta_k$ soient négatifs, tandis que $\eta_{k+1}, \eta_{k+2}, \ldots, \eta_n$ seront positifs. On aura d'abord, en égalant entre elles les deux expressions du polynome proposé $f(u_0, u_1, \ldots, u_n)$,

$$\varepsilon_0 x_0^2 + \varepsilon_1 x_1^2 + \ldots + \varepsilon_n x_n^2 = \eta_0 X_0^2 + \eta_1 X_1^2 + \ldots + \eta_n X_n^2,$$

les variables étant liées par ces relations,

$$\begin{array}{l} a_0 x_0 + b_0 x_1 + \ldots + k_0 x_n = A_0 X_0 + B_0 X_1 + \ldots + K_0 X_n, \\ a_1 x_0 + b_1 x_1 + \ldots + k_1 x_n = A_1 X_0 + B_1 X_1 + \ldots + K_1 X_n, \\ \ldots\ldots\ldots\ldots\ldots\ldots\ldots\ldots\ldots\ldots\ldots\ldots, \\ a_n x_0 + b_n x_1 + \ldots + k_n x_n = A_n X_0 + B_n X_1 + \ldots + K_n X_n. \end{array}$$

Maintenant remplaçons $x_0, x_1, \ldots, x_i$ d'une part, $x_{i+1}, x_{i+2} \ldots, x_n$ de l'autre, par $\frac{x_0}{\sqrt{-\varepsilon_0}}, \frac{x_1}{\sqrt{-\varepsilon_1}}, \ldots, \frac{x_i}{\sqrt{-\varepsilon_i}}$ et $\frac{x_{i+1}}{\sqrt{\varepsilon_{i+1}}}, \frac{x_{i+2}}{\sqrt{\varepsilon_{i+2}}}, \ldots, \frac{x_n}{\sqrt{\varepsilon_n}}$. Remplaçons de même $X_0, X_1, \ldots, X_k$ par $\frac{X_0}{\sqrt{-\eta_0}}, \frac{X_1}{\sqrt{-\eta_1}}, \ldots, \frac{X_k}{\sqrt{-\eta_k}}$ et $X_{k+1}, X_{k+2}, \ldots, X_n$ par $\frac{X_{k+1}}{\sqrt{\eta_{k+1}}}, \frac{X_{k+2}}{\sqrt{\eta_{k+2}}}, \ldots, \frac{X_n}{\sqrt{\eta_n}}$, on se trouvera amené à la relation

$$\begin{aligned} &-x_0^2 - x_1^2 - \ldots - x_i^2 + x_{i+1}^2 + x_{i+2}^2 + \ldots + x_n^2 \\ &= - X_0^2 - X_1^2 - \ldots - X_k^2 + X_{k+1}^2 + X_{k+2}^2 + \ldots + X_n^2, \end{aligned}$$

les variables x dépendant des variables X, par les relations à coefficients réels

$$\begin{gathered} \frac{a_0}{\sqrt{-\varepsilon_0}} x_0 + \frac{b_0}{\sqrt{-\varepsilon_1}} x_1 + \ldots + \frac{k_0}{\sqrt{\varepsilon_n}} x_n \\ = \frac{A_0}{\sqrt{-\eta_0}} X_0 + \frac{B_0}{\sqrt{-\eta_1}} X_1 + \ldots + \frac{K_0}{\sqrt{\eta_n}} X_n, \\ \frac{a_1}{\sqrt{-\varepsilon_0}} x_0 + \frac{b_1}{\sqrt{-\varepsilon_1}} x_1 + \ldots + \frac{k_1}{\sqrt{\varepsilon_n}} x_n \\ = \frac{A_1}{\sqrt{-\eta_0}} X_0 + \frac{B_1}{\sqrt{-\eta_1}} X_1 + \ldots + \frac{K_1}{\sqrt{\eta_n}} X_n, \\ \ldots\ldots\ldots\ldots\ldots\ldots\ldots\ldots; \\ \frac{a_n}{\sqrt{-\varepsilon_0}} x_0 + \frac{b_n}{\sqrt{-\varepsilon_1}} x_1 + \ldots + \frac{k_n}{\sqrt{\varepsilon_n}} x_n \\ = \frac{A_n}{\sqrt{-\eta_0}} X_0 + \frac{B_n}{\sqrt{-\eta_1}} X_1 + \ldots + \frac{K_n}{\sqrt{\eta_n}} X_n. \end{gathered}$$

Or, en résolvant ces équations par rapport aux indéterminées x, on sera conduit à une substitution réelle, telle que

$$\begin{aligned} x_0 &= \alpha_0 X_0 + \beta_0 X_1 + \ldots + \varkappa_0 X_n, \\ x_1 &= \alpha_1 X_0 + \beta_1 X_1 + \ldots + \varkappa_1 X_n, \\ &\ldots\ldots\ldots\ldots\ldots\ldots, \\ x_n &= \alpha_n X_0 + \beta_n X_1 + \ldots + \varkappa_n X_n, \end{aligned}$$

et l'impossibilité d'une telle substitution a été démontrée précédemment. Ajoutons encore que la résolution d'équations dont il vient d'être question n'est sujette à aucun cas d'impossibilité ni d'indétermination, si l'invariant du polynome proposé

$$f(u_0, u_1, \ldots, u_n)$$

est différent de zéro, et si aucune des quantités ε n'est nulle. Nommant, en effet, Δ cet invariant, et δ le déterminant relatif aux équations (4), on aura, comme conséquence de l'équation

$$f(u_0, u_1, \ldots, u_n) = \varepsilon_0 x_0^2 + \varepsilon_1 x_1^2 + \ldots + \varepsilon_n x_n^2,$$

la relation

$$\Delta\delta^2 = \varepsilon_0 \varepsilon_1 \ldots \varepsilon_n,$$

d'où il résulte bien que δ ne peut être supposé nul.

La proposition que nous venons de démontrer montre comment la distinction en diverses espèces qui a été faite de polynomes à trois indéterminées, au point de vue géométrique de la distinction des diverses surfaces du second ordre qui sont douées de centre, peut s'étendre à des polynomes à un nombre quelconque d'indéterminées. Chaque espèce de ces polynomes se trouvera définie par le nombre des carrés qui se présenteront affectés de coefficients positifs ou négatifs, lorsqu'on fera évanouir les rectangles par une substitution réelle. Et la propriété essentielle de cette classification consistera en ce que tous les polynomes qu'on peut déduire les uns des autres par des transformations linéaires à coefficients réels, offriront tous le même caractère spécifique. Mais ces considérations vont recevoir une nouvelle et importante application dans la question suivante.

V. — Sur la détermination du nombre des racines réelles des équations numériques qui sont comprises entre des limites données.

Nous considérerons une équation à coefficients réels quelconques de degré n, $F(\zeta) = 0$, dont les racines, supposées inégales, seront désignées par $a, b, c, \ldots, k$. Cela posé, soient t une indéterminée réelle, et f le polynome homogène suivant :

$$\begin{aligned} f = \; & \frac{1}{a-t}(x + ay + a^2 z + \ldots + a^{n-1} v)^2 \\ & + \frac{1}{b-t}(x + by + b^2 z + \ldots + b^{n-1} v)^2 \\ & + \ldots\ldots\ldots\ldots\ldots\ldots\ldots\ldots\ldots\ldots \\ & + \frac{1}{k-t}(x + ky + k^2 z + \ldots + k^{n-1} v)^2 ; \end{aligned}$$

nous établirons d'abord cette proposition :

En réduisant f à une somme de carrés par une substitution réelle (ou si l'on veut en cherchant l'espèce à laquelle appartient ce polynome), le nombre des carrés affectés de coefficients positifs sera égal au nombre des couples de racines imaginaires de l'équation proposée, augmenté du nombre des racines réelles qui sont plus grandes que t.

Soit, pour abréger,

$$\varphi(\zeta) = x + \zeta y + \zeta^2 z + \ldots + \zeta^{n-1} v,$$

on pourra écrire f de cette manière,

$$f = \frac{\varphi^2(a)}{a-t} + \frac{\varphi^2(b)}{b-t} + \ldots + \frac{\varphi^2(k)}{k-t},$$

et il est bon tout d'abord de remarquer que la présence des racines imaginaires dans l'équation proposée n'empêchera pas les coefficients de ce polynome d'être réels. Effectivement ces racines devant être conjuguées deux à deux, si l'on a $a = \alpha + \beta\sqrt{-1}$, une autre racine, b par exemple, aura pour expression $b = \alpha - \beta\sqrt{-1}$, et les termes $\frac{\varphi^2(a)}{a-t}$, $\frac{\varphi^2(b)}{b-t}$, où entrent ces racines, seront également des quantités imaginaires conjuguées de la forme $A + B\sqrt{-1}$ et $A - B\sqrt{-1}$, dont la somme sera réelle.

Cela posé, il nous est nécessaire d'établir qu'en faisant

$$(1) \quad \begin{cases} x + ay + a^2 z + \ldots + a^{n-1} v = X, \\ x + by + b^2 z + \ldots + b^{n-1} v = Y, \\ \ldots\ldots\ldots\ldots\ldots\ldots\ldots\ldots\ldots, \\ x + ky + k^2 z + \ldots + k^{n-1} v = V, \end{cases}$$

on en tirera, sans impossibilité ni indétermination, les valeurs de $x, y, z, \ldots$, exprimées linéairement en X, Y, Z, ...

Effectivement ces équations peuvent s'écrire ainsi

$$\varphi(a) = X, \qquad \varphi(b) = Y, \qquad \ldots, \qquad \varphi(k) = V,$$

et la formule d'interpolation de Lagrange donnera immédiatement

$$\varphi(\zeta) = \frac{F(\zeta)}{\zeta - a}\frac{X}{F'(a)} + \frac{F(\zeta)}{\zeta - b}\frac{Y}{F'(b)} + \ldots + \frac{F(\zeta)}{\zeta - k}\frac{V}{F'(k)}.$$

Or, en égalant dans les deux membres les coefficients des mêmes puissances de ζ, on obtiendra les expressions linéaires de $x, y, z, \ldots$, en X, Y, Z, ..., sans autres dénominateurs que les quantités $F'(a)$, $F'(b), \ldots, F'(k)$, dont aucune ne s'évanouit, puisque par hypothèse l'équation proposée n'a pas de racines égales.

Ce point établi, considérons en premier lieu le cas où les racines $a, b, c, \ldots, k$ seraient toutes réelles. On pourra alors employer la substitution (1) pour reconnaître l'espèce à laquelle appartient le polynome f, car, exprimé en X, Y, Z, ..., il devient

$$\frac{1}{a-t}X^2+\frac{1}{b-t}Y^2+\frac{1}{c-t}Z^2+\ldots+\frac{1}{k-t}V^2,$$

et l'on voit que le nombre des carrés affectés de coefficients positifs est précisément égal au nombre des racines qui sont plus grandes que t. La proposition annoncée se trouve ainsi immédiatement démontrée dans ce premier cas.

Supposons, en second lieu, la présence d'un ou de plusieurs couples de racines imaginaires, et soient, pour fixer les idées, $a=\alpha+\beta\sqrt{-1}$, $b=\alpha-\beta\sqrt{-1}$. Alors la substitution (1) n'est plus à coefficients réels, mais nous observons qu'elle le deviendra en mettant, au lieu de X et Y, $X+Y\sqrt{-1}$ et $X-Y\sqrt{-1}$. Effectivement, au lieu des équations $\varphi(a)=X$, $\varphi(b)=Y$, on aura les suivantes :

$$\varphi(a)=\varphi(\alpha+\beta\sqrt{-1})=X+Y\sqrt{-1},$$
$$\varphi(b)=\varphi(\alpha-\beta\sqrt{-1})=X-Y\sqrt{-1},$$

et l'on voit bien que les nouvelles indéterminées X et Y seront la partie réelle et le coefficient de $\sqrt{-1}$ dans l'expression $\varphi(\alpha+\beta\sqrt{-1})$. Semblablement, s'il se présente un autre couple de racines imaginaires conjuguées c et d, au lieu de poser $\varphi(c)=Z$, $\varphi(d)=U$, on écrira

$$\varphi(c)=Z+U\sqrt{-1}, \qquad \varphi(d)=Z-U\sqrt{-1}.$$

Cela posé, effectuons, dans le polynome f, la substitution (1), modifiée comme on vient de l'expliquer par rapport aux racines imaginaires. Les termes de ce polynome qui correspondent aux racines réelles donneront précisément, comme dans le premier cas, autant de carrés affectés de coefficients positifs, qu'il y aura de racines moindres que t; ainsi nous n'avons plus à considérer que les termes correspondants aux racines imaginaires conjuguées. Soient a et b deux racines de cette espèce; les termes $\frac{1}{a-t}\varphi^2(a)+\frac{1}{b-t}\varphi^2(b)$ deviendront, en effectuant la substitution,

$$\frac{1}{a-t}(X+Y\sqrt{-1})^2+\frac{1}{b-t}(X-Y\sqrt{-1})^2,$$

expression susceptible d'une réduction remarquable.

Soit en effet $\frac{1}{a-t}=\rho(\cos\varphi+\sqrt{-1}\sin\varphi)$, t étant réel; $\frac{1}{b-t}$ sera la quantité conjuguée, à savoir $\frac{1}{b-t}=\rho(\cos\varphi-\sqrt{-1}\sin\varphi)$, et notre expression deviendra

$$\rho\left[\left(\cos\frac{\varphi}{2}+\sqrt{-1}\sin\frac{\varphi}{2}\right)(X+Y\sqrt{-1})\right]^2$$
$$+\rho\left[\left(\cos\frac{\varphi}{2}-\sqrt{-1}\sin\frac{\varphi}{2}\right)(X-Y\sqrt{-1})\right]^2$$

ou bien

$$2\rho\left(X\cos\frac{\varphi}{2}-Y\sin\frac{\varphi}{2}\right)^2-2\rho\left(X\sin\frac{\varphi}{2}+Y\cos\frac{\varphi}{2}\right)^2.$$

Nous sommes donc amenés à cette conclusion, que la présence d'un couple de racines imaginaires conjuguées dans le polynome f donne lieu à deux carrés dont l'un est affecté d'un coefficient positif, et l'autre d'un coefficient négatif, quel que soit t. Et en général, si l'équation proposée contient μ couples de racines imaginaires, les termes du polynome f qui contiennent ces racines donneront lieu à μ carrés affectés de coefficients positifs et à μ carrés affectés de coefficients négatifs. Le nombre total des carrés affectés de coefficients positifs qui s'offriront pour caractériser l'espèce à laquelle appartient le polynome sera donc, comme nous l'avons annoncé, le nombre de couples des racines imaginaires augmenté du nombre des racines réelles de l'équation proposée qui sont plus grandes que t.

Désignons par (t) ce nombre total des carrés affectés de coefficients positifs, et représentons par t_0 et t_1 deux valeurs distinctes de l'indéterminée t dont la première soit plus grande que la seconde. Il est visible que l'expression $(t_1)-(t_0)$ sera précisément le nombre des racines réelles de l'équation proposée $F(\zeta)=0$, qui sont comprises entre les limites t_0 et t_1. Maintenant il ne nous reste plus que quelques mots à ajouter pour montrer que le polynome f peut s'évaluer au moyen des coefficients de l'équation $F(\zeta)=0$. Observons, à cet effet, que tous les coefficients de f sont de la forme

$$\frac{a^i}{t-a}+\frac{b^i}{t-b}+\frac{c^i}{t-c}+\ldots+\frac{k^i}{t-k}.$$

Or, en décomposant en fractions simples $\frac{t^i F'(t)}{F(t)}$, on prouvera

$$\frac{t^i F'(t)}{F(t)}=\Pi(t)+\frac{a^i}{t-a}+\frac{b^i}{t-b}+\ldots+\frac{k^i}{t-k},$$

$\Pi(t)$ désignant la partie entière. Si donc on divise $t^i F'(i)$ par $F(t)$, et qu'on désigne par R le reste de la division, on aura précisément

$$\frac{R}{F(t)}=\frac{a^i}{t-a}+\frac{b^i}{t-b}+\ldots+\frac{k^i}{t-k}.$$

La quantité désignée par (t) se trouvera donc en réduisant à une somme de carrés un polynome du second degré entièrement connu; mais cette détermination des coefficients peut être évitée par l'analyse suivante qui se fonde sur la proposition déjà démontrée, que tous les polynomes déduits de f, par des substitutions réelles, appartiennent à la même espèce, c'est-à-dire qu'en les réduisant d'une manière quelconque à une somme de carrés, on arrivera toujours au même nombre de carrés affectés de coefficients positifs ou négatifs.

Soit

$$F(\zeta)=\zeta^n+p_1\zeta^{n-1}+p_2\zeta^{n-2}+\ldots+p_n=0,$$

l'équation proposée. Posons

$$\varphi(\zeta)=x+\zeta y+\zeta^2 z+\ldots+\zeta^{n-1}v,$$
$$\Phi(\zeta)=X+\zeta Y+\zeta^2 Z+\ldots+\zeta^{n-1}V,$$

nous ferons en premier lieu la substitution propre à rendre identique, par rapport à l'indéterminée ζ, l'équation

$$\varphi(\zeta)=(\zeta-t)\Phi(\zeta)-V F(\zeta).$$

En comparant dans les deux membres les coefficients des mêmes puissances de ζ, on déterminerait effectivement les valeurs de x, y, z, ..., en X, Y, Z, ... Mais il suffit de remarquer qu'en mettant à la place de ζ les racines a, b, ..., k, on en tire les relations

$$\varphi(a)=(a-t)\Phi(a),\qquad \varphi(b)=(b-t)\Phi(b),\qquad \ldots,$$
$$\varphi(k)=(k-t)\Phi(k).$$

Il s'ensuit que le polynome f, que, pour abréger, nous écrirons ainsi :

$$f=\sum\frac{1}{a-t}\varphi^2(a),$$

se change par cette substitution dans le suivant

$$f=\sum(a-t)\Phi^2(a),$$

le signe $\sum$ indiquant la somme de tous les termes relatifs aux diverses racines a, b, ..., k.

Cette transformation obtenue, nous en ferons une seconde, en remplaçant X, Y, Z, ..., V, par des indéterminées qu'il convient de représenter ainsi : ζ_0, ζ_1, ζ_2, ..., ζ_{n-1}, et cela en posant

$$(\mathrm{A})\qquad\left\{\begin{array}{l} \mathrm{X}=\zeta_{n-1}+p_1\zeta_{n-2}+p_2\zeta_{n-3}+\ldots+p_{n-1}\zeta_0,\\ \mathrm{Y}=\zeta_{n-2}+p_1\zeta_{n-3}+p_2\zeta_{n-4}+\ldots+p_{n-2}\zeta_0,\\ \mathrm{Z}=\zeta_{n-3}+p_1\zeta_{n-4}+p_2\zeta_{n-5}+\ldots+p_{n-3}\zeta_0,\\ \ldots\ldots\ldots\ldots\ldots\ldots\ldots\ldots\ldots\ldots,\\ \mathrm{U}=\zeta_1+p_1\zeta_0,\\ \mathrm{V}=\zeta_0. \end{array}\right.$$

On arrive alors à cette conséquence, que les fonctions linéaires $\Phi(a)$, $\Phi(b)$, ..., $\Phi(k)$, peuvent être représentées par les quotients $\frac{F(\zeta)}{\zeta-a}$, $\frac{F(\zeta)}{\zeta-b}$, ..., $\frac{F(\zeta)}{\zeta-k}$, si, la division faite, on remplace dans chacun d'eux une puissance quelconque de ζ, telle que ζ^i, par l'indéterminée ζ_i. Nommant donc ζ' une seconde quantité analogue à ζ, il est clair que l'expression

$$\sum(a-t)\frac{F(\zeta)}{\zeta-a}\,\frac{F(\zeta')}{\zeta'-a}$$

représentera parfaitement, et sans ambiguïté possible, ce que de vient, par la substitution (A), le polynome

$$f = \sum (a-t)\Phi^2(a),$$

pourvu que, les divisions effectuées, et après avoir ordonné par rapport à ζ, on écrive d'abord ζ_i au lieu de ζ^i, sans toucher d'ailleurs à l'indéterminée ζ'; puis, cette opération faite, qu'on remplace semblablement ζ'^i par ζ_i, après avoir ordonné par rapport à ζ'.

Ceci bien compris, rien ne sera plus facile que de saisir les transformations successivement indiquées dans les équations suivantes :

$$\begin{aligned}
&\sum (a-t)\frac{F(\zeta)}{\zeta-a}\,\frac{F(\zeta')}{\zeta'-a}\\
&\quad = F(\zeta)F(\zeta')\sum \frac{a-t}{(\zeta-a)(\zeta'-a)}\\
&\quad = F(\zeta)F(\zeta')\sum \frac{1}{\zeta-\zeta'}\left(\frac{t-\zeta}{\zeta-a}-\frac{t-\zeta'}{\zeta'-a}\right)\\
&\quad = \frac{F(\zeta)F(\zeta')}{\zeta-\zeta'}\left(\sum\frac{t-\zeta}{\zeta-a}-\sum\frac{t-\zeta'}{\zeta'-a}\right).
\end{aligned}$$

La dernière nous conduit à employer les relations bien connues

$$\sum\frac{t-\zeta}{\zeta-a} = (t-\zeta)\sum\frac{1}{\zeta-a} = (t-\zeta)\frac{F'(\zeta)}{F(\zeta)},$$

$$\sum\frac{t-\zeta'}{\zeta'-a} = (t-\zeta')\sum\frac{1}{\zeta'-a} = (t-\zeta')\frac{F'(\zeta')}{F(\zeta')},$$

de sorte que le résultat de la substitution (A) dans le polynome f se trouve représenté par cette expression très simple, et de laquelle ont disparu les racines $a, b, \ldots, k$, savoir

$$\frac{(t-\zeta)F'(\zeta)F(\zeta')-(t-\zeta')F'(\zeta')F(\zeta)}{\zeta-\zeta'}.$$

Quelques applications suffiront au lecteur pour se rendre familière cette métamorphose curieuse d'une fonction entière de deux variables ζ et ζ' en un polynome homogène du second degré, et l'on verra sans peine un algorithme pratique, qui permet d'effectuer rapidement cette transmutation de la première expression analytique dans la seconde. Mais, pour abréger, nous supprimerons ces détails et nous nous bornerons à remarquer que, lorsqu'on donne numériquement les limites t_0, t_1, on doit, pour obtenir les quantités nommées précédemment (t_0) et (t_1), opérer sur les expressions

$$\frac{(t_0-\zeta)\,F'(\zeta)\,F(\zeta')-(t_0-\zeta')\,F'(\zeta')\,F(\zeta)}{\zeta-\zeta'},$$

$$\frac{(t_1-\zeta)\,F'(\zeta)\,F(\zeta')-(t_1-\zeta')\,F'(\zeta')\,F(\zeta)}{\zeta-\zeta'},$$

dont les coefficients sont purement numériques, et non pas sur l'expression générale, contenant l'indéterminée t. A la vérité, on trouverait de cette manière (après avoir fait disparaître les rectangles des variables) les coefficients des carrés exprimés par des fonctions de t, dans lesquelles on pourrait substituer *a posteriori* les valeurs t_0 et t_1; mais l'opération serait beaucoup plus embarrassée et plus longue.

Supposons, par exemple, qu'on veuille savoir combien de racines de l'équation

$$\zeta^3-3\zeta+1=0$$

sont comprises entre zéro et l'unité. On trouvera d'abord (suppression faite du facteur positif 3) que l'expression

$$\frac{(t-\zeta)(\zeta^2-1)(\zeta'^3-3\zeta'+1)-(t-\zeta')(\zeta'^2-1)(\zeta^3-3\zeta+1)}{\zeta-\zeta'}$$

donne le polynome quadratique à trois indéterminées

$$\mathfrak{F}=t(-3\zeta_0^2-2\zeta_1^2-\zeta_2^2+2\zeta_0\zeta_1+2\zeta_0\zeta_2)+\zeta_0^2-\zeta_1^2-2\zeta_0\zeta_2+4\zeta_1\zeta_2.$$

Ce polynome pour $t=0$ se réduit à

$$\zeta_0^2-\zeta_1^2-2\zeta_0\zeta_2+4\zeta_1\zeta_2=(\zeta_0-\zeta_1)^2-(\zeta_1-2\zeta_2)^2+3\zeta_2^2;$$

et, si l'on y fait $t=1$, il devient

$$-2\zeta_0^2-3\zeta_1^2-\zeta_2^2+2\zeta_1\zeta_0+4\zeta_1\zeta_2=-(\zeta_2-2\zeta_1)^2+(\zeta_1-\zeta_0)^2-3\zeta_0^2.$$

Dans le premier cas on obtient deux carrés affectés de coefficients positifs, et aucun dans le second; ainsi : $(0)=2$, $(1)=1$; de sorte que le nombre des racines de l'équation proposée qui sont comprises entre zéro et l'unité, est égal à 1, différence des quantités (0) et (1). Observez enfin que, pour une valeur de t infiniment grande et positive, $\mathcal{F}$ se réduit au polynome

$$-(3\zeta_0^2+2\zeta_1^2+\zeta_2^2-2\zeta_0\zeta_1-2\zeta_0\zeta_2),$$

qu'on décompose aisément comme il suit :

$$-(\zeta_2-\zeta_0)^2-2\left(\zeta_1-\frac{1}{2}\zeta_0\right)^2-\frac{3}{2}\zeta_0^2.$$

Donc, comme on n'obtient aucun carré affecté de coefficient positif, le nombre des racines de l'équation proposée qui sont supérieures à l'infini, augmenté de la moitié du nombre des racines imaginaires, c'est-à-dire évidemment le nombre des couples de ces dernières racines, se réduit à zéro. Ainsi l'équation proposée a toutes ses racines réelles.

Nous ne nous étendrons pas davantage sur les considérations précédentes, qui ont fait voir toute l'importance de cette opération algébrique si simple et si élémentaire, qui consiste à mettre un polynome homogène du second degré sous la forme d'une somme de carrés. Mais, ainsi que nous l'avons promis en commençant, nous reviendrons, pour la compléter, sur le mode particulier de décomposition qui a été donné au paragraphe I.

Considérons, par exemple, un polynome à quatre variables $f(x, y, z, v)$; la méthode dont nous parlons conduit à un résultat de cette forme,

$$\begin{aligned} f(x,y,z,v) = {} & \varepsilon\,(x+ay+bz+cv)^2, \\ & +\varepsilon'(y+a'z+b'v)^2, \\ & +\varepsilon''(z+a''z)^2, \\ & +\varepsilon'''v^2, \end{aligned}$$

et, comme il importe surtout de connaître les facteurs ε, ε', ε'', ε''', dont les signes déterminent l'espèce du polynome, nous allons donner le moyen de les calculer directement.

A cet effet, nous observons que l'invariant du second membre sera, d'après les théorèmes précédemment établis, le produit $\varepsilon\varepsilon'\varepsilon''\varepsilon'''$, multiplié par le carré du déterminant relatif aux fonctions linéaires

$$\begin{aligned} x+ay+bz&+cv, \\ y+a'z&+b'v, \\ z&+a''v, \\ &v. \end{aligned}$$

Or on reconnaît que ce déterminant se réduit à son terme principal, qui est l'unité.

Nous pouvons ainsi regarder comme connu le produit $\varepsilon\varepsilon'\varepsilon''\varepsilon'''$. Cela posé, faisons dans l'équation précédente $v = 0$, un raisonnement tout semblable montrera que $\varepsilon\varepsilon'\varepsilon''$ est l'invariant du polynome à trois variables $f(x, y, z, 0)$.

Continuons de même en supposant $v = 0$, $z = 0$, puis enfin $v = 0$, $z = 0$, $y = 0$, on trouvera successivement que ε, ε' est l'invariant de $f(x, y, 0, 0)$ et ε le coefficient de x^2, dans le polynome proposé. Ces quatre coefficients pourront être calculés d'une manière directe, comme nous l'avons annoncé.

En général, soit $f(x_0, x_1, \ldots, x_n)$ un polynome homogène à $n+1$ indéterminées; nommons Δ_i l'invariant du polynome qu'on en déduit en annulant toutes les indéterminées $x_{i+1}, x_{i+2}, \ldots, x_n$, et Δ_0 le coefficient de x_0^2, on trouvera par la méthode de décomposition en carrés, dont nous nous occupons, le résultat suivant :

$$= \Delta_0 X_0^2 + \frac{\Delta_1}{\Delta_0} X_1^2 + \frac{\Delta_2}{\Delta_1} X_2^2 + \ldots + \frac{\Delta_i}{\Delta_{i-1}} X_i^2 + \ldots + \frac{\Delta_n}{\Delta_{n-1}} X_n^2,$$

les fonctions linéaires ayant cette forme,

$$X_i = x_i + a x_{i+1} + b x_{i+2} + \ldots + k x_n,$$

où $a, b, \ldots, k$ sont des constantes réelles.

L'espèce à laquelle appartient le polynome f se détermine donc directement d'après le nombre des termes positifs et négatifs de la suite

$$\Delta_0, \quad \frac{\Delta_1}{\Delta_0}, \quad \frac{\Delta_2}{\Delta_1}, \quad \ldots, \quad \frac{\Delta_n}{\Delta_{n-1}},$$

ou, ce qui revient au même, d'après le nombre des variations et des permanences de la suite

$$1, \quad \Delta_0, \quad \Delta_1, \quad \Delta_2, \quad \ldots, \quad \Delta_{n-1}, \quad \Delta_n.$$

C'est donc de ces quantités que dépend la détermination de l'expression désignée tout à l'heure par (t) dans le polynome

$$\frac{1}{a-t}\varphi^2(a) + \frac{1}{b-t}\varphi^2(b) + \ldots + \frac{1}{k-t}\varphi^2(k),$$

ou dans celui qui a pour expression symbolique

$$\frac{(t-\zeta)\,F'(\zeta)\,F(\zeta')-(t-\zeta')\,F'(\zeta')\,F(\zeta)}{\zeta-\zeta'}.$$

Relativement au premier de ces polynomes, on trouve ainsi que

$$\Delta_0=\sum\frac{1}{a-t},\qquad \Delta_1=\sum\frac{(a-b)^2}{(a-t)(b-t)},$$
$$\Delta_2=\sum\frac{(a-b)^2(a-c)^2(b-c)^2}{(a-t)(b-t)(c-t)},\qquad \ldots,$$

le signe $\sum$ représentant la somme des termes qu'on déduirait du premier en y faisant toutes les permutations des racines. Or ces formules sont précisément les fonctions de M. Sturm, sous la forme que leur a donnée M. Sylvester; de sorte que les considérations précédentes peuvent être considérées comme donnant une démonstration nouvelle du théorème de ce célèbre géomètre, démonstration dont le principal caractère est de n'employer aucune considération de continuité.

A ces dernières observations sur la réduction d'un polynome du second degré à une somme de carrés, nous ajouterons un procédé donné par M. *Moutard*, professeur à Paris, pour effectuer l'opération dans un cas où la méthode serait en défaut, par exemple s'il était question du polynome

$$f=\alpha xy+\beta xz+\gamma yz$$

dans lequel les carrés des variables n'existent pas. On observe que

$$\alpha f=(\alpha x+\gamma z)(\alpha y+\beta z)-\beta\gamma z^2,$$

et qu'on peut ensuite écrire

$$4(\alpha x+\gamma z)(\alpha y+\beta z)=\quad[\alpha x+\alpha y+(\gamma+\beta)z]^2 \\ -[\alpha x-\alpha y+(\gamma-\beta)z]^2,$$

ce qui donne bien une décomposition du polynome proposé en trois carrés. Et l'on pourrait opérer d'une manière semblable dans les cas analogues relatifs à un nombre quelconque d'indéterminées.

SUR
LE RAYON DE COURBURE
DES COURBES GAUCHES.

Nouvelles Annales de Mathématiques, 2e série, t. V, 1866, p. 297.

On donne dans l'enseignement un calcul un peu long pour déduire de la formule

$$\frac{1}{\rho} = \frac{d\varphi}{ds}$$

l'expression du carré de l'inverse du rayon de courbure au moyen des coordonnées x, y, z et de l'arc s, savoir

$$\frac{1}{\rho^2} = \frac{1}{ds^6}[(dx\,d^2y - dy\,d^2x)^2 + (dy\,d^2z - dz\,d^2y)^2 + (dz\,d^2x - dx\,d^2z)^2],$$

la variable indépendante étant quelconque. On peut l'abréger comme il suit.

Soit pour un instant

$$a = \frac{dx}{ds}, \qquad b = \frac{dy}{ds}, \qquad c = \frac{dz}{ds},$$

et faisons

$$a' = a + da, \qquad b' = b + db, \qquad c' = c + dc,$$

l'angle de contingence $d\varphi$ sera donné par la formule relative au sinus, savoir :

$$\sin^2 d\varphi = (ab' - ba')^2 + (ac' - ca')^2 + (bc' - cb')^2;$$

de sorte que l'on aura immédiatement $d\varphi^2$ en calculant les expressions $ab' - ba'$, ... Or on trouve

$$\begin{aligned} ab' - ba' &= a(b + db) - b(a + da), \\ &= a\,db - b\,da, \\ &= \frac{dx}{ds}\,d\frac{dy}{ds} - \frac{dy}{ds}\,d\frac{dx}{ds}, \end{aligned}$$

et cette dernière expression donne lieu à la réduction suivante

$$\frac{dx}{ds}\,\frac{d^2y\,ds - dy\,d^2s}{ds^2} - \frac{dy}{ds}\,\frac{d^2x\,ds - dx\,d^2s}{ds^2} = \frac{dx\,d^2y - dy\,d^2x}{ds^3}\,ds.$$

On a donc par un calcul bien facile

$$ab' - ba' = \frac{dx\,d^2y - dy\,d^2x}{ds^3}\,ds,$$

et semblablement

$$ac' - ca' = \frac{dx\,d^2z - dz\,d^2x}{ds^3}\,ds,$$

$$bc' - cb' = \frac{dy\,d^2z - dz\,d^2y}{ds^3}\,ds,$$

d'où suit, comme on voit, la formule annoncée.

SUR L'INTÉGRALE $\int \frac{x^m\,dx}{\sqrt{1-x^2}}$.

Annali di Matematica, t. I (2ᵉ série, 1867, p. 155).

L'intégrale $\int \frac{x^m\,dx}{\sqrt{1-x^2}}$ présente deux cas bien distincts, suivant que l'exposant m est pair ou impair; dans le premier, elle est transcendante, dans le second, simplement algébrique et de la forme $P\sqrt{1-x^2}$, P étant un polynome entier en x qu'on obtient ordinairement au moyen du procédé de l'intégration par parties, mais que l'on peut déterminer différemment et de manière à mieux mettre en évidence sa nature analytique.

Je chercherai en premier lieu le degré de P, en développant suivant les puissances décroissantes de la variable les deux membres de l'équation

$$\int \frac{x^m\,dx}{\sqrt{1-x^2}} = P\sqrt{1-x^2}. \tag{1}$$

Dans le premier, le terme le plus élevé en x sera $\frac{x^m}{m\sqrt{-1}}$, et dans le second $\alpha x^{\mu+1}\sqrt{-1}$, si l'on fait $P = \alpha x^\mu + \alpha' x^{\mu-1} + \ldots$; de sorte que l'on a

$$\mu = m - 1,$$

et l'on obtient en même temps la valeur du coefficient α, savoir

$$\alpha = -\frac{1}{m}.$$

Cela fait je poserai, pour obtenir P,

$$\int_0^x \frac{x^m\,dx}{\sqrt{1-x^2}} = P\sqrt{1-x^2} - C,$$

C étant une constante, et l'on en déduira

$$P = \frac{C}{\sqrt{1-x^2}} + \frac{1}{\sqrt{1-x^2}} \int_0^x \frac{x^m\,dx}{\sqrt{1-x^2}}.$$

Or, en développant le second membre suivant les puissances ascendantes de la variable, le premier terme donnera la série infinie

$$\frac{C}{\sqrt{1-x^2}} = C\left(1 + \frac{1}{2}x^2 + \frac{1.3}{2.4}x^4 + \ldots + \frac{1.3.5\ldots 2n-1}{2.4.6\ldots 2n}x^{2n} + \ldots\right).$$

Quant au second terme $\frac{1}{\sqrt{1-x^2}} \int_0^x \frac{x^m\,dx}{\sqrt{1-x^2}}$, il donnera également naissance à une série infinie, mais commençant évidemment par la puissance x^{m+1}. Comme P est un polynome fini du degré $m-1$, il est clair qu'en posant $m-1=2n$, l'effet de ce second terme doit être de détruire tous ceux de la série $\frac{C}{\sqrt{1-x^2}}$ venant après $\frac{1.3.5\ldots 2n-1}{2.4.6\ldots 2n}x^{2n}$, d'où cette conclusion :

Dans l'équation (1), *le polynome* P *est, à un facteur constant près, l'ensemble des premiers termes du développement de* $(1-x^2)^{-\frac{1}{2}}$, *jusqu'au terme en* x^{2n}, *suivant les puissances ascendantes de la variable.*

Pour déterminer le facteur constant C, il suffira de profiter de la remarque faite tout à l'heure que $\alpha = -\frac{1}{m}$; on devra donc poser

$$C\,\frac{1.3.5\ldots 2n-1}{2.4.6\ldots 2n} = -\frac{1}{m},$$

d'où

$$C = -\frac{1}{m}\,\frac{2.4.6\ldots 2n}{1.3.5\ldots 2n-1}.$$

J'observerai enfin que l'équation (1) différentiée donne

$$x^m = \frac{dP}{dx}(1-x^2) - Px,$$

d'où l'on tire aisément une équation linéaire du second ordre sans second membre, car il suffit de différentier une seconde fois, puis d'éliminer le terme indépendant de P et de ses dérivées. On trouve de la sorte

$$x(1-x^2)\frac{d^2P}{dx^2}+[(m-3)x^2-m]\frac{dP}{dx}+(m-1)xP=0.$$

Cette équation est vérifiée en posant $P=\frac{1}{\sqrt{1-x^2}}$; ainsi, *en partageant d'une manière quelconque le développement ordonné suivant les puissances croissantes de x de la série $(1-x^2)^{-\frac{1}{2}}$, les deux parties satisfont à une même équation du second ordre.*

J'arrive au cas de m pair dans l'intégrale $\int \frac{x^m\,dx}{\sqrt{1-x^2}}$, et je pose alors

$$(2)\qquad \int_0^x \frac{x^m\,dx}{\sqrt{1-x^2}} = \mathfrak{P}\sqrt{1-x^2}+\varepsilon\int_0^x \frac{dx}{\sqrt{1-x^2}},$$

ε désignant une constante et $\mathfrak{P}$ un nouveau polynome, commençant comme tout à l'heure par le terme $-\frac{x^{m-1}}{m}$. Je n'ajoute pas de constante, le second membre devant être comme le premier une fonction impaire de la variable. La grande différence de nature analytique des relations (1) et (2) va se manifester à l'égard des polynomes P et $\mathfrak{P}$, car, en opérant absolument comme plus haut, on obtient cette conclusion :

Dans l'équation (2) le polynome $\mathfrak{P}$ est, à un facteur près, l'ensemble des premiers termes du développement de la fonction transcendante $\frac{\arcsin x}{\sqrt{1-x^2}}$ jusqu'au terme en x^{2n-1}, suivant les puissances ascendantes de la variable.

Ce développement bien connu, et que donne immédiatement l'équation

$$\frac{dy}{dx}(1-x^2)-xy=1,$$

savoir

$$\frac{\arcsin x}{\sqrt{1-x^2}} = x+\frac{2}{3}x^3+\frac{2.4}{3.5}x^5+\ldots+\frac{2.4.6\ldots 2n-2}{3.5.7\ldots 2n-1}x^{2n-1}+\ldots,$$

conduit, en faisant $m = 2n$, à l'expression suivante :

$$\mathfrak{P} = -\varepsilon\left(x + \frac{2}{3}x^3 + \frac{2.4}{3.5}x^5 + \ldots + \frac{2.4.6\ldots 2n-2}{3.5.7\ldots 2n-1}x^{2n-1}\right).$$

Et en même temps on arrive à la détermination de ε en posant

$$\varepsilon\frac{2.4.6\ldots 2n-2}{3.5.7\ldots 2n-1} = \frac{1}{m} = \frac{1}{2n},$$

d'où

$$\varepsilon = \frac{1.3.5\ldots 2n-1}{2.4.6\ldots 2n},$$

c'est-à-dire, précisément, le coefficient de x^{2n} dans le développement considéré plus haut $(1-x^2)^{-\frac{1}{2}}$.

On tire aisément de ce dernier résultat la proposition suivante :

En désignant par $F(x)$ *un polynome entier, l'intégrale* $\int \frac{F(x)\,dx}{\sqrt{1-x^2}}$ *sera de la forme*

$$\Phi(x)\sqrt{1-x^2} + \varepsilon\int\frac{dx}{\sqrt{1-x^2}},$$

$\Phi(x)$ *désignant aussi un polynome entier, et le coefficient* ε *de la partie transcendante s'obtiendra en calculant le terme indépendant de* x *dans le développement de l'expression*

$$F(x)\left(1-\frac{1}{x^2}\right)^{-\frac{1}{2}}$$

suivant les puissances décroissantes de la variable.

Mais on peut le démontrer immédiatement en remarquant d'abord que l'on a évidemment $\int_{-1}^{+1}\frac{F(x)\,dx}{\sqrt{1-x^2}} = \pi\varepsilon$, et ensuite que l'intégrale définie $2\int_{-1}^{+1}\frac{F(x)\,dx}{\sqrt{1-x^2}}$ peut s'obtenir en intégrant $\frac{F(z)\,dz}{\sqrt{1-z^2}}$, z décrivant un cercle de rayon infini, ayant son centre à l'origine. Il faut, à cet effet, développer suivant les puissances décroissantes de z l'expression proposée

$$\frac{F(z)}{\sqrt{1-z^2}} = \frac{1}{z\sqrt{-1}}F(z)\left(1-\frac{1}{z^2}\right)^{-\frac{1}{2}}.$$

Or, $F(z)$ étant un polynome entier, la quantité $F(z)\left(1-\frac{1}{z^2}\right)^{-\frac{1}{2}}$ ne renferme qu'un *nombre fini* de puissances positives, et, en désignant par ρ le terme indépendant de la variable dans cette quantité, l'intégrale cherchée se réduira simplement à celle-ci,

$$\frac{\rho}{\sqrt{-1}}\int \frac{dz}{z} = 2\pi\rho,$$

de sorte que l'on a bien $\rho = \varepsilon$.

On arriverait enfin au résultat, par une voie purement algébrique et très simple, en partant de l'égalité

$$\int \frac{F(x)\,dx}{\sqrt{1-x^2}} = \Phi(x)\sqrt{1-x^2} + \varepsilon \int \frac{dx}{\sqrt{1-x^2}}.$$

Il suffit en effet de différentier, de développer ensuite les deux membres suivant les puissances décroissantes de la variable, et de comparer les termes en $\frac{1}{x}$.

SUR

LE DÉVELOPPEMENT EN SÉRIE

DES INTÉGRALES ELLIPTIQUES

DE PREMIÈRE ET DE SECONDE ESPÈCE.

Annali di Matematica, t. II (2e série, 1868, p. 97).
(Extrait d'une lettre à Brioschi.)

Au lieu d'effectuer suivant les puissances ascendantes de la variable x le développement des quantités

$$\int_0^x \frac{dx}{\sqrt{(1-x^2)(1-k^2x^2)}}, \qquad \int_0^x \frac{k^2x^2\,dx}{\sqrt{(1-x^2)(1-k^2x^2)}},$$

je poserai dans ce qui va suivre

$$\int_0^x \frac{dx}{\sqrt{(1-x^2)(1-k^2x^2)}} = \sqrt{(1-x^2)(1-k^2x^2)}\sum \alpha_n x^{2n+1},$$

$$\int_0^x \frac{k^2x^2\,dx}{\sqrt{(1-x^2)(1-k^2x^2)}} = \sqrt{(1-x^2)(1-k^2x^2)}\sum \beta_n x^{2n+1}.$$

De cette manière on obtient pour les coefficients α_n et β_n des polynomes rationnels et entiers par rapport au module, dont voici quelques propriétés.

En premier lieu, réduisons à un terme algébrique, et aux fonctions de première et de seconde espèce, l'intégrale

$$\int_0^x \frac{x^{2\mu}\,dx}{\sqrt{(1-x^2)(1-k^2x^2)}};$$

en posant cette égalité, où l'exposant n est entier, P un polynome entier en x, A et B des constantes, savoir :

$$\int_0^x \frac{(k^2x^2)^{n+1}\,dx}{\sqrt{(1-x^2)(1-k^2x^2)}} = P\sqrt{(1-x^2)(1-k^2x^2)} - A\int_0^x \frac{dx}{\sqrt{(1-x^2)(1-k^2x^2)}} + B\int_0^x \frac{k^2x^2\,dx}{\sqrt{(1-x^2)(1-k^2x^2)}},$$

on aura

$$A = \beta_n, \qquad B = \alpha_n.$$

Une seconde propriété consiste en ce que les polynomes α_n et β_n sont les dénominateurs et numérateurs des réduites de la fraction continue ([1])

$$\cfrac{k^2}{2(1+k^2) - \cfrac{9k^2}{4(1+k^2) - \cfrac{25k^2}{6(1+k^2) - \cfrac{49k^2}{8(1+k^2) - \dots}}}}$$

représentant le quotient

$$\frac{\displaystyle\int_0^1 \frac{k^2x^2\,dx}{\sqrt{(1-x^2)(1-k^2x^2)}}}{\displaystyle\int_0^1 \frac{dx}{\sqrt{(1-x^2)(1-k^2x^2)}}}.$$

Introduisons, au lieu du module, la quantité $k + \frac{1}{k} = 2\varepsilon$, et posons

$$\alpha_n = \frac{k^n A_n}{3.5\ldots 2n+1}, \qquad \beta_n = \frac{k^{n+1} B_n}{3.5\ldots 2n+1},$$

([1]) Cette assertion n'est exacte qu'à des facteurs numériques près. Si l'on désigne par $\frac{P_n}{Q_n}$ la $n^{\text{ième}}$ réduite, on a

$$\beta_n = \frac{1}{1.3.5\ldots 2n+1} P_n,$$

$$\alpha_n = \frac{1}{1.3.5\ldots 2n+1} Q_n.$$

E. P

on aura ces relations,

$$2(n+1)\varepsilon\frac{dA_n}{d\varepsilon}-\frac{dB_n}{d\varepsilon}-2n(n+1)A_n=(2n+1)^2\frac{dA_{n-1}}{d\varepsilon},$$

$$2n\varepsilon\frac{dB_n}{d\varepsilon}+\frac{dA_n}{d\varepsilon}-2n(n+1)B_n=(2n+1)^2\frac{dB_{n-1}}{d\varepsilon},$$

et enfin les deux équations simultanées linéaires que voici :

$$\frac{dA_n}{d\varepsilon}=(1-\varepsilon^2)\frac{d^2B_n}{d\varepsilon^2}-\varepsilon\frac{dB_n}{d\varepsilon}+(n+1)^2B_n,$$

$$-\frac{dB_n}{d\varepsilon}=(1-\varepsilon^2)\frac{d^2A_n}{d\varepsilon^2}-3\varepsilon\frac{dA_n}{d\varepsilon}+n(n+2)A_n.$$

SUR L'EXPRESSION

DU

MODULE DES TRANSCENDANTES ELLIPTIQUES

EN FONCTION DU QUOTIENT DES DEUX PÉRIODES.

Annali di Matematica, t. III (2e série, 1869, p. 81).

On sait qu'en posant

$$\omega = \frac{i\mathrm{K}'}{\mathrm{K}},$$

on a pour le module $k^2 = f(\omega)$ cette expression,

$$f(\omega) = \left(\frac{2e^{\frac{i\pi\omega}{4}} + 2e^{9\frac{i\pi\omega}{4}} + 2e^{25\frac{i\pi\omega}{4}} + \ldots}{1 + 2e^{i\pi\omega} + 2e^{4i\pi\omega} + 2e^{9i\pi\omega} + \ldots} \right)^4,$$

où la variable ω entre sous forme transcendante, et j'ai observé ailleurs qu'en appliquant la formule de Maclaurin à la quantité $f(i+\omega)$ pour obtenir un développement algébrique par rapport à ω, les coefficients au lieu d'être rationnels, comme dans les diverses séries élémentaires $\sin\omega$, $\cos\omega$, $\log(1+\omega)$, contiendront la transcendante numérique

$$\int_0^{\frac{\pi}{2}} \frac{d\varphi}{\sqrt{1 - \frac{1}{2}\sin^2\varphi}}.$$

M'étant proposé de calculer les premiers termes, j'ai été conduit à un autre développement également algébrique, mais où les coefficients sont purement rationnels, comme on va voir.

Partant des formules données par Jacobi dans les *Fundamenta*, § 29, et où l'on fait

$$q = 1 - 2k^2, \qquad J = \int_0^{\frac{\pi}{2}} \frac{d\varphi}{\sqrt{1 - \frac{1}{2}\sin^2\varphi}},$$

savoir :

$$K' = J\left(1 + \frac{q^2}{2.4} + \frac{5^2.q^4}{2.4.6.8} + \frac{5^2.9^2.q^6}{2.4.6.8.10.12} + \ldots\right) + \frac{\pi}{2J}\left(\frac{q}{2} + \frac{3^2.q^3}{2.4.6} + \frac{3^2.7^2.q^5}{2.4.6.8.10} + \ldots\right),$$

$$K = J\left(1 + \frac{q^2}{2.4} + \frac{5^2.q^4}{2.4.6.8} + \frac{5^2.9^2.q^6}{2.4.6.8.10.12} + \ldots\right) - \frac{\pi}{2J}\left(\frac{q}{2} + \frac{3^2.q^3}{2.4.6} + \frac{3^2.7^2.q^5}{2.4.6.8.10} + \ldots\right),$$

j'en déduis

$$\frac{\frac{q}{2} + \frac{3^2.q^3}{2.4.6} + \frac{3^2.7^2.q^5}{2.4.6.10} + \ldots}{1 + \frac{q^2}{2.4} + \frac{5^2.q^4}{2.4.6.8} + \frac{5^2.9^2.q^6}{2.4.6.8.10.12} + \ldots} = \frac{2J^2}{\pi}\frac{K' - K}{K' + K} = \frac{2J^2}{\pi}\frac{\omega - i}{\omega + i},$$

et, le retour des suites donnant la valeur de q, on trouvera cette expression où les coefficients sont tous rationnels, savoir :

$$k^2 = \frac{1}{2} - \left(\frac{2J^2}{\pi}\frac{\omega - i}{\omega + i}\right) + \left(\frac{2J^2}{\pi}\frac{\omega - i}{\omega + i}\right)^3 - \frac{13}{15}\left(\frac{2J^2}{\pi}\frac{\omega - i}{\omega + i}\right)^5 + \frac{3}{5}\left(\frac{2J^2}{\pi}\frac{\omega - i}{\omega + i}\right)^7 - \ldots.$$

Faisant pour un instant

$$\frac{2J^2}{\pi}\frac{\omega - i}{\omega + i} = \zeta,$$

on aura donc

$$f\left(i\frac{2J^2 + \pi\zeta}{2J^2 - \pi\zeta}\right) = \frac{1}{2} - \zeta + \zeta^3 - \frac{13}{15}\zeta^5 + \frac{3}{5}\zeta^7 - \ldots,$$

et la série en ζ du second membre aura cette propriété, qu'en y changeant ζ en $\frac{a + bi}{a - bi}\zeta$, où a et b sont entiers, la nouvelle série ainsi obtenue sera liée à la première par une équation algébrique, cette relation entre les deux séries étant l'équation modulaire pour la transformation dont l'ordre est $a^2 + b^2$. Cette remarque, appliquée au cas le plus simple où l'on suppose $a=1$, $b=1$, donne pour conséquence que le développement suivant les puissances de ζ de l'expression

$$\frac{1-4k^2k'^2}{1+4k^2k'^2}$$

ne contient que les termes dont l'exposant est $\equiv 2 \bmod 4$.

SUR L'INTÉGRALE $\int_{-1}^{+1} \frac{dx}{(a-x)\sqrt{1-x^2}}$.

Annali di Matematica, t. III (2e série, 1869, p. 83).

En supposant le radical $\sqrt{1-x^2}$ pris avec le signe $+$, on prouve aisément que l'on a la valeur

$$\int_{-1}^{+1} \frac{dx}{(a-x)\sqrt{1-x^2}} = \frac{\pi}{\sqrt{a^2-1}},$$

le second membre ayant le même signe que a dont la valeur absolue doit être supérieure à l'unité. Mais ce résultat suppose a réel, et, si l'on fait en général $a = A + B\sqrt{-1}$, le signe du radical $\sqrt{a^2-1}$ se détermine par la condition qu'en posant

$$\frac{1}{\sqrt{a^2-1}} = \mathfrak{a} + \mathfrak{b}\sqrt{-1},$$

$\mathfrak{a}$ et A aient le même signe, ou encore que $\mathfrak{b}$ et B soient de signes contraires, l'une de ces conditions entraînant l'autre.

SUR LA TRANSCENDANTE E_n.

Annali di Matematica, t. III (2e série, 1869, p. 83).

En posant avec Cauchy

$$E_n = \frac{\varepsilon^n}{3.5.7\ldots 2n-1}\,\frac{1}{\pi}\int_0^\pi \sin^{2n}\omega \cos(\varepsilon \cos\omega)\,d\omega,$$

l'intégrale définie qui figure dans cette expression étant la transcendante de Bessel, on trouve, lorsque n est un grand nombre, la valeur limite que voici. Posons

$$\varepsilon = \pi \sin\varphi,$$

on aura

$$E_n = \frac{\left(e^{\cos\varphi} \operatorname{tang}\frac{\varphi}{2}\right)^n}{\sqrt{2n\pi\cos\varphi}}.$$

SUR L'INTÉGRALE $\int_{-1}^{+1} \frac{\sin\alpha\, dx}{1 - 2x\cos\alpha + x^2}$.

Bulletin des Sciences mathématiques, t. I (1870, p. 320).

Soit

$$f(\alpha) = \int_{-1}^{+1} \frac{\sin\alpha\, dx}{1 - 2x\cos\alpha + x^2};$$

il est d'abord aisé de voir que l'on a

$$f(\alpha + \pi) = -f(\alpha);$$

car, en faisant, dans l'expression

$$f(\alpha + \pi) = -\int_{-1}^{+1} \frac{\sin\alpha\, dx}{1 + 2x\cos\alpha + x^2},$$

la substitution $x = -t$, nous obtiendrons sur-le-champ

$$f(\alpha + \pi) = -\int_{-1}^{+1} \frac{\sin\alpha\, dt}{1 - 2t\cos\alpha + t^2} = -f(\alpha).$$

La fonction $f(\alpha)$ est donc périodique, et il suffit, pour en obtenir la valeur générale, de la déterminer en supposant α compris entre zéro et π. Faisant à cet effet

$$x - \cos\alpha = u\sin\alpha,$$

ce qui donnera

$$\frac{\sin\alpha\, dx}{1 - 2x\cos\alpha + x^2} = \frac{du}{1 + u^2},$$

nous écrirons

$$\int_{-1}^{+1} \frac{\sin\alpha\, dx}{1 - 2x\cos\alpha + x^2} = \int_0^{\frac{1-\cos\alpha}{\sin\alpha}} \frac{du}{1 + u^2} - \int_0^{\frac{-1-\cos\alpha}{\sin\alpha}} \frac{du}{1 + u^2},$$

de sorte que, dans le second membre, les deux intégrales représentent les arcs les plus petits, renfermés entre $-\frac{\pi}{2}$ et $+\frac{\pi}{2}$, ayant respectivement pour tangentes les quantités

$$\frac{1-\cos\alpha}{\sin\alpha} = \operatorname{tang}\frac{\alpha}{2} \qquad \text{et} \qquad \frac{-1-\cos\alpha}{\sin\alpha} = \operatorname{tang}\frac{\pi+\alpha}{2}.$$

Or, α étant moindre que π par hypothèse, la première intégrale sera par conséquent $\frac{\alpha}{2}$, mais la seconde aura pour valeur l'arc $\frac{\pi+\alpha}{2}$ diminué de π, c'est-à-dire $\frac{\alpha-\pi}{2}$; nous aurons donc

$$f(\alpha) = \int_{-1}^{+1} \frac{\sin\alpha\, dx}{1-2x\cos\alpha+x^2} = \frac{\pi}{2}$$

entre les limites indiquées pour la variable α. Maintenant la relation

$$f(\alpha+\pi) = -f(\alpha)$$

donne cette conséquence que, entre les limites π et 2π, $f(\alpha)$ a pour valeur $-\frac{\pi}{2}$, de sorte que nous nous trouvons amené à l'expression analytique, par une intégrale définie, d'une fonction *discontinue* égale à $+\frac{\pi}{2}$ ou $-\frac{\pi}{2}$, selon que la variable est renfermée entre $2n\pi$ et $(2n+1)\pi$, ou entre les limites $(2n-1)\pi$ et $2n\pi$, n étant un nombre quelconque.

On voit donc comment on peut être amené, par les considérations les plus élémentaires du calcul intégral, à la considération si importante en Analyse des fonctions discontinues, et j'ajoute que l'expression en série trigonométrique de cette fonction particulière qui s'est ainsi offerte se tire facilement de l'intégrale définie.

Il suffit, en effet, d'employer ce développement connu, savoir :

$$\frac{\sin\alpha}{1-2x\cos\alpha+x^2} = \sin\alpha + x\sin 2\alpha + x^2\sin 3\alpha + \ldots + x^{n-1}\sin n\alpha + \ldots,$$

et d'observer qu'on a

$$\int_{-1}^{+1} x^{n-1}\, dx = 0 \qquad \text{ou} \qquad = \frac{2}{n},$$

suivant que n est pair ou impair, pour parvenir au résultat que donnerait la formule de Fourier, savoir :

$$f(\alpha)=\int_{-1}^{+1}\frac{\sin\alpha\,dx}{1-2x\cos\alpha+x^2}=2\left(\sin\alpha+\frac{\sin 3\alpha}{3}+\frac{\sin 5\alpha}{5}+\ldots\right).$$

Il serait même possible d'établir la convergence de la série, en limitant le développement de la fonction $\frac{\sin\alpha}{1-2x\cos\alpha+x^2}$ à ses n premiers termes, et considérant le reste qu'on trouvera sous cette forme, savoir :

$$R_n=\sin(n+1)\alpha\int_{-1}^{+1}\frac{x^n\,dx}{1-2x\cos\alpha+x^2}-\sin n\alpha\int_{-1}^{+1}\frac{x^{n+1}\,dx}{1-2x\cos\alpha+x^2};$$

mais je ne m'y arrêterai point.

Une autre intégrale définie élémentaire conduit encore à la même fonction discontinue, c'est celle-ci :

$$\int_{-1}^{+1}\frac{dx}{(a-x)\sqrt{1-x^2}},$$

dont la valeur est $\frac{\pi}{\sqrt{a^2-1}}$ ou $-\frac{\pi}{\sqrt{a^2-1}}$, suivant que la constante a, qui, en valeur absolue, doit être supposée supérieure à l'unité, est positive ou négative. Il en résulte, si l'on fait $a=\frac{1}{\cos\alpha}$, qu'on a

$$\int_{-1}^{+1}\frac{\sin\alpha\,dx}{(1-x\cos\alpha)\sqrt{1-x^2}}=+\pi \qquad \text{ou} \qquad -\pi,$$

suivant que $\sin\alpha$ est positif ou négatif; mais cette expression ne diffère pas au fond de celle dont nous venons de nous occuper, elle s'y ramène en effet par la substitution $x=\frac{2z}{1+z^2}$, qui sert en général à l'intégration des radicaux de la forme $\sqrt{1-x^2}$. Sous une forme ou sous l'autre, le passage brusque de $f(\alpha)$ d'une valeur nulle à $+\frac{\pi}{2}$, ou $-\frac{\pi}{2}$, semble moins caché dans l'intégrale que dans la série trigonométrique; car, en supposant α infiniment petit, elles offrent, sous le signe d'intégration, aux infiniment petits près du second ordre, l'une le facteur $\frac{1}{(1-x)^2}$, l'autre le facteur $\frac{1}{(1-x)^{\frac{3}{2}}}$, qui, à la limite supérieure $x = 1$, rendent les intégrales infinies; c'est du moins par l'intermédiaire de cette forme, du produit d'une quantité infiniment petite par une quantité infiniment grande, que se trouve réalisé le passage brusque d'une valeur nulle à une valeur finie.

Je remarque enfin qu'on a

$$f'(\alpha) = \int_{-1}^{+1} \frac{\cos\alpha(1 + x^2) - 2x}{(1 - 2x\cos\alpha + x^2)^2}\, dx = \int_{-1}^{+} d\left(\frac{1 - x\cos\alpha}{1 - 2x\cos\alpha + x^2}\right),$$

et l'intégrale est nulle, en général, puisque la fonction $\frac{1 - x\cos\alpha}{1 - 2x\cos\alpha + x^2}$ prend la même valeur aux deux limites; toutefois, pour $\cos\alpha = \pm 1$, elle est infinie, l'expression à intégrer entre les limites $+1$ et -1 étant $\frac{1}{1 \pm x}$.

SUR

LA CONSTRUCTION GÉOMÉTRIQUE

DE L'ÉQUATION

RELATIVE A L'ADDITION DES INTÉGRALES ELLIPTIQUES DE PREMIÈRE ESPÈCE.

Bulletin des Sciences mathématiques, t. II (1871, p. 21).

La première construction connue de cette équation et qui a été donnée par Lagrange résulte du rapprochement de la relation

$$\cos\operatorname{am} a = \cos\operatorname{am}(x+a)\cos\operatorname{am} x + \sin\operatorname{am}(x+a)\sin\operatorname{am} x\,\Delta\operatorname{am} a$$

avec la formule fondamentale de la trigonométrie sphérique. On en déduit aussi une construction plane en posant

$$X = \cos\operatorname{am}(x+a),$$

$$Y = \sin\operatorname{am}(x+a),$$

et déterminant les points de rencontre de la droite

$$\cos\operatorname{am} a = X\cos\operatorname{am} x + Y\sin\operatorname{am} x\,\Delta\operatorname{am} a$$

avec le cercle

$$X^2 + Y^2 = 1.$$

Cette droite est une tangente à l'ellipse

$$\left(\frac{X}{\cos\operatorname{am} a}\right)^2 + \left(\frac{Y\,\Delta\operatorname{am} a}{\cos\operatorname{am} a}\right)^2 = 1,$$

dont les axes ont pour valeurs

$$A = \cos\operatorname{am} a.$$

$$B = \frac{\cos\operatorname{am} a}{\Delta\operatorname{am} a} = \sin\operatorname{am}(K - a).$$

Ayant donc construit cette ellipse ainsi que le cercle, l'un des points d'intersection aura pour coordonnées

$$X = \cos\operatorname{am}(x + a),$$

$$Y = \sin\operatorname{am}(x + a)$$

et l'autre, en remarquant que l'équation de la droite ne change point si l'on change a en $-a$, les quantités

$$X_0 = \cos\operatorname{am}(x - a),$$

$$Y_0 = \sin\operatorname{am}(x - a).$$

On voit donc qu'en menant l'une des deux tangentes à l'ellipse par le point

$$X_0 = \cos\operatorname{am}(x - a),$$

$$Y_0 = \sin\operatorname{am}(x - a),$$

cette construction donnera d'abord celui-ci

$$X = \cos\operatorname{am}(x + a),$$

$$Y = \sin\operatorname{am}(x + a),$$

puis, en continuant dans le même sens,

$$X_1 = \cos\operatorname{am}(x + 3a),$$

$$Y_1 = \sin\operatorname{am}(x + 3a);$$

et, en général, le $n^{\text{ième}}$ côté du polygone inscrit au cercle et circonscrit à l'ellipse conduira à la construction des quantités

$$\cos\operatorname{am}[x + (2n + 1)a],$$

$$\sin\operatorname{am}[x + (2n + 1)a].$$

En opérant en sens inverse, on trouverait, pour les coordonnées des sommets, les expressions

$$\cos\operatorname{am}[x - (2n + 1)a],$$

$$\sin\operatorname{am}[x - (2n + 1)a].$$

Ces résultats pourraient, sans doute, se démontrer directement, en déterminant, sur la figure, le rapport des variations des coordonnées des points de rencontre, avec le cercle, de deux tangentes infiniment voisines, mais je ne m'y arrêterai point, m'étant seulement proposé de rapprocher l'une de l'autre deux constructions géométriques de natures bien différentes.

SUR

L'ÉLIMINATION DES FONCTIONS ARBITRAIRES ([1]).

Cours d'Analyse de l'École Polytechnique, 1873, p. 215-229.
Paris, Gauthier-Villars.

I. C'est à l'égard des fonctions de plusieurs variables que se présente la question de la formation des équations aux différences partielles, c'est-à-dire des relations entre une fonction z, les variables x, y, ..., et les dérivées partielles des divers ordres $\frac{dz}{dx}$, $\frac{dz}{dy}$, $\frac{d^2z}{dx^2}$, $\frac{d^2z}{dx\,dy}$, ... Considérant d'abord deux variables seulement, le premier point de vue sous lequel nous l'envisageons est celui qui s'offre dans l'étude des cônes, des cylindres, des surfaces de révolution, etc. C'est en effet la définition géométrique d'une famille de surfaces par un certain mode de génération qui conduit à définir analytiquement une fonction z de x et y par le système de deux équations

$$(1)\qquad \begin{cases} \varphi(x, y, z, \alpha, A, B, \ldots, L) = 0, \\ \psi(x, y, z, \alpha, A, B, \ldots, L) = 0, \end{cases}$$

où entrent un paramètre variable α et un nombre quelconque n de fonctions arbitraires de α, représentées par A, B, ..., L. Obtenir une équation aux différences partielles, à laquelle satisfasse la

([1]) Hermite a consacré en 1872 deux articles à cette question, que l'on trouvera dans le *Report of the British Association,* t. XLII, p. 233, et dans le *Messenger of Mathematics,* t. II, p. 69. Nous croyons inutile de les reproduire, Hermite ayant développé ces deux Notes dans son *Cours d'Analyse de l'École Polytechnique.* C'est le Chapitre de ce Livre se rapportant à ce sujet que nous réimprimons ici. E. P.

fonction z, quels que soient α et ces n fonctions, sera donc la question analogue à celle qui nous a précédemment conduit à la formation d'une équation différentielle ordinaire d'ordre n.

A cet effet, j'observe en premier lieu que les relations données permettent de considérer x et y comme des fonctions de z dont les dérivées successives

$$x' = \frac{dx}{dz}, \qquad x'' = \frac{d^2 x}{dz^2}, \qquad \ldots,$$
$$y' = \frac{dy}{dz}, \qquad y'' = \frac{d^2 y}{dz^2}, \qquad \ldots$$

s'obtiendront, soit directement si l'on peut avoir x et y explicitement exprimés en z, soit par les règles relatives aux fonctions implicites.

Dans ce dernier cas, nous aurons d'abord

$$(2) \quad \begin{cases} \dfrac{d\varphi}{dx} x' + \dfrac{d\varphi}{dy} y' + \dfrac{d\varphi}{dz} = 0, \\ \dfrac{d\psi}{dx} x' + \dfrac{d\psi}{dy} y' + \dfrac{d\psi}{dz} = 0, \end{cases}$$

puis

$$(3) \quad \begin{cases} \dfrac{d\varphi}{dx} x'' + \dfrac{d\varphi}{dy} y'' + \dfrac{d^2\varphi}{dx^2} x'^2 + 2\dfrac{d^2\varphi}{dx\,dy} x' y' \\ \qquad + \dfrac{d^2\varphi}{dy^2} y'^2 + \dfrac{d^2\varphi}{dx\,dz} x' + \dfrac{d^2\varphi}{dy\,dz} y' + \dfrac{d^2\varphi}{dz^2} = 0, \\ \dfrac{d\psi}{dx} x'' + \dfrac{d\psi}{dy} y'' + \dfrac{d^2\psi}{dx^2} x'^2 + 2\dfrac{d^2\psi}{dx\,dy} x' y' \\ \qquad + \dfrac{d^2\psi}{dy^2} y'^2 + \dfrac{d^2\psi}{dx\,dz} x' + \dfrac{d^2\psi}{dy\,dz} y' + \dfrac{d^2\psi}{dz^2} = 0, \end{cases}$$

et ainsi de suite.

En second lieu, je remarque que

$$z = f(x, y)$$

étant la fonction qui résulte de l'élimination du paramètre α, on reproduira identiquement la quantité z si l'on y remplace x et y par les valeurs que l'on tire de la résolution des équations (1), car autrement ce serait de deux relations conclure une troisième qui en serait distincte. D'après cela, et envisageant x et y comme fonctions de z, la première dérivée de l'identité obtenue donnera l'égalité suivante

$$(4) \qquad \frac{dz}{dx}x' + \frac{dz}{dy}y' - 1 = 0,$$

la seconde et la troisième celles-ci :

$$(5) \qquad \frac{dz}{dx}x'' + \frac{dz}{dy}y'' + \frac{d^2z}{dx^2}x'^2 + 2\frac{d^2z}{dx\,dy}x'y' + \frac{d^2z}{dy^2}y'^2 = 0,$$

$$(6) \quad \left\{ \begin{aligned} &\frac{dz}{dx}x''' + \frac{dz}{dy}y''' + 3\left[\frac{d^2z}{dx^2}x'x'' + \frac{d^2z}{dx\,dy}(x'y'' + y'x'') + \frac{d^2z}{dy^2}y'y''\right] \\ &\quad + \frac{d^3z}{dx^3}x'^3 + 3\frac{d^3z}{dx^2\,dy}x'^2y' + 3\frac{d^3z}{dx\,dy^2}x'y'^2 + \frac{d^3z}{dy^3}y'^3 = 0. \end{aligned} \right.$$

Les quantités x', x'', x''', y', y'', y''' doivent être remplacées par leurs valeurs en fonctions de z, ou éliminées au moyen des relations (2), (3), ... En continuant les mêmes calculs jusqu'à la dérivée d'ordre n, on parviendra à un système de n équations où les dérivées partielles de l'ordre le plus élevé seront évidemment

$$\frac{d^nz}{dx^n}, \quad \frac{d^nz}{dx^{n-1}\,dy}, \quad \ldots, \quad \frac{d^nz}{dy^n},$$

et, en y joignant les deux relations proposées, il sera possible d'effectuer l'élimination du paramètre α et des n fonctions arbitraires

$$\mathrm{A}, \quad \mathrm{B}, \quad \ldots, \quad \mathrm{L};$$

c'est le résultat cherché, qui est ainsi une équation aux différences partielles d'ordre n. Dans le cas le plus simple de $n = 1$, lorsqu'il n'existe qu'une seule fonction arbitraire, cette équation aux différences partielles s'obtient immédiatement en résolvant par rapport à α et à A les équations

$$\varphi(x, y, z, \alpha, \mathrm{A}) = 0,$$
$$\psi(x, y, z, \alpha, \mathrm{A}) = 0.$$

Ayant en effet

$$\alpha = \Phi(x, y, z),$$
$$\mathrm{A} = \Psi(x, y, z),$$

il ne restera plus trace du paramètre ni de la fonction arbitraire dans les relations (2) qui deviennent

$$\frac{d\Phi}{dx}x' + \frac{d\Phi}{dy}y' + \frac{d\Phi}{dz} = 0,$$

$$\frac{d\Psi}{dx}x' + \frac{d\Psi}{dy}y' + \frac{d\Psi}{dz} = 0,$$

et le résultat de l'élimination de x' et y' entre ces équations et l'équation (4) est immédiatement donné en égalant à zéro le déterminant

$$\Delta = \begin{vmatrix} \frac{dz}{dx} & \frac{d\Phi}{dx} & \frac{d\Psi}{dx} \\ \frac{dz}{dy} & \frac{d\Phi}{dy} & \frac{d\Psi}{dy} \\ -1 & \frac{d\Phi}{dz} & \frac{d\Psi}{dz} \end{vmatrix}.$$

II. Soit, pour premier exemple, les équations

$$x = mz + \alpha,$$
$$y = nz + A,$$

qui représentent la génératrice d'un cylindre, nous aurons

$$\Delta = \begin{vmatrix} \frac{dz}{dx} & 1 & 0 \\ \frac{dz}{dy} & 0 & 1 \\ 1 & -m & -n \end{vmatrix} = m\frac{dz}{dx} + n\frac{dz}{dy} - 1;$$

l'équation aux différences partielles des *surfaces cylindriques* est donc

$$m\frac{dz}{dx} + n\frac{dz}{dy} - 1 = 0.$$

La ligne droite

$$x - x_0 = \alpha(z - z_0),$$
$$y - y_0 = A(z - z_0)$$

est la génératrice d'un cône; on trouve alors

$$\begin{vmatrix} \frac{dz}{dx} & \frac{1}{z - z_0} & 0 \\ \frac{dz}{dy} & 0 & \frac{1}{z - z_0} \\ -1 & -\frac{x - x_0}{(z - z_0)^2} & -\frac{y - y_0}{(z - z_0)^2} \end{vmatrix} = \frac{(x - x_0)\frac{dz}{dx} + (y - y_0)\frac{dz}{dy} - (z - z_0)}{(z - z_0)^2},$$

et, par conséquent, pour l'équation aux différences partielles des *surfaces coniques*

$$(x - x_0)\frac{dz}{dx} + (y - y_0)\frac{dz}{dy} = z - z_0.$$

Les *surfaces de révolution* sont engendrées par la circonférence

$$(x - x_0)^2 + (y - y_0)^2 + (z - z_0)^2 = \alpha,$$
$$ax + by + cz = A,$$

ce qui nous donnera

$$\Delta = \begin{vmatrix} \frac{dz}{dx} & x - x_0 & a \\ \frac{dz}{dy} & y - y_0 & b \\ -1 & z - z_0 & c \end{vmatrix},$$

et par conséquent l'équation aux différences partielles

$$[c(y - y_0) - b(z - z_0)]\frac{dz}{dx}$$
$$+ [a(z - z_0) - c(x - x_0)]\frac{dz}{dy} = b(x - x_0) - a(y - y_0).$$

Les *conoïdes* enfin ont pour génératrice la ligne droite

$$x - mz - p - \alpha(y - nz - q) = 0,$$
$$ax + by + cz = A,$$

qui se meut parallèlement au plan fixe $ax + by + cz = 0$, et rencontre la droite

$$x = mz + p,$$
$$y = nz + q.$$

L'équation aux différences partielles se présente donc sous la forme

$$(x - mz - p)\left[-(nb + c)\frac{dz}{dx} + na\frac{dz}{dy} + a\right]$$
$$+ (y - nz - q)\left[mb\frac{dz}{dx} - (ma + c)\frac{dz}{dy} + b\right] = 0,$$

qui devient plus simplement

$$(x - mz - p)\frac{dz}{dx} + (y - nz - q)\frac{dz}{dy} = 0,$$

lorsque le plan fixe est celui des xy.

III. La Géométrie donne encore d'autres exemples qui conduisent à l'élimination de deux et de trois fonctions arbitraires.

Soient, en premier, les équations

$$x - mz - p = \mathrm{A}(z - \alpha),$$
$$y - nz - q = \mathrm{B}(z - \alpha),$$

représentant une droite qui rencontre dans toutes les positions la droite fixe

$$x = mz + p,$$
$$y = nz + q.$$

Nous trouverons d'abord

$$y' = \mathrm{B} + n, \qquad y'' = 0,$$
$$x' = \mathrm{A} + m, \qquad x'' = 0,$$

et, observant ensuite que

$$(y - nz - b)\mathrm{A} - (x - mz - p)\mathrm{B} = 0,$$

nous en conclurons

$$(y' - n)\mathrm{A} - (x' - m)\mathrm{B} = 0$$

et, en éliminant $\frac{\mathrm{A}}{\mathrm{B}}$,

$$(y - nz - q)x' - (x - mz - p)y' = m(y - q) - n(x - p),$$

ou bien

$$vx' - uy' = w,$$

si l'on pose, pour abréger,

$$u = x - mz - p,$$
$$v = y - nz - q,$$
$$w = m(y - q) - n(x - p).$$

Ayant d'ailleurs

$$\frac{dz}{dx}x' + \frac{dz}{dy}y' = 1,$$

il en résulte ces valeurs

$$x' = \frac{u + \frac{dz}{dy}w}{\frac{dz}{dx}u + \frac{dz}{dy}v}, \qquad y' = \frac{v + \frac{dz}{dy}w}{\frac{dz}{dx}u + \frac{dz}{dy}w},$$

et l'équation (5) de la page 503 donne l'équation aux différences partielles

$$\frac{d^2 z}{dx^2}\left(u + \frac{dz}{dy} w\right)^2$$

$$+ 2\frac{d^2 z}{dx\,dy}\left(u + \frac{dz}{dy} w\right)\left(v - \frac{dz}{dy} w\right) + \frac{d^2 z}{dy^2}\left(v - \frac{dz}{dx} w\right)^2 = 0.$$

Elle se simplifie si l'on suppose $m = 0$, $p = 0$, $n = 0$, $q = 0$, de sorte que la droite fixe soit l'axe des z, et devient

$$\frac{d^2 z}{dx^2} x^2 + 2\frac{d^2 z}{dx\,dy} xy + \frac{d^2 z}{dy^2} y^2 = 0.$$

Les *surfaces gauches* à plan directeur ayant pour génératrice la droite

$$ax + by + cz = \alpha,$$
$$x = Az + B,$$

parallèle à un plan fixe

$$ax + by + cz = 0,$$

conduisent au calcul suivant.

Nous aurons d'abord

$$ax' + by' + c = 0, \qquad x' = A,$$

puis

$$x'' = 0, \qquad y'' = 0,$$

de sorte que l'équation (5) devient

$$\frac{d^2 z}{dx^2} x'^2 + 2\frac{d^2 z}{dx\,dy} x'y' + \frac{d^2 z}{dy^2} y'^2 = 0.$$

Cela étant, les deux relations

$$ax' + by' = -c, \qquad \frac{dz}{dx} x' + \frac{dz}{dy} y' = 1$$

donnent

$$x' = \frac{b + \frac{dz}{dy} c}{b\frac{dz}{dx} - a\frac{dz}{dy}}, \qquad y' = -\frac{a + \frac{dz}{dx} c}{b\frac{dz}{dx} - a\frac{dz}{dy}},$$

et l'on en conclut, pour l'équation aux différences partielles,

$$\frac{d^2 z}{dx^2}\left(b+\frac{dz}{dy}c\right)^2 - 2\frac{d^2 z}{dx\,dy}\left(b+\frac{dz}{dy}c\right)\left(a+\frac{dz}{dx}c\right)+\frac{d^2 z}{dy^2}\left(a+\frac{dz}{dx}c\right)^2 = 0.$$

Lorsque le plan directeur est le plan des yz, il faut supposer $b = 0$, $c = 0$, et l'on a simplement $\frac{d^2 z}{dy^2} = 0$; résultat évident *a priori*, l'élimination de α donnant pour z un binome du premier degré en y.

Ce sont enfin les *surfaces réglées* dont la génératrice a pour équations

$$x = Az + B, \qquad y = \alpha z + c,$$

qui serviront d'exemple d'élimination de trois fonctions arbitraires. Or, ayant dans ce cas

$$\begin{aligned} x' &= A, & x'' &= 0, & x''' &= 0, \\ y' &= \alpha, & y'' &= 0, & y''' &= 0, \end{aligned}$$

les équations (5) et (6) de la page 503 donnent sur-le-champ

$$\frac{d^2 z}{dx^2}\frac{A^2}{\alpha^2} + 2\frac{d^2 z}{dx\,dy}\frac{A}{\alpha} + \frac{d^2 z}{dy^2} = 0,$$

$$\frac{d^3 z}{dx^3}\frac{A^3}{\alpha^3} + 3\frac{d^3 z}{dx^2\,dy}\frac{A^2}{\alpha^2} + 3\frac{d^3 z}{dx\,dy^2}\frac{A}{\alpha} + \frac{d^3 z}{dy^3} = 0,$$

de sorte qu'en faisant pour un instant

$$\omega = \frac{-\frac{d^2 z}{dx\,dy} + \sqrt{\left(\frac{d^2 z}{dx\,dy}\right)^2 - \frac{d^2 z}{dx^2}\frac{d^2 z}{dy^2}}}{\frac{d^2 z}{dx^2}},$$

l'équation aux différences partielles du troisième ordre sera

$$\frac{d^3 z}{dx^3}\omega^3 + 3\frac{d^3 z}{dx^2\,dy}\omega^2 + 3\frac{d^3 z}{dx\,dy^2}\omega + \frac{d^3 z}{dy^3} = 0.$$

IV. La considération des surfaces enveloppes, où s'offre un mode de génération entièrement différent des précédents, conduit en Analyse à définir une fonction z de x et y par deux équations contenant un paramètre variable α et dont l'une est la dérivée de l'autre par rapport à ce paramètre. En désignant de nouveau par A, B, ..., L, n fonctions arbitraires de α, ces conditions s'expriment ainsi :

$$(1)\qquad f(x, y, z, \alpha, A, B, \ldots, L) = 0,$$

$$(2)\qquad \frac{df(x, y, z, \alpha, A, B, \ldots, L)}{d\alpha} = 0,$$

et nous nous proposerons encore de former, entre la fonction et les variables indépendantes, une équation aux différences partielles qui subsiste quelles que soient ces fonctions.

A cet effet, je conçois que x et y soient déterminés par les équations (1) et (2) en fonction de z, de manière à avoir toujours les relations obtenues page 503

$$\frac{dz}{dx}x' + \frac{dz}{dy}y' - 1 = 0,$$

$$\frac{dz}{dx}x'' + \frac{dz}{dy}y'' + \frac{d^2 z}{dx^2}x'^2 + 2\frac{d^2 z}{dx\,dy}x'y' + \frac{d^2 z}{dy^2}y'^2 = 0,$$

$$\ldots\ldots\ldots\ldots\ldots\ldots\ldots\ldots\ldots\ldots\ldots\ldots;$$

mais je procéderai différemment pour calculer les dérivées $x' = \frac{dx}{dz}$, $y' = \frac{dy}{dz}$, ..., en mettant à profit une circonstance importante qui s'offre lorsqu'on veut tirer de ces équations les dérivées partielles $\frac{dz}{dx}$ et $\frac{dz}{dy}$. Différentiant pour cela la première par rapport à x, en supposant α fonction de x, y, z, il vient

$$\frac{df}{dx} + \frac{df}{dz}\frac{dz}{dx} + \frac{df}{d\alpha}\frac{d\alpha}{dx} = 0,$$

ou simplement, d'après l'équation (2),

$$\frac{df}{dx} + \frac{df}{dz}\frac{dz}{dx} = 0,$$

et l'on obtiendrait de même

$$\frac{df}{dy} + \frac{df}{dz}\frac{dz}{dy} = 0.$$

Or nous n'avons plus dans ces relations les dérivées des fonctions arbitraires par rapport au paramètre, et nous en tirerons les quantités cherchées x', y', ..., exprimées au moyen seulement de

A, B, ..., L, en observant que $\frac{dz}{dx}$, par exemple, étant une fonction entièrement déterminée de x et y, que j'appellerai pour un moment $\theta(x, y)$, on aura

$$\frac{d\theta}{dz} = \frac{d\theta}{dx}x' + \frac{d\theta}{dy}y';$$

d'où l'on voit qu'on devra écrire

$$\frac{d\left(\frac{dz}{dx}\right)}{dz} = \frac{d^2 z}{dx^2}x' + \frac{d^2 z}{dx\,dy}y',$$

et pareillement

$$\frac{d\left(\frac{dz}{dy}\right)}{dz} = \frac{d^2 z}{dx\,dy}x' + \frac{d^2 z}{dy^2}y'.$$

D'après cela, en représentant les dérivées partielles du premier et du second ordre par p, q, r, s, t, afin d'abréger l'écriture, nous aurons, pour déterminer x' et y', ces deux équations

$$\begin{aligned}&\frac{d^2 f}{dx^2}x' + \frac{d^2 f}{dx\,dy}y' + \frac{d^2 f}{dx\,dz}\\&\quad+\left(\frac{d^2 f}{dx\,dz}x' + \frac{d^2 f}{dy\,dz}y' + \frac{d^2 f}{dz^2}\right)p + \frac{df}{dz}(rx' + sy') = 0,\\&\frac{d^2 f}{dx\,dy}x' + \frac{d^2 f}{dy^2}y' + \frac{d^2 f}{dy\,dz}\\&\quad+\left(\frac{d^2 f}{dx\,dz}x' + \frac{d^2 f}{dy\,dz}y' + \frac{d^2 f}{dz^2}\right)q + \frac{df}{dz}(sx' + ty') = 0;\end{aligned}$$

et il est clair qu'en continuant de différentier par rapport à z, on formera de proche en proche les dérivées de x et y jusqu'à un ordre quelconque $n - 1$, avec cette circonstance que les dérivées partielles de z jusqu'à l'ordre n seront introduites dans leurs expressions. Il en résulte qu'en les substituant dans les relations (4), (5), (6), ..., de la page 503, on sera conduit à un système de n équations entre ces dérivées partielles et les quantités α, A, B, ..., L. Nous pouvons donc, en y joignant celles-ci,

$$f(x, y, z, \alpha, \text{A}, \text{B}, \ldots, \text{L}) = 0,$$

$$\frac{df}{dy} + \frac{df}{dz}p = 0, \qquad \frac{df}{dy} + \frac{df}{dz}q = 0,$$

effectuer l'élimination du paramètre et de n fonctions arbitraires; c'est le résultat cherché, qui est ainsi une équation aux différences partielles d'ordre n.

Nous allons en faire l'application à deux exemples tirés de la Géométrie, après avoir remarqué que les équations ci-dessus, en x' et y', jointes à la relation (4) de la page 503, savoir

$$px'+qy'-1=0,$$

donnent, par l'élimination de x' et y', la condition $\Delta=0$, Δ étant le déterminant du système suivant

$$\begin{vmatrix} p & \dfrac{d^2f}{dx^2}+\dfrac{d^2f}{dx\,dz}p+\dfrac{df}{dz}r & \dfrac{d^2f}{dx\,dy}+\dfrac{d^2f}{dx\,dz}q+\dfrac{df}{dz}s \\ q & \dfrac{d^2f}{dx\,dy}+\dfrac{d^2f}{dy\,dz}p+\dfrac{df}{dz}s & \dfrac{d^2f}{dy^2}+\dfrac{d^2f}{dy\,dz}q+\dfrac{df}{dz}t \\ -1 & \dfrac{d^2f}{dx\,dz}+\dfrac{d^2f}{dz^2}p & \dfrac{d^2f}{dy\,dz}+\dfrac{d^2f}{dz^2}q \end{vmatrix}.$$

Mais si l'on ajoute aux termes de la première et de la deuxième ligne horizontale ceux de la troisième, multipliés d'abord par p et ensuite par q, on aura plus simplement

$$\Delta=\mathcal{B}^2-\mathcal{A}\mathcal{C},$$

en posant

$$\mathcal{A}=\frac{d^2f}{dx^2}+2\frac{d^2f}{dy\,dz}p+\frac{d^2f}{dz^2}p^2+\frac{df}{dz}r,$$

$$\mathcal{B}=\frac{d^2f}{dx\,dy}+\frac{d^2f}{dy\,dz}p+\frac{d^2f}{dx\,dz}q+\frac{d^2f}{dz^2}pq+\frac{df}{dz}s,$$

$$\mathcal{C}=\frac{d^2f}{dy^2}+2\frac{d^2f}{dy\,dz}q+\frac{d^2f}{dz^2}q^2+\frac{df}{dz}t.$$

V. Nous considérerons en premier lieu les *surfaces développables,* enveloppes des positions d'un plan mobile

$$z+\alpha x+\mathrm{A}y+\mathrm{B}=0,$$

et nous aurons immédiatement

$$\mathcal{A}=r,\qquad \mathcal{B}=s,\qquad \mathcal{C}=t;$$

d'où, par conséquent, l'équation aux différences partielles du second ordre

$$s^2-rt=0.$$

Soient, en second lieu, les *surfaces canaux*, enveloppes des positions d'une sphère de rayon constant

$$(x-A)^2+(y-B)^2+(z-\alpha)^2=a^2,$$

dont le centre décrit une courbe quelconque. On obtient alors

$$\frac{1}{2}\mathcal{A}=1+p^2+(z-\alpha)r,$$

$$\frac{1}{2}\mathcal{B}=\quad pq\quad+(z-\alpha)s,$$

$$\frac{1}{2}\mathcal{C}=1+q^2+(z-\alpha)t,$$

et le paramètre α s'élimine au moyen des relations

$$x-A+(z-\alpha)p=0,\qquad y-B+(z-\alpha)q=0,$$

qui donnent, en substituant dans l'équation de la sphère,

$$z-\alpha=\frac{a}{\sqrt{1+p^2+q^2}}.$$

On obtient ainsi l'équation aux différences partielles du second ordre

$$a^2(s^2-rt)-a[(1+q^2)r-2pqs+(1+p^2)t]\sqrt{1+p^2+q^2}\\+(1+p^2+q^2)^2=0.$$

La relation générale dont nous venons de faire usage, à savoir

$$\mathcal{B}^2-\mathcal{A}\mathcal{C}=0,$$

peut encore se démontrer très facilement comme il suit. Je reprends, à cet effet, les deux équations

$$\varphi(x,y,z,\alpha)=0,$$
$$\psi(x,y,z,\alpha)=0,$$

pour les différentier successivement par rapport à x et y, en supposant que le paramètre variable tiré de l'une d'elles en fonction de x, y, z, ait été substitué dans l'autre. On obtient ainsi

$$\frac{d\varphi}{dx}+\frac{d\varphi}{dz}p+\frac{d\varphi}{d\alpha}\frac{d\alpha}{dx}=0,\qquad \frac{d\varphi}{dy}+\frac{d\varphi}{dz}q+\frac{d\varphi}{d\alpha}\frac{d\alpha}{dy}=0,$$

$$\frac{d\psi}{dx}+\frac{d\psi}{dz}p+\frac{d\psi}{d\alpha}\frac{d\alpha}{dx}=0,\qquad \frac{d\psi}{dy}+\frac{d\psi}{dz}q+\frac{d\psi}{d\alpha}\frac{d\alpha}{dy}=0,$$

et en remarquant que le déterminant

$$\begin{vmatrix} \frac{d\varphi}{d\alpha}\frac{d\alpha}{dx} & \frac{d\varphi}{d\alpha}\frac{d\alpha}{dy} \\ \frac{d\psi}{d\alpha}\frac{d\alpha}{dx} & \frac{d\psi}{d\alpha}\frac{d\alpha}{dy} \end{vmatrix}$$

s'évanouit, nous en concluons la relation suivante :

$$\begin{vmatrix} \frac{d\varphi}{dx}+\frac{d\varphi}{dz}p & \frac{d\varphi}{dy}+\frac{d\varphi}{dz}q \\ \frac{d\psi}{dx}+\frac{d\psi}{dz}p & \frac{d\psi}{dy}+\frac{d\psi}{dz}q \end{vmatrix} = 0.$$

Cela posé, prenons en particulier

$$\varphi(x, y, z, \alpha) = \frac{df}{dx}+\frac{df}{dz}p,$$

$$\psi(x, y, z, \alpha) = \frac{df}{dy}+\frac{df}{dz}q;$$

on en tirera immédiatement

$$\frac{d\varphi}{dx}+\frac{d\varphi}{dz}p = \frac{d^2 f}{dx^2}+2\frac{d^2 f}{dx\,dz}p+\frac{d^2 f}{dz^2}p^2+\frac{df}{dz}r = \mathcal{A},$$

$$\begin{aligned}\frac{d\varphi}{dy}+\frac{d\varphi}{dz}q &= \frac{d\psi}{dx}+\frac{d\psi}{dz}p \\ &= \frac{d^2 f}{dx\,dy}+\frac{d^2 f}{dy\,dz}p+\frac{d^2 f}{dx\,dz}q+\frac{d^2 f}{dz^2}pq+\frac{df}{dz}s = \mathcal{B},\end{aligned}$$

$$\frac{d\psi}{dy}+\frac{d\psi}{dz}q = \frac{d^2 f}{dy^2}+2\frac{d^2 f}{dy\,dz}q+\frac{d^2 f}{dz^2}q^2+\frac{df}{dz}t = \mathcal{C},$$

et, par suite, l'équation cherchée

$$\mathcal{B}^2 - \mathcal{A}\mathcal{C} = 0.$$

VI. Nous ne nous sommes occupé jusqu'ici de la formation des équations aux différences partielles que dans le cas d'une fonction de deux variables. Considérons maintenant, par exemple, une fonction u de x, y, z, en la définissant par ces trois équations, où entrent deux paramètres α, β et un nombre quelconque n de fonctions arbitraires A, B, ..., L de ces paramètres, savoir :

$$\varphi(x, y, z, u, \alpha, \beta, A, B, \ldots, L) = 0,$$
$$\psi(x, y, z, u, \alpha, \beta, A, B, \ldots, L) = 0,$$
$$\theta(x, y, z, u, \alpha, \beta, A, B, \ldots, L) = 0.$$

L'élimination des fonctions arbitraires s'effectuera par la même méthode que précédemment, et donnera pour résultat une équation aux différences partielles d'ordre n. La même conclusion s'obtiendra aussi en considérant les relations

$$f(x, y, z, u, \alpha, \beta, A, B, \ldots, L) = 0, \qquad \frac{df}{d\alpha} = 0, \qquad \frac{df}{d\beta} = 0;$$

mais elle n'a plus lieu si l'on pose seulement deux équations avec un seul paramètre variable, savoir

$$\varphi(x, y, z, u, \alpha, A, B, \ldots, L) = 0,$$
$$\psi(x, y, z, u, \alpha, A, B, \ldots, L) = 0,$$

car alors on peut former une équation aux différences partielles d'ordre n, représentant le résultat de l'élimination d'un nombre de fonctions arbitraires supérieur à n et égal à $\frac{1}{2}n(n+1)$. Et quand le nombre des quantités A, B, ..., L n'est point compris dans cette formule, par exemple lorsqu'on le prend égal à quatre, de sorte qu'on ne puisse pas obtenir une équation aux dérivées partielles du deuxième ordre, on parviendra, en introduisant les dérivées du troisième ordre, à plusieurs relations distinctes au lieu d'une seule. C'est là une circonstance que présente souvent l'élimination des fonctions arbitraires, et je vais en donner un exemple en considérant l'expression

$$z = f[x, y, F_1(u), F_2(v)],$$

où $F_1(u)$ et $F_2(v)$ sont deux fonctions arbitraires de u et v, qui sont des fonctions déterminées de x et y. Qu'on forme, en effet, les dérivées partielles du premier et du deuxième ordre de z, on obtiendra six équations où entrent les quantités

$$F_1(u), \qquad F_1'(u), \qquad F_1''(u),$$
$$F_2(v), \qquad F_2'(v), \qquad F_2''(v),$$

dont l'élimination ne sera pas possible, en général. Mais, en s'élevant aux dérivées partielles du troisième ordre, on ajoute quatre équations en introduisant seulement deux nouvelles quantités $F_1'''(u)$, $F_2'''(u)$, de sorte qu'il deviendra possible de former autant d'équations du troisième ordre qu'il y a de manières d'éliminer huit inconnues entre dix équations. On doit donc avoir en vue principalement les formes analytiques où l'élimination des fonctions arbitraires donne lieu à une conclusion précise, à une seule et unique équation aux différences partielles, et j'indiquerai encore celle d'Euler, savoir :

$$z = F_1(x + ay) + F_2(x + by) + \ldots + F_n(x + ly).$$

En faisant

$$(x - a)(x - b)\ldots(x - l) = x^n + px^{n-1} + qx^{n-2} + \ldots + s,$$

on trouve facilement

$$\frac{d^n z}{dy^n} + p\frac{d^n z}{dx\, dy^{n-1}} + q\frac{d^n z}{dx^2\, dy^{n-2}} + \ldots + s\frac{d^n z}{dx^n} = 0.$$

Ainsi, par exemple, l'expression

$$z = F_1(x + ay) + F_2(x - ay)$$

satisfait à l'équation

$$\frac{d^2 z}{dy^2} - a^2\frac{d^2 z}{dx^2} = 0,$$

qui s'offre dans d'importantes questions de Mécanique et de Physique.

FIN DU TOME III.

ERRATA DU TOME II.

Page 60. — M. H. Weber a bien voulu nous communiquer l'errata suivant : Dans le développement de $2^8.\alpha$ (ligne 16) *il faut écrire* le coefficient 196884 *au lieu* du coefficient 196880.

Page 243. — Dans la formule (21), il doit y avoir alternance de signe, de sorte qu'on *doit lire*

$$\theta_1^2 \frac{\Theta_1'}{\Theta_1} = -\frac{4q\sin 2x}{1-q^2} + \frac{4q^2\sin 4x}{1-q^4} - \frac{4q^3\sin 6x}{1-q^6} + \ldots;$$

de même, à la place de la formule (22), *il faut lire :*

$$\theta_1^2 \frac{H_1'}{H_1} = -\tang x - \frac{4q^2\sin 2x}{1-q^2} + \frac{4q^4\sin 4x}{1-q^4} - \frac{4q^6\sin 6x}{1-q^6} + \ldots.$$

Page 246. — Les trois formules du texte, lignes 12, 13, 14, doivent être écrites ainsi :

$$\begin{aligned}\eta^3 &= \quad A\theta_1 + B\theta,\\ \theta_1^3 &= \quad A\eta \;\, + C\theta,\\ \theta^3 &= -B\eta \;\, + C\theta_1.\end{aligned}$$

Page 435. — Dans le titre et en note, *au lieu de :* Rognet, *lire :* Roguet.

TABLE DES MATIÈRES.

FIN DE LA TABLE DES MATIÈRES DU TOME II.

36423 Paris. — Imp. GAUTHIER-VILLARS, quai des Grands-Augustins, 55.

www.ingramcontent.com/pod-product-compliance
Lightning Source LLC
Chambersburg PA
CBHW060905220326
41599CB00020B/2846
* 9 7 8 2 0 1 3 7 1 6 8 0 2 *